PATHOLOGISCH-PHYSIOLOGISCHE PROPÄDEUTIK

EINE EINFÜHRUNG IN DIE PATHOLOGISCHE PHYSIOLOGIE FÜR STUDIERENDE UND ÄRZTE

VON

MAX BÜRGER

A. O. PROFESSOR DER INNEREN MEDIZIN UND OBERARZT
AN DER MED. UNIVERSITÄTSKLINIK KIEL

MIT EINEM GELEITWORT VON

ALFRED SCHITTENHELM

DIREKTOR DER MED. UNIVERSITÄTSKLINIK
KIEL

MIT 27 ABBILDUNGEN

BERLIN
VERLAG VON JULIUS SPRINGER
1924

Softcover reprint of the hardcover 1st edition 1924

ISBN-13: 978-3-642-98754-0 e-ISBN-13: 978-3-642-99569-9

DOI: 10.1007/978-3-642-99569-9

Geleitwort.

An den Versuch, eine „Pathologische Physiologie“ zu schreiben, haben sich, seit sie durch das berühmte Buch von Krehl zum ersten Male zusammengefaßt wurde, manche herangewagt. Man kann aber wohl sagen, daß keiner dieser Versuche geglückt ist, und daß das Krehlsche Buch auch heute noch einzig und überragend dasteht. Wenn in dem vorliegenden Buch aus meiner Klinik durch meinen langjährigen Mitarbeiter, Professor Bürger, eine Darstellung der pathologischen Physiologie gegeben wird, so verfolgt diese andere Ziele. Sie will, ohne besondere Vorkenntnisse vorauszusetzen, dem Studenten und jungen Arzt eine Einführung an die Hand geben, welche ihm auf propädeutische Art das Verständnis für die schwierigeren Probleme erleichtert. Die pathologische Physiologie ist vornehmlich eine Ergänzung der Klinik und der Kliniker hat tagtäglich mit ihr zu arbeiten. Es ist daher eine klinische Wissenschaft, wenn auch selbstverständlich die theoretischen Kenntnisse und Unterlagen in weitestem Maße vorhanden sein müssen. Da aber die pathologische Physiologie dem Verständnis des kranken Menschen gewidmet ist, so ist auch für deren Darstellung meines Erachtens eine reiche klinische Erfahrung und eine genaue Kenntnis des kranken Menschen Vorbedingung. Aus den Problemen der Krankheit erwachsen die Fragestellungen, welche in den klinischen Laboratorien weiter studiert und experimentell angegangen werden. Von da aus gehen die Anregungen hinüber in die theoretischen Institute, welche so die Verbindung mit der praktischen Medizin besonders leicht erhalten.

Auf diesem Wege ist auch die Klinik heute in der Lage, das theoretische Forschen anzuregen, wenn auch natürlich zugegeben werden muß, daß zu einer erfolgreichen Arbeit auf diesen schwierigen Gebieten die Forschungsmethoden der theoretischen Institute und die damit gewonnenen Erkenntnisse und Fortschritte unbedingt erforderlich sind. Die Klinik erhält also ihre Anregungen ebenso und in noch höherem Maße von den theoretischen Wissenschaften. Der rege Austausch aber fördert beide. Die pathologische Physiologie ist das Produkt dieses Austausches, wie er aus den Bedürfnissen der Klinik entsprang. Professor Bürger hat sich durch langjährige praktische Beschäftigung in der Klinik und durch eine ebensolange erfolgreiche wissenschaftliche Betätigung die Eignung dafür erworben, daß er sich an den Versuch, eine solche Einführung für die pathologische Physiologie zu schreiben, heranwagen durfte. Wenn das Buch heute der Öffentlichkeit übergeben wird, so gebe ich ihm meinerseits den Wunsch mit, daß es sich viele Freunde erwerben und seinem Verfasser reiche Anerkennung einbringen möge.

Kiel, Oktober 1923.

A. Schittenhelm.

Vorwort.

Der Anlaß, eine Einführung in die pathologische Physiologie des Menschen zu schreiben, war die Bitte der Hörer meiner Vorlesungen über pathologische Physiologie, ihnen ein Buch nachzuweisen, in welchem sie ohne die Voraussetzungen mehr oder weniger abgeschlossener klinischer Kenntnisse, allein auf Grund ihres physiologischen Wissens, sich mit den Störungen des physiologischen Geschehens vertraut machen könnten. Die vorhandenen Bücher wenden sich an den älteren Studenten oder fertigen Arzt. Der junge Mediziner wird um so eher an der pathologischen Physiologie Interesse finden, je mehr er an ihm bekannte physiologische Vorgänge Anknüpfungspunkte findet. Es ist aus diesem Grunde in diesem Buche – mehr als es vielleicht dem erfahrenen Arzt notwendig erscheinen mag – auf Physiologisches zurückgegriffen, an vielen Stellen sind physiologische Zusammenhänge in Kürze den betreffenden Kapiteln vorausgeschickt. Es ist demnach der Versuch gemacht, eine Propädeutik der pathologischen Physiologie zu geben. Um dem, der tiefer in Einzelfragen eindringen will, die Arbeit zu erleichtern, sind Literaturangaben beigefügt, die auf Vollständigkeit keinen Anspruch machen. Bevorzugt wurden bei diesen Hinweisen zusammenfassende Arbeiten und Referate, in welchen der Leser eine umfassende Literaturübersicht über das betreffende Sondergebiet findet. Manchem älteren Leser wird die Darstellung noch strittiger Fragen zu einseitig erscheinen. Ich hielt es aber bei dem besonderen Zweck des Buches für ratsamer, eine Anschauung prägnant zur Darstellung zu bringen, als durch die Diskussion vieler dem Anfänger das erste Eindringen in den umfangreichen Stoff zu erschweren.

Das Buch will also den jungen Studenten aus dem ihm vertrauteren Gebiet der Physiologie in das dem Anfänger oft uferlos erscheinende Bereich der pathologischen Physiologie hinüberleiten. Ziel und Grenzen sind ihm gesetzt in dem Wunsche, den Bedürfnissen des klinischen Unterrichts entgegen zu kommen und dem angehenden Arzt die Freude an der Medizin als Wissenschaft zu wecken.

Kiel, den 15. Oktober 1923. **Max Bürger.**

Inhaltsverzeichnis.

Ergänzungen und Berichtigungen.

Die Abbildungen 1, 2 und 3 wurden nach Platten der Sammlung der Kieler Klinik gefertigt. (Abb. 3: Oesophaguscarcinom.)

Abb. 9 (Venenpulskurve): Nach EDENS, Lehrb. der Percussion und Auscultation. Berlin: Julius Springer 1920, S. 422.

Seite	Zeile	
61	letzte	: per diapedesin.
65	7. v. u.	: lies Tiere statt Individuen.
76	15.	: pyrogenetisch.
77	14.	: pyrogenetisch.
79	9. v. u.	: lies Ferrocyannatriummethode statt Ferricyankalimethode.
88	13.	: BIERMERsche Anämie.
125	Fußnote [1])	: RUPPEL: Zeitschr. f. physiol. Chem. Bd. 26, S. 218. 1898.
203	„ [3])	: SCHADE: Die physikalische Chemie am Krankenbett.
	Zeile	
245	28., 29.	: durch einen erhöhten Tonus des Accelerans bedingt.
245	Fußnote [3])	: ASKANAZI.
	Zeile	
306	12., 13.	: sind weder sichere klinische noch experimentelle Daten bekannt geworden.
315	6. v. u.	: lies fast statt bereits.
330	4. v. u.	: lies derselbe ist — — — — zurückzuführen.

I. Pathologie der Atmung.

Unter Atmung versteht man den Gaswechsel aller lebenden Wesen, der Tiere sowohl wie der Pflanzen. Das Leben der Tiere ist an die Aufnahme von Sauerstoff und Abgabe von Kohlensäure gebunden.

Interessante Ausnahmen bilden gewisse Parasiten (Askariden, Trichinen), bei welchen der Stoffwechsel auf anoxybiotischen Prozessen beruht. Infolge des Mangels an freiem Sauerstoff führen fermentative Vorgänge zur Abscheidung unvollständig abgebauter Endprodukte, unter denen freie Fettsäuren (Buttersäure, Baldriansäure) vorherrschen.

Bei den niedersten Tieren tritt die Körperoberfläche in direkten Gasaustausch mit dem Wasser. Bei den Cölenteraten, z. B. Medusen, führt schon ein Gastrovascularsystem einen Wasserstrom durch den ganzen Körper. Bei den Insekten führen die Tracheen als baumartig sich verästelnde Röhren von der Körperoberfläche allen Organen die Luft zu.

Bei den höheren Tieren übernimmt das Blut die Rolle eines Gasvermittlers zwischen den Körpergeweben und dem umgebenden Medium. Das Blut nimmt in besonderen Organen den Sauerstoff auf, entäußert sich dort der Kohlensäure und tauscht im Kontakt mit allen Geweben seine Gase gegen die der Zellen aus. Als Gasaustauschapparate gegen die Umgebung fungieren für die in der Luft lebende Tiere und die Säugetiere die Lungen, bei den Fischen die Kiemen.

In der menschlichen Pathologie wird zwischen Störungen der äußeren und inneren Atmung unterschieden. Bei den Störungen der äußeren Atmung ist der Gasaustausch zwischen Luft und Lungencapillaren, bei denen der inneren Atmung ist der Gaswechsel zwischen den Capillargebieten des großen Kreislaufs und den Geweben beeinträchtigt.

A. Der normale Vorgang der äußeren Atmung.

Der diffuse Gasaustausch zwischen Außenluft und Blut wird durch die breiten Epithelflächen der Lungen vollzogen, welche beim Menschen eine Ausdehnung von 90—130 qm haben. Die feinen Hohlräume der Alveolen bewirken durch ihre große Zahl diese gewaltige Oberflächenausdehnung. Durch abwechselnde Erweiterung und Verengerung dieser Hohlräume wird der Luftwechsel in Gang gehalten. Die Atembewegungen werden durch rhythmische Kontraktionen quergestreifter Muskulatur bewerkstelligt. Unter normalen Bedingungen ist nur eine Phase des Atmungsvorgangs — die inspiratorische — durch aktive Muskelarbeit bedingt. Bei Atmungsvertiefung werden im wesentlichen die oberen Thoraxabschnitte stärker betätigt. Das geschieht durch Innervation der am oberen Brustkorb angreifenden Muskeln.

Am Atmungsvorgang beteiligte Muskeln und Nerven.

Muskeln	Nerven	Ursprung im Zentralnervensystem
Zwerchfell	Phrenicus	III.—IV. Cervicalsegment
Intercostales	Intercostales	I.—XII. Dorsalsegment
Hilfsmuskeln für angestrengte Inspiration	Pl. cervicalis	I.—IV. Cervicalsegment
	Pl. brachialis	V. Cervical- bis I. Dorsalsegment
	Pl. lumbalis und sacralis	Dorsal- bis Sakralmark
Kehlkopfmuskulatur	Recurrens	Medulla oblongata.
Nasenmuskulatur	Facialis	

Das exspiratorische Zusammensinken des Brustkorbs ist zum größten Teil durch den anatomischen Bau des knöchernen und knorpeligen Thorax gewährleistet. Die elastischen Rippenknorpel erfahren bei der inspiratorischen Erweiterung des Thorax eine Torsion und streben, sobald der muskuläre Zug der thoraxerweiternden Muskulatur aufhört, wieder der Ausgangslage zu.

Den Hauptanteil der inspiratorischen Erweiterung besorgt das muskelstarke Zwerchfell, welches bei seiner Kontraktion gleichzeitig den Inhalt der Bauchhöhle komprimiert und so den Rücktritt des venösen Blutes aus dem Bauch- in den Brustraum fördert. Die Größe der Zwerchfellbewegung hängt ab von der Kraft der Muskulatur, von der Stärke der Innervation und dem Tonus des Zwerchfells, von dem Gegenzug der Lunge und dem abdominellen Druck. Alle diese Faktoren können unter pathologischen Bedingungen einzeln oder gemeinsam gestört sein. Beim inspiratorischen Herabsteigen des Zwerchfells wölben sich die Bauchmuskeln unter Nachlassen ihres Tonus vor. Dieser Atemtypus wird als der abdominale bezeichnet und ist vorwiegend dem männlichen Geschlecht eigen, während beim Weibe die Erweiterung des Thorax zum größten Teil durch die Rippenheber, die Scaleni, besorgt wird (costaler Atemtypus).

Die Lungen werden, den thoraxerweiternden Kräften nachgebend, passiv gedehnt. Sie liegen mit ihren Außenflächen der Thoraxinnenwand dicht an, so daß zwischen beiden nur eine capilläre Pleuraspalte bestehen bleibt. Eine „Pleurahöhle“ gibt es normalerweise nicht. Eine solche entsteht erst, wenn zwischen der Pleuraspalte und der Außenluft, z. B. durch eine Schußverletzung eine offene Verbindung hergestellt wird. Ist auf diese Weise ein lufthaltiger Raum zwischen den Pleurablättern — ein Pneumothorax — entstanden, so kontrahiert sich die Lunge vermöge ihres reichlichen Gehalts an elastischem Gewebe; bei intakten Thoraxwandungen sind in allen Atmungsphasen die elastischen Fasern des Lungenparenchyms unter dauernder Spannung. Auf der Außenwand des Thorax ruht der Atmosphärendruck, auf der Innenwand ist derselbe durch die elastische Kraft des Lungengewebes, die ihm entgegenwirkt, erniedrigt. So kommt der fälschlicherweise sogenannte „negative Pleuradruck“ zustande. Dieser negative Druck, den man bei der Anlegung eines künstlichen Pneumothorax jedesmal manometrisch bestimmt, wurde von Donders auf folgende Weise zur Darstellung gebracht: Er band in die Trachea einer Leiche ein nicht zu weites Quecksilbermanometer ein und eröffnete jetzt beide Thoraxhälften. Die freiwerdende elastische Spannkraft der Lungen treibt die Luft derselben in das Manometer mit einer Kraft, die einem Druck von 6 mm Hg entspricht. Dieser Versuch fällt beim Foetus und Neugeborenen negativ aus. Durch ihn läßt sich, wenn die Lungen im Wachstum hinter dem des Thorax zurückbleiben und so ihre elastischen Kräfte durch Saugwirkung in Anspruch genommen werden, die Druckdifferenz nachweisen. Die Lungen des Foetus und Totgeborenen sind nicht entfaltet und luftleer. Haben die Lungen geatmet, so bleiben sie lufthaltig und schwimmen bei Anstellung der Lungenproben der Gerichtsärzte auf dem Wasser.

Die gesamte Atemmuskulatur wird vom Nervensystem aus und zwar vom Boden der Rautengrube von einer Stelle, die etwas oberhalb des Calamus scriptorius gelegen ist [Flourens Lebensknoten[1])] zu koordinierter Tätigkeit angeregt. Andere denken an eine mehr segmentäre Anordnung der nervösen Apparate für die Atemmechanik und unterscheiden ein bulbäres, ein spinales und ein cerebrales Zentrum. Die Erregung dieser Zentren ist autochthon; sie geht unwillkürlich im Schlafe, bei Bewußtlosigkeit und auch nach Ausschaltung aller zentri-

[1]) Flourens: Recherches expérim. sur les propriétés et les fonctions des systémes nerveux. Paris 1842.

petalen Reize vor sich. Man weiß, daß — von allen seinen sensiblen Verbindungen losgelöst — das Atemzentrum infolge seiner auf inneren Reizen beruhenden Automatie noch weiter arbeitet, welche als Folge von Stoffwechselvorgängen in den nervösen Zentralorganen aufzuweisen ist. Neben diesen inneren autochthonen Reizen spielen nun die „Blutreize", nämlich vermehrter Kohlensäuregehalt bei normalem oder gar erhöhtem Sauerstoffgehalt oder verminderter Sauerstoffgehalt ohne Vermehrung der Kohlensäure als Regulationsmittel der Atembewegungen eine bedeutsame Rolle. Zu den Blutreizen gehören ferner alle Abweichungen von der normalen H-Ionenkonzentration. Wird ein bestimmter Grad der Konzentration der Wasserstoffionen im Blut nur im geringsten überschritten, so wirkt dieser als Atemreiz. Durch vermehrte Ventilation und dadurch gesteigerte Abgabe von Kohlensäure wird die Konstanz der H-Ionenkonzentration des Blutes garantiert. Man kann daher von einer physikochemischen Regulierung der Atmung sprechen [Winterstein[1]) und Hasselbach[2])]. Die eigentliche Führung der komplizierten Atemvorgänge behält stets das Zentrum.

Unter den äußeren Reizen sind diejenigen, welche die Selbststeuerung der Lungen besorgen, an erster Stelle zu nennen. So veranlaßt jede Exspiration einen inspiratorischen Reiz und umgekehrt. Unter pathologischen Bedingungen führt Lungenkollaps bei akut eintretendem Pneumothorax zu einer tiefen Inspiration. Aufblähen der Lunge bedingt eine exspiratorische Reizung des Atemzentrums. Beides geschieht auf dem Wege über die Vagi, nach deren Durchschneidung diese Steuerungsreflexe aufhören. Reflektorische Einflüsse gehen dem Atemzentrum außerdem auf den Wegen des Glossopharyngeus, des Laryngeus superior und des Trigeminus zu. Bekannt ist, daß auch Reize, die die äußere Haut treffen (kalte Übergießungen, Abklatschungen), tiefe Inspirationen mit nachfolgendem Atemstillstand bewirken können. Komplizierte reflektorische Mechanismen sorgen dafür, daß die Atmung beim Schluckakt stillgestellt und die Lunge so vor dem Eintritt von Speiseteilen schützt.

Die normale Atmung führt den Geweben so viel an Sauerstoff zu, daß das der Lunge vom rechten Herzen zu fließende Blut noch zu $^2/_3$ mit Sauerstoff beladen ist.

B. Pathologie der Thoraxform.

Die Gestalt des Thorax ist für die Funktion der in ihm untergebrachten Organe von großer Bedeutung. Schon physiologischerweise erkennen wir mannigfache Unterschiede der Gestaltung des Brustkorbs; eine scharfe Grenze zwischen normalem und pathologischem Thoraxbau läßt sich nicht ziehen. Die Gestalt des normalen Thorax ist während des Lebens dauernden Änderungen unterworfen. Die vorderen Rippenenden zeigen in der Kindheit eine stetig fortschreitende Senkung. In der Zeit von der Geburt bis zur Pubertät wird die Entfernung zwischen Sternum und Wirbelsäule geringer. Die Tiefe des Thorax nimmt ab.

Die Gestalt des Thorax kann durch äußere Einwirkungen (z. B. Schusterbrust), durch Erkrankungen der Brusteingeweide, durch

---

1) Winterstein: Pflügers Arch. f. d. ges. Physiol. Bd. 138, S. 167. 1911. — Biochem. Zeitschr. Bd. 70, S. 45. 1915.

2) Hasselbach: Biochem. Zeitschr. Bd. 46, S. 403. 1912.

Erkrankung des knöchernen und knorpeligen Gerüsts und schließlich durch eine primär fehlerhafte Anlage entstellt sein. Schrumpfungsprozesse an den Pleuren oder an den Lungen führen zu einer Minderbeweglichkeit der kranken Seite, die Intercostalräume werden schmal, der Umfang der kranken Brusthälfte wird kleiner, Mamilla und Scapula nähern sich der Mittellinie, die Wirbelsäule wird verkrümmt und zeigt einen nach der kranken Seite konkaven Bogen. Es ist verständlich, daß durch diese Verkleinerung der ganzen Thoraxhälfte (Retrécissement thoracique) Lagerung und Funktionen der intrathorakalen Organe beeinträchtigt werden. Umgekehrt führen pathologische oder artefizielle Ansammlungen von Luft oder Gasen, von Flüssigkeiten oder beiden zugleich zur Erweiterung einer Thoraxhälfte, wobei die Intercostalräume abgeflacht oder vorgewölbt erscheinen. Auch einzelne Abschnitte der Brustwand können durch starke Vergrößerungen des Herzens, durch mediastinale Geschwülste, durch Aortenaneurysmen vorgewölbt werden. Erkranken die Rippen, so können sie wie bei der Rachitis der Kinder den an ihnen angreifenden Muskelkräften auf die Dauer nicht genügenden Widerstand leisten; es kommt zu muldenförmigen Einziehungen beiderseits vom Brustbein, wodurch dasselbe aus dem Niveau der vorderen Brustwand wie bei den Vögeln vorspringt (Pectus carinatum, Hühnerbrust); greift der rachitische Prozeß auf die Wirbelsäule über, so wird diese nach vorn (Kyphose) oder nach vorn und seitlich (Kyphoskoliose) verbogen; daraus resultieren groteske Entstellungen des ganzen Brustskeletts; die luftzuführenden Wege nehmen einen gewundenen Verlauf; einzelne Lungenabschnitte sind von der respiratorischen Entfaltung so gut wie ausgeschaltet; solche Individuen sind durch jede Lungenerkrankung in besonderem Maße gefährdet.

Unter den primären Thoraxanomalien sind bestimmte Typen wegen ihres klinischen Interesses eingehend beschrieben worden. Beim paralytischen oder asthenischen Thorax ist die Wölbung flach, der Brustkorb erscheint lang und schmal, der sternovertebrale Durchmesser ist verkürzt, die Zwischenrippenräume sind breit und — da die deckende Muskulatur und das Fettpolster schlecht entwickelt sind — auffallend sichtbar. Die Schulterblätter stehen flügelförmig ab, die Schlüsselbeine springen stärker vor. Der epigastrische Winkel ist spitz. Die physiologischen Krümmungen der Wirbelsäule sind stärker ausgeprägt als in der Norm, wodurch der Brustkorb dem Beckengürtel genähert wird. Oft läßt sich die freie Spitze der 10. Rippe tasten. Doch ist diese Costa decima fluctuans als Zeichen des asthenischen Habitus sicher überschätzt worden.

Eine strenge Trennung des asthenischen Thorax vom sogenannten phthisischen ist nicht in allen Fällen durchführbar. Das charakteristische Gepräge soll letzterem die Verkürzung der ersten Rippen und ihrer Knorpel geben, durch sie wird das Manubrium sterni stärker nach hinten gezogen und die obere Thoraxapertur abgeflacht. Daß die ersten Rippen bei diesem Mechanismus tiefer in die Lungenspitze einschneiden, ist ein Irrtum; denn die Lungenspitze überragt schon in der Norm nicht — worauf F. MÜLLER zuerst aufmerksam machte — die ersten Rippen. Die isolierte Verknöcherung des ersten Rippenknorpelpaares ist röntgenologisch häufig auch bei nicht phthisischem Habitus nachweisbar; die auffallende Erscheinung hängt mit der Entwicklung einer rudimentären

Anlage, die wahrscheinlich vom Episternum ausgeht, genetisch zusammen. Fraglos wirkt die Atmung ihrerseits auf Formung und Ausbildung des Thorax ein. Kommt es durch langes Krankenlager oder aus anderen Gründen zu einer respiratorischen Insuffizienz, so bleiben besonders die oberen Thoraxabschnitte in ihrer Ausbildung zurück.

Der emphysematöse Thorax ist durch den horizontalen Verlauf der Rippen, welcher die respiratorische Erweiterung erheblich beschränkt, gekennzeichnet. Schon physiologischerweise nimmt mit zunehmendem Alter der Brustkorb eine Ruhelage ein, die sich der Inspirationsstellung nähert. Der relative Brustumfang (bezogen auf die Standhöhe) nimmt

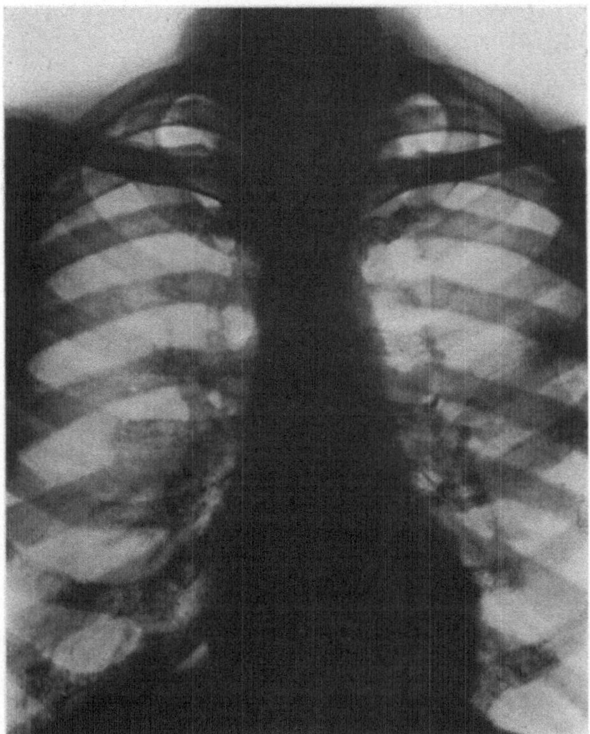

Abb. 1. Totalverkalkung sämtlicher Rippenknorpel bei einem 25jährigen Mädchen.

daher noch zu, wenn das Wachstum längst abgeschlossen ist. Unter pathologischen Verhältnissen kann durch eine frühzeitige Verkalkung und Verknöcherung der Rippenknorpel der ganze Thorax in Inspirationsstellung gewissermaßen erstarren (Abb. 1); der Brustkorb nimmt die Form eines Fasses an (Faßthorax). Als Ursache für diese Thoraxanomalie ist neben der primären Rippenknorpelerkrankung auch eine solche der Lungen angeschuldigt worden. Lassen die elastischen Retraktionskräfte der Lunge nach, wie das beim Emphysem der Fall ist, so resultiert daraus eine schlechtere Exspiration. Um unter diesen Bedingungen noch eine genügende Lüftung der Lungen zu bewerkstelligen, müssen die inspiratorischen Kräfte stärker beansprucht werden. Da die auxiliäre Atemmuskulatur vorzugsweise am oberen Brustkorb angreift, wird dieser gehoben und geweitet und so zur Faßform ummodelliert.

Bei mangelnder Funktion der Bauchmuskulatur mit Senkung der Baucheingeweide wird die untere Brustkorböffnung schlecht geweitet, der Thorax nimmt Birnenform an (Thorax piriformis, WENKEBACH). Bei stärkerer Bauchfüllung, Fettsucht, Gravidität, wird die untere Thoraxapertur geweitet; der Thorax erscheint im ganzen kürzer und breiter.

C. Störungen der äußeren Atmung.

1. Pathologie der Atembewegungen.

Während, wie erwähnt, unter normalen Bedingungen die Exspiration zum großen Teil passiv erfolgt, setzt beim Sprechen, Singen und Schreien,

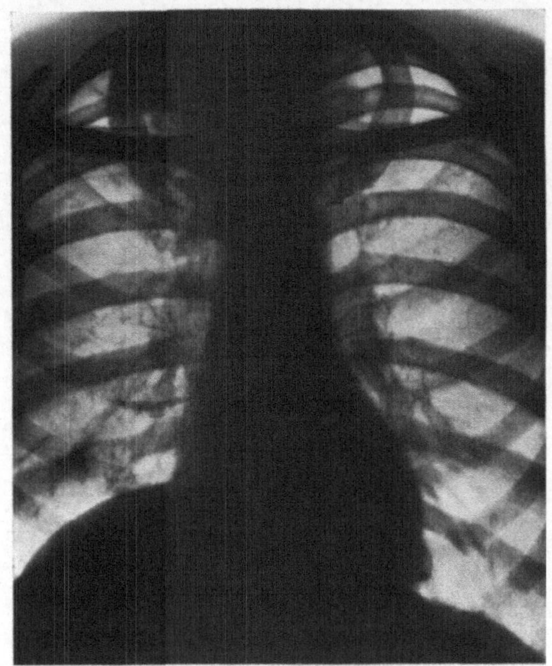

Abb. 2. WILLIAMsches Symptom bei rechtseitiger Spitzentuberkulose.

beim Husten und Niesen unter Inanspruchnahme der äußeren Bauchmuskeln (Musc. recti und obl. abdom., weniger des Transvers. abdom.) eine kräftige aktive Exspiration ein. Unter den Störungen des Bewegungsablaufs kann man solche unterscheiden, die vorwiegend die Zwerchfellatmung (abdominelle Atmung) und solche, die besonders die costale Atmung betreffen.

Die **Störungen der Zwerchfellatmung** werden bei vielen intraabdominellen Erkrankungen beobachtet (subphrenischer Absceß, Peritonitis, Perityphlitis). Auch Vorgänge, die ohne entzündliche Begleiterscheinungen zu einer intraabdominellen Druckzunahme führen, behindern die Zwerchfellatmung (Gravidität, Gasblähung der Därme, Ascites und Tumoren). Neben rein mechanischen Ursachen spielen reflektorische eine Rolle. Besonders deutlich wird das bei umschriebenen Entzündungen der pleuralen oder peritonealen Zwerchfellbekleidungen. Ebenso können Apoplexien und periphere Phrenicuslähmungen zu Zwerchfellbewegungsstörungen führen. Ein besonders bei Röntgenuntersuchungen auffallendes Zeichen ist das WILLIAMsche Phänomen. Man versteht darunter eine einseitige schlechtere Exkursionsfähigkeit und Hochstand des Zwerchfells (Abb. 2). Dieses Symptom wird bei tuberkulösen Lungenspitzenaffektionen besonders häufig beobachtet. Es beruht offenbar auf der verminderten Kapazität der kranken Lunge, welche dem inspiratorischen Tiefertreten des Zwerchfells entgegenwirkt. Die beim Pneumothorax beobachtete paradoxe Zwerchfellbewegung, bei welcher das Zwerchfell auf der erkrankten Seite bei der Inspiration nach oben steigt, wird durch Retraktion der Lunge erklärt.

Durch den Wegfall des Lungenzuges beim Pneumothorax sinkt das Zwerchfell auf der erkrankten Seite bis in die Höhe seines Ansatzes herab. Es kontrahiert sich zwar noch, aber der Kontraktionseffekt wird röntgenologisch nicht mehr sichtbar, da der Muskel während seiner Erschlaffung durch die Lunge nicht mehr in die Pleurahöhle hineingezogen wird und dadurch einen höheren Stand erreichen kann. Das durch seine Eigenkontraktion daher nur wenig bewegte Zwerchfell wird einseitig durch die intraabdominelle Drucksteigerung, welche die ausgiebige Bewegung des Zwerchfells der gesunden Seite bewirkt, in die Höhe getrieben. Andererseits unterliegt es — wiederum infolge seiner verminderten Eigenbewegung in höherem Maße der inspiratorischen Saugwirkung besonders bei gesteigerter costaler Atmung.

Auch der Füllungszustand des Bauches ist von maßgebendem Einfluß für die Tätigkeit des Zwerchfells, beim Thorax piriformis kann die Zwerchfellatmung vollkommen fehlen [WENKEBACH[1])].

Die **Störungen der costalen Atmung** sind bedingt durch Erkrankung der Lungen selbst (Pneumonie) oder der Pleuren. Hier kommt es auf reflektorischem Wege zu einem Stillstand oder auch nur zu einer Bewegungsbeschränkung der erkrankten Brusthälfte. Bemerkenswerterweise kommt bei diesen Erkrankungen gelegentlich auch ohne Exsudatbildung in der Pleura eine Vorwölbung der Thoraxwand zur Ausbildung. Der Mechanismus ist folgender: Der Tonus der am Brustkorb angreifenden Muskulatur bleibt erhalten; er wirkt thoraxerweiternd. Die thoraxverengernde Lungenspannung ist wesentlich herabgesetzt und wirkt der Inspirationsmuskulatur nicht genügend entgegen, so daß eine Erweiterung und Vorwölbung im Bereich der Erkrankung der Lungen resultiert. Auch eine differente Entwicklung der Atemmuskulatur kann eine ungleichmäßige Rippenatmung zur Folge haben. Neuerdings wird dem Tonus der Atemmuskulatur, welcher bei chronischem Husten eine erhöhte Inanspruchnahme erfährt, eine große Bedeutung für das Ausmaß der costalen Atmung vindiziert. Eine solche Hypertonie der Atemmuskulatur kann eine Thoraxstarre vortäuschen. Am häufigsten und intensivsten erleidet die costale Atmung durch ein Erstarren der Rippenknorpel resp. eine Verknöcherung derselben eine Behinderung, die bis zur völligen Thoraxstarre gehen kann (Abb. 1). Es ist klar, daß eine einseitige Störung der costalen Atmung zu diagnostisch äußerst wichtigen

[1]) WENKEBACH: Über pathologische Beziehungen zwischen Atmung und Kreislauf beim Menschen. Samml. klin. Vortr. Nr. 465/466. Leipzig 1907.

Asymmetrien der Brustwandbewegungen führen muß (einseitige Pleuritiden, Rippenfrakturen, Intercostalneuralgien, pleuritische Schwarten, Seropneumothorax).

2. Störungen des Rhythmus und der Form der Atmung.

a) Störungen der Inspiration.

Unter den Störungen des Atemrhythmus und der Form kann man solche der Inspiration, solche der Exspiration und solche der Atempause unterscheiden. Die Dauer der Einatmung verhält sich zu der der Ausatmung wie 10:16. Eine Verlängerung der Inspirationsdauer wird

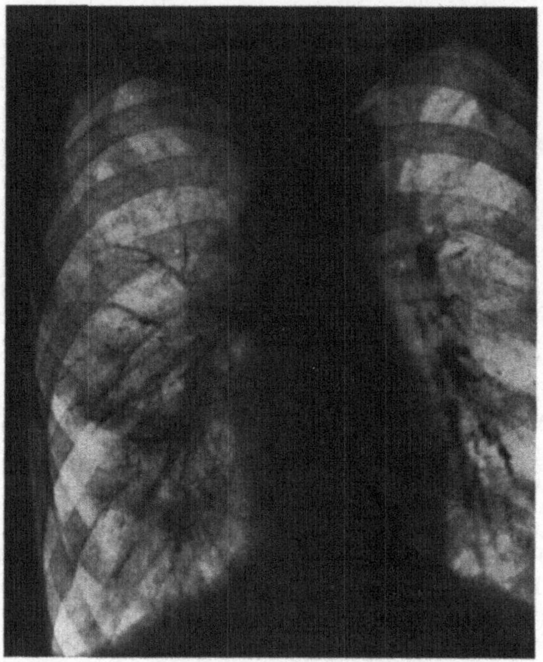

Abb. 3. Bariumbreiausguß des Bronchialbaums nach Perforation eines Cesophaguscarcinoms. † nach 24 Stunden.

durch alle Momente, die zu einer Tracheal- oder Bronchialstenose führen, bedingt; hierher gehören Fremdkörper im Larynx (Abb. 3), Schilddrüsen und Mediastinaltumoren oder komprimierende Oesophagusneubildungen, Lähmungen der Stimmbänder, Glottisödem. Auch alle Endobronchialerkrankungen, die zu einer Verengerung des Lumens führen, sind hierher zu zählen (z. B. Tuberkulose, Lues, chron.-fibrin. Bronchitis). Weiterhin wird bei Erkrankung des Lungenparenchyms selbst (Pneumonie, Gangrän) eine Verlängerung der Einatmungsphase beobachtet. Die Erklärung ist darin gegeben, daß die Lungen durch die erwähnten Prozesse infolge erschwerten Lufteinstroms der respiratorischen Thoraxerweiterung nicht entsprechend rasch folgen können. Die Atmung der Kranken wird unter diesen Bedingungen gequält, mühsamer, verläuft im ganzen mit größerer Anstrengung. Die normalen Einatmungsmuskeln arbeiten energischer, es werden die sogenannten auxiliären Atmungsmuskeln, der Pectoralis major, der Seratus anterior und die Rippenheber mit herangezogen. Wenn trotz der gewaltsamen Atmung der Luftstrom nicht genügend rasch durch die verengten Luftwege einpassieren kann, kommt es zu Einziehungen der Zwischenrippenräume. Es ist verständlich, daß bei manchen Herzfehlern wegen der sich entwickelnden Stauungsbronchitis ein verlängertes Inspirium auftritt. Auch im Beginn einer akuten Nephritis, in der Urämie und bei beginnendem Lungenödem wird eine verlängerte Einatmungsphase beobachtet.

Eine Verkürzung der Inspirationsdauer tritt lediglich bei der „großen" Atmung des Urämikers in Erscheinung [Hofbauer[1])].

b) Störungen der Exspiration.

Eine Verlängerung der Exspirationsdauer findet man bei Fremdkörpern in den oberen Luftwegen, bei Polypen unterhalb der Glottis, bei Asthma und komprimierenden Tumoren des Mediastinums und des Oesophagus, weiterhin auch bei pericardialen Exsudaten, ferner bei fast allen Erkrankungen der Lungen, besonders beim Emphysem. Hier trägt die Exspiration, die mit Aufbietung vieler auxiliärer Muskeln durchgeführt wird, deutlich aktiven Charakter.

Für die Entstehung des Emphysems werden alle Momente angeschuldigt, die bei ungehinderter oder verstärkter Inspiration die Exspiration erschweren. Es kommt durch vermehrten Inspirationszug und gesteigerten Exspirationsdruck zu einer Überdehnung der elastischen Elemente. Doch führen nach klinischen Erfahrungen Umstände, die die Exspiration erschweren (Ausbildung von komprimierenden Tumoren) allein nicht zum Bilde des echten Emphysems. In vielen, vielleicht in den meisten Fällen ist die Verringerung der Elastizität durch chronische entzündliche Prozesse und Ernährungsschädigungen des Gewebes mitbedingt.

Eine primäre starre Dilatation des Thorax ist nur selten als sichere Ursache des Emphysems anzusprechen. Meist geht das Emphysem der Erstarrung des Thorax voran.

Von anderen wird die angestrengte Atmung an sich als Entstehungsursache der Lungenblähung angesehen. Schon bei gesunden Menschen nimmt das Zwerchfell infolge vertiefter Atmung einen tieferen Stand ein, da unter diesen Umständen mehr Residualluft im Thorax zurückbleibt als bei ruhiger Atmung, was sich auf spirometrischem wie pneumographischem Wege zeigen läßt. Man erklärt diese Tatsache damit, daß beim Bedürfnis nach verstärkter Atmung die besser gebahnten Innervationswege für die Inspirationsmuskulatur leichter auf die zentripetalen Reize ansprechen, während die nur selten beanspruchte Exspirationsmuskulatur schwerer reagiert. So wird es verständlich, daß bei Berufen, die eine verstärkte und angestrengte Atmung nötig machen (Glasbläser, Musiker, die Blasinstrumente spielen) das Emphysem besonders häufig angetroffen wird.

Viele Erscheinungen des chronischen Emphysems können sich auch ganz akut — anfallsweise — beim Asthma bronchiale entwickeln. Die

---

[1]) Hofbauer: Ergebn. d. inn. Med. Bd. 4, S. 1. 1909.

plötzlich einsetzende Schweratmigkeit — Dyspnoe — geht mit Vertiefung der Atmung, bei stark verlängerter Exspiration, die beide rein costal bewerkstelligt werden, einher. Das Zwerchfell tritt tiefer, seine Exkursionen werden kleiner, der Thoraxumfang nimmt zu, die Lungen werden gebläht. Trotzdem die Atempause verschwindet, wird die Zahl der Atemzüge im Anfall geringer. Eine einheitliche auslösende Ursache für diese akuten Anfälle von Lungenblähung ist nicht bekannt. Eine erhöhte Erregbarkeit des Vagus ist deshalb angeschuldigt worden, weil man weiß, daß im Experiment durch Vagusreizung Bronchialmuskelkrampf und Lungenblähung hervorgerufen werden können. Daß toxische Substanzen eine Rolle spielen können, lehren die Erfahrungen am anaphylaktischen Tier. Immer werden katarrhalische Prozesse im akuten Anfall klinisch beobachtet und in seltenen Fällen auch autoptisch sichergestellt.

c) Der Husten.

Zu den exspiratorischen Bewegungen von besonderer Form gehört auch das Husten und Niesen, welches — hauptsächlich auf dem Wege des Vagus — meist durch Reizung der Kehlkopfschleimhaut, der Trachea, der Pleura, der Cornea und des Gehörgangs, vielleicht auch von der vergrößerten Leber und Milz reflektorisch hervorgerufen wird. Nach einer tiefen Inspiration wird die Stimmritze geschlossen, die Exspirationsmuskulatur und besonders die Bauchpresse setzen die Lungenluft unter erhöhten Druck. Die Stimmritze wird gesprengt und der mit einem Explosionslaut entweichende Luftstrom dringt, da der weiche Gaumen den Nasenrachenraum abschließt, rasch durch den Mund und reißt die Fremdkörper, welche die Flimmerbewegung der Epithelien nicht entfernen konnte, aus den tieferen Luftwegen nach oben. Die Reizbarkeit der reflexogenen Zonen ist sehr verschieden; entzündliche Veränderungen an den respiratorischen Schleimhäuten steigern sie erheblich. Es ist wichtig zu wissen, daß narkotisch wirkende Gifte eine Schwächung der Exspirationsmuskulatur bedingen und damit den Hustenvorgang als solchen teilweise oder ganz unwirksam machen können. Ein dauernder Reizhusten bei freien Schleimhäuten ist wegen der damit verbundenen ständigen Druckerhöhung in den Lungen, der gleichzeitig eintretenden erschwerten Zirkulation und weiterhin wegen der Mehrbelastung vielleicht schon erkrankter Gefäße nicht ohne Gefahr. Jeder Hustenstoß schafft die Bedingungen des VALSALVAschen Versuchs: Der intrathorakale Druck steigt und erschwert den Eintritt des venösen Blutes in das rechte Herz, wodurch wieder der Druck in den peripheren Venen meßbar ansteigt.

Beim Niesen werden die Choanen durch die Constrictores pharyngis superiores zunächst geschlossen und dann durch den Exspirationsstoß gesprengt. Der rasch entweichende Luftstrom reinigt die Nasenschleimhaut von anhaftendem Schleim und Fremdkörpern.

Das Zentrum für die koordinierten Bewegungen des Hustens und Niesens ist in der Medulla oblongata in der Nähe des Atemzentrums zu suchen.

d) Die periodische Atmung.

Bei vielen Krankheiten des Gehirns und seiner Häute (Meningitis, Hirntumoren), bei Autointoxikationen (Urämie), bei schweren Herzfehlern, wird ein periodisches An- und Abschwellen der Atemtiefe mit einem mehr oder weniger lange andauernden Aussetzen der Atmung beobachtet. Die Dauer des einzelnen Atemzuges wird von Anfang einer Atemperiode bis zur Höhe derselben immer kleiner, seine Tiefe wird gleichzeitig größer, die Atemkurven daher immer spitzer, um gegen den Atemstillstand hin langsam abzuflachen. Die Pausen zwischen den einzelnen Atemzügen werden gegen die Mitte der Atemperiode langsam kleiner und verschwinden schließlich ganz. Mit dem Verflachen der Atmung treten sie wieder auf und werden allmählich größer.

Viele Kranke sind während der Atempause benommen oder scheinen einzuschlafen und wachen mit dem Einatmen wieder auf. Dieser sogenannte Cheyne-Stokessche Atemtypus ist häufig schon im normalen Schlafe besonders bei hochbetagten Menschen zu beobachten und läßt sich bei Chloral- und Morphiumnarkose gelegentlich demonstrieren. Die Pupillen werden während der Atempause eng, reagieren schlecht oder gar nicht auf Licht, um mit dem Wiedereinsetzen der Atmung sich zu erweitern und ihre alte Reaktionsfähigkeit wieder zu gewinnen. Die beigegebene Abbildung 4 zeigt neben der Atemkurve das gleichzeitig

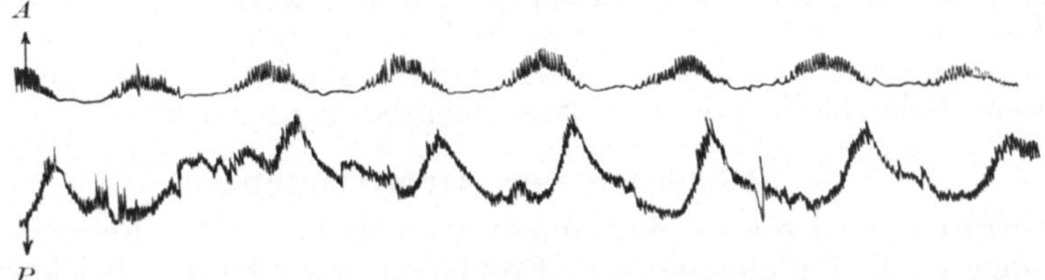

Abb. 4. Cheyne-Stokessche Atmung.
A = Atemkurve. Thoraxbewegungen durch Luftübertragung geschrieben. P = Plethysmogramm des rechten Unterarms. Sinken der unteren Kurve entspricht einer Zunahme, Steigen der Kurve einer Abnahme des Armvolumens. (Eigene Beobachtung.)

geschriebene Plethysmogramm des rechten Arms. Die sinkende untere Kurve bedeutet ein Anschwellen des rechten Arms zur Zeit des Atemstillstandes. Mit Wiederbeginn der Atmung schwillt der Arm ab; damit ist in einleuchtender Weise die Saugwirkung der Atmung illustriert, die für den Einstrom des Blutes in den Thorax von großer Bedeutung ist.

Bei der Mannigfaltigkeit der klinischen Zustandsbilder, welche zum Cheyne-Stokesschen Atemtypus führen, ist es nicht leicht, eine einheitliche Erklärung zu finden. Die Zentren können durch toxische Produkte (Urämie) oder durch mangelhafte Sauerstoffversorgung, welche ihrerseits zur Bildung giftiger Substanzen führen kann, in einen Zustand herabgesetzter Erregbarkeit geraten. Die steigende Kohlensäureanhäufung gibt dann den Reiz ab, welcher die Zentren schließlich wieder erregt. Die langsam einsetzende Atmung bedingt eine zunehmende Arterialisierung des Blutes, der Kohlensäuregehalt reicht nicht mehr aus, die Zentren zu erregen, die Atmung wird langsam wieder flacher und sistiert schließlich, bis das Spiel von neuem beginnt. Die wiedereinsetzende Atmung bringt infolge der verbesserten Zirkulation gleichzeitig einen neuen Schub toxischer Substanzen aus der Peripherie an die Zentren. Wie man durch Sauerstoffmangel eine periodische Atmung erzeugen kann, so lassen sich die Pausen während der Cheyne-Stokesschen Atmung durch Sauerstoffzufuhr und durch sensible Reize unterdrücken.

e) Die Apnoe.

Macht man bei Tieren mit Blasebalg und Trachealkanüle wiederholte Lufteinblasungen, so hört das Tier zu atmen auf und beginnt erst längere Zeit nach Aufhören der Einblasungen wieder zu respirieren. Den auf diese Weise erzeugten Atemstillstand nennt man Apnoe. Er läßt sich nach Durchschneidung der Vagi viel schwerer erzeugen. Als Ursachen werden folgende angeführt: Erstens soll durch die Lufteinblasungen das zuvor nicht vollkommen mit Sauerstoff gesättigte Arterienblut in den Zustand völliger Sättigung gebracht werden. Die Atembewegungen fallen wegen mangelnden Atembedürfnisses vorübergehend aus (Apnoea vera). Zweitens bedingen die Lufteinblasungen einen Vagusreiz, der auf nervösem Wege zum Atemstillstand führen soll (Apnoea spuria). Die fetale Apnoe wird der echten Form zugerechnet. Zu ihrer Erklärung wird übrigens angeführt, daß während des intrauterinen Lebens eine geringere Erregungsfähigkeit im Atemzentrum besteht als nach der Geburt. Es fehlt dem Foetus zudem der physiologische Atemreiz, da ihm dauernd durch die Placenta genügend Sauerstoff zugeführt wird. Wird die Zufuhr durch Kompression der Nabelgefäße gedrosselt, so kann der Foetus innerhalb der uneröffneten Häute des ausgestoßenen Eies zu Atembewegungen angeregt werden. Beim langsamen Tode der Mutter kommt es zu einer allmählichen Lähmung des kindlichen Atemzentrums; in diesem Falle bleiben intrauterine Atembewegungen aus.

3. Störungen der Atemfrequenz.

Steigerungen der Atemfrequenz werden bei vielen Erkrankungen der Lunge (z. B. Pneumonie), der Bronchien, der Pleuren, bei kardialen Erkrankungen und in seltenen Fällen bei diabetischem Koma beobachtet. Gelegentlich sieht man beschleunigte Atmung bei Morbus Basedow, bei Salicylsäurevergiftung und bei der Hysterie. Sehr eindrucksvoll ist die beschleunigte Atemtätigkeit, die gleichzeitig mit einer Verflachung der Atmung einhergeht, bei ausgedehnter Bronchitis und bei allen fieberhaften Zuständen. Die beschleunigenden Reize sind nicht einheitlicher Natur. Bei vielen Erkrankungen der Lunge und des Herzens ist die Überladung des Blutes mit Kohlensäure die Ursache. In anderen Fällen führen schmerzhafte Affektionen der Pleuren, der Rippen, der Thoraxmuskulatur zu einer willkürlichen Einschränkung der Atemexkursionen. Die durch Verflachung der Atmung verminderte Ventilation wird dann durch gesteigerte Atemfrequenz kompensiert.

Als ein Hilfsmittel der physikalischen Wärmeregulation wird bei Warmblütern mit unentwickelter Schweißsekretion (z. B. beim Hunde) eine Wärmetachypnoe beobachtet. Sie kann durch Erwärmung des ganzen Körpers oder z. B. nur des Carotisblutes willkürlich erzeugt werden und bewirkt durch Beschleunigung der Atemzüge eine vermehrte Wärmeabgabe durch Verdunstung von der Lungenoberfläche. Verlangsamung der Atmung tritt ein bei gesteigertem Hirndruck als Folge zentraler Schädigung.

D. Störungen des Gasaustausches in den Lungen.

1. Physiologische Vorbemerkungen.

Im Capillarsystem des Lungenkreislaufs findet der Gasaustausch zwischen Lungenluft und Blut statt. Die Größe des Gaswechsels ist bestimmbar, da sowohl die Spannung der Lungenluftgase wie der Blutgase untersucht werden kann. Die Löslichkeit der Gase in Wasser, Salzlösungen, Plasma und Blut, wird durch ihren Absorptionskoeffizienten bestimmt. Derselbe wird als die in 1 ccm bei 760 mm Hg gesättigten Wassers enthaltenen Gasmenge definiert. Gesättigt ist die Flüssigkeit, sobald zwischen ihr und dem Gas ein Gleichgewichtszustand eingetreten ist. Dieser Sättigungszustand ist bei verschiedenen Drucken verschieden. Die Gasmenge, die von einer Flüssigkeit aufgenommen wird, ist dem Druck proportional. Unter physiologischen Bedingungen kommt nie der Druck eines einzelnen Gases in reinem Zustande in Frage, sondern nur der Druck eines Gasgemisches. Es handelt sich nun darum, den Teildruck (Partialdruck) eines bestimmten Gases zu erfahren. Derselbe läßt sich errechnen aus den Volumprozenten, mit welchen das betreffende Gas an der Gesamtmischung teilhat.

Die Absorptionskoeffizienten betragen bis 38° (nach Bohr):

	in reinem Wasser	Blutplasma	Blut
für Stickstoff	0,012	0,012	0,011
für Sauerstoff	0,024	0,023	0,022
für Kohlensäure . . .	0,557	0,541	0,511

Das kreisende Blut tritt nun mit einem Gemisch dieser drei Gase in Kontakt. Ihr Mengenverhältnis ist daselbst folgendes: 6% Wasserstoff, 75% Stickstoff, 15% Sauerstoff und 4% Kohlensäure. Bei 760 mm Hg entfallen demnach auf Stickstoff $^3/_4$ Atmosphäre, auf Sauerstoff $^1/_7$ Atmosphäre, auf Kohlensäure $^1/_{25}$ Atmosphäre. 100 ccm Blut würden also bei den angenommenen Partiardrucken aufnehmen:

Stickstoff . . . . $1{,}1 \times {}^3/_4 = 0{,}8$ ccm³
Sauerstoff . . . . $2{,}2 \times {}^1/_7 = 0{,}3$ ccm³
Kohlensäure . . . $51{,}1 \times {}^1/_{25} = 2{,}0$ ccm³

Tatsächlich gefunden wurden für das Arterienblut des Menschen 18 Volumprozent Sauerstoff und 38 Volumprozent Kohlensäure.

Auch der Stickstoffgehalt ist größer als nach der Löslichkeit des Gases zu erwarten ist. Die hohe Beteiligung des Sauerstoffs ist bekanntlich durch seine Bindung an das Hämoglobin erklärt (eine Hämoglobinlösung bindet bei 760 mm Sauerstoffdruck pro 1 g Hämoglobin 1,3 ccm Sauerstoff). Auch Kohlensäure bindet das Hämoglobin. Der Rest der auf die Blutkörperchen entfallenden Kohlensäureanteile wird von ihren Alkalien, vom Eiweiß und vielleicht von den Phosphaten gebunden. Untersucht man aber das von den Blutkörpern befreite Plasma, so kommt man auf den nach den Partialdrucken errechneten Sauerstoffgehalt von 0,3 Volumprozent, während die Kohlensäure unter diesen Bedingungen immer noch 13 Volumprozent, also ein Vielfaches seiner Löslichkeitsmenge im Plasma betrifft. Dieses erhöhte Kohlensäurebindungsvermögen des Plasmas ist erstens bedingt durch überschüssiges Alkali, 12 Volumprozent CO_2 sind allein im Plasma als Bicarbonat vorhanden, zweitens durch Aminosäuren, Peptide und Eiweißkörper. Hier können durch Anlagerung von CO_2 an Aminogruppen sogenannte Carbaminogruppen entstehen. Ein erhöhtes Sauerstoffbindungsvermögen gewinnt das Plasma erst dann, wenn ihm Hämoglobin beigemischt ist. Das CO_2-Bindungsvermögen desselben dagegen liegt nach dem Gesagten dauernd weit über dem errechneten Lösungsvermögen.

Der normale Übertritt von Sauerstoff aus der Alveolenluft ins Blut ist dadurch gewährleistet, daß die Sauerstoffspannung des arteriellen Blutes stets um einige mm Hg niedriger liegt als die der Alveolarluft, während die CO_2-Spannung des Blutes die der Alveolenluft um einige mm übertrifft.

Die Oberfläche der Lungenalveolen wird zu 90—130 qm angegeben. Bei mäßiger Ruhe wird in der Lunge innerhalb 24 Stunden an einer Grenzfläche von 130 qm eine Luftmasse von 10000 l mit einer

Blutkörperchenoberfläche von 116000 qm in Wechselaustausch gesetzt [SCHADE[1])].

2. Störungen im Gasaustausch.

Diese Vorbemerkungen machen es verständlich, daß Störungen im Gasaustausch von den verschiedensten Faktoren bedingt sein können, nämlich von der Zusammensetzung der Atemluft und des Blutes, von der Ventilationsgröße, von den Zirkulationsverhältnissen und von der Beschaffenheit des respirierenden Epithels. Schon eine nur kurz dauernde Unterbrechung der Sauerstoffzufuhr kann vom Warmblüter ohne Gefährdung des weiteren Lebens nicht ertragen werden. Diese Tatsache ist in dem hohen Sauerstoffbedürfnis des Organismus (pro Tag 744 g) bei relativ geringem Sauerstoffgehalt des strömenden Blutes (4 g) begründet. Im Experiment gelingt es durch Sauerstoffverarmung der Lungenluft, Inhalation von Stickstoff (oder Wasserstoff) den Diffusionsstrom des Sauerstoffs umzukehren, so daß also vom Capillarblut des kleinen Kreislaufs Sauerstoff an die Alveolenluft abgegeben wird. Werden jedoch nicht so extreme Bedingungen gewählt, so wird bei der Atmung sauerstoffarmer Gemische die Sauerstoffversorgung des Organismus durch ein vermehrtes Atemvolumen sichergestellt.

Plötzliche Absperrung allen Sauerstoffs führt unter Dyspnoe, Krämpfen und Atemstillstand zum Erstickungstode. Wird der Sauerstoff dagegen allmählich entzogen, so besteht zunächst die Tendenz, durch vermehrte Ventilation dem Mangel abzuhelfen. Schließlich wird auch unter diesen Bedingungen die Atmung schwächer und es tritt unter zentralen Reizerscheinungen der Tod ein. Änderungen der Atmung werden erst beobachtet, wenn die Luft weniger als 9% O_2 im Bereich der Alveolen enthält. Neben den bereits erwähnten Steigerungen der Ventilation wirkt eine bei Atmung sauerstoffarmer Luft eintretende Lungenhyperämie als kompensatorischer Vorgang. Daß ein weitgehendes Sinken der alveolaren O_2-Spannung (bis zu 7%) noch ohne Störung ertragen wird, liegt daran, daß das Hämoglobin noch bei einer Sauerstoffspannung von nur 40 mm etwa 90% seiner Sauerstoffsättigung erreicht.

Von größerem Interesse ist die Atmung sauerstoffreicher Atemluft, welche zu therapeutischen Zwecken vielfach Verwendung findet. Man kann auf solche Weise den O_2-Gehalt des Blutes um 4,2% steigern, wovon 2,4% durch chemische Mehrbindung im Hämoglobin und 1,8% auf vermehrte Absorption entfallen [LOEWY und ZUNTZ[2])]. Wenn damit der Vorrat an Sauerstoff auch fast um die Hälfte der in den Geweben normalerweise verbrauchten Sauerstoffmenge gesteigert wird, so ist eine Änderung der Oxydationsgröße auf diese Weise nicht zu erreichen.

Ebensowenig führt die Stenosenatmung regelmäßig zu einer Veränderung der Blutgase, was nur dadurch erklärlich ist, daß durch die reflektorisch bedingte Verstärkung der Atembewegungen ein ausreichender Gaswechsel sichergestellt wird.

Sind der Einatmungsluft sogenannte irrespirable Gase in hohen Konzentrationen beigemengt (Ammoniak, Chlor, schweflige Säure, Nitrose-

[1]) SCHADE: Die physikalische Chemie in der inneren Medizin. Dresden und Leipzig 1921.

[2]) LOEWY und ZUNTZ: Michaelis' Handbuch der Sauerstofftherapie. Leipzig 1906.

gase, Salzsäure), so werden von der Schleimhaut der oberen Luftwege hauptsächlich der Nase die sogenannten Schutzreflexe, nämlich Schluß der Stimmritze, Atemstillstand in Exspirationsstellung und Bronchialmuskelkrampf ausgelöst. Schließlich macht sich aber das Atembedürfnis zwingend geltend, und die schädigenden Gase dringen doch in die Lungen und üben ihre deletäre Wirkung aus. Im letzten Kriege hat die Beimischung solcher giftiger Stoffe zur Respirationsluft eine wichtige Rolle als Kampfmittel gespielt. Nach ihren physikalischen und chemischen Eigenschaften zeigt sich eine große Verschiedenheit der im Gaskampf verwendeten Stoffe. Allen gemeinsam ist ihre große Oberflächenaktivität, dank deren ihre Dämpfe leicht an gewissen Oberflächen haften. Fast sämtliche Faktoren, die bei den Störungen in dem Gasaustausch in den Lungen eine Rolle spielen, können experimentell durch Beimischung von Phosgen $COCl_2$ zur Atemluft erzeugt werden.

Die Phosgenvergiftung ist daher für die allgemeine Pathologie der Lungenerkrankungen von grundlegender Bedeutung. Das Bild derselben setzt sich zusammen aus Reizwirkungen an den betroffenen Schleimhäuten, aus besonderen Veränderungen des Lungengewebes und deren Folgen. Für den Menschen ist schon der Aufenthalt bei einer Beimischung von 5—10 mg pro cbm Atemluft mit Lebensgefahr verbunden. In unserem Zusammenhange von besonderem Interesse ist, daß, wie Versuche an Katzen gezeigt haben, die Vergiftung mit der angegebenen Konzentration anfänglich keine Veränderungen der Atmung zeigt. Die Frequenz nimmt etwas zu, von 30—40 pro Minute auf 50—60. Kommen die Tiere aus der Phosgenatmosphäre heraus, so zeigen sie nach 2—6 Stunden objektiv wahrnehmbare Dyspnoe, welche sich auf der Höhe der Erkrankung heftig steigert. Die Atemfrequenz steigt auf 80, 100 und mehr p. M. Kurz vor dem Tode wird die Atmung langsam krampfartig. Dem Tier läuft aus dem weitaufgerissenen Maul schaumige Flüssigkeit, es tritt Cyanose und Pupillenerweiterung ein. Die Sektionsbefunde, die in den verschiedenen Stadien der Vergiftung erhoben wurden, zeigen vor allem die verschiedenen Grade der ödematösen Durchtränkung. Das Lungengewicht phosgenvergifteter Katzen zeigt ebenso wie das bei gaskranken Menschen eine Vermehrung auf das Vierfache der Norm. Interessanterweise bewirkt doppelseitige Vagusdurchschneidung mit nachfolgender Phosgenvergiftung entweder keine oder geringere Lungenveränderungen als bei den Kontrollen. Die Ursache ist in der Ausschaltung der sensiblen Vagusäste zu sehen.

Über das Verhalten der Atembewegungen bei der Phosgenvergiftung liegen zahlreiche Beobachtungen von allgemein pathologisch-physiologischem Interesse vor. Da das Phosgen beim Zusammentreffen mit Blut- und Gewebsflüssigkeit außerordentlich leicht durch Abspaltung von Salzsäure zersetzt wird, ist die erste Folge eine Reizung der Alveolarwand und eine Änderung der Atemform in einer für den Gasaustausch ungünstigen Weise. Die Atmung wird so verflacht, daß selbst eine ausgiebige Frequenzzunahme eine Verminderung des Minutenvolumens der Atmung nicht aufhalten kann. Diese Veränderung setzt zu einer Zeit ein, in der klinische Erscheinungen und pathologisch-anatomische Zeichen noch vollkommen fehlen. Sie kann in ihrem Beginn durch Vagusdurchschneidung verhindert werden. Die gereizten sensiblen Fasern in den Alveolarwänden der Lungen geben den Hering-Breuerschen Dehnungsreflex der Alveolarwände früher als in der Norm. Das Primäre ist also eine Verflachung, das Sekundäre eine Beschleunigung der Atmung. Mit dem allmählichen Eintreten des Lungenödems verliert die Lunge an Elastizität und nimmt an Volumen immer mehr zu. Jetzt setzt mit rasch zunehmender Dyspnoe die gesteigerte Arbeit der Atemmuskulatur ein; sie kann aber eine Verschlechterung der Blutventilation auf die Dauer nicht aufhalten. So wurden bei den schwerphosgenvergifteten Menschen 54—62% CO_2 im Blute gefunden.

Die Beschaffenheit des Blutes kann in zwei Hauptrichtungen mit Änderungen des Gasaustausches in ursächlichem Zusammenhang stehen. Bewunderswert bleibt die Tatsache, daß bei Reduktion des Hämoglobins auf $^1/_5$ des normalen Bestandes eine Atmungsinsuffizienz klinisch sehr selten zur Beobachtung kommt. Nicht einmal eine

Beschleunigung der Atemtätigkeit oder eine Vertiefung der einzelnen Atemzüge wird unter diesen Umständen gesehen. Die Erklärung ist in einer erhöhten Umlaufsgeschwindigkeit des anämischen Blutes gesucht und im Tierexperiment gefunden worden [WEIZSÄCKER[1])]. Es ist aber andererseits nicht zu vergessen, daß schon unter normalen Bedingungen das Blut mit einem großen Sauerstoffvorrat in die venöse Bahn übertritt (66% des Sauerstoffs im Arterienblut werden im Venenblut wiedergefunden)[2]). Eine erhöhte Ausnützung des angebotenen Sauerstoffs durch die Gewebe ist eine zweite Kompensationsmöglichkeit bei anämischer Blutbeschaffenheit.

Umgekehrt kann eine Veränderung in der Zusammensetzung der Atemluft die Blutbeschaffenheit weitgehend beeinflussen. Bei Einatmung verdünnter Luft im Hochgebirge, in der pneumatischen Kammer, bei Ballonfahrten, tritt in gesetzmäßiger Weise eine Zunahme der Erythrocytenzahl und des Hämoglobingehalts im Blute ein. Es wurden in 24 Stunden Vermehrungen um 6—800000 festgestellt. Als Erklärung wurde diskutiert:

1. Ausschwemmung im Knochenmark vorgebildeter Blutkörperchenreserven.
2. Übergang von Plasma aus dem Blut ins Gewebe.
3. Eine veränderte Verteilung des Blutes in den einzelnen Gefäßprovinzen und
4. eine vermehrte Wasserabgabe des Blutes und dadurch eine relative Vermehrung der Blutkörperchen in der Volumeinheit.

Bei den mehr chronischen Einwirkungen des Höhenklimas steht jedenfalls eine echte Neubildung im Vordergrunde. Bei den akuten Vermehrungen spielen die anderen Faktoren sicher eine wesentliche Rolle.

Der diffusive Gasaustausch in den Lungen hängt seiner Größe und Schnelligkeit nach im wesentlichen von der Spannungsdifferenz der Gase in den Alveolen und im Blute ab. Daher wird sich ein sauerstoffarm in die Lungen eintretendes Blut rascher mit Sauerstoff beladen als ein sauerstoffreicheres. Andererseits kann die Sauerstoffspannung in der Alveolarluft durch vermehrte Ventilation gesteigert und dadurch das Gefälle zwischen ihr und dem Blute erhöht werden.

Die respiratorische Oberfläche kann durch Erhöhung der Mittelkapazität vergrößert, durch Entzündungs- und Neubildungsprozesse, die ihren Luftgehalt vermindern, verkleinert werden. Im einen Falle wird der diffusive Gasaustausch erleichtert, im anderen erschwert. Die zwischen den Alveolen und den blutführenden Capillaren ausgespannten Schichten können in ihrer Dicke durch Schwellung oder seröse Durchtränkung der Alveolarwand oder durch Flüssigkeitsansammlung in einem mehr oder minder großen Bereich der einzelnen Alveolen zunehmen und damit der Gasaustausch wesentlich gehemmt werden. Für dies Geschehen bietet die Klinik zahlreiche Beispiele (Lungenentzündung, -ödem und Stauungslunge).

Der geordnete Gasaustausch in den Lungen ist ebenso von regelrechter Zufuhr der Atmungsluft wie vom ungestörten Abtransport des zugeführten Sauerstoffs durch das Blut an die Gewebe abhängig.

[1]) WEIZSÄCKER: Dtsch. Arch. f. klin. Med. Bd. 101, S. 198.

[2]) LOEWY und v. SCHRÖTTER: Zeitschr. f. exp. Pathol. u. Therap. Bd. 1, S. 197. 1905.

Störungen der Blutzirkulation in den Lungen werden daher auch zu den Zeichen der Atmungsinsuffizienz führen müssen. Sie können ihre Ursache haben in Herzerkrankungen, die zu allgemeiner Kreislaufschwäche führen; die in der Zeiteinheit durch die Lunge geförderte Blutmenge wird geringer und damit der Gasaustausch beschränkt. Ist der Lungenkreislauf allein oder vorzugsweise betroffen wie bei manchen Mitralfehlern, so hängt alles von den kompensatorischen Leistungen des rechten Ventrikels ab; Zu- und Abfluß können lange Zeit bei vermehrter Füllung des gesamten Lungenkreislaufs ungestört vor sich gehen; hat sich erst eine „Stauungslunge" ausgebildet, so wird mit der stärkeren Füllung ihrer Capillaren die Kapazität der Alveolen kleiner, und was wichtiger ist, das Organ als Ganzes weniger elastisch und daher unbeweglicher werden. Zudem werden die ständig unter den Wirkungen der Stauung stehenden Membranen für den Gasaustausch weniger geeignet. Steigt der intraalveolare Druck wie beim Husten oder bei exspiratorischen Widerständen aus anderen Ursachen, so wird dadurch die Zirkulation in den Capillaren beeinträchtigt.

Die in der Zeiteinheit ausgeatmete Luftmenge — die Ventilationsgröße — unterliegt erheblichen Schwankungen. Die Atmungsluft beträgt abzüglich der in dem „schädlichen Raum" der Trachea und den Bronchien enthaltenen 140 ccm etwa 500 ccm. Diese Menge mischt sich mit der nach ruhiger Ausatmung noch in der Lunge vorhandenen Luftmenge von 2500 ccm im Mittel. Von dieser Menge kann durch stärkste Exspiration die Reserveluft in einer Menge von 1500 ccm noch ausgetrieben werden, während noch 1 l als Restluft (Residualluft) in der Lunge zurückbleibt. Unter vitaler Lungenkapazität versteht man die Gesamtluftmenge, welche nach tiefster Inspiration ausgeatmet werden kann. Sie beträgt bei Männern im Mittel 3600 ccm, bei Frauen 2500 ccm. Die Vitalkapazität nimmt mit zunehmender Körperlänge zu. In höherem Alter, besonders bei Greisen, nimmt sie wegen der wachsenden Starre des Thorax und der schwindenden Elastizität des Lungengewebes wieder ab. Es ist klar, daß unter pathologischen Bedingungen die Vitalkapazität erheblich schwankt. Sie wird bei Hochtreibung des Zwerchfells durch intraabdominelle Drucksteigerung und bei allen Krankheiten der Lunge abnehmen, welche mit einer Verminderung der respiratorischen Oberfläche durch infiltrative Prozesse einhergehen. Durch eine vermehrte Ventilation der gesunden Teile kann die krankhaft verminderte Vitalkapazität kompensiert werden, so daß ein normales Minutenvolumen erreicht, ja in vielen Fällen sogar überschritten wird. Auch Störungen des Gasaustausches, die infolge einer veränderten Beschaffenheit des Blutes drohen, werden durch Steigerung der Lungenventilation kompensiert.

Unter Mittelkapazität versteht man den Luftgehalt der Lungen und der zuführenden Wege zwischen den gewöhnlichen Atemexkursionen; sie setzt sich aus der Residualluft und der Reserveluft zusammen. Bei körperlicher Arbeit, bei Einatmen sauerstoffarmer und kohlensäurereicher Gasgemische, bei Stenose der Luftwege tritt eine Erhöhung der Mittelkapazität ein.

3. Dyspnoe.

Das quälende Gefühl des Lufthungers, welches sich bei den verschiedenartigsten Störungen der Respiration einstellt, wird Dyspnoe genannt, im Gegensatz zu der in ruhiger Atmung mit ausreichender Sauerstoffversorgung vorhandenen Eupnoe. Die Dyspnoe kann mit allen bisher beschriebenen Störungen der Atembewegungen einhergehen. Als Ursachen der Dyspnoe kommen fünf Gruppen in Frage: Erstens mechanische Atemhindernisse (Larynx-, Tracheal-, Bronchialstenosen); pleuritische Exsudate, Pneumothorax, Ausschaltung großer Abschnitte der respirierenden Oberfläche durch pneumonische Infiltrate, Atelektasen, Lungenödem werden ebenso zu dem quälenden Gefühl des Lufthungers Anlaß geben. In die zweite Gruppe des Vorkommens dyspnoeischer Atmung ist das erhöhte Sauerstoffbedürfnis bei starken körperlichen Anstrengungen zu rechnen. Drittens kann eine Verminderung des Sauerstoffpartialdruckes in der Atmungsluft (z. B. im Hochgebirge), viertens eine Verminderung der respiratorischen Funktion des Blutes z. B. die Kohlenoxydvergiftung, und fünftens eine Verlangsamung der Blutzirkulation zur dyspnoeischen Atmung führen. (Kardiale Dyspnoe.)

Schließlich kann es durch Reizung der Pleura zu schwerster Dyspnoe kommen, eine Beobachtung, die vor allem von Chirurgen bei Operationen an der Brust gemacht und als sogenannter Pleurareflex beschrieben wurde [SAUERBRUCH[1]), BRAUER[2]) u. a.]. Wenn auch viele dieser schweren operativen Zufälle durch arterielle Luftembolie zu erklären sind, so ist doch eine rein reflektorische Beeinflussung der Atmung in dem angegebenen Sinne sehr wohl denkbar. Wir wissen, vor allem durch Beobachtungen an Kranken mit entzündeter Pleura, daß dieselbe sehr schmerzempfindlich ist. Durch genauere Untersuchungen ist festgestellt worden, daß die Schmerzempfindlichkeit im wesentlichen auf die Pleura parietalis und diaphragmatica beschränkt ist, während die viscerale Pleura relativ unempfindlich ist. Dieser Pleurareflex bleibt nach Vagusdurchschneidung aus. Gelegentlich sind sogar Todesfälle auf den Pleurareflex zurückgeführt worden. Ob mit Recht, muß zunächst dahingestellt bleiben.

Ein letztes großes Gebiet pathologischer Erscheinungen, welches zur Dyspnoe führt, ist das der Lungenembolien. Die Folgen einer plötzlichen Einschleppung von verstopfendem Material in die Lungenblutbahn sind verschieden, je nachdem es sich um Fett-, Luft- oder Blutgerinnsel handelt. Die Gerinnselbildungen stammen der Zahl nach am häufigsten aus den Beinvenen. Gelangt ein solches Blutgerinnsel auf dem Wege durch das rechte Herz und die Arteria pulmonalis in die Lunge, so kommt es mehr oder weniger rasch zu einer Atelektase in einem keilförmigen, dem Versorgungsgebiet des verstopften Gefäßes entsprechenden Lungenabschnittes. Die weiteren Folgen einer solchen Infarzierung sind dann sekundär entzündliche, auf die hier nicht näher eingegangen wird. Ist der aus der Zirkulation ausgeschaltete Bezirk sehr groß, so kommt es unter schwersten dyspnoischen Erscheinungen zu einem Versagen der Herztätigkeit und zum Tode. Eine besondere Bedeutung hat die Fettembolie, weil vielfach zu therapeutischen Zwecken Fettemulsionen injiziert werden, die gelegentlich auch in die Blutbahn geraten können. Dem Chirurgen sind solche Fettembolien nach Knochenverletzungen bekannt, bei welchem das Fett aus dem Mark der Knochen in die Venen hineingelangt und in die Lunge verschleppt wird. Alte Leute sollen besonders zu solchen Embolien neigen, da die relative Zusammensetzung des Knochenmarkfetts im Alter einen größeren Ölsäurereichtum aufweist. Der Grad der

[1]) SAUERBRUCH: Mitt. a. d. Grenzgeb. d. Med. u. Chirurg. Bd. 13.
[2]) BRAUER: Dtsch. Zeitschr. f. Nervenheilk. Bd. 45.

pathologisch-physiologischen Erscheinungen ist dabei erstens abhängig von der gröberen oder feineren Verteilung des in die Blutbahn hineingelangenden Fettes und zweitens von der Menge. Daß feinverteiltes Fett durchaus keine Erscheinungen macht, wissen wir durch die Erfahrungen, die bei der diabetischen Lipämie gesammelt wurden, bei welcher eine sehr erhebliche Anreicherung des Blutes an emulgiertem Fett vorkommt. Auch die von den Anatomen in den Lungen gefundenen Fettembolien sind während des Lebens sehr häufig ohne Symptome zu machen, ertragen worden. Als Folge der Verlegung einer größeren Anzahl von Lungencapillaren sieht man zunächst Reizhusten und später Atemstörungen im Sinne einer mehr oder weniger hochgradigen Dyspnoe eintreten.

Weit gefürchteter als die Fettembolie ist die Luftembolie, die bei operativen Maßnahmen am Halse und bei intravenösen Injektionen fahrlässigerweise eintreten kann. Voraussetzung für die operative Luftembolie ist, daß der venöse Druck gering ist. Es ist bisher nicht klar, an welcher Stelle des Kreislaufs die in die Blutbahn eingedrungene Luft zur Unterbrechung des Stromes führt. Von anatomischer Seite wird darauf hingewiesen, daß in vielen Fällen von Luftembolie sich Luftblasen im rechten Herzen fänden, welche sich bei der Sektion nur schwer daraus herausdrücken ließen [COHNHEIM[1])]. Wesentlich ist für die Folgen der Luftembolie die Menge und die Zeit, in welcher die Luft in den Kreislauf kommt. Man konnte an Tieren 100—200 ccm Luft in die Venen einspritzen, ohne daß die Tiere starben [WOLF[2])]. Vielleicht wird unter diesen Umständen ein großer Teil in den Lungen nach außen abgegeben. Ist das wegen einer Überschwemmung des Kreislaufs durch Luftblasen nicht möglich, so kommt es zu allen eben beschriebenen Folgen der Lungenzirkulationsausschaltung.

Bei jeder Form von Dyspnoe besteht die Tendenz durch Erhöhung der Atemgröße, die Ventilation zu verbessern. Die inspiratorischen Hilfsmuskeln beteiligen sich an der Atmung. In schweren Fällen werden die Arme aufgestützt, und die Arbeit des Pectoralis, Serratus und der Sternocleidomastoidei sucht eine ausreichende Lüftung der Lungen zu erzwingen (Orthopnoe).

Die aufrechte Körperhaltung entlastet, wie WENKEBACH betont, die aufsteigende Hohlvene und erleichtert so den Einstrom des Blutes in die Leber. Das Aufstützen der Arme entlastet den Schultergürtel und begünstigt die inspiratorische Thoraxerweiterung. Die Exspiration kann gleichfalls bei aufrechter Körperhaltung durch die Bauchmuskulatur besser als in Rückenlage unterstützt werden.

Unter dem Begriff der Dyspnoe werden in der Klinik zwei verschiedene Erscheinungsgruppen verstanden. 1. Die augenscheinlich erschwerte und über die Norm angestrengte Atmung, welche sehr verschiedene Ursachen haben kann, die auch als objektive Dyspnoe bezeichnet wird. 2. Das quälende Gefühl des Lufthungers, der Atemnot, welche als subjektive Dyspnoe beschrieben wird. Beide Erscheinungen können miteinander vereinigt auftreten, begrifflich aber sind, worauf Krehl nachdrücklich hingewiesen hat, die angestrengte Atmung einerseits, die subjektive Atemnot andererseits streng auseinander zu halten. Als Reize für die objektive Dyspnoe sind folgende diskutiert worden:

[1]) COHNHEIM: Allg. Pathol. Bd. 1, S. 777.
[2]) WOLF: Virchows Arch. f. pathol. Anat. u. Physiol. Bd. 174. 1903.

1. Der Sauerstoffmangel.
2. Die erhöhte Kohlensäurespannung des Blutes.
3. Saure im intermediären Stoffwechsel gebildete, das Atemzentrum reizende Substanzen.
3a. Änderungen der H'-Ionenkonzentration des Blutes überhaupt.
4. Neurogene (reflektorische) von den Lungen oder Pleuren ausgehende Reize.
5. Lokale Schädigungen des Atemzentrums (cerebrale Zirkulationsstörungen).

Die geringste Bedeutung unter den angeführten Faktoren hat fraglos der O_2-Mangel des zirkulierenden Blutes. Erst wenn der Sauerstoffdruck der Inspirationsluft auf 13% einer Atmosphäre gesunken ist, wird das Atemzentrum durch Sauerstoffmangel erregt [HALDANE und PRIESTLEY[1]]. Die geringe Bedeutung des Sauerstoffmangels als Atemreiz erhellt auch aus folgendem Versuch: Durch mehrere Minuten fortgesetzte intensive Atembewegungen läßt sich eine minutenlang anhaltende Apnoe erzielen, während eines solchen apnoischen Atemstillstandes wird das an Sauerstoff verarmte Blut dunkel, die Versuchsperson zyanotisch. Trotz der durch die Abnahme des Oxyhämoglobins gekennzeichneten Zyanose bleibt das Atemzentrum untätig. Die forcierte dem Versuche voraufgehende Atemtätigkeit hatte die Kohlensäurespannung im Blut und den Alveolen weitgehend herabgesetzt.

Vor kurzem sah man in den Änderungen der Kohlensäurespannung des Blutes den wesentlichen Regulationsfaktor der Atembewegungen. Nach Zuntz soll eine Zunahme der alveolaren CO_2-Spannung um 1 mm Hg ein Anwachsen der Ventilationsgröße um 800 ccm pro Minute zur Folge haben. Es gibt aber Fälle, bei denen Dyspnoe besteht und eine Vermehrung der alveolaren CO_2-Spannung vermißt wird. Hierher gehört die Dyspnoe im Hochgebirge und die bei stärkerer Druckerniedrigung in der pneumatischen Kammer bedingte, ferner eine eigentümliche Form des erschwerten Inspiriums, die bei Fliegern beobachtet wird. Diese Art der Dyspnoe entwickelt sich in großen Höhen nach raschem Aufstieg zu einem sehr quälenden Zustand, der von Präkordialangst, Kopfschmerz, Somnolenz, Kongestionen nach dem Kopf und einer Reihe anderer vasomotorischer Symptome begleitet ist (Fliegerkrankheit).

Bei künstlicher Trachealstenose und dadurch hervorgerufener schwerster Dyspnoe kommt es nicht zu einer Sauerstoffverarmung des arteriellen Blutes. Auch die alveolare CO_2-Spannung kann noch normal sein, wenn schon eine typisch dyspnoische Stauung eingesetzt hat. Sobald aber die subjektive Dyspnoe das Gefühl des Lufthungers einsetzt, steigt die alveolare CO_2-Spannung deutlich an [MORAWITZ und SIEBECK[2]].

Bei der geschilderten Form der Stenosenatmung ist sowohl In- wie Exspirationsdruck wesentlich erhöht; damit der Dehnungszustand der Alveolarwandungen geändert. Es liegt nahe an reflektorische Einflüsse von seiten des Lungenvagus im Sinne der HERING-BREUERschen Selbststeuerung der Atmung zu denken. Sind die Vagi durchschnitten, so bleibt die Atembeschleunigung bei Stenosierung der Atemwege aus (TRAUBE).

---

[1]) HALDANE und PRIESTLEY: Journ. of Physiol. Bd. 32, S. 255. 1905.
[2]) MORAWITZ und SIEBECK: Dtsch. Arch. f. klin. Med. Bd. 97, S. 201. 1909.

Solche periphere in der Lunge selbst gebildete und auf dem Vaguswege dem Atemzentrum zugeleitete Reize sind auch für die Erklärung der kardialen Dyspnoe in Betracht gezogen worden [FREY[1])].

Es wurde oben am Beispiel der Phosgenvergiftung gezeigt, daß die gereizten Alveolarwände den HERING-BREUERschen Dehnungsreflex eher geben als die gesunden und daß die Beschleunigung und Verflachung der Atmung im Initialstadium der Vergiftung durch Vagusdurchschneidung behoben werden kann. Ein veränderter Dehnungszustand der Alveolarwandung muß notwendig auch bei der Stauungslunge resultieren. So können die ersten Erscheinungen kardialer Dyspnoe auch ohne Änderung der CO_2-Spannung in Blut und Alveolen ihre Erklärung finden.

Eine viel diskutierte Form der Schweratmigkeit ist ferner die sog. Arbeitsdyspnoe nach starken körperlichen Anstrengungen.

Für diese Erscheinung ist von GEPPERT und ZUNTZ[2]) die Bildung saurer, das Atemzentrum reizender Substanzen verantwortlich gemacht, die sich bei Sauerstoffmangel infolge unvollkommener Oxydation bilden sollen. Vielleicht gehört hierher auch die febrile Dyspnoe, bei der neben der Wirkung der Temperaturerhöhung sicher auch pathologische Stoffwechselschlacken eine Rolle spielen.

Werden die Extremitätenmuskeln tetanisch gereizt, so setzt eine Steigerung der Atemgröße auch dann ein, wenn die nervösen Verbindungen der arbeitenden Muskulatur zum Atemzentrum nach Durchtrennung des Rückenmarks durchbrochen sind. Erst wenn auch die Blutzirkulation unterbunden ist, die fraglichen Reizstoffe also nicht mehr zum Zentrum gelangen können, bleibt die Änderung der Atmung trotz lebhafter Tätigkeit der Muskulatur aus, um sofort nach Freigabe der Zirkulation aufzutreten.

Besonders eindrucksvoll ist die Störung der Atmung durch intermediär gebildete Stoffwechselprodukte im Coma diabeticum (KUSSMAULsche Atmung). Daß hierbei eine elektrometrisch nachweisbare Änderung der H·-Ionenkonzentration auftritt, ist von allen zuverlässigen Untersuchern abgelehnt. Der Vorgang spielt sich wahrscheinlich folgendermaßen ab: Die bei der Azidose im Blute auftretenden sauren Produkte verdrängen die Kohlensäure aus ihren Alkaliverbindungen, mit anderen Worten: sie setzen das Kohlensäurebindungsvermögen des Blutes herab, das Blut wird hypokapnisch. Durch die Verdrängung der Kohlensäure aus ihren Alkaliverbindungen wird eine Erhöhung der Kohlensäurespannung des Blutes bedingt, auf welche das Zentrum mit einer Mehrventilation reagiert. Die dadurch bedingte Mehrabgabe von Kohlensäure garantiert die Konstanz der H-Ionenkonzentration bei allen Formen von Säurevergiftung. Der gleiche Mechanismus ist nach den Feststellungen von STRAUB auch bei bestimmten Formen der Dyspnoe der Nierenkranken im Spiele. Auch bei ihnen bedingt die Zurückhaltung saurer Produkte eine Verringerung des Kohlensäurebindungsvermögens, welche sekundär durch Überventilation eine entsprechende Senkung der Kohlensäurespannung herbeiführt. Die Konstanz der Blutreaktion wird durch die dyspnoische Atmung garantiert. Die infolge einer primären Blutveränderung mit Hypokapnie einhergehende Form der Schweratmigkeit im Spätstadium der Niereninsuffizienz wird als urämische

[1]) FREY: Klin. Wochenschr. II. S. 672. 1923.

[2]) GEPPERT und ZUNTZ: Pflügers Arch. f. d. ges. Physiol. Bd. 42, S. 189. 1888.

Dyspnoe von einer zweiten Form, dem cerebralen Asthma der Hypertoniker unterschieden. Auch in diesen Fällen wird eine hochgradige Überventilation, die zu einer starken Herabsetzung der Kohlensäurespannung führt, beobachtet. Dabei ist die Kohlensäurebindungsfähigkeit des Blutes normal oder sogar gesteigert. Die Blutreaktion ist nach der alkalischen Seite verschoben. STRAUB[1]) nimmt für das cerebrale Asthma der Hypertoniker als Ursache lokale Kreislaufstörungen im Gebiet des Atemzentrums an. Für diese Zirkulationsstörung werden anatomisch nachweisbare Gefäßveränderungen oder auch lediglich funktionelle Alterationen (Gefäßspasmen) angeschuldigt, Zustände also, welche auch für die starken Schwankungen des arteriellen Blutdrucks, für die transitorischen Hemiplegien und die vorübergehenden Erblindungen verantwortlich gemacht werden.

4. Asphyxie.

Die vollständige Unterbrechung der Luftzufuhr führt unter dem Bild der Asphyxie zum Tode, unter heftigsten inspiratorischen, dann auch exspiratorischen Anstrengungen, die in allgemeine Krämpfe übergehen können. Steht schließlich die Atmung scheinbar endgültig still, so tritt nach einigen letzten in großen Pausen sich wiederholenden Inspirationen der Tod ein. Die durch Vagusreizung stark verlangsamte Herztätigkeit kann den Atemstillstand oft um mehrere Minuten überdauern. Die Folgen einer unzureichenden Atmung sind neben dem Auftreten unvollkommen oxydierter intermediärer Stoffwechselprodukte (Zucker, Milchsäure, Aminosäuren) ein Ansteigen des respiratorischen Quotienten (CO_2). Eine oft eintretende Nierenschädigung kündigt sich durch Albuminurie an. Leichtere Grade der Ateminsuffizienz können durch Gewöhnung vollkommen ausgeglichen werden, z. B. bei Kreislaufstörungen. Sie pflegen aber bei geringen körperlichen Leistungen durch die rasche Ermüdbarkeit sofort wieder in die Erscheinung zu treten.

5. Pathologische Schwankungen des intrapleuralen Drucks.

Störungen des Gasaustausches in den Lungen können weiterhin dadurch bedingt sein, daß einer respiratorischen Entfaltung der Lungen Hindernisse durch Erkrankungen der Pleura entgegenstehen. Wird z. B. durch eine Verletzung eine Verbindung zwischen der Pleuraspalte und der Außenluft hergestellt, so herrscht in der Pleura Atmosphärendruck und nicht mehr der um die Saugkraft des auf die Lungenwurzel gerichteten Zuges verminderte Druck (DONDERSscher Druck). Die Lunge retrahiert sich auf den Hilus und ist von der Atmung so gut wie ausgeschaltet. Dieser als offener Pneumothorax bezeichnete Zustand hat naturgemäß ein Verschwinden des DONDERSschen Drucks zur Folge. Umgekehrt muß es bei allen Formen der dyspnoischen Atmung, welche durch elastizitätsvermindernde Prozesse in den Lungen bedingt sind, zu pathologischen Schwankungen des intrapleuralen Druckes kommen. Eine Zunahme der Schwankungen des Pleuradruckes ließ sich z. B. im Ödem-

[1]) STRAUB: Dtsch. Arch. f. klin. Med. Bd. 117, S. 397. 1915. — DERSELBE und KLOTH. MEYER: Biochem. Zeitschr. 1921. — DIESELBEN: Dtsch. Arch. f. klin. Med. Bd. 138, S. 208. 1922.

stadium der experimentellen Phosgenvergiftung nachweisen (LAQUEUR und MAGNUS[1])).

Bei normalen Tieren betrug der inspiratorische Druck —0,8 ccm, bei dyspnoischen sank er auf —25, —28, —30 ccm ab. Gleichzeitig steigt bei den dyspnoischen Tieren der exspiratorische Pleuradruck abnorm hoch (+40 cm Wasser gegen 0—3 cm der Norm).

Die Erklärung dieser vermehrten Schwankungen des Pleuradrucks ist darin gegeben, daß die gesamte Atemmuskulatur bei Verminderung der Lungenelastizität in der inspiratorischen Phase mehr „zieht", bei der Exspiration aber den Throax mehr zusammenpreßt. Das gleiche tritt ein, wenn stenosierende Hindernisse in den großen Luftwegen sich finden, oder wenn willkürlich oder unwillkürlich die Exspirationsmuskulatur bei geschlossener Glottis angespannt wird (Husten, VALSALVAscher Versuch).

E. Störungen der inneren Atmung.

Das Blut tritt mit den in der Lunge erworbenen Gasspannungen an die Gewebe heran. Der Gasaustausch zwischen Blut und Gewebe wird innere oder Gewebsatmung genannt. Als Mittelglied für die Gasbeförderung zwischen den Blutkörpern und den Endothelzellen der Gefäße ist das Plasma eingeschaltet; da es selbst, solange es hämoglobinfrei ist, keine sauerstoffbindenden dissoziablen Stoffe enthält, absorbiert es den Sauerstoff gemäß seiner Spannung. Der von den Gewebszellen verbrauchte Sauerstoff wird dem Plasma vom Oxyhämoglobin der Blutkörperchen sofort nachgeliefert. Die Sauerstoffkonzentration im Plasma ist daher jederzeit der im ganzen Blut herrschenden Sauerstoffspannung direkt proportional.

Der ordnungsmäßige Ablauf des inneren Gaswechsels ist an verschiedene Faktoren gebunden, die wir nur zum Teil übersehen. So werden Kreislaufhindernisse, Schädigungen des Blutes, Intoxikationen den Gaswechsel in den Geweben hemmen. Sicherlich besteht eine große Verschiedenheit in der Empfindlichkeit der einzelnen Gewebe gegen mangelnde Sauerstoffzufuhr resp. Kohlensäureüberladung. Auch werden sich die Störungen an den verschiedenen Organen ungleich schnell entwickeln müssen, je nach der Intensität des Eigenstoffwechsels und dem davon abhängigen Sauerstoffbedarf. Für das Zentralnervensystem, speziell die respiratorischen Zellen, ist die hohe Empfindlichkeit gegenüber einer wechselnden $H^{\cdot}$-Ionenkonzentration bekannt. Wie durch eine innere Störung des Respirationszentrums, dessen Funktion modifiziert und die äußere Atmung dadurch alteriert wird, ist bereits erwähnt (CHEYNE-STOKESsche Atmung). Der wechselnde Bedarf der Gewebe an Sauerstoff wird dadurch gedeckt, daß die Vasomotoren durch Erweiterung der Capillaren dem arbeitenden Organ mehr Blut zukommen lassen. Ferner soll eine erhöhte Kohlensäurespannung des Blutes die Dissoziation des Oxyhämoglobins beschleunigen. Es wird gerade in Fällen, in denen die Verbrennungsprozesse gesteigert sind, der Sauerstoffverbrauch daher erhöht ist, auf diese Weise dafür gesorgt, daß die Sauerstoffkonzentration des Plasmas ausreichend bleibt.

---

[1]) LAQUEUR und MAGNUS: Zeitschr. f. d. ges. exp. Med. Bd. 11, S. 156 1921.

II. Pathologie des Kreislaufs.

Eine streng gesonderte Besprechung der Störungen der Herztätigkeit einerseits — der Gefäßfunktion andererseits — ohne den Gegenstand Zwang anzutun, ist gegenwärtig schwer möglich. Wir wissen: Jede Störung in der Arbeit des Zentralmotors ruft eine andere Einstellung des Gefäßsystems — „des peripheren Herzens" — hervor und umgekehrt. Dabei ist freilich fraglich, wie hoch man die Funktion der Gefäße — bescheidener gesagt den wechselnden Tonus derselben — für die Aufrechterhaltung des Gesamtkreislaufs veranschlagen darf.

Trotzdem soll in folgendem nach einigen physiologischen Vorbemerkungen über Bau, Funktion und Leistungen eine gesonderte Darstellung der Funktionsstörungen bei den Erkrankungen des Herzens, und zwar von den muskulären, den Klappen- und den Coronargefäßerkrankungen gegeben werden, sodann gesondert von den Gefäßfunktionsstörungen die Rede sein. Für die Erkrankung der Arterien, Venen und Capillaren sind unsere Kenntnisse noch nicht so weit gediehen, daß sich eine streng nach den Gefäßabschnitten gegliederte Darstellung durchführen ließe.

A. Vorbemerkungen über Herzanatomie und -Physiologie.

Der Herzmuskel besteht aus einem Gefüge quergestreifter Fasern von ganz besonders komplizierter Anordnung; ein System von zum Teil ringförmigen, zum kleineren Teil in schleifen- und achterförmigen Zügen verlaufenden Fasern umschließt die Ventrikel; das starkwandige linke Herz hat ein eigenes Ringfasersystem, während andere Fasern das ganze Herz umspannen. Diesem Treibwerk des Herzens aufgelagert finden sich außen und innen mehr in der Längsrichtung angeordnete Faserzüge. Das Herz besteht zum größten Teil aus roten protoplasmareichen schwer ermüdenden quergestreiften Muskelfasern, denen eigenartige, besonders auf der Innenfläche angeordnete glykogenreiche, fibrillenarme Zellen (Purkinjesche Zellen) beigegeben sind. Diese spezifischen Gebilde stehen nach Bau und Funktion in der Mitte zwischen Muskel und Nervenfasern. Sie sind in dem Reizleitungsnetz anatomisch und funktionell verbunden. Dieses Netz zeigt an zwei Stellen knotenförmige Verdickungen: den Keith-Flackschen Knoten (S. K.) in der Wand des rechten Vorhofs zwischen den Mündungen der Vena cava superior und Vena cava inferior und den gleichfalls in der Wand des rechten Vorhofs nahe am Septum dicht oberhalb der Ateriovent rikulargrenze gelegenen Aschoff-Tawaraschen Knoten, an welchem man einen Vorhofsknoten (V. K.) und einen Kammerknoten (K. K.) unterscheidet. Auf dem Wege des Hisschen Bündels (St.) wird die Überleitung in die Kammern vermittelt, unter deren Endokard an der Scheidewand entlang die beiden Schenkel des Bündels zu den Papillarmuskeln ziehen. Es verdient hervorgehoben zu werden, daß eine direkte Verbindung zwischen dem Sinusknoten und dem Atrioventrikularknoten (Aschoff-Tawara) bis heute nicht nachgewiesen ist. Daß die Leitungsbündel Träger der Reizübermittelung für die Muskelkontraktion sind, kann jetzt als sicher angenommen werden, weiß man doch, daß das Herz des Foetus schon zu einer Zeit schlägt, in der sich noch keine Nervensubstanz nachweisen läßt, die Reizleitung also nur auf muskulärem Wege erfolgen kann (Abb. 5).

Welche Bedeutung die im Herzen reichlich verbreiteten **Nerven** haben, ist noch strittig; ob sie an der Reizleitung ganz unbeteiligt sind, ist noch fraglich, zumal gerade das spezifische Leitungssystem auch nervöses Gewebe enthält. Ein sensibles Nervengeflecht steht mit Vagus und Sympathicus in Beziehung. Der rechte Vagus geht zum Sinusknoten, der linke zum ASCHOFF-TAWARAschen Knoten. Im Vagus verlaufen aus dem Kern der Medulla oblongata entspringend im wesentlichen hemmende Fasern. Erregende Fasern stammen aus dem Rückenmark,

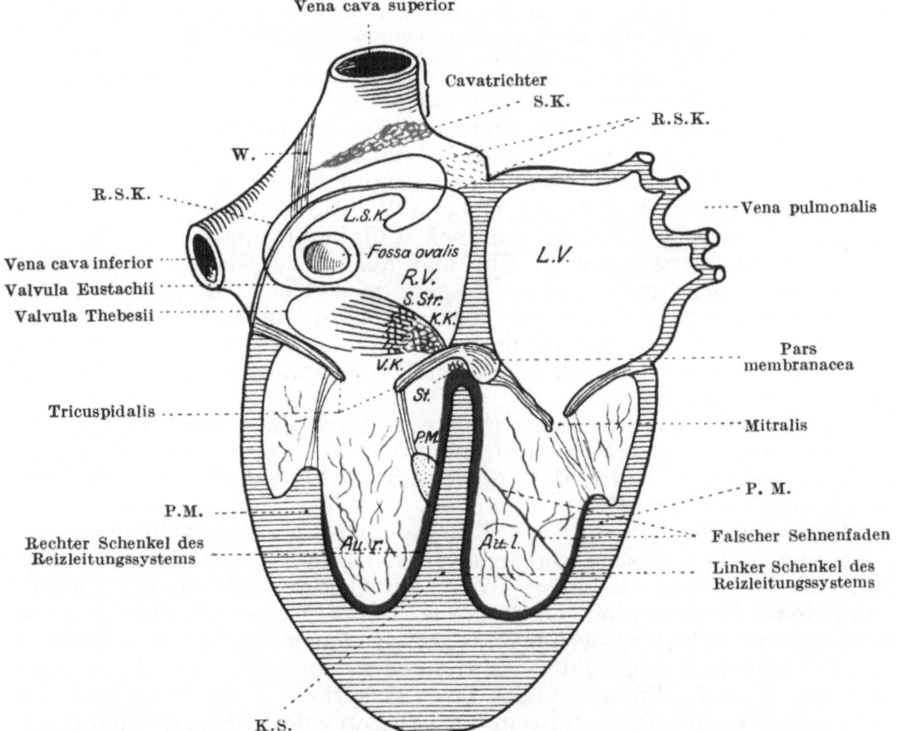

Abb. 5. Schema des Reizleitungssystems im menschlichen Herzen. (Nach ASCHOFF-KOCH.)

W. = WENCKEBACHscher Muskelzug.
S.K. = Sinusknoten (KEITH-FLACH).
L.S.K. = Linke Sinusklappe.
R.V. und L.V. = Rechter und linker Vorhof.
S.Str. = Sinusstreifen.
K.K. = Kammerknoten, V.K. = Vorhofsknoten } ASCHOFF-TAWARAscher Knoten.
St. = Stamm des Reizleitungssystems (HISsches Bündel).
Au. r. u. Au. l. = Ausbreitung des Reizleitungssystems.
P.M. = Papillarmuskel.
K.S. = Kammerscheidenwand.

ziehen durch die Ram. com. I bis V zum Ganglion stellatum und unteren Cervicalganglion und von hier gemeinsam mit Vagusfasern zum Herzen (Accelerans).

Die Physiologie lehrt, daß das Herz ein rhythmisch automatisches Organ ist, denn auch am isolierten Herzen kontrahieren sich die einzelnen Abschnitte wie beim lebenden Tier in regelrechter Folge. Der STANNIUSsche Versuch am Frosch (Trennung des Sinus venosus vom übrigen Herzen durch Schnitt oder Ligatur) läßt den Sinus unverändert weiter pulsieren und zeigt dessen automatische Eigenschaft. Das Herz steht zunächst still und beginnt später langsam wieder zu schlagen, also auch der vom Sinus getrennte Herzteil besitzt Automatie.

Der vom Sinus ausgehende Reiz läßt das Herz in Einzelzuckungen schlagen. Bei der Kontraktion entsteht kein Tetanus wie bei der sich kontrahierenden Skelettmuskulatur. Die Bildung der Reize für den rhythmischen Schlag des Herzens erfolgt selbst diskontinuierlich periodisch, kommt also nicht dadurch zustande, daß es von einem Dauerreiz durchströmt wird und dessen Wirksamwerden durch die refraktäre Phase — die Erholungspause — rhythmisch unterbrochen wird. Die Annahme, daß der Stoffverbrauch während der Arbeit und die Ansammlung neuer potentieller Energie in der Erholungspause dem Herzen die Periodizität aufzwingen, ist dem Kliniker schon aus dem Grunde wenig plausibel, weil notorisch kranke der Erholung mehr bedürftige Herzen rascher schlagen, also gewissermaßen eine kürzere Erholungszeit brauchen müßten, wenn die Dauer der refraktären Phase allein den Rhythmus bestimmen sollte.

Die Frequenz der Herzaktion ist in der Jugend groß (120 bis 140 Pulse in der Minute), sie sinkt beständig bis zum 20. Lebensjahr, auf etwa 70 Schläge pro Minute und nimmt in späteren Lebensjahren wieder etwas zu. Die Pulszahl ist beim Weibe wenig größer als beim Mann, sie wechselt bei dem einzelnen Individuum und zeigt 2 Maxima am Tage, am Morgen um 11 Uhr und abends zwischen 6 und 8 Uhr, sie ist im Stehen größer als im Liegen, in welcher Tatsache eine Art Selbststeuerung zu erblicken ist, indem die Gefäßzentren der Medulla oblongata durch eine beschleunigte Schlagfolge bei schnellem Wechsel der Körperstellung vor allen großen Schwankungen des Blutgehalts bewahrt bleiben.

Die Blutversorgung des Herzens durch die Kranzarterien wird in jeder Systole unterbrochen und kommt erst in der Diastole wieder in Gang. Sie wird durch den in der Aorta während der Diastole herrschenden Druck bewirkt.

Bei jedem Herzschlag wird Energie umgesetzt, ein Teil davon für chemische und elektrische Vorgänge verbraucht, sowie für Wärmebildung. Ein anderer kommt als äußere Arbeit zur Geltung. Der in Wärme umgewandelte Energieanteil beträgt das Doppelte des für die gesamte mechanische Arbeit notwendigen. Die als äußere Arbeit des Herzens zutage tretende Energie läßt sich trennen in potentielle und kinetische: Die potentielle Energie findet ihren Ausdruck in der Steigerung des Aortendrucks, die kinetische in der Erhöhung der Blutgeschwindigkeit. Die kinetische Energie beträgt nur einen kleinen Bruchteil ($1^1/_2{}^0/_0$) der potentiellen. Bei 72 Pulsen in der Minute ist die Arbeit des Herzens pro Sekunde 0,2 kgm. Danach hat das Herz die Kraft, seine eigene Masse in einer Stunde 4000 m hoch zu heben. Die mechanische Herzarbeit beträgt 3—10$^0/_0$ der Arbeitsleistung des Gesamtkörpers im Mittel ca. **20000 kgm**, die bei angestrengter Muskeltätigkeit auf das 4—6fache gesteigert werden kann.

Zahlreich sind die Methoden, welche man ersonnen hat, um die normale und pathologische Funktion des Herzens zu beurteilen. Sie einzeln zu besprechen, ist hier nicht der Ort. Sie lassen sich gruppieren in solche zur Registrierung von Bewegungsvorgängen am Herzen (kardiographische Methoden). Das Kardiogramm stellt eine Kurve des Spitzenstoßes dar, im weiteren Sinne auch eine Bewegungskurve anderer Stellen des Herzens, z. B. des linken Vorhofs. In linker Seitenlage gelingt es bei den meisten Menschen, ein brauchbares Kardiogramm zu erhalten. Der Spitzenstoß wird durch das Andrängen der Herzspitze gegen die Brustwand infolge systolischen Hartwerdens des Kammermuskels hervorgerufen. Das in die Diastole fallende Eintreffen der Vorhofswelle an der Spitze zeigt den Beginn der Vorwölbung an. Diese als A-Zacke bezeichnete Vorwölbung ist bei hohem Blutdruck, besonders bei Nierensklerose stark ausgeprägt. Während der Austreibungsperiode bleibt die Spitze durch den sogenannten

Rückstoß und durch die systolische Rollung der Kammern im Sinne einer Supination der rechten Hand gegen die Brustwand angedrängt. Auf die Kraft der Herzschläge und die Größe des Schlagvolumens erlaubt die Spitzenstoßkurve keine Rückschlüsse zu machen.

Vom Oesophagus aus kann man den wechselnden Füllungszustand und die Bewegungsvorgänge am linken Vorhof registrieren. Man erhielt sehr wechselnde Kurven je nach der Stelle, an welcher die Pelotte im Oesophagus liegt (Ösophagogramm). Über die Deutung der so erhaltenen Kurven gehen die Meinungen noch auseinander.

Als dritte hierher gehörige Methode ist die Registrierung des wechselnden Füllungszustandes der Vena jugularis zu rechnen. Das Phlebogramm der Jugularis stellt eine Volumkurve dar. Es ist der „am meisten allgemein brauchbare Indicator der Herzbewegungen und zugleich ein wertvolles Hilfsmittel zur Beurteilung des Kreislaufs" [Wenckebach[1])]. Im normalen Venenpulse ist eine Vorhofswelle, die Ventrikelsystole und -diastole, gut zu erkennen. Die Bezeichnung „negativer Venenpuls" rührt von dem diastolischen Zusammensinken der Halsvenen her, welches dann besonders gut herauskommt, wenn ihm eine kräftige Vorhofssystole vorausgeht. In der Vorhofsdiastole schießt das Halsvenenblut in den Vorhof ein, der durch die Ventrikelsystole heruntergezogen wurde, und die Halsvenen kollabieren vorübergehend. Der „pathologische positive Venenpuls" äußert sich in einer einzigen mächtigen Welle, welche der Ausflußperiode der Ventrikelsystole synchron ist und ein sicheres Zeichen der Tricuspidalinsuffizienz darstellt, nicht selten auch beim Vorhofsflimmern gefunden wird.

Die Bemühungen, ein Maß für die Leistungsfähigkeit des Herzens zu finden, sind zahlreiche. Da das Herz nach Art einer Pumpe arbeitet, würde man in der Förderleistung einen guten Ausdruck für die Herzkraft haben. Aber die Bestimmungen des Schlagvolumens lassen sich am Menschen nicht durchführen. Es läßt sich errechnen:

1. aus Pulszahl und Sekundenvolumen,
2. aus Aortenquerschnitt und Geschwindigkeit,
3. aus Pulszahl, Blutmenge und Umlaufszeit[2]).

Für die Zwecke der menschlichen Physiologie käme nur die dritte Berechnungsart in Frage, da Sekundenvolumen, Aortenquerschnitt und Geschwindigkeit sich am Lebenden nicht bestimmen lassen. Bestimmungen der Blutmenge werden so durchgeführt, daß man eine gemessene Menge von Kohlenoxyd einatmen läßt, das an Stelle von Sauerstoff sich mit dem Hämoglobin verbindet. Aus dem prozentischen Gehalt einer Blutprobe an CO kann nun, da ja die Menge von gebundenem CO bekannt ist, die Blutmenge berechnet werden. In ähnlicher Weise kann die Blutmenge bestimmt werden aus dem Grade der Verdünnung, welche eine bestimmte Menge in die Blutbahn injizierten schwer oder nicht diffusiblen Farbstoffs erleidet. Die Bestimmung der Blutumlaufszeit hat man an Tieren in der Weise durchgeführt, daß man in das zentrale Ende einer durchschnittenen Vene eine leicht nachweisbare Substanz injiziert und festgestellt, zu welcher Zeit diese Substanz am peripheren Ende wieder austritt. Man hat für diesen Zweck z. B. Ferrocyankalium ins Blut gespritzt und das wieder auslaufende Blut mit Eisenchlorid auf die Anwesenheit von Ferrocyankalium geprüft. Ist ein Kreislauf vollendet, so läßt sich das an dem ersten Auftreten der Berlinerblaureaktion erkennen, welche das auslaufende Blut gibt.

In die Klinik haben auch die Methoden der Schlagvolumenbestimmung bisher keinen Eingang finden können. Physiologischerweise kann man mit einem Einzelschlagvolumen von 50,0 ccm rechnen [Vierordt[3])] (Sekundenvolumen 60 ccm). Von klinischer Seite ist mehrfach versucht worden, auf unblutigem Wege ein Urteil über die wechselnde Größe des Schlagvolumens zu gewinnen. Mit Hilfe eines von Sahli angegebenen Apparates gelingt es, den systolischen Volumenzuwachs, den das mit einer Pelotte bedeckte Stück der Arteria radialis mit jedem Pulsschlage erleidet, in Kubikzentimetern abzulesen (Sphygmobolometrie). Die so gewonnene,

---

[1]) Wenckebach: Die unregelmäßige Herztätigkeit usw. Leipzig-Berlin 1914.

[2]) Klevens: Methodik der Schlagvolumen-Bestimmung. Dtsch. med. Wochenschrift Bd. 46, Nr. 9, S. 242/3. 1920. — Brugsch-Schittenhelm: Schlagvolumenbestimmung. Technik 1, S. 63 u. 75.

[3]) Vierordt: Daten und Tabellen. Jena 1906. S. 249.

von SAHLI das klinische Pulsvolumen der Radialis genannte Größe erlaubt sogar mit gewissen Einschränkungen die Arbeit eines jeden einzelnen Pulses in Grammzentimeter zu berechnen. Es sind aber gegen dieses Verfahren und vor allem gegen seine Verwendung zu Rückschlüssen auf das Schlagvolumen bedeutsame Einwendungen gemacht worden, welche sich im wesentlichen auf den wechselnden Zustand der Vasomotoren stützen, nach meiner Ansicht mit vollem Recht. Grobe Ausschläge lassen sich ohne weiteres damit feststellen. So findet man z. B. beim VASALVAschen Versuche eine Abnahme des Pulsvolumens um 75—80% [REINHART[1])].

Eine souveräne Methode für die Beurteilung der gestörten Herzfunktion ist die Registrierung des diphasischen Aktionsstroms, welcher im Herzmuskel wie in jedem quergestreiften Muskel während seiner Tätigkeit entsteht. Die Kurve, welche man mit Hilfe des Saitengalvanometers durch kontinuierliches Aufschreiben der elektrischen Vorgänge im Herzen auf einen laufenden Film erhält, nennt man das Elektrokardiogramm.

Über die Entstehung des diphasischen Aktionsstroms ist folgendes bekannt: Bei jeder Herzkontraktion verhält sich die bereits in Erregung versetzte Stelle gegen eine noch ruhende elektrisch negativ. Leitet man

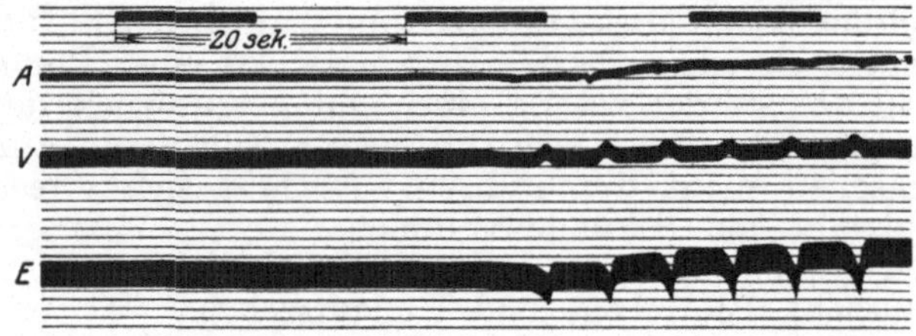

Abb. 6. Herzstillstand nach Calciumentziehung. Nach Durchströmung mit normaler Ringerlösung gleichzeitiges Wiederauftreten von Kontraktionen (V) und Aktionströmen (E). Nach ARBEITER[2]).

den von der noch ruhenden zu einer schon erregten Stelle fließenden Strom durch ein empfindliches Galvanometer, so erhält man einen Saitenausschlag von bestimmter Richtung. Hat die Erregung das Herz von seiner Basis zur Spitze durcheilt, so fließt nunmehr der Aktionsstrom in umgekehrter Richtung, da sich die jetzt erregte Spitze gegenüber der Basis nunmehr elektrisch negativ verhält. Registriert man die Saitenbewegungen auf einem laufenden Film, so erhält man eine diphasische Saitenschwankung. Bis vor kurzem glaubte man, daß sich elektrische und mechanische Vorgänge im Herzen trennen ließen und mit dem Elektrokardiogramm im wesentlichen der Erregungsablauf des Herzens registriert würde. Man hatte aber schon lange festgestellt, daß sich zwischen dem Druckablauf in den Ventrikeln und den einzelnen Kurvenzacken des Elektrokardiogramms gesetzmäßige feste zeitliche Beziehungen erkennen lassen. Mit wesentlich verbesserter Methodik (elastisches Manometer mit elektrischer Transmission) zeigte GARTEN[3]), daß der Druckanstieg im Ventrikel bezogen auf das Elektrokardiogramm wesentlich eher beginnt als man bisher angenommen hat: Es betrug in einem seiner an Hunden durchgeführten Versuche die Zeitdifferenz

[1]) REINHART: Dtsch. Arch. f. klin. Med. Bd. 127.
[2]) ARBEITER: Diss. Leiden 1920 (unter EINTHOVEN).
[3]) GARTEN: Zeitschr. f. Biol. **66**, 23. 1925.

zwischen dem Beginn der elektrischen und der mechanischen Wirkung der Ventrikelkontraktion 0,024 Sek. EINTHOVEN [1]) bewies mit verbesserter, nahezu reibungsfrei arbeitender kardiographischer Methodik (Mechanogramm), daß überall da, wo ein Elektrokardiogramm sich aufzeichnen läßt, gleichzeitig auch mechanische Zustandsänderungen nachweisbar werden. Die Abb. 6 zeigt ein Froschherz, welches durch langdauernde Durchströmung mit calciumfreier Ringerlösung zum Stillstand gebracht ist. Darauffolgende Durchströmung mit normaler Ringerlösung läßt gleichzeitig ein Mechanogramm (V) und ein Elektrokardiogramm (E) erscheinen.

Das Elektrokardiogramm ist also nicht der Ausdruck einer Erregung allein, sondern des Erregungseffekts: einer wenn auch noch so schwachen Muskelkontraktion. Bei der großen Masse der Muskelbündel und -schichten, die sich zu ungleichen Zeiten mit ungleicher Stärke kontrahieren, müssen naturgemäß eine große Zahl von Aktionsströmen entstehen. Sie werden miteinander interferieren. Das mensch-

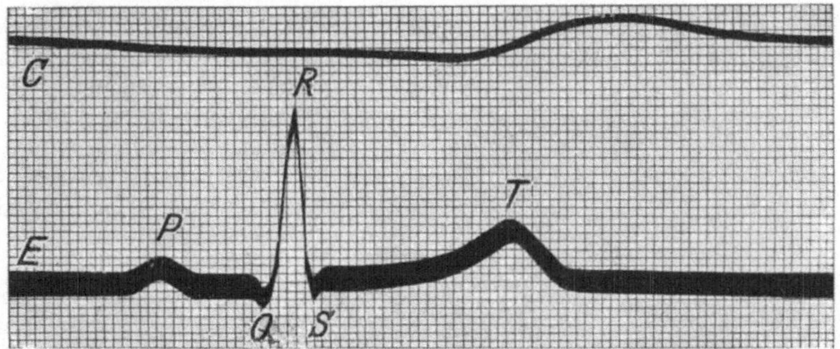

Abb. 7. Elektrokardiogramm vom Menschen nach EINTHOVEN, Ableitung II (aus TIGERSTEDT, Physiologie des Kreislaufs. II. Aufl. Bd. 2. S. 213). E = Ekg. C = Carotis.

liche Elektrokardiogramm ist die Resultante aller dieser, zum Teil gleichgerichteten, zum Teil entgegengesetzt gerichteten elektrischen Vorgänge. Man unterscheidet eine Vorhofszacke (P) und einen aus 2 Zacken bestehenden Ventrikelkomplex (R, T). R ist die Initialzacke, T die Terminalzacke, welche das Ende der Ventrikelsystole anzeigt. Die außerdem noch zum Ventrikelkomplex gehörigen Zacken (Q und S) haben geringere Bedeutung und sind nicht immer deutlich ausgeprägt. Das Intervall P bis Q ist der Ausdruck für die Überleitungszeit im HISschen Bündel.

Im wesentlichen sind die im Elektrokardiogramm ausgedrückten elektrischen Schwankungen lediglich die Wiedergabe der im Anfang und Ende der Herztätigkeit eintretenden Potentialdifferenzen. Die Tätigkeit der Gesamtmuskulatur des Herzens während des größten Abschnitts der Systole findet keinen entsprechenden Ausdruck im Elektrokardiogramm (TIGERSTEDT). Aufschlüsse über Kraft und Leistungsfähigkeit des Herzens kann man aus dem Elektrokardiogramm nicht erhalten.

[1]) EINTHOVEN: Citiert nach Beitr. f. d. ges. Physiol. II, Heft 2. 1920.

B. Funktionsstörungen bei Erkrankungen des Herzens.

Die Erkrankungen des Herzens lassen sich gruppieren in solche, die sich an der Muskulatur, in solche, die sich am Klappenapparat, und schließlich in solche, die sich an den Herzgefäßen abspielen. Im allgemeinen ist eine weitgehende Schädigung der Muskulatur bei intaktem Klappenapparat für die Kreislauffunktionen gefährlicher als eine erhebliche Zerstörung der Klappen bei gesunder Muskulatur. Das liegt an der bewundernswerten Anpassungsfähigkeit des Herzmuskels an die verschiedensten Bedingungen, die schon unter physiologischen Verhältnissen gegeben sind. Bei zerstörtem Ventilapparat ist eine Weiterarbeit des Herzens nur durch weitgehende Inanspruchnahme dieser seiner Kompensationsfähigkeit möglich.

1. Herzmuskelschädigungen.

Zahlreich sind die Gifte, welche die Herzmuskulatur angreifen. Außer den Bakterien, welche sich direkt im Herzmuskel ansiedeln und eine echte interstitielle Entzündung hervorrufen, kennen wir eine Reihe von chemischen Giften (Phosphor, Arsen), die den Herzmuskel entarten. Von den Bakterienektotoxinen ist das gefährlichste das Diphtheriegift, das man geradezu als ein spezifisches Herzgift bezeichnen kann. Ein Schnitt durch ein Diphtherieherz, in welchem das Fett durch besondere Methcden färberisch dargestellt wird, zeigt die Verheerungen, die das Diphtherietoxin in der Herzmuskulatur anrichtet, besonders eindrucksvoll. Solche Bilder haben dazu geführt, diese Degenerationsform geradezu als Herzauflösung, Myolysis cordis toxica zu bezeichnen. Die Abbildung 8 zeigt einen Schnitt durch ein Pferdeherz, welches zwecks Antitoxingewinnung mit großen Dosen Diphtherietoxin vorbehandelt war. Ähnlich wirken chemisch definierte Gifte wie Phosphor, Chloroform, Chloralhydrat.

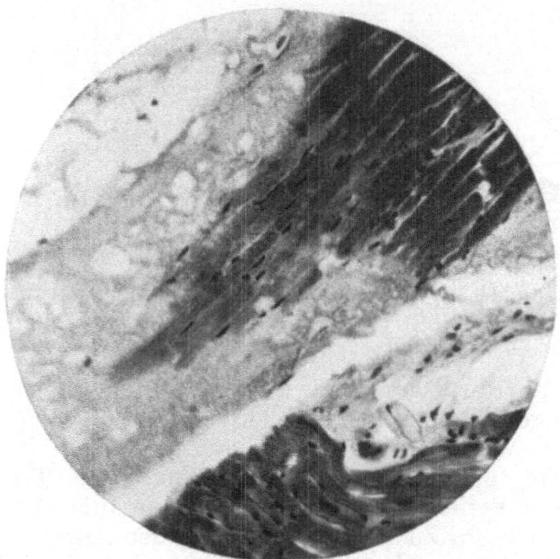

Abb. 8. Myolysis cordis toxica beim Pferde. (Eigene Beobachtung.)

Es ist hier nicht der Ort, im einzelnen die verschiedenen Ätiologien der Myokarditis zu erörtern. Praktisch kann jede Infektionskrankheit zu Schädigungen des Myokards führen; interstitielle Entzündungen sieht man am häufigsten bei den septischen Erkrankungen.

Zu den selteneren Formen gehört die Myocarditis trichinosa, bei der SIMMONDS[1]) in allen Abschnitten des Herzens runde, strichförmige und diffuse Anhäufungen kleiner Rundzellen zwischen intakten Muskelfasern fand. Nur vereinzelte Muskelfibrillen waren kernlos und nahmen keinen Farbstoff an. Bemerkenswerterweise zeigte sich diese weitgreifende interstitielle Myokarditis bei vollkommenem Fehlen von Parasiten im Myokard. Die Veränderung ist somit auf die Einwirkung eines von den Trichinen gelieferten Giftes zurückzuführen. Man kennt auch kongenitale Erkrankungen des Myokards. Bei der kongenitalen syphilitischen Myokarditis ist das Herz durchsetzt von Spirochäten und von diffusen interstitiellen Zellwucherungen durchzogen. Die Bindegewebsentwicklung nimmt dabei vom Gefäßbaum ihren Ausgangspunkt [MRAZEK[2]) und [2a])].

Über die **chemische** Abwandlung der Herzmuskulatur unter pathologischen Bedingungen fehlen bisher systematische Untersuchungen. Der Wassergehalt des frischen Organs unterliegt geringen Schwankungen und beträgt etwa 80%. [VIERORDT[3]), KREHL[4]).] Der Fettgehalt dagegen wird sehr wechselnd angegeben, zwischen 7 und 15% [VIERORDT[5])]. Der für viele Fragen sehr interessierende Kreatingehalt des Herzmuskels ist bei einigen pathologischen Fällen von KONSTABLE[6]) untersucht worden. Ein Aufschluß über die abweichenden Funktionen des Herzens haben diese Untersuchungen bisher nicht geben können.

Die Folgen gestörter Herzmuskelfunktion.

Das sicherste physiologische Maß für eine Minderleistung des Herzens wäre eine exakte Bestimmung des Schlagvolumens; mit sinkender Herzkraft muß die Förderleistung kleiner werden. Wie bereits gesagt, ist diese Aufgabe methodisch bisher ungelöst.

Bei schweren Erkrankungen des Herzens mit versagender Kompensation läßt sich nach dem SAHLIschen Verfahren ein deutliches Kleinerwerden des Pulsvolumens feststellen, und daraus mit den oben gemachten Einschränkungen ein Rückschluß auf das Kleinerwerden des Schlagvolumens machen; diese Verkleinerung des Pulsvolumens findet der erfahrene Arzt bei der Betastung des Pulses und sieht in ihr ein wichtiges Zeichen für das Vorliegen einer „Herzschwäche".

Das Ausmaß der Verringerung des Förderungseffekts in der Zeiteinheit kann sehr verschieden groß sein; reicht das Stromvolumen schon für die Bedürfnisse des Organismus in der Ruhe nicht mehr aus, so sprechen wir von Ruheinsuffizienz des Herzens. Tritt die Minderleistung erst bei körperlicher Beanspruchung hervor, so handelt es sich um Bewegungsinsuffizienz (MORITZ). Manche Fälle latenter Herzschwäche werden erst bei relativ erheblichen Anstrengungen manifest. Von diesen Erfahrungen macht der Arzt täglich Gebrauch, indem er das Verhalten des Pulses bei körperlichen Anstrengungen als grobe Funktionsprobe des Herzens benutzt. Ein sicheres Maß der Herzkraft gibt es nicht. Versuche, über sie ein Urteil zu gewinnen, sind mit verschiedenen Methoden und nach wechselnden Gesichtspunkten angestellt:

---

1) SIMMONDS: Zentralbl. f. allg. Pathol. u. pathol. Anat. Bd. 30, S. 1. 1919.
2) MRAZEK: Arch. f. Dermatol. u. Syphilis, Orig. 1893. 2. Ergänzungsheft.
2a) GUIDO WERLICH: Myocard. syph. congen. Inaug.-Diss. Kiel 1913.
3) VIERORDT: Daten und Tabellen. III. Aufl. Jena 1906. S. 377.
4) KREHL: Dtsch. Arch. f. klin. Med. Bd. 51, S. 423. 1893.
5) VIERORDT: Daten und Tabellen. Jena 1906. III. Aufl., S. 382.
6) KONSTABLE: Biochem. Zeitschr. Sept.-Okt.-Heft. 1921.

So hat man die Erhöhung des Druckes im venösen System bei Anstrengungen als ein solches Maß angesehen [SCHOTT[1])] und gefunden, daß gerade bei Herzkranken nach Anstrengungen der venöse Druck steigt. Vielleicht ist diese Erscheinung so zu erklären, daß gesunde Herzen bei erhöhten körperlichen Anforderungen ein vermehrtes Stromvolumen produzieren, während kranke Herzen, wie das ja auch die klinische Beurteilung lehrt, sich den vermehrten Anforderungen schlecht anpassen und dadurch eine relative Verminderung des Stromvolumens zustande kommen lassen, welche nach den Ausführungen von MORITZ und v. TABORA[2]) eine Druckzunahme im venösen System bewirkt. Aber auch diese Methode hat sich bisher in die Klinik nicht einführen können.

Die einfachste von jedem Arzt bewußt oder unbewußt geübte Funktionsprobe des Herzens ist die Beobachtung der Pulszahl bei gesteigerter körperlicher Leistung. Aus physiologischen Untersuchungen ist bekannt, daß jede Muskelarbeit nicht nur die Größe der Zersetzungen im allgemeinen steigert und den Sauerstoffverbrauch vermehrt, sondern auch schon bei geringen Muskelleistungen eine Zunahme der Pulsfrequenz sich einstellt.

Welches Moment als primum movens der beschleunigten Tätigkeit des Herzens bei körperlichen Anstrengungen anzusprechen ist, ist bisher noch nicht mit Sicherheit entschieden. Gewiß wirken mehrere Faktoren zusammen. Wenn wir berücksichtigen, daß schon kleine Bewegungen, Lageveränderungen der Glieder, unwillkürliche Anspannung von Muskeln bei unbequemen Stellungen, mehrfaches Schließen und Öffnen der Hände einen deutlichen Mehrverbrauch von Sauerstoff bewirken, so ist die Möglichkeit nicht von der Hand zu weisen, daß von zentraler Stelle aus der Mehrbedarf an Sauerstoff durch eine Steigerung der Herzfrequenz und beschleunigten Blutumlauf gedeckt und dieser Prozeß eingeleitet wird von Zentren, welche für eine Sauerstoffminderzufuhr besonders empfindlich sind. Die Erregung fließt dem Herzen auf dem Wege des Accellerans zu. Andererseits könnten Stoffwechselprodukte, welche bei gesteigerter Muskelarbeit im Übermaß produziert werden, als Acceleransreizstoffe fungieren. Schließlich ist daran zu denken, daß derartige bei der Arbeit entstehende Stoffwechselprodukte den Reizablauf im Herzen selbst modifizieren können. Eine weitere Möglichkeit ist die, daß die Willensimpulse, welche die Muskulatur treffen, gleichzeitig über die Bahn des Accelerans auch dem Herzen zuströmen und es entsprechend der Masse der intendierten Muskulatur zu beschleunigter Tätigkeit anspornen.

Über die bei körperlicher Arbeit auftretenden Kreislaufänderungen sind mit Hilfe der Methode des isolierten Herz-Lungen-Kreislaufs von STARLING[3]) Untersuchungen angestellt worden; es zeigte sich, daß jede Drucksteigerung in den Vorhöfen in der Diastole eine Beschleunigung des Herzschlages auslöst durch Verminderung des Vagustonus und Erregung des Accelerans. Auf diese Weise kann mit gesteigertem Minutenvolumen die Leistung des Herzens auf das Sechs- bis Zehnfache erhöht werden.

Die Tatsache, daß an nervös isolierten Herzen bei vollständig erhaltenem Kreislauf Blutdrucksteigerungen die Pulsfrequenz erhöhen, ist seit den Untersuchungen von LUDWIG und THIRY[4]) bekannt, und man kann die nach jeder Arbeitsleistung auftretende Blutdrucksteigerung vielleicht als Erklärung für die physiologische Frequenzzunahme bei Muskeltätigkeit heranziehen; sicher gilt das aber nicht für alle Fälle, denn gerade bei herzmuskelschwachen Individuen, die schon auf geringe Anstrengungen mit erheblichen Tachykardien reagieren, wird eine primäre Druckzunahme vermißt.

Eine besondere Schwierigkeit, aus der Frequenzzunahme der Herztätigkeit nach geringen Anstrengungen auf den Grad der Leistungsfähigkeit des Myokards zu schließen, liegt darin, daß psychische Erregungen bei der Regulierung der Herztätigkeit eine so erhebliche und bei verschiedenen Menschen verschieden große und vielleicht auch noch zu verschiedenen Zeiten wechselnde Bedeutung haben. Eine

[1]) SCHOTT: Dtsch. Arch. f. klin. Med. Bd. 108.
[2]) MORITZ und v. TABORA: Dtsch. Arch. f. klin. Med. Bd. 108.
[3]) STARLING: Journ. of the roy. army med. corps. Vol. 34, III, p. 258, 272.
[4]) LUDWIG und THIRY: Wiener Sitzungsber. Bd. 49 (2), S. 442. 1864.

allgemein angenommene Erklärung für die beschleunigte Tätigkeit des muskelkranken Herzens nach der Arbeit gibt es nicht. Die Annahme, einer erhöhten Erregbarkeit der Reizbildungsorte ist schließlich nur eine Umschreibung der zu erklärenden Tatsache. Die pathologische Arbeitstachykardie ist von der physiologischen außer durch den höheren Grad der Frequenzzunahme noch dadurch ausgezeichnet, daß sie die Anstrengung unverhältnismäßig lange überdauert; schon daraus kann man schließen, daß eine nervöse Regulation der Schlagfrequenz nicht die alleinige Rolle spielt [JAQUET[1]), KÜLBS[2])].

Neben der Prüfung des Arbeitspulses hat man versucht, das Verhalten des arteriellen Drucks unter verschiedenen Bedingungen als Methode der Funktionsbeurteilung auszuarbeiten. Setzt man durch Kompression beider Arteriae femorales einen erhöhten peripheren Widerstand, so steigt bei gesunden Menschen danach bei gleicher Pulsfrequenz der Blutdruck um 10—15 mm Hg, bei hypertrophischen Herzen ist die Drucksteigerung wesentlich höher, bei insuffizienten Herzen sinkt der Druck bei steigender Frequenz. Da aber durch die starke Kompression erhebliche periphere Reize gesetzt werden, die ihrerseits den Blutdruck wesentlich beeinflussen, ist die Methode, wie ich aus eigener Erfahrung weiß, unzuverlässig (KATZENSTEIN).

Wird der Blutdruck nach tiefer Inspiration bei sistierter Atmung gemessen, so findet man bei gesunden Leuten maximale Steigerungen von 5 mm Hg. Bei hypertrophischen Herzen werden Steigerungen bis zu 26 mm gesehen, bei schwachen Herzen pflegt der Druck um 4—8 mm zu sinken. Es ist bei diesem Verfahren nicht einfach, die Bedingungen des VALSALVAschen Versuches, bei denen der Blutdruck ein ganz besonderes Verhalten zeigt, auszuschalten. Als Herzfunktionsprobe wird sich auch dieses Verfahren kaum einbürgern.

Viel angewandt wird der Vagusdruckversuch nach CZERMAK. Man drückt am vorderen Rande des Musculus sternocleidomastoideus etwas einwärts von der Carotis und kann gelegentlich Kammer- und Vorhofssystolen dadurch zum Ausfall bringen. Wenn der Puls bei leichtem Druck 1—2 Sekunden aussetzt oder bedeutend verlangsamt wird, muß der Versuch als gefährlich angesehen und abgebrochen werden.

Eine solche gesteigerte chronotrope Wirkung deutet stets auf ein insuffizientes Herz; dagegen ist der negative Ausfall des Versuchs nicht im Sinne des Fehlens von Herzmuskelschädigungen zu verwerten.

Der oculocardiale Reflex (ASCHNER) beruht auf einer Erregung des Vagus vom Trigeminus aus. Drückt man auf das geschlossene Auge, so tritt normalerweise eine Pulsverminderung von 6 Schlägen ein, die bei kranken Herzen auftretende Bradykardie ist sehr viel erheblicher. Neben der Bradykardie werden gelegentlich Extrasystolen bei dem ASCHNERschen Versuch beobachtet.

Dyspnoe. Während der Herzschmerz ein relativ seltenes Symptom ist, steht die Atemnot bei allen Schädigungen des Myokards im Vordergrunde der subjektiven Erscheinungen; steigert sich die Schweratmigkeit (Dyspnoe) anfallsweise, so spricht man vom Asthma cardiale. Stauungen im kleinen Kreislauf bewirken durch die Verlangsamung der Strömung eine Zunahme des hydrostatischen und eine Abnahme des hydrodynamischen Drucks. Die Lungencapillaren geben dem gesteigerten Seitendruck nach, wölben sich in die Lumina der Alveolen vor und verkleinern die respiratorische Oberfläche erheblich. Das Gesamtvolumen der Lungen kann dabei zunehmen; während aber die Blutgefäßkapazität durch Erweiterung des Gesamtstrombettes in den Lungen steigt, nimmt die Luftkapazität gleichzeitig ab. Es resultiert

---

[1]) JAQUET: Muskelarbeit und Herztätigkeit. Rektoratsprogr. Basel 1920.

[2]) KÜLBS: Herzmuskel und Arbeit. Verhandl. d. dtsch. Kongr. f. inn. Med. 1906. — DERSELBE: Herzmuskel und Arbeit. Arch. f. exp. Pathol. u. Pharmakol. Bd. 55, S. 288. 1906.

daraus eine gewisse Schwerbeweglichkeit der Lungen, ein leichter Grad von Lungenstarre. Die Vitalkapazität (siehe Kap. I) nimmt um 25 bis 30% ab; besonders dann, wenn das Zwerchfell an ausgiebigen Bewegungen gehindert ist. Als weitere Ursachen der Dyspnoe gilt die wegen Herabsetzung der Stromgeschwindigkeit eintretende Verminderung der die Lungen in der Zeiteinheit passierenden Blutmengen; das Blut wird schlechter gelüftet, kommt relativ reich an Kohlensäure am Atemzentrum an und reizt dasselbe; als Folge dieses Reizes kommt es zur Inanspruchnahme der auxiliaren Atemmuskulatur; nicht selten nehmen die Kranken eine charakteristische Haltung ein, sie setzen sich im Bett auf (Orthopnoe). Analysen der Alveolarluft bei kardialer Dyspnoe hatten widersprechende Resultate; bald wird eine Erhöhung, bald eine Erniedrigung der alveolaren CO_2-Spannung gefunden. Der kleine Kreislauf wird dann dadurch entlastet, daß das große Splanchnicusgebiet mehr Blut aufnimmt und die vorher sich in die Alveolen vorwölbenden Lungencapillaren nunmehr der Atmungsluft freieren Zutritt zum respiratorischen Epithel gestatten. Eine länger dauernde schlechte Sauerstoffversorgung des Atemzentrums führt zum sogenannten CHEYNE-STOKESschen Atemtypus, einem Zeichen schlechtester prognostischer Bedeutung (siehe Kap. I). Nimmt die Kraft des Herzens und damit seine Förderleistung ab, so resultiert daraus weiterhin eine Verlangsamung auch des peripheren Blutstroms; damit setzt eine relative Minderversorgung der Organe mit Sauerstoff und Nährstoffen und gleichzeitig eine Anhäufung von Stoffwechselschlacken, zu denen auch die Kohlensäure zu rechnen ist, ein. Diese Veränderung in der Zusammensetzung der Blutgase bedingt das Gefühl des Lufthungers; auffälligerweise ist die Schweratmigkeit des Herzkranken nicht immer von einer Tachypnoe begleitet, auch die Vertiefung der einzelnen Atemzüge ist oft nur unwesentlich.

Cyanose. Die schlechte Arterialisierung des Blutes wird an der Blaufärbung der oberflächlich gelegenen Capillargebiete (Nägel, Lippen) erkennbar (Cyanose). Da das Blut aber nicht nur dem Sauerstoff- und Nährstofftransport, sondern auch der Wärmeregulation dient, wird die im Innern des Körpers erzeugte Wärme bei Kreislaufstörungen infolge Herabsetzung der Stromgeschwindigkeit in vermindertem Maße der Peripherie zugeführt: die Extremitäten Finger, Nase, Ohren werden kalt; die langsame Strömung begünstigt zudem eine weitergehende Entwärmung des Blutes in der Peripherie. Obwohl bei einem in die Strombahn eintretenden Hindernis überall im Gesamtquerschnitt des Kreislaufs die Strömung verlangsamt ist, sind die Erscheinungen an den verschiedenen Stellen doch sehr wechselnde. Nach dem Dastre-Moratschen Gesetz müssen sich die Capillaren im Innern des Körpers erweitern, wenn sie sich an der Oberfläche verengern, denn das Gesamtvolumen des Blutes ist für kurze Zeitabschnitte als konstant anzusehen. Im Gebiet der Capillarerweiterung (Stauungsgebiet) fließt das Blut sehr langsam, die Versorgung wird dadurch schlechter. Im Gebiete der Capillarverengerung fließt das Blut zwar schneller aber in wesentlich verringerter Menge, auch das involviert eine mangelnde Sauerstoffversorgung der Gewebe. Bei maximaler Erweiterung der Capillaren des Unterleibs kann eine gefährlich große Menge Blutes sich ansammeln, die betreffenden Patienten „verbluten sich in ihre eigene Gefäße".

Ödem. Eine weitere Folge der verlangsamten Strömung in den Capillaren ist das Ödem. Der gesteigerte hydrodynamische Druck lastet weit stärker als bei guten Strömungsverhältnissen auf den Wänden des Gefäßes und preßt Blutwasser in vermehrter Menge in die Gewebe. Damit muß der Gewebsdruck steigen und nun seinerseits den venösen Rückstrom behindern, bis ein gewisser Gleichgewichtszustand erreicht ist. Wie für alle Gewebe, so ist auch für die Capillarendothelien eine Minderversorgung mit arterialisiertem Blut mit Schädigungen ihrer Funktion verbunden, und es ist durchaus verständlich, daß unter sonst gleichen Bedingungen schlechter ernährte Capillaren durchlässiger sind als gut ernährte. Als weiteres ödembegünstigendes Moment ist die Lage im Raum anzusprechen. Der Herzkranke bekommt seine Ödeme, solange er sich außer Bett befindet, zuerst an den Fußknöcheln. Die Erklärung ist darin gegeben, daß bei verlangsamter resp. sistierender Strömung der hydrostatische Druck dominiert, welcher bei vertikal stehender Blutsäule gesteigert wird. Schließlich spielt die Erschwerung des Lymphabstromes eine Rolle. Da der venöse Druck bei allen Zirkulationsstörungen steigt, wird auch der Abfluß der Lymphe aus dem Ductus thoracicus in die Vena subclavia erschwert werden. Wie auf S. 178 gezeigt wird, sind die Bedingungen für das Zustandekommen von Ödemen sehr komplexer Natur. Bei den Ödemen der Herzkranken dominieren fraglos die physikalischen Momente, erst in 2. Linie und von ihnen abhängig sind die Störungen der physikalisch-chemischen Wandstruktur und der aktiven Capillarfunktionen verantwortlich zu machen.

Daß diese noch weitgehend erhalten bleiben, lehrt die charakteristische Zusammensetzung der Ödemflüssigkeit und der Transsudate, worunter man die physikalisch bedingten Flüssigkeitsansammlungen in den großen Körperhöhlen versteht (Höhlenhydrops). Besonders gefahrvoll werden solche Transsudationen, wenn sie die Funktion lebenswichtiger Organe beeinträchtigen (Lungen, Nieren).

Stauung. Von den drüsigen Organen sind vor allem die Nieren bei Schädigung des Herzens in ihren Funktionen beeinträchtigt. Die Wasserausscheidung durch die Nieren ist gestört. Die Menge des Harnwassers sinkt mit nachlassender Herzkraft. Da die festen Harnbestandteile lange Zeit hindurch noch in normaler Menge ausgeschieden werden, muß die Konzentration des Harns steigen. Die Menge des Kochsalzes sinkt besonders bei gleichzeitiger Ödembildung ab. Die N-haltigen Harnbestandteile werden selten retiniert. Wenige Tage, nachdem die Harnmenge gesunken ist, treten kleine Eiweißmengen selten über 1—2 g am Tage im Harn auf. In der Nacht bessern sich diese als Stauungssymptome zu deutenden Erscheinungen. Diese nächtliche Besserung der renalen Symptome — Vermehrung der Harnmenge und harnfähigen Bestandteile — ist geradezu pathognomisch für die kardiale Ätiologie der Nierenfunktionsstörung. Die verminderte Durchblutung ist dabei das wesentliche ursächliche Moment. Bemerkenswert ist, daß die Stauungsniere endovasal applizierte Flüssigkeit oft noch prompt ausscheidet, während die perorale Verabreichung das Wasser nicht wieder im Harn erscheinen läßt; es ist in die Gewebe abgelaufen. Diuretica haben bei Stauungsnieren oft einen verblüffenden Effekt; sie bringen auf dem Umwege einer besseren Durchblutung die Harnausscheidung wieder in Gang und zeigen, daß tiefgreifende Epithelschädigungen in den Anfangsstadien wenigstens nicht eingetreten sind.

2. Funktionsstörungen der Klappen.

Seine Ventileinrichtungen machen das Treibwerk des Herzens zu einer vollendet arbeitenden Präzisionsmaschine. Ihre zarte Konstruktion bedingt zugleich eine hohe Empfindlichkeit des ganzen Pumpwerks gerade an den Klappen, die eine Fortbewegung des Blutes in einer Richtung garantieren. Diese ihre wesentliche Funktion ist gestört, wenn zwischen ihren freien Rändern ein offener Spalt noch nach ihrem „Schluß" bestehen bleibt. Eine solche Schlußunfähigkeit (Insuffizienz) kann bei intakten und muß bei mehr oder weniger weitgehend zerstörten Segeln eintreten. Zerstörungen am Klappenapparat beruhen in den seltensten Fällen auf stumpfer Gewalt, sie sind meistens Folgen akuter oder chronischer entzündlicher Veränderungen. Die besondere Beschaffenheit des Gewebes bringt es mit sich, daß manche im ganzen Körper verbreitete Erreger gerade hier mit Vorliebe sich ansiedeln. Weiter wissen wir, daß ein einmal entzündetes Endokard einer zweiten Infektion leichter anheimfällt als ein gesundes. Bei intakten Segeln kann eine Insuffizienz durch eine Erweiterung (Dilatation) der Herzhöhlen eintreten. Physiologischerweise kontrahieren sich die mit Muskelbündeln ausgestatteten Ansatzringe der Atrioventrikularklappen in jeder Systole und schaffen damit die Möglichkeit ihres vollkommenen Schlusses. Bei starker Erweiterung reicht diese systolische Verengerung des Klappenringes nicht mehr zu, um einen vollkommenen Schluß zu bewerkstelligen. Ebenso wirken isolierte Schädigungen der Ringmuskulatur.

Werden an Tieren (Hunden und Katzen) Aorten- und Mitralklappen künstlich beschädigt (O. Rosenbach), so kommen dadurch Erweiterungen der Herzhöhlen (Dilatationen), wie Verdickungen seiner Wand zustande. Beachtenswerterweise wird bei diesen Versuchen eine Senkung des Blutdrucks vermißt. Das Herz ist imstande, seine Leistungen unter den Bedingungen der akuten Klappeninsuffizienz sofort zu steigern; für den Gesamtkreislauf kommt bei eintretendem Ventilschaden alles auf den Zustand des Herzmuskels an.

Eine zweite Störung an den Ventileinrichtungen des Herzens ist deren zunehmende Verengerung durch narbige Schrumpfung (Stenose), die den Blutaustritt nach dem vorwärts gelegenen Herzabschnitt erheblich erschweren muß. Der Widerstand wächst dabei nicht proportional der Verengerung der Strombahn, sondern in viel höherem Maße; ferner wächst der Widerstand, den eine strömende Flüssigkeit an einer Verengerung der Strombahn findet, mit zunehmender Stromgeschwindigkeit rasch an. Die Herzarbeit verringert sich demnach, wenn ein bestimmtes Volumen durch eine Stenose in längerer Zeit hindurch gepreßt wird, und steigert sich, wenn die gleiche Förderleistung in kürzerer Zeit erzwungen wird.

Nun bedeutet jede Klappenschlußunfähigkeit für das rückläufige Blut gleichfalls eine Stenose. Fassen wir ein venöses Ostium ins Auge, so wird die enge Stelle bei der Insuffizienz in der Systole, bei der Stenose in der Diastole passiert. Eine rasche Herzaktion würde z. B. bei der Mitralinsuffizienz durch die zunehmende Stromgeschwindigkeit das rückläufige Blut an der Mitralis vermehrten Widerstand finden lassen. Umgekehrt sinkt mit verlangsamter Aktion, z. B. bei der Mitralstenose, der Widerstand an dem verengten Ostium; da die Verlangsamung der

Schlagfolge im wesentlichen durch eine Verlängerung der diastolischen Phase erzielt wird, ist dem Ventrikel Zeit gelassen, trotz der Stenose sich weitgehend zu füllen.

Es kann demnach durch eine Regelung der Schlagfolge den schädlichen Folgen der Klappenfehler bis zu einem gewissen Grade gesteuert werden. Ein Versagen der Ausgleichsvorrichtungen (Dekompensation) kündigt sich allererst durch eine beschleunigte Schlagfolge an, sie wird im wesentlichen auf Kosten der Diastole durchgeführt; eine Verkürzung der Diastole hat aber ihrerseits wieder deletäre Folgen für die Herzernährung, da den Coronargefäßen nur in der Diastole, nicht in der Systole Blut zuströmt.

Die Dynamik der Klappenfehler ist in vorbildlicher Weise von Straub[1]) untersucht worden. Mit Hilfe besonders konstruierter Sonden werden Aorten- und Mitralinsuffizienzen hergestellt. Mitralstenose wird durch Einführung eines schaufelartigen Instruments, welches eine kreisförmige Platte trägt, bewirkt und durch einfache Drehung der Platte wieder aufgehoben. Eine Stenosierung der Aorta wird durch Umschlingung derselben mit einem Faden dicht oberhalb der Klappen erreicht. Die Untersuchungen wurden am Herzlungenpräparat von Katzen angestellt.

Als erste Folge einer akuten Aortenstenose tritt durch Vermehrung des systolischen Rückstands eine beträchtliche Dilatation des linken Ventrikels ein. Die Vermehrung des systolischen Rückstands bedingt ihrerseits eine Vergrößerung des diastolischen Ventrikelvolumens. Der Ventrikel kontrahiert sich also gegen eine vergrößerte Anfangsfüllung und erhöht seine Anfangsspannung, was eine erhebliche Mehrarbeit bedeutet. Eine Steigerung des diastolischen Drucks ist durch die Feststellung der Drucksteigerung im linken Vorhof nachweisbar. Sofort nach Einsetzen der Stenose werden die vom linken Ventrikel ausgeworfenen Blutmengen geringer. Das dadurch dem großen Kreislauf entzogene Blut findet in der linken Kammer und in den Lungen Platz.

Wenige Sekunden später ist das alte Schlagvolumen der linken Kammer wieder erreicht, um nach Aufhören der Stenose vorübergehend stark anzusteigen. Dieses bald nach Einsetzen der Stenose zu beobachtende Wiedererreichtwerden des alten Schlagvolumens der linken Kammer ist als Effekt ihrer kompensatorischen Mehrleistung zu deuten. Eine nach unserer klinischen Vorstellung zu postulierende Drucksteigerung in der rechten Kammer wurde in den Untersuchungen am Herz-Lungenkreislauf vermißt.

Eine künstliche Aorteninsuffizienz läßt sofort bei unverändertem Mitteldruck den Maximaldruck bedeutend ansteigen, den Minimaldruck um ebensoviel abfallen: Die Pulsamplitude ist erheblich vergrößert. Der sofort nach Hervorrufen der Aorteninsuffizienz sich einstellende Pulsus celer ist das sicherste Zeichen des gelungenen Eingriffs. Unmittelbar nach Einsetzen der Insuffizienz zeigen die Stromuhrwerte eine kurzdauernde Verzögerung der Strömung an. Sie ist offenbar dadurch bedingt, daß ein Teil der Schlagvolumina in den linken Ventrikel zurückströmt. Bei unverändertem Rhythmus erreicht das Schlagvolumen erst dann seine ursprüngliche Höhe, wenn es um den Betrag des zwischen Aorta und linkem Ventrikel hin- und herpendelnden Blutes zugenommen hat. Diese Vergrößerung

[1]) Straub: Dtsch. Arch. f. klin. Med. Bd. 122, S. 156. 1917.

des Schlagvolumens bei ungeändertem Rhythmus bedeutet eine Mehrleistung des linken Ventrikels, welche ebenfalls durch Erhöhung seiner Anfangsspannung bei vergrößerter Anfangsfüllung erreicht wird. Ist die anfängliche Verminderung der Schlagvolumina überwunden, wird der Blutgehalt des großen Kreislaufs fast bis auf den Ausgangswert zurückgeführt. Eine erheblichere Rückstauung in die Lungen, eine venöse Hyperämie derselben bleibt aus. Ein Einfluß auf die Tätigkeit des rechten Herzens wurde nicht gefunden. Die Dilatation der linken Kammer war bei den künstlichen Aorteninsuffizienzen in den STRAUBschen Versuchen auffällig gering, da eine Vergrößerung des systolischen Rückstands nicht eintrat. Die klinische, so häufig beobachtete Dilatation bei Aorteninsuffizienz wird als primäre Folge der Ventilstörung nicht anerkannt, sondern als muskuläre Dilatation gedeutet.

Nach einer akut gesetzten Mitralstenose steigt der Druck im linken Vorhof erheblich an, während der Druck im rechten Vorhof unverändert bleibt. Das in der Zeiteinheit in den großen Kreislauf geförderte Volumen zeigte nur in einigen Versuchen eine vorübergehende, kurz nach Erzeugung des Klappenfehlers einsetzende Verminderung. Da der periphere Kreislauf eine im wesentlichen unveränderte Strömung aufwies und der Druck im rechten Vorhof unverändert blieb, wird nach diesen Experimentaluntersuchungen eine Kompensation der Mitralstenose angenommen. Eine Änderung in der Dynamik des linken Ventrikels läßt sich aus den STRAUBschen Versuchen nicht ableiten. Schlagvolumen und systolischer Druck bleiben, nachdem sich stationäre Verhältnisse eingestellt haben, unverändert. Die Hauptaufgabe bei der Kompensation fällt dem linken Vorhof zu, welcher durch Steigerung seines Binnendrucks schließlich das normale Blutquantum durch das verengte Ostium in die Kammer treibt. Bemerkenswerterweise wurde in Versuchen am Herz-Lungenpräparat im Gegensatz zu den klinischen Vorstellungen eine geringe Senkung des Druckmaximums im rechten Ventrikel gefunden; in keinem Fall, wie man nach den klinischen Lehren erwarten sollte, eine Steigerung. Der Widerspruch, der zwischen den Befunden im Tierversuch und den Erfahrungen der Klinik besteht, ist bisher nicht aufgeklärt.

Die Analyse der mechanischen Verhältnisse bei der experimentellen Mitralinsuffizienz ergibt zunächst, daß der Aortendruck und der Druck im rechten Vorhof unverändert bleibt. Der Druck im linken Vorhof entspricht bei diesem Klappenfehler in der diastolischen Phase der Anfangsspannung des linken Ventrikels und ist stark erhöht. Das in der Zeiteinheit vom linken Ventrikel geförderte Volumen zeigt ausweislich der Stromuhrwerte bald nach Einsetzen der Insuffizienz ein geringes Sinken unter den Ausgangswert, dann rasche Rückkehr zum normalen Niveau. Das Schlagvolumen des linken Ventrikels steigt um die Hälfte des Ausgangswertes. Der systolische Rückstand steigt erheblich an, noch stärker das diastolische Ventrikelvolumen und dadurch die Anfangsfüllung. Daraus resultiert eine Verminderung des Blutgehalts im großen Kreislauf. Das ihm entzogene Blut findet im linken Ventrikel, im linken Vorhof und in den Lungen Platz. Wird die Mitralinsuffizienz wieder aufgehoben, so stellt sich die ursprüngliche Blutverteilung nur sehr langsam wieder her, entsprechend dem langsamen Verschwinden der Dilatation des linken Ventrikels. Die Kompensation der artefiziellen Mitralinsuffizienz wird nicht durch eine Mehrarbeit des rechten Ventrikels bewirkt, dessen Schlagvolumen, systolischer und diastolischer Druck unverändert bleiben. Der linke Vorhof erfährt eine gewaltige Steigerung seines Inhalts, er bekommt die Hälfte des Schlagvolumens der linken Kammer auf rückläufigem Wege, seine Füllung beträgt zu Beginn der Kammerdiastole etwa das Dreifache der Norm. Die Arbeitsbedingungen für den linken Ventrikel sind bei der Mitralinsuffizienz besonders ungünstige. Durch den mangelnden Klappenschluß geht eben während der Anspannungszeit ein Teil seiner Füllung verloren. Bevor eine Entleerung in die Aorta erfolgen kann, muß der Ventrikeldruck über den Aortendruck gebracht werden. Wegen des rückläufigen Blutstroms wird dieser Zeitpunkt bei der Mitralinsuffizienz erst später erreicht werden: die Anspannungszeit des linken Ventrikels ist verlängert. Bleibt nun die Systolendauer im ganzen unverändert, so kann die Verlängerung der Anspannungszeit nur auf Kosten der Austreibungszeit geschehen, welche schließlich nicht mehr ausreicht, um den Ventrikelinhalt in die Aorta austreten zu lassen. Ehe nämlich der Aortendruck erreicht und überschritten ist, ist schon ein großer Teil der Kontraktionsenergie des linken Ventrikels verbraucht. Nur während einer unverhältnismäßig kurzen Zeit besteht ein Druckgefälle vom linken Ventrikel zur Aorta, welches der Austreibung des Blutes nutzbar wird. Die erheblich verkürzte Austreibungszeit läßt wesentlich mehr Blut im linken Ventrikel zurück als demselben rückläufig durch die insuffiziente Mitralklappe verloren geht. Damit muß der systolische Rückstand im linken Ventrikel wachsen und weiterhin seine Anfangsspannung zunehmen. Mit der Zunahme der Anfangsspannung wird die Zeit bis zur Überwindung des Aortendrucks abgekürzt und dadurch wieder die Austreibungszeit verlängert. Das raschere Hinauftreiben des Drucks im linken Ventrikel bedingt für diesen Herzabschnitt eine erhebliche Mehrarbeit, die schließlich zur Hypertrophie führt.

Abb. 9. Normaler Venenpuls. x Senkung (systolisches Hinabsteigen der Atrioventrikulargrenze) intrathorakale Drucksenkung während der Austreibung.

a = Vorhofswelle, präsystolische Welle, durch den während der Vorhofkontraktion erfolgten Rückstrom bedingt.
c = Protosystolische Welle, fortgeleitete Karotispulsation, Anspannung der Ventrikel, Tricuspidalklappenschluß (vk).
v = Diastolische Welle infolge zunehmender Füllung des Vorhofs vor den auch in den ersten Augenblicken der Diastole noch geschlossenen Tricuspidalklappen.
y = Senkung: Folge der Kammerdiastole.

Die Dynamik der Klappenfehler des rechten Herzens ist bisher nicht Gegenstand systematischer Untersuchungen gewesen. Klinisch spielen eigentlich nur die Tricuspidalinsuffizienz und die Pulmonalstenose eine erhebliche Rolle. Versuche, eine künstliche Läsion der Tricuspidalis herbeizuführen, sind von Rihl[1]) mit Hilfe kleiner messerförmiger Sonden gemacht. Während geringe Läsionen, bei denen nur einige Sehnenfäden durchrissen waren, kaum Erscheinungen machen, lassen gröbere Läsionen unmittelbar nach dem Eingriff den Vorhof anschwellen und die venösen Pulsationen sich verstärken. Der Venenpuls

[1]) Rihl: Zeitschr. f. exp. Pathol. u. Therap. IV, 1909. 619.

zeigte lediglich eine Vergrößerung der zweiten der Kammertätigkeit entsprechenden Welle (Abb. 9).

Bei hochgradigen Läsionen folgt einer kleinen a-Welle eine große neue Welle, die als Ausdruck eines von der Kammer ausgehenden rückläufigen Blutstroms als eine Kammerpulswelle vs (RIHL) aufzufassen ist. Dieser sogenannte positive Venenpuls, dessen Hauptwelle dem Carotispulse im wesentlichen synchron ist, gibt der Tricuspidalinsuffizienz sein charakteristisches klinisches Gepräge. Dieser Venenpuls schlägt in vielen Fällen bis in die Lebervenen zurück (Lebervenenpuls). Manchmal entsteht durch Anspannung der Klappen der Jugularvenen an ihrer Einmündung in den Bulbus, der Venae cruralis dicht unterhalb des Ligamentum Poupartii, ein klappender Ton.

Bemerkenswert ist, daß H. E. Hering durch Unterbindung der A. coronaria dextra eine weitgehende Dilatation des rechten Ventrikels mit konsekutiver Trikuspidalinsuffizienz erzeugen konnte, ohne daß ein positiver Venenpuls nachweisbar wurde; er glaubt dadurch die Verwendung des Venenpulses zur sicheren Diagnose der muskulären Tricuspidalinsuffizienz einschränken zu sollen. Reine Tricuspidalinsuffizienzen, wie sie das Experiment setzt, werden beim Menschen nicht beobachtet. Stets führt die Dilatation des rechten Vorhofs zu einer bedeutenden Verbreiterung der Herzdämpfung nach rechts und zu einer merklichen Pulsation rechts vom Sternalrand.

Die Pulmonalstenose imponiert oft durch die hochgradige Cyanose bei vollkommen fehlender Dyspnoe und Fehlen sonstiger Zeichen der Dekompensation. In den meisten Fällen handelt es sich um gleichzeitige Defekte im Septum ventriculorum oder andere Mißbildungen, so daß das pathologisch-physiologische Geschehen in zunächst noch unübersehbarer Weise kompliziert ist.

Kompensation. Unter den kompensatorischen Einrichtungen des Herzens nehmen seine Reservekraft, die Dilatation und Hypertrophie die erste Stelle ein.

Die Reservekraft des Herzmuskels ist eine Eigenschaft, die ihm ebenso wie dem quergestreiften Skelettmuskel zukommt und sich aus den Zuckungsgesetzen ableiten läßt. Nimmt die Anfangsspannung des Muskels zu, so wächst entsprechend die Kraft seiner Kontraktion. Die Anfangsspannung des Herzmuskels steht wieder in einem Abhängigkeitsverhältnis von der Anfangsfüllung und von den Widerständen, die sich dem auszutreibenden Blut entgegenstellen. Alle oben geschilderten Momente, die den peripheren Widerstand steigern oder die Herzfüllung vermehren, werden demnach automatisch beim muskelgesunden Herzen eine kompensatorische Mehrleistung zur Folge haben.

Unter den Vorgängen, die zur Kompensation eines Klappenfehlers führen, spielt die Dilatation des Herzens eine bedeutsame Rolle. Jede Dilatation bedeutet eine Erweiterung der Herzhöhle. Man hat schon früh versucht, zwei ihrem Wesen und ihrer Bedeutung nach verschiedene Formen der Dilatation zu unterscheiden, die kompensatorische und die Stauungsdilatation. Die Stauungsdilatation ist eine krankhafte Erscheinung; das Herz führt einen vergrößerten Rückstand nach seiner Kontraktion; bleibt also auch nach der Systole relativ groß. Die kompensatorische Dilatation wäre dagegen nur der Ausdruck einer größeren Ausdehnung des Herzens infolge vermehrter diastolischer Füllung, während es nach der Systole normale Größe aufweisen soll.

Die Stauungsdilatation gehört nicht streng zu den Erscheinungen eines Klappenfehlers, sie ist myogenen Ursprungs und also als Komplikation aufzufassen. Die STRAUBschen Untersuchungen über die Dynamik der Klappenfehler haben aber gezeigt, daß auch bei gesundem Herzmuskel und wachsenden Widerständen infolge von Klappenfehlern sowohl die diastolischen Anfangsfüllungen als die systolischen Rückstände zunehmen — eine strenge Unterscheidung zwischen kompensatorischer und Stauungsdilatation sich nicht machen läßt. Eine Dilatation, die nur die Folge eines vergrößerten Schlagvolumens ist, läßt lediglich das diastolische Volumen um den Betrag der Vergrößerung des Schlagvolumens bei ungeändertem systolischem Volumen ansteigen. Man darf also festhalten, daß die bei Klappenfehlern eintretenden Herzerweiterungen, solange der Muskel gesund ist, nicht durch Schwäche des Organs, sondern als Folge einer zweckmäßig veränderten Dynamik sich einstellen und somit als kompensatorische zu deuten sind.

Ein dilatativ erweitertes Herz wird ein größeres Volumen fördern können; bei gleicher Wandmasse besitzt das größere Organ zwar eine größere Fähigkeit der Volumleistung, aber eine geringere der Druckleistung [WEIZSÄCKER[1])]. Nur wenn auch die Wandmasse dem Radius entsprechend zunähme, würde die gleiche maximale Druckleistung erhalten bleiben. Eine solche Zunahme der Wandmasse wird als Hypertrophie bezeichnet.

Die Mechanik der Herzhypertrophie und ihre Entstehung ist ein sehr komplexes Problem. Es scheint so, daß nur die Arbeitssteigerung der einzelnen Kontraktion mit Hypertrophie verbunden ist, präziser ausgedrückt sollen nur die Abschnitte, die unter vermehrter Anfangsspannung arbeiten, hypertrophieren, während durch bloße Frequenzsteigerung bedingte Mehrarbeit nicht von Hypertrophie gefolgt ist[1]). Was letzten Endes den Anstoß zur Hypertrophie des Herzens gibt, ist noch Gegenstand der Kontroverse. Wir sehen das Herz im allgemeinen dann hypertrophieren, wenn es als Ganzes oder in seinen einzelnen Abschnitten Mehrarbeit zu leisten hat. Diese Mehrarbeit bringt wie jede erhöhte Tätigkeit eines Organs eine vermehrte Blutdurchströmung mit sich. Diese wiederum schafft mit ihrer günstigeren Ernährung die erste Vorbedingung für ein Wachstum des Muskels. Bemerkenswerterweise ist histologisch das hypertrophe Herz von dem normalen in seinem Aufbau verschieden, indem das Verhältnis der Kernmasse zur Gesamtmasse sich zuungunsten der Kernmasse verschiebt [SCHIEFERDECKER[2])]. Chemische Untersuchungen haben eine Differenz der Zusammensetzung normaler und hypertropher Herzen noch nicht eindeutig erweisen können. Haben sich in der Wand des Herzens regressive und reparative Vorgänge abgespielt, so können dadurch Ausfälle an kontraktiler Substanz eintreten, die durch Hypertrophie bisher intakter Fasern ausgeglichen werden. Beurteilt man ein solches Herz einfach seiner Masse nach, so kann es bei gleichem Gehalt an kontraktiler Substanz wie ein normales hypertroph erscheinen.

Es wird von manchen Autoren eine exzentrische, eine einfache und eine konzentrische Herzhypertrophie unterschieden. Vermehrter äußerer Widerstand (Erhöhung des arteriellen Drucks) steigert die Arbeits-

---

[1]) WEIZSÄCKER: Ergebn. d. inn. Med. Bd. 19, S. 377. 1921.

[2]) SCHIEFERDECKER: Pflügers Arch. f. d. ges. Physiol. Bd. 165, S. 449. 1916.

fähigkeit des Herzmuskels. Daraus entwickelt sich unter Bildung eines systolischen Rückstandes in der Herzkammer eine exzentrische Hypertrophie. Für eine konzentrische Hypertrophie können nur Ursachen auslösend sein, die am Herzen selbst angreifen. Nach der landläufigen Auffassung wird für diejenigen Herzhypertrophien, welche mit einer Steigerung des Blutdrucks einhergehen, diese Hypertonie als das Primäre und die Herzhypertrophie als die Folge davon angesehen. Nach anderer Auffassung [GEIGEL[1])] ist die Herzhypertrophie bei Nierenkranken primär durch toxische Produkte bedingt, die sekundäre Steigerung der Herzarbeit führt dann zum erhöhten Blutdruck wie zur Polyurie. Die bei Nierenkranken gefundene Hypertrophie ist ausschließlich konzentrisch; sie betrifft alle Herzabschnitte gleichzeitig.

3. Die Arhythmien.

Unter Arhythmie wird die Abweichung vom normalen Herzrhythmus verstanden. Diese Abweichung kann auf verschiedene Weise zustande kommen; nach den Vorstellungen, welche man sich über den Mechanismus der unregelmäßigen Herztätigkeit gebildet hat, unterscheidet man verschiedene Gruppen von Arhythmien:

1. den Pulsus irregularis perpetuus oder die Arhythmia perpetua,
2. die verschiedenen Formen extrasystolischer Arhythmie,
3. die Sinusarhythmien,
4. die Überleitungsstörungen.

Eine physiologische Form der Arhythmia ist die unter dem Einfluß der Atmung zustande kommende, die in dem Pulsus respiratorius in ausgeprägten Fällen ihren Ausdruck findet; die Herzschlagfolge wird in der Norm bei der Einatmung wenig beschleunigt, bei der Ausatmung dagegen verlangsamt. Irgendwelche Beziehung zu Erkrankungen des Herzens fehlen, ja es soll die respiratorische Arhythmie nur bei gut funktionierenden Herzen beobachtet werden. Änderungen der Überleitungszeit werden dabei nicht beobachtet; Atropin bringt ebenso die respiratorische Arhythmie zum Verschwinden wie jede auf irgendeine Weise erzielte Beschleunigung der Herztätigkeit. Von allen diskutierten Möglichkeiten erscheint mir der in der Ausatmung erhöhte Vagustonus am ehesten für diese Erscheinung verantwortlich zu sein. Es lassen sich für diese Auffassung verschiedene klinische Beobachtungen geltend machen. So sieht man bei Anstellung des VALSALVAschen Versuchs, bei welchem die enorme Hirndrucksteigerung einen Vagusreiz setzt, regelmäßig eine Pulsverlangsamung eintreten. Ein ähnlicher Vorgang spielt, wenn auch in geringerem Maße, bei jeder Form exspiratorischer Dyspnoe eine Rolle. Auch hier kommt es zu respiratorischen Liquordruckschwankungen, die auf dem Wege über den Vagus die Herzschlagfolge beeinflussen können.

Abgesehen von nervösen Beeinflussungen ist die Schlagfolge des Herzens von vier Eigenschaften des Myokards wesentlich abhängig.

1. die chronotrope Eigenschaft zeigt, daß die Reizbildung abhängig ist von der Zeit (ὁ χρόνος die Zeit),

2. unter bathmotroper Eigenschaft wird die wechselnde Reizempfänglichkeit des Herzens verstanden (ὁ βαθμός die Schwelle),

[1]) GEIGEL: Virchows Arch. f. pathol. Anat. u. Physiol. Bd. 229, S. 353—361. 1921.

3. die dromotrope Eigenschaft lehrt die wechselnde Fortleitung des Reizes von Ort zu Ort (Reizleitungsfähigkeit ὁ δρόμος der Lauf),
4. die inotrope Eigenschaft bedeutet die Kraft, mit der sich der gereizte Muskel zusammenzieht (ἰν όω ich mache stark).

Jede dieser Eigenschaften kann in förderndem oder hemmendem Sinne beeinflußt werden und damit seinerseits die Herzschlagfolge in wechselnder Weise mitbestimmen.

a) Arhythmia perpetua.

Eine unregelmäßige und ungleichmäßige Herztätigkeit ist das sicherste Zeichen muskulärer Herzstörung. Solange man sich auf die Pulsanalysen bei den Arhythmien beschränkte, glaubte man sie allein durch Extrasystolen erklären zu können. Es war jedoch bald aufgefallen, daß bei der einen Reihe der Herzunregelmäßigkeiten sich ganz gesetzmäßig ein Arhythmus nachweisen läßt; eine andere sehr große Gruppe von Herzunregelmäßigkeiten jede Gesetzmäßigkeit in der Pausenlänge vermissen läßt. Erst mit Hilfe des Elektrokardiogramms gelang es 1909 Rothberger und Winterberg[1]), den sicheren Nachweis zu führen, daß die Arhythmia perpetua durch eine ungeregelte Tätigkeit der Vorhöfe (Flimmern) hervorgerufen wird. Dieses sogenannte Vorhofsflimmern ist durch Zahl, Größe und zeitliche Folge total unregelmäßiger Kontraktionsvorgänge an den Vorhofswandungen charakterisiert, die in keiner gesetzmäßigen Beziehung mehr zum Ventrikelkomplex stehen. Am freigelegten überlebenden Herzen z. B. eines im anaphylaktischen Shok gestorbenen Meerschweinchens kann man diese flimmernden Bewegungen der Vorhofswandungen sehr gut beobachten: das feine Flimmern der Lichtreflexe auf dem Epikard rechtfertigt den Ausdruck Vorhofflimmern.

Sehr prompt läßt sich die Erscheinung durch Faradisation des freigelegten Vorhofs erzielen. Den gleichen Effekt sieht man auch nach Vagusreizung gelegentlich zustande kommen. Wenn eine normale rhythmische Kontraktion der Vorhöfe nicht mehr abläuft, ist ihre eigentliche Funktion damit aufgehoben. Mit der Schädigung der Vorhofswandmuskulatur werden auch die die Vorhöfe passierenden Reizleitungsfasern in ihrer Aufgabe gestört.

Das Elektrokardiogramm beim Vorhofflimmern ist dadurch gekennzeichnet, daß statt der normalen Vorhofzacke während der ganzen Herzrevolution zahlreiche kleine Zacken auftreten. Die Saite ist fortdauernd in Unruhe — auch in der Herzpause. Solche Kurven erhält man gleichmäßig von Tieren, bei denen das Vorhofflimmern künstlich erzeugt wurde, und bei Menschen, welche an Arhythmia perpetua leiden. Während das Vorhofflimmern jahrelang ertragen werden kann, ist ein Flimmern der Kammern mit dem Leben nicht vereinbar, daher nur ganz vereinzelt registriert worden [A. Hoffmann[2])].

Es fragt sich nun: Ist das Vorhofflimmern in jedem Fall der Ausdruck einer schweren Herzmuskelschädigung? Für die große Mehrzahl der Beobachtungen trifft das zu. Wenckebach[3]) wendet sich aber gegen

[1]) Rothberger und Winterberg: Wien. klin. Wochenschr. S. 843. 1909.

[2]) A. Hoffmann: Funktionelle Diagnostik und Therapie der Erkrankungen des Herzens und der Gefäße. Wiesbaden 1911.

[3]) Wenckebach: Die unregelmäßige Herztätigkeit usw. Leipzig-Berlin. 1914. S. 115.

eine solche verallgemeinernde Auffassung und weist auf eine Beobachtung hin, in welcher das Vorhofflimmern jedesmal prompt durch Einnehmen von einem Gramm Chinin beseitigt werden konnte und der Herzmuskel während des Vorhofflimmerns vollkommen funktionstüchtig war, auch wenn dem 100 kg schweren Körper bedeutende Anstrengungen zugemutet wurden.

In diesem Zusammenhange muß auch erwähnt werden, daß anatomisch nachweisbare Läsionen beim Vorhofflimmern oft vermißt wurden und also keine notwendige Vorbedingung für das Zustandekommen des Vorhofflimmerns zu sein scheinen; es kann aber sehr wohl sein, daß reparable Schädigungen sich dem anatomischen Nachweis entziehen; wir wissen, daß in 50% aller Fälle von Mitralinsuffizienz und Mitralstenose Vorhofflimmern auftritt, und es ist gut vorstellbar, daß die oft stark hypertrophe Vorhofmuskulatur dieser Fälle für Reizbildung und Reizleitung auch dann schon ungeeignet ist, wenn anatomische Veränderungen fehlen.

Unter den für den Kreislauf wichtigen Einflüssen des Vorhofflimmerns sind folgende hervorzuheben: Das Nichtschlagen der Vorhöfe bewirkt eine Überfüllung der Vorhöfe und eine schlechte Ventrikelfüllung. Die zahlreich und ungeordnet von den Vorhöfen her eintreffenden Reize bedingen die unregelmäßige und frequente Ventrikeltätigkeit, welche manche Pulse nicht in die Peripherie durchdringen läßt, es kommt zu den sogenannten frustanen Kontraktionen des Herzens, der mechanische Effekt der Herzarbeit ist ein schlechter. In vielen Fällen von Vorhofflimmern — nicht in allen — kommt es zum positiven Venenpuls, denn der dauernd — auch während der Ventrikelsystole — überfüllte Vorhof ist funktionell ausgeschaltet und läßt deshalb den Kammerpuls unverändert bis in die Halsvenen durchtreten. Schließlich ist beim Vorhofflimmern die physiologische nervöse Regulierung der Herztätigkeit gestört, weil am normalen Angriffspunkt der Herznerven, dem Sinusknoten, ein krankhafter Zustand vorliegt.

Eine besondere Form der Arhythmia perpetua ist die mit langsamer Schlagfolge, bei welcher die Pulszahl zu subnormalen Werten sinken kann. GERHARDT[1]) machte durch das Studium der dabei nicht so seltenen Extrasystolen wahrscheinlich, daß es sich bei dieser langsamen Form von Arhythmia perpetua um eine Herabsetzung der Anspruchsfähigkeit der Kammern gegenüber den vom Vorhof zugeleiteten Reizen handelt.

Die Frage nach dem Zusammenhang zwischen Vorhofflimmern und Ventrikelarhythmie ist verschieden beantwortet worden. Man glaubte z. B., daß nur einzelne der sehr ungleichwertigen Vorhofflimmerreize den Weg durch das HISsche Bündel zum Ventrikel finden könnten. Gegen diese Deutung wird geltend gemacht, daß auch sehr frequente, aber regelmäßige Vorhofschläge (Vorhofflattern) unregelmäßige Ventrikeltätigkeit bedingen. Man kam also immer mehr dahin, Überleitungsstörungen durch Veränderungen am HISschen Bündel für die Arhythmia perpetua verantwortlich zu machen; aber solche Veränderungen — die besonders auch am KEITH-FLACKschen Sinusknoten gesucht wurden — konnten häufig nicht gefunden werden [FREUND[2]), BERGER[3]), ROMEIS[4]),

[1]) GERHARDT: Dtsch. Arch. f. klin. Med. Bd. 118, S. 562.
[2]) FREUND: Dtsch. Arch. f. klin. Med. Bd. 106.
[3]) BERGER: Ebenda Bd. 112.
[4]) ROMEIS: Ebenda Bd. 114.

JARISCH[1])]. Daher schuldigt man neuerdings in erster Linie die Dilatation des rechten Vorhofs als Ursache des Vorhofflimmerns an, was dem Kliniker deshalb plausibel erscheint, weil gerade bei den Klappenfehlern mit Vorhofdilatation die Arhythmia perpetua sehr häufig, bei denen ohne eine solche aber sehr selten ist (z. B. bei Aorteninsuffizienz). Unter den Mitralfehlern geben nur diejenigen Vorhofflimmern, bei denen die Verbreiterung der Herzdämpfung nach rechts auf eine Erweiterung des rechten Vorhofs hinweist.

b) Die extrasystolischen Arhythmien.

Für die Beurteilung extrasystolischer Arhythmien sind die eigenartigen Verhältnisse der Reizbarkeit des Herzmuskels von ausschlaggebender Bedeutung Bekanntlich spricht derselbe im Gegensatz zum quergestreiften Muskel auf mechanische, elektrische und andere Reize viel langsamer an; die Latenzzeit, d. h. die Zeit zwischen Reizeinfall und Reaktion ist größer. Ferner ist die Zackungshöhe unabhängig von der Reizstärke stets maximal („Alles oder Nichts"-Gesetz). Aus dieser besonderen Eigentümlichkeit des Herzmuskels erklärt sich sein Verhalten in der Systole gegenüber neu eintreffenden Reizen. Dieselben werden nämlich in dieser Zeit nicht durch eine erneute Kontraktion beantwortet. Der Herzmuskel, welcher bei seiner Kontraktion die ganze verfügbare Energie auf einmal ausgegeben hat, ist refraktär. Außerhalb dieser Phase, also in der Diastole einfallende Extrareize vermögen nun eine vollkommene Herzkontraktion, entsprechend dem eben genannten „Alles oder Nichts"-Gesetz auszulösen, und es hängt jetzt nur von dem Zeitpunkt des Eintreffens dieser Extrareize ab, ob an der Peripherie ein pulsatorischer Effekt solcher extrasystolischen Kontraktionen nachweisbar wird oder nicht. Fällt eine Extrakontraktion in den Beginn der Diastole, trifft sie einen schlecht gefüllten Ventrikel, so wird sie eine kleine, am peripheren Puls kaum tastbare Welle erzeugen; trifft sie dagegen einen nahezu schon gefüllten Ventrikel, so kann an den peripheren Arterien der Eindruck eines vollwertigen Pulses entstehen. Auch diese extrasystolischen Herzkontraktionen machen das Organ für neue Reize refraktär, so daß der auf die Extrasystole folgende normale Ursprungsreiz unbeantwortet bleibt und erst die nächste vom Sinusknoten eintreffende Erregung wieder eine Herzkontraktion einleitet. Die zwischen der Extrasystole und dem ersten normalen Herzschlag verlaufende Zeit bezeichnet man als kompensatorische Pause. Sie wird kompensierend genannt, weil sie gerade so viel länger ist, als die Pause vor der Systole zu kurz war. Auch wenn durch mehrere Extrasystolen verschiedene Normalsystolen ausgeschaltet wurden, stellt sich der alte Rhythmus wieder her. Dieses Festhalten am Urrhythmus wurde von ENGELMANN als Gesetz von der Erhaltung der physiologischen Reizperiode bezeichnet. Je nach ihrem Ursprungsort lassen sich diese Extrasystolen einteilen in sinusale, aurikuläre und ventrikuläre oder, wenn sie vom Übergangsbündel ausgehen, auch atrioventrikuläre (man kann auch von normotop und heterotop gebildeten Extrasystolen sprechen). Die einzelnen Formen der Extrasystolen können leicht an dem beigegebenen Elektrokardiogramm unterschieden werden.

---

[1]) JARISCH: Ebenda Bd. 115.

Bevor die verschiedenen Formen der Extrasystolen beschrieben werden, soll einiges über die Ursachen der extrasystolischen Herzkontraktionen vorausgeschickt werden. Die im Tierexperiment durch elektrische, thermische, mechanische und chemische Reize leicht auszulösenden Extrasystolen spielen natürlicherweise in der menschlichen Pathologie keine Rolle. Man denkt daran, daß eine Steigerung der automatischen Reizerzeugung gewisser Herzteile zum Auftreten von Extrasystolen führen kann. Aber mit der Annahme einer abnorm erhöhten Reizbarkeit des Herzens, welche das Wirksamwerden heterotoper Reize begünstigt, ist die Frage nach der Ursache der Extrasystolen nur verschoben, nicht beantwortet. Angeschuldigt werden außerdem bestimmte Gifte (Digitalis, Adrenalin, Atropin, Nicotin) und intrakardiale Drucksteigerung. WENCKEBACH betont, daß die Extrasystole bei vollkommen gesunden Menschen eine häufige Erscheinung sei; daß sie bei den verschiedensten krankhaften Zuständen vorkommen und an bestimmte Bedingungen anscheinend nicht gebunden sei und daß sie sehr stark unter dem Einfluß des Nervensystems stände. Ich selbst hatte Gelegenheit, bei der Untersuchung sehr zahlreicher Soldaten zu beobachten, daß bei der Anstellung des VALSALVAschen Versuchs nervöse und vasomotorisch leicht erregbare, aber sonst vollkommen gesunde und funktionstüchtige Menschen nicht selten eine oder mehrere Extrasystolen bekommen. Hierher gehört das Auftreten von Extrasystolen beim sogenannten gastrokardialen Symptomenkomplex und bei Herzverlagerung infolge von Zwerchfellhochstand.

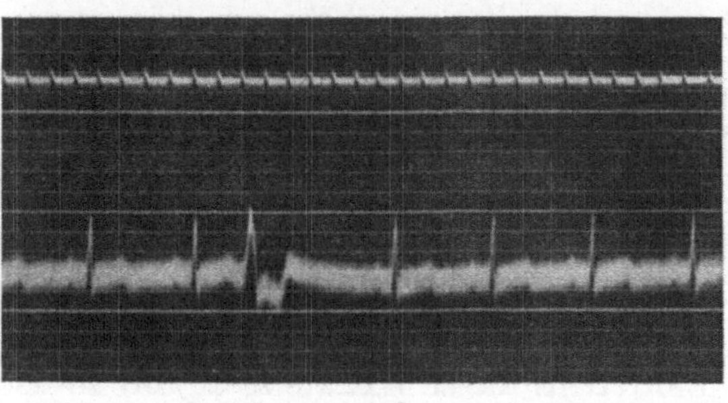

Abb. 10. Rechtsventrikuläre Extrasystole (E) mit kompensatorischer Pause.

Die Beziehungen der Extrasystolie zu den verschiedenen Formen der Herzkrankheiten sind durchaus unübersehbar; auch in Fällen schwerster Herzschwäche können Extrasystolen fehlen, speziell bei den infektiösen Prozessen, bei der diphtherischen Herzmuskelschädigung. Von den Klappenfehlern neigen diejenigen der Mitralis mehr zur Extrasystolie als diejenigen der Aorta. Gesetzmäßige Beziehungen zwischen pathologisch-anatomischen Veränderungen und bestimmten Formen von Extrasystolie herzustellen, ist bis heute nicht gelungen.

Die verschiedenen Formen der Extrasystolie lassen sich nun an bestimmten Formen elektrokardiographischer Kurven und unter Beachtung der Veränderungen des Jugularvenenpulses unterscheiden.

Die Kammerextrasystole ist die häufigste Form und fällt in vielen Fällen mit der nächsten Vorhofssystole zusammen. Trifft eine solche Extrasystole auf einen gefüllten Vorhof, der sich nun infolge der Ventrikelkontraktion nicht in der normalen Richtung entleeren kann, so staut sich das Blut in die Jugularvenen zurück, ein Vorgang, welchen man mit Vorhofpfropfung bezeichnet. Das Wesentliche bei den Kammerextrasystolen ist, daß der Urrhythmus der Vorhofstätigkeit ungestört bleibt. Im Elektrokardiogramm zeichnen sie sich durch das Fehlen der Vorhofszacke aus.

Abb. 10 zeigt eine rechtsventrikuläre Extrasystole mit sogenannter kompensatorischer Pause. 1, 2 und 3 sind normale Systolen. Das Intervall 2—3 ist doppelt so groß wie das Intervall 1—2. Der nach dem Arhythmus nach der Systole 2 normalerweise eintreffende Vorhofsreiz trifft auf einen infolge der Extrasystole noch refraktären Ventrikel; er bleibt daher wirkungslos. Erst der nun folgende vom Vorhof eintreffende Reiz wird von einem normalen Ventrikelkomplex beantwortet. (Gesetz der Erhaltung der physiologischen Reizperiode.)

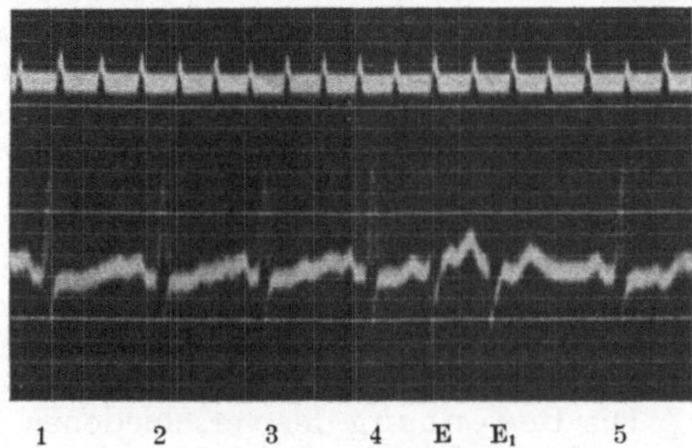

Abb. 11. Gekuppelte linksventrikuläre Extrasystolen (E E_1).

Im Gegensatz zu diesen Kammerextrasystolen läßt das Elektrokardiogramm bei Vorhofsextrasystolen einen normalen Erregungsablauf in den Bahnen des Reizleitungssystems erkennen, die kompensatorische Pause dagegen häufig vermissen.

Die Tätigkeit des Sinus kann nun einerseits durch vom Vorhof fortgeleitete Extrareize gestört werden, andererseits können aber auch Extrasystolen an dieser Ursprungsstelle der Herztätigkeit auftreten. Trifft den Sinus ein Extrareiz, solange er noch mit der Bildung des Reizmaterials beschäftigt ist, so wird unter Zerstörung desselben eine Extrasystole ausgelöst; die folgende Systole folgt ohne kompensatorische Pause. Der Sinus braucht zur Bildung des die folgende Systole auslösenden Reizmaterials ebensolange Zeit wie unter normalen Bedingungen.

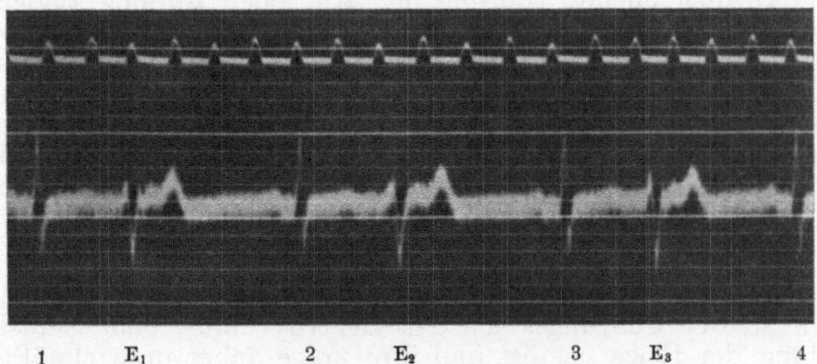

Abb. 12. Gekuppelte linksventrikuläre kontinuierliche Extrasystolen (Bigeminie) mit kompensatorischen Pausen (E_1 E_2 E_3).

Bei der letzten Form der atrioventrikulären Extrasystole schlagen Vorhöfe und Kammern gleichzeitig. Das Bild des Venenpulses kann bei dieser Form vollkommen dem einer Kammersystole gleichen.

Im Elektrokardiogramm zeigt die Umkehrung der P-Zacke, daß der Erregungsablauf im Vorhof der umgekehrte als in der Norm ist. Folgen mehrere Extrasystolen in regelmäßigen Intervallen und in feststehendem Verhältnis zur vorhergehenden Systole aufeinander, so spricht man von gekuppelten kontinuierlichen Extrasystolen (Abb. 12). Diese als Bigeminie bekannte Form der Allorhythmie wird von einigen Autoren so erklärt, daß bei der Herzkontraktion gewissermaßen das Reizmaterial nicht vollkommen verbraucht wurde und nun nach Ablauf des Refraktärstadiums der Herzmuskel durch den Rest des Reizmaterials erneut zur Kontraktion gebracht wird. Bei einer solchen Vorstellung muß aber die Hilfshypothese gemacht werden, daß in einer Anzahl von reizerzeugenden Muskelzellen durch besondere Bedingungen keine Kontraktion stattfindet und hier auf diese Weise das Reizmaterial während der Hauptsystole gestapelt wird. Über die Entstehungsbedingungen der sogenannten periodisch wiederkehrenden Extrasystolen ist man nicht völlig einig. Wahrscheinlich handelt es sich bei dieser Form der Allorhythmie um die Interferenz zweier Rhythmen [KAUFMANN und ROTHBERGER[1])].

Die Bedeutung der verschiedenen Formen von extrasystolischer Arhythmie für den Kreislauf ist eine wechselnde, je nach der Häufigkeit und dem Entstehungsort der Extrasystolen. Solange ein geregelter Ablauf der Tätigkeit der einzelnen Herzabteilungen, wie bei den Sinus- und Vorhofsextrasystolen, noch stattfindet, kann eine normale oder nahezu normale Förderleistung der Herzkontraktionen erhalten bleiben. Fallen aber, wie bei den Ventrikelextrasystolen, Vorhof- und Kammerkontraktion zusammen, so wird der Vorhofsinhalt nach dem Orte des geringsten Widerstands, nach den Venae cavae zurückgeworfen; es tritt eine vorübergehende Störung der arteriellen Füllung zugleich mit der Hemmung der venösen Blutzufuhr ein, was empfindlichen Patienten gelegentlich als Schwindelgefühl wahrnehmbar wird. Es ist WENCKEBACH darin beizupflichten, daß die bei solchen Extrasystolien beobachteten Kreislaufstörungen als Folgeerscheinungen der extrasystolischen Arhythmie aufzufassen sind. Bei Herzkranken müssen sich alle Formen der Extrasystolie deshalb besonders störend bemerkbar machen, weil sie die Kreislaufstörung verschlimmert.

c) Sinusarhythmie.

Wenn an der Führungsstelle des Herzrhythmus, dem Sinusknoten, die Bildung der Reize gestört und ihre Folge daher unregelmäßig wird, so kann die Kontraktion der Vorkammer sowohl wie der Kammer in geordneter Weise wie beim Gesunden erfolgen, und das Elektrokardiogramm wird keine Abweichung von den physiologischen Bildern erkennen lassen. Speziell fehlen aus den oben angeführten Gründen die kompensatorischen Pausen. Nur die unregelmäßige Folge der gehäuften Sinuserregungen erlaubt die Diagnose Sinusarhythmie, die klinisch ohne Zuhilfenahme der elektrokardiographischen Untersuchungsmethode schwer von der Arhythmia perpetua zu unterscheiden ist. Die Sinusarhythmien können bei allen Schädigungen des Myokards und der dieses versorgenden Gefäße beobachtet werden. Auch Erregungen rein nervöser Natur werden angeschuldigt.

---

[1]) KAUFMANN und ROTHBERGER: Zeitschr. f. exp. Med. Bd. 5, S. 349. 1917.

d) Überleitungsstörungen.

Treten im Reizleitungssystem vollkommene Unterbrechungen ein, so wird einzelnen Herzabteilungen der Urrhythmus vom Sinusknoten nicht mehr mitgeteilt werden, und es wird als Folge der Leitungsunterbrechung eine Emanzipation in dem Rhythmus einzelner Herzabschnitte vom Urrhythmus einsetzen. In reinen Fällen können die Bedingungen wie im STANNIUSschen Versuch liegen und eine vollkommene Dissoziation der Vorkammer- und Kammertätigkeit Platz greifen (totaler Herzblock). Es ist aber begreiflich, daß unter pathologisch-physiologischen Verhältnissen die Schädigung selten eine so weitgehende ist, daß tatsächlich eine vollkommene Leitungsunterbrechung die Folge ist, sondern es wird sich meist nur um eine Erschwerung der Reizleitung handeln. Es kann dadurch dazu kommen, daß für den erholten und kontraktionsbereiten Ventrikel der rechtzeitige adäquate Reiz ausbleibt und somit eine Systole ausfällt. Es können die Bedingungen z. B. so liegen, daß nur jeder zweite Vorhofsreiz von einer Kammerkontraktion beantwortet wird, und man wird bei gleichzeitiger Registrierung des Venenpulses und des Spitzenstoßes doppelt so viele Vorhofs- als Ventrikelkontraktionen aufzeichnen und ein dementsprechendes Elektrokardiogramm erhalten. Ist die Dissoziation der Vorhöfe und Kammern eine vollkommene, wie es im Tierexperiment durch Durchschneidung des HISschen Bündels im Septum erreicht wird, so hört die Kammer, wie man es wohl denken könnte, nicht etwa zu schlagen auf, sondern sie führt ihre Arbeit oft in völlig regelmäßigem Rhythmus, aber in einer gegenüber dem Vorhoftempo verminderten Frequenz weiter. Die Folge dieser Kammerautomatie ist in den meisten Fällen eine weitgehende Bradykardie. Die Schlagfolge kann auf 30 pro Minute und darunter vermindert sein, und es ist verständlich, daß die in der Zeiteinheit so erheblich herabgesetzte Förderleistung des zentralen Motors unter diesen Umständen nicht mehr für eine ausreichende Sauerstoffversorgung empfindlicher Gewebe genügt. Die daraus resultierende Anämie des Gehirns macht sich durch Ohnmachten und epileptische Krämpfe geltend, wie ich sie einmal in ganz gleicher Weise bei großen, zum Zwecke einer Transfusion ausgeführten Aderlaß an einem gesunden Menschen beobachtete. Gelegentlich kommt es bei totalem Herzblock zu einem beängstigend langen Ventrikelstillstand, bei welchem eine extreme Blässe und tiefe Bewußtlosigkeit einsetzt. Der nach 15 bis 30 Sekunden langer Pause wieder einsetzende Herzschlag treibt neues Blut in das Gehirn und in die eben noch blasse Gesichtshaut: das Bewußtsein kehrt wieder. Nicht selten erfolgt in einem solchen Anfall von ADAMS-STOKEScher Krankheit ein akuter Herztod.

Unter Pulsus alternans versteht man einen in regelmäßigen Zwischenräumen folgenden Wechsel von einem großen und einem kleinen Pulsschlag. Die Erscheinung ist sehr verschieden gedeutet worden. Während man früher ein Alternieren des Schlagvolumens bei gleichbleibender Herzkraft annahm, ist man auf Grund von Tierversuchen zu der Frage gedrängt worden, ob nicht im Alternans einzelne Teile der Kammer nur halb so oft schlagen wie der übrige Teil. Man konnte experimentell einzelne Herzmuskelfasern so schädigen, daß sie nicht auf jeden einfallenden Reiz ansprechen, andererseits versuchte man Leitungsschädigungen derart zu setzen, daß nur jeder zweite Reiz weitergeleitet wurde; dieser zweite Fall ist bisher nicht sicher verifiziert. Zur Erklärung eines dauernden Alternans des menschlichen Herzens ist die Annahme einer alternierenden partiellen Asystolie die wahrscheinlichste [HERING[1]]. Das pathologische Geschehen wird dabei so erklärt, daß ein Teil der Kammerfasern durch irgendeine Schädigung minderleistungsfähig wurde. Bei der Bildung des großen Pulses sind alle Fasern beteiligt, in den geschädigten Partien ist der Kontraktionsablauf der Intensität und zeitlichen Extensität nach aber derart geändert, daß in ihnen die Refraktärzeit verlängert ist; sie werden daher nur bei jedem zweiten Schlage wirksam erregt und fallen bei jeder zweiten Systole alternierend aus. Willkürlich läßt sich ein Alternieren der Pulsgröße dadurch erzielen, daß man bei jeder zweiten Systole und geschlossener Stimmritze eine kräftige Exspirationsbewegung macht. Mit dem Wesen des Herzalternans hat dieser nur das Schlagvolumen modifizierende Versuch nichts gemein. Mit zunehmender Schlagfrequenz wird das Phänomen im allgemeinen deutlicher. Bemerkenswerterweise ist in der Mehrzahl der Fälle ein erhöhter Blutdruck festgestellt worden. Durch Vagusreizung wird in einzelnen Fällen der Alternans zum Verschwinden gebracht. Die gegebene Erklärung einer partialen Schädigung von Herzmuskelfasern schließt die ernste klinische und prognostische Bedeutung des Phänomens in sich. Die oft geschehene Verwechslung von Herzalternans und Herzbigeminie ist bei einer exakten Untersuchung leicht vermeidbar; die zeitliche Schlagfolge ist beim Alternans definitionsgemäß erhalten, bei der durch Extrasystolen bedingten Bigeminie dagegen infolge des unzeitgemäßen Ausgelöstwerdens von Systolen durch pathologische Reize gestört[2]).

4. Die krankhaften Empfindungen am Herzen.

Für den Gesunden verlaufen die Bewegungen des Herzens ohne Sensationen, obwohl das Herz in regelmäßigem Schlag die Brustwand erschüttert. Daß uns diese Erschütterung nicht bewußt wird, liegt an dem Faktor der Gewöhnung. Von Kranken wird ein vorübergehendes Aussetzen des Pulses auch dann empfunden, wenn für den Kreislauf daraus noch gar keine Störungen resultieren. Wird die Herztätigkeit verstärkt durch körperliche Anstrengung, durch psychische, sexuelle, toxische (Nicotin-) Erregungen, so wird uns der Schlag des Herzens bewußt, es tritt „Herzklopfen“ auf, das aber mit Aufhören der Ursache beim Gesunden bald wieder abklingt. Die Grenzen zwischen Normalem und Krankhaftem sind hier schwer zu ziehen und das weite Gebiet der Herzneurosen nur unsicher abzugrenzen.

Viel präzisere Bedeutung kommt den oft genau lokalisierten Schmerzen mancher Herzkranker zu. Oft genügt dem Erfahrenen eine gute Schilderung dieses vernichtenden Schmerzes oder des überwältigenden Angstgefühles für die Diagnose eines Herzleidens. Das pathologische Geschehen bei der Angina pectoris und dem stenokardischen Anfall mit der charakteristischen Ausbreitung des Schmerzes über die Herzgegend, den linken Arm, besonders das Gebiet des Nervus ulnaris, die linke Schulter und den Hals ist dabei folgendes:

---

[1]) HERING: Zeitschr. f. exp. Pathol. u. Therap. Bd. 12, S. 13. 1913.

[2]) Zusammenfassende Darstellung: KISCH: Ergebn. d. inn. Med. Bd. 19, S. 294. 1921.

Wie bei den Affektionen der Körpermuskulatur, die beim Krampf (Wadenkrampf), bei den rheumatischen Erkrankungen (Lumbago) vielleicht infolge entzündlicher chemischer Alterationen aufs heftigste schmerzen, können auch bei Schädigungen des Herzmuskels Sensationen entstehen, die auf den Bahnen des autonomen Nervensystems, von dem das Herz versorgt wird, zentripetal geleitet werden und in einen Querschnitt des Rückenmarks einstrahlen, in dem auch cerebrospinale Nerven einmünden, die in der Regel an Hautbezirken der Ulnarseite des linken Vorderarms erregt werden. Die in den betreffenden Rückenmarksquerschnitt einstrahlenden sensiblen Erregungen sind seit der Kindheit vom Zentrum stets richtig in die entsprechenden Hautpartien lokalisiert worden. Trifft an gleicher Stelle eine von einer anderen Körperstelle kommende Erregung (Herz) ein, so wird diese Erregung falsch projiziert. Solche Täuschungen sind dem Arzt geläufig: der Amputierte projiziert Erregungen, die den Stumpf treffen, noch lange Zeit nach der Operation in die Extremität, die er gar nicht mehr besitzt. Das mittlere und untere Ganglion des Sympathicus steht mit den vorderen Ästen der 4 unteren Halsnerven in Verbindung; von ihm entspringen der mittlere und untere Herznerv. Der obere Herznerv entspringt vom 1. Halsganglion, der mit den 4 oberen Cervicalnerven in Verbindung steht. Ein direktes Übergreifen der vom Herzen kommenden Erregungen auf diese den Hals, Schulter und Arme sensibel versorgenden Cervicalnerven ist nach dem Gesetz der isolierten Erregbarkeit der Nerven nicht möglich.

Während im allgemeinen die besondere Erregbarkeit im Bereich der Kranzgefäße und der Aortenwurzel auf anatomische Veränderungen (Mesaortitis, Atherosklerose mit Einbeziehung der Mündungen der Coronararterien, Endocarditis der Aortenklappen) zurückgeführt wird, fehlen in einigen Fällen solche sichtbaren Veränderungen vollkommen. Das Leiden wird als angiospastische Krise im Bereich der Aortenwurzel und der Kranzgefäße gedeutet [PAL[1])]. Von WENCKEBACH[2]) wird die Erkrankung lediglich in der Aorta (Aortalgie) lokalisiert und Durchschneidung des Nervus depressor empfohlen. Häufig sind die Anfälle von Blutdrucksteigerung begleitet (pressorische Gefäßkrisen).

C. Die Bedeutung der Gefäße für den Kreislauf.

Der Blutumlauf wird außer der motorischen Kraft des Herzens durch die Funktion der Arterien in Gang gehalten. Den Arterien ist neben der Eigenschaft der Elastizität und Dehnbarkeit die der Kontraktilität eigen.

Die Ring- und Längsmuskulatur der Gefäße hat die Aufgabe, durch Aufrechterhaltung eines gewissen Tonus die Arbeit des Herzens zu unterstützen. Ob es richtig ist, „daß in ihnen selbst Kräfte tätig sind, welche unabhängig vom Herzen das Blut vorwärts bewegen, so wie es das Herz tut, nur nicht mit derselben Kraft" [HASEBROEK[3])], wird noch bestritten. Wie das Herz rufen auch die Arterien am Saitengalvanometer pulsatorische Ausschläge hervor. Man sieht an ausgeschnittenen Ringstreifen, wie an ganzen Stücken von frischen Rinderarterien, die in Blut oder Serum getaucht werden, langsame rhythmische Kontraktionen auftreten. Den Anreiz für die Kontraktionen der Gefäßwand sollen die durch die Tätigkeit des Herzens bedingten pulsatorischen Druckschwankungen liefern. Neben dieser pulsatorischen Funktion der Gefäße, die übrigens, was ihre praktische Bedeutung anlangt, noch Gegenstand der Kontroverse ist, hat deren Wandmuskulatur noch eine automatische Tätigkeit: die Aufrechterhaltung eines beständigen Tonus. Dieser für die Zirkulation äußerst wichtige Gefäßtonus wird auf nervösem Wege reguliert und von gewissen Zentren beherrscht. Die Verengerung und Erweiterung des Arterienrohres wird von den Vasomotoren betätigt. Man unterscheidet Constrictoren und Dilatatoren. Ihre gemeinsamen Zentren sind in der Medulla oblongata, im Rückenmark und in den Ganglien des vegetativen Nerven-

[1]) PAL: Wien. Arch. f. klin. Med. 1923.
[2]) WENCKEBACH: Wien. Kongr. f. inn. Med. 1923.
[3]) HASEBROEK: Der extrakardiale Kreislauf. 1913. S. 44.

systems gelegen. Der adäquate Reiz für die Gefäßnerven sind die Schwankungen des Blutdrucks. Die Erregbarkeit der Gefäßmuskulatur wird durch die Vasoconstrictoren gesteigert, durch die Dilatatoren gemindert.

Ebenso wie den Arterien hat man auch den Capillaren eine eigene Funktion bei der Fortbewegung des Blutes zugesprochen. Sie können sich unter dem Einfluß von Constrictoren und Dilatatoren verengern und erweitern. Es ist hierbei zu betonen, daß der Nachweis einer eigenen Muskulatur bei den Capillaren noch nicht mit Sicherheit erbracht ist. Es sind zwar eigentümlich verästelte, die Capillarwand von außen umspinnende Zellen von verschiedenen Autoren beobachtet und von einigen als feinverzweigte Muskelzellen angesprochen worden. Von der Mehrzahl der Autoren jedoch wurden sie als Bindegewebselemente betrachtet.

Auch die Venen sind mit einer relativ kräftigen Muskulatur ausgerüstet, in denen Nervenenden nachgewiesen sind. Sie können unter dem Einfluß ihnen auf nervösen Wegen zufließender Reize ihr Lumen stark verengern. Unter dem Einfluß längerdauernder Drucksteigerung (bei Stauungszuständen findet sich häufig eine Hypertrophie der Venenwandmuskulatur, Verdickung der Pulmonalis!).

Bei disponierten Individuen, sehr häufig familiär gehäuft, kommt es zu einer Erweiterung der Venen im Gebiet der unteren Hohlvene; zur sogenannten Varicenbildung, die zu sehr lästigen Erscheinungen führen kann. Die Venen sind dabei nicht nur erweitert, sondern auch verlängert; es kommt zu einer Schlängelung der dilatierten Venen, die sich an den Unterschenkeln besonders nach längerem Gehen und Stehen markiert. Die Klappen werden schlußunfähig. Die chronische Stauung führt zu Ödemen, ja sogar zu Blutaustritten, welche schließlich eine diffuse Braunfärbung der Unterschenkel bewirkt.

Neben der gering anzuschlagenden aktiven motorischen Beteiligung der Gefäße, speziell der Arterien kommt ihnen die weit wichtigere Aufgabe zu, durch ihren wechselnden Kontraktionszustand die Blutmenge dem jeweiligen Bedürfnis der Organe anzupassen.

Unter physiologischen Verhältnissen erhält ein Organ um so mehr Blut, je stärker es arbeitet. Die Gesamtmuskulatur des Kaninchens z. B. enthält in der Ruhe 36,6%, bei angestrengter Arbeit aber bis 66% der Gesamtblutmenge. Das Blut wird bei körperlicher Tätigkeit den inneren Organen entzogen, während bei der Verdauung das umgekehrte, eine Blutüberfüllung der Eingeweidegefäße statthat. Dieser Antagonismus zwischen den Gefäßgebieten des Körperinnern und der Peripherie ist als DASTRE-MORATsches Gesetz bekannt. Die Gefäßerweiterung entsteht durch reflektorische Hemmung der Vasomotoren resp. Erregung der Vasodilatatoren. Nur durch dieses feinabgestimmte Spiel der Vasomotoren wird es möglich, daß weitgehende Blutverschiebungen ohne eine Senkung des Blutdrucks durchgeführt werden können.

Aderlässe auch größeren Umfangs werden vom Gesunden ohne Blutdrucksenkung ertragen, vom Gefäßkranken (Arteriosklerotiker) dagegen häufig nur mit erheblichen bis zum Kollaps führenden Drucksenkungen. Tritt in diesem komplizierten Organismus an irgendeiner Stelle eine Störung ein, so können die allerschwersten Erscheinungen die Folge sein. Solche Störungen können in zwei Richtungen eintreten. Es kann einerseits durch Gefäßlähmung eine übermäßige Erweiterung in bestimmten Bezirken einsetzen. Das Herz pumpt das Blut in den erweiterten schlaffen Gefäßbezirk hinein. Der periphere Blutdruck sinkt. Das Kranke verblutet sich in seine eigenen Gefäße. Andererseits können Krämpfe oder Spasmen eine ausgedehnte Gefäßverengerung zur Folge haben, die eine Steigerung des Blutdrucks bedingen. Das Herz kann sich auf die Dauer gegen den gesteigerten Druck nicht mehr vollständig entleeren.

Die Lähmung kann eine zentrale sein. Es gelingt in diesem Falle nicht mehr, durch Reizung eines sensiblen Nerven den Blutdruck auf reflektorischem Wege über die Vasomotorenzentren zu steigern. Ist die Gefäßlähmung peripher, so wird auch die Reizung des peripheren vasomotorischen Nerven nicht mehr durch Kaliberschwankungen im abhängigen Gefäßgebiet beantwortet. Im Tierversuch entscheidet die Halsmarkdurchschneidung, ob ein Mittel zentral oder peripher auf die Vasomotoren einwirkt.

Mechanische Reize der Haut können zu verschiedenen sichtbaren Reaktionen des betroffenen Bezirks und seiner Umgebung Anlaß geben. Fährt man mit einer Nadel über die Haut, so veranlaßt dieser leichte Reiz einen weißen Strich, welcher sich genau auf die betroffenen Partien beschränkt. Es liegt hier eine direkte Reizung der Vasomotoren vor, die zur Gefäßkontraktion führt (Dermographia alba). Bei stärkerem Reiz kommt es zur Lähmung der Vasomotoren (Dermographia rubra). Die irritative Hyperämie in der Umgebung eines schmerzhaften Hautreizes kommt auf reflektorischem Wege zustande. Ihr Ausbleiben bei Rückenmarksquerschnittläsion kann unter Umständen für die topische Diagnose von Bedeutung sein. Bei Nierenkoliken, Spinalganglienerkrankungen kann es durch Überspringen des Reizes auf vasomotorische Bahnen zu den gefäßreflektorischen Erscheinungen der Gürtelrose kommen.

Ein wichtiges Hilfsmittel, mit dem Volumschwankungen von Körperteilen resp. Organen gemessen werden können, ist der Plethysmograph. Dieser Apparat besteht aus einem starren, an einem Ende offenen Gefäß von einer der Extremität entsprechenden Form. An der Durchtrittsstelle wird das Gefäß abgedichtet, der freie Raum zwischen Körperteil und Gefäßinnenwand mit Wasser gefüllt. Die Volumschwankungen werden auf einem Kymographion aufgezeichnet. Man erhält eine Kurve, auf der verschiedene Niveauschwankungen erkennbar sind:

1. Steile kurzdauernde herzsynchrone Erhebungen. Sie entsprechen den Volumpulsen.
2. Ein langsames Steigen und Sinken der ganzen Kurve, die den langsamer erfolgenden Volumänderungen der ganzen Extremität entsprechen.
3. Flache, wellenförmige Schwankungen, die durch die Atmung bedingt sind.
4. Unregelmäßige sogenannte Traube-Heringsche Wellen, die auf trägen Spontanschwankungen des Gefäßtonus beruhen.

Die klinische Verwertung der Plethysmographie wird dadurch beeinträchtigt, daß nicht nur körperliche, sondern auch psychische Reize die Kurven beeinflussen. So sieht man bei bloßen Bewegungsvorstellungen die Blutfüllung des Gehirns und der Glieder zu-, das der äußeren Kopfteile und der Bauchorgane abnehmen. Bei geistiger Arbeit nimmt das Volumen der Bauchorgane zu, das der äußeren Kopfteile und der Glieder und äußeren Rumpfteile ab. Eingehend studiert wurde der Einfluß thermischer Reize. Bei direkter Abkühlung zeigte sich z. B., daß nicht bloß das Volumen des im Plethysmographen liegenden abgekühlten Armes, sondern auch das des anderen in indifferent temperierter Flüssigkeit befindlichen Armes abnimmt. Diese reflektorische Gefäßkontraktion nennt man konsensuelle Reaktion.

Auch zur Funktionsprüfung der Gefäße wurde die Methode herangezogen. Es zeigte sich bei rigiden Arterien eine Abnahme der normalen Kältereaktion der Gefäße entsprechend dem Grad der Wandverdickung. Bei stark veränderten Gefäßen kann die Reaktion ganz ausbleiben, doch sind auch entgegengesetzte Resultate gefunden worden, so daß ein abschließendes Urteil über die Brauchbarkeit der Methode in dieser Richtung noch nicht gegeben werden kann. Aus einem Ausbleiben oder aus einer negativen Schwankung des Plethysmogramms hat man schließlich auf Herzinsuffizienz schließen wollen. Schlecht arterialisiertes Blut wirkt ebenso wie die Ermüdungsstoffe schädigend auf das Gefäßzentrum in der Richtung, daß ein weiterer Reiz wie lokalisierte Muskelarbeit zu einer umgekehrten Gefäßreaktion, also zu einer Vasokonstriktion der peripheren Gefäße führt.

Die pulsatorischen Erscheinungen an den peripheren Gefäßen haben vorwiegend symptomatisches Interesse. Die hohen Pulswellen beim Pulsus celer et altus lassen die Bewegungen an den peripheren Arterien besonders deutlich in die Erscheinung treten. Für seine Entstehung sind verschiedene Momente angeschuldigt worden:

1. Der Defekt im Klappenschlußapparat bei der Aorteninsuffizienz, welcher zu einer abnormen rückläufigen Entleerung des Gefäßsystems führt.
2. Die Stärke und
3. die Schnelligkeit der einzelnen Herzkontraktion.
4. Die verminderte Dehnbarkeit der Arterien.

Bei ausgesprochener Aorteninsuffizienz sind die Arterien in den Pausen zwischen zwei Pulsen schlecht gefüllt. In diese mangelhaft gefüllten Gefäße treibt nun jede Herzsystole das Blut mit großer Geschwindigkeit und Kraft hinein. Durch die abnormen Bewegungsvorgänge an den Gefäßen, die sich häufig dem angrenzenden Organ mitteilen, man denke an die nickende Bewegung des Kopfes (MUSSETsches Symptom), geht ein größerer Teil der pulsatorischen Energie des Herzens verloren, welche bei normaler Elastizität der Gefäße der Zirkulation zugute käme. Die schlechte Füllung des Gefäßsystems in den Pausen zwischen den einzelnen Pulsen bedingt das blasse Aussehen vieler Kranker mit Aorteninsuffizienz.

Der bei dieser Krankheit so häufige Capillarpuls ist durchaus kein eindeutiges Zeichen. Wenn man sorgfältig danach sucht — z. B. durch Aufpressen eines belasteten Objektträgers auf eine künstlich hyperämisierte Stelle der Stirn — findet man ihn bei vielen Gesunden, die gar keine Zeichen einer Aorteninsuffizienz darbieten. Das wußte und beschrieb QUINCKE schon 1868 (QUINCKE: Berl. klin. Wochenschr. 1868). Bei Anstellung des VALSALVAschen Preßversuchs sieht man den Kapillarpuls zugleich mit den ersten großen Pulsen nach Wiedereinsetzen der Atmung auftreten. Ebenso findet man ihn bei Morbus Basedow, bei Fiebernden, bei sonst gesunden Vasomotorikern als ein häufiges Begleitsymptom. Durch direkte mikroskopische Betrachtung der Capillaren am Nagelfalz nach WEISS kann man sich leicht von ihren raschen Gestaltsveränderungen und den Strömungsverhältnissen in ihnen überzeugen. Es lassen sich solche Gestaltsveränderungen auch noch eine gewisse Zeit lang beobachten, wenn eine passive Dehnung durch Übertragung pulsatorischer Bewegungen durch Umschnürung des Armes mit Hilfe einer elastischen Manschette verhindert wird. Untersucht man nach diesem Verfahren Leute mit makroskopisch sichtbarem sogenannten Capillarpuls, so lassen die Capillaren mikroskopisch oft eine gleichmäßige Strömung erkennen. Demnach kann es sich in diesen Fällen lediglich um pulsatorische Füllungsschwankungen der präcapillaren Anteile des Gefäßgebietes handeln. In anderen Fällen von Capillarpuls erkennt man dagegen deutliche stoßweise vor- und rückläufige Bewegungen in beiden Schenkeln der Capillarschlingen (Schaukelbewegungen).

Das Durosiezsche Doppelgeräusch, welches besonders schön durch leichten Druck des Stethoskops auf die Cruralarterien bei Kranken mit Aorteninsuffizienz zu erzielen ist, ist als Stenosengeräusch aufzufassen, welches durch die doppelte Beschleunigung des Blutstroms in vor- und rückläufiger Richtung und die durch sie erzeugten Schwingungen der Gefäßwand zustande kommt.

In seltenen Fällen kommt es bei besonders weiten Capillaren zu einem Durchschlagen der Pulswelle bis in das Gebiet der Venen hinein (penetrierender Venenpuls).

Das Spiel der Vasomotoren, der wechselnde, oft antagonistisch regulierte Füllungszustand verschiedener Gefäßgebiete werden am raschesten verständlich durch eine kurze Betrachtung der experimentellen Ergebnisse über die pharmakologische Beeinflußbarkeit des Gefäßsystems. In kleinen Dosen bewirken die in Frage kommenden Arzneimittel nur eine geänderte Blutverteilung, ohne den Allgemeinblutdruck wesentlich zu beeinflussen, weil immer einer Vasoconstriction in dem einen, eine Vasodilatation in einem anderen Gebiet kompensatorisch folgt. Eine Giftwirkung macht sich erst dann geltend, wenn diese Regulationen gestört sind. Jetzt wird der gesamte Kreislauf in Mitleidenschaft gezogen und der Blutdruck verändert.

1. Das Vasoconstrictorenzentrum wird erregt oder sein Erregungszustand gesteigert durch Strychnin. Vorzugsweise getroffen wird das Splanchnicusgebiet, während die Hirngefäße und die der Körperperipherie erweitert werden. Der Tetanus der Gefäßmuskeln treibt den Blutdruck in die Höhe. In ähnlicher Weise zentralerregend wirkt das Coffein, das bemerkenswerterweise von seinem peripheren Angriffspunkt aus die Gefäße der Nieren und des Gehirns erweitert. Auch der Campher wirkt auf den Wegen über die Zentren gefäßverengernd.

2. Zu den zentralgefäßerweiternden Giften gehören die Narkotica der Alkoholgruppe und vor allem das Amylnitrit.

3. Die peripher gefäßverengernden Mittel sind vor allem das Adrenalin, die Digitalissubstanzen, das Cocain, die Milchsäure (Sohlberg). Die Adrenalinwirkung greift peripher an. Das zeigen Versuche an überlebenden Organen sowohl wie an solchen, die nach Trennung der zugehörigen Nerven vom Gefäßnervenzentrum angestellt wurden. Die Wirkung läßt sich auch an ausgeschnittenen Arterienstreifen demonstrieren, die noch nach tagelanger Aufbewahrung in Ringerlösung in überlebendem reizbarem Zustande sich befinden. Bemerkenswerterweise lassen sich so an allen Arterien mit Ausnahme der Coronargefäße Verkürzungen demonstrieren.

Die Wirkungen dieser Gefäßmittel lassen sich mittels des Plethysmographen bequem verfolgen. So sieht man nach Natrium nitrosum eine Zu-, nach Coffein eine Abnahme des Armvolumens.

4. Peripher gefäßlähmende Mittel sind Nitrite, Narkotica der Alkoholgruppe (Chloroform-Chloralhydrat) aber erst in hohen Konzentrationen. „Capillargifte" sind Antimon, Arsen, Sepsin. Elektive Wirkung auf die Gefäße der Genitalorgane zeigt Johimbin. Coffein wirkt erweiternd auf Hirn, Nieren und Coronargefäße; ebenso in Versuchen

am Frosch der Muskelpreßsaft [SOHLBERG[1])]. Bei Veronalvergiftungen kommt es zu weitgehenden Gefäßerweiterungen, gelegentlich sogar zur Blasenbildung auf der Haut.

Von den genannten Gefäßmitteln nimmt das Adrenalin eine besondere Stellung ein, da es ein Produkt des Körpers selbst ist, und zwar von den Nebennieren gebildet wird. Unter den gefäßverengernden Giften spielt das Mutterkorn (Secale cornutum) eine besondere Rolle. Das Gift stammt aus dem Pilz Claviceps purpurea der auf Gramineen, besonders auf der Roggenblüte zur Entwicklung kommt. Wird die Entfernung dieses Pilzes aus dem Korn versäumt, treten gehäufte Vergiftungsfälle, der sogenannte Ergotismus auf. Die gangränöse Form desselben geht mit Parästhesien (dem Gefühl von Taubsein, Kribbeln und Pelzigsein an den Fingern) einher, die schließlich, nachdem die Haut der befallenen Teile sich blauschwarz verfärbt hat, unter heftigen Schmerzen zu trockener Nekrose der Finger, Zehen, Ohren und Nase führen kann.

Zentrale und periphere Gefäßlähmungen spielen im Verlaufe vieler Infektionskrankheiten eine oft den Verlauf entscheidende Rolle. Die deripheren Gefäßbezirke der Haut und Muskulatur werden blaß und blutleer. Splanchnicusgebiet und Hirngefäße werden blutreicher. Der periphere Blutdruck sinkt infolge dieser Gefäßlähmungen. Die Stromgeschwindigkeit wird geringer bis schließlich der Kreislauf stillsteht. Solche tödlichen Gefäßlähmungen können sich einstellen, ohne daß sichtbare Veränderungen am Herzen durch die Sektion aufgedeckt werden.

So wurde in unserer Klinik eine Fischvergiftungsepidemie[2]) beobachtet. Der Erreger, Bakterium enteritidis Breslau, wurde aus den Fischresten, Urin und Stuhl der Erkrankten gezüchtet. Die Inkubationszeit beträgt 4—14 Stunden. Neben den gastroenteritischen Symptomen, Erbrechen, schleimig-eitrige-blutige Durchfälle, stehen die starken Blutdrucksenkungen bis auf 85, 65, 50 mm Hg und weniger im Vordergrund. Einer der Patienten erlag der Gefäßlähmung unter den Zeichen der akuten Kreislaufschwäche.

Von den Störungen der Gefäßfunktion sind die sogenannten Gefäßneurosen klinisch oft besonders eindrucksvoll. Bei ihnen handelt es sich um eine nervöse vasomotorische Störung im Koordinationsmechanismus. Hierbei treten Gefäßreaktionen bereits nach Einwirkungen auf, die beim Gesunden keinen Effekt haben. Sie treten rascher in die Erscheinung und verlaufen selten nicht anders als in der Norm. Man beobachtet bei disponierten Individuen sogenannte Gefäßkrisen in verschiedenen Bezirken und unterscheidet vasoconstrictorische von dilatatorischen. Es ist klar, daß durch solche Gefäßkrisen eine Störung in der Blutverteilung und damit in der Versorgung einzelner Gebiete eintreten kann. Derartige Gefäßkrämpfe wurden unter anderem als ätiologischer Faktor bei der Entstehung des Magengeschwürs angeschuldigt. Wenn auch Gefäßkrämpfe an und für sich schmerzlos verlaufen, können sie doch dadurch, daß das von ihnen versorgte Gewebe anämisiert wird, zu heftigen Schmerzen Anlaß geben. So wird die Hemicrania angiospastica auf einen Krampf in den Gefäßen der Hirnhaut zurückgeführt. Durch einen tonischen Krampf der Schlagadermuskulatur kommt es zu einer angio-

[1]) SOHLBERG (ebenso GENTRY PERCA): Arch. niederl. de physiol. de l'homme et des anim. Tom. 4, p. 460. 1920.

[2]) Diss. KORTHAUER. Kiel 1920.

spastischen Anämie größerer Gebiete, die bei dem Zustandekommen des intermittierenden Hinkens eine ausschlaggebende Rolle spielt. Charakteristisch ist, daß die gewöhnlichen arteriosklerotischen Gefäße in der Ruhe für die Versorgung des betreffenden Muskelgebietes noch ausreichen. Werden die Muskeln aber bewegt, so bleibt die Arbeitshyperämie aus, es kommt zu unangenehmen Empfindungen und krampfartigen Lähmungen, die als Dyskinesia angiosklerotica beschrieben werden. Neben lokalen Anämien können umschriebene Hyperämien eintreten. Die höchsten Grade solcher Zirkulationsstörungen stellen die lokale Cyanose und Asphyxie dar. Es kann nicht nur zur Funktionsbeeinträchtigung der befallenen Gewebe, sondern sogar zu bleibenden Ernährungsstörungen kommen. Das Prototyp einer lokalen vasomotorischen Neurose stellt die RAYNEAUDsche Erkrankung dar. Die Ursache der typischen Anfälle wird in einer fehlerhaften Innervation der Capillargefäße gesucht. Man glaubt, daß die vasomotorischen Zentren und Bahnen, und zwar besonders die vasoconstrictorischen sich in einem Zustand erhöhter Reizbarkeit befinden und daß die lokale Ursache der Asphyxien in einem Venenkrampf zu suchen sei. Durch die Versperrung des Lumens der Venen soll der venöse Rückfluß gehindert, ja aufgehoben sein [KASSIERER[1]]. Die direkte Capillarbeobachtung zeigt, daß zum mindesten ein Teil der Capillaren sowohl im Anfall wie im Intervall erheblich erweitert ist. Die einzelnen Capillarschlingen können Anomalien, z. B. eine Verlangsamung der Strömung, ja eine völlige anhaltende Stase im Anfall aufweisen, was wohl auf eine Stauung infolge behinderten Abflusses zurückzuführen ist [HALPERT[2], O. MÜLLER[3]].

Kommt es aus irgendwelchen Gründen zu einer Verengerung oder zum Verschluß einer Schlagader, so können die Folgen für das Versorgungsgebiet sehr wechselnde sein. Bei Verengerungen hängt dabei viel von der Triebkraft des Herzens ab; solange sie den gesteigerten Widerstand noch überwindet, geht der Kreislauf und die Ernährung der Gewebe, wenn auch in vermindertem Maße, weiter. Reicht dagegen die Vis a tergo nicht mehr aus, um den Widerstand zu brechen, so ist die Folge eine mehr oder weniger weitgehende Ernährungsstörung des Versorgungsgebiets. Ist es zu einem vollkommenen Verschluß einer Arterie gekommen, so ist das Schicksal des Versorgungsbereichs von der Zahl und Weite der arteriellen Anastomosen abhängig.

Kommt es zu starken mechanischen Kompressionen eines Gefäßes ohne Verletzung seiner Wand, z. B. Schußwunden, die in der Nähe des Gefäßes liegen, so sind durch den starken mechanischen Reiz derartig langdauernde spastische Kontraktionen beobachtet worden, daß die Erscheinungen im Versorgungsgebiet den Arzt zur Vornahme einer Amputation veranlaßten.

Im allgemeinen sind die vorübergehenden Unterbrechungen der Arterienströmung, wie sie durch Kompressionen oder Umschnürung oder temporäre Ligatur vorkommen, nicht von dauernden Störungen im Versorgungsgebiet begleitet. Interessanterweise ist nach totaler arterieller Kompression, z. B. der Brachialis, durch direkte Beobachtung der Capillaren noch längere Zeit in denselben eine Strömung

[1]) KASSIERER: Die vasomotorisch-trophischen Neurosen.
[2]) HALPERT: Zeitschr. f. d. ges. Med. 1920.
[3]) O. MÜLLER: Klin. Wochenschr. II. 1923.

nachweisbar, die so lange anhält, bis der Druckausgleich zwischen dem venösen und arteriellen Gebiet der Capillaren sich eingestellt hat. Das kann minutenlang dauern. Die naturgemäße Folge einer solchen Gefäßunterbrechung ist weiterhin die Abkühlung des von ihr abhängigen Gebietes, weil das erwärmende Blut ihm nicht mehr zuströmt. Das ist schon in den Anfangsstadien der RAYNAUDschen Gangrän, der kalten Blässe der Extremitäten leicht zu beobachten. Die weiteren Folgen sind eigentümliche Parästhesien, die als Gefühl von Taubsein, Brennen und Jucken geschildert werden. An welchen Stellen diese Sensationen ausgelöst werden, ob in der Haut oder in den pericapillären Nervennetzen, ist bisher nicht untersucht.

Die mangelnde Zufuhr sauerstoffreichen Blutes führt weiterhin zu einer Anoxybiose der Gewebe, die um so intensivere Erscheinungen machen wird, je länger sich dabei die intermediären Abbauprodukte, z. B. des Muskelstoffwechsels (Milchsäure) anhäufen. Die verschiedenen Gewebe sind gegen den Sauerstoffmangel verschieden empfindlich. Am raschesten reagieren wohl das Atemzentrum und das Gehirn überhaupt, wo schon eine kurzdauernde Anämie zu schweren Bewußtseinstrübungen führt.

Wird die Blutströmung durch Entfernung des Hindernisses wieder hergestellt, so kommt es zu einer erheblichen sekundären Hyperämie des ganzen vorher ausgeschalteten Gebietes, das gelegentlich von einem starken Klopfen begleitet ist. Diese bedeutende sekundäre Hyperämie nach plötzlicher Druckentlastung wird z. B. nach raschem Ablassen von Exsudaten aus Brust- und Bauchhöhle beobachtet und kann sogar zu einer vermehrten Transsudation aus vorher komprimierten Gefäßgebieten gelegentlich auch zu Blutungen führen (Expectoration albumineuse). Die Ursache dieser Erscheinungen ist wahrscheinlich in einer beginnenden Ernährungsstörung der komprimiert gewesenen Gefäße selbst oder ihrer empfindlichen den Tonus regulierenden Nerven zu sehen (sekundäre ischämische Vasoparalyse).

Dauernder Verschluß einer größeren Arterie kann eintreten durch Veränderungen der Wand (Schwellung oder Verdickung, durch Kompression von außen oder durch Thrombosierung des Gefäßes. Ihre Folgeerscheinungen für das abhängige Gebiet sind zunächst die gleichen wie die nach vorübergehender Unterbrechung. Später aber treten irreparable Veränderungen im Versorgungsgebiet ein, wenn nicht durch Ausbildung eines Kollateralkreislaufs dem schlimmsten Ausgang, nämlich der ischämischen Nekrose des von der Versorgung zunächst ausgeschalteten Gebietes vorgebeugt wird. Ist das befallene Organ mit Arterien ausgerüstet, deren Äste nicht mit anderen anastomosieren (Endarterien der Lunge, des Gehirns, der Niere und des Knochenmarks), so kommt es zum hämorrhagischen Infarkt, der in der Regel eine charakteristische dem abgesperrten Versorgungsbereich ungefähr entsprechende keilförmige Gestalt hat.

Das absterbende Gewebestück schwillt zunächst durch Eintritt von Blutflüssigkeit aus den Randcapillaren an. Es unterliegt durch Zerfall seiner Zellen autolytischen Vorgängen, deren Produkte nun den chemischen Reiz für die Anlockung von zahlreichen Leukocyten abgeben. Im einzelnen vollziehen sich die Einschmelzungsvorgänge sehr verschieden rasch, und über die chemischen Prozesse dabei ist man begreiflicherweise wenig orientiert. HOPPE-SEYLER[1]) hat das Wesent-

[1]) HOPPE-SEYLER: Med.-chem. Untersuchungen. 1871. H. 4.

liche getroffen, wenn er sagt: „Alle im Innern des Organismus absterbenden Organe verfallen der Verflüssigung, der Erweichung, ähnlich wie wir das auch als Erscheinung der Fäulnis beobachten, die aus Eiweißstoffen Leucin und Thyrosin, aus Fett fettfreie Fettsäuren oder Seifen entstehen läßt. Diese Maceration, identisch mit dem anatomischen Begriff der Erweichung, liefert keine übelriechenden Stoffe und ist ein Prozeß, der sich vergleichen läßt der Wirkung der Verdauungsfermente."

Wieweit derartige auch langsam fortschreitende Einschmelzungsprozesse gehen, lehrt die Cystenbildung nach Hirnblutung, bei der man schließlich die autolysierte Hirnsubstanz umgewandelt sieht in eine wäßrige, dem Liquor cerebrospinalis ähnliche Flüssigkeit. Es ist verständlich, daß derartige nekrotisierende Gewebspartien bei sekundärer Infektion den eingedrungenen Erregern einen guten Nährboden abgeben und daß es so zu schweren Eiterungsprozessen und Gangrän kommen kann.

Die Extremitätenmuskulatur, welche bei ihrer Tätigkeit besonders hohe Anforderungen an die Blutversorgung stellt, ist durch reichliche Anastomosen gegen den Ausfall einzelner Schlagadern und seine Folgen gesichert. Bei der Ausbildung des Kollateralkreislaufs spielen Nerveneinflüsse eine ausschlaggebende Rolle. Man weiß nach Versuchen an Kaltblütern, daß eine entnervte Extremität, bei der die größte Schlagader unterbunden ist, infolge mangelnder Ausbildung eines Seitenbahnkreislaufs der Nekrose verfällt. Das funktionelle Wirksamwerden eines solchen Kollateralkreislaufs läßt sich sehr gut nach Unterbindung der Arteria brachialis verfolgen. Dieser Eingriff hat zunächst eine erhebliche Schwächung des ganzen Arms zur Folge, welche mit zunehmender Ausbildung des Seitenbahnkreislaufes schwindet und schließlich einer vollständigen Wiederherstellung der alten Leistungsfähigkeit Platz macht. Wesentlich für die Schwere und die Art der Ausfallserscheinungen nach Unterbrechung einer Arterie ist einmal die Schnelligkeit, mit der dieselben eintreten, andererseits die Wichtigkeit der Funktion des geschädigten Gebietes (Lungenembolie).

Gefäßwandveränderungen.

Jugendliche Gefäße, besonders die Arterien sind dehnbar und elastisch, um so dehnbarer je mehr Bindegewebsfibrillen, um so elastischer je mehr elastische Fasern am Aufbau der Wand beteiligt sind. Bei den Arterien mit zahlreichen elastischen Elementen überwiegt die Elastizität (Aorta und Hauptäste), bei Arterien mit reichlicher Muskulatur überwiegt die Kontraktilität. Der Grad der Dehnbarkeit und Elastizität ist in weitem Umfange eine Funktion des Kontraktionszustandes. Die kontrahierte Arterie ist elastischer, ein Gefäß mit gelähmter schlaffer Muskulatur dehnbarer. Die geschilderten Eigenschaften der Dehnbarkeit, Elastizität und Kontraktilität gehen bei der Arteriosklerose verloren. Bei dieser Erkrankung kann die Arterie in ein vollkommen starres Rohr verwandelt werden, was sich durch Betastung leicht feststellen läßt (Gänsegurgelarterie). Durch Kalkeinlagerungen werden die Gefäße der röntgenologischen Darstellung zugänglich. Derartig veränderte Arterien sind infolge ihrer Brüchigkeit verletzlicher. Es kommt schon bei verhältnismäßig geringen Anlässen zu Blutaustritten, was man bei den oberflächlichen Gefäßen alter Leute leicht beobachten kann (Purpura senilis). Welche schädigenden Momente die Arteriosklerose zur Folge haben, ist noch unklar. Angeschuldigt werden neben chemisch bekannten Körpern (Blei, Alkohol, Nicotin, Cholesterin) die chemisch undefinierten Bakteriengifte und „Stoffwechselgifte“, die bei Diabetes, Gicht und Chlorose wirksam werden sollen.

Eine Reihe von Zuständen, bei denen ohne grobe mechanische Anlässe zahlreiche Blutaustritte aus den Haargefäßen auftreten, werden als hämorrhagische Diathesen beschrieben; neben einer konstitutionellen Minderwertigkeit der Gefäße, die durch ein familiäres Vorkommen derartiger Blutungen wahrscheinlich gemacht wird, sind allgemeine Nährschäden, Kachexien, Erkrankungen des Blutes und der blutbildenden Organe und bestimmte Infektionskrankheiten das Milieu, in welchem die krankhafte Tendenz zu Blutaustritten aus den Gefäßen aus oft unscheinbaren Verletzungen und ohne solche beobachtet wird.

Unter der ersten Gruppe der allgemeinen Nährschäden sind die Insuffizienzkrankheiten prädisponierend für die erworbene hämorrhagische Diathese. Unter den im Kapitel V geschilderten Avitaminosen ist hier besonders der Skorbut zu erwähnen. Bei ihm sind Zahnfleischblutungen, die gleichzeitig mit einer Stomatitis und einer Alveolarpyorrhöe beobachtet werden, oft das erste Zeichen der beginnenden Erkrankung. Auch an den übrigen Schleimhäuten, an der Haut und an der Serosa der Brust- und Bauchhöhle treten zahlreiche mehr oder weniger ausgedehnte Blutungen auf. Bei der MÖLLER-BARLOWschen Krankheit, die auch als Skorbut der Säuglinge bezeichnet wird, werden Blutergüsse am Periost der Knochen und in den Markräumen, retrobulbäre Blutungen, Hämorrhagien der Magen- und Darmschleimhaut als markante Symptome beschrieben. Die Erkrankung ist die Folge künstlicher Säuglingsernährung, gewöhnlich zu stark sterilisierter Kuhmilch, bei der lebenswichtige Stoffe vernichtet werden. Als seltene Komplikation wurden derartige Blutungen auch bei der Ödemkrankheit von mir beobachtet.

Bei kachektischen Individuen (Krebskranken) treten, wenn auch selten und in geringem Umfange, ähnliche Hämorrhagien besonders in der Magen-Darmschleimhaut auf.

Unter den Erkrankungen des Blutes und der blutbildenden Organe ist hier die progressive perniziöse Anämie an erster Stelle zu nennen. Die Blutungen am Augenhintergrund, an der Schleimhaut des Mundes sichern in differentialdiagnostisch schwierigen Fällen zusammen mit dem charakteristischen Blutbefund die Diagnose. Nicht selten kann man bei diesen Kranken durch Anlegung einer Stauungsbinde und leichtes Beklopfen des gestauten Armes zahlreiche feinste capilläre Blutungen willkürlich erzeugen. Auch die Leukämie geht mit Darm-, Nasen-, Genital- und Blasenblutungen einher. Oft sind die Veränderungen des Zahnfleischs mit der Tendenz zu Blutungen so im Vordergrunde des klinischen Bildes, daß man von Leukaemia skorbutica spricht. Überwiegen die Hautblutungen, nennt man diesen Zustand Purpura leukaemica. Als Ursache der bei Leukämikern nicht seltenen Darmblutungen werden hämorrhagische Infiltrate der Schleimhaut angesehen, die zu tiefgreifender Nekrose mit sekundärer Infektion führen können.

Als nächste in diese Gruppe gehörige sind die Purpuraerkrankungen zu nennen, in deren Ätiologie höchstwahrscheinlich infektiöse Ursachen mitspielen: Pupura haemorrhagica, Morbus maculosus Werlhofii, Purpura rheumatica oder Peliosus rheumatica. Der Morbus maculosus Werlhofii tritt meist endemisch oder epidemisch auf im Gegensatz zu der Purpura haemorrhagica, die immer nur in vereinzelten Fällen beobachtet wird.

Von der letzteren unterscheidet man die einfache Form der Purpura simplex, oder wenn sie mit Gelenkerscheinungen einhergeht Purpura rheumatica oder Peliosus rheumatica und die Purpura haemorrhagica im eigentlichen Sinne. Hier treten neben den Hautblutungen schwere Blutungen aus der Nase, dem Zahnfleisch, dem Darm und den Nieren auf, die lebensbedrohende Blutverluste mit sich bringen können. Stehen die Darmblutungen, die mit Leibschmerzen und Durchfällen einhergehen, im Vordergrund, so spricht man von Purpura abdominalis.

Bei allen diesen Formen ist der pathologisch-anatomische Befund nicht eindeutig. Nachweisbare Veränderungen an den Gefäßen fehlen. Es ist nicht einmal sicher, ob die Blutungen durch Gefäßzerreißungen (per rhexin) oder durch einfaches Durchwandern der Gefäßwand (per diapedisin) erfolgen.

III. Pathologie der Wärmeregulation.

A. Wärmeökonomie der Poikilothermen.

Bei anorganischen Körpern steigt die Intensität der chemischen Prozesse mit zunehmender und fällt mit sinkender Temperatur. Auch für den Tierkörper gilt dies Gesetz. Der Warmblüter folgt ihm aber nur dann, wenn das Nervensystem ausgeschaltet ist. Bei intaktem Nervensystem reagiert der Warmblüter auf Erwärmung mit herabgesetzter, auf Abkühlung mit gesteigerten Verbrennungen. Diese chemische Wärmeregulation fehlt den Poikilothermen, sie folgen in bezug auf die Intensität der Verbrennungen unter wechselnden Temperaturbedingungen den Gesetzen der anorganischen Welt.

Alle Poikilothermen nehmen durch Leitung und Strahlung ihrer Umgebung Wärme auf. Die von außen von dem tierischen Körper aufgenommene thermische Energie wird zum Teil in molekulare umgewandelt. Manche Poikilothermen sind auf die Aufnahme von Sonnenwärme in allerhöchstem Maße angewiesen. Bei vielen kann man beobachten, daß mit der aufgenommenen Sonnenenergie die Leistungsfähigkeit der Tiere wächst und umgekehrt.

B. Wärmehaushalt der Homoiothermen.

1. Die normale Körpertemperatur und ihre Schwankungen.

Die normale Körpertemperatur des Menschen schwankt unter physiologischen Bedingungen. Sie zeigt ein Maximum zwischen 5 und 7 Uhr nachmittags und ein Minimum morgens zwischen 4 und 7 Uhr. Diese täglichen Schwankungen sind bei allen homiothermen Tieren eine regelmäßige Erscheinung und bleiben auch bei fieberhaften Reaktionen bestehen. Ursachen sind Nahrungszufuhr und Körperbewegung. Beim Kaninchen — beim Menschen ist das nicht sicher gelungen — läßt sich durch nächtliche Fütterung der Temperaturtypus umkehren; man hat daher der Nahrungszufuhr als Hauptursache der Tagestemperaturbewegungen angesehen; da aber auch bei hungernden Tieren und Menschen eine ähnliche Kurve zustande kommt, ist sicher die Nahrungszufuhr nicht allein ausschlaggebend. Schaltet man alle Körperbewegungen willkürlich aus, so verläuft die Kurve in ähnlicher Weise, aber viel flacher [JOHANNSON[1])]. Die maximale Differenz beträgt nur 0,5° gegen 1,1° unter gewöhnlichen Bedingungen. Sicher hat, wie Versuche am Affen zeigen, auch das Licht einen Einfluß auf die Tagesschwankung der Temperatur, indem die nachts belichteten und am Tage dunkel gehaltenen Versuchstiere den umgekehrten Typus zeigen.

Körperbewegungen treiben die Temperatur erheblich in die Höhe [SNELL[2])]. BENEDICT und SNELL ließen ihre Versuchspersonen in achtstündiger Arbeit zu je zweistündigen Perioden 220000 kgm leisten. Für je zwei Stunden Arbeitsperiode stieg die Temperatur um 0,72° C. In eigenen Beobachtungen an Soldaten

[1]) JOHANNSON: Skandinav. Arch. f. Physiol. Bd. 8, S. 85. 1898.
[2]) SNELL: Pflügers Arch. f. d. ges. Physiol. Bd. 90, S. 46. 1902.

konnte ich nach dem Exerzieren die Körpertemperatur häufig auf 38,5 und mehr ansteigen sehen. Bei einem Diabetiker sah ich nach einer Arbeitsleistung von 30000 kgm die Rectaltemperatur von 36,8 auf 39,6 wieder ansteigen und innerhalb von 2 Stunden auf den Ausgangswert zurückkehren. Hohe Temperaturen werden auch bei starken Muskelkrämpfen beobachtet, z. B. bei der Tetanie nach Exstirpation der Epithelkörper.

Zu den physiologischen Schwankungen der Körpertemperatur sind schließlich noch die eigenartigen Steigerungen der Körperwärme bei gesunden Neugeborenen in den ersten Lebenstagen zu rechnen, auf die unter anderen Heller[1]) aufmerksam gemacht hat. Dieselben fallen auffälligerweise meist mit dem starken Gewichtssturz zusammen, den man in den ersten Lebenstagen beobachtet. Es handelt sich dabei wahrscheinlich um eine Erscheinung, deren Ursache in abnormen Stoffwechselvorgängen zu suchen ist, wobei der Mangel in den wärmeregulierenden Funktionen ein mitwirkender Faktor sein dürfte.

Nach langdauerndem Hunger nimmt infolge sinkender Wärmebildung die Körpertemperatur etwas ab. Eigene[2]) Beobachtungen an Ödemkranken zeigten diese Erscheinung auch schon dann, wenn durch monatelange Unterernährung das Material für die Wärmebildung stark reduziert war.

2. Topographie der Wärmebildung.

Die normale Hauttemperatur schwankt an den verschiedenen Körperstellen erheblich.

Temperatur	Ort
22—24°	Nasenspitze und Ohrläppchen
29—32°	Haut über den Muskeln
um 37°	Linkes Herz
um 37,4°	Rechtes Herz.

Während das Arterienblut überall ziemlich die gleiche Temperatur aufweist, ist das Venenblut an der Haut bis 1° kälter. Das Blut der Cava inferior ist wärmer, das der Cava superior kälter als das Arterienblut. Die Ursache dafür ist darin zu sehen, daß das Blut der Cava inferior in der Bauchhöhle gegen Abkühlung geschützt ist, vielleicht auch durch Wärmebildung in der Leber wärmereicher wird. Nach Claude Bernard[3]) ist das Blut in der Pfortader beim Hunde immer um 0,2—0,4° kälter als das der Lebervene.

Die Differenz in der Temperierung des rechten und linken Herzens, die 0,1—0,4° betragen kann, erklärt sich durch die Abkühlung des Blutes in den Lungen; hier überwiegt die Wärmeabgabe die geringe Wärmebildung. Die letztere wird auf den Prozeß der Sauerstoffbindung in den Lungen zurückgeführt, wobei Wärme frei wird; die Wärmeentwicklung bei Oxydierung des Hämoglobins in den Lungen beträgt im Mittel 0,097°. Die verschiedenen Temperaturen, die an der Haut gemessen werden, sind einmal durch die wechselnde Durchblutung und durch die mehr oder weniger geschützte Lage der betreffenden Hautpartie bedingt. Regelmäßig ist die Temperatur über Muskeln höher als über Knochen und Sehnen, was darin seine Ursache hat, daß die Muskeln in hohem Maße an der Wärmebildung beteiligt sind, Knochen und Sehnen dagegen nicht.

Das Blut in der Aorta ist immer kälter als der Harn.

Nach einer Berechnung von Tigerstedt beträgt die Wärmebildung täglich:

bei der Herzarbeit	70	Kalorien
„ „ Atmungsarbeit . .	150	„
„ „ Lebertätigkeit . .	368	„
„ „ Nierentätigkeit . .	74	„
Summe	662	Kalorien.

Es fehlen für den ruhenden nüchternen Menschen demnach noch etwa 1000 Kalorien am Umsatz. Diese werden in der Muskulatur gebildet. Wir wissen, daß von der dort umgesetzten Energie 75% als Wärme und nur 25%

---

[1]) Heller: Zeitschr. f. Kinderheilk. Bd. 4, S. 55. 1912.

[2]) Bürger: Zeitschr. f. d. ges. exp. Med. Bd. 8, S. 309. 1919. — Derselbe: Ergebn. d. inn. Med. u. Kinderkrankh. Bd. 18, S. 189. 1920.

[3]) Claude Bernard: Leçon sur la chaleur animal. p. 190. Paris 1876.

als äußere Arbeit erscheinen; auch die gelähmten Muskeln bilden Wärme, wie FRANK[1]) an kuraresierten Hunden wahrgenommen hat.

Es kommt zuweilen vor, daß die Körpertemperatur nach dem Tode, nicht wie man erwarten sollte, sogleich absinkt, sondern sogar noch ansteigt. Die Verbrennungen hören eben nicht mit dem letzten Atemzuge auf, sondern gehen noch eine Zeitlang weiter. Besonders in Fällen, in denen dem Tode starke nervöse Erregungen vorausgingen (Verletzungen des Gehirns und Rückenmarks, Infektionskrankheiten) wurde die Temperatur nach dem Tode höher gefunden als im Leben.

Die Körpertemperatur ist bei den verschiedenen Homoiothermen durchaus nicht die gleiche. KREHL[2]) findet bei nachstehenden Tieren unter normalen Verhältnissen folgende Zahlen:

Hund	37,5—39,5	Taube . . .	41,0—42,5
Kaninchen	38,3—39,9	Huhn . . .	41,0—42,5
Meerschweinchen . .	37,3—39,5	Igel	34,8—35,5 (Mai, Juni).

3. Die Quellen der tierischen Wärme.

Als Quellen der tierischen Wärme kommen für den Poikilothermen allein die im Darmkanal resorbierten Nahrungsmittel in Frage. Im Körper wird, wie im Kapitel V näher ausgeführt ist, Fett, Eiweiß und Kohlehydrat oxydiert. Die bei diesem Verbrennungsprozeß verfügbar werdende „lebendige Kraft" kommt erstens als Arbeit, zweitens als Körperwärme wieder zum Vorschein. Mit fortschreitender Oxydation verlieren die eingeführten Substanzen an chemischer Spannkraft. Doch sinkt ihr Wert bei den Abbauprozessen im Organismus nicht auf 0, denn die zur Ausscheidung kommenden Stoffwechselprodukte haben immer noch einen, wenn auch geringen Brennwert. Obgleich die Bildung der Wärme hauptsächlich durch die Nahrungszufuhr ermöglicht wird, gehen die thermogenetischen Prozesse, wie die Erfahrungen am hungernden Menschen lehren, doch auch ohne Nahrungsaufnahme vor sich. So produzierte der Hungerkünstler Cetti am 9. und 10. Hungertag je 1508 Kalorien aus 67,96 g Eiweiß und 132,38 g Fett. Neben den oxydativen Vorgängen spielen andere exotherme Prozesse (Gärungen, Hydratation) bei der Wärmebildung nur eine untergeordnete Rolle. Wärmeaufnahme durch Leitung und Strahlung kommt für den homoiothermen Organismus praktisch nicht in Frage.

4. Wärmeverlust und Schutz dagegen.

Die Wärmeabgabe des Körpers findet auf folgenden Wegen statt:

1. durch Erwärmung der aufgenommenen Kost und der eingeatmeten Luft
2. durch Abgabe von Kohlensäure und Wasserdampf bei der Atmung,
3. durch Wärmeverlust durch Leitung und Strahlung von der Oberfläche,
4. durch Wasserdampfabgabe von der Oberfläche,
5. durch Wärmeabgabe mit Harn und Kot.

Unter diesen Faktoren sind die Wasserdampfabgabe und der durch Leitung und Strahlung von der Oberfläche eintretende Wärmeverlust die bedeutsamsten; sie werden entscheidend beeinflußt von der Temperatur, dem Feuchtigkeitsgrade und den Bewegungen der umgebenden Luft. Wir wissen, daß uns die bewegte warme Sommerluft abkühlt und daß uns eine niedrige Außentemperatur bei Windstille ganz erträglich ist. Bei hohem Feuchtigkeitsgehalt der Luft ist die Wärmeabgabe durch Verdunstung sehr erschwert. Bei 80% Feuchtigkeit ist eine Temperatur von 24° C nur bei vollkommener Körperruhe noch erträglich. Temperaturen zwischen 24 und 29° werden bei trockener Luft noch relativ gut vertragen (RUBNER und LEWASCHEW[3])).

Die wärmesparende Wirkung der Kleidung ist bekannt. Bei einem ruhenden nackten Menschen kann die normale Temperatur nicht beibehalten werden, wenn die Außentemperatur etwas geringer ist als 27—28° C. Den Tieren spendet das Haarkleid einen wirksamen Wärmeschutz. An Polartieren (Polarfuchs, Wolf, Schneehuhn) wurden bei Außentemperaturen von —32° und —38° Körpertemperaturen zwischen 38,3° und 43,3° (Schneehuhn) gemessen. Bei geschorenen

[1]) FRANK: Zeitschr. f. Biol. Bd. 42, S. 308. 1901; Bd. 43, S. 117. 1903.
[2]) KREHL: Pflügers Arch. f. d. ges. Physiol. Bd. 10, S. 633.
[3]) RUBNER und LEWASCHEW: Arch. f. soz. Hyg. Bd. 29, S. 1. 1897.

Tieren sinkt bei steigender Wärmeabgabe durch Leitung und Strahlung die Körpertemperatur und es kann bei ihnen die Wärmeproduktion bei 30° C gleich groß sein derjenigen eines ebenso großen ungeschorenen bei 20° Außentemperatur.

5. Die Wärmeregulation.

a) Wirkung der Abkühlung. Wir sahen, daß die Homoiothermen unter der glühenden Sonne des Äquators sowohl wie in der eisigen Nacht der Pole die Temperatur ihres Körpers auf gleicher Höhe zu halten imstande sind. Die Mittel dazu sind verschiedene: Gegen Abkühlung sowohl wie gegen Überwärmung treten physikalische und chemische Regulationen in Tätigkeit. Wir beobachten am Menschen, daß die abgekühlte Haut blaß, blutleer und kühl wird und sehen erst bei stärkerem Frost, besonders an Nase und Ohren eine Rötung, später eine mehr blaue Farbe auftreten; das sind aber bereits pathologische Erscheinungen. Auch die Gefäße eines überlebenden — also vom Zentralnervensystem abgetrennten — Organs verengern sich in der Kälte [Langendorff[1])]. Das bei Abkühlung eintretende Kältegefühl lehrt, daß auch das Nervensystem beansprucht wird. Die vasokonstriktorische Wirkung der Kälte bleibt nicht auf die betreffende Hautpartie beschränkt: Bei Abkühlung eines Armes sinkt auch die Temperatur des anderen und der Plethysmograph zeigt uns eine durch die Gefäßverengerung bedingte Volumabnahme der nicht direkt betroffenen Extremität an. An einer solchen lokal bedingten Abkühlung haben letzten Endes die Capillaren der ganzen Oberfläche der Haut und sogar der Muskulatur teil [O. Müller[2])]. Durch diesen Mechanismus wird das Blut in das Innere des Körpers, besonders in das weite Gebiet des Splanchnicus hinein verschoben und hier vor der Entwärmung geschützt. Das Rot- und schließliche Blauwerden besonders ausgesetzter Körperteile bei scharfem Frost ist Folge eines oft schmerzhaften Kältereizes, bei dem es zu einer Lähmung der Capillaren und zu Stagnation und Venöswerden des Blutes in ihnen kommen kann. Außer durch diese Vorgänge suchen Mensch und Tier dem Wärmeverlust instinktiv durch Verringerung der Oberflächenausdehnung entgegenzuwirken, indem sie sich bei kühler Witterung zusammenkauern. Neben diesem physikalischen Vorgang läßt sich ein zweiter chemischer Regulationsmechanismus besonders gut durch Wärmeentziehung im kalten Bade nachweisen: Die Verbrennungen werden gesteigert, Sauerstoffverbrauch und Kohlensäureabgabe steigen beim Menschen bei Temperaturen von 15° abwärts deutlich an. Der frierende Mensch beginnt zu zittern. Ihn „überläuft ein Frostschauer", er bekommt eine Gänsehaut, weil sich die feinsten Hautmuskeln kontrahieren. Die muskuläre Aktivität der sich in kalter Umgebung befindenden Individuen wird gesteigert, daneben aber läßt sich eine höhere Einstellung des Muskeltonus nachweisen, die bemerkenswerterweise auch nicht durch Curare aufgehoben wird, während Durchschneidung der motorischen Nerven die Steigerung der Verbrennungen in den Muskeln unmöglich macht. Man führt diesen Unterschied darauf zurück, daß Curare den die „tonische Innervation" der Muskulatur versorgenden Sympathicus im Gegensatz zu den motorischen Nerven nicht lähmt.

---

[1]) Langendorff: Pflügers Arch. f. d. ges. Physiol. Bd. 66, S. 387. 1897.
[2]) Müller, O.: Habil.-Schr. Tübingen 1905.

Unterstützt wird diese chemische Regulation durch eine Steigerung der Nahrungsaufnahme bei kalter Witterung. Die Vermehrung der Oxydationen bei Erniedrigung der Außentemperatur ist auf eine von zentraler Stelle ausgehende gesteigerte Innervation zurückzuführen [PFLÜGER und RUBNER[1])]. Neuerdings wird von MANSFELD[2]) darauf hingewiesen, daß bei der chemischen Wärmeregulation außer der Erregung nervöser Apparate noch Hormone eine Rolle spielen. Bei Vergleich des Stoffverbrauchs isolierter Herzen von normalen und fiebernden Kaninchen stellte sich heraus, daß während der Fieberhöhe entnommene Herzen mehr Zucker verbrauchen als Normale. Es zeigte sich weiterhin, daß der Zuckerverbrauch normaler Herzen von der Außentemperatur bestimmt wird, bei welcher das Tier unmittelbar vor dem Isolieren des Herzens sich befand. Das Blutserum gekühlter Tiere hat die Fähigkeit, den sehr geringen Zuckerverbrauch erwärmter in die Höhe zu treiben, während das Serum erwärmter Tiere den Zuckerverbrauch des Herzens abgekühlter Tiere herabdrückt [MANSFELD und L. v. PAP[3])].

Daß alle diese Vorgänge im wesentlichen auf nervösem, reflektorischem Wege von der abgekühlten Haut aus eingeleitet werden, lehrt die Beobachtung mit Alkohol vergifteter Tiere und Menschen. Der Alkohol bewirkt eine Lähmung der Hautgefäße. Die Haut bleibt trotz niedriger Umgebungstemperatur rot, gut durchblutet und daher warm; die reflektorische Umstellung der Hautgefäße fehlt und es sinkt infolge des starken Temperaturgefälles von der warmen Haut zur kalten Außenluft die Gesamtkörpertemperatur rasch auf gefährlich niedrige Werte ab.

b) Wirkung der Überhitzung. Eine lokale Erwärmung der Haut macht nicht bloß an der betroffenen Stelle eine Rötung. Sind die nervösen Verbindungen erhalten, so sieht man neben der lokalen vasodilatorischen Wirkung auch häufig eine Rötung nicht direkt betroffener Hautpartien; erwärmt man ein Kaninchen am Bein, so röten sich die Ohren und werden, während sie bis dahin flach anlagen, steil aufgerichtet. Es wird eine größere Blutmenge durch die Haut getrieben und damit eine Entwärmung des Blutes erleichtert, die zudem durch Vergrößerung der Oberfläche unterstützt wird. Die Tiere lagern sich bei warmer Witterung mit weitausgestreckten Beinen. Ein zweites Mittel zur Entwärmung ist beim Menschen die Schweißabgabe. Mit 1 l Wasser, das an der Körperoberfläche verdunstet, werden dem Organismus 540 Calorien entzogen. Es ist begreiflich, daß mit einer starken Schweißabsonderung das Bedürfnis nach Wasseraufnahme zunimmt. In den Tropen werden nicht selten zwischen 10—15 l Wasser getrunken. An amerikanischen Schnittern hat man Schweißverluste von mehr als 10 l pro Tag festgestellt. Bei Tieren, welche wenig oder gar nicht schwitzen, tritt als regulatorischer Entwärmungsmechanismus eine sehr beschleunigte Atmung ein. Mit ihrer Hilfe werden große Wassermengen von den Lungen verdunstet und der Körper auf diese Weise abgekühlt. Bei dieser als Wärmepolypnoe oder Tachypnoe bezeichneten Erscheinung nimmt die Atmungsgröße zu, die Atmung selbst aber wird flacher. Man kann die Atmung eines Hundes durch Behinderung seiner Wärmeabgabe

[1]) Pflügers Arch. f. d. ges. Physiol. Bd. 18, S. 247. 1878. — RUBNER: Biol. Gesetze. Marburg 1887.

[2]) MANSFELD: Pflügers Arch. f. d. ges. Physiol. Bd. 161, S. 430. 1915.

[3]) MANSFELD und L. v. PAP: Pflügers Arch. f. d. ges. Physiol. Bd. 184, S. 281. 1920.

beschleunigen, dieselbe durch Abkühlung des Tieres wieder verlangsamen. Mit der Dyspnoe hat dieses Phänomen nichts zu tun.

Die chemische Wärmeregulation gegen Überhitzung äußert sich zunächst in einer weitgehenden Einschränkung des Nahrungsbedürfnisses, die in tropischen Klimaten solche Grade erreicht, daß es zur Unterernährung kommen kann. Der Verminderung der Oxydationen sind dagegen Grenzen gesetzt, da wir ja wissen, daß bei vorsätzlicher Muskelruhe der Stoffwechsel des Menschen 1700 Calorien beträgt. Nicht selten ist mit Erhöhung der Außentemperatur sogar eine geringe Erhöhung der Oxydationen verbunden, was durch die erhöhte Tätigkeit der Muskeln und Schweißdrüsen erklärt wird.

Vermittelt werden alle diese Regulationsvorgänge auf zwei Wegen: Einmal reflektorisch durch die Nerven, dann durch die Bluttemperatur selbst. KAHN[1]) hat durch isolierte Überhitzung des in das Gehirn einströmenden Carotisblutes Erweiterung der Hautgefäße, Schweißsekretion und Wärmepolypnoe erzielen können. Umgekehrt veranlaßt eine Erniedrigung der Bluttemperatur wärmeerzeugende resp. sparende Regulationen. Es ist klar, daß ein so verwickelter Regulationsmechanismus nur von einer übergeordneten zentralen Stelle aus besorgt werden kann; wir wissen, daß das Zentralnervensystem als dieser Thermoregulator anzusehen ist; strittig ist noch, ob wir berechtigt sind, ein einziges Wärmezentrum für alle regulatorischen Vorgänge verantwortlich zu machen oder ob es deren mehrere, z. B. ein Wärme- und ein Kältezentrum gibt.

6. Lokalisation des Wärmezentrums.

Über die Lokalisation des Temperaturzentrums ist auf Grund bisher angestellter Untersuchungen folgendes zu sagen:

Man hat durch Reizversuche einerseits und Durchschneidungsversuche andererseits diejenige Stelle im Gehirn zu ermitteln versucht, von welcher aus die eben geschilderten Regulationen bewerkstelligt werden. Die Notwendigkeit einer solchen zentralen Regulierung wird schon durch die Tatsache postuliert, daß so verschiedene Vorgänge wie die eben geschilderten in geordneter und zweckmäßiger Weise ablaufen. Wenn man für die physikalische Regulation, da ja Erwärmung der Haut unmittelbar Erweiterung der Capillaren bedingt, gewissermaßen eine lokale Thermoregulation annehmen wollte, so müßte man für die Schweißdrüsen z. B. diese Hypothese bereits wieder fallen lassen, da sie auf lokale Wärmereize nicht reagieren. Für die chemische Regulation sind zentrale Impulse unbedingt zu fordern, da ja lokale Abkühlung eher eine Minderung als eine Steigerung der Oxydation bewirken müßte. H. H. MEYER[2]) weist darauf hin, daß die thermoregulatorischen Zentralapparate zwei Gruppen einander antagonistischer Funktionen überwachen, die sich gegenüberstehen oder einander bilanzieren, ähnlich wie die Innervationen antagonistischer Muskeln der Extremitäten, der Atmung, oder auch der Iris. Er nimmt zwei örtlich vielleicht ganz getrennte, aber korrelativ miteinander gekuppelte Zentren an: ein thermogenetisches, d. h. ein wärmeschaffendes und wärmespeicherndes temperaturhaltendes bzw. steigerndes und ein thermolytisches, d. h.

[1]) KAHN: Engelmanns Arch. f. Physiol. Suppl. 90. 1904.
[2]) MEYER, H. H.: Verhandl. d. dtsch. Kongr. f. inn. Med. Bd. 30, S. 15. 1913.

ein wärmezerstörendes, temperaturminderndes. Während man über die Lage des Wärmezentrums einigermaßen unterrichtet ist, ist es einstweilen nicht bekannt, wo das postulierte Kühlzentrum liegt. Durchschneidungen, die eine Trennung des Großhirns und Corpus striatum durch einen Schnitt vor dem Thalamus vom übrigen Centralnervensystem bedingen,

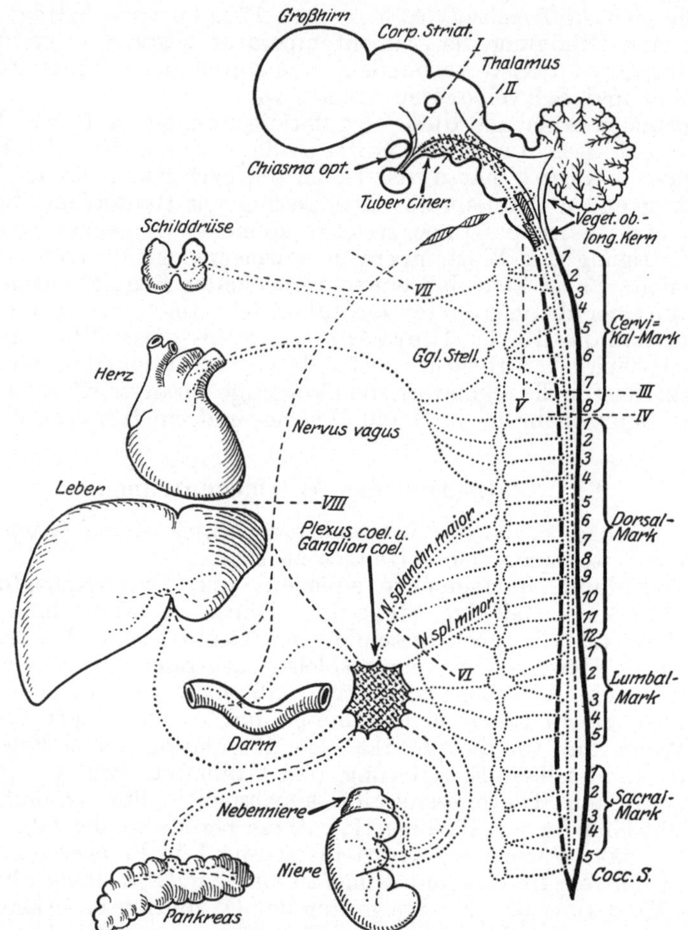

Abb. 13. Schema der Wärmeregulation nach Toenniessen. Klin. Wochenschr. 1923. Nr. 11.

lassen die Wärmeregulation intakt (I). Durchschneidet man aber hinter dem Thalamus (II), so verliert bei kühler Umgebung das Versuchstier seine Eigenwärme und nimmt bei entsprechend gesteigerter Außentemperatur an der Temperaturzunahme entsprechend teil. Man kann also durch eine Abtrennung des Gehirns vom Rückenmark in der Regio subthalamica aus einem homoiothermen Tier ein poikilothermes machen. Bei der Durchschneidung des Halsmarks bis zum

8. Cervicalsegment bleiben die Verhältnisse wie eben geschildert (III). Bei Durchschneidung des 8. Cervicalsegments wird nur die physikalische (Vasomotoren, Pilomotoren und Schweißsekretion), nicht aber die chemische Regulation geschädigt. Man findet nämlich bei der Brustmarkdurchschneidung eine Steigerung der Oxydationen über die Norm bei sinkender Außentemperatur: die Calorienproduktion steigt und wirkt der durch die Störung in der Gefäßregulation einsetzenden Entwärmung entgegen. Eine gleichzeitige Durchschneidung im Brustmark und Exstirpation des Ganglion stellatum hat dieselben Folgen wie die Durchschneidung am 8. Cervicalsegment. Werden die vorderen und hinteren Cervicalwurzeln durchtrennt oder die Ganglia stellata allein exstirpiert (V), so bleibt die Wärmeregulation intakt. Werden dagegen Schnitt IV und V gleichzeitig ausgeführt, so ist die Wärmeregulation aufgehoben. Durchtrennung der Splanchnici (VI) oder Durchtrennung des Vagus unterhalb des Zwerchfells (VIII) stört die Wärmeregulation nicht. Wird der Vagus oberhalb des Abgangs der Lungenäste durchtrennt, so tritt mit verlangsamter Atmung eine Wärmestauung ein. Während gleichzeitige Durchführung von Schnitt VI und VIII nach anfänglicher Störung keine Änderung der Wärmeregulation bedingt, heben Schnitt IV und VIII gleichzeitig gemacht dieselbe auf.

7. Die physiologischen und pathologischen Reize für das Wärmezentrum.

Bevor in die Erörterung der speziellen Fieberursachen eingetreten werden kann, ist ein Hinweis auf die adäquaten Reize der Wärmeregulation vonnöten. Diese sind: calorische, neurogene und hormonale. Führt man eine Doppelkanüle bei einem Kaninchen seitlich von der Mittellinie des Schädels dicht hinter der Frontalnaht bis an die Stammganglien in das Gehirn ein, so kann man durch Einlaufenlassen von kaltem Wasser eine Verengerung der Hautgefäße, eine Steigerung der Wärmeproduktion, ein Anlegen der Ohren an den Körper beobachten, während die Durchleitung von warmem Wasser Erweiterung der Hautgefäße, Minderung der Wärmeproduktion und steiles Aufstellen der Ohren bewirkt. Genau so wirkt eine Erwärmung des Carotisblutes.

Hirnstich. Ein adäquater Reiz für die thermoregulatorischen Zentren ist demnach ihre eigene Temperatur. Durch Abkühlung resp. Erwärmung der Haut werden nach Erregung der Temperaturnerven dem Zentrum auf nervösen Bahnen Impulse zugetragen. Auch durch schmerzhafte Reize verschiedener Nerven können Schwankungen der Temperatur von zentraler Stelle aus eingeleitet werden. Neben diesen physiologischen Reizen hat man durch relativ grobe Eingriffe, nämlich mechanische Läsion der Stammganglien durch den sogenannten Hirnstich die Körpertemperatur um mehrere Grade in die Höhe treiben können, besonders hohe Temperaturen wurden durch Stich ins Tubc. cinereum erzeugt. Sie sinken nach 1—2 Tagen wieder zur Norm ab und können, wenn als eingeführte Sonde eine Elektrode benutzt wird, durch elektrische Reize erneut zum Anstieg gebracht werden. Am Menschen wurden nach hohen Rückenmarksverletzungen und Halswirbelbrüchen Temperatursteigerungen über 43,9° beobachtet [Brodie[1])]. Mit diesen Bemerkungen

[1]) Brodie: Med. Chirurg. Transact. Bd. 20, S. 146. 1837.

sind wir schon in das Gebiet der eigentlichen Fieberursachen hineingeraten.

Pyrogenetische Substanzen. Man kann das Fieber am einfachsten definieren als den Zustand pathologisch gesteigerter Erregbarkeit in den wärmeregulierenden Zentren. Es ist nun zu untersuchen, welche Stoffe die Zentren in diesen Zustand versetzen. Man hat die fiebererregenden Mittel ganz allgemein als pyrogenetische Substanzen bezeichnet und kann dieselben trennen in solche körpereigener und körperfremder Herkunft. Außer an den Zentren können die pyogenetischen Substanzen teilweise auch peripher angreifen, z. B. am peripheren Sympathicus; Schilddrüsenstoffe durch Steigerung der Wärmebildung in den peripheren Erfolgsorganen. Körpereigene Fiebergifte entstehen z. B. beim Zerfall von roten Blutkörperchen in der Blutbahn (paroxysmale Hämoglobinurie) und bei der Zerstörung der sehr labilen Blutplättchen. Das sogenannte aseptische Fieber der Chirurgen kommt nach stumpfen Traumen der Muskulatur durch Zerfall von Muskeleiweiß und Abbau von Blutderivaten zustande.

Die körperfremden Fiebergifte sind nur zum allergeringsten Teil chemisch definiert. Es kann jedes körperfremde Eiweiß als pyrogene Substanz wirken. Nicht jedes Eiweiß wirkt bei jedem Tier in gleicher Weise auf das Wärmezentrum. Im allgemeinen sind die zusammengesetzten Eiweißkörper [Nucleoproteide, Nucleohistone, SCHITTENHELM und WEICHHARDT[1], [2], [3]] weniger wirksam, als die Spaltungsprodukte das Histon und Protamin. Eiweißkörper mit viel Diaminosäuren sind wirksamer als solche, die überwiegend Monoaminosäuren enthalten. Eine große Rolle haben eine Zeitlang die Albumosen gespielt, die KREHL und MATTHES[4]) bei 30% aller Fiebernden im Harn nachweisen konnten. Sie glaubten in den Albumosen Fiebergift sehen zu dürfen, sind jetzt aber von dieser Ansicht zurückgekommen. Später meinte FRIEDBERGER[5]) in seinem Anaphylatoxin die einheitliche Fiebersubstanz, die in jedem Falle als ein intermediäres Abbauprodukt des Eiweißes bei Fiebernden auftreten soll, gefunden zu haben. Über diese pyrogenetische Zwischenstufe hinaus soll dann das hochgiftige Anaphylatoxin in niedrigere ungiftige Spaltprodukte zerlegt werden. Wie SCHITTENHELM[6]) betont, ist die Annahme eines einheitlichen enorm giftigen, relativ hoch molekularen, intermediären Eiweißspaltprodukts, das aus allen Proteinen entsteht, eine rein theoretische. Auch für das bakterielle Fieber nimmt FRIEDBERGER ein einheitliches Anaphylatoxin an, welches mit dem aus anderen Eiweißkörpern entstehenden Anaphylatoxin identisch sein soll. Er glaubt mit diesem Anaphylatoxin sämtliche vorkommenden Fiebertypen kopieren zu können und in dem infektiösen Fieber den Ausdruck der Überempfindlichkeit gegen das betreffende Bakterieneiweiß sehen zu dürfen.

Außer den genannten kennt man eine Reihe wohldefinierter Substanzen, die als pyrogene Stoffe sehr wirksam sind und denen gleich-

[1]) SCHITTENHELM und WEICHARDT: Zeitschr. f. Immunitätsforsch. u. exp. Therap., Orig. Bd. 6, S. 609. 1912.

[2]) DIESELBEN: Münch. med. Wochenschr. 1910—1912.

[3]) DIESELBEN: Zeitschr. f. exp. Pathol. u. Therap. Bd. 10 u. 11. 1912.

[4]) KREHL und MATTHES: Arch. f. exp. Pathol. u. Pharmakol. Bd. 35. 1895. — DIESELBEN: Ebenda. Bd. 38. 1905.

[5]) FRIEDBERGER: Dtsch. med. Wochenschr. Bd. 19. 1911.

[6]) SCHITTENHELM: Anaphylaxie und Fieber. Verhandl. d. dtsch. Kongr. f. inn. Med. Bd. 30, S. 44. 1913.

zeitig gemeinsam ist, daß sie als Sympathicusreizmittel wirken (Tetrahydronaphtylamin, Coffein, Cocain, Atropin und Adrenalin).

Besonders bemerkenswert ist es, daß eine andere Reihe von Giften, welche die autonomen Zentren für den Oculomotorius, den Vagus, die Chorda tympani, den Pelvicus erregen, nämlich Picrotoxin, Santonin, Aconitin, Veratrin, Digitalin einen typischen Temperaturabfall bewirken, und zwar nicht durch Narkose des Wärmezentrums wie die eigentlichen Antipyretica, sondern, wie MEYER[1]) annimmt, durch Erregung der Kühlzentren, während die pyrogene Erregbarkeit der Wärmezentren gleichzeitig nahezu erhalten bleibt.

Nach den Erfahrungen über die differente Wirksamkeit der eben genannten Gruppen von Substanzen ist MEYER geneigt anzunehmen, daß das Wärmezentrum sympathisch und das Kühlzentrum dagegen parasympathisch innerviert wird.

Unter den Stoffen, welche geeignet sind Fieber zu erzeugen, spielen eine Gruppe von Körpern eine besondere Rolle, welche an sich als indifferente Substanzen gelten. Hierher gehört das Paraffin, welches in feinzerstäubtem Zustande in die Blutbahn gebracht, mit großer Regelmäßigkeit die Temperatur der Versuchstiere um ein oder mehrere Grade erhöhen [BOCK[2]), SCHÖNFELD[3])]. Als Erklärungsmöglichkeit wurde neben einer direkten Gefäßwirkung durch die corpusculären Elemente die Entstehung pyrogenetischer Substanzen als Folge der durch sie angeregten phagocytären Tätigkeit der Leukocyten diskutiert, andererseits aber die Entstehung von fiebererregenden Substanzen durch einen reaktionsfördernden Einfluß der Paraffinteilchen im Blutplasma erörtert. Ähnlich muß man sich wohl auch die bei Metallgießern beobachteten Temperaturerhöhungen erklären, sogenanntes Gießfieber der Messinggießer, LEHMANN[4]), KISSKALT[5]).

Eine Störung im Gleichgewicht der Na- und Ca-Ionen ruft gleichfalls Fieber hervor; so sind wohl die Temperaturen nach Infusionen der sogenannten physiologischen Kochsalzlösung zu verstehen. Das nach Infusion von hypertonischen Zuckerlösungen auftretende Fieber ist nicht einheitlicher Natur; zum Teil hängt es auch mit den Folgen der durch die Störung des osmotischen Gleichgewichts gesetzten Schädigungen zusammen [BINGEL[6])].

Die wärmeregulierenden Zentren sind so fein und empfindlich eingestellt, daß es bei der überwiegenden Mehrzahl interner und chirurgischer Erkrankungen zu Schwankungen der Körpertemperatur kommen kann. Schon die mechanische Reizung der Zentren z. B. bei Brüchen der Schädelbasis oder Tumoren in der Gegend des Zwischenhirns und der Hypophyse führt zu erheblichen Temperatursteigerungen. Oft beobachtet sind stunden- und tagelange Temperaturerhöhungen nach epileptischen Anfällen; bei Apoplexien, bei luetischen Affektionen des Centralnervensystems, bei multipler Sklerose sind Temperaturerhöhungen sicher gestellt; Zuständen, bei denen die Bildung pyrogenetischer Substanzen sicher nicht im Vordergrunde steht, sondern bei denen wir die Temperatur-

---

[1]) MEYER: a. a. O.
[2]) BOCK: Arch. f. exp. Pathol. u. Pharmakol. Bd. 68, S. 1. 1912.
[3]) SCHÖNFELD: Ebenda. Bd. 84, S. 88. 1919.
[4]) LEHMANN: Arch. f. soz. Hyg. Bd. 72, S. 358.
[5]) KISSKALT: Zeitschr. f. Hyg. u. Infektionskrankh. Bd. 71, S. 473. 1912.
[6]) BINGEL: A. c. P. P. **64**, 1. 1910.

erhöhung als Reizeffekt der mechanischen Alteration der temperaturregulierenden Bahnen und Zentren nach Analogie des Fieberstichs deuten; ob es ein rein „nervöses Fieber" gibt, ist zweifelhaft.

Die systematische Feststellung des Ablaufs der Körpertemperatur des kranken Menschen zeigte bald, daß bei den Infektionskrankheiten das Fieber eine regelmäßige Erscheinung ist. Der Causalzusammenhang zwischen Infekt und Fieber gehört zu den empirisch und experimentell am besten begründeten Lehren der modernen Klinik; jeder Arzt sucht, sobald er an seinem Kranken eine erhöhte Körpertemperatur festgestellt hat, zunächst nach einer infektiösen Ursache. Viele Infektionskrankheiten haben eine für sie charakteristische Fieberkurve, deren Kenntnis von hoher diagnostischer und therapeutischer Bedeutung ist.

Die Fiebertypen des Eintagsfiebers, der über Wochen und Monate sich hinziehenden Continua, des remittierenden, am Tage um mehrere Grade schwankenden Fiebers, und des intermittierenden Fiebers, bei welchem die Temperaturerhöhungen attackenweise auftreten und zwischen den einzelnen Attacken tagelange fieberfreie Intervalle bestehen bleiben, sind in den diagnostischen Lehrbüchern eingehend beschrieben.

Wie dieser Fiebertypus im Einzelfall zustande kommt, hängt von verschiedenen Faktoren ab. Ganz allgemein spielen bei jeder Infektion Stoffwechsel- und Zerfallsprodukte die Erreger, weiterhin auch Abbauprodukte des geschädigten Zellmaterials des kranken Organismus als pyrogenetische Substanzen die Hauptrolle. Machen die Erreger einen bestimmten Entwicklungszyklus durch, wie z. B. die Malariaplasmodien, dann wird der Temperaturablauf durch ihn in charakteristischer Weise bestimmt. Haben sich die Erreger an umschriebener Stelle des Körpers, z. B. einem Venenplexus eingenistet, wird der Fieberverlauf dadurch bestimmt, wie häufig von diesem Brutplatz aus neue Schübe in die allgemeine Blutbahn erfolgen. Jeder solcher Schub wird durch ein plötzliches Ansteigen der Körpertemperatur, welches häufig von Schüttelfrost begleitet ist, signalisiert. Schwieriger ist schon abzuschätzen, wie hoch der Einfluß der Abwehrkräfte des Organismus auf die Bildung pyrogenetischer Substanzen aus den Bakterienleibern einzuschätzen ist. Man hat sich die Vorstellung gebildet, daß das aktive Serum vermöge der in ihm enthaltenen Fermente eine Andauung oder mehr oder weniger weitgehende Aufspaltung des Bakterienkörpers bewirke; bei diesem Abbau würden pyrogenetisch hochwirksame Stoffe frei und würden so das Fieber erzeugen. Die gleiche Vorstellung ist auch für totes aus irgendwelchem Grunde aus dem Bestande des lebenden Organismus ausgeschaltetes Organeiweiß entwickelt worden. Die Versuche, mit den Hypothesen über den anaphylaktischen Symptomenkomplex die Fiebertypen erklären zu wollen, haben unsere Erkenntnis wenig gefördert. Soviel steht fest: Ein Organismus, der einmal mit einem bestimmten Erreger im Kampf gelegen hat, verhält sich bei einer zweiten Infektion oder bei einer Injektion von Substanzen, die aus dem Körper des Erregers hergestellt wurden, bezüglich der Fieberreaktion anders — er ist in der Regel wesentlich empfindlicher. Es genügen schon sehr kleine Mengen von Erregermaterial oder Derivaten seiner Leibessubstanz, um eine Fieberreaktion auszulösen; Mengen, denen gegenüber der unvorbereitete Organismus reaktionslos bleiben würde. Diese Erfahrung ist für die

Feststellung latenter Infekte von großer diagnostischer Bedeutung geworden; die probatorische Tuberkulininjektion ist das bekannteste Anwendungsgebiet.

Undurchsichtig ist bis heute in vielen Fällen der Vorgang der Entfieberung. Warum z. B. bei der Pneumonie gerade am 7. Tage der Temperaturabfall erfolgt, ist aus der Eigenart des Erregers allein nicht zu erklären. Wir stellen uns vor — ohne das im einzelnen beweisen zu können —, daß der Organismus ungefähr in einer Woche die zur Abwehr und Unschädlichmachung der Erregermassen nötigen Gegenkräfte mobilisiert hat und damit die gebildeten und in Bildung begriffenen pyrogenetischen Substanzen zu unwirksamen Spaltprodukten zerlegt.

8. Stoffwechsel im Fieber.

a) Gesamtstoffwechsel. Die Verbrennungen sind im Fieber bei weitem nicht so erheblich gesteigert, als man nach der vermehrten Harnstoffausscheidung, nach den ersten gasanalytischen Untersuchungen und nach der Abnahme des Körpergewichts anfänglich anzunehmen geneigt war. Soweit die Beobachtungen an akutem, rasch ansteigendem Fieber bei vorher gesunden Menschen in Frage kommen, ist die Zunahme der oxydativen Prozesse durch die kleinen Muskelkontraktionen im Frost und durch vermehrte Atmung bedingt. Auf der Höhe des Fiebers ist die Steigerung der Oxydationen im wesentlichen durch vermehrte Herz- und Atmungstätigkeit bedingt, während die höhere Eigenwärme selbst die Umsetzungen in den Geweben nur wenig beeinflußt. So macht bei Meerschweinchen die Temperaturerhöhung um 1^0 eine Zunahme des Stoffverbrauchs um $3{,}3^0/_0$. Nach allem, was exakte Untersuchungen ergeben haben, beträgt die Vermehrung der Gesamtwärmeproduktion im Fieber etwa $25^0/_0$. Wenn man bedenkt, daß Nahrungszufuhr den Umsatz um $60^0/_0$, Muskelarbeit aber um noch weit höhere Werte die Calorienproduktion steigert und trotzdem kein Fieber entsteht, so muß die veränderte febrile Temperatureinstellung im Fieber notwendig in einer Störung, besser in einer Umstellung — nicht Aufhebung — der Regulationen gesucht werden. Der Organismus des Fiebernden verhält sich so, als ob er Wärme sparen müsse; er bildet mehr und gibt weniger ab. Beobachtungen am kranken Menschen zeigen, daß auch der Fiebernde sehr wohl imstande ist, die Temperatur zu regulieren, sonst müßte ja bei einer Mehrproduktion der Mensch im Fieber dauernd wärmer werden. Man hat sich die Vorstellung gebildet, daß das Zentrum seine regulierenden Fähigkeiten zwar nicht eingebüßt habe, aber gewissermaßen anders „höher" eingestellt sei. Die höhere Temperatur wird vom kranken Organismus festgehalten. Sie ist der Ausdruck für eine pathologisch gesteigerte Erregbarkeit der regulierenden Zentren. Vor der Erörterung der Stoffwechselvorgänge im einzelnen muß darauf hingewiesen werden, daß die Steigerung der Verbrennungen durchaus nicht mit der Fieberhöhe parallel geht. Zieht man die Vermehrung durch gesteigerte Herz- und Atemtätigkeit und die höhere Körperwärme ab, so bleiben für die Vermehrung des Gesamtumsatzes noch $5-10^0/_0$ übrig. Das Vorkommen von fieberhaften Temperaturen ohne vermehrte Wärmebildung ist klinisch sicher beobachtet und experimentell bestätigt.

b) Störung des Kohlehydratstoffwechsels. Der Kohlehydratstoffwechsel des Fiebernden zeigt nach zwei Richtungen Abweichungen von der Norm. Zunächst ist eine weitgehende Abnahme des Leberglykogens von verschiedenen Seiten sichergestellt [MANASSEIN[1]), RICHTER[2])]. Zwei Ursachen werden dafür genannt: Die erste ist die bei jedem Fieber eintretende Inanition, die immer zu raschem Glykogenschwund führt, die zweite wird in einer gesteigerten Fähigkeit des fiebernden Organismus, das Glykogen zu zersetzen, gesucht. Nach Zuckerfütterung sollen fiebernde Tiere erheblich weniger Glykogen speichern als normale. Diese Befunde haben deswegen generelle Bedeutung, weil nach Vernichtung des Leberglykogens ein gesteigerter Eiweißumsatz einsetzt, welcher auch für den Fiebernden behauptet wurde. Zudem scheinen die Fiebererscheinungen nicht gleichmäßig einen Glykogenschwund zur Folge zu haben: Der Fieberstich bewirkt eine Glykogenverarmung der Leber, in geringerem Umfange auch der Muskeln, das infektiöse Fieber aber nicht [ROLLY[3])].

Eine zweite Störung des Kohlehydratstoffwechsels findet in der febrilen Hyperglykämie und alimentären Glykosurie ihren Ausdruck. Beides ist keine regelmäßige Begleiterscheinung des fieberhaften Prozesses. Die experimentelle Pankreasglykosurie kann sogar durch Streptokokkeninfektion zum Verschwinden gebracht werden, bleibt aber durch Milzbrandinfektion unbeeinflußt. Die Krankheiten, bei denen vorzugsweise eine febrile Hyperglykämie beobachtet wurde, sind Pneumonie, Miliartuberkulose und Sepsis. Die Erklärung wird gesucht in der eben schon beschriebenen Neigung der Leber zur Glykogenausschüttung — man findet Hyperglykämie auch nach dem Wärmestich [NOEL PATON[4]), RICHTER[5])] — und in einem mangelhaften Glykogenspeicherungsvermögen der Leber im Fieber. In diesem Zusammenhang ist es bemerkenswert, daß die diabetische Glykosurie durch interkurrentes Fieber oft vermindert wird [HIRSCHFELD[6])].

c) Die Störungen des Fettstoffwechsels im Fieber. Störungen des Fettstoffwechsels im Fieber sind 1. die febrile Acetonurie. Während man früher als Quelle der Acetonkörper die Kohlehydrate ansah, weiß man jetzt, daß allein die Fettsäuren und Aminosäuren als ketogene Substanzen in Frage kommen. Die drei hier zu nennenden Acetonkörper sind:

β-Oxybuttersäure	$CH_3 . CHOH . CH_2COOH$
Acetessigsäure	$CH_3 . COCH_2 . COOH$
Aceton	$CH_3 . CO . CH_3$.

Die allgemeinen Bedingungen für das Auftreten von Acetonkörpern sind wie das im Kapitel V näher erörtert werden wird, das Vorhandensein von Fettsäuren und Aminosäuren und das Fehlen von Kohlehydraten im Stoffwechsel. Bei vorhandenen Kohlehydraten kann auch die stärkste Steigerung der Fettzersetzung keine Acetonurie bedingen. Es sind bei Fiebernden alle drei Acetonkörper nachgewiesen worden. Acetessigsäure und β-Oxybuttersäure werden selten gefunden. Nur bei Kindern ist das Vorkommen von Acetessigsäure, besonders im Eruptionsstadium akuter Exantheme nicht so selten. Die β-Oxybuttersäure wurde bei Scharlach,

---

1) MANASSEIN: Zit. von v. NOORDEN, Handb. 2. Aufl. Bd. 1, S. 635. — Virchows Arch. f. pathol. Anat. u. Physiol. Bd. 56, S. 220. 1870.

2) RICHTER und SENATOR: Zeitschr. f. klin. Med. Bd. 54, S. 1.

3) ROLLY: Dtsch. Arch. f. klin. Med. Bd. 78, S. 250.

4) NOEL PATON: Journ. of physiol. Bd. 22, S. 121. 1897.

5) RICHTER: Fortschr. d. Med. S. 331. 1898.

6) HIRSCHFELD: Berl. klin. Wochenschr. S. 550. 1900.

Masern, Typhus, Dysenterie nachgewiesen. Für die febrile Ketonurie sind folgende Momente angeschuldigt worden: Mangelnde Nahrungszufuhr, Mangel an Kohlehydraten, direkt toxisch wirkende oxydationslähmende Substanzen und die durch Unterernährung bedingte Fetteinschmelzung. Das Auftreten der Acetonkörper ist als eine leichte Form der Acidose aufzufassen. Daß eine solche vorliegt, ist durch eine Verminderung des Kohlensäuregehalts im Blute der Fiebernden erwiesen. Dieser sinkt von 31,34 Volumprozent normal auf 9,84—20,34 Volumprozent ab. Neben der Acidose kommt für den verminderten Kohlensäuregehalt des Blutes die im Fieber erhöhte Ventilation als Ursache in Frage.

Die zweite Abweichung auf dem Gebiete des Fettstoffwechsels ist in dem Verhalten des Blutcholesterins gegeben. Im hohen Fieber wird ein Absinken desselben auf 50% der Norm gesehen. Auf diese primäre Hypocholesterinämie folgt zu Beginn der Rekonvaleszenz ein Ansteigen auf übernormale Werte. GRIGAUT [1]) ist geneigt, diese postfebrile Hypercholesterinämie mit den Immunisierungsprozessen in Verbindung zu bringen, zumal auch die Typhusschutzimpfung einen entsprechenden Anstieg des Blutcholesterins bewirken soll. Eine Erklärung der eigenartigen Erscheinung kann aber auch ohne alle Beziehungen zum immunisatorischen Prozesse gegeben werden: Wir wissen einerseits, daß das Cholesterin bei Unterernährung vermindert werden kann und finden z. B. bei einer typischen Inanitionskrankheit, dem epidemischen Ödem, abnorm niedrige Werte. Nun ist im Beginn jeder fieberhaften Erkrankung die Nahrungsaufnahme und Resorption gestört und der Befund der Inanitionshypocholesterinämie stimmt gut überein mit der Senkung des Cholesterinspiegels im Anfangsstadium schwerer Infektionskrankheiten. Für die sekundäre Vermehrung des Cholesterins kommen zwei Möglichkeiten in Frage: 1. die Transporthypercholesterinämie, die immer dann einsetzt, wenn Depotfette mobilisiert werden und dies Ereignis muß eintreten, wenn die Glykogenbestände, wie das oben auseinandergesetzt wurde, erschöpft sind; 2. kommt die Zellzerfallshypercholesterinämie in Frage, die bei malignen Tumoren, bei degenerativen Nierenerkrankungen beobachtet wird. Welche von diesen beiden Möglichkeiten im Vordergrunde steht, muß vorerst offen bleiben.

d) Die Störung des Eiweißstoffwechsels. Wenn wir mit der Auffassung des Fiebers als eines Erregungszustandes der wärmeregulierenden Apparate im Rechte sind, so ist zu erwarten, daß im Fieber qualitativ die gleichen energetischen Prozesse ablaufen, wie die zur Erhaltung normaler Körpertemperaturen geeigneten. Im Mittelpunkt des Interesses steht die Beteiligung des Eiweißes an den Gesamtzersetzungen. Sie muß, da — wie oben auseinandergesetzt — die Gesamtoxydationen im Fieber zunehmen, absolut genommen größer werden. Sie beträgt normalerweise 15—20% der Gesamtverbrennungen. Man hat aus der vermehrten Harnstoffausscheidung der Fiebernden einen andersgearteten Ablauf der Gesamtoxydationen geschlossen. Nach Untersuchungen von GRAFE [2]) beträgt bei hungernden Fiebernden der Eiweißanteil wie beim Gesunden 18—20% des gesamten Energiehaushalts. Diesen Beobachtungen gegenüber stehen zahlreiche andere, nach denen eine erhöhte Stickstoffausscheidung der Fiebernden sichergestellt ist. Es fragt sich daher, ob neben der ener-

[1]) GRIGAUT: Le Cjcle de la Cholestérinémie. Paris 1913.
[2]) GRAFE: Münch. med. Wochenschr. Nr. 11. 1913.

getischen Eiweißzersetzung noch ein spezifisch febriler Protoplasmazerfall vorkommt. Das erscheint sicher:

Freund und Grafe haben in neueren Untersuchungen bei Hunden und Kaninchen das Halsmark durchtrennt, die zentrale Wärmeregulation dadurch ausgeschaltet, durch entsprechende Außentemperatur die Körperwärme aber normal erhalten. Dadurch steigt der Gesamtstoffwechsel nur um 10—20%, der Eiweißumsatz aber um das vierfache der Norm. Durch nachträgliche tödliche Infektion dieser Tiere konnte weder die Gesamtcalorienproduktion noch der Eiweißumsatz weiter gesteigert werden. Es ist also durch die Halsmarkdurchschneidung mit der Wärmeregulation gleichzeitig ein Hemmungszentrum für die normalen Stoffwechselfunktionen ausgeschaltet worden. Da sekundäre Infektion bei diesen Tieren keine weitere Steigerung des Eiweißumsatzes zur Folge hatte, kann die febrile Azoturie nicht durch peripher angreifende Momente bedingt gewesen sein. Offenbar wirken die pyogenetischen Substanzen so auf das Wärme- und Stoffwechselzentrum im Zwischenhirn, daß einerseits Fieber, andererseits durch Fortfall der Hemmung im Stoffwechselzentrum eine Steigerung der Verbrennung und Azoturie auftritt. Dieser vermehrte Eiweißzerfall kommt besonders bei hohen Temperaturen zur Geltung. Neben den eben erwähnten Faktoren mögen hier die Eiweißzerfallsprodukte ihrerseits durch ihre spezifisch-dynamische Wirkung die Azoturie weiterhin begünstigen. Das Erfolgsorgan für den erhöhten Eiweißumsatz ist wahrscheinlich die Leber.

Man fragt sich zunächst, wie wirkt die Überhitzung an sich auf den Eiweißzerfall. Für den Menschen haben Linser und Schmidt[1] diese Frage dahin beantwortet, daß eine Erhöhung der Körpertemperatur durch äußere Wärmezufuhr, solange Temperaturen von 39° nicht überschritten werden, keinen vermehrten Eiweißzerfall zur Folge haben, bei einer Körperwärme über 40° tritt jedoch regelmäßig ein pathologischer N-Zerfall ein. Abgesehen von dieser Überwärmungsazoturie kommt wie gesagt der zentrogen bedingte Mehrzerfall des Protoplasmas in Frage. Hier können wir unterscheiden einen durch Nahrungszufuhr ausgleichbaren, also im wesentlichen durch die Inanition bedingten und einen nicht ausgleichbaren Anteil. Der Stoffwechsel des Hungernden ist mit seinem Eiweiß zu 18—20% am Gesamtumsatz beteiligt; was darüber hinausgeht, wird von vielen Autoren als toxischer Eiweißzerfall bezeichnet. Soweit derselbe nicht durch die Fiebergifte bedingt ist, kommt für ihn ein erhöhter intrazellulärer Stoffwechsel, der vielleicht mit immunisatorischen Vorgängen in Beziehung zu bringen ist, in Frage, während für den extrazellulären Stickstoffumsatz ein vermehrter Zellzerfall durch autolytische Prozesse diskutiert werden kann. Daß nach plötzlichen febrilen Temperatursteigerungen eine vermehrte N-Ausscheidung vorkommt, ist sichergestellt. So fand man am 2. und 3. Tag nach der Krise bei Rekurrens eine Harnstoffausscheidung von 168 g.

In eigenen Untersuchungen bei Malariakranken fand ich an den Fiebertagen Stickstoffwerte bis zu 30 g (bei einer Zufuhr von $^1/_2$—1 l Milch [6—7 g N]).

[1]) Linser und Schmidt: Dtsch. Arch. f. klin. Med. Bd. 79, S. 514. 1904.

Die Verteilung der N-haltigen Substanzen im Harn ist wenig gestört. Vermehrt wurden gefunden das Ammoniak, das Kreatinin und der von SALKOWSKI sogenannte kolloidale Stickstoff.

Die Untersuchungen über den Kreatin-Kreatininstoffwechsel bei kurzdauerndem Fieber haben ergeben, daß die Erscheinung der febrilen Hyperkreatininurie und Kreatinurie genau wie bei langdauernden fieberhaften Erkrankungen nach rasch abklingenden Fieberattacken und nach artefiziellen Temperatursteigerungen beobachtet werden kann. Dabei zeigt im allgemeinen das Verhältnis von Kreatinstickstoff zum Gesamtstickstoff im Gegensatz zum normalen Verhalten selbst bei sehr starken Schwankungen der N-Ausfuhr eine bemerkenswerte Konstanz. Eine Ausnahme machen die Versuche mit künstlicher Durchwärmung (Diathermie) der Muskulatur, in denen der Gesamtkreatininstickstoff einseitig vermehrt wurde. Folgen mehrere Fieberattacken in kurzen Intervallen hintereinander oder werden Injektionen pyogener Substanzen in kurzen Zeitabständen zu wiederholten Malen durchgeführt, so vermindern sich die Werte für Kreatin und Kreatinin in den späteren Anfällen. Zur Erklärung der febrilen Hyperkreatininurie und Kreatinurie wird neben der besseren Durchblutung der Muskulatur eine beschleunigte Umwandlung einer dialysablen Vorstufe des Kreatins (Kreatinogen) in Kreatin mit sekundärer Hyperkreatinämie und Kreatinurie resp. Hyperkreatininurie herangezogen. Die febrile Hyperkreatininurie ist keine obligate Erscheinung des fieberhaften Prozesses.

Im Harn mancher Fiebernden (Typhus abdominalis und exanthematicus, bei schwerer Tuberkulose und bei Masern) wird ein Körper nachgewiesen, welcher mit der Sulfanilsäure bei Anwesenheit von salpetriger Säure, die sogenannte Diazoprobe gibt. Die bei Anstellung dieser Probe benutzten Diazoniumsalze reagieren besonders mit der Amidogruppe aromatischer Amine; unter den Eiweißkörpern geben diejenigen, die Tyrosin oder Histidin enthalten, eine positive Diazoprobe. Der hauptsächlichste Diazoträger im Harn ist das Urochromogen, das den Oxyproteinsäuren nahesteht.

Die Frage, ob bei den verschiedenen Arten der Fieberentstehung die Stoffwechselvorgänge stets die gleichen sind, muß verneint werden. Soweit Körpermaterial zum Zerfall kommt, läßt sich zeigen, daß beim Wärmestichfieber vorwiegend Kohlehydrate, beim hohen infektiösen Fieber dagegen nicht selten auch Eiweiß zum Zerfall kommt. Am glykogenfreien Tier bleibt der Wärmestich effektlos, dagegen kann infektiöses Fieber an ihnen noch erzeugt werden. In beiden Fällen wird die höchste Temperatur in der Leber gefunden [C. HIRSCH und O. MÜLLER[1])]. Erst wenn der Glykogengehalt der Leber restlos verbraucht ist, werden die Glykogenbestände der Muskulatur angegriffen.

e) Der Wasser- und Salzhaushalt im Fieber. Der Wasserhaushalt der Fiebernden ist in der Richtung einer Wasseranreicherung des Organismus geändert [SCHWENKENBECHER und INAGAKI[2])]. Primäre Funktionsstörungen der Nieren sind dafür nicht verantwortlich zu machen. Vielleicht nehmen die an Eiweiß verarmenden Zellen mehr Wasser auf, wie man das bei Inanitionszuständen finden kann. So sah ich[3]) bei einem Kranken mit carcinomatöser Entartung des Pankreas an Stelle des Fettmarks in den langen Röhrenknochen eine vollkommen wässerige Gallerte. Wenn auch in manchen Fällen fieberhafter Erkrankungen Störungen der Zirkulation mit ihrer erschwerten Wasserausfuhr

---

1) HIRSCH, C. und MÜLLER, O.: Zeitschr. f. klin. Med. Bd. 75, S. 287.

2) SCHWENKENBECHER und INAGAKI: Arch. f. exp. Pathol. u. Pharmakol. Bd. 55, S. 203.

3) BÜRGER und BEUMER: Zeitschr. f. exp. Pathol. u. Therap. Bd. 13. 1913.

als Ursache für die febrile Wasserretention anzusehen sind, so ist im allgemeinen diese Anschauung nicht ausreichend.

Eine viel diskutierte Frage ist die nach dem Verbleib des Kochsalzes im Fieber, das z. B. bei der Pneumonie vollkommen aus dem Harn verschwinden kann [REDTENBACHER[1])]. Bei anderen fieberhaften Erkrankungen, besonders auch im chronischen Fieber, wurde der Kochsalzstoffwechsel vollkommen normal gefunden. Bei Malaria soll sogar eine vermehrte Kochsalzausscheidung vorkommen. Die außer bei der Pneumonie auch bei Typhus, Recurrens, Masern und Scharlach beobachtete Kochsalzretention wird außer den eben oben angeführten Momenten durch die gleichzeitig eintretende Wasserretention erklärt. Dann soll durch die Umwandlung von chlorarmem Zelleiweiß in chlorreicheres zirkulierendes Eiweiß eine Chloreinsparung bedingt werden. Schließlich wird behauptet, daß der im Fieber vermehrt ausgeschiedene Phosphor in seinen osmotischen Funktionen durch das retinierte Kochsalz vertreten und so trotz großer P_2O_5-Verluste die Isotonie gewahrt werden. Keine dieser Anschauungen hat sich bisher durchsetzen können. Für die Pneumonie spielt fraglos das in den Lungen sich bildende Exsudat als Chlordepot eine große Rolle bei der Kochsalzretention.

f) Funktionsstörungen des Magendarmkanals und der großen Verdauungsdrüsen im Fieber. Der Speichel und das in ihm enthaltene Ptyalin wird bei schwerem Fieber in erheblich verminderter Menge ausgeschieden. Die trockene rissige Zunge ist der äußere Ausdruck dafür. Die alkalische Reaktion des Parotisspeichels soll gelegentlich in eine saure umschlagen.

Die Salzsäuresekretion des Magens nimmt bei akut fiebernden Menschen soweit ab, daß die freie Salzsäure meistens fehlt. Die Pepsinabsonderung wird dagegen nicht besonders beeinträchtigt. v. NOORDEN[2]) ist es gelungen, durch stark gesalzene und gepfefferte Speisen den febrilen Torpor der Drüsen zu brechen. Die Resorptionstüchtigkeit des Magens für Jodkali, experimentell geprüft, nimmt im Fieber ab. Die motorischen Leistungen bleiben dagegen erhalten. Eine wichtige Funktionsstörung ist die febrile Dysorexie. Der Appetitmangel des Fiebernden geht soweit, daß es schwer hält, ihm mehr als ein Drittel seines Bedarfs beizubringen. Die Abmagerung der Fiebernden ist dadurch einfach erklärt.

Generelle Angaben über die peristaltischen Leistungen des Darmtrakts beim Fiebernden lassen sich nicht machen. Bei vielen ist die Darmtätigkeit motorisch vermindert, bei schweren Infekten, z. B. Sepsis, können profuse, toxisch bedingte Durchfälle mit erheblich beschleunigter Peristaltik auftreten.

Die Funktionen der Leber berührten wir schon. Neben der mangelnden Glykogenfixation ist in vielen Fällen eine Störung in der Gallenbereitung vorhanden. Die Galle wird dick und zähflüssig, ihr Trockenrückstand ist vermehrt. Als Ursachen für die Eindickung kommen neben einer vermehrten Wasserabgabe nach außen eine durch gesteigerten Blutzerfall bedingte Mehrbildung von Bilirubin in Frage. Die febrile Urobilinurie hat zum Teil in dem gleichen Vorgang ihre Ursache, in manchen Fällen wird aber eine fieberhafte Schädigung der Leberfunktion

---

[1]) REDTENBACHER: Zeitschr. d. k. u. k. Ges. d. Ärzte Wien. Bd. 6, S. 373. 1850.

[2]) v. NOORDEN: Handb. d. Pathol. d. Stoffw. 2. Aufl. Bd. 1, S. 664.

die Rückbildung des Bluturobilins in Bilirubin hemmen und so für einen vermehrten Übergang von Urobilin resp. Urobilinogen in den Harn Anlaß geben.

g) Zirkulationsstörungen im Fieber. Die febrile Beschleunigung der Herzaktion ist eine der bestbekannten Erscheinungen des Fiebers. Man weiß, daß im Mittel je 1° Temperatursteigerung die Frequenz um acht Schläge in der Minute erhöht. Eine Erklärung für diese Erscheinung ist bisher nur durch analoge Experimente am Tier versucht worden. Fiebernde Kaninchen sollen z. B. eine Zunahme der Schlagfolge nicht erkennen lassen; da ihnen eine tonische Vaguserregung fehlt, so glaubt man, daß in Fällen, in denen febrile Pulsbeschleunigungen zustande kommen, der Vagustonus vermindert sei. Bei Untersuchungen am isolierten Säugetierherzen läßt sich nach Erwärmung der Suspensionsflüssigkeit eine mächtige Beschleunigung der Herztätigkeit nachweisen. Dabei nimmt mit zunehmender Temperatur die Kontraktionsgröße ab. Die zeitliche Verkürzung der Herzaktion geht in der Hauptsache auf Kosten der Diastolendauer. Hierbei ist wesentlich, daß in die Diastole die Erholung für den neuromuskulären Apparat fällt und die Kranzarterien nur während der Diastole durchblutet werden. Wenn beide Vorgänge in unphysiologischer Weise längere Zeit hindurch gebremst werden, muß dadurch eine verminderte Leistungsfähigkeit des Herzens resultieren. Ganz abgesehen von den Schädigungen, welche die Fiebergifte, wie z. B. das Diphtherietoxin, am Herzen selbst setzen. Für das isolierte Froschherz zeigten AMSLER und PICK[1]), daß die Reizleitungsgeschwindigkeit beim Erwärmen proportional der Frequenzzunahme steigt und analog der Erregungsleitung im motorischen Froschnerven im Sinne der VAN'T HOFFschen Regel beeinflußt wird.

Zur Erklärung der febrilen Herzacceleration sind folgende Möglichkeiten erörtert worden. Erstens entstehen bei der febril gesteigerten Muskeltätigkeit Stoffe, welche am Zentrum der herzbeschleunigenden Nerven, am Herzmuskel selbst oder am Zentrum der Herzhemmung unter Verminderung des Tonus angreifen könnten. Zweitens könnten die Fiebergifte selbst den Vagustonus aufheben oder den Acceleranstonus steigern. Eine Entscheidung darüber, welche der erörterten Möglichkeiten beim fiebernden Menschen im Vordergrund steht, ist bisher nicht gefallen.

Der Einfluß des Fiebers auf die Gefäße äußert sich in einer Änderung der Blutstromgeschwindigkeit, des Blutdrucks, des Pulsbildes und der plethysmographisch meßbaren Volumschwankungen ganzer Organe. Bei der Untersuchung der Blutstromgeschwindigkeit muß zwischen der Geschwindigkeit in den peripheren und zentralen Gefäßen unterschieden werden. Mit Hilfe der Ferricyankalimethode bestimmte WOLFF[2]) die Gesamtumlaufsgeschwindigkeit beim normalen Kaninchen mit 5,5″, am fiebernden Tier dagegen zu 6,5—9,7″. Damit ist eine erhebliche Verlangsamung des Blutstroms beim fiebernden Tier gezeigt. Es ist aber damit nicht gesagt, daß die Geschwindigkeit in peripheren Gefäßbezirken nicht erhöht sein könne, ein Vorgang, welcher sehr wohl durch eine entsprechende Verlangsamung der Blutströmung in zentralen Gebieten, z. B. im Bereich des Splanchnicus, überkompensiert werden kann.

[1]) AMSLER und PICK: Arch. f. exp. Pathol. u. Pharmakol. Bd. 84, S. 234. 1919.
[2]) WOLFF: Arch. f. exp. Pathol. u. Pharmakol. Bd. 19, S. 265.

Der Blutdruck sinkt im Fieber. Im allgemeinen geht der Grad der Drucksenkung der Schwere der Affektion parallel. Es gibt aber auch eine echte febrile Blutdrucksteigerung, die bisher keine Beachtung gefunden hat. Ich[1]) konnte an Malariakranken zeigen, daß im Beginne eines Anfalls der systolische Maximaldruck um 20—30 mm ansteigt, um auf der Fieberhöhe eine mehr oder weniger rasche Senkung von 20—30 mm gegenüber dem Ausgangswert zu erfahren. Dadurch ergibt sich eine Schwankungsbreite von 40—60 mm Hg während der ganzen Fieberattacke. Beobachtet man an ein und demselben Patienten mehrere Tage hintereinander, so ist die stärkste Blutdruckerhebung im allgemeinen am ersten Tage der Anfallsserie zu finden, während die stärkste Blutdrucksenkung gewöhnlich bei den späteren Anfällen auftritt. Daß der Blutdruck bei chronischem Fieber im allgemeinen sinkt, ist eine Folge der durch das Fiebergift bedingten Herzmuskelschädigung einerseits und Gefäßlähmung andererseits. Die Volumschwankungen der Extremitäten, welche durch die Veränderung an den Gefäßen bedingt sind, sind von MARAGLIANO[2]) studiert. Er sah bei Malariapatienten $1^1/_2$ Stunden vor Beginn des Temperaturanstiegs und 2 Stunden vor dem ersten leichten Frösteln eine Gefäßkontraktion im Plethysmogramm eintreten. Die gleichen Verhältnisse lassen sich auch mit sphygmobolometrischen Versuchen dartun: So ist zu Beginn des Schüttelfrostes das Pulsvolumen regelmäßig sehr viel kleiner als während des Druckabfalls und der Entfieberung.

Die aus den Tonusschwankungen der Gefäße resultierenden Veränderungen des Pulsbildes im Fieber sind Gegenstand zahlreicher Untersuchungen geworden. Sicher ist die Doppelschlägigkeit des Pulses (Dikrotie) von RIEGEL[3]) richtig als eine primäre Änderung der pulsatorischen Bewegungsvorgänge an den Gefäßen, welche unabhängig von der geänderten Herztätigkeit auftritt, als eine Folge der Erschlaffung der Gefäßwand gedeutet worden. Ebenso ist der Kapillarpuls und der penetrierende Venenpuls auf eine Tonusänderung der Gefäße im Fieber zurückzuführen.

---

[1]) BÜRGER: Med. Klinik. S. 52. 1919.
[2]) MARAGLIANO: Zeitschr. f. klin. Med. Bd. 14.
[3]) RIEGEL: Berl. klin. Wochenschr. Nr. 34. 1874.

IV. Störungen der Magen-Darmfunktion.

Durch ihren eigentümlichen Bau und die Gestaltung ihrer Wandungen ist die Mundhöhle des Menschen in den verschiedenen Lebensaltern ihren besonderen Aufgaben angepaßt. Dem Fehlen der Zähne beim Säugling entspricht eine geringe Entwicklung der Alveolarfortsätze beider Kiefer, die geringe Ausbildung der Gaumen- und Rachenwölbung und des ganzen Kieferskeletts. Die relativ kräftig entwickelte Zunge bewirkt, daß beim Säugling im Ruhezustand eine freie Mundhöhle nicht vorhanden ist. Die schon in den ersten Lebenstagen kräftig ausgebildeten Masseteren und der durch seinen geringen Gehalt an Ölsäure und großen Reichtum an schwer schmelzbaren Fettsäuren ausgezeichnete BICHATsche Fettkörper, der zur Versteifung der Wange dient, erleichtern den Saugakt. In der gleichen Richtung wirken die Ausbildung des Musculus orbicularis oris und die Membrana gingivalis, eine dem freien Kieferrand aufsitzende kammartige Schleimhautduplikatur, welche den Kiefer beim Saugen abdichtet. Bei dem reflektorisch ausgelösten Saugakt treten diese Abdichtungseinrichtungen zur Herstellung eines luftdichten Verschlusses um die Brustwarze der Mutter herum in Funktion. Durch kräftige Kontraktion der Mundbodenmuskulatur wird ein Saugdruck erzeugt, welcher bei älteren Säuglingen bis 80 cm H_2O betragen kann. Die kräftige Saugarbeit regt ihrerseits wieder reflektorisch die Magensaftsekretion an. Die schließlich einsetzende Ermüdung ist ein Schutz vor Überfütterung des natürlich ernährten Kindes. Der Saugreflex kann fast von der gesamten Mundschleimhaut aus ausgelöst werden. Sein Fehlen oder seine mangelhafte Ausbildung wird als Ausdruck einer neuropathischen Konstitution aufgefaßt [JASCHKE [1])].

Mit dem Auftreten der Zähne wird die Funktion der Mundhöhle auf die Zerkleinerung fester Nahrung umgestellt. Die Dentition beginnt mit dem Durchbruch der mittleren Schneidezähne im 6.—8. Lebensmonat und ist mit dem Auftreten der zweiten Mahlzähne zwischen dem 20. und 30. Monat vollendet. Bei konstitutionellen Erkrankungen kann sich die erste Dentition bis ins 5., 13., ja 15. Lebensjahr verzögern [EICHLER [2])]. Durch ein schlechtes Gebiß wird das Kauvermögen und damit die Zerkleinerung der Speisen ganz wesentlich beeinträchtigt. In auffallendem Gegensatz aber zu den Ergebnissen bei normaler Kautätigkeit sind nach experimentellen Untersuchungen von SCHÜTZ [3]) die Resultate bei den Ausnützungsversuchen mit mangelhafter Kaufähigkeit durchaus nicht in dem erwarteten Umfang verschlechtert. Der Darm lernt auch schlecht zerteilte Nahrung allmählich besser auszu-

---

[1]) JASCHKE: Physiologie, Pflege und Ernährung des Neugeborenen. Wiesbaden 1917.

[2]) EICHLER: Dtsch. Monatsschr. f. Zahnheilk. 1909. 3. Aufl.

[3]) SCHÜTZ: Zeitschr. f. Hyg. u. Infektionskrankh. Bd. 95, S. 279.

nützen, wobei die Gewöhnung eine gewisse Rolle spielen mag. Nach SCHÜTZ liegt die Bedeutung eines mangelhaften Gebisses weniger in einer schlechten Kaufähigkeit und herabgesetzten Ausnützung der Speisen, als in einer auf psychische Einflüsse zurückzuführenden verminderten Nahrungsaufnahme.

Durch die Kaubewegungen werden die in den Mund aufgenommenen Speisen mechanisch zerteilt und eingespeichelt, wodurch die Durchtränkung der Nahrung mit den Verdauungsenzymen befördert wird. Der Kauakt an sich regt die Magensaftsekretion an. Werden die Speisen mit Hilfe der Sonde in den Magen eingeführt, ohne vorher gekaut zu sein, so sinkt die Magensaftsekretion, besonders bei Kohlehydraten [SCHREUER und RIEGEL[1])]. Die Anregung der Magensaftsekretion durch Kautätigkeit erfolgt nicht auf mechanische oder chemische Reize während des Kauens, sondern durch die Erregung der Geschmacksempfindung und den dadurch gesteigerten Appetit [BAUER und SCHUR[2])].

Die Mundhöhlensekrete, welche bei der flüssigen Säuglingsnahrung eine nur untergeordnete Rolle spielen, gewinnen bei der Vorbereitung fester Speise an Bedeutung. Komplexe Stärkemoleküle werden in lösliche Stärke, Erythrodextrin, Achroodextrin, Maltose und Dextrose abgebaut, was sich durch das Auftreten reduzierender Substanzen nach Aufnahme kohlehydrathaltiger Speisen nachweisen läßt. Die von den Speicheldrüsen sezernierten Speichelmengen werden sehr verschieden hoch veranschlagt, sämtliche Speicheldrüsen sollen in 24 Stunden etwa ein Liter sezernieren. Beim Diabetes insipidus ist mehrfach eine vermehrte Speichelsekretion beobachtet worden, beim Diabetes mellitus eine erheblich verminderte. Der Trockenrückstand des Speichels gesunder Menschen beträgt etwa 3—5%, derjenige diabetischer Individuen ist fast regelmäßig erhöht. Die diastatische Kraft des Speichels gesunder Individuen unterliegt starken Schwankungen, diejenige des Diabetikers ist bezogen auf den feuchten Speichel trotz seiner höheren Konzentration in der Regel etwas geringer als die gesunder Menschen [JAFFKE[3])].

Das Aussehen der Zunge ist beim gesunden Menschen im wesentlichen bestimmt durch die Ausbildung der Papillen und ihrer Epithelfortsätze. Ihre Minderausbildung in der Jugend, ihre Atrophie im höheren Alter lassen die Zunge bei Kindern und Greisen glatter und röter erscheinen als bei Individuen im mittleren Lebensalter mit guter Papillenentwicklung. Für die Entstehung eines Zungenbelages unter pathologischen Verhältnissen kommen als ursächliche Momente folgende in Frage:

1. Der Ausfall der mechanischen Reinigung infolge mangelnder Kautätigkeit bei darniederliegendem Appetit;
2. die geringe Speichelsekretion Fiebernder und chronisch Kranker;
3. eine Erkrankung der Zungenschleimhaut selbst;
4. reflektorische Einflüsse vom erkrankten Magendarmtrakt her.

Für die oft behauptete Erkrankung resp. Miterkrankung der Zungenschleimhaut bei Magendarmaffektionen sind bisher sichere Unterlagen nicht gefunden. Für die Diagnose resp. Differentialdiagnose gastrointestinaler Erkrankungen ist daher das Aussehen der Zunge nicht zu

---

1) SCHREUER und RIEGEL: Zeitschr. f. physik. u. diätet. Therapie. Bd. 4, 1900—1901.
2) BAUER und SCHUR: Zeitschr. f. physik. u. diätet. Terap. 1921, Heft 9—10.
3) JAFFKE: Inaug.-Diss. Kiel 1922.

verwerten. Bei mikroskopischer Untersuchung zeigt sich, daß der Zungenbelag im wesentlichen aus desquamierten Epithelien, Leukocyten, Lymphocyten und Bakterien besteht. Bei stark belegten Zungen sind erklärlicherweise, wie Auszählungen ergeben haben, die Bakterien reichlicher vertreten.

Die Zunge ist bei dem komplizierten Vorgang des Schluckens wesentlich beteiligt. Sie schiebt, nachdem sie sich an den harten Gaumen angelegt hat, die Speisen von vorn dem Pharynx zu. Außer der eigentlichen Zungenmuskulatur sind während dieser buccopharyngealen Phase des Schluckaktes die am Zungenbein inserierenden Muskeln ferner der Geniohyoideus, Genioglossus und Thyreohyoideus beteiligt. Durch Kontraktion des letzteren werden der Schildknorpel und die Schilddrüse beim Schlucken gehoben, eine Erscheinung, die für die Differentialdiagnose von Schilddrüsengeschwülsten von Bedeutung wird. Ist die Zunge, wie z. B. bei der Bulbärparalyse gelähmt, so ist diese erste Phase des Schluckaktes erschwert, resp. unmöglich gemacht. Ein weiterer hochkomplizierter Mechanismus sorgt dafür, daß die Speisen die Kreuzungsstelle des Nahrungs- und Luftweges passieren, ohne einerseits in die Trachea, andererseits in den Nasenraum zu entgleiten. Der Kehlkopfeingang ist vor dem Eindringen von Speisen durch den Kehldeckel geschützt, welcher sich schon beim Beginn des Schluckens schirmend über ihn legt. Eine zweite Sicherung des Kehlkopfeinganges gegen das Verschlucken bietet das Heben des gesamten Kehlkopfes, durch welches ein hinter dem Zungenbein gelegenes Fettpolster die Epiglottis nach hinten drückt. Gleichzeitig neigen sich die Aryknorpel weit nach unten und vorn gegen die Rückseite der vorderen Schildknorpelwand. Ferner wird während des Schluckens die Atmung reflektorisch stillgestellt. In diesem Mechanismus können an verschiedenen Stellen Störungen angreifen. Sind die sensiblen Apparate, wie bei komatösen Zuständen oder in der Narkose gelähmt, so fallen die reflektorisch eingeleiteten Schutzbewegungen für den Kehlkopfeingang fort und dem Eindringen von Speisebrocken in die Luftwege tritt kein Hindernis entgegen. Dasselbe tritt ein, wenn durch den Ausfall motorischer Nerven das fein koordinierte Spiel der am Schluckakt beteiligten Muskulatur in Unordnung gerät (Bulbärparalyse, Diphtherie). Anatomische Defekte oder Läsionen der Mund- und Nasenraum trennenden Knochen und Weichteile (Gaumendefekte) können ebenso zu schweren Störungen des Schluckaktes durch Eindringen von Nahrungsteilen in die Nase führen. Schmerzhafte Entzündungen der Schleimhaut und der benachbarten Organe auf dem ganzen Wege von der Zunge bis zur Speiseröhre erschweren und verhindern unter Umständen die Nahrungsaufnahme (Glossitis, Stomatitis, Angina, Diphtherie, retropharyngeale Abscesse, Oesophagusgeschwüre, Mediastinitis usw.).

Die weitere Passage der Speisen durch den Oesophagus bis zur Kardia werden durch die peristaltische Arbeit der Oesophagusmuskulatur unterstützt. Die Peristaltik wird reflektorisch von bestimmten Schluckstellen im Oesophagus ausgelöst. Ein in der Nähe des motorischen Vaguskernes gelegenes Schluckzentrum setzt die ihm auf dem Wege des N. laryngeus superior zufließenden Reize in geordnete zentripetale Impulse um. Da Vagusdurchschneidung die peristaltischen Bewegungen aufhebt, ist bewiesen, daß dieselben im Bereich des Oesophagus nicht durch einen rein intramuralen Reflex bewirkt werden. Der Tonus scheint im Organ selbst zustande zu kommen. Der Vagus wirkt als erregender, der Sympathicus als dämpfender Nerv für die motorischen Vorgänge in der Speiseröhre. Psychische Vorgänge können zu krampfartigen Zuständen führen und den Schluckakt unmöglich machen. Der Schlund ist diesen Kranken wie „zugeschnürt" (Globus hystericus). Mechanische Hindernisse können hier durch Erkrankungen des Oesophagus selbst (Narben, Neubildungen, Divertikel) oder durch von außen wirkende Tumoren (Aneurysmen, mediastinale Neubildungen, perikardiale Ergüsse) das Weitergleiten des Bissens in den Magen hemmen. Schließlich können Krampfzustände an der Kardia den Eintritt der Speisen in den Magen verhindern (Kardiospasmus). Das gleiche ist der Fall, wenn an der Kardia lokalisierte Tumoren den Zugang zum Magen verlegen.

Funktionsstörungen des Magens.

Die Funktionsstörungen des Magens lassen sich trennen in solche sekretorischer und solche motorischer Art. Es muß aber betont werden, daß man mit diesem Einteilungsprinzip dem wirklichen Geschehen wenig gerecht wird, da bei dem feinen Zusammenspiel der sekretorischen und motorischen Magenarbeit die Störung der einen in der Regel auch eine Beeinträchtigung der anderen Funktion nach sich zieht.

An der Mageninnervation sind folgende Nervenapparate beteiligt:

1. Vagus- und Splanchnicusfasern,
2. die in der Muscularis gelegenen Zellen des Auerbachschen Plexus,
3. die Ganglienzellen der Submucosa.

Durch Vagusreizung kann die Peristaltik bis zum Gastrospasmus gesteigert werden. Solche Vagusreize sind besonders in der Pars media und im Pylorusteil wirksam. Splanchnicusreizung läßt die Magenmuskulatur erschlaffen. Nach Vagus- und Splanchnicusdurchschneidung kann sowohl die Peristaltik wie die Sekretion des Magens weitergehen. Die Zellen des Auerbachschen Plexus regeln die automatischen und motorischen Funktionen, welche von den sensiblen Fasern der Schleimhaut angeregt werden. Die Ganglienzellen der Submucosa regeln die Drüsensekretion.

Die Brechbewegungen werden reflektorisch auf einer zentripetalen Vagusbahn vermittelt. Der Reflex verläuft über die Medulla oblongata. Während des Brechakts ist der Pylorus geschlossen und die Fundusperistaltik stillgestellt. Der Fundus füllt sich langsam, die Kardia wird geöffnet und der Oesophagus gefüllt. Man konnte an großhirnlosen Katzen mit erhaltenem Vagus den Reflex noch auslösen. Die Durchschneidung der Splanchnici und die Halsmarkdurchschneidung verhindern dagegen den Brechakt. Der Vorgang der Kardiaöffnung geht nur bei erhaltener Vagusbahn vor sich.

Die besondere Aufgabe des Magens ist darin zu sehen, daß er als relativ widerstandsfähiger Apparat die Speisen für den Eintritt in den Dünndarm sammelt, vorbereitet, und in sinnreicher Anpassung an die Leistungsfähigkeit des weit empfindlicheren Darms stets nur kleine, mehr oder weniger weitgehend verflüssigte Mengen Speisebrei auf die Rieselfläche des Jejunums und Ileums übertreten läßt. Die wesentliche verdauende Tätigkeit des Magens richtet sich gegen die Eiweißkörper, Kohlehydrate werden gar nicht, Fette in kaum merklicher Weise von seinen Fermenten angegriffen.

Klinisch am eingehendsten studiert sind die Störungen der Salzsäureabscheidung. Hier steht die Zahl der mitgeteilten Untersuchungsergebnisse in keinem Verhältnis zu unseren wirklichen Kenntnissen. Das hat verschiedene Gründe: 1. Wissen wir bei der üblichen Methodik über die Menge des produzierten Saftes so gut wie gar nichts. 2. Sagt uns die Feststellung der Titrationsacidität, wie sie in der Regel geübt wird, nichts aus über die „aktuelle Reaktion“ des Magensaftes d. h. der jeweils in ihm enthaltenen freien H-Ionen. Sie allein ist für den Grad der Wirksamkeit der Magenfermente entscheidend. Der normale Durchschnittswert der H-Ionen nach dem EWALDschen Probefrühstück beträgt etwa $1{,}7 \cdot 10^{-2}$, ein Wert der ziemlich genau dem Wirkungsoptimum des Pepsins entspricht [1]). Bei Hyperacidität hat man Werte bis über $3 \cdot 10^{-2}$ erhalten, bei Hypacidität $0{,}8 \cdot 10^{-7}$, was ziemlich genau der neutralen Reaktion entspricht. Um den Unterschied der aktuellen und der Titrationsacidität zu veranschaulichen, gebe ich folgendes Beispiel nach SCHADE [1]):

„Die Salzsäure ist als sehr starke Säure in der Lösung (falls sie nicht allzu konzentriert ist) praktisch völlig in ihre Ionen zerfallen: $HCl = H^{\cdot} + Cl'$. Eine äquimolekulare Lösung der ungleich schwächeren Essigsäure ist aber nur zu einem sehr geringen Anteil in Ionen aufgespalten, man hat neben relativ wenig H- und CH_3COO'-Ionen die Hauptmasse als undissoziiertes Molekül CH_3COOH in der Lösung. Setzen wir die Zahl der in die Lösung hineingebrachten Säuremoleküle willkürlich = 1000, so ergibt sich der Unterschied der Ionisierung beider Lösungen etwa wie folgt:

$$1000\ HCl \text{ in der wässerigen Lösung} = 1000\ H^{\cdot} + 1000\ Cl'$$

$$1000\ CH_3COOH \text{ in der wässerigen Lösung} = 996\ CH_3COOH + 4 \cdot H + 4 \cdot CH_3COO'.$$

Da allein die Zahl der H-Ionen das Maß des Säuregrades gibt, so ist die Salzsäure rund 250mal stärker als die Essigsäure. Beim Titrieren mit KOH-Lösung werden aber für beide Säurelösungen dieselben Mengen verbraucht (= 1000 Moleküle KOH).“

In der Klinik ist es üblich, die Werte für freie Salzsäure und Gesamtacidität in der Zahl von ccm $\frac{NaOH}{10}$ anzugeben, welche nötig sind, um 100 ccm des zu untersuchenden Saftes zu neutralisieren.

Bei den Schwankungen des Säure- und Saftgehalts des Magens ist zu unterscheiden zwischen Zuständen, bei denen schon im nüchternen Zustande erhebliche Mengen salzsäurehaltigen Magensekrets gefunden werden und solchen, in denen nur nach Applikation eines adäquaten Reizes (Probefrühstück, Probemahlzeit) übernormale Salzsäurewerte gefunden werden. Im nüchternen Zustande enthält der Magen keine oder nur geringe Mengen (wenige Kubikzentimeter) säurehaltigen Sekrets von dünner nichtschleimiger Beschaffenheit und einem spez. Gew. von 1004. Gelegentlich finden sich im nüchternen Magen bei der Ausheberung geringe Mengen alkalischer, gallenhaltiger Flüssigkeit. Der Befund ist in den meisten Fällen als ein Kunstprodukt anzusehen, bedingt durch den Übertritt von Duodenalsaft bei den Brechbewegungen während des Sondierens. Wird unter Vermeidung von Brechbewegungen konstant gallenhaltiger Mageninhalt gewonnen, so ist der Verdacht auf eine unterhalb der VATERschen Papille gelegene Duodenalstenose gerechtfertigt.

Bei der Feststellung der Gesamtacidität werden freie und gebundene Salzsäure, organische Säuren und saure Salze, vor allem saure Phosphate gemessen. Während der Verdauung des EWALDschen Probefrühstücks (Semmel, Tee) treten organische Säuren nicht auf. Milchsäure speziell kann selbst, wenn milchsäurebildende Mikroorganismen mit dem Semmelfrühstück eingeführt würden, deswegen nicht gebildet werden, weil die freie Salzsäure die Entwicklung der Milchsäurebildner hemmt. Für das Auftreten nachweisbarer Mengen Milchsäure ist die Verminderung resp. das Fehlen freier Salzsäure Voraussetzung. Die peptische Verdauung

---

[1]) SCHADE: Physikal. Chemie i. d. innern Med. S. 467.

kann durch die Anwesenheit organischer Säuren allein wegen ihres geringen Dissoziationsgrades nicht aufrecht erhalten werden, wie das obige Beispiel lehrt.

Die Säureproduktion ist unter physiologischen und pathologischen Verhältnissen in hohem Maße psychischen und nervösen Einflüssen unterworfen. Jeder Erfahrene weiß, wie stark die gefundenen Säurewerte bei demselben Individuum innerhalb kurzer Zeiträume schwanken. Das lehrten vor allem Untersuchungen an Kriegsteilnehmern, die in vorgeschobenen Feldlazaretten unter dem Donner der Geschütze bei erregbaren Individuen hyperacide Werte und wenige Tage später in den ruhigeren Verhältnissen der Etappe weit vom Schuß normale oder subacide Werte ergaben. Die Hypersekretion während der gastrischen Krisen der Tabiker oder in den Migräneattacken der Neurastheniker ist eine seit langem bekannte Erscheinung.

Durchaus undurchsichtig sind die Beziehungen der Säuresekretion zur Genese des Ulcus ventriculi. Wenn auch in der Mehrzahl der Fälle hochnormale oder übernormale Säurewerte bei den Ulcuskranken gefunden werden, so sind doch genügend Beobachtungen bekannt, bei denen Ulcuskranke normale oder unternormale Säurewerte aufwiesen. Es ist doch durchaus plausibel, daß ein bestehendes Ulcus, wie es auf die motorische Tätigkeit des Magens einwirkt, auch als Reiz für seine sekretorischen Leistungen wirken kann. Bei der Diskussion der Pathogenese des Magengeschwürs müssen vier Tatsachen vor allem berücksichtigt werden:

1. Sind sicher konstitutionelle Momente, auf welche MOYNIHAN[1]) und v. BERGMANN[2]) mit Nachdruck hingewiesen haben, von erheblicher Bedeutung. Sind es doch in der Regel erregbare Individuen mit sehr leicht ansprechendem Vasomotorenapparat, bei denen wir Ulcusbeschwerden oder die sicheren klinischen Zeichen des Ulcus antreffen. Dabei mag ganz dahingestellt bleiben, ob es berechtigt ist solche Individuen schlechthin als Vagotoniker zu bezeichnen.

2. Ist die Gesetzmäßigkeit der Lokalisation an der kleinen Kurvatur bzw. hinteren Magenwand zu berücksichtigen.

3. Und schließlich verdient die Häufigkeit des Zusammentreffens von Hyperchlorhydrie und Ulcus Beachtung.

4. Konnte KONJETZNY[3]) in einigen Fällen den Beweis dafür erbringen, daß die Magen- bzw. Duodenalgeschwüre sich auf der Grundlage einer primären chronischen Gastritis bzw. Duodenitis entwickelt haben.

Die vorwiegende Lokalisation des runden Magengeschwürs an der kleinen Kurvatur wird mit Recht darauf zurückgeführt, daß dort die „Magenstraße" vorbeiläuft und daß jeder einmal an dieser Stelle entstandene Schaden hier viel geringere und schlechtere Heilungsbedingungen findet als an jeder anderen Stelle. Auch die chronische Gastritis befällt mit Vorliebe zuerst diese Gegend, besonders den Pylorusteil des Magens, während die oralen Abschnitte frei bleiben von gastritischen Veränderungen (KONJETZNY).

Können doch z. B. an der großen Kurvatur entstandene erste Defekte durch Faltung der Schleimhaut viel wirksamer geschützt werden als an

---

[1]) MOYNIHAN: Ulcus duodeni. Übers. von KREUZFUCHS. Dresden 1912.

[2]) v. BERGMANN: Münch. med. Wochenschr. 1913. Nr. 4 u. 44. Dtsch. med. Wochenschr. 1917. Nr. 22 u. 23.

[3]) KONJETZNY: Zieglers Beiträge Bd. 71. 1923.

der kleinen. Stellt man sich vor, daß die an der Magenstraße durch die Passage der Ingesta häufiger und leichter eintretenden Irritationen bei disponierten Individuen zu Gefäßspasmen führen, wie wir sie als Dermographie blanche an der Haut mancher Vasomotoriker beobachten und weiterhin, daß dadurch bedingte wenn auch vorübergehende doch oft wiederholte Ernährungsstörungen im Gewebe einsetzen können, so ist es verständlich, daß bei solchen Individuen, bei denen zu dem, vielleicht auf der gleichen konstitutionellen Basis, eine chronische Hyperchlorhydrie besteht, der stark wirksame Magensaft an solchen insultierten Stellen zuerst angreift. Ist einmal ein Substanzdefekt entstanden, so kann ein reflektorisch bedingter Gefäßspasmus dafür angeschuldigt werden, daß er nicht zur Ausheilung kommt. Solche vasomotorischen Reflexe sind darum besonders wahrscheinlich, weil am Nervenapparat schwere Veränderungen histologisch sichergestellt sind. Neben einer Neuritis und Perineuritis wurde eine Nervennekrose und freies Hineinragen der Nerven in den Geschwürsgrund beobachtet [ASKANAZY[1])].

Es lassen sich auf diese Weise die konstitutionellen Momente sehr wohl mit den anatomischen Tatsachen, welche für eine Erklärung des Ulcus ventriculi ins Feld geführt wurden, vereinigen.

Die gleichen Schwierigkeiten, welche sich für die Beurteilung der Hyperchlorhydrie ergeben, spielen auch bei der Beurteilung der Verminderung der Salzsäureabscheidung des Magens eine wesentliche Rolle. Es soll hier zunächst die Verminderung resp. das Fehlen der freien Salzsäure Berücksichtigung finden, ein Zustand, welcher als Subacidität resp. Anacidität bezeichnet wird, und welcher von dem gleichzeitigen Fehlen der Fermente und der Säure, der Achylia gastrica, zu unterscheiden ist. Nervöse Beeinflussungen der Saftsekretion spielen bei der Erscheinung der Hypochlorhydrie mindestens die gleiche Rolle, wie bei der Hyperacidität. Wichtig ist weiterhin die Art der Ernährung. Bei Magengesunden wurden in der ärmeren städtischen Bevölkerung zur Zeit des Krieges nicht selten sehr niedrige Werte resp. ein Fehlen der freien Salzsäure gefunden, eine Erscheinung, die man mit Recht als Folge der eiweißarmen reizlosen Kriegskost angesehen hat. Verständlich wird unter diesem Gesichtswinkel das Versiegen der Salzsäuresekretion bei schwer fiebernden Kranken, bei Tuberkulösen und Diabetikern. Wie weit hier toxische Einflüsse, welche das Magenepithel direkt treffen, oder mehr psychische Einflüsse, die dem Darniederliegen des Appetits in Parallele zu stellen sind, die wirksamsten Faktoren darstellen, ist im Einzelfall schwer zu entscheiden. Die Wirkung des chronischen Alkoholmißbrauchs darf man wohl als direkte Schädigung der Magenschleimhaut ansehen. Daß eine schwere Acetonämie der Diabetiker, wenn auch auf anderem Wege, ähnlich wirkt, ist durchaus plausibel.

Unter Achylia gastrica versteht man einen Zustand, bei welchem ein wirksamer Magensaft überhaupt fehlt. Es werden keine Fermente und auch keine Säure oder beides nur in so geringen Mengen abgesondert, daß von einer eigentlichen peptischen Magenverdauung nicht die Rede sein kann. Die Folgen dieses Zustandes können lange unbemerkt bleiben und kommen erst bei besonderen Belastungen des Magendarmtrakts zur Geltung. Häufig fehlt bei den Kranken der in der Norm durch den Eintritt von salzsaurem Mageninhalt in das Duodenum ausgelöste Pylorus-

---

1) ASKANAZY: Virchows Arch. f. pathol. Anat. u. Physiol. H. 1, S. 234.

reflex, so daß die eingeführten Speisen unverhältnismäßig rasch in den Darm hineingelangen. Sekundär können durch diese Überbelastung des Intestinums Schädigungen desselben eintreten und zu Diarrhöen, sog. gastrogenen Diarrhöen, Anlaß geben. Über die Ätiologie des Zustandes sind die Ansichten widersprechend. Eine Gruppe dieser Fälle ist sicher auf der Basis einer konstitutionell minderwertigen Veranlagung entstanden. Es ist gewissermaßen ein angeborener Defekt in der Magensaftproduktion. Da man nicht selten bei Kranken mit Achylie Veränderungen der Schleimhaut fand, wird von einer Reihe der Autoren angenommen, es handle sich bei dem Zustand der Achylie um etwas Sekundäres, indem chronische Entzündungen die Schleimhaut sekundär degenerieren lassen und zur Säure- und Fermentproduktion unfähig machen. Bei der perniziösen BIRMERschen Anämie ist der Befund Achylia gastrica so häufig, daß daraus ätiologische Beziehungen abgeleitet wurden. Man glaubte, daß die Störung der Magenfunktion zusammen mit einer sekundären Darmerkrankung die Bedingungen für die Entstehung der perniziösen Anämie erst schaffen.

Die titrierbare Acidität des Magens für freie Salzsäure ist besonders beim Magencarcinom herabgesetzt resp. aufgehoben. Die Ursache dafür ist darin zu sehen, daß neben dem Carcinom eine diffuse Schleimhauterkrankung einherläuft, welche den Magen zur Produktion von Säure, oft auch von Fermenten, unfähig macht. Zudem werden von den eiweißartigen Zerfallsprodukten des Carcinoms manche imstande sein, Säure zu binden und dadurch den Nachweis freier Salzsäure verhindern.

Eng verknüpft mit den sekretorischen sind die motorischen Störungen der Magentätigkeit. Während der leere Magen gewöhnlich keine Bewegungen ausführt, sondern nur alle $1^1/_2$—$2^1/_2$ Stunden eine wenige Minuten dauernde Leertätigkeit aufweist, genügt schon die bloße Füllung als mechanischer Anreiz, um Magenbewegungen auszulösen. Von chemischen Einflüssen sind vor allem Salzsäure und Pepsin als Bewegungsimpulse zu nennen. Für das Schicksal der Speisen im Magen und ihre Verweildauer sind die Bewegungen des Pylorus von maßgebender Bedeutung. Wir wissen, daß jedesmal, wenn Säure die Schleimhaut des Duodenums berührt, der Pylorus geschlossen wird. Auch anisotonische Lösungen, die in den Magen hineingelangen, bedingen Pylorusschluß.

Störungen in diesem Mechanismus können unter den verschiedensten Bedingungen zustande kommen. Der Pylorospasmus der Säuglinge wird auf einen spastischen Verschluß der hypertrophischen Pylorusmuskulatur zurückgeführt. Bei Erwachsenen kommt dieses Krankheitsbild in der Regel nur sekundär zustande, indem ein an anderen Stellen gesetzter Magenreiz die spastische Kontraktion der Pylorusmuskulatur auslöst. Als solcher Reiz wird am häufigsten das in Pylorusnähe sitzende Magengeschwür beobachtet. Es können aber auch Zustandsänderungen, die vom Pylorus entfernt in der Magenschleimhaut — ja sogar in der des Oesophagus — sich ausbilden, einen Pylorospasmus hervorrufen und bei der Röntgendurchleuchtung einen erheblichen Rest des Kontrastbreis 6 Stunden nach der Aufnahme im Magen wiederfinden lassen, ohne daß irgend welche mechanischen Störungen am Pylorus vorhanden sind.

Die akute Magenlähmung ist eine besonders den Chirurgen bekannte Erscheinung, die als Folge von langdauernden Narkosen, gelegentlich auch nach Operationen in Lokalanästhesie, beobachtet wird. Auch eine lokale Peritonitis kann das Krankheitsbild der akuten Magenlähmung hervorrufen. Die Ursache wird in Störungen des nervösen Apparats gesucht.

Länger dauernde motorische Störungen ohne organisches Hindernis am Magenausgang werden bei dem Habitus STILLER [1]) gelegentlich gesehen, bei dem gleichzeitig nicht selten eine Gastroptose beobachtet wird. Während in den ersten Stadien dieser chronischen motorischen Insuffizienz lediglich eine mangelhafte peristolische Funktion des Magens nachweisbar ist, bei welcher der Magen sich nicht entsprechend der zunehmenden Füllung langsam entfaltet, sondern die in den Magen eingeführten Speisemengen ungehindert in den tiefsten Punkt des Fundus fallen, die Entleerungszeit nicht verlängert zu sein braucht, kommt es in den späteren Stadien derartiger motorischer Mageninsuffizienzen schließlich auch zu Entleerungsstörungen. Vielleicht ist der Mechanismus der erschwerten Entleerung darin gegeben, daß der tiefste Punkt des Magens bei der atonischen Muskulatur besonders stark belastet wird und dadurch eine Art Abknickung am relativ fest fixierten pylorischen Magenteil zustande kommt. Ist dieser Mechanismus erst einmal eingeleitet, so kommt es zu einem circulus vitiosus. Die erschwerte Entleerung bedingt eine relativ stärkere Füllung des Magens und diese wieder eine stärkere Zerrung in der Pylorusgegend. Gelegentlich können infolge der an dem scharf geknickten Magenteil einsetzenden Ernährungsstörung sekundär sich Ulcera am Pylorus ausbilden und nun einen spastischen Pylorusverschluß herbeiführen [KREMPELHUBER [2])].

Der normale Magen hat bei röntgenologischer Betrachtung, d. h. bei Belastung mit einem schattengebenden Brei, sehr verschiedene Formen, unter denen bestimmte Typen herausgehoben werden können. Der Männermagen zeigt eine Hakenform, welche bei gleichmäßiger Kontraktion aller Muskelpartien zustande kommt. Der Frauenmagen hat eine mehr gestreckte Form; man spricht von einem „Langmagen", bei welchem der kaudale Pol, ohne daß pathologische Verhältnisse vorzuliegen brauchen, gut handbreit unterhalb des Nabels gefunden wird. Die Form des Magens ist weitgehend abhängig von dem Tonus der Bauchmuskulatur. Eine kräftige muskulöse Bauchwand bei muskelstarken Männern begünstigt das Zustandekommen der Stierhornform. Oft gelingt es, den Probanden durch willkürliche Anspannung der Bauchmuskulatur einen vorher hakenförmigen Magen die Stierhornform zu geben. Der geringere Tonus der Bauchmuskulatur bei Frauen, besonders bei Multiparen, läßt es verständlich erscheinen, daß bei Frauen im allgemeinen der caudale Magenpol tiefer steht, der Magen durch die Bauchwand gewissermaßen schlechter gehalten wird. Die früher beliebte Diagnose „Magensenkung" hat neuerdings mit Recht eine erhebliche Einschränkung erfahren. Beim eigentlich typischen Magenbild steht auch der Pylorus meist tiefer als bei normaler Hakenform. Bei der Beurteilung der Tonusfunktion ist vor allem die Fähigkeit der Magenmuskulatur, die Nahrung zu umschließen und das obere Niveau seines Inhalts auch während der Entleerung gleichmäßig hoch zu halten, die Peristole, zu berücksichtigen. Außer von dem verschiedenen Verhalten der Befestigungs- und Tragevorrichtungen des Magens, vor allem der Lage des bei Frauen

---

[1]) STILLER: Die asthenische Konstitutionskrankheit. Stuttgart: Enke 1907.
[2]) KREMPELHUBER: Dtsch. med. Wochenschr. 1919. S. 1099.

meist tiefer stehenden Darmkissens (infolge der größeren Geräumigkeit des kleinen Beckens) ist die Magenform durch den Tonus der eigenen Muskulatur bestimmt, welche imstande ist, im Magen einen positiven Druck zu erzeugen.

Wie bemerkt, tritt bei der eigentlichen Gastroptose gleichzeitig der Pylorus nach unten. Es ist aber einschränkend zu bemerken, daß ein geringer Grad von Pyloroptose durchaus physiologisch sein kann. Das Duodenum ist nämlich durch seinen M. suspensorius duodeni an der hinteren Bauchwand fixiert. Je nach dem Tonuszustand dieses aus glatter Muskulatur bestehenden Aufhängeapparates steht der Pylorus höher oder tiefer und gestattet dem Magen bei tiefstehendem Darmkissen, durch Nachlassen des Tonus ein Widerlager zu finden. Für den atonischen Magen sind neben dem tiefstehenden Inhaltsniveau der schlaff der Belastung des Inhalts nachgebenden Magensack und das über dem Sack sich zeigende Zusammensinken der Magenwände charakteristische Symptome.

Vergrößerungen des Magens kommen vor ohne wesentliche Stauungserscheinungen, also ohne Ektasie. Sie werden als Megalogastrie beschrieben. Eine echte Dilatation des Magens ist immer die Folge einer erschwerten Entleerung seines Inhalts. Sie wird am häufigsten gefunden bei der organischen Pylorusstenose. Bei häufig sich wiederholenden pylorospastischen Zuständen, z. B. beim Ulcus duodeni ohne Verengerung des Lumens, kann es zu einer echten Ektasie kommen. Für die Ausbildung der Ektasie ist es gleichgültig, ob das Passageerschwernis am Pylorus durch eine alte Narbe, oder durch ein sich am Pylorus ausbildendes Magencarcinom bedingt wird.

Die kompliziert gebaute Magenmuskulatur hat nicht in erster Linie die Aufgabe, den Inhalt auf dem kürzesten Wege aus dem Magen herauszubefördern, sondern, worauf FORSSEL besonders hingewiesen hat, ihn eine Zeitlang an der weiteren Passage zu hindern. Durch komplizierte Mischbewegungen wird die digestive Tätigkeit des Magens unterstützt. Die Röntgenuntersuchungen haben gelehrt, daß der Schattenbrei im allgemeinen nach 6 Stunden den Magen verlassen hat. Bei einem atonischen Langmagen finden wir als Ausdruck einer mangelnden motorischen Kraft nach dieser Zeit einen geringen Rest, dem keine ernstere Bedeutung zukommt. Der Sechsstundenrest dient uns als wesentliches Kriterium einer organischen Stenose. Daß gelegentlich bei pylorusfernem Ulcus ein Pylorospasmus erzeugt werden kann, der zur Stenose Anlaß gibt, wurde bereits erwähnt. Aber auch bei vorhandener organischer Stenose können die motorischen Leistungen des Magens durch gesteigerte Peristaltik mit nachfolgender Hypertrophie der Magenmuskulatur einen Sechsstundenrest vermissen lassen. Wir sprechen dann von einer kompensierten organischen Pylorostenose.

Störungen der Dünndarmfunktion.

Die Störungen der Dünndarmfunktion lassen sich trennen in sekretorische, motorische und resorptive. Für das Schicksal der Speisen im Darm ist eine genügende Absonderung von Galle, Pankreassaft und Darmsekreten von entscheidender Bedeutung. Das Ausfallen oder die verminderte Sekretion der Galle und des Pankreassaftes werden in ihren Folgen im Kap. VI besprochen. Über die Menge des abgesonderten Darmsaftes sind wir schon für physiologische Verhältnisse schlecht orientiert. Ob einer Verminderung der Darmsekretion erhebliche pathologische Bedeutung zukommt, wissen wir nicht. Sichergestellt ist, daß große Darmstücke reseziert werden können, $^1/_2$—$^2/_3$ des Dünndarms, ohne daß wesentliche Ausfallserscheinungen sich bemerkbar machen. Die Vermehrung der Darmsekrete ist eine häufig beobachtete Erscheinung. Der Reiz für solche vermehrte Saftabsonderung kann vom Darm und von der Blutbahn her ausgehen. Schon eine ungenügende Vorbereitung des Speisebreis durch die chemische Tätigkeit des Magens kann den Darminhalt zu einem Reizsubstrat machen. Durch den Wegfall der peptischen Vorverdauung wird das tierische und pflanzliche Zwischengewebe ungenügend gelockert. In diesem schlecht aufgeschlossenen Material können Mikroben der an sich schon verminderten Einwirkung durch den subaciden Magensaft entzogen werden und dadurch größere Mengen von Keimen in den Dünndarm hineingelangen, der unter physiologischen Bedingungen nahezu keimfrei gefunden wird. Durch diese mangelhaft vorbereitete Nahrung oder durch die vermehrt eingedrungenen Keime können alle Stadien vom leichtesten Darmkatarrh bis zur schwersten Darmentzündung erzeugt werden und Durchfälle entstehen. Neben chemischen sind auch rein nervöse Reize für eine vermehrte Darmsekretion verantwortlich zu machen.

Die motorische Darmtätigkeit läuft auch außerhalb der Körperhöhle nach Abtrennung vom Mesenterium weiter. Am Dünndarm lassen sich dreierlei Bewegungsformen unterscheiden:

1. peristaltische Kontraktionen,
2. Tonusschwankungen,
3. Pendelbewegungen.

Die Peristaltik befördert durch abwechselnde Kontraktion und Erweiterung die Ingesta durch den Darm. Die den Bewegungen zugrunde liegenden Reflexe werden in der Darmwand selbst geschlossen (intramurale Reflexe). Als Reize, welche Pendelbewegungen und Tonusschwankungen des Darms auslösen, kommen mechanische und chemische in Frage. Am wirksamsten scheint die Aufnahme flüssiger Nahrung (Milch, Bier, Wein). Aber auch der leere Darm führt Bewegungen aus, die bei erregbaren Leuten zu lauten Geräuschen Anlaß geben (Magenknurren, Darmgurren). Die über den Plexus submucosus verlaufenden Reflexe treten besonders beim Eindringen eines spitzen Gegenstandes in die Schleimhaut in Funktion. Die Muscularis mucosae kontrahiert sich unter diesen Bedingungen.

Die Aufgabe der zum Darm ziehenden Nerven ist im wesentlichen eine Regelung seiner Tätigkeit. Schmerzhafte Reize werden durch die sensiblen Nerven, das Rückenmark, die Nervi splanchnici zu den prävertebralen Ganglien und von hier über die Mesenterialnerven zu den motorischen Darmzentren geleitet. Sie hemmen im allgemeinen die motorische Darmtätigkeit, ein Vorgang, welcher auch nach Rückenmarksdurchschneidung im oberen Brustteil noch weiter läuft. Dieser Dämpfungsreflex läuft also auch ohne bewußte Schmerzempfindung ab. Neben dieser Regelung der motorischen Funktion haben die vegetativen Nerven des Magendarmtrakts die Regelung der Blutversorgung zu überwachen.

Unter den motorischen Störungen der Darmfunktion sind am leichtesten die sog. Darmsteifungen zu erkennen. Bei jeder Verlegung des Darmlumens durch Neubildungen, Narben, von außen komprimierende

Tumoren oder Invagination kommt es oberhalb der Stenose zu verstärkter Peristaltik, welche bei dünnen Bauchdecken häufig sichtbar wird. Ist das Hindernis nicht mehr passabel, so wird der gestaute Darminhalt rückläufig befördert und kann selbst bei tiefsitzenden Darmstenosen bis in den Magen hineingelangen. Oft sind die in dem Dünndarm gestauten Massen unter diesen Bedingungen unter der Mitwirkung von Bakterien weitgehend zersetzt und können einen fauligen kotähnlichen Geruch annehmen. Weniger ernst sind spastische Kontraktionen kleinerer Abschnitte des Dünndarms. Sehr selten kommt durch sie das Bild des spastischen Ileus zustande. Über eine vermehrte Dünndarmperistaltik, die nicht zu Durchfällen führt, sind wir bisher nur durch gelegentliche röntgenologische Untersuchungen unterrichtet. Sie ist immer die Folge der Beschaffenheit des Inhalts. Nach v. NOORDENS Beobachtungen an einem Patienten mit Kotfistel am unteren Ileum wirken Milchzucker, Lävulose, schwefelsaure Salze stark beschleunigend auf die Dünndarmperistaltik. Verminderungen der motorischen Tätigkeit des Dünndarms kommen als Folge von Giftwirkungen auf die automatischen Zentren bei den verschiedenen Formen der Peritonitis und bei akuten Infektionskrankheiten vor. Im Experiment zeigt sich, daß eine peritonitische leere Darmschlinge in hohem Grade tätig und erregbar bleiben kann. Treten in dem peritonitischen Darmstück gleichzeitig Stauungen ein, so sind die Bewegungen sehr gering und auch durch mechanische Reize schwer oder gar nicht auslösbar. Durch künstlich gesetzte Darmocclusionen werden mit zunehmender Darmfüllung die Pendelbewegungen immer matter und erlöschen schließlich ganz, während die eigentlich peristaltischen Bewegungen zu dieser Zeit noch kräftig fortbestehen können. Später hört auch die Peristaltik auf, und es tritt eine totale Atonie ein. Diese Hemmung der Peristaltik kann besonders im Anschluß an langdauernde Operationen, bei welchen die Därme nicht genügend vor mechanischen Alterationen und Abkühlung geschützt wurden, bis zum vollkommenen Stillstand gelähmt werden. Dieser gefürchtete Zustand der totalen Darmlähmung führt bei ungünstigem Verlauf zum sog. paralytischen Ileus.

Unter den Störungen der Dünndarmresorption werden primäre und sekundäre unterschieden. Primäre Resorptionsstörungen sind Zustände, bei denen Verweildauer und Verdauung im Dünndarm an sich genügen, um die Aufsaugung der Ingesta zustande kommen zu lassen. Die Darmwand ist bei den primären Resorptionsstörungen derart verändert, daß sie für eine genügende Aufsaugung trotz ihrer großen Flächenausdehnung nicht mehr ausreicht. Primäre Resorptionsstörungen sind sehr selten. Die einfachen Diarrhöen, bei welchen die Passage der Ingesta sicher beschleunigt ist, führen selten zu erheblichen Nährwertverlusten, da die große Resorptionsfläche auch bei beschleunigter Passage für eine weitgehende Aufsaugung der Ingesta ausreicht. Wie gering die durch beschleunigte Peristaltik allein bedingten Verluste an nutzbarem Material sind, haben v. NOORDEN und DAPPER [1]) ausführlich dargetan. Wandveränderungen, die besonders schwere Resorptionsstörungen bedingen, werden durch das Darmamyloid gesetzt. Hier wurden 33—37% des eingeführten Fetts und 12% des Stickstoffs des eingeführten Eiweißmaterials wiedergefunden. Hohe Fettverluste werden gelegentlich

[1]) v. NOORDEN und DAPPER: Handb. d. Pathol. d. Stoffw. Bd. 2, S. 506. 1907.

bei schwer Herzkranken infolge Darniederliegens der Blutzirkulation im Splanchnicusbereich und bei der Tabes meseraica gefunden. Wie die mangelhafte Ausnutzung der Nahrung bei schweren akuten Infektionskrankheiten zu erklären ist, ist strittig. Neben einer verminderten Fermentproduktion mag auch hier das häufige Darniederliegen der Zirkulation und die dadurch erschwerten Resorptionsverhältnisse anzuschuldigen sein.

Sekundäre Resorptionsstörungen werden als Folge ungenügender fermentativer Vorbereitung der Ingesta beim Ausfall der peptischen Magenverdauung (schlechte Bindegewebsresorption), der pankreatischen Achylie (ungenügende Fett- und Eiweißresorption) und schließlich des Ausfalls der Galle (schlechte Fettresorption) beobachtet.

Die Störungen der Dickdarmfunktion.

Auch vom Dickdarm wird Sekret geliefert, was besonders im Coecum und im Colon ascendens gebildet wird. Seine Menge ist mehr von der mechanischen als von der chemischen Beschaffenheit seines Inhalts abhängig. In seinem Sekret werden anorganische Stoffe, Kalk, Magnesia, Eisen, Phosphorsäure in den Dickdarm ausgeschieden. Durch Epithelmauserung ist der Dickdarm ebenso wie alle anderen Darmabschnitte an der Bildung des Eigenkots beteiligt. Die Zerfallsprodukte der Epitheldecke bestehen aus Nucleoproteiden, Fetten und Lipoiden. Zur Bildung des Eigenkots tragen ferner die großen Drüsen mit ihren Sekreten (Pankreas, Leber) bei. Der Dickdarmsaft enthält nur in kleinen Mengen Fermente (Nuclease, Erepsin, Amylase, Maltase und Invertin).

Der Dünndarminhalt tritt mit einem mittleren Wassergehalt von 10% ins Coecum über, woran selbst eine übermäßige orale Wasserzufuhr nichts ändert; im Dickdarm wird durch weitere Wasseraufsaugung eine Eindickung bis auf 25% Trockengehalt bewirkt. Die weitgehende Aufsaugung der Nahrungsbestandteile im Dünndarm läßt dem Dickdarm nur wenig zu tun übrig. Durch das kräftige Einsetzen der Bakterienwirkung im Coecum wird das im Dünndarm noch nicht vollständig aufgeschlossene Material weiter gespalten und die auf diese Weise frei gewordenen Spaltprodukte des Eiweißes für den Dickdarm resorptionsfähig gemacht. Ebenso werden die bei evtl. Kohlehydratgärung entstehenden organischen Säuren vom Dickdarm resorbiert.

Unter pathologischen Verhältnissen kann durch beschleunigte Dünndarmperistaltik ein wasserreicherer und schlecht vorverdauter Chymus den Dickdarm zu verstärkter Absonderung reizen und die dadurch gleichzeitig beschleunigte Peristaltik Durchfall bewirken. Die Reizstoffe können entweder den Nahrungsmitteln selbst entstammen, die durch abnorme Gärungen übermäßig große Mengen saurer Produkte liefern (Gärungskolitis), andererseits können Bakterientoxine und Zerfallsprodukte der Bakterien Reizstoffe für den Dickdarm abgeben. Die Übergänge von der vermehrten Sekretion zur Produktion entzündlicher Sekrete, vor allem eiweiß- und schleimhaltiger Absonderungen sind fließende.

Während die Bewegungen des Magendarmkanals der Willkür entzogen sind, haben wir auf die Tätigkeit des Rectums Einfluß durch unseren Willen. Hier arbeiten die Funktionen der glatten Darmmuskulatur mit denen der quergestreiften des Beckenbodens zusammen. Das Eintreten der Kotsäule ins Rectum ändert den Zustand seiner Schleimhaut, wodurch die Anregung zur Absetzung seiner Faeces gegeben wird. Der Vorgang wird durch die Mitwirkung der Bauchmuskulatur unterstützt. Die motorischen Vorderhornganglienzellen beherrschen den Sphincter und die Beckenbodenmuskulatur. Sie können ihrerseits wieder auf langen Bahnen vom Gehirn aus erregt werden. Die eigentlich peristaltischen Bewegungen des Rectums sind der Effekt intramuraler Reflexe, welche über die Ganglien der Rectalwand verlaufen. Im wesentlichen ist die aktive Ausschaltung sonst bestehender Hemmungen der einzige der Willkür unterworfene Anteil des Defäkationsaktes. Der Enddarm ist wie die oberen Darmabschnitte doppelt innerviert. Hemmende Impulse treffen ihn vom oberen Lumbalnerven resp. Gangl. mes. inf.; auch die Vasokonstriktion wird auf diesem Wege eingeleitet. Vom Conus terminalis her laufen peristaltikbefördernde und vasodilatatorische Reize. Psychische Einwirkungen können die Tätigkeit des Enddarms auf den genannten Bahnen wesentlich beeinflussen. Die sog. Emotionsdiarrhöen sind als Beispiele solcher Einwirkungen geläufig.

Die Störungen der motorischen Funktion des Dickdarms lassen sich trennen in Zustände mit gesteigerter und verminderter Peristaltik. Bei gesteigerter Dickdarmperistaltik hat der Darminhalt nicht genügend Zeit zur Eindickung und Entwässerung. Er tritt mit erhöhtem Wassergehalt in das Sigmoideum über, wirkt dort als Entleerungsreiz und führt zu vermehrten und dünnflüssigen Entleerungen. Ein ähnlicher Mechanismus tritt in Kraft, wenn schwer- oder unresorbierbare Salze das Wasser im Dickdarm osmotisch binden. Hypertonische Konzentrationen von Na_2SO_4 und $MgSO_4$ veranlassen eine starke Verdünnungssekretion und dadurch wässerige Stühle. Schließlich kann der Darminhalt selbst als Sekretionsreiz wirken und den Übertritt eines wasserreichen Kots in Sigmoideum und Ampulle und damit beschleunigte Peristaltik bewirken.

Andererseits kann die Schleimhaut auf verschiedene Weise in den Zustand erhöhter Reizbarkeit geraten. Bei einer bereits entstandenen Entzündung können sonst durchaus physiologische Reize vermehrte Peristaltik und Sekretion auslösen. Bei schweren Peritonitiden kann ganz wie das für den Dünndarm geschildert wurde, die Peristaltik — wahrscheinlich durch eine Schädigung des AUERBACHschen Plexus — gelähmt werden.

Über die chronischen Funktionsstörungen des Dickdarms, die mit verminderter Peristaltik ablaufen, haben uns vor allem Röntgenuntersuchungen Aufklärung gebracht [STIERLIN [1]]. Im wesentlichen lassen sich nach röntgenologischen Beobachtungen zwei Gruppen von Störungen im Stuhlförderungsmechanismus unterscheiden: Die hypokinetische und die dyskinetische Obstipationsform. Bei der hypokinetischen Form ist die peristaltische Funktion in der distalen Kolonhälfte verringert, die physiologische Zertrennung der Kotsäule bleibt aus, der Kot tritt verspätet in den Enddarm ein und wird in kleinen Einzelmengen entleert, wobei sich die Defäkation oft mit tagelangen Intervallen einstellt. Die gesamte Passage des Dickdarms kann über eine Woche dauern. Bei der dyskinetischen Form werden bereits an der Flexura hepatica runde isolierte Schatten gesehen, wie sie sonst nur an der Flexura lienalis und tiefer angetroffen werden. Der Befund wird auf eine Vermehrung

[1] STIERLIN: Über die chronischen Funktionsstörungen des Dickdarms. Ergebn. d. inn. Med. Bd. 10. 1913.

der kotformenden kleinen Bewegungen des Dickdarms zurückgeführt. Eine erhöhte Konsistenz des Stuhles ist dabei die Regel. 24 Stunden nach der Einnahme des Kontrastbreis werden das Sigmoid, das Colon descendens und transversum bis auf einzelne isoliert stehende rundliche Knollen leer gefunden. Das Colon pelvicum ist dagegen ganz oder teilweise gefüllt. Der entscheidende Befund ist, daß zu dieser Zeit im Coecum und Ascendens dichte homogene Massen sich finden, weswegen die Obstipationsformen auch Obstipation vom Ascendenstypus genannt wurde.

Während bei der hypokinetischen Form die Gesamtkotmasse geschlossen den Dickdarm durchwandert, ist bei der dyskinetischen Form der Kot durch abnorme Kontraktion der mittleren Kolonhälfte in zwei Massen getrennt. SCHWARZ[1]) macht für die dyskinetische Form eine erhöhte Irritabilität des Transversums und des Descendens verantwortlich. Gelegentlich hat man in diesen Abschnitten des Dickdarms verstärkte retrograde Verschiebungen beobachtet. Durch die Retention beträchtlicher Chymusmassen im Coecum und Ascendens kommt es dort zu einer verstärkten Eindickung und vermehrten Ausnützung des Kotes [A. SCHMIDT [2])]. Es ist verständlich, daß die schließlich in den Enddarm gelangenden kleinen ausgetrockneten Partikel dort nur eine geringe Volumenzunahme und Spannungsdifferenz bewirken, wodurch der den Stuhldrang auslösende Reiz ausbleibt (Dyschezie). Da gerade chronisch katarrhalische Veränderungen des Dickdarms zu einer erhöhten Reizbarkeit und Hyperperistaltik Anlaß geben, so ist das Vorkommen der dyskinetischen Obstipation bei diesen Zuständen durchaus verständlich.

---

1) SCHWARZ: Klinische Röntgendiagnose des Dickdarms und ihre physiologische Grundlagen. Berlin: Julius Springer 1914.

2) SCHMIDT, A.: Die Funktionsprüfung des Darmes mittels der Probekost. Wiesbaden 1908.

V. Die Pathologie des Stoffwechsels und der Ernährung.

A. Gesamtstoffwechsel und seine Störungen.

Unter Stoffwechsel versteht man 1. die Veränderung (Dissimilation), welcher die Zellen des Organismus während des Lebens dauernd unterliegen, 2. die Ausschaltung des bis zur Unbrauchbarkeit Veränderten, 3. die Nahrungsaufnahme, die Speicherung von Nährmaterial sowie von Energie, 4. die Assimilation der Nahrung, die dem Ersatz des Veränderten und Ausgeschiedenen dient. Manche von diesen Teilfunktionen des Stoffwechsels sind bisher wenig studiert, manche verlaufen in Abstufungen innerhalb des Organismus (intermediär). Wir haben von dem stufenweisen Abbau und Umbau mancher Körper bisher nur unvollkommen Aufschluß erhalten. So ist von dem intermediären Eiweißstoffwechsel verhältnismäßig wenig, von dem intermediären Stoffwechsel der Lipoide so gut wie gar nichts bekannt. Auch die Art, wie die Nahrung in der Zelle verarbeitet resp. für die Zwecke der Zelle vorbereitet und gespeichert wird, ist uns so gut wie unbekannt.

Die organischen Nährstoffe zerfallen in Eiweiß, Fette und Kohlehydrate und eine Gruppe von Substanzen, die jeder Nahrung beigemischt sein müssen, wenn dieselbe dauernd ohne Schaden aufgenommen werden soll, die akzessorischen Nährstoffe (Vitamine).

Die Nährstoffe haben im allgemeinen zwei Aufgaben zu erfüllen, 1. Ersatz zu schaffen für die im Stoffwechsel zugrunde gegangenen und ausgeschiedenen Substanzen, 2. aber haben sie dynamische und energetische Aufgaben zu erfüllen.

Die dynamische Bedeutung der Nährstoffe erhellt daraus, daß die Stoffwechselvorgänge Verbrennungen darstellen, bei denen Energie für die Zwecke des Organismus verfügbar wird. Von RUBNER[1]) ist der rechnerische Nachweis erbracht worden, daß das Gesetz von der Erhaltung der Energie auch für den menschlichen Körper Geltung hat. Der Nahrungsbedarf des Menschen wird zweckmäßigerweise nach Wärmeeinheiten berechnet; als Maß dient die Kilogramm-Calorie, das ist diejenige Wärmemenge, welche nötig ist, um 1 Liter Wasser von $14^1/_2{}^0$ auf $15^1/_2{}^0$ zu erwärmen. Der Nahrungsbedarf ist in weitem Maße abhängig von der zu leistenden Muskelarbeit, er schwankt zwischen 50 Cal. pro Körperkilo bei schwerer körperlicher Arbeit und 28 Calorien bei Bettruhe und sinkt im Schlafe unter Ausschluß aller körperlichen Bewegungen auf noch niedrigere Werte herunter.

---

[1]) RUBNER: Die Gesetze des Energieverbrauchs bei der Ernährung. Leipzig und Wien 1902.

Der Energiebedarf kann ermittelt werden

1. durch die direkte Calorimetrie oder Messung des Brennwertes der Nahrung in der BERTHELOTschen Bombe unter Abzug des Brennwertes von Harn und Kot und Feststellung der vom Körper nach außen abgegebenen Wärme. Diejenige Calorienmenge, die in einer Nahrung enthalten ist und deren Verbrennung sämtliche Ausgaben an Wärme und Arbeit bei gleichbleibendem Körpergewicht deckt, nennt man Erhaltungskost,

2. kann der Energiebedarf durch indirekte Calorimetrie errechnet werden. Bei diesem Verfahren werden in besonderen Apparaten die abgegebenen Mengen von Kohlensäure und Wasser und die verbrauchten Mengen Sauerstoff bestimmt.

Für die Berechnung der so erhaltenen Werte ist der sogenannte respiratorische Quotient, das Verhältnis von Sauerstoffaufnahme zur Kohlensäureausscheidung von großer Bedeutung. Dieses Verhältnis ändert sich je nach der Art der in die Verbrennung eintretenden Substanzen. Es läßt sich rechnerisch leicht nachweisen, wieviel Sauerstoff eine jede Substanz, die als Nahrungsmittel dient, verbraucht, um zu Kohlensäure und Wasser verbrannt zu werden. Es ist klar, daß sauerstoffreiche Substanzen einen anderen respiratorischen Quotienten haben werden als sauerstoffarme. Auch wird ein Übergang von sauerstoffreicheren in sauerstoffärmere Gebilde sich durch eine Änderung des respiratorischen Quotienten anzeigen. Der respiratorische Quotient beträgt

bei der Verbrennung von Fett 0,7
„ „ „ „ Eiweiß . . . 0,8
„ „ „ „ Kohlehydrat 1,0.

Bei der Verbrennung jeder Substanz wird eine bestimmte Wärmemenge frei. Die für diese Verbrennung benötigten Mengen Sauerstoff sind nach dem eben Gesagten für jede Substanz charakteristisch. Ist die Beteiligung der einzelnen Nährstoffe an der Verbrennung bekannt, so läßt sich aus dem verbrauchten Sauerstoff direkt die produzierte Wärmemenge errechnen. Die Beteiligung der einzelnen Nährstoffe an der Gesamtzersetzung wird durch Feststellung des respiratorischen Quotienten eruiert. Als wichtiges Hilfsdatum muß die Menge des im Harn ausgeschiedenen Stickstoffs bestimmt werden. Aus ihr wird der Anteil der auf die Eiweißzersetzung entfallenden Menge Sauerstoff berechnet. Nach Abzug der bei der Eiweißoxydation verbrauchten Sauerstoffmengen und produzierten Kohlensäure ist der kalorische Wert des Sauerstoffs für die Fett- und Kohlehydratverbrennung in einfacher Weise bestimmt.

Der kalorische Energiegehalt eines Nährstoffes kann nur dann vollkommen ausgenutzt werden, wenn er im Organismus ganz verbrennt. Bei Fetten und Kohlehydraten geht die Verbrennung bis zu Kohlensäure und Wasser, die Stoffwechselendprodukte des Eiweißes dagegen haben selbst noch einen geringen Brennwert, den man von dem in der calorimetrischen Bombe ermittelten abziehen muß, um den physiologischen Nutzeffekt zu errechnen. Die Quellungs- und Lösungswärme des Eiweißes und die Lösungswärme der Harntrockensubstanz, die von dem Gesamtresultat in Abzug zu bringen sind, spielen nur eine untergeordnete Rolle. Unter Berücksichtigung dieser Kautelen ergeben sich als physiologische Brennwerte:

für 1 g Eiweiß . . . 4,1 g große Calorien,
„ 1 g Fett . . . . 9,3 g große Calorien,
„ 1 g Kohlehydrate 4,1 g große Calorien.

Die Nahrungsstoffe können sich nach ihrem Brennwertgehalt vertreten. Dieses von Rubner gefundene Gesetz der isodynamen Vertretung der Nahrungsstoffe hat aber nur mit einer gewissen Einschränkung Gültigkeit. Es zeigt sich nämlich, daß ein bestimmtes Minimum von Eiweiß in der Nahrung vorhanden sein muß, wenn der Organismus nicht seine eigenen Bestände angreifen soll.

Der Ruheumsatz erfährt durch verschiedene Momente eine Steigerung. Diese sind einmal in dem Mischungsverhältnis der Nahrungsmittel bedingt, weiterhin in der Art der Nahrungsaufnahme ob enteral oder parenteral; ferner können bestimmte Stoffe, die entweder im Organismus selbst entstehen oder ihm von außen beigebracht werden, eine Stoffwechselsteigerung bedingen und schließlich wird jede Steigerung der Gesamtfunktionen des Organismus oder seiner Teile eine Vermehrung des Energieumsatzes bedingen. Es können im folgenden für jede dieser Arten von Vermehrung des Energieumsatzes nur einzelne Beispiele angezogen werden, die das Gesamtgeschehen verdeutlichen werden.

Zunächst ist vor allem bei Versuchen am hungernden Tier sichergestellt, daß die Nahrungsaufnahme an sich eine Steigerung des Stoffumsatzes bedingt. Diese ist nach der Art der Nahrung sehr verschieden. Sie beträgt bei der Zufuhr von Fett $2^1/_2$% der totalen Verbrennungswärme desselben, bei Zufuhr von Stärke etwa 9%, und bei Zufuhr von Eiweißkörpern 17% (Magnus-Levy[1]). Rubner[2]) fand bei einem Hund, den er in einer Umgebungstemperatur von 33° hielt, eine Zunahme der Wärmeproduktion, wenn er den Hungerbedarf deckte durch

Zucker um 5,8%
Fett um 12,7%
Eiweiß um . . . . . 30,9%.

Als Ursache für diese Steigerung des Umsatzes nach Nahrungszufuhr sind einerseits vermehrte Leistungen einzelner Organe angeschuldigt worden: die vermehrte Arbeit des Verdauungsapparats, des Herzens und der Nieren, welche durch die Nahrungszufuhr herbeigeführt wird, andererseits aber Leistungssteigerungen der Zellen selbst, die durch den Eintritt bestimmter bei der Verdauung entstehender Substanzen in das Blut bedingt werden. Diese Steigerung des Stoffumsatzes wurde von Rubner spezifisch-dynamische Wirkung der Nährstoffe bezeichnet. Daß die spezifisch dynamische Wirkung der Nährstoffe sich nicht allein durch eine Mehrarbeit des Verdauungskanals erklären läßt, wurde dadurch bewiesen, daß man verschiedene Substanzen unter Umgehung des Magendarmtrakts direkt in das Blut einspritzte. Es ließ sich auf diese Weise zeigen, daß in das Blut injizierte Dextrose und Lävulose unter Erhöhung des respiratorischen Quotienten eine ganz

---

[1]) Magnus-Levy: Pflügers Arch. f. d. ges. Physiol. Bd. 55. 1894.
[2]) Rubner: l. c.

erhebliche Steigerung der Verbrennungen zur Folge hat. Aber auch nicht oxydable Substanzen, wie Milchzucker und Rohrzucker, können parenteral injiziert, den Umsatz erhöhen. Das gilt in besonderem Maße für die Abbauprodukte des Eiweißes, welche nach intravenöser Injektion eine erhebliche Steigerung der Verbrennungsprozesse zur Folge haben.

Auch die Infusion hypertonischer Lösungen von Salzen und Harnstoff bedingt eine Stoffwechselsteigerung. Diese ist jedoch im wesentlichen durch eine osmotisch bedingte Zunahme der Herzarbeit und eine Erhöhung der Nierenleistung bedingt.

Eine weitere große Gruppe physiologisch hoch bedeutsamer Stoffe, die steigernd auf den Stoffwechsel einwirken, stellen die Produkte der innersekretorischen Drüsen dar. Über die Bedingungen, unter welchen sie in vermehrter Menge oder in wirksamerer Konzentration in den Gesamtstoffwechsel hineingeworfen werden, sind wir bisher nur sehr unzulänglich unterrichtet. Wir wissen, daß die Zufuhr von Schilddrüsenstoffen bei länger fortgesetztem Gebrauch eine Steigerung des Umsatzes hervorruft. Dieser Effekt tritt bei normalen Tieren und Menschen weniger deutlich hervor als bei solchen Probanden, denen die Schilddrüse vorher entfernt war. Magnus-Levy[1]) sah nach 2—3-wöchentlichem Gebrauch von Schilddrüsenpräparaten den Stoffwechsel des Menschen um 15—25% ansteigen.

Auch für das Sekret der Hypophyse sind ähnliche Beobachtungen gemacht worden. Falta und Bernstein[2]) sahen nach intramuskulärer Injektion von 2—3 ccm Pituitrin beim Menschen einen raschen Anstieg des Sauerstoffverbrauches und der Kohlensäureproduktion. Interessanterweise ergaben Versuche mit dem Extrakte des glandulären Teiles der Hypophyse ein Absinken des Sauerstoffverbrauchs und der Kohlensäureproduktion, die länger als eine Stunde andauerte. Nicht so deutlich ist die Wirkung von Ovarialextrakten. Die subcutane oder stomachale Einverleibung von Ovarialsubstanz wirkt bei normalen und geschlechtsreifen Tieren fast gar nicht auf den Stoffwechsel ein, dagegen haben die gleichen Substanzen bei kastrierten Tieren eine Rückkehr des gesunkenen Stoffwechsels zur Norm zur Folge, ja sie können ihn sogar um 30—50% steigern [Löwi und Richter[3])].

Eine besonders wichtige Frage ist die des Verhaltens des Stoffwechsels in der Gravidität, welches u. a. von Magnus-Levy[4]) studiert wurde. Soweit bis jetzt ein Urteil gestattet ist, geht das Anwachsen des Gaswechsels der Gewichtszunahme parallel. Der Umsatz bleibt also pro Körperkilogramm annähernd konstant.

Von allen Vorgängen, welche auf die Größe der Verbrennungsprozesse im Körper Einfluß haben, ist Muskelarbeit der wirksamste. Jede Bewegung steigert die Sauerstoffaufnahme und die CO_2-Ausscheidung und kann daher, wenn nicht für absolute Ruhe bei den Stoffwechseluntersuchungen gesorgt wird, die Resultate in unliebsamer Weise beeinflussen. Bei Untersuchungen am arbeitenden Pferd und bergaufgehenden Menschen fand sich, daß bei 1 kgm Arbeit an chemischer Energie

---

[1]) Magnus-Levy: Berl. klin. Wochenschr. 1895. — Derselbe: Therap. d. Gegenw. 1907.

[2]) Falta und Bernstein: Zentralbl. f. inn. Med. 1912.

[3]) Löwi und Richter: Virchows Arch. f. pathol. Anat. u. Physiol., Physiol. Abt. Suppl. 1899.

[4]) Magnus-Levy: Zeitschr. f. Geburtsh. u. Gynäkol. Bd. 52, S. 1. 1904.

3,385 kgm aufgewendet werden, d. h. daß die im Körper umgesetzten Stoffe bezogen auf ihre chemische Energie 29,5% Wirkungsgrad haben.

Es läßt sich also, wenn die Arbeit bekannt ist, mit ziemlicher Annäherung die durch sie bedingte Steigerung des Umsatzes erkennen. Eine andere Frage ist die, ob eine längere Arbeitsperiode den Ruheumsatz ändert. Die Untersuchungen von ZUNTZ und SCHUMBURG[1]) beim Menschen und ZUNTZ[2]) beim Hunde haben gezeigt, daß infolge der stärkeren Ausbildung der Muskulatur eine längere Arbeitsperiode den Ruheumsatz steigert. Eine solche Zunahme ist außer durch den Ansatz von atmendem Protoplasma durch die Reduktion des Fettvorrats bedingt. So zeigte ZUNTZ und SLOWTZOFF[3]) an einem Hunde, der lange Zeit in einem engen Käfig an jeder ausgiebigen Bewegung gehindert war, dann 3 Wochen zu täglicher anstrengender Steigarbeit veranlaßt wurde, eine Zunahme des O-Verbrauchs von 161,1% bei Beginn der Laufperiode, auf 180,4% am Schluß der Laufperiode.

Man hat sich weiterhin die Frage vorgelegt, ob es nicht möglich sei, die Arbeit der einzelnen Organe zu messen. Das ist auf zwei Wegen versucht worden. BARCROFT[4]) und seine Mitarbeiter bestimmten den O_2- und CO_2-Gehalt des einem Organ in einem bestimmten Zeitabschnitt zu- und abströmenden Blutes. Aus den Resultaten der Blutgasanalysen läßt sich dann ohne weiteres der Gaswechsel des betreffenden Organes berechnen. Ein zweiter Weg ist die Ausschaltung des Organes aus dem Stoffwechsel des Organismus. Der Gesamtgaswechsel wird um den des ausgeschalteten Organes vermindert. Der eintretende Ausfall ist das Maß für den Eigenstoffwechsel des ausgeschalteten Organes. Gegen diese Methode sind mannigfache Einwendungen möglich, da die Ausschaltung eines Organes die Organkorrelation in tiefgehender Weise stört und damit den Gesamtstoffwechsel beeinträchtigt. Je weiter wir in der Erkenntnis der Funktionen vordringen, um so mehr lernen wir die korrelativen Wirkungen des einen Organes auf alle übrigen kennen. Die Ausschaltungsmethode wurde von TANGL[5]) geübt und gezeigt, daß vom Gesamtenergieumsatz des Organismus des Hundes 7,9% auf die Arbeit der Nieren entfallen. Die Nierensubstanz verbraucht nach seinen Untersuchungen beinahe das Zehnfache der Energiemenge, die der übrige Körper pro Gewichtsmenge umsetzt. Auf die gleiche Weise fand TANGL[6]), daß die Leber 12% der gesamten energetischen Leistung des Organismus aufbringt.

Eine Verminderung der Umsetzungen ist für bestimmte Verhältnisse sichergestellt. Man weiß, daß die Ausschaltung der Hoden und des Ovariums und der Schilddrüse zu einer deutlichen Herabsetzung des Gaswechsels führen. Nach LÖWY und RICHTER[7]) hat die Kastration männlicher und weiblicher Hunde eine Verminderung des Stoffwechsels von 14—20% zur Folge. Diese Herabsetzung kann monate- und jahrelang anhalten und ist sehr wahrscheinlich mit einer Verminde-

[1]) ZUNTZ und SCHUMBURG: Physiol. d. Marsches. Berlin 1901.

[2]) ZUNTZ: Pflügers Arch. f. d. ges. Physiol. Bd. 68, 191. 1897.

[3]) DERSELBE und SLOWTZOFF: Ebenda Bd. 95. 1903.

[4]) BARCROFT und T. G. BRODIE: Journ. of Physiol. Vol. 32, p. 18. 1905; Vol. 33, p. 52. 1905.

[5]) TANGL: Biochem. Zeitschr. Bd. 34, S. 1. 1911.

[6]) DERSELBE: Ebenda S. 52. 1911.

[7]) LÖWY und RICHTER: Zentralbl. f. Physiol. 1902.

rung der gesamten Oxydationsprozesse zu erklären. Mit dieser Herabsetzung des allgemeinen Stoffwechsels steht das auffällige Fettwerden der männlichen Kastraten und die Körpergewichtszunahme mancher Frauen im Klimakterium in ursächlichem Zusammenhang. Die Verminderung des Stoffwechsels nach der Entfernung der Schilddrüse ist ein sehr konstantes Symptom, das von EPPINGER, FALTA und RUDINGER[1]) bei Exstirpationsversuchen der Epithelkörperchen an Hunden gefunden wurde. Das gleiche, was für die Exstirpationsversuche eruiert wurde, gilt für die verschiedenen Folgen des Myxödems. Daß bei verschiedenen Vergiftungen eine Herabsetzung des Stoffwechsels eintritt, wurde z. B. für NaJ, NaBr und LiCl von HENRIQUES[2]) gezeigt, der nach Injektion dieser Substanzen eine Abnahme der Sauerstoffaufnahme von 7 und 16,2% feststellen konnte. Auch chronische Arsenmedikation hat einen den Grundumsatz drückenden Einfluß. Sinkt der Grundumsatz, pflegt das Körpergewicht zu steigen [LIEBESNY und VOGL[3])].

B. Unzureichende Ernährung.

Die unzureichende Ernährung kann quantitativer und qualitativer Natur sein. Bei der quantitativen Unzulänglichkeit kann man unterscheiden zwischen den Zuständen chronischer Unterernährung und dem des absoluten Hungers.

Bei dem Zustande des absoluten Hungers liegen die Verhältnisse am klarsten und sind am häufigsten untersucht worden. Der Energieverbrauch des Hungernden fällt dem Körpergewicht proportional ab, das ist für den akut einsetzenden Hunger eine durchaus gesetzmäßige Erscheinung, die auch an menschlichen Versuchsobjekten verschiedentlich mit Sicherheit festgestellt werden konnte. Der Erhaltungsumsatz, dessen Höhe durch die für das Leben unentbehrlichen Arbeitsleistungen der Zirkulation, Respiration, Sekretion und die Tätigkeit der lebenden Zellen in ihrer Gesamtheit bedingt wird, sinkt bei sehr lange fortgesetztem Hunger, wie neuere Untersuchungen von BENEDICT[4]) gezeigt haben, langsam ab. Der Organismus stellt sich gewissermaßen auf einen sparsamen Betrieb ein. Dabei zeigt sich, daß die Werte für die CO_2-Ausscheidung rascher absinken als die des O_2-Verbrauches. Der Respirationsquotient zeigt beim akut einsetzenden Hunger ein typisches Verhalten, welches dadurch bedingt wird, daß die Energievorräte des Organismus in gesetzmäßiger Reihenfolge in den Stoffwechsel hineingerissen werden.

In den ersten Tagen lebt das hungernde Individuum von seinem Zucker- resp. Glykogenbestande. Je günstiger die der Hungerperiode voraufgehenden Ernährungsverhältnisse lagen, desto später werden die Fett- und Eiweißbestände des Individuums angegriffen. Es ist jedoch bemerkenswert, daß auch bei langdauerndem Hunger das Glykogen nicht restlos aufgebraucht wird und daß ständig geringe Mengen Kohlehydrate verbrannt werden. Für den Blutzucker ist bekannt, daß er sich fast bis zum Tode konstant auf seinem physiologischen Wert hält.

---

1) EPPINGER, FALTA und RUDINGER: Zeitschr. f. klin. Med. Bd. 67, S. 380. 1909.
2) HENRIQUES: Biochem. Zeitschr. Bd. 74, S. 185. 1916.
3) LIEBESNY und VOGL: Klin. Wochenschr. Bd. 2, S. 689. 1923.
4) BENEDICT: A Study of prolonged fasting. Washington 1915.

Bemerkenswert ist das Absinken des Respirationsquotienten unter den theoretischen Minimalwert von 0,7, nämlich auf Werte von 0,685 am 12.—30. Hungertag. Diese Erscheinung ist nur so zu deuten, daß entweder Kohlenstoff in größeren Mengen als unter normalen Verhältnissen den Körper durch die Nieren verläßt oder daß das bei der Eiweißeinschmelzung freiwerdende Glykogen teilweise in Muskeln und Leber deponiert und während körperlicher Ruhe nicht vollkommen verbrannt wird. Das erste Geschehen läßt sich durch die Untersuchung des Harns leicht beweisen. Es treten nämlich nach länger dauerndem Hunger im Harn Acetonkörper (Aceton, Acetessigsäure, β-Oxybuttersäure) auf, die eine Zunahme des Kohlenstoffgehalts des Harns bedingen. Brugsch[1]) fand zwischen dem 23. und 30. Hungertage 5,3 bis 13,6 g Oxybuttersäure im Harn. Errechnet man das Verhältnis des Verbrennungswertes des Harns zum ausgeschiedenen Stickstoff, dem sogenannten kalorischen Quotienten, so sieht man diesen mit zunehmender Dauer des Hungers ansteigen. Der hungernde Organismus verliert mit dem Harn paradoxerweise mehr Calorien als der unter normalen Verhältnissen befindliche. Die Eiweißzersetzung hungernder Individuen läßt sich durch die Stickstoffausscheidung im Harn und Kot errechnen.

Der Hungerkot hat einen mittleren N-Gehalt von täglich 2 g, die Gesamt-N-Ausfuhr zeigt eine typische Kurve. In den ersten $1^1/_2$ Wochen beträgt der tägliche N-Verlust zwischen 10 und 13 g pro Tag, bei weiter fortgesetztem Hunger fällt die Kurve der N-Ausscheidung rasch ab bis auf 2 g pro Tag (Succi). Bei Frauen liegen die Anfangszahlen im akuten Hungerzustand 20—30$^0/_0$ niedriger als bei Männern, was wohl mit dem größeren Fettbestande des weiblichen Körpers in Zusammenhang zu bringen ist. Bei Versuchstieren, die man verhungern läßt, zeigt sich kurz vor dem Tode eine neue recht ansehnliche Steigerung der N-Ausscheidung. Diese prämortale Hyperazoturie wird verschieden erklärt. Entweder ist sie ein Zeichen dafür, daß nun die letzten Fettreserven aufgezehrt sind und es notwendigerweise zu einer stärkeren Einschmelzung von Eiweiß kommt oder es sind durch den chronischen Hungerzustand große Zellkomplexe in ihrer Vitalität so weitgehend geschädigt, daß sie zerfallen und ihr Material von anderen Zellen verbrannt wird. Wird im Hunger auch das Durstgefühl nicht befriedigt so ist eine relative Wasserverarmung des Körpers unausbleiblich, denn die durch die Gewebseinschmelzung und Oxydation körpereigenen Materials freiwerdenden Wassermengen decken den Verlust durch Harn, Haut und Lungen nicht. Die Harnmenge sinkt ab, der Wassergehalt des Blutes wird geringer, die Haut trocken. Es können Wadenkrämpfe, wie bei den Wasserverlusten nach Cholera, auftreten. Die Zusammensetzung des Harns ist außer in seinem Gehalt an Acetonkörpern dadurch charakterisiert, daß der Ammoniakstickstoff auf Kosten des Harnstoffstickstoffs ansteigt. Der NH_3N stieg nach Brugsch[2]) auf 35,3$^0/_0$. Diese relative Harnstoffabnahme zugunsten des Ammoniaks ist bedingt durch die bei der Gewebseinschmelzung eintretende Acidose. Die entstehenden Säuren binden einen Teil des entstehenden Ammoniaks und verhindern seinen Übergang in den Harnstoff. Standardzahlen für die Ausscheidung von Purinkörpern im Hunger sind bisher nicht gefunden. Für das Kreatinin

---

[1]) Brugsch: Zeitschr. f. exp. Pathol. u. Therap. Bd. 1, S. 419. 1905.
[2]) Brugsch: l. c.

darf man nach allem was wir bis jetzt wissen wohl annehmen, daß es entsprechend der Einschmelzung der Muskulatur ausgeschieden wird. Der Mineralstoffwechsel ist abhängig von dem Mineralgehalt der zur Einschmelzung kommenden Gewebe. Für das Kochsalz ist es bisher nicht festgestellt, ob die Ausscheidung dem Freiwerden durch Gewebseinschmelzung parallel oder ob der hungernde Organismus auch prozentisch kochsalzärmer wird. Bei dem Hungerkünstler Succi sank die Kochsalzausscheidung am 11.—13. Tag auf 0,36 g ab.

Hungertod. Während gewisse Hungerspezialisten des Tierreiches wie Hydra, Planarien von ihrer Körpermasse alle Bestandteile gleichmäßig bis auf Bruchteile von 1% einschmelzen können, ändern Skelettiere ihre Zusammensetzung während des Hungers, sie werden reicher an Wasser und Asche. Als Ursache des Hungertodes ist neben Materialmangel auch eine Selbstvergiftung des Organismus diskutiert worden. Für den Menschen berechnet Pütter[1]) durch Vergleich mit den an Mäusen und Hunden gewonnenen Resultaten eine Hungerzeit von 90—100 Tagen.

Chronische Unterernährung. Bei der chronischen Unterernährung muß man unterscheiden zwischen den Zuständen verminderter Zufuhr bei normaler Resorption und denen verminderter Resorption bei normaler Zufuhr.

Exakte Untersuchungen über die Wirkungen verminderter Nahrungszufuhr bei längerer Dauer liegen bisher nicht vor. Zwar haben die Verhältnisse des großen europäischen Krieges eine Reihe von Krankheitszuständen zur Folge gehabt, welche als Auswirkungen der chronischen Unterernährung anzusehen sind, doch ist eine exakte Bestimmung des Brennwertes und der Zusammensetzung der Nahrung aus begreiflichen Gründen nie mit der für physiologische Untersuchungen gewünschten Sicherheit durchgeführt worden.

Als eine der wichtigsten Folgen der chronischen Unterernährung ist die Ödemkrankheit anzusehen, welche mit sehr charakteristischen Symptomen in der Industriebevölkerung und in den Gefangenenlagern der Mittelmächte aufgetreten ist (cf. Abb. 14). Die wesentlichsten Zeichen der Ödemkrankheit sind die Haut- und Höhlenwassersucht, Hydrämie, Bradykardie, Hemeralopie, Polyurie und Nykturie. Die von verschiedenen Autoren [Schittenhelm und Schlecht[2]), Bürger[3]), Jansen[4]), Rumpel und Knack[5])] durchgeführten Nährwertberechnungen der Kost, welche zum Ausbruch der Erkrankung führte, ergab übereinstimmend eine kalorische Minderwertigkeit derselben. Bürger konnte zeigen, daß in den untersuchten Arbeitergruppen bereits vor Ausbruch der Ödemkrankheit eine Abnahme des durchschnittlichen Körpergewichts einsetzte. Eine wichtige Begleiterscheinung dieser Erkrankung ist das Versiegen der Verdauungsfermente, welches einerseits die Resorption der an sich schon verminderten Nahrung beeinträchtigt, andererseits aber das Milieu für verschiedene Formen von Darmkatarrhen, vor allem

[1]) Pütter: Naturwissenschaften Jg. 9, H. 2, S. 31—35. 1921. Ref. Physiol. Ber. VII, S. 180.

[2]) Schittenhelm und Schlecht: Zeitschr. f. d. ges. Med. Bd. 9, S. 1. 1919.

[3]) Bürger: Ebenda Bd. 8, S. 309. 1919. Derselbe: Ergebn. d. inn. Med. Bd. 18, S. 192. 1920.

[4]) Jansen: Dtsch. Arch. f. klin. Med. Bd. 24, S. 1. 1917.

[5]) Rumpel und Knack: Dtsch. med. Wochenschr. 1916. S. 44—47.

Gärungskatarrhen, schafft. Es zeigte sich, daß bei gleichem Brennwertgehalt der Kost nur die Schwerarbeiter, die Leichtarbeitenden dagegen wenig oder gar nicht befallen waren. Bei ungleichem Caloriengehalt der Kost blieben unter sonst gleichen Verhältnissen die reichlicher Ernährten verschont. Bemerkenswert ist die hochgradige Atrophie der Schilddrüse, welche OBERNDORFER[1]) bei tödlich verlaufenen Fällen dieser Erkrankung feststellte. Es ist sehr wohl möglich, daß mit der Reduktion des Schilddrüsenparenchyms eine Art Anpassung an den Zustand chronischer Unterernährung angestrebt wird. Es ist darin vielleicht eine Selbststeuerung der Stoffwechselvorgänge unter beschränkter Nahrungszufuhr zu sehen. Untersuchungen, die sich auf den Gesamtumsatz der Ödemkranken beziehen, liegen nicht vor. Es existieren lediglich Untersuchungen von LÖWY und ZUNTZ[2]), welche den Ernährungszuständen, die zu den Ödemkrankheiten führen, nahekommen. In kurzfristigen Respirationsversuchen konnten sie feststellen, daß unter der Einwirkung der Kriegskost der Calorienumsatz von 1 m^2 Oberfläche in 24 Stunden, bei LÖWY von 721 Calorien (Durchschnittszahlen der Jahre 1888 bis 1914) auf 610 Calorien, also um 15,4%, bei ZUNTZ um ca. 8% herabgegangen ist, während das Körpergewicht keine dementsprechende Reduktion erfahren hatte.

Abb. 14. Ödemkranker mit Ascites, Anasarka der Hände und der unteren Körperhälfte. Am Brustkorb ist die hochgradige Abmagerung deutlich.

Es ist in diesen Untersuchungen eine Anpassung des Organismus an eine verminderte Nahrungszufuhr demonstriert.

JANSEN[3]) konnte durch sorgfältige calorimetrische Untersuchungen der Kost, die zur Ödemkrankheit führt, Nährwertzahlen feststellen, die zwischen 897 und 1038 Calorien lagen. Man fragt sich, wie die Ödemkranken mit dieser minimalen Nahrungsmenge monatelang haben existieren können. Es ist zunächst festzuhalten, daß eine ganz gewaltige Reduktion an lebendem Parenchym statthat, die besonders dann deutlich wird, wenn es durch therapeutische Maßnahmen gelingt, die Wasseransammlung zur Ausscheidung zu bringen. Es fragt sich, ob der Ruheumsatz auch bezogen auf dieses reduzierte Körpergewicht eine Abnahme erfahren hat. Eine hochgradige Reduktion des Ruheumsatzes ist jedenfalls ausgeblieben, denn es zeigt sich, daß solche Patienten mit 1000 Reincalorien sich nicht ins Gleichgewicht setzen. Bei schwer Ödemkranken wird als regelmäßiger Befund eine negative Stickstoffbilanz nachgewiesen, die nicht als Folgeerscheinung einer ungenügenden Eiweißernährung, sondern als Ausdruck einer quantitativ unzureichenden Ernährung anzusehen ist. Viel-

[1]) OBERNDORFFER: Münch. med. Wochenschr. 1918. Nr. 43, S. 1189.
[2]) LÖWY und ZUNTZ: Berl. klin. Wochenschr. 1916. Nr. 30, S. 284.
[3]) JANSEN: l. c.

leicht darf man aus einigen Befunden von Hülse[1]) eine Herabsetzung des Eiweißumsatzes bei Ödemkranken schließen. Dieser Autor untersuchte an 12 Kranken den N-Umsatz und schickte den Untersuchungsperioden 1—2 Hungertage voraus. Er fand an den ersten beiden Hungertagen 2,5 resp. 2,4 g N. Dieser außerordentlich niedrige Tagesumsatz des Eiweißes in den ersten Hungertagen ist vielleicht für die Ödemkranken insofern charakteristisch, als im Hungerversuch nach voraufgehender zureichender Ernährung im allgemeinen wesentlich höhere Stickstoffwerte beobachtet werden.

Es gibt physiologische Versuche, die zeigen, daß bei fortgesetzter alle Stoffe beschränkender Unterernährung der Organismus mit den für ihn wertvollsten Bausteinen des Eiweißes mit zunehmender Dauer der quantitativ unzureichenden Ernährung immer sparsamer haushält. E. Voigt und Korkunoff[2]) fütterten einen Hund längere Zeit ausschließlich mit einer den Bedarf nicht deckenden Fleischmenge und fanden einen N-Verlust von 5,75 g und einen Fettverlust von 830 g aus eigenem Körpermaterial. Wurde nun die Fleischmenge vergrößert, aber nur in so geringem Umfange, daß der Bedarf weit unterboten war, so kam der Hund nicht nur ins N-Gleichgewicht, sondern setzte sogar Eiweiß an, während der Fettvorrat des Tieres in weiteren 13 Tagen um 730 g vermindert wurde. Aber diese Eiweißeinsparungen konnten, wenn sie überhaupt vorkommen, bei den Ödemkranken nicht verhindern, daß bei längerem Bestande der Unterernährung die Muskulatur bis auf kümmerliche Reste eingeschmolzen wurde.

Die auffällige Bradykardie der Ödemkranken — es wurden 30 bis 36 Pulse im Minimum in der Minute gezählt — ist als sinusoidale aufzufassen und stellt eine Teilerscheinung der Verlangsamung sämtlicher Stoffwechselvorgänge dar. Neben der Pulsverlangsamung ist die Herabsetzung des Blutdrucks in den schweren Fällen ein konstantes Symptom. Als niedrigster Wert wurde 60 mm Hg gemessen; als Ursache ist eine periphere Gefäßschädigung anzunehmen; auch die abnormen Wasseransammlungen in Haut und Körperhöhlen sind in einer tiefgreifenden Störung der den Wassertransport besorgenden Funktion der Capillaren zuzuschreiben.

Der Einfluß chronischer Unterernährung unter krankhaften Umständen ist sehr schwer zu beurteilen. Hier kombinieren sich die Folgen des Grundleidens mit denen der mangelnden Nahrungszufuhr in unübersehbarer Weise. Es scheint aber, daß auch unter solchen Verhältnissen bei dauernd ungenügender Kost die Zersetzungen sich sparsamer vollziehen, die Erhaltungskost also bei stark abgemagerten Individuen einen geringeren Wert hat. Friedrich Müller[3]) sah bei einer infolge Oesophagusstenose durch Laugenverätzung stark heruntergekommenen Patientin, die schließlich noch 31 kg wog, eine Verbesserung des Ernährungszustandes eintreten, während sie an 7 Tagen 24,7 Calorien, an weiteren 7 Tagen 27,1 Calorien und an den folgenden 8 Tagen 30 Calorien pro Tag und Körperkilo zu sich nahm. Das Körpergewicht nahm um $3^1/_2$ kg zu, wovon $1^1/_2$ kg auf den Fleischansatz berechnet wurden.

---

[1]) Hülse: Münch. med. Wochenschr. 1917. Nr. 28, S. 921. Virchows Arch. f. pathol. Anat. u. Physiol. Bd. 225. 1918. Wien. klin. Wochenschr. 1918. Nr. 1, S. 7.

[2]) E. Voit und Korkunoff: Zeitschr. f. techn. Biol. Bd. 33, S. 58. 1895.

[3]) Friedrich Müller: Zeitschr. f. klin. Med. Bd. 16, S. 503. 1889.

In vielen Fällen chronischer Unterernährung beim Kranken handelt es sich um verminderte Resorption bei normaler Zufuhr. Solche Störungen in der Aufnahme der Nahrung treten bei den meisten Darmkrankheiten auf mit dem Resultat einer erheblichen Gewichtseinbuße. Die auf Entzündung der Schleimhäute beruhenden motorischen und sekretorischen Störungen führen zu starken Verlusten durch den Kot, die schließlich, da gleichzeitig in vielen Fällen eine verminderte Appetenz vorliegt, durch eine erhöhte Nahrungsaufnahme nicht kompensiert werden können. Eine Verminderung der resorbierenden Fläche wird in ihren Wirkungen am reinsten zum Ausdruck kommen in Fällen, in denen aus mechanischen Gründen (Ileus) ausgedehnte Darmresektionen gemacht werden mußten.

KONJETZNY[1]) operierte aus diesem Grunde eine hochgradig adipöse Frau mit einer Nabelhernie, welche ein Convolut von miteinander verwachsenen und zum Teil magenartig erweiterten Darmschlingen enthielt. Es wurden 4,70 m Dünndarm reseziert, die Resektion glatt überstanden; der einzige Folgezustand, welcher bei der vollkommen genesenden Patientin, die sich eines gesunden Appetits erfreute, und in ihren Nahrungsgewohnheiten gegen früher keine Änderung eintreten ließ, war eine erhebliche Reduktion des Körpergewichts, die dazu führte, daß aus der fettsüchtigen Patientin „eine schlanke Erscheinung" wurde. Die Gewichtsabnahme kam zum Stillstand, als gewissermaßen zwischen der noch zur Verfügung stehenden resorbierenden Darmoberfläche und dem noch zu erhaltenden lebenden Körpergewebe ein Gleichgewichtszustand eingetreten war.

Spezielle Untersuchungen über die Stickstoff- und Fettverluste nach Darmresektionen wurden von RIVA-ROCCI und RUGI[2]) angestellt an Kranken, denen 3 bis $3^1/_2$ m Dünndarm entfernt war. Die Verluste betrugen $30^0/_0$ N und $23^0/_0$ Fett in einem, $13^0/_0$ N und $16^0/_0$ Fett in einem zweiten Fall. Im allgemeinen wird angenommen, daß bei einer sorgfältigen Ernährung bis zu $^1/_3$ des Dünndarms ohne dauernden Schaden entfernt werden kann. Auf Resorptionsstörungen, wie sie bei chronischen Darmaffektionen beobachtet werden (Stauungskatarrh, Darmtuberkulose und Amyloid, Gärungsenterokolitis, Typhus) kann hier nicht eingegangen werden, da die Verhältnisse wegen der Konkurrenz der verschiedenen schädigenden Faktoren sich nicht übersehen lassen.

Qualitativ unzureichende Ernährung. Sämtliche Nährstoffe lassen sich trennen in zwei große Gruppen: die streng exogenen und die streng endogenen. Als streng exogene Nahrungsstoffe sind nach HOFMEISTER[3]) folgende anzusehen:

1. Sämtliche konstant vorkommenden anorganischen Bestandteile des Säugetierkörpers,
2. die schwefelhaltige Gruppe der Eiweißkörper (Cysteingruppe),
3. die carbozyklischen Bausteine der Eiweißkörper (Thyrosin, Phenylalanin und Tryptophan),
4. Carotin und Lutein (Lipochrome),
5. die akzessorischen Nährstoffe.

Als streng endogene Körper müssen alle artspezifischen Substanzen angesprochen werden, die in der Nahrung — die Muttermilch vielleicht ausgenommen — fehlen. Die streng endogenen Bausteine

[1]) KONJETZNY: Persönliche Mitteilung.
[2]) RIVA-ROCCI und RUGI: Zit. nach HONIGMANN: Boas Arch. f. Verdauungskrankh. Bd. 2, S. 296. 1896.
[3]) HOFMEISTER, ASHER-SPIRO: Ergebn. d. Physiol. Bd. 16, S. 9.

des Organismus umfassen das Eiweiß, das jeder Art charakteristisch ist, bestimmte Gallensäuren, Fettsäuren und einige Farbstoffe, die durch enterale Zufuhr nicht ergänzt werden können.

Eine Kost, die kalorisch ausreichend ist, der aber eine oder mehrere der streng exogenen Nährstoffe, zu deren Aufbau der Organismus schlechtweg unfähig ist, fehlen, ist qualitativ unzureichend. Der dauernde Mangel streng exogener Nährstoffe in der Kost führt früher oder später mit absoluter Sicherheit zu schweren Ernährungsstörungen und — wenn keine Änderung des Kostregimes eintritt — zum Tode. Wie bald und in welchem Maße der Mangel streng exogener Nährstoffe zu Störungen führt, hängt nach HOFMEISTER[1]) von folgenden Momenten ab:

1. Wie groß der Minimalbedarf an diesen Stoff ist und wie groß der unvermeidliche Verlust durch Excretion,
2. wie groß der Vorrat von diesem Stoff ist,
3. wie wichtig die Funktionen sind, für deren Ablauf er unentbehrlich ist.

Die Erkrankungen, die durch den Mangel bestimmter Stoffe bestehen, werden als Insuffizienzkrankheiten bezeichnet. Soweit die akzessorischen Nährstoffe (Vitamine) der Kost mangeln, spricht man auch von Avitaminosen CASIMIR FUNK[2]). Die akzessorischen Nährstoffe werden von anderer Seite als Ergänzungsnährstoffe oder Nahrungsbestandteile mit spezifischer Wirkung bezeichnet. Soweit wir bis jetzt sehen, kann man unter ihnen 3 Gruppen unterscheiden, 1. solche, die für die Erhaltung des Stoffwechselgleichgewichts bzw. die Förderung des Wachstums notwendig sind (Nutramine), 2. solche, deren Fehlen Erkrankung des Nervensystems bedingen (Eutonine) und schließlich Stoffe, deren dauerndes Fehlen Skorbut bedingt. Die Ergänzungsstoffe können vom tierischen Organismus nicht gebildet werden. Sie sind reichlich in Pflanzensamen enthalten und in grünen Blättern gefunden worden. Einzelne von ihnen werden in tierischen Fetten und Tiereiern gespeichert, eine Reindarstellung der Vitamine ist bis heute nicht gelungen.

Zu den Insuffizienzkrankheiten oder Avitaminosen sind unter denen, die für die europäischen Verhältnisse eine Rolle spielen,

1. die Erkrankung der Beri-Beri-Gruppe,
2. die Erkrankungen der Skorbutgruppe (Skorbut und MÖLLER-BARLOWsche Krankheit),
3. bestimmte Ernährungsstörungen beim Säugling,
4. die Pellagra

zu rechnen. Auf die erste Krankheitsgruppe, der Beri-Beri, soll etwas näher eingegangen werden, weil an ihr das Prinzip der Insuffizienzkrankheiten zuerst mit voller Deutlichkeit erkannt und nach gewonnener Erkenntnis durch entsprechende Maßnahmen diese Erkrankung wirksam bekämpft wurde.

An Beri-Beri können alle Rassen erkranken. Besonders häufig wird sie bei reisessenden Völkern beobachtet und wurde wegen ihres epidemischen Auftretens lange Zeit als Seuche angesehen. Man suchte lange vergeblich nach dem Erreger der Erkrankung, ohne das Dunkel zu lichten. Man beobachtete, daß die Krankheit mit dem Ausbreiten der europäischen Kultur eine rasche Zunahme erkennen ließ. Japanische Eingeborene, die ihren Reis bisher mit primitiven Handmühlen bearbeiteten, erkrankten selten an Beri-Beri, während der mit maschinellen

---

1) HOFMEISTER: l. c.
2) CASIMIR FUNK: Die Vitamine. Wiesbaden 1914.

Einrichtungen gemahlene Reis offenbar zu der Krankheit prädisponierte. Das Reiskorn besteht — histologisch deutlich erkennbar — aus zwei differenten Schichten, die chemisch ungleichwertig sind. Mit Hilfe moderner Maschinen wurden die Reiskörner, die unbehandelt eine schmutzig ziegelrote Farbe besitzen, so lange geschliffen, bis die äußere Schicht total entfernt ist. Die Polierabfälle (Reiskleie) werden als Viehfutter zu hohen Preisen verkauft. Der polierte weiße Reis andererseits erzielt, weil er als feiner gilt, einen höheren Preis, als der mit den primitiven Handmühlen gemahlene. Mit der Einführung der modernen Reisbearbeitung nahm die Beri-Beri eine enorme Verbreitung an, und zwar gerade in den Gegenden, in welchen vorzugsweise hochpolierter Reis genossen wurde. Wird der einseitigen Kost die Reiskleie wieder zugesetzt, bleibt die Beri-Beri aus oder kommt, wenn sie bereits ausgebrochen ist, prompt zur Heilung. Die Beri-Beri ist also bedingt durch das Fehlen gewisser Ergänzungsnährstoffe in der Kost, welche in der Reiskleie reichlich enthalten sind, beim Polieren des Reises mitentfernt wurden und kann somit als Prototyp einer Insuffizienzkrankheit dargestellt werden. Die Symptome der Erkrankung haben zu der Unterscheidung von vier Formen der Beri-Beri geführt:

1. die leichte sensibel motorische Form, die am häufigsten vorkommt; die Kranken fühlen, besonders in den Sommermonaten, Unsicherheit und Schwäche in den Beinen, Taubheit in den Fußrücken und den Unterschenkeln. Die Wadenmuskeln werden druckempfindlich, es tritt nach geringen Anstrengungen Herzklopfen, gelegentlich ein geringes Ödem an den Unterschenkeln auf. Die anfänglich häufig gesteigerten Kniereflexe erlöschen später. Die Körpertemperatur zeigt keine Veränderung. Dieses leichte Stadium der Erkrankung kann zur Ausheilung kommen oder geht über in die

2. trockene atrophische Form, welche unter zunehmender Muskelatrophie zur allmählichen Lähmung der Ober- und Unterschenkel, Hände und Arme führt. Die Kranken verfallen einer skelettartigen Abmagerung, können aber auch in diesem Stadium durch entsprechende Diät vollständig geheilt werden. Nach längerem Bestande der Krankheit können Contracturen an Händen und Füßen und an den Armen zurückbleiben. Die

3. Form ist von Greig[1]) als Epidemic dropsy beschrieben worden. Diese ist nach den Beschreibungen in der Literatur und unseren Beobachtungen in der Kriegszeit schwer von der bereits erwähnten Ödemkrankheit abzugrenzen. Beide Erkrankungen zeigen gemeinsam den ausgedehnten Höhlenhydrops der Anasarka und die besonders nach Verschwinden der Ödeme sichtbare hochgradige Abmagerung und Muskelatrophie. Die nervösen Störungen (Lähmung der Intercostalmuskeln, des Zwerchfells, der Kehlkopfmuskeln, Ausfallserscheinungen seitens der Hirnnerven und des Vagus) werden bei der Ödemkrankheit stets vermißt, während sie bei der hydropischen Beri-Beri mehr oder weniger ausgebildet häufig vorkommen. Auch die hochgradige Herzbeutelwassersucht, die bei der Beri-Beri nicht selten als Todesursache anzusehen ist, wird bei Ödemkranken in diesem Maße nur ausnahmsweise gefunden.

4. Die als akut perniziöse oder kardiovasculäre beschriebene Form der Krankheit setzt oft binnen einiger Stunden mit Präkordialangst, Herzjagen, Atemnot, Übelkeit, Erbrechen und Durchfällen bei normaler Körpertemperatur ein. Das Herz, besonders der rechte Ventrikel, soll dabei stark vergrößert sein, an der Spitze ein lautes systolisches Geräusch mit verstärktem 2. Pulmonalton hörbar werden. Die Harnmenge ist bis auf 100—200 ccm in 24 Stunden vermindert, der Harn enthält viel Indican, gelegentlich etwas Eiweiß und selten Diazoreaktion gebende Substanzen. Der Tod tritt unter den Zeichen zunehmender Herzschwäche in wenigen Tagen oder Wochen ein. Bemerkenswerterweise können auch Säuglinge Beri-Beri kranker Mütter unter ähnlichen Symptomen innerhalb weniger Stunden erkranken und sterben.

Eine wesentliche Stütze für die Auffassung der Beri-Beri als Insuffizienzkrankheit ist der Nachweis, daß eine der menschlichen Beri-Beri sehr ähnliche Erkrankung bei Hühnern, Enten und Tauben durch Verfütterung von weißem Reis erzeugt werden kann. Die ersten Symptome erscheinen beim Huhn nach ausschließlicher Fütterung von poliertem Reis nach 20—30 Tagen. Sie besteht in einer beginnenden

[1]) Greig: Epidemic dropsy, Scientific Memoirs by Officiers of the Medical and Sanitary Department of the Governement of India. New Serie Nr. 45. 1911.

Lähmung der Extensoren der Beine, die bald auf Flügel- und Nackenmuskulatur und schließlich auf die gesamte Körpermuskulatur übergreift. Die Tiere liegen regungslos auf einer Seite und sterben in einer Woche nach Beginn der Lähmungssymptome. Zu den wesentlichen Symptomen gehört eine Schlucklähmung, eingeführtes Wasser fließt den Tieren aus dem Schnabel wieder aus, die Vögel verschlucken sich beim Füttern aus der Hand. Der Gewichtsverlust beträgt nach den Angaben von VEDDER und CLARK[1]) 20%. Einen ganz ähnlichen Verlauf konnte ich selbst beobachten bei den ausgedehnten Versuchen, welche HOFMEISTER[2]) und seine Mitarbeiter in ihrem Straßburger Laboratorium durchführten. In Gasstoffwechseluntersuchungen an Tauben, die mit geschliffenem Reis gefüttert waren, konnte ABDERHALDEN[3]) eine stetige Abnahme der CO_2-Ausscheidung beobachten. Zusatz von Hefe (0,5—0,19 am Tage) ließ schon in wenigen Stunden den Gasstoffwechsel wieder ansteigen.

Pathologisch anatomische Untersuchungen sind sowohl bei der menschlichen wie bei der experimentellen Geflügel-Beri-Beri besonders charakteristisch in ihren Befunden an peripheren Nerven und Muskeln. Die Nerven lassen alle Zeichen der Degeneration erkennen, das Nervenmark wird varicös, zerfällt in Klumpen und Kugeln und schließlich in einen körnigen Detritus, während der Achsencylinder den Zerfall des Marks oft lange überdauert. Ganz ähnlich sind die Verheerungen bei der Geflügel-Beri-Beri. Es ist hier aufgefallen, daß die Anzahl der fettig degenerierten Fasern in keinem Verhältnis zur Schwere der Lähmungssymptome steht. An der menschlichen Muskulatur der Beri-Beri-Kranken werden die Zeichen der Degeneration: Undeutlichwerden der Querstreifung, Homogenisierung und Brüchigwerden der Fasern und wachsige Entartung derselben beobachtet.

Die Bemühungen, die akzessorischen Nährstoffe rein zu gewinnen, sind bisher fehlgeschlagen. HOFMEISTER[4]) versuchte die alkaloidischen Bestandteile der Reiskleie rein darzustellen, welche in minimalen Mengen Beri-Berikranken Tauben verabreicht, imstande waren, dieselben zu heilen. Die als Antineuritin beschriebene Substanz wurde aus Reisfuttermehl hergestellt und in Hunderten von Versuchen durch Darreichung an Beri-Beri-kranke Tauben geprüft.

Nur jene Präparate wurden als wirksam angesprochen, die in kleinen meist 5—10 mg nicht übersteigenden Dosen die Krankheitssymptome binnen 24 Stunden und für 8—10 Tage trotz Fortdauer der alleinigen Ernährung mit poliertem Reis zum Verschwinden brachten. Es gelang HOFMEISTER[4]) einen alkaloidischen Körper, den er Oridin nannte, analysenrein darzustellen. Ein Rohhydrochlorid dieses Körpers konnte in Dosen von 5—10 mg Lähmungs- und Krampferscheinungen Beri-Beri-kranker Tauben für 8—10 Tagen beseitigen. Bei Überführung dieses Körpers in die analysenreine Substanz büßte derselbe seine antineuritische Wirksamkeit ein, so daß HOFMEISTER die Frage offen läßt, ob neben dem Oridinhydrochlorid das eigentlich wirksame Antineuritin nur als Verunreinigung vorhanden war, oder ob das ursprünglich wirksame Oridin durch die nachfolgenden Prozeduren seine Wirksamkeit einbüßte. Die Versuche FUNKS[5]), zur Reindarstellung der Vitamine zu gelangen, müssen als gescheitert angesehen werden.

Wenn es somit bis heute auch nicht gelungen ist, die chemische Natur dieser geheimnisvollen Substanzen zu erkennen, so ist für die Therapie der Beri-Beri jedenfalls durch die Erkenntnis des Prinzips der

---

[1]) VEDDER und CLARK: A Study of Polyneuritis Gallinarum, The Philipp, Journ. of scienc. Vol. 7, p. 423. 1912.

[2]) HOFMEISTER: Biochem. Zeitschr. Bd. 103, S. 218. 1920.

[3]) ABDERHALDEN: Pflügers Arch. f. d. ges. Physiol. Bd. 187, S. 80—89. 1921.

[4]) HOFMEISTER: l. c.

[5]) FUNK: l. c.

Nahrungsinsuffizienz als ätiologischen Faktor dieser Erkrankung ihre Heilbarkeit sichergestellt. Ein beweisendes Experiment im großen wurde von TAKAKI[1]) in der japanischen Marine angestellt. Es gelang ihm, die dort früher in großem Umfange und sehr schwer auftretende Beri-Beri so gut wie auszurotten, indem er statt der früheren einseitigen Reiskost eine calorienärmere an akzessorischen Nährstoffen aber reichere, aus Fleisch, Obst, Brot und Gemüsen gemischte Kost einführte.

Die Symptomatologie der Erkrankungen der Skorbutgruppe (Skorbut bei Menschen und Tieren) darf als bekannt vorausgesetzt werden. Es ist auch in dieser Gruppe durch ausgedehnte Tierversuche gelungen, mit einer Nahrung, die beim Menschen Skorbut hervorruft, bei Meerschweinchen, Kaninchen und Hunden eine Krankheit zu erzeugen, die dem Skorbut sehr ähnlich ist.

HOLST und FRÖHLICH[2]) fütterten Meerschweinchen mit Roggen- oder Weizenbrot oder auch mit Mehl, das aus Roggen, Hafer oder Weizen hergestellt war und sahen, daß bei dieser einseitigen Kost ihre Versuchstiere nach etwa 3 Wochen unter typischen Symptomen zugrunde gehen. Genau wie beim Menschen trat an der Gingiva eine bläuliche Hyperämie, an einigen Stellen Ulcerationen mit Blutungen ins Zahnfleisch und Lockerung der Zähne auf. Die Weichteile der Kniegegend, das vordere Ende der Rippen, zeigten gleichfalls Blutungen. Daneben wurde eine Knochenbrüchigkeit seltener Hämaturie und Ödeme festgestellt. Alle die eben geschilderten Symptome treten nicht ein, wenn die Meerschweinchen mit Weißkohl, Karotten oder Löwenzahn gefüttert wurden. Um die antiskorbutisch wirksamen Substanzen ausfindig zu machen, wurde den Tieren zu der Getreidekost verschiedene Zusätze gegeben. Es zeigte sich, daß frische Kartoffeln, Weißkohl, Löwenzahn, Karotten, Citronensaft bei gleichzeitiger Verfütterung einseitiger Haferkost den Ausbruch der skorbutischen Symptome verhüten können.

Verschiedene Konservierungsverfahren wirken nun auf das antiskorbutische Prinzip schädigend bzw. vernichtend ein. Als solche Eingriffe sind folgende bekannt: Erhitzen auf 110 bis 120^{0}, Aufkochen bei 100^{0}, Eintrocknen bei niederen Temperaturen.

Für die Ätiologie des infantilen Skorbuts sind diese Erkenntnisse über die Konservierungsmethoden von besonderer Bedeutung geworden. Es ist jetzt wohl allgemein angenommen, daß die einzige Ursache dieser sog. MÖLLER-BARLOWschen Krankheit eine langdauernde einseitige Ernährung der Kinder mit hochsterilisierter Milch oder mit künstlichen Milchpräparaten oder schließlich mit Kindermehl als Hauptnahrung darstellen. Bewiesen wurde diese Auffassung durch die Fütterung eines jungen Affen mit kondensierter Milch, welcher dann dieselben Erscheinungen und Symptome zeigte, wie die Kinder mit BARLOWscher Krankheit: Schmerzhaftigkeit der Beine, periostale Schwellungen an den Tibien, Blutungen in die Muskulatur.

Ähnlich wie bei der Beri-Beri wurde auch beim Skorbut durch ein Experiment im großen die heilende Wirkung gewisser akzessorischer Nährstoffe erkannt. In der Mitte des 18. Jahrhunderts wurde die antiskorbutische Eigenschaft des Citronensaftes von KRAMER[3]) entdeckt und während früher der unbehandelte Schiffsskorbut eine Mortalität von 50—70$^{0}/_{0}$ aufwies, ist nach der Einführung des Citronensaftes in die

[1]) TAKAKI: Sei-i-kwai 1885, 1886, 1887; zit. nach FUNK.

[2]) HOLST und FRÖHLICH: Journ. of hyg. Vol. 7, p. 634. 1907. DIESELBEN: Verhandl. d. 6. norddtsch. Kongr. f. inn. Med. 1909. S. 328. FRÖHLICH: Zeitschr. f. Hyg. u. Infektionskrankh. Bd. 72, S. 155. 1912; ebenda S. 8.

[3]) KRAMER: Zit. nach SCHRÖDER, Arch. f. Schiffs- u. Tropenhyg. Bd. 17, S. 263. 1913.

Beköstigung der englischen Kriegsmarine, der Skorbut dort so gut wie erloschen. Alle hier angeführten Tatsachen zusammen mit den großen Erfahrungen der menschlichen Pathologie zeigen, daß der Skorbut eine Diätkrankheit und wie wir jetzt bestimmter sagen können, dem Typus der Insuffizienzkrankheiten zuzurechnen ist. Die Ergebnisse der experimentellen Untersuchungen decken sich ganz mit den Erfahrungen der Klinik des Skorbuts, wir wissen, daß frisches Gemüse und saftige Früchte, ungekochte Milch, vor allem aber die als Volksnahrung bedeutsame Kartoffel den Menschen vor Erkrankung an Skorbut schützen, andererseits aber die bereits ausgesprochene Krankheit zur Heilung bringen können. Eine Reindarstellung des als Antiskorbuticum wirksamen Prinzips ist bis heute nicht gelungen.

Wie weit der Mehlnährschaden der Säuglinge als Folge einer qualitativ unzureichenden Ernährung gelten kann, muß zunächst dahingestellt bleiben.

Die Pellagra ist nach FUNK[1]) gleichfalls eine Avitaminose. Sie kommt als nicht kontagiöse endemische Krankheit der maisessenden Landbevölkerung vorwiegend in Norditalien, Rumänien, Südamerika vor. Im Vordergrunde der Erscheinungen stehen schwer degenerative Veränderungen des Zentralnervensystems, welche neben einem charakteristischen Erythem der Haut einer schmerzhaften Stomatitis und Pharyngitis das Krankheitsbild beherrschen.

Qualitativ unzureichende Ernährung durch Aufnahme biologisch unterwertiger Eiweißkörper. Biologisch unterwertige Eiweißkörper sind solche, denen bestimmte Komplexe, zu deren Synthese der tierische Körper nicht imstande ist, fehlen. OSBORNE und MENDEL[2]) haben ausgedehnte Versuche mit biologisch unterwertigem Pflanzeneiweiß gemacht, das sie an wachsende Ratten verfütterten. Es wurde streng darauf geachtet, daß die Nicht-Eiweißkomponenten der Kost (akzessorische Nährstoffe und -Salze) in genügender, zum Wachstum ausreichender Menge, vorhanden waren. Wurden nun unter Variation der Eiweißarten wachsende Ratten mit Phaseolin, Zein, Leim, Conglutin, Roggengliadin, Hordein längere Zeit gefüttert, so blieb das Wachstum stehen oder es trat Gewichtsabnahme ein. Es stellte sich heraus, daß dieser Wachstumsstillstand gerade bei denjenigen Eiweißkörpern eintrat, denen Lysin, Tyrosin oder Tryptophan einzeln oder gemeinsam fehlten. Fragt man, wieviel Gramm Eiweiß nach ihrer Zusammensetzung aus Aminosäuren dem Körpereiweiß biologisch äquivalent sind, so ergibt sich nach THOMAS[3])

100 g Kartoffeleiweiß . . . . . . 71 g Körpereiweiß
100 g Weizeneiweiß . . . . 40 g „
100 g Maiseiweiß . . . . 30 g „

Die Bedeutung der chemischen Verschiedenheit der Eiweißkörper für den Stoffwechsel haben u. a. MICHAUD[4]) und ZISTERER[5]) betont.

MICHAUD verfütterte bei seinen Versuchen unter gleichzeitiger Zufuhr stickstofffreien Materials nach längerem Eiweißhunger eine Stickstoffmenge, die der

[1]) FUNK: l. c. S. 99.

[2]) OSBORNE und MENDEL: Hoppe-Seylers Zeitschr. f. physiol. Chem. Bd. 80, H. 5. 1912.

[3]) THOMAS: Virchows Arch. f. pathol. Anat. u. Physiol. Biol. Abt. Bd. 1, S. 219. 1909.

[4]) MICHAUD: Zeitschr. f. physikal. Chem. Bd. 59, S. 405.

[5]) ZISTERER: Zeitschr. f. Biol. Bd. 53, S. 157.

in der Vorperiode vom Körper verlorenen entsprach, einmal in Form von Pflanzeneiweiß (Gliadin und Edestin) und gleich darauf in arteigenem Hundefleisch. Bei Verfütterung von Pflanzeneiweiß stieg unter sonst gleichen Bedingungen die Eiweißzersetzung weit höher als bei der gleichen Menge Hundeeiweiß. ZISTERER gibt für die von MICHAUD und von ihm selbst erhaltenen Werte folgende Vergleichszahlen:

MICHAUD:

Hundefleisch	Pferdefleisch	Nutrose	Casein	Edestin	Gliadin
100	108	121	128	153	163

ZISTERER:

Rindermuskel	Aleuronat	Casein
100	106	121

Es zeigt sich in diesen Versuchen, daß **arteigenes Fleisch** jedem **anderen Eiweiß überlegen** ist, eine Feststellung, die bei der Kinderernährung in tausendfältigen Erfahrungen längst gemacht wurde, wo sich immer wieder zeigt, daß Muttermilcheiweiß dem Kuhmilcheiweiß überlegen ist.

Die Störungen der Korrelation der Nährstoffe. Untersuchungen, die von FRANZ HOFMEISTER inauguriert, von TACHAU[1]) durchgeführt wurden, deuten darauf hin, daß eine an sich quantitativ sowohl wie qualitativ zureichende Nahrung zur Erhaltung des Lebens dann ungeeignet werden kann, wenn das Verhältnis der einzelnen Nährstoffe zueinander eine starke Verschiebung erfährt.

Die Versuche wurden an weißen Mäusen durchgeführt, die mit Kommißbrot sehr lange am Leben erhalten werden können. Im Kommißbrot beträgt das Verhältnis von Kohlehydrat zu Eiweiß 8,5 zu 1. Reichert man den Kohlehydrat des Brotes durch Tränkung mit 50%iger Rohrzuckerlösung noch weiter an, so daß das Verhältnis 11,5 zu 1 wird, so gehen die damit ernährten Tiere zugrunde. Das gleiche Ergebnis hatte eine Verschiebung des Nährstoffverhältnisses zugunsten des Fettes. Bei der Deutung der Resultate erörtert TACHAU vorwiegend drei Momente:

1. einen „Widerwillen der Tiere gegen eine so ausgesprochen einseitig schmekkende Nahrung",
2. „Unfähigkeit des Darmtractus, sie auszunutzen und zu resorbieren",
3. „eine Einrichtung des intermediären Stoffwechsels, welche die Ausnützung bestimmter Nährstoffe, z. B. Kohlehydrate, von der Mitwirkung anderer, z. B. des Eiweißes abhängig macht".

Die Ausführungen dieses Abschnittes zeigen, daß eine auf die Dauer gesund erhaltende Ernährung folgende Bedingungen erfüllen muß: 1. sie muß quantitativ zureichend sein, d. h. unter Berücksichtigung der energetischen Leistungen des Individuums, einen genügend hohen Brennwert enthalten; 2. sie muß qualitativ zureichend sein, d. h. eine bestimmte Menge streng exogener Nährstoffe, besonders aber akzessorische Nährstoffe in genügender Menge enthalten; 3. muß das Eiweißminimum gedeckt sein und 4. müssen die einzelnen Nährstoffgruppen in einem bestimmten Verhältnis zueinander stehen, d. h. die Korrelation der Nährstoffe darf unbeschadet des Prinzips ihrer isodynamen Verwertung über ein bestimmtes Maß hinaus nicht gestört sein.

C. Der Eiweißstoffwechsel und seine Störungen.

Einteilung der Eiweißkörper. Die Eiweißkörper sind wie folgt eingeteilt:

[1]) TACHAU: Biochem. Zeitschr. Bd. 65, S. 377. 1914; ebenda Bd. 67, S. 338.

I. Einfache Proteine (Proteine).

A. Eigentliche Eiweißstoffe.	B. Albuminoide (Gerüsteiweiße).
Albumine	Kollagen
Globuline	Keratin
Nucleoalbumine	Elastin
Histone	Glutin
Protamine	Amyloid u. a.

II. Zusammengesetzte Proteine (Proteide).

Hämoglobin
Nucleoproteide
Glykoproteide.

Sämtliche Spaltungsprodukte der Eiweißkörper sind α-Aminosäuren, deren chemisches Verhalten durch die Gruppe

$$\begin{array}{c} NH_2 \\ | \\ -C-COOH \\ | \\ H \end{array}$$

bestimmt wird. Die α-Aminosäuren sind amphotere Elektrolyte und können daher mit Säuren wie mit Basen Salze bilden, die stark hydrolytisch dissoziiert sind. Durch Besetzung, sei es der sauren oder basischen Gruppe, kann ihnen ihr Doppelcharakter genommen werden, so daß sie lediglich als Säuren oder Basen fungieren.

Durch Aldehydanlagerung an die Aminogruppe läßt sich der basische Charakter abstumpfen und der Säurecharakter überwiegt. Man kann auf diese Weise durch Zusatz von Formaldehyd die Aminosäuren titrieren (Formoltitrierung).

$$\begin{array}{lcl} CH_2 & & CH_3 \\ CHNH_2 + H_2CO & = & HCN:CH_2 \\ COOH & & COOH \end{array}$$

Unter den Aminosäuren haben eine besondere Bedeutung diejenigen mit aromatischem Radikal:

Das Phenylalanin:

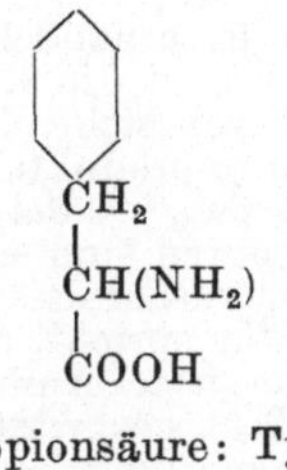

$$\begin{array}{l} CH_2 \\ | \\ CH(NH_2) \\ | \\ COOH \end{array}$$

Die Paraoxyphenyl-α-aminopropionsäure: Tyrosin

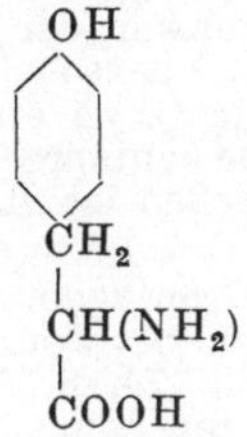

$$\begin{array}{l} OH \\ \\ CH_2 \\ | \\ CH(NH_2) \\ | \\ COOH \end{array}$$

und das Tryptophan:

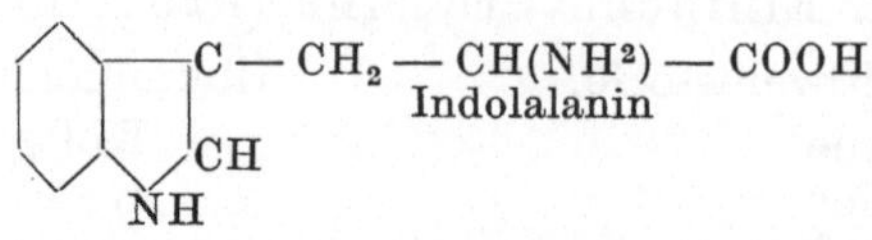

$$\text{(Indolring)}\,C-CH_2-CH(NH^2)-COOH \quad (CH, NH)$$

Indolalanin

Als einzige schwefelhaltige Aminosäure ist das Cystin erwähnenswert

$$\begin{array}{ll} CH_2S & \!\!\!-\!\!\!-\!\!\!-\; SCH_2 \\ | & | \\ CH(NH_2) & CH(NH_2) \\ | & | \\ COOH & COOH \end{array}$$

Die Aminosäuren sind die im Eiweißmolekül präformierten Bausteine desselben und kommen in gleicher Art und wechselnder Ausbeute bei allen Spaltungsmethoden zur Erscheinung, einerlei ob die Spaltung durch Säuren, Alkalien oder Fermente geschieht.

Das Nahrungseiweiß der Tiere entstammt letzten Endes dem Pflanzenreich. Durch Abbau und Umbau wird es der betreffenden Art adäquat gemacht, wodurch eine unendliche Mannigfaltigkeit erzielt und die Artspezifität der Eiweißkörper garantiert wird.

Der enterale Eiweißabbau wird eingeleitet durch die peptische Magenverdauung. Das Pepsin verwandelt in Gegenwart von Salzsäure sämtliche genuinen Eiweißkörper in lösliche Acidalbuminate, die weiter in Peptone gespalten werden. Im allgemeinen kommt es im Magen nicht zum Auftreten freier Aminosäuren. Im Darm geht die Spaltung am besten bei schwach alkalischer Reaktion unter Einwirkung des Trypsins weiter bis zu größeren Aminosäurekomplexen, welche schließlich durch das Erepsin in einzelne Aminosäuren zerschlagen werden. Wie weit unter physiologischen Bedingungen die Aufspaltung der Eiweißkörper geht, ist generell nicht zu beantworten. Sicher ist, daß Peptone resorbiert werden können. Nach Leimfütterung hat RUBNER Leim im Harn gefunden. Nach Verfütterung von Hemielastin und dem BENCE-JONESschen Eiweißkörper sah man die Substanzen unabgebaut ins Blut übertreten. Über das weitere Schicksal der im Darm auftretenden Aminosäuren ist folgendes bekannt: Verfüttert man ein Aminosäurengemisch, so gehen die Aminosäuren nur zum allergeringsten Teil in den Harn über. Die Hauptmenge wird in der Darmwand bereits wieder synthetisiert. Im strömenden Blut verdauender Tiere konnten aber durch Dialyse diffusionsfähige Substanzen Aminosäuren nachgewiesen werden, indem man in die Kontinuität der Blutgefäßbahn einen langen dünnwandigen gewundenen Collodiumschlauch einschaltet, welcher von einem mit phys. Kochsalzlösung gefüllten Mantel umgeben ist. Das durch den Schlauch zirkulierende Blut läßt seine diffusiblen Eiweißabbauprodukte in die Kochsalzlösung übertreten, in welcher sie nach Eindampfen in erheblichen Mengen nachgewiesen werden [ABEL[1])] und höchstwahrscheinlich geht die Eiweißresorption normalerweise vorwiegend im aminosauren Stadium vor sich. MENDEL und ROCKWOOD[2]) konnten zeigen, daß auch peptische Verdauungsprodukte der Resorption unterliegen können. Die in der Darmschleimhaut und jenseits derselben im Blut aufgefundenen absoluten Mengen von freien Aminosäuren sind selbst während der Eiweißaufnahme sehr gering, was entweder durch eine rasche Resynthetisierung derselben zu Eiweißkörpern in der Darmwand oder dafür spricht, daß die Zellen des Organismus eine sehr große Aufnahmefähigkeit für freie Aminosäuren zeigen. Werden größere Mengen Aminosäuren direkt ins Blut gespritzt, so kann durch diese Maßnahme der Aminosäurespiegel nur sehr wenig gehoben werden [BANG[3])]. BERG[4]) ist es gelungen, durch Aminosäurenfütterung in der Leber eine Vermehrung bestimmter Aminosäurekomplexe nachzuweisen. Ebenso ist es nach ausgiebiger Eiweißfütterung an Hühner, Mäuse, Enten und Hunde zu einer Vermehrung des Lebergewichts und des Gerbsäurestickstoffs ohne entsprechende Vermehrung des Phosphorgehalts gekommen, woraus zu schließen ist, daß das aufgenommene Eiweiß nicht

[1]) ABEL: Physiologenkongreß Groningen.
[2]) MENDEL und ROCKWOOD: Americ. Journ. of physiol. Vol. 12, p. 336. 1904.
[3]) BANG: Biochem. Zeitschr. Bd. 74, S. 278. 1916.
[4]) BERG und CAHN-BRONNER: Biochem. Zeitschr. Bd. 61, S. 434, 446. 1914.

zum Aufbau neuen Gewebes verwendet, sondern als Reserveeiweiß in den Zellen abgelagert wurde [Tichmenew[1]) und Grund[2])].

Nach der alten Lehre von Voit[3]) ist in einem gutgenährten Organismus das Eiweiß in zwei biologisch ungleichartigen Formen vorhanden. Ein Teil des resorbierten Nahrungseiweißes bleibt in den Säften als zirkulierendes Eiweiß zurück. Dieses zirkulierende Eiweiß ist von anderen Autoren als labiles Eiweiß, Vorratseiweiß, Reserveeiweiß, totes Eiweiß, nicht organisiertes Eiweiß, Zelleinschlußeiweiß bezeichnet worden. Diese Form des Eiweißes hat eine wesentlich höhere Zersetzlichkeit als das sog. Organeiweiß. Der größte Teil des Nahrungseiweißes wird verbrannt. Der Umsatz kann entsprechend dem Eiweißgehalt der Nahrung erheblich gesteigert werden. Vom Darmkanal des Menschen können nach Rubner 880 g gebratenes Fleisch und 950 g Eier in 24 Stunden ausgenutzt werden.

Nach den Untersuchungen von Speck[4]) und Folin[5]) ist es sicher, daß man zwei Arten des Eiweißstoffwechsels nach der Art des Abbaus unterscheiden kann. Diese Tatsache ist für das Verständnis pathologischer Vorgänge von großer Bedeutung. Läßt sich nämlich dartun, daß exogenes und endogenes Eiweiß zu differenten Stoffwechselendprodukten führen, so muß bei allen den Zuständen, welche mit einem erhöhten Zerfall körpereigenen Gewebes einhergehen, die Relation der N-haltigen Bestandteile des Harns sich in charakteristischer Weise verschieben. Zu den von der Ernährung in weitgehender Weise unabhängigen stickstoffhaltigen Harnbestandteilen gehört der von Salkowski[6]) sog. kolloidale Stickstoff des Harns und das Kreatin und Kreatinin. Chemisch setzt sich der kolloidale Stickstoff aus polypeptidartigen schwer dialysierbaren Stoffen zusammen, die bei der Hydrolyse mit Salzsäure reichlich Aminosäuren liefern. Unter ihnen spielen die Oxyproteinsäuren eine besondere Rolle. In welcher Weise man durch geeignete Ernährung die relativen Verhältnisse der N-haltigen Harnbestandteile ändern kann, zeigte die folgende von Folin[7]) zusammengestellte Tabelle:

	Eiweißreiche Nahrung	Eiweißarme Nahrung
Volumen des Harns	1170 ccm	385 ccm
Gesamtstickstoff	16,8 g	3,60 g
Harnstoff-N	14,70 = 87,5%	2,20 = 61,7%
Ammoniak-N	0,49 = 3,0%	0,42 = 11,3%
Harnsäure-N	0,18 = 1,1%	0,09 = 2,5%
Kreatinin-N	**0,58 = 3,6%**	**0,60 = 17,2%**
Unbestimmter N	0,85 = 4,9%	0,27 = 7,3%
Gesamt-SO_3	3,64	0,76
Anorganische SO_3	3,27 = 90 %	0,46 = 60,5%
Gepaarte SO_3	0,19 = 5,2%	0,10 = 13,2%
Neutraler S als SO_3	**0,18 = 4,8%**	**0,20 = 26,3%**

Aus dieser Tabelle ist deutlich zu ersehen, daß die absoluten Werte für Kreatininstickstoff und für den neutralen Schwefel bei eiweißreicher und eiweißarmer Nahrung quantitativ gleich sind. Diese Endprodukte, die von der alimentären Zufuhr des Eiweißes weitgehend unabhängig in gleicher Menge ausgeschieden werden, sind die Produkte des endogenen oder Gewebsstoffwechsels. Der exogene Eiweißstoffwechsel

[1]) Tichmenew: Biochem. Zeitschr. Bd. 59, S. 326. 1913.
[2]) Grund: Zeitschr. f. Biol. Bd. 54, S. 173. 1910.
[3]) Voit: Hermanns Handb. d. Physiol. Bd. 6, I, I. 1881.
[4]) Speck: Ergebn. d. Physiol. Bd. 2, S. 1. 1903.
[5]) Folin: Americ. Journ. of physiol. Vol. 13, p. 171. 1905.
[6]) Salkowski: Berl. klin. Wochenschr. Bd. 47, S. 1748. 1910.
[7]) Folin: Americ. Journ. of physiol. Vol. 13, p. 171. 1905.

liefert, wie lange bekannt, hauptsächlich Harnstoff und anorganische Schwefelsäure und ist in einer konstanten Abhängigkeit von der mit der Nahrung zugeführten Eiweißmenge.

Bevor in die Besprechung der pathologischen Verhältnisse des Eiweißstoffwechsels eingetreten werden kann, muß noch einiges über das Schicksal des mit der Nahrung aufgenommenen Eiweißes vorausgeschickt werden. Der größere Teil des in der Nahrung zugeführten Eiweißes findet im Organismus keine dauernde Verwendung. Nach allem was wir wissen geht der N-haltige Anteil einen anderen Weg als der N-freie Rest. Die bei der fermentativen Aufspaltung des Eiweißes entstehenden Aminosäuren werden ihrer NH_2 Gruppe beraubt. Es entsteht Ammoniak. Dieser als Desamidisierung geschilderte Vorgang kann sich auf verschiedenen Wegen vollziehen. Man unterscheidet die reduktive, hydrolytische und oxydative Desamidisierung der Aminosäuren. Erfolgt die Desaminierung durch Reduktion, so entstehen aus Aminosäuren unter H_2-Aufnahme einfache Carbonsäuren. Das ist z. B. bei den Fäulnisprozessen der Fall. Der Vorgang verläuft nach folgendem Schema:

Asparaginsäure → Bernsteinsäure

$$\begin{array}{l} COOH \\ | \\ CH_2 \\ | \\ CH(NH_2) \\ | \\ COOH \end{array} + H_2 = \begin{array}{l} COOH \\ | \\ CH_2 \\ | \\ CH_2 \\ | \\ COOH \end{array} + NH_3$$

α-Aminosäuren können durch oxydative Desaminierung in α-Ketosäuren übergehen.

Alanin → Brenztraubensäure

$$\begin{array}{l} CH_3 \\ | \\ CH(NH_2) \\ | \\ COOH \end{array} \rightarrow \begin{array}{l} CH_3 \\ | \\ CO \\ | \\ COOH \end{array} + NH_3$$

Die hydrolytische Desaminierung geht unter Wasseraufnahme nach folgendem Schema vor sich:

Alanin → Milchsäure

$$\begin{array}{l} CH_3 \\ | \\ C{}^{H}_{NH_2} \\ | \\ COOH \end{array} + H_2O \quad \begin{array}{l} CH_3 \\ | \\ C{}^{H}_{OH} \\ | \\ COOH \end{array} + NH_3$$

In allen diesen Fällen wird das Ammoniak (NH_3) verfügbar, das nun zur Harnstoffbildung herangezogen wird, welcher in der Norm 80% des im Harn ausgeschiedenen Stickstoffs enthält. Nur 4—6% sind normalerweise als Ammoniak, höchstens 2% als Aminosäuren im Harn enthalten. Man kann den Harnstoff als ein Diamid der Kohlensäure auffassen und sich mit SCHMIEDEBERG die Entstehung des Harnstoffs nach folgendem Schema vorstellen:

Kohlensaures Ammonium → Carbaminsaures Ammonium → Harnstoff

$$C{\begin{array}{l} \diagup ONH_4 \\ = O \\ \diagdown ONH_4 \end{array}} - H_2O \rightarrow C{\begin{array}{l} \diagup NH_2 \\ = O \\ \diagdown ONH_4 \end{array}} - H_2O \rightarrow C{\begin{array}{l} \diagup NH_2 \\ = O \\ \diagdown NH_2 \end{array}}$$

Aus dem zunächst entstehenden kohlensaurem Ammonium wird Wasser abgespalten und es entsteht das carbaminsaure Ammonium, das durch abermalige Wasserabspaltung in Harnstoff übergeht.

Haben wir so das Hauptschicksal des Nahrungseiweißes bis zu seiner Ausscheidung als Harnstoff verfolgt, so fragt sich jetzt, wie der durch den endogenen Gewebsstoffwechsel täglich zu Verlust gehende Anteil des Körpereiweißes seine Ergänzung findet. Bei Besprechung des Hungerstoffwechsels ist bereits darauf hingewiesen worden, daß, wenn Nahrung von außen nicht zugeführt wird, täglich eine bestimmte allerdings sehr niedrige Menge von Stickstoff zur Ausscheidung gelangt, die nur aus dem Körpereiweiß herrühren kann. Durch stickstofffreie einseitige Kohlehydratkost läßt sich nach LANDERGREEN[1]) die Stickstoffausscheidung auf 0,047 g pro Körperkilo herabdrücken. Nach THOMAS[2]) liegen die Harn-N-Werte bei eiweißfreier Kost zwischen 1,84 und 3,80 g für den erwachsenen Menschen. Diese geringen Zahlen sind die aus dem endogenen Eiweißstoffwechsel herrührenden N-haltigen Bestandteile des Gewebsstoffwechsels. Die ihnen entsprechende Menge Eiweiß muß, soll das Leben nicht gefährdet werden, dauernd in der Nahrung enthalten sein. Dieses Eiweißminimum ist in seiner Höhe abhängig von der Abnutzungsquote, die ihrerseits je nach der Intensität der gesamten vitalen Zelltätigkeit in ihrem Umfange variieren wird. Für kurze Perioden sichert sich der Körper vor der Gefahr der vorübergehenden Unterschreitung des Eiweißminimums einen gewissen Reservebestand an Vorratseiweiß, der zum Teil im Blutplasma zirkuliert, zum Teil als Zelleinschlußeiweiß im Bestande der einzelnen Zellen untergebracht ist. Hierher gehören vielleicht auch die bereits erwähnten nach Aminosäurenverfütterung in der Leber nachweisbaren Eiweißvorräte.

Das Stickstoffgleichgewicht. Da nach den gemachten Ausführungen der größte Teil des mit der Nahrung zugeführten Eiweißes den Körper als Stickstoff mit dem Harn wieder verläßt, der kleinere vom Körper benutzte Anteil des Nahrungseiweißes aber genau der Abnutzungsquote des Körpereiweißes entspricht, muß sich daraus ein Gleichgewichtszustand ergeben, d. h. die Gesamtmenge des zugeführten Nahrungsstickstoffs entspricht der Gesamtmenge der mit Harn und Kot den Körper verlassenden stickstoffhaltigen Verbindungen. Dieses sog. Stickstoffgleichgewicht wird unter physiologischen Bedingungen nur dann gestört sein, wenn durch besondere Versuchsanordnungen der Organismus gezwungen wird, vom eigenen Bestande Eiweiß abzubauen, das Eiweißminimum also unterschritten wird, oder wie im Hunger überhaupt kein Stickstoff zugeführt wird.

Störungen des Stickstoffgleichgewichts. Die Störungen des Stickstoffgleichgewichts lassen sich gruppieren in solche mit positiver und solche negativer N-Bilanz, die unter den Störungen des Eiweißstoffwechsels abgehandelt sind.

Eine positive Bilanz wird unter folgenden Verhältnissen beobachtet: Beim Wachstum, in der Gravidität, im Muskeltraining, in der Rekonvalescenz und bei überreichlicher Zufuhr von Kohlehydraten und Fetten. Für die ersten drei aufgeführten Fälle ist die Zurückhaltung N-haltiger Nahrungsbestandteile ohne weiteres verständlich. Es handelt sich bei ihnen um den Neuaufbau von Körpergewebe. Das Wachstum schreitet mit einer der Zunahme des Körpers an Eiweiß entsprechenden Zurückhaltung von stickstoffhaltigen Nahrungsbestandteilen fort. Die Gravidität kann man als einen besonderen Fall des Wachstums auffassen. Im Training liegen die Dinge insofern komplizierter, als die Zunahme an Muskelmasse nicht in allen Fällen nachweisbar ist, und nach akuten Anstrengungen sogar negative N-Bilanzen sichergestellt sind.

BORNSTEIN[3]) fand in einem Selbstversuch bei einer Zulage von 40 g Casein zur Erhaltungskost eine erhebliche Retention von Eiweiß im Körper, welche im letzten Viertel der 18tägigen Untersuchungsreihe langsam anstieg.

Die Frage der Eiweißmast hat für die menschliche Ernährungslehre eine untergeordnete Bedeutung, denn sicher bedarf es sehr

[1]) LANDERGREEN: Skandinav. Arch. f. Physiol. Bd. 14, S. 112. 1903.
[2]) THOMAS: Pflügers Arch. f. d. ges. Physiol. Bd. 219. 1909.
[3]) BORNSTEIN: Pflügers Arch. f. d. ges. Physiol. Bd. 83, S. 540. 1901.

unphysiologischer Kostordnung, um durch überschüssige Fleischzufuhr, über deren Unzweckmäßigkeit und Schädlichkeit die Kliniker sich einig sind, einen echten Fleischansatz zu erzielen. Im strengen Sinne hat man nur dann das Recht von Eiweißmast zu reden, wenn es sich um eine Volumzunahme resp. Hypertrophie der einzelnen Zelle dank der übermäßigen Zufuhr stickstoffhaltigen Materials handelt, nicht aber dann, wenn Zellen neu gebildet werden.

Die Erfahrungen der Landwirtschaft sprechen dafür, daß es tatsächlich in besonders angeordneten Versuchen möglich ist, auch bei ausgewachsenen Tieren einen erheblichen Fleischansatz zu erzielen, wobei das Verhältnis zwischen wasser- und fettfreier Trockensubstanz konstant bleibt. Pfeiffer und Henneberg[1]) konnten in 100 oder 150 Tagen volle 100 g N beim ausgewachsenen Hammel zum Ansatz bringen. Beim Menschen scheitern alle derartigen Versuche an dem Faktor der Konstitution, der hier für die Erhaltung des individuellen Habitus eine viel größere Rolle zu spielen scheint, als bei domestizierten Tieren. Es ist auf die Dauer unmöglich, ohne entsprechende Steigerung der körperlichen Tätigkeit, einen Menschen gegen seinen Appetit größere Mengen Fleisch zuzuführen, und damit einen Ansatz zu erzwingen.

Störungen des Eiweißstoffwechsels.

Bei den Störungen des Eiweißstoffwechsels kann man solche quantitativer und solche qualitativer Art unterscheiden. Die quantitativen betreffen alle diejenigen Fälle, die mit einer gestörten Bilanz (negative Stickstoffbilanz) einhergehen, die qualitativen solche bei denen prinzipiell das Stickstoffgleichgewicht erhalten sein kann, der Abbau aber nicht bis zu seinen Endprodukten durchgeführt ist. Die Gruppe der letzteren wird als Störung des intermediären Eiweißabbaus gekennzeichnet. Ihr Studium ist deshalb von weittragender Bedeutung, weil sie uns einen Einblick in das physiologische Geschehen, das hier gewissermaßen an einem bestimmten Punkte halt macht, gewährleistet. Es ist begreiflich, daß beide Arten, die quantitativen sowohl wie die qualitativen Eiweißstoffwechselstörungen häufig kombiniert vorkommen. Neben den Abbaustörungen kennt man solche des Aufbaus, nur sind hier unsere Kenntnisse noch sehr geringe, weil zur chemischen Differenzierung verwandter Eiweißarten große Mengen von Ausgangsmaterial nötig sind. Der Versuch, z. B. das Carcinomeiweiß seiner Zusammensetzung aus einzelnen Aminosäuren nach zu charakterisieren, ist aus den angeführten Gründen bisher noch nicht gelungen. Wohl hat man bei der chemischen Untersuchung des Krebsgewebes, dessen vermehrten Gehalt an Nucleoalbuminen, seine relative Armut an Globulinen und seinen Reichtum an Albuminen überhaupt gefunden. Auch glaubt man, daß das Nucleohiston ein konstanter Bestandteil schnell wachsender Tumoren sei, doch handelt es sich in allen diesen Fällen doch immer nur um Einzeluntersuchungen, denen man eine allgemeine Bedeutung bis heute nicht vindizieren darf. Sicherzustehen scheint allein der hohe Fermentreichtum des Krebsgewebes, welcher nicht nur durch einen rascheren autolytischen Zerfall der Geschwulst selbst dargetan wird, sondern welcher auch die Autolyse anderer Organe zu beschleunigen imstande ist. Vielleicht ist dieser Fermentreichtum auch die Ursache einer sehr ins Auge fallenden Abartung des Eiweißes bestimmter bösartiger Geschwülste, nämlich der Melanosarkome. Hier soll es nach den Vorstellungen von Fürth durch

[1]) Pfeiffer und Henneberg: Journ. Ldw. Bd. 38, S. 218. 1890.

die Wirkung autolytischer eiweißspaltender Fermente zur Abspaltung gewisser zyklischer Komplexe aus ungefärbten Protoplasmaeiweißkörpern kommen und diese letzteren werden sodann durch oxydative Fermente zu Melanin umgestaltet. Der Nachweis einer Tyrosinase ist in solchen Tumoren von ALSBERG[1]) und NEUBERG[2]) geführt worden. In einem Falle ist es zudem WOLFF[3]) gelungen, die abweichende Zusammensetzung des Melanins in einem Sarkom von der der physiologisch vorkommenden Pigmente nachzuweisen.

Bei der allgemeinen Sarkomatose des Knochenmarks ist ein durch seine Löslichkeitsbedingungen auffallender Eiweißkörper gefunden worden. Dieser von BENCE-JONES entdeckte Eiweißkörper koaguliert bei 50 bis 58°, löst sich aber bei höheren Temperaturen wieder auf, wenn reichliche Mengen von Ammoniaksalzen oder Harnstoff vorhanden sind. Der wirkliche gereinigte Körper dagegen koaguliert vollständig. Der Körper ist nach seiner chemischen Zusammensetzung von vielen Seiten[4]) genau untersucht worden. Die als Chlorome beschriebenen Geschwülste zeigen schon durch ihre grüne Farbe den von der Norm abweichenden chemischen Bau. Damit sind die Fälle von gestörtem Eiweißaufbau, soweit sie einer genaueren Charakterisierung zugänglich waren, erschöpft.

Eiweißabbaustörungen. Die Störungen des Eiweißabbaus sind einmal qualitativer Art und betreffen das Auftreten sonst im Harn nicht vorkommender Aminosäuren und andererseits quantitativer Natur insofern Körper, die unter physiologischen Bedingungen nur in geringen Mengen vorkommen, erheblich vermehrt in den Harn treten.

Zu den am besten studierten pathologischen Störungen des Eiweißabbaus gehört die **Cystinurie**. Es wurde gezeigt, daß Cystin als einzige schwefelhaltige Aminosäure in jedem Eiweißkörper vorkommt. Normalerweise wird das Cystin beim Abbau zerschlagen, und der in ihm enthaltene Schwefel zu Schwefelsäure oxydiert. Der Cystinuriker ist dazu nicht imstande. Er scheidet das schwer lösliche Cystin großenteils in krystallisierter Form in täglichen Mengen bis zu 1,5 g aus. Die charakteristischen sechseckigen Tafeln werden im Harnsediment leicht erkannt, und aus diesem Befund wird die Diagnose unschwer gestellt. Die Abnormität kann kange Zeit bestehen, ohne klinische Erscheinungen zu machen. Häufig wird der Arzt erst dann zu Rate gezogen, wenn es durch Ausfallen und Zusammensinterungen von Krystallen im Nierenbecken oder in der Blase zu Cystinsteinbildung kommt. Die Quelle des Harncystins kann im Nahrungseiweiß (exogene Cystinurie) oder im Körpereiweiß (endogene Cystinurie) gelegen sein. Der gesunde Mensch scheidet per os aufgenommenes Cystin zu $^2/_3$ als Sulfat und zu $^1/_3$ als Neutralschwefel im Harn wieder aus, während der Cystinuriker es ganz unverbrannt durch die Nieren wieder ausführt [LÖWI und NEUBERG[5])]. Doch verhalten sich nicht alle Fälle gleichmäßig. Soweit bekannt scheiden alle Cystinuriker neben dem Neutralschwefel eine gewisse Quote oxydierten Schwefels wieder aus, woraus allein schon eine wenigstens partielle Oxydation des Cystins in diesen Fällen geschlossen werden muß. Das Cystin kommt offenbar in Form von zwei Strukturisomeren im Körper

[1]) ALSBERG: Journ. of med. research. Vol. 16, p. 117. 1906.

[2]) NEUBERG: Zeitschr. f. Krebsforsch. Bd. 8, S. 95. 1909 u. Biochem. Zeitschr. Bd. 8, S. 383. 1909.

[3]) WOLFF: Hofmeistersche Beitr. Bd. 5. S. 476. 1904.

[4]) COHNHEIM: Chemie der Eiweißkörper. 1911. 3. Aufl. S. 200—201.

[5]) LÖWI und NEUBERG: Hoppe-Seylers Zeitschr. f. physiol. Chem. Bd. 43, S. 338.

vor. Erstens als ausschließlich in sechsteiligen Tafeln krystallisierendes Proteincystin und zweitens als ein in Nadeln krystallisierendes Steincystin. Beide sind optisch aktiv, beide können in Steinen vorkommen. Ihre biologische Verschiedenheit geht daraus hervor, daß die Cystinuriker Löwis und Neubergs peroral zugeführtes Cystinprotein wieder als solches ausführten, Steincystin aber verbrannten. In eigenen Beobachtungen[1]) konnte ich die Bedeutung der Bakterieneinwirkung auf das Cystin nachweisen, indem alle untersuchten Bakterien imstande waren, den Schwefel aus dem Cystin abzuspalten. Einer der von Umber und mir[2]) beobachteten Cystinuriker zeigte im Harn spontan Schwefelwasserstoffentwicklung, die auf die Schwefel abspaltende Tätigkeit von Harnbakterien zurückzuführen war. Es ist klar, daß alle experimentellen Untersuchungen über das Schicksal per os eingeführten Cystins durch die schwefelabspaltende bzw. cystinzerstörende Einwirkung der Darmbakterien erheblich gestört werden.

In vielen Fällen von Cystinurie ist die Stoffwechselinsuffizienz auch gegenüber anderen Monoaminosäuren (Leucin, Tyrosin, Asparagin) oder Diaminosäuren (Lysin, Arginin) ausgeprägt. Besonders das Auftreten der aus dem Arginin und Lysin entstandenen Diamine, Cadaverin und Putrescin hat zu der Aufstellung besonderer Hypothesen über das Zustandekommen der Cystinurie geführt, ohne daß sich bis heute mehr darüber sagen läßt, als daß eine Schwäche resp. ein Fehlen bestimmter Fermente bei dem Cystinuriker vorliegen muß.

Die Alkaptonurie. Eine zweite Störung des Eiweißabbaus, die ebenso wie die Cystinurie häufig familiär beobachtet wird, macht noch viel charakteristischere Erscheinungen als diese. In ausgeprägten Fällen werden die Träger dieser Stoffwechselstörung dadurch auf diese aufmerksam, daß mit Harn benetzte Wäschestücke an der Luft allmählich eine braune bis schwarze Färbung annehmen. Mütter, welche diese Anomalie aufweisen, bemerkten an den Windeln ihrer Kinder durch deren Braunfärbung als erstes Anzeichen die sich einstellende Störung. Die Anomalie wurde von ihrem Entdecker Bödecker[3]) deswegen Alkaptonurie genannt, weil der Harn bei Gegenwart von Sauerstoff begierig Alkali an sich reißt, was sich durch eine langsame Braun- bis Schwarzfärbung des an der Luft stehenden Harns zunächst an den oberen Schichten geltend macht. Aus solchen Harnen wurde von Baumann und seinen Mitarbeitern[4]) eine Hydrochinonessigsäure krystallinisch gewonnen. Dieselbe läßt sich mit Gentisinaldyhyd als Ausgangsmaterial synthetisch darstellen und wurde von ihm daher Homogentisinsäure genannt.

```
              CH
  OH – C ⁄  ╲ CH
                          = 2,5 Dioxyphenylessigsäure
     HC ╲  ⁄ C – OH        = Homogentisinsäure.
           C
           |
          CH2
           |
          CO · OH
```

---

[1]) Bürger: Arch. f. Hyg. Bd. 82, H. 5, S. 201.

[2]) Umber und Bürger: Dtsch. med. Wochenschr. Bd. 48. 1913.

[3]) Bödecker: Zeitschr. f. rat. Med. Bd. 7, S. 39. 1859.

[4]) Wolkow und Baumann: Zeitschr. f. physikal. Chem. Bd. 15, S. 228. 1891. Baumann und Fränkel: Ebenda Bd. 20, S. 219. 1894/95.

Dank der Anwesenheit dieses Körpers gibt der Alkaptonharn folgende Reaktionen: Er reduziert eine alkalische Kupferlösung (positive TROMMERsche Reaktion), während eine alkalische Wismutlösung (NYLANDERS Reagens) nicht reduziert wird. Durch Reduktion einer ammoniakalischen Silberlösung wird die Homogentisinsäure quantitativ bestimmt. Die Homogentisinsäure ist inaktiv und wird nicht vergoren. Mit einer stark verdünnten Eisenchloridlösung gibt der Alkaptonharn eine rasch wieder verschwindende Blau- resp. Grünfärbung. Mit MILLONschem Reagens tritt Gelb- bis Orangefärbung auf, die beim Erwärmen ziegelrot wird. Mit Blei kann Homogentisinsäure gefällt werden.

Es fiel bald auf, daß die Menge der Homogentisinsäure von der Größe der Eiweißzufuhr abhängig ist, und weiterhin, daß unter den Eiweißbausteinen die aromatischen Aminosäuren Tyrosin und Phenylalanin als ihre Muttersubstanz zu gelten haben. Diese letztgenannten Aminosäuren werden vom Alkaptonuriker quantitativ in Homogentisinsäure übergeführt, einerlei ob sie aus dem Nahrungseiweiß oder aus Körpereiweiß herstammten. Werden den Alkaptonurikern verschiedenartige Eiweißkörper dargereicht, so steigt und fällt die Homogentisinsäureausscheidung entsprechend dem Gehalt an aromatischen Aminosäuren. Werden an gesunde Menschen große Mengen l-Tyrosin verabreicht, so kann auch bei ihnen dadurch eine Ausscheidung von Homogentisinsäure künstlich erzwungen werden. ABDERHALDEN[1]), der diesen Versuch machte — er gab einem Gesunden 50 g l-Tyrosin in 24 Stunden —, bewies damit, daß die Homogentisinsäure ein normales intermediäres Abbauprodukt darstellt. Diesem Körper gegenüber ist der Alkaptonuriker insuffizient, wie der Cystinuriker gegenüber dem Cystin.

Man war lange der Ansicht, daß die Alkaptonurie eine zwar höchst interessante aber harmlose Stoffwechselstörung sei und daß abgesehen von den Eigentümlichkeiten des Harns keinerlei objektive oder subjektive Erscheinungen bei dem Alkaptonuriker zu verzeichnen seien. Wir[2]) selbst beobachteten in zwei Fällen typischer familiärer Alkaptonurie das ausgesprochene klinische Bild der Ochronose. Darunter versteht man eine eigentümliche braunschwarze Verfärbung der Knorpel des Larynx und der Luftwege, der Gelenke, der Nase und des Ohres. Klinisch zeigte sich die Ochronose in den Fällen unserer Beobachtung durch ein im auffallenden Licht dunkelblaues Durchschimmern der Ohrknorpel besonders intensiv an dem oberen Abschnitt des Anthelix, am Crus Helicis sowie im Cavum conchae. Weiterhin wurde eine eigentümlich fleckweise bräunliche Verfärbung beiderseits an den Skleren lateral von der Cornea beobachtet. In den Achselhöhlen fiel eine sonderbare grünbraune Verfärbung auf, die sich zum Teil mit dem äthergetränkten Wattebausch wegwischen ließ. Diese zuerst von VIRCHOW[3]) als Ochronose beschriebene Anomalie ist von GROSS und ALLARD[4]) und anderen in eine genetische Beziehung zur Alkaptonurie gebracht worden. Diese Autoren konnten durch Einlegen von überlebendem Knorpelgewebe in Homogentisinsäure eine typische Schwarzfärbung des Knorpels erzielen, ganz wie bei der Ochronose der einer Leiche entnommenen

[1]) ABDERHALDEN: Zeitschr. f. physikal. Chem. Bd. 77, S. 154. 1912.
[2]) UMBER und BÜRGER: Dtsch. med. Wochenschr. 1913. Nr. 48.
[3]) VIRCHOW: Virchows Arch. f. pathol. Anat. u. Physiol. Bd. 37, S. 212. 1866.
[4]) GROSS und ALLARD: Zeitschr. f. klin. Med. Bd. 64. 1907. Arch. f. exp. Pathol. u. Pharmakol. Bd. 59, S. 384. 1908.

Knorpelstücke. In den Fällen unserer eigenen Beobachtung waren in vier Generationen einer Alkaptonurikerfamilie alle, die Alkaptonurie aufwiesen auch ochronotisch und umgekehrt fanden sich bei keinem der Nichtalkaptonuriker Anzeichen der Ochronose. Weiterhin waren sämtliche Alkaptonuriker gleichzeitig gelenkkrank. Sie zeigten bei röntgenologischer Untersuchung die für Osteoarthritis deformans typischen Veränderungen. Dieser Zusammenhang zwischen Ochronose und Arthritis wird durch die Einlagerung des Farbstoffs in den Knorpel verbunden mit sekundären Knorpelveränderungen verständlich, so daß man von einer Arthritis alcaptonurica zu sprechen berechtigt ist.

Quantitative Störungen des Eiweißabbaus.

Die quantitativen Störungen des Eiweißabbaus können sich einerseits darin äußern, daß bei normaler Relation der N-Bestandteile des Harns wesentlich mehr Stickstoff durch Harn und Kot ausgeführt werden, als mit der genau analysierten Nahrung eingenommen wurden. Dieser Zustand wird als negative N-Bilanz bezeichnet. In einer zweiten Reihe geht die negative N-Bilanz mit einer Verschiebung der N-haltigen Harnbestandteile gegenüber der Norm einher, d. h. es können Aminosäuren, die sonst nur in Spuren im Harn zu finden sind, in erheblicheren Mengen darin auftreten. Es kann das Ammoniak vermehrt sein, oder der von SALKOWSKI[1]) sog. kolloidale Stickstoff in größeren Mengen im Harn auftreten.

Die Aufstellung einer exakten N-Bilanz erfordert die genaue Kenntnis sämtlicher Einnahmen und Ausgaben, soweit N-haltige Bestandteile in Frage kommen. Es kann als allgemeine Regel gelten, daß jede Schädigung, die den Körper trifft, und die Zellen in ihrer Vitalität mehr oder weniger weitgehend beeinträchtigt, zu einer Mehrausfuhr von N führt. Solche Zellschädigungen können physikalischer und chemischer Natur sein. Zu den physikalischen gehören z. B. Schädigungen durch hohe Temperaturen, durch Röntgenstrahlen und Radiumeinwirkung. Zu den chemischen erstens Gifte, die im Körper selbst entstehen, zweitens solche, die durch in den Körper eingedrungene Parasiten gebildet werden und schließlich solche, die dem Körper auf oralem oder parenteralem Wege einverleibt werden. In manchen Fällen kommt es zur Kombination mehrerer solcher Noxen. So wirkt eine weitgehende Verbrühung einmal durch Zerstörung der Zellen selbst, zweitens aber auch durch die beim Zellzerfall freiwerdenden Gifte. Am meisten diskutiert ist die Frage nach dem sog. toxischen Eiweißzerfall, welcher durch Gifte, die der Organismus selbst bildet, veranlaßt wird. Als Paradigma möge der Eiweißumsatz bei Krebskranken kurz besprochen werden. Vergleicht man, wie F. MÜLLER[2]) es getan hat, die N-Ausfuhr carcinomkranker Menschen mit der unter gleichen Nahrungsbedingungen lebender Gesunder, so zeigt sich, daß die N-Ausscheidung Krebskranker oft größer ist als die Einnahme und der Körper der Carcinomträger dementsprechend von seinem Eiweißbestand verliert. MÜLLERS klassische Untersuchungen zeigten, daß auch bei reichlicher Nahrungszufuhr es bei manchen Krebskranken nicht gelingt, die Schwelle des N-Gleichgewichts zu erreichen.

[1]) SALKOWSKI: Berl. klin. Wochenschr. Bd. 47, S. 1748. 1910.
[2]) F. MÜLLER: Zeitschr. f. klin. Med. Bd. 16, S. 496. 1889.

Bei der sog. BANTIschen Erkrankung ist von UMBER[1]) ein toxischer Eiweißzerfall wahrscheinlich gemacht worden. Er glaubt, daß hier die erkrankte Milz der primäre toxische anämisierende Ausgangspunkt der Erkrankung ist.

Bei der paroxysmalen Hämoglobinurie, die in ihren Ursachen bisher noch nicht geklärt ist, sind erhebliche Stickstoffverluste allein schon durch den Übertritt des Hämoglobins in den Harn bedingt.

Bei der Eklampsie ist die Relation der N-haltigen Bestandteile des Harns gestört. ZWEIFEL[2]) stellte eine deutliche Vermehrung des Neutralschwefels fest. Im HOFMEISTERschen Laboratorium wurde eine Vermehrung der Nucleinsäuren aufgedeckt. Genaue Stickstoffbilanzen fehlen bei diesen Zuständen.

Für die zweite Gruppe ist von ROSENQUIST[3]) ein Beispiel beigebracht worden: Bei der Botriocephalusanämie läßt sich eine negative N-Bilanz, hervorgerufen durch den toxischen Eiweißzerfall, nachweisen. Werden aber die giftproduzierenden Würmer erfolgreich abgetrieben, so tritt ein normaler Eiweißumsatz ein. In diesem Fall ist das toxische Agens mit Sicherheit im Wurm zu suchen. Als Beispiel für die letzte Gruppe möge der gesteigerte Eiweißzerfall nach Phosphorvergiftung[4]) dienen. Bei ihr werden die Leberzellen in so weitgehender Weise geschädigt, daß im lebenden Organismus die autolytischen Fermente das Übergewicht bekommen und der Abbau des Lebergewebes bis zu den Aminosäuren herunter in solchem Umfange stattfindet, daß ihre Anhäufung im Blut zu einer vermehrten Ausscheidung im Harn führt. Ähnlich dem Phosphor wirkt auch die Chloroformvergiftung. Auch das Chloroform kann nach CHIARI[5]) eine Beschleunigung der Organautolyse bewirken.

In die gleiche Gruppe gehören alle jene Zustände, bei welchen es aus mechanischen Ursachen (Traumen) zum Gewebszerfall kommt und die Zerfallsprodukte toxische Wirkungen entfalten; so konnten in neueren Untersuchungen BÜRGER und GRAUHAHN[6]) zeigen, daß jede größere unter aseptischen Bedingungen durchgeführte Operation mit Zellzertrümmerung einhergeht, welche am Tage nach der Operation zu einer erheblich vermehrten Stickstoffausfuhr Anlaß gibt (postoperative Azoturie). Werden sehr breite Wundflächen gesetzt, so kann es durch Zerfall und Resorption von Granulationen auch ohne die dominierende Mitwirkung von Bakterien zu Zustandsbildern kommen, welche am treffendsten als Wundkachexie bezeichnet werden. Der oft letale Ausgang großer ausgedehnter Operationen der durch Infektion, Blutungen oder andere Zwischenfälle nicht erklärt werden kann, ist sicher die Folge einer chronischen Eiweißzerfallstoxikose.

Eine besonders interessante aber noch wenig studierte Form vermehrten Eiweißzerfalls ist die sog. posthämorrhagische Azoturie. Es sind mehrfach nach abundanten Magen- und Darmblutungen an

---

[1]) UMBER: Zeitschr. f. klin. Med. Bd. 55. DERSELBE: Münch. med. Wochenschr. 1912. Nr. 27.

[2]) ZWEIFEL: Arch. f. Gynäkol. Bd. 72, S. 1—98. EPEKE: Biochem. Zeitschr. Bd. 12. SASAKI: Hofmeistersche Beitr. Bd. 9 u. 11. PONS: Hofmeistersche Beitr. Bd. 9.

[3]) ROSENQUIST: Zeitschr. f. klin. Med. Bd. 49.

[4]) JAKOBY: Zeitschr. f. physikal. Chem. Bd. 30, S. 174. 1900. E. PORGES und O. PRZIBRAM: Arch. f. exp. Pathol. u. Pharmakol. Bd. 59, S. 20. 1908.

[5]) CHIARI: Arch. f. exp. Pathol. u. Pharmakol. Bd. 60, S. 255. 1909.

[6]) BÜRGER und GRAUHAHN: Zeitschr. f. d. ges. exp. Med. 1923.

Tagen, an denen die betreffenden Patienten nahezu keine Nahrung aufnahmen, 20 ja 26 g Stickstoff im Harn beobachtet worden. Die Erklärung dieser Erscheinung ist wahrscheinlich darin zu sehen, daß durch die großen Blutverluste eine Ernährungsstörung besonders empfindlicher Zellelemente eintrat, die in ihrer Folge zu einer Einschmelzung der geschädigten Elemente führte. Unter dem Einfluß therapeutischer Aderlässe kommt es nie zu solchen posthämorrhagischen Azoturien [Kolisch[1]) und Magnus-Levy[2])].

Die Stickstoffbilanz bei Infektionskrankheiten ist sehr häufig eine negative. Die Verhältnisse sind hier aus verschiedenen Gründen schwer zu übersehen. Einmal ist bei einer Reihe derartiger Zustände die Nahrungsaufnahme soweit gestört, daß die Inantion den Stoffwechsel beherrscht, und die Eiweißverluste einfach durch Einschmelzung von Beständen des mehr oder weniger hungernden Organismus zu erklären sind. Eine weitere Gruppe von Kranken zeigt infolge der Infektion so hohe Körpertemperaturen, daß viele Autoren geneigt sind, die Zellschädigungen mit nachfolgender Einschmelzung als Folgen der Hyperthermie zu deuten. Eine letzte Guppe zeigt aber unter Ausschluß der eben genannten Bedingungen so hochgradige Stickstoffverluste, daß dieselben notwendigerweise als Folgen des toxisch-infektiösen Eiweißzerfalls gedeutet werden müssen. Eigenen Untersuchungen an hochfiebernden Malariakranken, die aus voller Gesundheit heraus bei bestem Ernährungszustand ihre Anfälle bekamen, ergaben 24stündige Stickstoffmengen bis zu 24, 27 g[3]).

Auch bei der parenteralen Einverleibung von körperfremden Substanzen kommt es zu negativen N-Bilanzen; sie ist für den Arzt deshalb von hoher Bedeutung, weil sie aus therapeutischen Gründen häufig geübt wird. Vor allem sind es die Eiweißkörper, die bei der Serumtherapie, bei Transfusionen, Proteinkörpertherapie, bei der sog. Autolysatherapie des Krebses Verwendung finden und die in ihren Wirkungen zum großen Teil noch unübersehbar sind. Die Schwierigkeit, hier einen tieferen Einblick in das Geschehen zu tun, beruht zum Teil darin, daß der Organismus imstande ist, mit Hilfe von Abwehrfermenten aus an sich ungiftigen Eiweißkomplexen hoch wirksame Substanzen abzuspalten, die ihren toxischen Einfluß auf den Organismus in deletärer Weise ausüben können. Wir danken den Bemühungen von Schittenhelm und Weichardt[4]) eine weitgehende Aufklärung der komplizierten Zusammenhänge. Sie zeigen, daß bei der parenteralen Verdauung von Eiweißkörpern verschiedener Struktur ganz differente Abbauprodukte auftreten können. Peptone, welche vollständig oder wesentlich aus Monoaminosäuren bestehen, wie z. B. Peptone aus Seide, Casein, Roßhaar, Edestin, sind in ihrer Wirkung auf den Organismus völlig indifferent. Dagegen zeichneten sich die aus diaminosäurereichen Paarlingen zusammengesetzten Eiweißkörper, die Histone und Protamine bei parenteraler Einverleibung durch ihre intensive Giftwirkung aus.

---

[1]) Kolisch: Wien. klin. Wochenschr. 1897. Nr. 26.

[2]) Magnus-Levy: Virchows Arch. f. pathol. Anat. u. Physiol. Bd. 152.

[3]) Bürger: Beitr. z. Kreatininstoffwechsel. III. Zeitschr. f. ges. exp. Med. Bd. 12. 1921.

[4]) Schittenhelm und Weichardt: Zeitschr. f. exp. Pathol. u. Therap. Bd. 10, S. 1 u. Bd. 11, S. 68. 1912. Dieselben: Münch. med. Wochenschr. 1910. Nr. 34, 1911. Nr. 16, 1912. Nr. 2.

Solche Amine sind in den Bakterienleibern nachgewiesen worden, z. B. Tuberkuloseamin von RUPPEL[1]), Sepsin von FAUST[2]). Andererseits zeigte WEICHARDT[3]), daß durch Eiweißspaltprodukte eine allgemeine Leistungssteigerung, die auf einer Protoplasmaaktivierung beruhe, zu finden sei. WEICHARDT nimmt eine omnicelluläre Wirkung an. Solche Wirkungen lassen sich schon nach geringen Eingriffen am körpereigenen Eiweiß demonstrieren. Entnimmt man einem jugendlichen Menschen etwas Blut und koaguliert das Serum durch Einträufeln in kochende Kochsalzlösung, reinjiziert darauf das Koagulat intramuskulär, so lassen sich Erhöhungen der Leukocytenzahlen um viele Tausend im Kubikmillimeter nachweisen, wie ich in unpublizierten Versuchen 1918/19 zeigen konnte. Ähnliche Wirkungen lassen sich bezüglich der Steigerung des Agglutinationstiters nach parenteraler Einverleibung von Eiweißkörpern nachweisen. Bessere Effekte erzielt man, wenn statt denaturierten Körpereiweißes körperfremdes Eiweiß verwendet wird.

Die Physiologie der Proteinkörperwirkungen ist noch durchaus undurchsichtig. Analysenreines Material findet für therapeutische Zwecke kaum Verwendung. Deshalb lassen sich die fraglos vorhandenen Wirkungen nicht miteinander vergleichen. Alle Beobachtungen deuten darauf hin, daß es sich um celluläre Wirkungen handelt. Man hat gesteigerte Leistungen der drüsigen Organe (Milchdrüse, Pankreas, Vagus), der quergestreiften Muskulatur und des Herzens, Anregung der Phagocytose, beobachtet. Zellen, die sich bereits in einem entzündlichen Reizzustand befinden, reagieren besonders lebhaft auf die parenterale Eiweißinjektion, wodurch die defensive Entzündung eine Steigerung erfährt. Auf die Vielseitigkeit des Einflusses der Proteinkörper und ihrem verschiedenen Wirkungsmechanismus ist besonders von SCHITTENHELM[4]) immer wieder hingewiesen worden.

D. Die Störungen des Kohlehydrathaushalts.

Die Kohlehydrate sind die verbreitetsten Nahrungsmittel. Ist der Körper unfähig, dieselben in geordneter Weise zu speichern und für seine Zwecke zu verwerten, so resultieren daraus schwere Störungen. Die bekannteste dieser Störungen ist der Diabetes mellitus.

Die als Nahrungsmittel in Frage kommenden Kohlehydrate entstammen zum Teil der pflanzlichen Nahrung (Cellulose, Stärke, Dextrine, Traubenzucker, Rohrzucker, Fruchtzucker, Pentosen), zum geringeren Teil sind sie in tierischer Nahrung enthalten (Glykogen, Milchzucker, Pentosen). Sie führen ihren Namen nach ihrer Zusammensetzung aus den Elementen C H O, wobei das Verhältnis von H und O dasselbe ist wie im Wasser. Sie bilden ein Vielfaches der Formel CH_2O. Die Sechszahl der Kohlenstoffatome ist für die Kohlehydrate nicht charakteristisch. EMIL FISCHER konnte in der Retorte Diosen, Triosen und Tetrosen aufbauen. Neben den typischen Polysacchariden spielen im Tier- und Pflanzenreich die Glucoside eine Rolle, die durch fermentative Einwirkung in Zucker und in Gruppen der aromatischen oder Fettreihe zerfallen (Digitalis, Phlorrhizin). Die in den Darmkanal eingeführten Polysaccharide werden dort fermentativ zerlegt und kommen erst nach Aufspaltung zur Resorption. Wird Zucker parenteral dem Körper einverleibt, so ist das Schicksal desselben je nach der Zusammensetzung ein differentes. Doppelzucker, die unter Umgehung des Darmkanals in den Körper eingeführt werden, kommen als Fremdkörper durch den Harn wieder zur

[1]) RUPPEL:
[2]) FAUST: Arch. f. exp. Pathol. u. Pharmakol. Bd. 51, S. 248. 1904.
[3]) WEICHARDT: Münch. med. Wochenschr. 1920.
[4]) SCHITTENHELM: Med. Klinik 1922. Nr. 30.

Ausscheidung. Dextrose sowohl wie Lävulose dagegen werden verbrannt und steigern auch bei parenteraler Injektion die Gesamtwärmeproduktion. Dabei verhält sich die Lävulose anders als die Dextrose, indem nach Lävuloseinjektion unter sonst gleichen Bedingungen eine stärkere Erhöhung der Wärmeproduktion zustande kommt, als nach Dextrose. Es scheint, daß der Organismus imstande ist, die Lävulose ohne vorherige Umwandlung in Glykogen direkt anzugreifen. Milchzucker und Rohrzucker haben diese Wirkung auf den Gesamtstoffwechsel nur in sehr untergeordnetem Grade [BÜRGER[1])]. Die Beobachtung, daß auch Stärke und Maltose nach subcutaner Einführung verbrannt werden, ist auf die Anwesenheit einer Maltase und Diastase in den Geweben zurückzuführen.

Neben der Glykogen- und Zuckerbildung durch die mit der Nahrung eingeführten Kohlehydrate kommt eine Zuckerbildung aus Eiweiß besonders für pathologische Verhältnisse in Betracht. Der im Eiweiß enthaltene Zucker ist nicht mit der Glucose oder einer anderen Hexose identisch, sondern ein Aminozucker, Glucosamin ($CH_2(OH) — CH(OH) — CH(OH) — CH(OH) — CH(NH_2) — COH$). Die Menge dieses Eiweißzuckers ist in den echten Eiweißkörpern sehr gering. Das Casein z. B. ist ganz kohlehydratfrei. Die Erfahrungen, welche vor allem beim Diabetiker gesammelt wurden, sprechen dafür, daß der unter Einhaltung bestimmter Versuchsbedingungen aus Eiweiß gebildete Zucker bei weitem diejenige Menge übertrifft, welche aus Glucosamin, etwa durch direkte Spaltung von Eiweißkomplexen, sich herleiten läßt. Die Tatsache der Zuckerbildung aus Eiweiß ist auf verschiedenen Wegen an diabetischen Menschen und künstlich zuckerkrank gemachten Tieren (durch Pankreasexstirpation oder Phloridzinvergiftung) sichergestellt. Einen schlagenden Versuch am pankreaslosen Hund stellte LÜTHJE[2]) an.

Er ernährte das schwer diabetische Tier längere Zeit kohlehydratfrei und berechnete unter Berücksichtigung der PFLÜGERschen Maximalzahlen für den Glykogengehalt der Organe die Menge von Reservekohlehydrat, welche der Gesamtorganismus des Tieres enthält, zu 232 g. Das Tier schied in 25 Tagen bei Fütterung mit Casein 1176 g Glucose aus. Demnach mußten 944 g Zucker von diesem pankreaslosen Hund neu gebildet sein.

PFLÜGER[3]), der die Theorie der Zuckerbildung aus Eiweiß lange bekämpfte, überzeugte sich schließlich selbst davon durch folgenden Befund. Er machte Hunde durch Hunger und Phloridzin glykogenarm, fütterte sie dann längere Zeit mit kohlehydratarmem Kabeljaufleisch und fand am Ende dieser Fleischperiode in der Leber so große Glykogenmengen, daß die Zuckerbildung aus einer anderen Quelle als Eiweiß nicht mehr in Frage kam. Welche Zuckermengen im Körper aus Eiweiß gebildet werden können, ist noch strittig. Sichergestellt ist, daß kohlehydratfreie Eiweißkörper (Casein) in der Zuckerbildung hinter anderen nicht zurückstehen.

Die Versuche, über die Art der Zuckerbildung aus Eiweiß Näheres zu erfahren, wurden in der Richtung weiter ausgebaut, daß man an pankreasdiabetische Hunde einzelne Aminosäuren verfütterte oder in Leberdurchblutungsversuchen das Schicksal der zur Durchströmungsflüssigkeit zugesetzten Substanzen verfolgte. Bei diesen Versuchen zeigte sich, daß von den Aminosäuren Leucin, Glykokoll, Alanin, Asparaginsäure und Glutaminsäure Glykogen liefern können. Der Weg der chemischen Umlagerungen ist verschieden beschrieben worden. Nach RINGER und LUSK[4]) soll z. B. die Zuckerbildung aus Glykokoll in folgender Weise ablaufen:

---

[1]) BÜRGER: Biochem. Zeitschr. Bd. 124, S. 1. 1921.

[2]) LÜTHJE: Dtsch. Arch. f. klin. Med. Bd. 29, S. 498. 1904.

[3]) PFLÜGER und JUNKERSDORF: Pflügers Arch. f. d. ges. Physiol. Bd. 131, S. 201. 1910.

[4]) RINGER und LUSK: Zeitschr. f. physikal. Chem. Bd. 66, S. 106. 1910.

$3\,CH_2 \cdot NH_2$ COOH	$3\,CH_2 \cdot OH$ COH	$C_6H_{12}O_6$
Glykokoll	Glykolaldehyd	Glucose

Ebenso wie die Zuckerbildung aus Eiweiß nach unseren jetzigen Kenntnissen sichergestellt ist, ist auch die Möglichkeit der Zuckerbildung aus Fett heute unbestritten. Von den beiden Komponenten der im Körper vorkommenden Neutralfette, dem Glycerin und den höheren Fettsäuren, ist das Glycerin ein sicherer Glykogenbildner [CREMER[1])]. Das ist nach Untersuchungen an diabetischen Menschen und Tieren sichergestellt. Der Übergang von Fettsäuren in Zucker resp. Glykogen ist noch strittig.

Der Zuckergehalt des Blutes ist unter den verschiedensten Ernährungs- und Lebensbedingungen konstant bei etwa 0,1% zu finden. Nach Eingabe von 50 g Dextrose steigt der Blutzuckerwert auf 0,160% an und fällt innerhalb von 1—1½ Stunden auf den Ausgangswert zurück (alimentäre Hyperglykämie) [SPENCE[2]) u. a.]. Langdauernder Hunger hat keinen merklichen Einfluß auf den Gehalt des Blutes an Zucker. Unter bestimmten Bedingungen läßt sich derselbe durch intensive Muskelarbeit herabdrücken. Die Zuckerzehrung der Muskulatur ist durch Vergleich des Dextrosegehaltes des arteriellen und venösen Blutes am leichtesten festzustellen. Das venöse Blut ist stets ärmer an Dextrose.

Läßt man einen gesunden Menschen, ohne ihm vorher Nahrung zuzuführen, eine kräftige Arbeitsleistung durchführen, so sinkt der Blutzuckergehalt vorübergehend ab. Diesem Absinken kann bei besonders starken Anstrengungen eine geringe Steigerung der Blutzuckerwerte voraufgehen, primäre Arbeitshyperglykämie. Vielleicht wird dabei durch nervöse Vermittlung eine akute Anforderung an die Energiequellen des Organismus mit einer Ausschüttung eines rasch mobilisierbaren Kohlehydratvorrates der Leber beantwortet, als deren Folge die primäre Hyperglykämie zu deuten ist. Ist das Leberdepot mehr oder weniger weitgehend erschöpft, so muß, wenn nicht neue Nahrung zugeführt oder Zucker aus anderem Material neugebildet wird, ein vorübergehendes Absinken des Zuckerspiegels die Folge kräftiger körperlicher Anstrengung sein (Arbeitshypoglykämie) [BÜRGER[3])].

Auf die Aufspeicherung und Abgabe des Zuckers von seiten der Leber hat ferner in im einzelnen schwer übersehbarem Ausmaß das System der innersekretorischen Drüsen Einfluß. Das reiche Tatsachenmaterial, welches am kranken Menschen und an Tieren gewonnen ist, denen einzelne oder mehrere innersekretorische Organe entfernt waren, hat man in folgender Weise schematisch geordnet: Im Zentrum der Zuckerregulation steht die Leber. Ihr wird das Material für die Glykogenbereitung aus dem Darm auf dem Wege der Pfortader zugeführt. Sie bildet aus dem gespeicherten Glykogen nach Maßgabe des Bedarfs Zucker und läßt ihn in die Blutbahn übertreten. Auf diesen Vorgang wirken die innersekretorischen Organe ein. Den weitestgehenden Einfluß hat das Pankreas, welches die Zuckerbildung und Mobilisierung zu hemmen imstande ist.

Diese auf die Glykogenolyse in der Leber einwirkende hemmende Funktion des Pankreas kann nun ihrerseits wieder von der Schilddrüse her gedämpft werden. Eine Überfunktion der Schilddrüse würde nach dieser Vorstellung das Pankreas weitgehend funktionell ausschalten, und umgekehrt würde eine Unterfunktion der Schilddrüse die hemmende

[1]) CREMER: Münch. med. Wochenschr. 1902. S. 944.
[2]) SPENCE: Quart. Journ. of med. Vol. 14, p. 314—326. 1921.
[3]) BÜRGER: Zeitschr. f. d. ges. exp. Med. Bd. 5, S. 125. 1916.

Funktion des Pankreas stärker als in der Norm zur Geltung kommen lassen. Eine gesteigerte Schilddrüsentätigkeit, wie sie beim Morbus Basedow sichergestellt ist, führt also durch Lähmung der hemmenden Pankreasfunktion zu einer gesteigerten Glykogenmobilisation in der Leber und auf dem Wege über die Hyperglykämie zur Glykosurie. Umgekehrt wird eine Unterfunktion der Schilddrüse, wie sie bei Myxödem gefunden wird, das Pankreas die Oberhand gewinnen lassen und eine vermehrte Dämpfung der Glykogenolyse in der Leber die Folge sein. In der Tat können einem Myxödematösen wesentlich höhere Zuckermengen als einem Normalen zugeführt werden, ohne daß es zur Glykosurie kommt (erhöhte Kohlehydrattoleranz).

Auf der anderen Seite wird die zuckerregulierende Funktion der Leber durch die Tätigkeit der Nebennieren, speziell durch das von ihnen gebildete Adrenalin, beeinflußt. Eine gesteigerte Tätigkeit der Nebennieren mit vermehrter Bildung von Adrenalin führt zur vermehrten hepatischen Zuckerbildung, weiterhin zur Hyperglykämie und Glykosurie. Ein Ausfall der Funktion der Nebennieren wird durch mehr oder weniger weitgehenden Fortfall der stimulierenden Adrenalinwirkung zu einer verminderten Zuckerbildung Anlaß geben. In der menschlichen Pathologie ist ein Ausfall der Nebennierenfunktion von einem charakteristischen Symptomenkomplex (ADDISONsche Krankheit) begleitet, bei welcher in der Regel eine Verminderung des Blutzuckers gefunden wird, jedoch nicht ausnahmslos (s. Kap. X), ROSENOW und JAGUTTIS[1]).

Die Funktion der Nebennieren wird durch nervöse Einflüsse geleitet, die ihnen auf den Bahnen des Splanchnicus vom CLAUDE-BERNARDschen Zentrum zufließen. Eine Reizung dieses Zentrums, wie sie durch den sog. Zuckerstich (Piqûre) gegeben ist, führt auf dem Umwege über die Nebennieren zu einer gesteigerten Glykogenolyse in der Leber und damit zur Glykosurie.

Das weitere Schicksal des von der Leber produzierten und in die Blutbahn abgegebenen Zuckers ist abhängig von dem Bedarf an den Verbrennungsorten (Muskulatur) und dem Zustand der Ausscheidungsorgane (Nieren). Nach voraufgehender intensiver Muskelarbeit wird eine künstliche Überschwemmung des Blutes mit Zucker leichter ohne nachfolgende Glykosurie ertragen, als ohne Arbeit. Die Nieren sind gegenüber einem bestimmten Blutzuckerwert, den man mit 0,1 bis 0,16% nach oben begrenzen kann, „zuckerdicht". Diese Grenze liegt bei chronisch Nierenkranken (Nierensklerose) und bei Kranken, deren Zuckergehalt dauernd oberhalb der Norm sich findet, höher. So kann es im Verlaufe einer Nierensklerose und eines Diabetes zu beträchtlichen Hyperglykämien kommen, ohne daß unter bestimmten diätetischen Voraussetzungen eine Glykosurie eintritt.

Der vom Blut in die Gewebe eintretende Zucker wird dort verbrannt. Die Zuckerzerstörung im Blute selbst spielt quantitativ eine geringere Rolle.

Dieser als Hämoglykolyse bezeichnete Vorgang ist für die Methodik der Blutzuckerbestimmung deswegen von Bedeutung, weil nach jeder Blutentnahme die Zuckerzerstörung außerhalb des Körpers weitergeht, besonders wenn das Blut bei Zimmer- oder Brutschranktemperatur aufbewahrt wird. Durch Zusatz von Natriumfluorid kann die Hämoglykolyse verhindert werden. Der Vorgang ist an die Anwesenheit corpusculärer Elemente gebunden, im zellfreien Plasma ist

[1]) ROSENOW und JAGUTTIS: Klin.-therapeut. Wochenschr. Bd. 1, S. 358. 1922.

die Hämoglykolyse nicht beobachtet worden. An der Zuckerzerstörung durch die Elemente des Blutes sind die Leukocyten in hervorragender Weise beteiligt, eine Tatsache, die auch darin ihren Ausdruck findet, daß bei Vermehrung der Leukocyten im Blute eine gesteigerte Hämoglykolyse sich dartun läßt (z. B. bei Leukämien). Im Körper selbst kann dieser Zuckerabbau durch die zelligen Blutelemente dadurch Bedeutung gewinnen, als es in Entzündungsherden zu einer vermehrten Bildung von Abbauprodukten der Dextrose kommen kann, unter denen die Milchsäure eine besondere Rolle spielt. Auf diese Weise findet die u. a. auch von SCHADE beobachtete Säuerung im Bereiche jeder Entzündung eine einfache Erklärung.

Die Zuckerregulation kann durch Erkrankung eines jeden an ihr beteiligten Organs gestört werden. Die schwerste Störung wird beim Menschen im Diabetes mellitus beobachtet, ohne daß bisher eine Einigung darüber erzielt werden konnte, an welcher Stelle der primäre Funktionsausfall zu suchen sei.

1. Die experimentellen Formen des Diabetes.

Für das Verständnis der verschiedenen Formen des menschlichen Diabetes ist eine kurze Schilderung der bei Tieren künstlich erzeugten Zuckerkrankheit nötig. Nachdem schon vorher wiederholt auf die Beziehungen der Pankreaserkrankungen zum menschlichen Diabetes hingewiesen war [BOUCHARDAT[1])] gelang es 1889 von MEHRING und MINKOWSKI[2]), das Pankreas beim Hunde vollständig zu entfernen und als regelmäßige Folge dieser Operation einen schweren Diabetes zu erzeugen.

Die Tiere zeigen eine erhebliche Zuckerausscheidung; der Harn kann bis 10%, ausnahmsweise bis 22% Zucker enthalten; sie leiden an starkem Durst, magern trotz Zufuhr großer Nahrungsmengen rasch ab und sterben unter zunehmender Entkräftung 4—5 Wochen nach der Operation. Die Operation wurde mit gleichem Erfolge an anderen Tieren (Katze, Kaninchen, Schwein) und an Kaltblütern (Frosch, Schildkröte) wiederholt. Interessanterweise zeigen Vögel, denen das Pankreas entfernt wurde, nur ganz gelegentlich eine Zuckerausscheidung im Harn, sind aber doch diabetisch, was durch die konsekutive Hyperglykämie sichergestellt ist. Schon wenige Stunden nach der Operation beim Hunde beginnt die Zuckerausscheidung, steigt am zweiten Tage über 5%, am dritten Tage bereits auf 10% und mehr. Die Glykosurie bleibt auf dieser Höhe bis kurz vor dem Tode bestehen. Eine Verminderung derselben kündigt das vorstehende Ende an. Mit dem Geringerwerden der Glykosurie treten im Harn Aceton, Acetessigsäure und β-Oxybuttersäure auf. Die Zuckerausscheidung ist in ihrer Höhe von der Menge der zugeführten Kohlehydrate abhängig, besteht aber auch bei reiner Eiweißnahrung fort. Selbst bei vollkommener Nahrungsentziehung dauert die Glykosurie an. Neben den Störungen des Kohlehydratstoffwechsels werden die übrigen Symptome des pankreatischen Funktionsausfalls regelmäßig gefunden. Von den Fetten wird nur das fein emulgierte Milchfett resorbiert, alles andere Fett verläßt unausgenützt den Darm. Die Spaltung und Resorption der Eiweißkörper leidet Not wegen der mangelnden tryptischen Darmverdauung.

Die direkte Ursache der Glykosurie nach Entfernung des Pankreas ist die nie fehlende Hyperglykämie. Sie erreicht schon am ersten Tage nach Entfernung der Drüse ihr Maximum mit 0,5%. Das Glykogen der Leber verschwindet bis auf geringe Spuren. Glykogenansatz kann durch maximale Zufuhr von Traubenzucker nicht erzwungen werden, während interessanterweise nach Lävulosegaben in der Leber beträchtliche Mengen von Glykogen gefunden wurden. Die Muskulatur gibt etwa die

[1]) BOUCHARDAT: De la Glycosurie etc. Deuxieme Édition Paris 1883.
[2]) v. MEHRING und MINKOWSKI: Arch. f. exp. Pathol. u. Pharmakol. Bd. 26. MINKOWSKI: Arch. f. exp. Pathol. u. Pharmakol. Bd. 31.

Hälfte ihres normalen Glykogenbestandes ab. Die Fähigkeit, den Zucker zu verbrennen, kann nach Versuchen, die an Vögeln angestellt wurden [KAUSCH[1])] nicht verloren gegangen sein. Denn bei diesen Tieren steigt zwar der Zuckergehalt des Blutes an, es kommt aber nicht zur Glykosurie. Demnach muß an irgendeiner Stelle der zwar vermehrt in die Blutbahn geworfene Zucker zerstört worden sein. Mit der Entfernung des Pankreas wird dem Körper eine für die normale Regulation des Zuckerhaushalts unentbehrliche Substanz entzogen, deren nähere Charakterisierung bisher nicht gelungen ist. Durch die Verpflanzung eines Gewebsstückes aus dem Pankreas unter die Bauchhaut, welches also aus allen seinen Nerven- und Gefäßverbindungen gelöst ist, gelang es, den Pankreas-Diabetes zu verhindern und dadurch zu zeigen, daß es sich um eine innersekretorische oder hormonale Wirkung dieser Drüse auf den Zuckerstoffwechsel handeln muß. Ein wichtiger Nebenbefund nach der Pankreasexstirpation beim Hunde ist eine kolossale Verfettung der Leber, welche bis zu 52,6% der trockenen und 24% der feuchten Substanz Ätherextrakt enthalten kann [NAUNYN[2])].

Neuerdings wurden von verschiedenen Forschern Untersuchungen über die klinische Verwendbarkeit von Pankreasextrakten bei Zuckerkranken und über deren physiologische Wirkungsweise angestellt. Besonders interessant sind die Versuche von MACLEOD[3]); er konnte bei Knorpelfischen und Rochen die LANGERHANSschen Inseln von acinösem Pankreasgewebe befreien, dann einerseits aus den LANGERHANSschen Inseln, andererseits aus dem von den Inseln befreiten acinösen Pankreasgewebe bei tiefer Temperatur mit leicht angesäuertem Alkohol Auszüge herstellen. Der Inselextrakt zeitigte bei parenteraler Applikation einen starken Absturz des Blutzuckergehalts bei Kaninchen, während das aus acinösem Pankreasgewebe hergestellte Extrakt wirkungslos war. Interessanterweise hatte MACLEOD mit diesem Insulin genannten Inselextrakt bei menschlichem Diabetes günstige Erfolge. Soweit man aus den Referaten ersehen kann, handelt es sich — wie bei der Zufuhr eines Ferments nicht anders zu erwarten ist — im wesentlichen um vorübergehende Besserungen, welche therapeutisch besonders bei drohendem Koma oder bei der Vorbereitung von Diabetikern zu Operationen von großem Nutzen sein können. Ob sich eine Dauerbehandlung der Diabetiker mit dem Insulin wird durchführen lassen, erscheint mir zweifelhaft.

Eine zweite Form des experimentellen Diabetes ist der Phloridzin-Diabetes.

Das Phloridzin wird aus der Wurzelrinde von Apfel- und Kirschbäumen gewonnen und läßt sich durch Säurehydrolyse in Phloretin und Phlorose zerlegen. Die Phlorose ist ein der Glucose nahestehendes Monosaccharid. Hunde, denen 1 g dieses Glykosids pro Kilogramm Körpergewicht peroral beigebracht wird, scheiden bis zu 18% Zucker im Harn aus [v. MEHRING[4])]. Die Glykosurie kann bis drei Tage anhalten, verschwindet bei subkutaner Injektion rascher, nach vollständiger Ausscheidung des Phloridzins ganz aus dem Harn.

Beim Menschen wird durch tägliche Injektion von 2 g Phloridzin eine tägliche Harnzuckermenge von etwa 100 g erreicht, so daß in einem

---

1) KAUSCH: Arch. f. exp. Pathol. u. Pharmakol. Bd. 39.

2) NAUNYN: Diabetes mellitus. 2. Aufl. S. 118. Wien 1906.

3) MACLEOD: Journ. of Metabolic Research Vol. 2, H. 2. 1922. Zit. nach dem ausführlichen Referat von GREVENSTUK. Klin. Wochenschr. 1923. 2. Jahrg., Nr. 15.

4) v. MEHRING: Zeitschr. f. klin. Med. Bd. 14 u. 16.

Monat 3 kg Zucker durch den Harn ausgeschieden wurden (v. MEHRING). Die Zuckerausscheidung läßt sich bei Tieren auch bei vollkommener Kohlehydratentziehung erzwingen, auch dann noch, wenn der Glykogenbestand der Leber längst aufgezehrt ist. Der Körper zersetzt unter diesen Bedingungen sein eigenes Eiweiß, was besonders bei Hungertieren deutlich in die Erscheinung tritt. Eine Hyperglykämie wird durch das Phloridzin nicht gesetzt. Durch diese Feststellung ist der Phloridzin-Diabetes von dem genuinen Diabetes des Menschen und dem experimentellen Pankreas-Diabetes scharf unterschieden. Es ist daher zweckmäßig, diese Form nicht als Phloridzin-Diabetes, sondern als Phloridzin-Glykosurie zu beschreiben, welche durch eine in ihrem Mechanismus noch nicht voll geklärte Vergiftung vor allem der Nieren zu erklären ist.

Die verschiedenen Formen der Intoxikationsglykosurien (Sublimat, Cantharidin, Chrom, Kohlenoxyd, Amylnitrit, Strychnin, Chloroform) gehören ebensowenig in das Kapitel des experimentellen Diabetes. Für die nach Schädeltraumen und Gehirnläsion auftretenden Glykosurien sind die beim Zuckerstich gemachten Erfahrungen oft zur Deutung und Erklärung herangezogen worden.

2. Die Zuckerkrankheit beim Menschen.

Der größten Zahl der menschlichen Diabetiker ist die erbliche Anlage gemeinsam. Je intensiver nach solchen familiären Beziehungen oder Erblichkeitsfaktoren in der Anamnese geforscht wird, um so häufiger wird diese diabetische Anlage als ererbt sich nachweisen lassen. Es lassen sich, nach der Schwere geordnet, unterscheiden: der kindliche Diabetes, welcher vor der Pubertätszeit einsetzt, der juvenile Diabetes, welcher das Jünglings- und Mannesalter betrifft, und schließlich der Diabetes der älteren Leute. Strittig ist bis heute, welche Stellung dem Pankreas-Diabetes im System der menschlichen Zuckerkrankheit zukommt. Es ist begreiflich, daß unter dem Eindruck der epochalen Entdeckung von MEHRING und MINKOWSKI Neigung bestand, jede Form des menschlichen Diabetes auf eine primäre Erkrankung des Pankreas zurückzuführen. Eine vom Anatomen bei Zuckerkranken häufig gefundene Veränderung ist die sog. Pankreasatrophie.. Die Beurteilung, ob es sich bei dieser Atrophie um die primäre Ursache des Diabetes oder um eine Folge des zu schwerster Inanition führenden Leidens handelt, ist nicht einfach. Die Vorstellung, daß mit der weitgehenden Reduktion des Parenchyms sämtlicher Organe beim schweren Diabetes sekundär auch die Pankreasdrüse an Substanz einbüßt, wobei das funktionstüchtige Parenchym in erster Linie betroffen wird, während das Bindegewebe sich länger hält, ist durchaus nicht von der Hand zu weisen. Eine sorgfältige mikroskopische Untersuchung der Drüse ergibt immer nur in einem Teil der Fälle, welche im Coma gestorben sind, sichere Anhaltspunkte für eine Erkrankung des Pankreas. Die Gewichte sind durchaus nicht immer so reduziert, daß das nach dem Experiment zu erfordernde Minimum von einem Fünftel der Substanz erreicht wird. Als generelle Ursache für alle Formen des menschlichen Diabetes ist die primäre Pankreaserkrankung abzulehnen. Andererseits ist das Pankreas als diabetogenes Organ für einzelne Fälle über allen Zweifel sichergestellt. Die Erkrankung, welche zu einer Parenchymschädigung führt, kann sehr verschiedener Ätiologie sein. Es können Entzündungen von den Gallenwegen her auf das benachbarte Pankreas übergreifen. Es kann die erworbene Lues eine chronisch interstitielle Pankreatitis zur Folge haben. Es können Pankreastumoren und Pankreascysten zu einer weitgehenden Destruktion des funktionstüchtigen Parenchyms führen. Bei diesen Schädigungen verschiedenster Ätiologie soll vor allem der Ausfall der LANGERHANSschen Inseln als diabetogene Ursache von Bedeutung sein, was jedoch von anderen Autoren bestritten wird [SCHMIDT[1]), KARAKASCHEFF[2])]. Die neuerdings mit dem Insulin gemachten Erfahrungen sprechen sehr für die dominante Bedeutung des Inselapparats im Kohlehydrathaushalt.

Die Schilddrüse gehört nicht zu den diabetogenen Organen im engeren Sinne. Bei ihrer Überfunktion kann es gelegentlich zu spontanen, häufiger zu alimentären Glykosurien kommen; in der Reihe der zum Diabetes führenden Organveränderungen spielen die der Schilddrüse jedenfalls eine untergeordnete Rolle.

Auch ist es bis heute nicht gelungen, solche Erkrankungen der Leber ausfindig zu machen, die das schwere Krankheitsbild des Diabetes erklären könnten. Selbst hochgradiger Parenchymschwund bei der Lebercirrhose und bei akuter gelber Atrophie hat nie einen echten Diabetes zur Folge.

Besser fundiert ist die Lehre vom hypophysären Diabetes. Nach BORCHARDT[3]) fand sich unter 176 Fällen von Akromegalie 63 mal = 65% Diabetes. Die Form dieses akromegalen Diabetes ist eine leichte und führt, soweit ich sehe, nie zum Tode. In manchen Fällen tritt nur im Anfangsstadium der Akromegalie eine geringe spontane resp. alimentäre Glykosurie auf. Sie können in späteren Stadien eine hohe Zuckertoleranz aufweisen.

Der sog. renale Diabetes ist keine Störung des Kohlehydratstoffwechsels im engeren Sinne, er verläuft ohne Hyperglykämie und ist wahrscheinlich als eine Nierenfunktionsstörung anzusehen.

3. Die intermediären Stoffwechselstörungen beim genuinen menschlichen Diabetes.

a) Kohlehydratstoffwechsel.

Die Betrachtungen über die Störungen des Kohlehydratstoffwechsels des Diabetikers nehmen zweckmäßigerweise ihren Ausgang von der Frage nach dem Glykogengehalt der Organe.

Die Befunde, welche man bei Untersuchungen von Diabetikerleichen erhoben hat, sprechen im allgemeinen für eine Verarmung des Körpers an Glykogen. Da aber das Glykogen sehr rasch nach dem Tode zersetzt wird, sind negative Befunde vorsichtig zu bewerten. P. EHRLICH[4]) hat an der FRERICHSschen Klinik bei einem Gesunden und bei zwei Diabetikern die Leber punktiert und den aspirierten Leberbrei auf Glykogen untersucht. Bei dem einen Diabetiker fand er gar kein, in dem andern Fall viel weniger Glykogen als bei dem gleich ernährten Gesunden. Der kritische PFLÜGER[5]) ist geneigt, positive Glykogenbefunde in der Leber und Muskulatur der Diabetiker höher zu bewerten, als negative.

---

1) M. B. SCHMIDT: Münch. med. Wochenschr. 1902. Nr. 2.
2) KARAKASCHEFF: Dtsch. Arch. f. klin. Med. Bd. 82, S. 60.
3) BORCHARDT: Zeitschr. f. klin. Med. Bd. 66, S. 332. 1908.
4) EHRLICH: Zit. bei FRERICHS, Über den Diabetes. Berlin 1884.
5) PFLÜGER: Pflügers Arch. f. d. ges. Physiol. Bd. 96, S. 366. 1903.

Es geht aber aus später zu erörternden tierexperimentellen Erfahrungen gleichfalls hervor, daß die Glykogenarmut der Organe ein typischer Befund bei Diabetikern ist. Gegen diese Auffassung sprechen nicht die Mitteilungen anderer Autoren, nach denen in Nierenepithelien und Leukocyten sich mit großer Regelmäßigkeit Glykogen nachweisen läßt. Quantitativ kommen die an falscher Stelle gespeicherten Glykogenmengen nicht in Frage [HIRSCHBERG[1])]. Die offenbar für die ganze Auffassung der Stoffwechselstörungen beim Diabetiker ausschlaggebende Glykogenarmut der Organe ist von NAUNYN[2]) Dyszooamylie bezeichnet worden.

In engem ursächlichen Zusammenhang mit ihr steht die Hyperglykämie der Diabetiker. Die gestörte Fähigkeit der Leber, das ihr vom Darm her zuströmende Kohlehydratmaterial als Glykogen zu fixieren, führt nach jeder Aufnahme von Kohlehydraten mit der Nahrung zu einer Überschwemmung des Blutes mit Zucker. Die Erhöhung des Blutzuckerniveaus ist die wichtigste Vorbedingung der Glykosurie. Die Grenze, bis zu welcher der Zucker im Blute ansteigen kann, ehe es zur Ausschwemmung von Harnzucker kommt, ist keine feststehende.

Von LIEFMANN und STERN[3]) wurde gezeigt, daß die Nieren mit zunehmender Dauer der Zuckerkrankheit sich auf einen höheren Schwellenwert einstellen, dessen Überschreitung zur Glykosurie führt. Dafür möge folgendes Beispiel gegeben werden:

Dauer der Erkrankung	Blutzuckergehalt
10—15 Jahre	0,15%—0,22%
4—5 „	0,15%—0,19%
1—3 „	0,14%
weniger als 1 Jahr	0,10%—0,15%.

Wichtig ist die Erfahrung, daß nach diätetisch erfolgter Entzuckerung des Harns auch in relativ frischen Fällen eine Hyperglykämie fortbestehen kann. Bei Erkrankungen der Niere, vor allem der Nierensklerose, ist eine wesentliche Hyperglykämie ohne Glykosurie eine durchaus geläufige Erscheinung. Besonders im Coma diabeticum und uraemicum hat man hohe Blutzuckerwerte bis 1,01% und dabei nur Spuren von Harnzucker gefunden.

Die Hyperglykämie ist beim Diabetiker nicht allein durch Kohlehydratzufuhr zum Darm bedingt, sondern hängt von anderen Faktoren wesentlich ab. So ist sichergestellt, daß bei schweren Diabetikern körperliche Arbeit zu einer Vermehrung des Blutzuckers führen kann, auch dann, wenn jede interkurrente Nahrungszufuhr vermieden wurde. Eigene[4]) systematische Untersuchungen über die Wirkung der Muskelarbeit auf Blut- und Harnzucker beim Diabetiker haben ergeben, daß der zuckervermehrende Effekt abhängig ist vom Glykogenbestand der Leber. Es zeigt sich, daß frische unbehandelte Fälle im allgemeinen eher mit Hyperglykämie im Anschluß an Muskelarbeit reagieren, als ältere, diätetisch schon vorbehandelte. Ein zweiter Faktor ist der Charakter des Diabetes. Jugendliche Schwerzuckerkranke neigen nach körperlichen Anstrengungen eher zu Hyperglykämie als Altersdiabetiker. Wesentlich für die Größe der Ausschläge ist die Erregbarkeit des Nervensystems.

[1]) HIRSCHBERG: Zeitschr. f. klin. Med. Bd. 54, S. 223. 1904.
[2]) NAUNYN: Diabetes melitus. Wien 1906.
[3]) LIEFMANN und STERN: Biochem. Zeitschr. Bd. 1, S. 299. 1906.
[4]) BÜRGER: Arch. f. exp. Pathol. u. Pharmakol. Bd. 87, S. 233. 1920.

Es wird verständlich, daß Frauen stärker reagieren als Männer, „nervöse" Diabetiker eher als phlegmatische, besonders wenn man berücksichtigt, daß psychische Alterationen schon bei Gesunden geeignet sind, den Blutzucker in die Höhe zu treiben. Man hat z. B. festgestellt, daß bei ungeübten im Gegensatz zu erfahrenen Fliegern schon vor Beginn des Fluges der Blutzucker erheblich erhöht ist. In diesem Zusammenhang ist auch der Symptomenkomplex der traumatischen Glykosurie zu erwähnen, die man z. B. nach Schädeltraumen, Commotio cerebri, nach Frakturen der Extremitätenknochen, beobachtet hat [KONJETZNY und WEILAND [1])].

Die Stellung des eigentlichen traumatischen Diabetes ist umstritten. Es ist wohl denkbar, daß bei vorhandener diabetischer Anlage ein schweres körperliches Trauma einen latenten Diabetes gewissermaßen manifest machen kann. Man muß aber, besonders nach den neuen Untersuchungen von BRUGSCH und DRESEL [2]) die Möglichkeit offen lassen, daß ein Trauma in seltenen Ausnahmefällen eine dauernde Alteration des nervösen Zuckerregulationsmechanismus zur Folge haben kann.

DRESEL und LEVI [3]) wollen bei vier im Alter von 24 bis 42 Jahren im Koma gestorbenen Kranken beiderseits einen umschriebenen Herd im Globus pallidus in seiner obersten Schicht und im mittleren Drittel in seiner Längsausdehnung von vorn nach hinten mit den Zeichen einer schweren Erkrankung gefunden haben.

Daß das Trauma, besonders auch das psychische Trauma, in der Ätiologie des Diabetes eine nur untergeordnete Rolle spielt, lehren die Erfahrungen des Weltkriegs. Eine wesentliche Zunahme der Diabetesfälle ist sicher nicht eingetreten. Nach einigen Statistiken ist eher mit einer Abnahme des Diabetes zu rechnen, was zum großen Teil, auf Kosten der reduzierten Ernährung zu setzen ist.

Wenn auch zwischen der Hyperglykämie und dem Grade der Glykosurie nicht in allen Fällen einfache quantitative Beziehungen bestehen, so hat die Erfahrung doch gelehrt, daß man ein gewisses Urteil über die Schwere der Erkrankung nach der Menge des unter bestimmten Ernährungsbedingungen ausgeschiedenen Zuckers gewinnen kann. Bei der leichten Glykosurie wird der Harn nach Entziehung der Nahrungskohlehydrate in wenigen Tagen zuckerfrei. Erst wenn neuerdings kohlehydrathaltige Nahrung zugeführt wird, tritt wieder Zucker in den Harn über. Hier ist die Entzuckerung im wesentlichen dadurch zu erklären, daß der bestehenden leichten Hyperglykämie nicht weiter eine alimentäre Hyperglykämie superponiert wurde. Der Organismus ist durch Entziehung der Nahrungskohlehydrate gezwungen, die für seinen Bedarf nötigen Kohlehydrate aus eigenem Material (Eiweiß und Fett) zu bilden. Da dieser Umsatz nur langsam vor sich geht, wird eine plötzliche Überschwemmung des Blutes mit Dextrose vermieden, und die Glykosurie bleibt aus.

Bei der mittelschweren Form der Glykosurie ist eine Entzuckerung des Harns durch Kohlehydratentziehung allein nicht mehr zu erreichen. Erst bei einer gleichzeitigen Beschränkung der Eiweißzufuhr sistiert die

[1]) KONJETZNY und WEILAND: Mitt. a. d. Grenzgeb. d. Med. u. Chirurg. Bd. 28, S. 860. 1915.

[2]) BRUGSCH und DRESEL: Verhandl. d. dtsch. Ges. f. innere Med. S. 258. Wiesbaden 1921.

[3]) DRESEL und LEVI: Ebenda S. 262.

Glykosurie. Als schwere Glykosurie wird schließlich diejenige bezeichnet, bei der auch die Kohlehydratentziehung mit gleichzeitiger weitgehender Einschränkung der Eiweißzufuhr die Aglykosurie nicht mehr erreicht.

b) Die intermediären Störungen des Fettstoffwechsels beim menschlichen Diabetes.

Es wurde bereits oben darauf hingewiesen, daß auch beim gesunden Menschen beim Fortfall der Kohlehydrate und bei ausschließlicher Fett- und Eiweißnahrung die sog. Acetonkörper im Harne auftreten.

$$\begin{aligned}\text{Aceton: } & CH_3 - CO - CH_3\\ \text{Acetessigsäure: } & CH_3 - CO - CH_2 - COOH\\ \beta\text{-Oxybuttersäure: } & CH_3 - CHOH - CH_2 - COOH\end{aligned}$$

Die Acetonkörperausscheidung erreicht unter solchen Bedingungen in wenigen Tagen ihr Maximum. Wird die Ernährung in gleicher Weise längere Zeit hindurch fortgesetzt, so sinken die ausgeschiedenen Mengen von Ketonkörpern wieder ab. Die gleiche Erscheinung wird bei hungernden Individuen gefunden. Als Erklärung für diese Erscheinung muß angenommen werden, daß der plötzlich auf die Verwendung seiner Fettbestände angewiesene Organismus auf die vollkommene Verbrennung der Fette und späterhin der Eiweißkörper nicht eingestellt ist und nun intermediär entstandene Produkte des Fett- und Eiweißabbaus zur Ausscheidung gelangen läßt. Als Muttersubstanzen der Ketonkörper sind niedere Fettsäuren sichergestellt. Diese entstammen zum Teil aus Spaltungsprozessen, denen höhere Fettsäuren unterliegen, zum Teil aus Aminosäuren, welche unter Abspaltung einer Carboxylgruppe und Desamidierung in Fettsäuren übergeführt werden. Durchblutungsversuche zeigten, daß die glykogenfreie Leber zur Bildung von Acetonkörpern besser geeignet ist, als Lebern mit mittlerem oder starkem Glykogengehalt.

Beim Diabetiker treten die Acetonkörper meist dann auf, wenn er aus den Nahrungskohlehydraten oder aus eigenem Körpermaterial Glykogen zu bilden resp. zu fixieren nicht mehr imstande ist. Über die Mengen der gebildeten Acetonkörper sind wir schlecht unterrichtet, da das im Harn leicht quantitativ zu bestimmende Aceton nur einen geringen Bruchteil der gesamten im Körper gebildeten Menge darstellt. Der größere Teil der leicht flüchtigen Substanz verläßt den Organismus durch die Lungen. Man hat in schweren Fällen bis 70 g Oxybuttersäure und bis 8 g Acetessigsäure und Aceton bestimmt. Die Bildung dieser Acetonkörper ist für jeden Diabetiker eine schwere Gefahr. Wir müssen annehmen, daß die Oxybuttersäure und Acetessigsäure als solche toxische Substanzen für den Organismus darstellen. Wichtiger ist noch die chronische Säureüberladung des Blutes, die Acidosis. Um dieser chronischen Übersäuerung entgegenzuwirken, muß der Organismus dauernd von seinen Alkalibeständen Verwendung machen, um damit die aktuelle Reaktion des Blutes konstant zu halten. Bekanntlich schwankt diese aktuelle Reaktion des Blutes beim Gesunden nur in sehr geringem Maße. Der physiologische Normalwert der Wasserstoffzahl des unter natürlichen Verhältnissen stehenden Blutes beträgt:

bei 18^0 gemessen $(H)_{18^0} = 0{,}29 \cdot 10^{-7}$ oder $p_{H\,18^0} = 7{,}56$
oder bei 37^0 gemessen $(H)_{37^0} = 0{,}45 \cdot 10^{-7}$ oder $p_{H\,37^0} = 7{,}35$.

Auch bei hochgradiger Acidosis wird die Blutreaktion im physikalisch-chemischen Sinne nicht sauer. Bei zwei Fällen von Diabetes wurden von MICHAELIS und DAVIDOFF[1]) folgende Werte gemessen:

	p_H für 18—20°
Coma diabeticum	7,12
Diabetes ohne Aceton . . .	7,66.

Es handelt sich demnach nur um sehr geringe Abweichungen von der normalen H-Ionenkonzentration. Um diese Konstanz zu erreichen, ist der Organismus gezwungen, große Mengen von Säuren durch seine Alkalibestände oder durch das beim Eiweißabbau freiwerdende Ammoniak abzusättigen. Es ist daher eine für jeden schweren Diabetes konstante Erscheinung, daß zugleich mit dem Auftreten der Acetonkörper die Ammoniakmengen im Harn auf Kosten des ausgeschiedenen Harnstofts vermehrt werden. Reichen die zur Verfügung stehenden Ammoniakmengen nicht mehr aus, so wird auf die fixen Alkalien der Gewebe zurückgegriffen und Kalk und Magnesia in Anspruch genommen. Nach NAUNYNS Auffassung beruht die Gefahr chronischer Säureintoxikation im wesentlichen auf der Verminderung der Alkalescenz der Gewebe. Tierversuche mit künstlicher Einführung von Säuren führten zu einem ähnlichen klinischen Bilde, wie die Säurevergiftung beim Diabetiker. Auch hier kam es zu einer Vermehrung des Ammoniaks, welche sich durch Zufuhr von Alkali herabmindern ließ. Die Konsequenz für die Therapie des menschlichen Diabetes ist die Zufuhr großer Mengen von Alkali bei ausgebildeter Acidose. Es läßt sich aber auf die Dauer der gefürchtete Ausgang in das Koma nicht hintanhalten. Es sind Fälle, bei denen der Harn sicher alkalisch reagierte, im Koma gestorben. Man muß daher wohl annehmen, daß neben der reinen Säurewirkung spezifische Giftwirkungen der Oxybuttersäure, der Acetessigsäure und ihrer Salze eine wichtige Rolle im Vergiftungsbild der diabetischen Intoxikation spielen.

Die diabetische Lipämie.

Sicher weit häufiger, als früher angenommen wurde, findet sich in Fällen von schwerem Diabetes eine Vermehrung der Fette im Blut (diabetische Lipämie). In hochgradiger Ausbildung kann das Blut so reich werden an fein verteiltem Fett, daß beim Aderlaß oder beim Augenspiegeln die eigentümliche Farbe des Blutes ohne weiteres erkennbar ist. Das im Glase aufgefangene Blut zeigte nach dem Zentrifugieren eine dichte gelbweiße Schicht, deren Stärke von dem Fettgehalt abhängt. Die Rahmschicht besteht aus sehr fein emulgiertem Fette, die einzelnen Fetttröpfchen sind mit dem gewöhnlichen Mikroskop nicht, wohl aber mit dem Ultramikroskop als feinste Partikel (Hämokonien) erkennbar. Die Zusammensetzung dieses Fettes ist kompliziert. Es handelt sich nicht allein um eine Vermehrung der Neutralfette, sondern auch des Cholesterins und der Phosphatide, so daß dieser Zustand besser als Lipoidämie bezeichnet wird [KLEMPERER und H. UMBER[2])]. An der Vermehrung

[1]) MICHAELIS und DAVIDOFF: Nach OPPENHEIMER, Handb. d. Biochem. Ergänzungsband. S. 53. 1913.

[2]) KLEMPERER und H. UMBER: Dtsch. Arch. f. klin. Med. 1908.

der Fette sind die Blutkörperchen unbeteiligt. Während man im normalen Serum 5—6 g Ätherextrakt für 1000 g Serum findet, erreichen die höchsten sichergestellten Zahlen 150 und 180 pro Mille. Das sind aber extreme Werte; die gewöhnlich bei schweren Diabetikern gefundenen schwanken zwischen 20 und 40 pro Mille. Die Werte für das Cholesterin erreichen gleichfalls ein Vielfaches der Norm, und zwar sind das freie Cholesterin wie die Ester dabei beteiligt. Die Bestimmungen der Phosphatide wurden gewöhnlich summarisch nach dem ätherlöslichen Phosphor als Lecithin durchgeführt und auch hier beträchtliche Vermehrungen sichergestellt. In den meisten Fällen wird die diabetische Lipämie gleichzeitig mit einer Acidosis beobachtet, und die Schwankungen der Intensität der Lipämie den Mengen der ausgeschiedenen Acetonkörper entsprechend gefunden. Daß von dieser Regel sichere Ausnahmen vorkommen, konnten wir durch eigene Untersuchungen sicherstellen, bei welchen ein mittelschwerer Diabetes ohne eine Spur von Acidosis, aber mit sicher vermehrtem Fettgehalt des Blutes gefunden wurde. Es gelingt auch, gelegentlich die Acetonkörper aus dem Harn durch entsprechende diätetische Maßnahmen zum Verschwinden zu bringen und gleichzeitig noch eine schwere Lipämie im Blut festzustellen [Beumer und Bürger[1])].

Die Erklärung für das Auftreten der diabetischen Lipämie ist in verschiedenen Richtungen gesucht worden. Man kann in der Lipämie einerseits den Ausdruck eines rückläufigen Fetttransports aus den Fettdepots zu den Verbrennungsstätten des Körpers sehen, wobei allerdings die starke Vermehrung der Lipoidsubstanzen und des Cholesterins nicht recht geklärt erscheint. Andererseits wird aber der bei schweren Diabetikern eintretende Zellzerfall Material von Lipoiden und Cholesterin hergeben. Eine dritte Auffassung geht dahin, daß die diabetische Lipämie der Narkoselipämie gleichzusetzen sei und gewissermaßen auf einer Herauslösung von Fett und fettartigen Bestandteilen aus den Zellen und den Depots des Organismus zustandekäme. Die Meinung, daß es sich einfach um Nahrungsfett handele, suchte man durch die Feststellung zu stützen, daß Jodzahl, Verseifungszahl und Schmelzpunkt des Blutfetts mit dem des Chylusfetts übereinstimmt. Es läßt sich aber in schweren Fällen leicht durch Fortlassung des Fettes aus der Nahrung zeigen, daß auch unter diesen Bedingungen die Lipämie — wenn auch in vermindertem Maße — fortbesteht. Als wesentliches Moment bleibt wohl die Vermehrung der Blutfette durch verstärkte Mobilisation aus den Depots und in zweiter Linie durch vermehrten Zellzerfall bestehen.

Eine universelle oder bestimmt lokalisierte, nicht ikterische Gelbfärbung der Haut der Zuckerkranken wurde zuerst von v. Noorden[2]) als Xanthosis diabetica beschrieben. Namentlich bei jugendlichen Diabetikern findet man unter bestimmten Ernährungsbedingungen eine eigentümliche kanariengelbe Färbung der Epidermis, die besonders an den Nasolabialfalten, an der Palma manus und an der Planta pedis hervortritt. Man betrachtete diese Erscheinung zunächst ausschließlich als eine Komplikation des ernsteren Diabetes und glaubte, daß die Schwankungen der Intensität dieser Gelbfärbung mit denen des Allgemeinbefindens parallel gingen. Die Untersuchungen des Serums oder des Blutplasmas von Kranken mit Xanthosis diabetica zeigen einen deutlichen Unterschied gegenüber dem Normalen. Die Farbe des Serums resp. Plasmas solcher Kranker erscheint im durchfallenden Licht orange- bis ockergelb. Sie ist deutlich von der gelbgrünlichen Farbe des ikterischen Serums verschieden. Gallenfarbstoffproben zeigen, daß eine Vermehrung des normalen Serum-Bilirubins nicht vorhanden ist. Durch bestimmte

[1]) Beumer und Bürger: Zeitschr. f. exp. Pathol. u. Therap. Bd. 13. 1913.
[2]) v. Noorden: Zuckerkrankheit. 6. Aufl. S. 181. 1912.

Reaktionen läßt sich nachweisen, daß die eigentümliche gelbe Farbe des Serums der xanthotischen Fälle durch die Anwesenheit von Lipochromen bedingt ist.

Die Erklärung für das Auftreten der Xanthosis ist nach zwei Richtungen zu suchen. Sie könnte endogenen oder exogenen Faktoren ihre Entstehung verdanken. Für die Entstehung aus endogenen Ursachen spricht die Tatsache, daß in einem hohen Prozentsatz der Fälle mit der Xanthosis des Serums eine Vermehrung der Blutfette einhergeht. Es könnten die in den Fettdepots des Körpers gespeicherten Lipochrome bei dem Ausschütten dieser Depots und der Verbrennung der Fette von dem intermediären Abbau verschont geblieben sein, so daß es zu einer relativen Anreicherung dieser Farbstoffe im Organismus kommt. Das zeigt nebenstehende Abbildung einer Xanthosis testis diabetica mit Anreicherung der Lipochrome in den Zwischenzellen des Hodens (Abb. 15). Die wesentliche Ursache ist eine alimentäre. In jedem Diätzettel eines schweren Diabetikers dominieren neben den Fetten die Gemüse. In diesen sind neben dem Chlorophyll stets die beiden gelben Lipochrome Xanthophyll und Carotin vorhanden. Durch eine gleichzeitige überreichliche Zufuhr von Fett und lipochromreichen Nahrungsmitteln kommt es zu einer alimentären Hyperlipochromämie. Daß diese Auffassung das richtige trifft, konnte an zuckerfreien Diabetikern durch Erzeugung einer alimentären Xanthosis mit erhöhten Blutlipochromwerten sichergestellt werden [Bürger und Reinhard[1])]. Siehe S. 156.

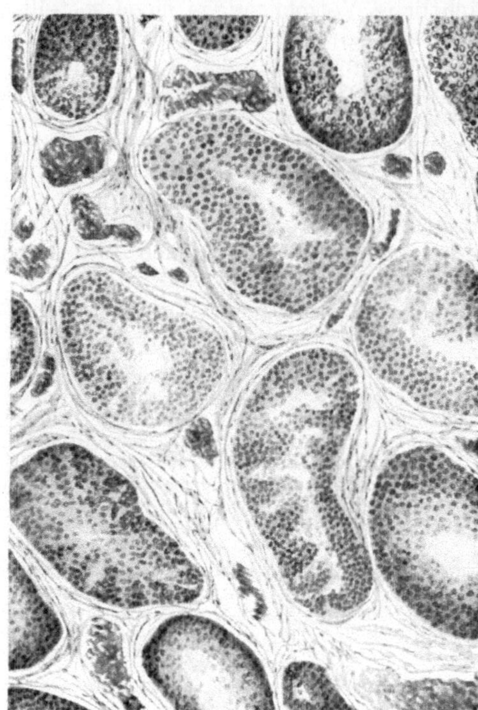

Abb. 15. Xanthosis testis diabetica.

Die Störungen des intermediären Stoffwechsels bei den Diabetikern sind schwerlich einheitlicher Natur. Die Tatsache, daß es unter den Diabetikern eine Gruppe extrem abgemagerter und eine andere Gruppe hochgradig adipöser Kranker gibt, suchte v. Noorden [2]) folgendermaßen zu erklären. In einer Reihe von Fällen soll die Verwertbarkeit des Zuckers und seine Umwandlung in Fett gleichzeitig gestört sein. Die Folge ist Glykosurie und fortschreitende Abmagerung. In einer zweiten Gruppe ist die Verbrennung des Zuckers, aber nicht die Synthese zu Fett beschränkt. Die Glykosurie kann fehlen. Es bildet sich eine Fettsucht aus, zu der in späteren Stadien, wenn auch die Verbrennung des Zuckers beschränkt ist, Glykosurie hinzutritt. Die Deutung ist neuerdings dadurch erschüttert, daß man immer mehr einsehen lernt, daß auch der diabetische Organismus Zucker zu verbrennen imstande ist. Es ist von anderer Seite daran ge-

[1]) Bürger und Reinhard: Zeitschr. f. d. ges. Med. Bd. 7, S. 119. 1918. — Dieselben: Dtsch. med. Wochenschr. Nr. 16. 1919.

[2]) v. Noorden: Handb. d. Pathol. d. Stoffwechsels. 2. Aufl., Bd. 2, S. 26. Berlin 1907.

dacht worden, daß die mangelhafte Fettbildung in schweren Fällen deshalb ausbleibe, weil die Umwandlung des Zuckers in Fett nicht so rasch vor sich geht, um den Zuckergehalt des Blutes auf seiner normalen niedrigen Höhe zu halten. Vielleicht sind auch der Diabetes der Fetten und der schwere genuine zur Acidose führende Diabetes zwei wesensverschiedene Erkrankungen.

c) Störungen des Eiweißstoffwechsels beim Diabetes.

Beim schweren Diabetes bleiben die intermediären Stoffwechselstörungen nicht auf das Gebiet der Kohlehydrate und Fette beschränkt, sondern greifen auch auf das des Eiweißes über. In engem Zusammenhang mit der raschen Reduktion der Muskelbestände, welche bei jedem schweren Diabetes sich feststellen läßt, steht die Vermehrung des Kreatins und Kreatinins im Harn. Schwere Diabetiker scheiden auch bei fleischfreier Nahrung, bei welcher der Erwachsene sonst nur geringe Mengen Kreatin im Harn aufweist, dauernd Kreatin aus. Leichte Diabetiker verhalten sich in dieser Beziehung wie Gesunde. Mittelschwere Fälle mit mäßiger Acetonkörperausscheidung zeigen deutliche alimentäre Kreatinurie.

Die hohen Stickstoff- resp. Harnstoffwerte des Diabetikers sind als besonderes Symptom der diabetischen Azoturie beschrieben worden. Es fragt sich, ob diese hohen Stickstoffwerte die Folge einer endogenen Steigerung des Eiweißumsatzes oder lediglich der Ausdruck eines vermehrten Gehalts der Nahrung an Eiweißkörpern ist. Für viele Fälle läßt sich zeigen, daß die besondere Form des Kostregimes mit ihren hohen Fleischmengen die im Harn gefundenen Stickstoffwerte ohne weiteres erklärt. In anderen Fällen gelingt es nicht, den Diabetiker ins calorische Gleichgewicht zu bringen, d. h. die Gesamtheit der mit der Nahrung zugeführten Calorien vermindert um die Menge der mit dem Harnzucker verlorengehenden Calorien ist nicht ausreichend, um den Bestand des Körpers zu erhalten. Unter diesen Umständen ist der Organismus gezwungen, Brennwerte aus den eigenen Beständen beizusteuern. Solange die Fettdepots noch gefüllt sind, werden diese in erster Linie beansprucht. Sind sie aber erschöpft, so werden die Eiweißbestände des Körpers angegriffen. Die Folge ist eine negative Stickstoffbilanz. Der Harnstickstoff setzt sich hier aus der Komponente des Nahrungsstickstoffs und der aus dem Körpermaterial herrührenden Quote zusammen. Es ist Aufgabe einer geregelten Diätetik, diese Quote möglichst gering zu gestalten durch Vermeidung der für den Betreffenden unverwertbaren Kohlehydrate und Ersatz derselben durch calorisch hochwertige Fette und Eiweiß. Neben dieser im wesentlichen durch Unterernährung bedingten „Azoturie" ist ein weiterer Eiweißverlust dadurch möglich, daß die im intermediären Stoffwechsel gebildeten toxischen Substanzen, zu denen Oxybuttersäure und Acetessigsäure zu rechnen sind, deletär auf die Zellbestände des Körpers einwirken und zu einem toxogenen Eiweißzerfall führen. Das tritt aber nur in den Endstadien, speziell beim beginnenden Koma, ein. In solchen Fällen findet man auch eine Änderung der qualitativen Zusammensetzung der stickstoffhaltigen Harnbestandteile. Es wurde eine Vermehrung der formoltitrierbaren Aminosäuren und eine Erhöhung des sog. kolloidalen Stickstoffs gefunden, gelegentlich auch nicht unerhebliche Mengen von Tyrosin aus dem Diabetikerharn isoliert; nach alimentärer Zufuhr größerer Mengen reiner Aminosäuren wurden dieselben zum Teil im Harn wiedergefunden, während sie beim Gesunden der Verbrennung anheimfallen [ABDERHALDEN [1]), PLAUT und REESE [2])].

In nahezu ein Drittel aller Fälle von Diabetes sowohl bei schweren wie bei leichten Formen der Erkrankung wird Eiweiß im Harn gefunden Durchaus nicht in allen Fällen läßt sich bei dieser diabetischen Albuminurie eine funktionelle Nierenschädigung nachweisen. Die Albuminurie ist sicher abhängig von der Ausscheidung des Zuckers, vor allem aber der Acetonkörper. Es gelingt nicht selten durch eine entsprechende Diät mit dem Verschwinden der Glykosurie auch die Albuminurie zu beseitigen. Bei langdauernder Ketonurie kommt es freilich auch zu schwereren Schädigungen, die schon in das Bereich der Nephrose hineinfallen. Im Coma diabeticum werden eigentümliche Gebilde von zylindrischer Form im Harn gefunden, die als Koma-Zylinder beschrieben werden, nicht selten aber schon vor dem Ausbruch des Komas im Harn bei sorgfältiger Untersuchung nachgewiesen werden können. Ihre Entstehung ist wahrscheinlich durch die direkte Säurewirkung der Ketonkörper auf die Nierenepithelien zu erklären. In Fällen, in denen die Säuren im Harn fehlen, werden die Komazylinder regelmäßig vermißt.

Die Frage, wieviel Zucker aus Eiweiß entstehen könne, ist aus theoretischen und praktischen Gründen vielfach diskutiert worden. PFLÜGER und JUNKERSDORF [3]) stellen folgende Überlegungen an:

Unter der Annahme, daß der aus 100 g Eiweiß stammende N quantitativ als Harnstoff ausgeschieden wird, ergaben sich für 100 g Eiweiß 16 g N und 51,8 g C. Die 16 g N entsprechen 34,3 g Harnstoff mit 6,8 g C. Es bleiben demnach von dem aus den 100 g Eiweiß stammenden Kohlenstoff 45 g C zur Bildung von 112 g Dextrose verfügbar. Das Verhältnis von Dextrose zu Stickstoff ist gleich $112:16 = 7$. Dieser maximale Wert, nach welchem aus 100 g Eiweiß 112 g Dextrose entstehen sollen, wird unter natürlichen Bedingungen nicht erreicht.

Der Versuch, aus dem Quotienten $\frac{D}{N}$ quantitative Rückschlüsse auf die intermediären Vorgänge im Organismus des Diabetikers zu machen, erscheint aus verschiedenen Gründen verfehlt.

Einmal ist es sicher, daß der aus den Eiweißbeständen des Organismus entstehende Zucker zum Teil jedenfalls auch beim Diabetiker wieder dem Verbrauch anheimfällt. Muskelarbeit hat, wie mehrfach betont, auch beim Zuckerkranken unter bestimmten Bedingungen eine Verminderung des Blut- und Harnzuckers zur Folge. Auch der stickstoffhaltige Anteil braucht durchaus nicht quantitativ im Harn zu erscheinen. Einmal können N-haltige Komplexe, wie UMBER [4]) betont, zum Wiederaufbau von Eiweißmolekülen Verwendung finden. Dann aber wird besonders beim schweren Diabetes, besonders dann, wenn Störungen des Wasserhaushalts vorliegen, Stickstoff in quantitativ nicht bestimmbarer Menge retiniert werden können. Alle diese Momente schränken die theoretische Bedeutung des Quotienten $\frac{D}{N}$ wesentlich ein.

---

1) ABDERHALDEN: Zeitschr. f. physiol. Chem. Bd. 44, S. 40.

2) PLAUT und REESE: Chem. Ber. S. 377, 9. 1902.

3) PFLÜGER und JUNKERSDORF: Pflügers Arch. f. d. ges. Physiol. Bd. 30, S. 201. 1910.

4) UMBER: Deutsche Naturforscherversammlung, Hamburg 1901. Therap. d. Gegenw. 1901.

Theorie des Diabetes.

Bei jeder Form des echten Diabetes besteht eine Hyperglykämie. Die Frage, ob es eine einheitliche Erklärung des Diabetes mellitus gibt, läßt sich dahin präzisieren, ob sich die beim Diabetes festgestellte Hyperglykämie auf eine einheitliche Ursache zurückführen läßt. Als mögliche Ursachen sind diskutiert worden: eine Verminderung des Zuckerverbrauchs, eine Vermehrung der Zuckerbildung und Störungen der Regulation. Eine Verminderung des Zuckerverbrauchs wird von einer Seite [Lépine [1])] dadurch zu erweisen versucht, daß man darauf hinweist, es würde die in vitro nachweisbare Zerstörung des Zuckers (Hämoglykolyse) bei Diabetikern in weit geringerem Umfange eintreten, als bei normalen Personen. Diese Tatsache besteht für einzelne Fälle zweifellos zu Recht. Sie ist, wie hier nicht näher ausgeführt werden kann, aber als eine sekundäre Folge der intermediären Acidose, vielleicht auch der Hyperglykämie an sich, anzusehen. Das Ausmaß der durch die im Blute vorhandenen Fermente bewirkten Zuckerzerstörung ist zudem viel zu gering, um die gewaltige Hyperglykämie und Glykosurie allein zu erklären. Beweise dafür, daß der Organismus des Diabetischen nicht imstande sei, den Zucker zu verbrennen, fehlen. Arbeitsversuche an Diabetikern zeigen im Gegenteil, daß die Muskulatur bei starker Beanspruchung unter bestimmten Bedingungen ebenso wie die des Gesunden den Blutzucker sowohl wie den Harnzucker vermindert. Zuckerinjektionsversuche [Bernstein und Falta [2])] zeigten, daß der respiratorische Quotient sich auch beim Zuckerkranken dem Werte 1 nähert, oder denselben erreicht, die Dextrose somit in die Verbrennung einbezogen wurde. Die Frage nach den Änderungen des respiratorischen Stoffwechsels bei Diabetikern ist noch nicht abgeschlossen. Der respiratorische Quotient ist bei schweren Fällen niedrig. Daraus darf aber nicht, wie v. Noorden [3]) hervorhebt, geschlossen werden, daß die im Muskel verbrennende Substanz kein Zucker ist, sondern nur daß das Ausgangsmaterial dieser Substanz kein Zucker sein kann. Bei pankreasdiabetischen Tieren, denen gleichzeitig die Leber ausgeschaltet war, stellte sich der respiratorische Quotient auf den Wert 1 ein, womit bewiesen erscheint, daß die Muskeln dieser Tiere, welche im wesentlichen den respiratorischen Gaswechsel bestreiten, Kohlehydrat zu verbrennen imstande waren. Eine mangelhafte Oxydationsfähigkeit des Organismus ist gegenüber den Acetonkörpern erwiesen. Aber auch hier ist zu sagen, daß es sich dabei nicht um eine prinzipielle Unfähigkeit handelt, denn auch der Diabetiker kann Oxybuttersäure, wenn sie ihm subcutan oder per os gegeben wird, in großen Mengen zu Kohlensäure verbrennen. Eine geringe Oxydationsstörung ist als Folge, nicht als Ursache der gestörten Zuckeroxydation anzusehen. Die wesentliche Störung besteht bei Diabetikern in der Dyszooamylie, d. h. in einer Unfähigkeit, die der Leber zugeführten

---

[1]) Lépine: Sur la Présence normale, dans le chyle, d'un ferment destructeur du sucre. Compte rendu de l'Acad. des Sciences. Tom. 110, p. 742. 1890. — Ebenda, Tom. 110, p. 1314. 1890. — Ebenda, Tom. 112, p. 146. 1891. — Ebenda, Tom. 112, p. 411. 1891. — Ebenda, Tom. 112, p. 604. 1891. — Ebenda, Tom. 112, p. 1185. 1891. — Ebenda, Tom. 113, p. 118. 1891. — Ebenda, Tom. 120, p. 139. 1895. — Derselbe: Le Ferment glycolytique et la pathogénie du diabète. Paris 1891.

[2]) Bernstein und Falta: Dtsch. Arch. f. klin. Med. Bd. 127, S. 1. 1918.

[3]) v. Noorden: Zuckerkrankheit. Berlin. 6. Aufl. S. 163. 1912.

Kohlehydrate als Glykogen festzuhalten und zu speichern. Die Tatsache, daß schon ein geringer Arbeitsreiz genügt, um beim Diabetiker auch ohne interkurrente Nahrungszufuhr eine langdauernde Hyperglykämie zu erzeugen, spricht für eine besondere Empfindlichkeit der nervösen Regulation. Mancherlei Zeichen deuten darauf hin, daß eine erhöhte Erregbarkeit vegetativer Nerven beim Diabetes mellitus vorliegt. Der Erethismus der Hautgefäße, die Abhängigkeit der Glykosurie von psychischen Alterationen, welche die diabetische Glykosurie gelegentlich auf lange Zeit hinaus steigern, lehrt, daß der gesamte zuckerbildende Apparat abnorm leicht erregbar ist. Solche Erregungen können endogener und exogener Natur sein. Abundante Eiweißzufuhr z. B. kann, wie sie beim Normalen den Gesamtstoffwechsel steigert (spezifisch dynamische Wirkung) beim Diabetiker speziell den zuckerbildenden Apparat leichter und ausgiebiger als in der Norm erregen (eiweißempfindliche Diabetiker). Angestrengte Muskelarbeit kann in ähnlicher Weise, vielleicht auf nervösem Wege über das Zentrum, eine starke Erregung auf den zuckerbildenden Apparat ausüben.

Fehlen für eine primäre Störung des Zuckerverbrauchs beim Diabetiker sichere Anhaltspunkte, so ist doch zuzugeben, daß sekundär, wenn die Verhältnisse der Acidose eingetreten sind, Oxydationshemmungen besonders in den Organen Platz greifen. Es ist sehr wohl denkbar, daß bei einer weitgehenden Beanspruchung der Pufferreserven — vorübergehend wenigstens — eine Änderung der $H^{\cdot}$-Ionenkonzentration in den Geweben eintreten und damit die Bedingungen für die Arbeit der Fermente geändert werden. Für das glykolytische und diastatische Ferment sind die Wirkungsoptima bei einer ganz bestimmten $H^{\cdot}$-Ionenkonzentration gefunden worden. Zunehmende Säuerung hemmt die Zuckerverbrennung. Die mangelnde Oxydation der Kohlehydrate fördert wieder die Bildung der Säuren. Dieser Circulus vitiosus endet schließlich mit dem Koma.

E. Der Fettstoffwechsel und seine Störungen.

1. Physiologisches.

Fette.

Das Fett ist eines der wichtigsten Nahrungsmittel. Das gesunde an der Brust gedeihende Kind bestreitet seinen Energiebedarf zu einem bedeutenden Teil in Form von Fett. Dieser relativ hohe Anteil der Fette an den Gesamtcalorien der Nahrung wird in keinem späteren Lebensabschnitt — unter normalen Bedingungen — mehr erreicht. Für den Erwachsenen soll nach dem Voitschen Kostmaß das Gewichtsverhältnis von Fett zu Eiweiß zu Kohlehydrat 1 : 2 : 10 betragen. Man weiß besonders aus den Erfahrungen der Kriegszeit, daß der Mensch mit sehr geringen Fettmengen lange Zeit hindurch auskommen kann. Es ist die Frage aufgeworfen worden, ob der Mensch vollkommen die Fettzufuhr entbehren könne. Soweit die Triglyceride in Frage kommen ist es unbedingt zu bejahen. Denn wir wissen, daß unter der Voraussetzung genügender Calorienzufuhr der Organismus sowohl aus Zucker resp. Kohlehydraten wie aus Eiweiß — auf dem Umwege über die Kohlehydrate

— Fett bilden kann. Den Fetten kommt demnach eine ausschlaggebende Rolle im Sinne unentbehrlicher Nahrungsstoffe nicht zu.

Die Fette im tierischen Körper sind zur Hauptsache Glycerinester der höheren Fettsäuren, und zwar im wesentlichen der

Palmitinsäure ($C_{16}H_{32}O_2$), Stearinsäure ($C_{18}H_{36}O_2$) } der normalen Reihe $C_nH_{2n}O_2$ angehörig; bei gewöhnlicher Temperatur fest,

und der Ölsäure ($C_{18}H_{34}O_2$) ungesättigt der Reihe $C_nH_{2n-2}O_2$ angehörig; bei gewöhnlicher Temperatur flüssig.

Die Bindung der Fettsäuren an das Glycerin erfolgt an jedem der drei Alkoholradikale des Glycerins. Die 3 zur Bindung herangezogenen Fettsäurereste sind gewöhnlich identisch; es entstehen Tripalmitin, Tristearin, Triolein. Das bei gewöhnlicher Temperatur flüssige Triolein erniedrigt den Schmelzpunkt eines Fettes (Triglyceridgemisches). Pflanzen und Kaltblüter enthalten besonders leichtflüssige Fette (Öle).

Bei einem gesunden wohlgebildeten Menschen beträgt das Fett etwa 18% des Körpergewichts, bei einem gemästeten Tier kann es bis 1/2 des Gesamtgewichts betragen. Weitaus die größte Menge ist in der Unterhaut zu finden. Der neugeborene Mensch hat ein höherschmelzendes festeres Fett als der Erwachsene (wichtig für die Haltung des Säuglings).

Da fast alle Fette Glieder aus verschiedenen Gruppen von Fettsäuren enthalten (Säuren der Essigsäure-, der Oleinsäure-, der Linol- und Linolensäurereihe), erscheint es wünschenswert, eine einfache Methode zu finden, die den ungefähren Gehalt an ungesättigten Fettsäuren angibt. Eine solche Methode ist gegeben in der Bestimmung der HÜHBLschen Jodzahl; während die Fettsäuren der normalen Reihe gegen Jod indifferent sind, addiert die zweite Gruppe zwei Atome, die Linolsäurereihe 4 und die Linolensäurereihe 6 Atome Jod.

Die Bedeutung der Jodzahl ist besonders in der Kinderheilkunde gewürdigt worden. Man fand nämlich die Jodzahl der Muttermilchfettsäuren zwischen 30 und 50, die der Kuhmilchfettsäuren zwischen 20 und 30 [FREUND[1]]. Das deutet auf einen höheren Ölsäuregehalt der Frauenmilch. Damit stimmt gut überein, daß der Schmelzpunkt der Frauenmilchfette niedriger zwischen 38 und 39° als der der Kuhmilchfette liegt (zwischen 40 und 41° und darüber).

Die besondere physiologische Bedeutung der Fette als Nahrungsmittel liegt in zwei Eigenschaften. Die eine ist ihr hoher Brennwert. Er gestattet bei relativ geringem Gewicht eine kalorisch hochwertige Kost einzuführen (Expeditionen, Hochtouren usw.). Die zweite ist die relativ geringe Steigerung des Wärmeumsatzes bei Zufuhr eines Nahrungsüberschusses (siehe S. 98), welcher bei Fettnahrung nur zum kleinsten Teil verbrannt wird. Der größere kommt zum Ansatz.

Das ist für lange Zeiträume nicht ohne Bedeutung. VON NOORDEN hat errechnet, daß eine Mehraufnahme von 25 g Butter pro Tag über den Bedarf hinaus in einem Jahre eine Gewichtszunahme von 11 kg ergeben würde. Im Gegensatz zum Eiweiß ist also das Fett geeignet bei reichlicher Zufuhr als Reservestoff aufgestapelt zu werden.

Eine für das Verständnis der Fettstoffwechselvorgänge wichtige Tatsache ist die Fettbildung aus Zucker.

Die Tatsache ist dadurch sichergestellt, daß man verschiedene Versuchstiere nach vorausgegangener Unterernährung mit eiweißarmer fettfreier aber kohlehydratreicher Kost mästen konnte und dabei im Bilanzversuch die Retention gewaltiger Kohlenstoffmengen feststellte. Durch gleichzeitige Feststellung der N-Retention läßt sich zeigen, daß die retinierten Stickstoffmengen zu gering sind, um den retinierten Kohlenstoff als Eiweißkohlenstoff in Ansatz zu bringen. Andererseits zeigen die Berechnungen, daß der Kohlenstoff auch nicht im entferntesten als Glykogen zum Ansatz gekommen sein kann.

Es gibt noch einen weiteren interessanten Beweis für die Umwandlung von Kohlehydrat in Fett, nämlich die Berechnung des respiratorischen

[1]) FREUND: Ergebn. d. inn. Med. Bd. 3, S. 151.

Quotienten $\frac{CO_2}{O_2}$. Das Verhältnis von ausgeatmeter Kohlensäure zum eingeatmeten Sauerstoff beträgt bei Verbrennung von Kohlehydraten 1. Bei Fetten, die eine zur Verbrennung ihres Wasserstoffs nicht ausreichende Menge Sauerstoff enthalten, beträgt der respiratorische Quotient 0,707, beim Eiweiß 0,8. Da nun Zucker eine sauerstoffreiche, Fett eine relativ sauerstoffarme Substanz ist, wird beim Übergang von Zucker in Fett relativ viel Sauerstoff frei, der Kohlenstoff zu CO_2 zu verbrennen vermag, ohne daß mehr Sauerstoff eingeatmet zu werden braucht. Es steigt also bei gleicher Sauerstoffeinnahme die ausgeatmete CO_2-Menge und daher der respiratorische Quotient an (der respiratorische Quotient bei gemästeten Gänsen und Murmeltieren, die sich zum Winterschlaf anschickten, stieg bis 1,4).

Fettverdauung im Magen.

Die Fette der menschlichen Nahrung gelangen zum Teil in nichtemulgiertem Zustande als Pflanzen-, Fleisch- und Butterfett in den Magen. Es ist lange Zeit Gegenstand einer Kontroverse gewesen, ob die Magenschleimhaut ein fettspaltendes Ferment produziere. Da fettreiche Mahlzeiten bedeutend länger im Magen verweilen als fettärmere, ist diese Frage nicht ohne praktische Bedeutung. Es wird sogar behauptet, daß es unter pathologischen Bedingungen bei Pylorospasmus zu einer elektiven Stagnation des Fettes im Magen kommen könne. Es fragt sich, ob die im Magen nachgewiesene Lipase von der Magenschleimhaut selbst produziert wird oder ob sie vom Duodenum durch Antiperistaltik in den Magen hineingelangt. Boldyreff [1]) gründete auf der sichergestellten Beobachtung des Rücktransports von Duodenalinhalt in den Magen nach fettreichen Mahlzeiten eine Methode zur Gewinnung von Duodenalsaft. Für den Säuglingsmagen haben die Untersuchungen von Ibrahim [2]) die Entscheidung zugunsten des Vorhandenseins eines Magensteapsins gebracht. Für den Erwachsenen zeigen u. a. Volhard [3]), Umber und Brugsch [4]) am Fistelträger, daß der Fundussaft 42—64% einer Emulsion in 20 Stunden bei 37° spaltete. Damit scheint das Vorhandensein einer Magenlipase erwiesen. Ihre Wirksamkeit ist auf emulgierte Fette beschränkt. Die Magenlipase der Neugeborenen spielt bei der Spaltung der Milchfette eine Rolle zu einer Zeit, in der der Bauchspeichel noch fermentfrei oder fermentarm ist.

Fettverdauung im Darm.

Der weitere Gang der normalen Fettverdauung vollzieht sich so, daß unter dem Einfluß des Alkalis der Darmverdauungssäfte bei Gegenwart freier Fettsäure Emulsionen der nichtemulgierten Triglyceride entstehen. Diese Emulsionen bieten den Darmlipasen (Steapsin des Pankreas; fettreiche Mahlzeit bedingt steapsinreichen Pankreassaft) eine besonders günstige Angriffsfläche, die fortschreitende Fettspaltung begünstigt ihrerseits wieder die Emulgierung neuer Fettportionen. In welcher Form nun die Resorption der Fette von der Darmwand her erfolgt, ist noch immer nicht mit Sicherheit entschieden. Im allgemeinen wird für die Fettaufsaugung die vorherige Spaltung als obligatorisch angesehen. Von besonderer Bedeutung für die Resorption der Fette ist die Fähigkeit der Galle Fettsäuren und Seifen zu lösen. Infolge ihres Alkaligehaltes, der etwa einer Sodalösung von 0,2% entspricht, werden nicht unerhebliche Mengen Fettsäure — etwa 0,25% Fettsäuren — verseift. Zweitens können die Cholate erhebliche Fettsäuremengen in Lösung halten. Neuere Untersuchungen zeigten, daß z. B. Choleinsäure, die neben der Cholsäure in der Galle vorkommt, ein Kombinationsprodukt der Dioxycholsäure mit Fettsäuren ist [Wieland [5])].

---

1) Boldyreff: Pflügers Arch. f. d. ges. Physiol. Bd. 121, S. 13. 1908.
2) Ibrahim und Kopic: Zeitschr. f. Biochem. Bd. 53, S. 201.
3) Volhard: Zeitschr. f. klin. Med. Bd. 42, S. 414. 1900.
4) Umber und Brugsch: Arch. f. exp. Pathol. u. Pharmakol. Bd. 55. 1905.
5) Wieland: Zeitschr. f. physikal. Chem. Bd. 97, H. 1.

Das Schicksal der Fette jenseits der Darmwand.

Das resynthetisierte Neutralfett ergießt sich in die abführenden Lymphbahnen und kommt durch den Ductus thoracicus in die Blutbahn. Der erhöhte Blutfettgehalt ist nach jeder fettreichen Mahlzeit an dem milchigen Aussehen des Serums leicht zu erkennen (Verdauungslipämie).

Die Fette passieren zum größten Teil, jedenfalls in gelöster Form, die Capillarwände und werden in den Gewebszellen abgelagert. Diese als Reservematerial deponierten Fette werden im Bedarfsfalle durch Gewebslipasen in eine angreifbarere, wahrscheinlich löslichere Form gebracht.

Bemerkenswerterweise ist der Körper imstande, auch artfremde Fette (Hammeltalg, Rüböl) in seinen Depots zum Ansatz zu bringen. Neben diesen nicht artspezifischen gewissermaßen als Brennmaterialreserve bereitgehaltenen Fetten wird das für die spezifische Zelltätigkeit benötigte Fett, das an Menge der ersten Art sehr nachsteht, stets als arteigenes, mit sehr bestimmten Eigenschaften (Jodzahl, Schmelzpunkt) gebildet. Auf welche Reize hin im Bedarfsfalle die Lagerfette mobilisiert werden, ist unbekannt. Die Rolle der endocrinen Drüsen lernen wir in dieser Beziehung eben erst kennen. Der Einfluß des Nervensystems ist bereits sichergestellt. So wurden Tiere nach einseitiger Durchschneidung des Nervus ischiadicus langdauerndem Hunger unterworfen. Es fand sich danach der Fettgehalt des Beins mit durchschnittenem Nerven zwei- und siebenmal größer als der des Beins mit intaktem Ischiadicus [Mansfeld und Müller [1]].

Abbau der Fettsäuren.

Der Abbau der Fettsäuren scheint durch Oxydation am Kohlenstoffatom vor sich zu gehen, etwa nach folgendem Schema

$$\begin{aligned}&R-CH_2-CH_2-COOH\\&R-CHOH-CH_2-COOH\\&R-CO-CH_2-COOH\\&R-COOH\ldots\ldots\end{aligned}$$

Es entsteht also unter Absprengung der zwei endständigen Glieder der Kohlenstoffkette die entsprechend niedere Fettsäure.

2. Pathologie des Fettstoffwechsels.

Die Pathologie des Fettstoffwechsels ist am besten durchforscht auf dem Gebiete der Resorptionsstörungen. Abarten des intermediären Stoffwechsels sind weniger bekannt.

Normalerweise werden vom Menschen bei einer Zufuhr von 80—100 g Fett etwa 4—6 g unresorbiert mit dem Kot wieder ausgeschieden. 75% des Kotfettes sind gespalten, d. h. als Seifen oder Fettsäuren darin enthalten. Die Störungen der Fettresorption betreffen drei Krankheitsgruppen:

1. Erkrankungen des Magendarmtrakts,
2. Erkrankungen des Pankreas,
3. Erkrankungen, die den freien Abfluß der Galle in den Darm behindern (Ikterus).

Bei Erkrankungen des Magendarmtrakts ohne Mitbeteiligung der Leber und der Gallengänge — bei schweren Katarrhen und ulcerösen Prozessen im Darm, gelegentlich auch bei abnorm beschleunigter Peristaltik ohne organische Läsion — findet man 10—50% des Nahrungsfettes im Kot wieder. Eine gleich erhebliche Verschlechterung der Fettresorption findet man beim Abschluß der Galle vom Darm ohne Mitbeteiligung des Pankreas. Besteht kein Ikterus und gehen über 50% des Nahrungsfetts mit dem Kot verloren, so ist eine Beeinträchtigung des Steapsinzuflusses

[1]) Mansfeld und Müller: Pflügers Arch. f. d. ges. Physiol. Bd. 152, S. 61. 1913.

zum Darm wahrscheinlich. Bei gleichzeitigem Abschluß von Galle und Bauchspeichel vom Darm können über 87% des Nahrungsfettes im Kot wieder erscheinen. Eine solche Steatorrhöe verleiht dem Stuhl ein sehr charakteristisches Aussehen (sog. Fettstuhl, Butterstuhl, weißer acholischer Stuhl). Daß beim Ausbleiben des Steapsins nicht nur die Resorption sondern auch die Spaltung der Fette notleidet, ist verständlich. Es sind aber auch Fälle beobachtet, die bei mangelnder Resorption eine weitgehende Spaltung des wiederausgeschiedenen Fettes zeigten.

Bei Kindern fand sich, daß im allgemeinen chronische Krankheitszustände, auch die exsudative Diathese und die Rachitis die Fettresorption nicht oder nur wenig beeinträchtigen, während akute Krankheitsprozesse, besonders der Symptomenkomplex der alimentären Intoxikation erhebliche Störungen zutage treten lassen. Erweist sich die Fettresorption geschädigt, so scheinen die gleichen pathologischen Bedingungen auch hier zu einer Verschlechterung der Fettspaltung zu führen. Von erheblicher pathognomonischer Bedeutung ist die abweichende Zusammensetzung des Säuglingsfettes von dem des Erwachsenen.

	Beim Erwachsenen	Beim Kind
Oleinsäure	79,80%	67,75%
Palmitinsäure	8,16%	28,97%
Stearinsäure	2,04%	3,28%

Der Erstarrungspunkt des kindlichen Fettes liegt infolge der relativen Armut an leicht schmelzbarer Ölsäure hoch bei 30—35°. Bei der labilen Thermoregulation der Frühgeborenen führen daher die häufig beobachteten Untertemperaturen zu einer eigenartigen Erstarrung des Hautfettes (Sklerem), die bei der Betastung der unverschieblichen Haut an ihrer härteren Konsistenz sich unschwer erkennen läßt.

a) Die Lipämien.

Die nächste Etappe der Störungen des Fettstoffwechsels ist nur durch die Blutuntersuchung nachzuweisen. Genauer studiert sind bisher nur die pathologischen Vermehrungen des Blutfettes, die sog. Lipämien. Zweckmäßigerweise unterscheidet man hier nach dem physikalischen Zustand des Blutes die manifesten und die latenten Lipämien. Zu den manifesten Lipämien gehören

1. die Mastlipämien,
2. die fötale Lipämie,
3. Schwangerschaftslipämien,
4. Transportlipämien,
5. cytolytische Lipämien.

Von latenten Lipämien sind bisher nur die cholämischen Lipämien bekannt und die nach Cholesterinfütterung bei Kaninchen anfänglich beobachteten [Hueck und Wacker [1])]. Auch nach Milzexstirpation tritt eine Vermehrung des Fettes im Blute auf [Eppinger [2])].

Bei jeder manifesten Lipämie lassen sich im Blut mit Hilfe des Dunkelfelds feinste lichtbrechende Teilchen nachweisen, die nach Aus-

[1]) Hueck und Wacker: Biochem. Zeitschr. Bd. 100, S. 84. 1919.

[2]) Eppinger: Die hepatolienalen Erkrankungen. Berlin: Julius Springer. S. 144. 1920.

ätherung verschwinden und sich nach Sudan III färben. Diese Hämoconien benannten feinsten Fettkügelchen können anscheinend die Capillarwände durchwandern und werden wie andere suspendierte Partikelchen in Leber, Milz und Knochenmark in corpusculärer Form aufgenommen [NOBEL [1]]. Die Mastlipämie wird bei der Mästung der Gänse mit Kohlehydraten und Fetten beobachtet und auf eine Überfüllung der Depots und Rückstauung des Fettes im Blut zurückgeführt [REACH [2]]. Die von KRAIDEL [3]) bei reifen Meerschweinchenföten beobachtete Lipämie steht in keiner Beziehung zum Gehalt des mütterlichen Blutes an corpusculärem Fett, so daß man zu der Annahme kam, die Placenta könne die im mütterlichen Blute enthaltenen Fettsäuren und Glyceride zu Fett resynthetisieren. Bei der schwangeren Frau wird eine Anreicherung des Blutes an Fett und fettähnlichen Bestandteilen beobachtet. Der Fettgehalt des fötalen Blutes ist viel geringer als der schwangerer und nichtschwangerer Frauen [HERMANN und NEUMANN [4]].

Am einfachsten dürfte der Mechanismus der Entstehung der Transportlipämien zu erklären sein. Alle Zustände, die den Organismus dazu zwingen seine Fettvorräte in großem Umfange rasch zu mobilisieren und sie an die Stätten der Verbrennung zu bringen, werden eine solche Transportlipämie zur Folge haben. Das gilt für den Hunger, in welchem der Organismus nach Erschöpfung seiner Glykogenvorräte $^9/_{10}$ seines Energiebedarfs durch Fettverbrennung deckt. Bei der diabetischen Lipämie, auf die gelegentlich der Störungen des Cholesterinstoffwechsels noch eingegangen wird, liegen die Dinge komplizierter. BEUMER und ich [5]) fanden in Bestätigung früherer Arbeiten eine erhebliche Vermehrung nicht nur des Blutfettes sondern auch der als Lecithin berechneten Gesamtphosphatide und des Cholesterins. Die höchsten Werte wurden im Coma diabeticum gefunden, in welchem über 20% Gesamtfett festgestellt wurden. Bei den engen Beziehungen zwischen Acidosis und Lipämie wurde häufig der Versuch gemacht, ihr Auftreten aus denselben Ursachen herzuleiten, die eine Acidosis herbeiführen oder sie mit den durch die Acidosis gegebenen Verhältnisse im Stoffwechsel in Zusammenhang zu bringen. Die Auffassung in der Lipämie nur den Ausdruck eines rückläufigen Fetttransportes ist sicher nicht ausreichend, man kam daher besonders infolge der Feststellung der gleichzeitigen Vermehrung der Lipoidsubstanzen zu der Annahme eines Zellzerfalls. Unsere Untersuchungen ergaben, daß der Lipoidgehalt der Blutkörperchen trotz des starken Fettgehalts des Serums unbeeinflußt geblieben ist. Ein teilweiser Zellzerfall ist sicher zuzugeben. Daneben aber ist zu berücksichtigen, daß das Auftreten der Acetonkörper mit einer Umsetzung des neutralen Fettes in Zusammenhang steht. Von REICHER [6]) ist angenommen worden, daß es sich bei der diabetischen Lipämie um etwas ähnliches handele wie bei den Zuständen, die nach protrahierten Narkosen beobachtet werden, bei denen es zu einer Ausschwemmung von Lipoiden ins Blut kommt. Verfasser konnte mit SCHWEISHEIMER [7]) zeigen, daß die

[1]) NOBEL: Pflügers Arch. f. d. ges. Physiol. Bd. 134, S. 436. 1910.
[2]) REACH: Biochem. Zeitschr. Bd. 40, S. 128. 1912.
[3]) KRAIDEL und DONATH: Zentralbl. f. Physiol. Bd. 24. S. 1. 1910.
[4]) HERMANN und NEUMANN: Biochem. Zeitschr. Bd. 43, S. 47. 1912.
[5]) BEUMER und BÜRGER: Zeitschr. f. exp. Pathol. u. Therap. Bd. 13. 1913.
[6]) REICHER: Zeitschr. f. klin. Med. 1908. S. 235.
[7]) BÜRGER und SCHWEISHEIMER: Zeitschr. f. d. ges. exp. Med. Bd. 5, S. 136. 1916.

akute Alkoholvergiftung beim Hunde mit einer Vermehrung des Cholesterins einhergeht, dagegen konnte eine manifeste Lipämie selbst bei Alkoholgaben von 11 ccm pro Körperkilo nicht erzielt werden. Alle diese Vorstellungen sind nicht ganz befriedigend, da wir wissen, wie rasch nach einer fettreichen Mahlzeit das Fett wieder aus dem Blute verschwindet. Sehr wahrscheinlich ist der Austritt des Fettes aus den Capillaren oder die Aufnahmefähigkeit der Zellen für Fett bei den angeführten Fällen hochgradiger Lipämie gleichfalls gestört.

Nach parenteraler Fetteinverleibung soll eine Lymphocytose eintreten. Die Lymphocyten spielen bei Aufnahme und Verdauung des injizierten Fettes mit Hilfe eines von ihnen produzierten fettspaltenden Ferments eine bedeutsame Rolle. Die Resorption des parenteral injizierten Fettes geht so langsam vor sich, daß eine Ernährung auf diese Weise auf die Dauer nicht durchgeführt werden kann. Bemerkenswerterweise steigt nach fettreicher Nahrung und im Hunger der Lipasengehalt des Blutes erheblich an. Beim nüchternen Tier sinkt er auf 0.

Bei dem sichtbaren Auftreten von Fett in Zellen muß man folgendes unterscheiden: Entweder wird dabei das Fett von außen aufgenommen, oder das Fett entsteht in der Zelle, oder das Fett wird nur sichtbar, ohne daß der Gesamtfettgehalt der Zelle sich vermehrt (Fettphanerose). Es ist streng zu unterscheiden zwischen fettiger Infiltration, die ohne Kernschädigung abläuft und nicht zum Zelltode führt, und der fettigen Degeneration, die einen nekrobiotischen Prozeß darstellt, dessen Endstadium die Auflösung der Zelle bedeutet. Die Fettleber bei der Phosphorvergiftung ist nicht die Folge einer lokalen Fettbildung, sondern die einer Fetteinwanderung in die Leber, denn der Gesamtfettgehalt phosphorvergifteter Tiere bleibt gleich, nur die Verteilung wird geändert. Bei mageren Tieren läßt sich durch Phosphorvergiftung keine Fettleber erzeugen. Reichert man die Depots mit körperfremden Fetten an, und vergiftet die Tiere sodann mit Phosphor, so lassen sich die entsprechenden Fette in der Leber nachweisen. So konnte man an Tieren, die man vorher bis zur annähernden Fettfreiheit der Leber hatte hungern lassen, durch Phosphorvergiftung eine künstliche Infiltration der Leber mit Leinöl, Hammelfett, Kokosfett und Jodfetten erzielen. Ebensowenig ist die fettige Degeneration, die man z. B. bei Autolyseversuchen beobachtet, mit einer Neubildung von Fetten verbunden. Auch hier handelt es sich lediglich um ein Sichtbarwerden des Fettes, um eine sogenannte Fettphanerose. Die Fettbildung im Leichenwachs und bei der Reifung des Käses sind durch Bakterieneinwirkung zu erklären.

Der normale Ausscheidungsort des Fettes ist der Darm. Eine geringe Menge wird durch die Talgdrüsen der Haut nach außen abgegeben. Aber auch der Harn des gesunden Menschen enthält minimale Mengen Fett und höhere Fettsäuren. Ob dieses Fett durch das Blut zur Abscheidung gelangt oder ob es aus zerfallenen Zellen stammt, ist unbekannt. Für die erste Tatsache kann die Auffassung ins Feld geführt werden, daß bei starker Verdauungs- und Mästungslipämie der Fettgehalt des Harns steigt, doch bleiben selbst in Fällen pathologischer Lipämie die Werte niedrig. So wurden z. B. bei 27 % Blutfett 0,088 % Fett im Harn gefunden.

Bei der sogenannten Chylurie handelt es sich höchstwahrscheinlich um einen direkten Zufluß von fetthaltigem Chylus aus den Chylus- oder Lymphgefäßen in die Nierenwege. Das Fett, welches bei Nierenkranken in den Harn gelangt, stammt zum größten Teil aus zerfallenen degenerierten Nierenepithelien.

Ist eine Störung der Korrelation des Körpergewichtskorrenten zugunsten des Fettanteils dauernd vorhanden, so spricht man von **Fettsucht.** Während der Körper des Neugeborenen 9—18 % Fett, also etwa ebensoviel wie der des erwachsenen Mannes enthält, besteht der weibliche

Körper bis zu 23% aus Fett. Eine erhebliche Vermehrung des Fettanteils hebt die Eutrophie des Organismus auf. Es ist im einzelnen nicht leicht, die Grenzen zwischen normalem und krankhaften Fettbestande klinisch festzulegen. Es ist bemerkenswert, daß in allen Fällen ausgeprägter Fettsucht der Kreatininkoeffizient erniedrigt ist, d. h. der auf das Körperkilogramm entfallende Anteil an Kreatinin vermindert ist [Bürger[1])].

Unter den Ursachen der Fettsucht muß man exogene und endogene Momente unterscheiden. Bei der exogenen Form handelt es sich um einen Fettansatz durch Überernährung mit Fetten und Kohlehydraten, also um eine Mastfettsucht. Die über den Bedarf hinaus gesteigerte Nahrungsaufnahme ist vielfach die Folge eines falschen Hungergefühls, das Umber[2]) treffend als Dysorexie bezeichnet. Eine weitere Ursache der Fettsucht ist die körperliche Trägheit. Durch Vermeidung von Körperbewegungen können erhebliche Ersparnisse an Calorien gemacht werden. Zuntz berechnet für die unnötigen Bewegungen, die bei lebhaftem Temperament gemacht werden, 1700 Calorien. Daß bestimmte Kranke mit Fettsucht bei einer Zufuhr an Brennwerten, die berechnet auf das Körpergewicht der Erhaltungskost entsprechen würde, Einsparungen machen können, d. h. also einen gegen die Norm verminderten Grundumsatz haben, ist immer wieder bestritten worden. Nach Untersuchungen von Bergmann[3]), Umber[4]) u. a. kommt eine solche Bradytrophie aber sicher vor. Es handelt sich meist um Fälle von konstitutioneller Fettsucht, bei denen sich häufig Störungen der Korrelation der Drüsen mit innerer Sekretion nachweisen lassen. So kann man eine thyreogene, eine hypophysere und eine Kastrationsfettsucht unterscheiden. Das Fettwerden vieler Frauen nach der Menopause, die Fettsucht der Eunuchen, die Erfahrungen der Schweinezüchter mit der Kastration sprechen dafür, daß der Ausfall der Keimdrüsen das Entstehen einer Fettsucht begünstigt. Von Löwi und Richter[5]) ist gezeigt worden, daß die Oxydationsprozesse bei Tieren durch die Kastration herabgesetzt werden können. Unter den Allgemeinsymptomen der Fettsucht dominiert die Erschwerung der Wärmeregulation, welche besonders bei einer Steigerung der Luftfeuchtigkeit hervortritt. Der Fette gerät schon bei 30° in feuchter Luft unter Vermeidung aller Körperbewegungen in starkes Schwitzen. Wird gleichzeitig noch Arbeit geleistet, so gerät er infolge der durch das Fettpolster erschwerten Entwärmung in die Gefahr der Hyperthermie. Die Neigung zur Dyspnoe ist einmal dadurch erklärt, daß der Fette einen Ballast an totem Gewicht mitzutragen hat und daß die im Thorax und im Abdomen angehäuften Fettmassen Zwerchfellatmung und Herztätigkeit stark behindern. Auf das klinische Bild des Mastfettherzens, das dann zustande kommt, wenn das subpericardiale Fett sich zwischen die Muskulatur drängt, kann hier nicht eingegangen werden. In seinen Symptomen kann es der Myodegeneratio cordis sehr ähnlich werden.

In einigen Fällen lokaler Fettanhäufung bestehen bisher noch wenig untersuchte Beziehungen zum Nervensystem, so bei der symmetrischen

[1]) Bürger: Zeitschr. f. d. ges. exp. Med. Bd. 9, S. 262. 1919.
[2]) Umber: Ernährung und Stoffwechselkrankheiten. 2. Aufl. Berlin-Wien 1914.
[3]) Bergmann: Dtsch. med. Wochenschr. 1909. S. 611.
[4]) Umber: l. c.
[5]) Löwi und Richter: Dubois Arch. 1899. Suppl. S. 174.

Lipomatose, bei der Neurolipomatosis dolorosa und bei der DERCUMschen Krankheit.

b) Der Lipoidstoffwechsel und seine Störungen.

Außer den Fetten spielen die fettähnlichen Substanzen im Körper eine große Rolle. Zu ihnen rechnen wir die Phosphatide und die Stearine. Die Phosphatide werden eingeteilt nach ihrem Verhältnis von N:P. Man unterscheidet demnach u. a.

Monoaminomonophosphatide N:P = 1:1 (Lecithin, Cephalin)
Monoaminodiphosphatide N:P = 1:2 (Cuorin des Herzmuskels)
Diaminomonophosphatide N:P = 2:1 [Sphingomyelin [1]].

Die Phosphatide sind, soweit wir bis heute wissen, Bestandteile aller lebenden Zellen. Sie haben für deren physikalische Struktur eine große Bedeutung. Die Eigenschaften der Zelloberfläche und ihre Permeabilität für Wasser und lösliche Stoffe werden durch sie wesentlich mitbestimmt.

Die Reindarstellung der Lipoide ist, da diese Körper nicht krystallisieren, mit großen Schwierigkeiten verknüpft. In noch nicht lange zurückliegender Zeit bezeichnete man alle phosphorhaltigen ätherlöslichen Stoffe schlechtweg als Lecithin und bestimmte den Lecithingehalt nach dem Phosphorgehalt des zu untersuchenden Fettes. Dies Lecithin ist ein Fett, in dem ein Fettsäurerest durch Cholinphosphorsäure ersetzt ist:

$$\begin{array}{ll}
\text{Glycerinrest} \left\{ \begin{array}{l} CH_2 \cdot OOC \cdot C_{17}H_{35} \\ | \\ CH \cdot OOC \cdot C_{17}H_{35} \\ | \\ CH_2 - O \\ \qquad HO \gt P = O \end{array} \right. & \begin{array}{l} \left.\right\} \text{Fettsäurerest} \\ \\ \left.\right\} \text{Phosphorsäurerest} \end{array} \quad + 3\,H_2O = \\
\text{Cholinrest} \left\{ \begin{array}{l} \quad C_2H_4 - O \\ N \lt (CH_3)_3 \\ \quad OH \end{array} \right. &
\end{array}$$

$$\underbrace{\begin{array}{l} CH_2 \cdot OH \\ | \\ CH \cdot OH \\ | \\ CH_2 \cdot O \\ \quad HO \gt P = O \\ \quad HO \end{array}}_{\text{Glyceryl-phorphorsäure.}} + \underbrace{2\,C_{17}H_{35} \cdot COOH}_{\text{Stearinsäure.}} + \underbrace{N \begin{array}{l} CH_2 - CH_2(OH) \\ (CH_3)_3 \\ OH \end{array}}_{\text{Cholin.}}$$

Durch Verseifen mit Alkalien oder Barytwasser erhält man Fettsäuren, Glycerylphosphorsäure und Cholin. Verdünnte Säuren greifen Lecithin nur sehr allmählich an. Sämtliche Lipoide sind leicht oxydable Substanzen, was ihre Reindarstellung erheblich erschwert. Systematisch untersucht sind bisher nur die Phosphatide des Herzens und vor allem die Gehirnlipoide. Die wesentlichen sind Lecithin, Cephalin, Sphingomyelin, Protagon und die Cerebroside. Die letzteren sind dadurch ausgezeichnet, daß ihren Molekülen ein Kohlyhedrat, und zwar Galaktose eingefügt ist (Sphingogalaktoside). Die Gehirntrockensubstanz besteht zu einem Drittel aus eiweißartigen Substanzen und zu zwei Drittel aus Lipoiden. Die Blutkörper des Menschen enthalten nur sehr geringe Mengen Lecithin. Die Hauptmenge der Phosphatide besteht aus Sphingomyelin, ein kleinerer Teil aus Cephalin und einem ätherlöslichen Diaminomonophosphatid. Ein Drittel der Stromatrockensubstanz ist Cholesterin (BEUMER und BÜRGER).

Über den Phosphatidstoffwechsel sind wir bisher sehr mangelhaft unterrichtet. Man hat aus dem Auftreten von Lecithin im Chylus und in den

[1]) BANG: Chemie und Biochemie der Lipoide. Wiesbaden 1911. Dort Literatur.

Faeces — sicherlich fälschlicherweise — geschlossen, daß das Lecithin durch das Steapsin nicht oder nur unbedeutend gespalten würde. Zum Teil werden die Phosphatide im Darm verseift, wobei Cholin frei wird. Die Wand des überlebenden Dünndarms enthält Cholin in freiem diffusionsfähigen Zustand in derartigen Mengen, daß dieselben den AUERBACHschen Plexus erregen müssen. Es ist gelungen, die wechselnde Reaktionsweise des Darms gegen Atropin auf dessen verschiedenen Cholingehalt zurückzuführen. Das Cholin hat somit als physiologisches Hormon des Darms zu gelten [LE HEUX [1])]. Zum Teil wird das Cholin weiter abgebaut. Jedenfalls ist es nach reichlicher Lecithinfütterung im Harn nicht nachweisbar. Erst nach Injektion von 1 g Cholin unter die Haut trat es in den Harn über. In Spuren ist es normalerweise in der Cerebrospinalflüssigkeit zu finden. Unter pathologischen Bedingungen ist es vermehrt.

Die Frage, ob die Phosphatide zu den obligat oder fakultativ endogenen Nahrungsstoffen gehören, ist noch offen. Die Untersuchungen von STEPP [2]), nach denen phosphatidfreie Nahrung zum Tode führt, dürfen wohl als widerlegt gelten. Sicher ist, daß Enten, die lipoidfrei ernährt wurden, viel mehr Lipoide in ihren Eiern abgeben, als ihnen mit ihrer Nahrung zugeführt wird.

Im Gebiete der Pathologie des Phosphatidstoffwechsels sind die Vorgänge bei der Narkose am meisten erörtert. OVERTON und H. H. MEYER [3]) erkannten, daß ein Narkoticum um so stärker wirkt, je leichter es sich in gewissen fettähnlichen Stoffen löst, die in der Zellmembran enthalten sind. Zu diesen Stoffen gehören die Lipoide, die Stearine und die fetten Öle. Die narkotische Kraft einer Verbindung kann durch ihren Verteilungsquotienten Öl: Wasser definiert werden. Narkose tritt ein, wenn die Lipoide der Zellen das Narkoticum bis zu einer gewissen Konzentration absorbiert haben. Die narkotische Kraft nimmt mit der Länge der Kohlenstoffkette des Narkoticums zu, jedoch nur bis zu einer Grenze, in der auch die absolute Löslichkeit abnimmt. Die narkotische Wirkung ist danach durch die Lösung in den Zellipoiden bedingt. Wenn seine Konzentration in der Intracellularflüssigkeit abnimmt, diffundiert es aus den Zellen bis zur Erreichung eines neuen Gleichgewichts heraus. Nach diesen Vorstellungen müssen die lipoidreichsten Zellen immer am meisten von dem Narkoticum aufnehmen. Nach dem Gesagten wird das Nervensystem, vor allem das Gehirn, am meisten mit Narkoticis angereichert. Bei einem mit Chloroform tief narkotisiertem Hund fand POHL [4]) im Blut 0,015%, im Gehirn aber 0,042% Chloroform. Merkwürdigerweise ist das Fettgewebe lange nicht so stark beteiligt, was durch seine Gefäß- und Blutarmut erklärt wird. Die oben geschilderte Fettphanerose wird als eine Veränderung des Bindungszustandes der Lipoide durch Intoxikation angesehen. Eine solche Veränderung ist irreversibel. Vielleicht finden ähnliche, weniger eingreifende Veränderungen auch bei der Narkose statt, die dann noch reversibel sind.

Systematische Untersuchungen über den **Phosphatidgehalt des Blutes bei Krankheiten** haben bisher keine übersichtlichen Ergebnisse gehabt. Im allgemeinen steigt die als Lecithin berechnete Gesamtmenge der Phosphatide mit der Menge des Gesamtblutfetts.

Nach eigenen mit BEUMER [5]) durchgeführten Untersuchungen findet man folgende Zahlen:

---

[1]) LE HEUX: Ber. über die Tagung d. dtsch. physikal. Ges. Hbg. 1920. Ber. über die ges. Physiol. Bd. 2, S. 162. 1920.

[2]) STEPP: Biochem. Zeitschr. Bd. 20, S. 452. 1909.

[3]) OVERTON und H. H. MEYER: Stud. über Narkose. Jena 1901.

[4]) POHL: Arch. f. exp. Pathol. u. Pharmakol. Bd. 28, S. 239. 1891.

[5]) BEUMER und BÜRGER: Zeitschr. f. exp. Pathol. u. Therap. Bd. 13. 1913.

Diagnose	1000 g Serum enthalten Totalfett	Phosphatide ber. als Lecithin
Polyglobulie	12,043	2,058
Perniziöse Anämie 1 .	6,834	0,806
Perniziöse Anämie 2 .	3,794	0,915
Carcinose des Beckens	5,730	1,052
Ca. oesophagi	4,478	1,009
Pankreasatrophie . . .	4,120	1,731
Cholämie 1	11,438	3,395
Cholämie 2	22,395	5,366

Auffallend hohe Werte werden demnach bei Störungen des Fettstoffwechsels (Pankreasatrophie) und der Fettresorption (Cholämie) gefunden. Eine Fraktionierung mit den einzelnen Phosphatiden scheitert bisher an methodischen Schwierigkeiten.

c) Der Cholesterinstoffwechsel und seine Störungen.

Aus der Gruppe der im Pflanzenreich weitverbreiteten Stearine kommt im Tierkörper nur ein Stoff in größerer Menge vor: das Cholesterin. Die Konstitution des Cholesterins ist bis heute nicht vollkommen aufgeklärt. Man weiß, daß es eine Doppelbindung besitzt und daß die 17 C-Atome des Zentrums wahrscheinlich ein kompliziertes System von Ringen darstellen. Das Cholesterin ist lipoidlöslich und kann unter Wasseraufnahme quellen. Es hat die empirische Zusammensetzung $C_{26}H_{27}O$. Das Wollfett verdankt seinem hohen Gehalt an Cholesterin seinen besonderen Eigenschaften. Sehr wahrscheinlich steht die Cholsäure, die ein Paarling der Glykochol- und Taurocholsäure ist, in naher Beziehung zum Cholesterin. Aus menschlichen Faeces wurde von Bonzynski und Humnicki [1]) ein cholesterinartiger Körper isoliert, der 2 Atome Wasser mehr aufweist als das Cholesterin. Der Körper wird Coprosterin genannt. Dieses Dihydrocholesterin wird durch Fäulnisprozesse im Darm aus Cholesterin durch Reduktion gebildet.

Das Cholesterin ist ein normaler Bestandteil jeder Zelle. Während man lange Zeit annahm [Gross [2])], daß der tierische Organismus zu einer Synthese des Cholesterins nicht fähig sei, wurde eine solche von Beumer [3]) an neugeborenen mit einer cholesterinarmen Nahrung vier Wochen lang gefütterten Hunden bewiesen. Es trat nämlich bei diesen Tieren gegenüber den Jungen gleichen Wurfs, die sofort nach der Geburt getötet wurden, ein Cholesterinzuwachs auf, der die mit der Nahrung zugeführten Cholesterinmengen um das 20fache übertraf, trotzdem die Cholesterinbilanz in der Versuchsperiode negativ war. Thannhauser und Schaber [4]) fanden beim Vergleich bebrüteter und unbebrüteter Hühnereier im Organismus des wachsenden Hühnchens gleichfalls eine Vermehrung des Gesamtcholesterins, woraus eine Cholesterinsynthese geschlossen werden muß. Über den Ort der Cholesterinbildung sind wir nicht sicher unterrichtet. Wegen des Reichtums an doppelbrechender Substanz in der Nebennierenrinde hat man diese als Hauptort der Cholesterinsynthese angesprochen, während ihr von anderer Seite lediglich die

[1]) Bonzynski und Humnicki: Zeitschr. f. physiol. Chem. Bd. 22, S. 396. 1896/97.

[2]) Gross: Referat. Klin. Wochenschr. 1923. Nr. 5.

[3]) Beumer: Zeitschr. f. d. ges. exp. Med. 1923.

[4]) Thannhauser und Schaber: Zeitschr. f. physikal. Chem. Bd. 127, S. 278. 1923.

Funktion eines Cholesterinstapelplatzes zuerkannt wird [1]). Auch der Milz wurden cholesterinbildende Fähigkeiten zugesprochen. Über das Schicksal des mit der Nahrung zugeführten Cholesterins steht so viel fest, daß ungelöstes Cholesterin nicht resorbiert wird, auch nicht bei cholesterinarmer Ernährung. Es kann nur gemeinsam mit den Fetten und Lipoiden der Nahrung vom Darm aufgesogen werden. Freies mit der Nahrung zugeführtes Cholesterin erscheint nach der Resorption im Blute in der Hauptmenge als Cholesterinfettsäureester.

Die cholesterinreichsten Nahrungsmittel sind das Eigelb, die Milch, schließlich alle fettreichen Milchderivate. Als weitere Quelle des Nahrungscholesterins kommen alle pflanzlichen Nahrungsmittel wegen ihres Gehaltes an dem dem Cholesterin nahestehenden Phytosterin in Frage. Der Cholesteringehalt der Frauenmilch ist von der Dauer der Lactation abhängig [Wacker und Beck [2])]. Die Ernährung der Stillenden scheint auf den Cholesteringehalt der Milch von Einfluß zu sein. Der Durchschnittswert von 28 Frauenmilchanalysen ergab 3,29 pro Mill. Fett, und 0,138 pro Mill. Cholesterin. In der Kuhmilch ist etwas weniger Cholesterin enthalten, nämlich 0,125 pro Mill. (Wacker und Beck). Die künstliche Anreicherung des Cholesterins in der Nahrung bewirkt nicht nur eine Hypercholesterinämie, sondern bewirkt gleichzeitig einen Anstieg der übrigen Lipoidfraktionen [3]). Durch reichliche Zufuhr von cholesterinfreiem Nahrungsfett kann gleichzeitig der Cholesterinspiegel des Blutes willkürlich erhöht werden. Nach allem, was wir bisher wissen, kommt eine direkte Verbrennung des Cholesterins im Organismus nicht zustande. Es spielt somit als Energiespender keine Rolle. Zwischen dem Cholesterinstoffwechsel einerseits und dem Fett- und Phosphatid-Stoffwechsel andererseits bestehen wichtige Beziehungen, die wir im einzelnen noch nicht übersehen.

Der Gehalt des Blutes an Cholesterin ist Gegenstand sehr zahlreicher Untersuchungen gewesen. Auf 1000 g Serum kommen unter normalen Bedingungen 1—1,5 g Cholesterin. Das Cholesterin ist im Serum zum Teil als freies, zum Teil als gebundenes Cholesterin vorhanden. Im allgemeinen sind beim Menschen die Werte des freien Cholesterins etwa 30% von denen des Gesamtcholesterins. Die Blutkörperchen enthalten keine Cholesterinester. Ihr Gehalt an Cholesterin beträgt etwa 1 g für 1000 g feuchte Blutkörperchen. Über den Gehalt der normalen Organe an Cholesterin ist folgendes bekannt:

Feuchtes Organ	%-Gehalt an freiem Cholesterin	%-Gehalt an gebundenem Cholesterin	Totalgehalt
Niere	0,266—0,345	0,011—0,031	0,289—0,373
Leber	0,177—0,336	0,046—0,078	0,254—0,396
Nebennieren	0,428—0,889	1,919—5,775	2,595—6,664

Aus diesen von Fex [4]) angegebenen Daten geht hervor, daß der Gehalt an gebundenem und freiem Cholesterin in der Leber nur geringe Variationen aufweist. Die Variationen der Zahlen in den Nieren sind sowohl für das freie wie für das gebundene Cholesterin wenig schwankend.

[1]) Laudau und Mc. Nee: Beitr. z. pathol. Anat. u. z. allg. Pathol. Bd. 58.
[2]) Wacker und Beck: Zeitschr. f. Kinderheilk. Bd. 27, S. 291. 1921.
[3]) Hueck und Wacker: Biochem. Zeitschr. Bd. 100, S. 84. 1919.
[4]) Fex: Biochem. Zeitschr. Bd. 104, S. 82. 1920.

In den Nebennieren ist der Gehalt an freiem Cholesterin ziemlich konstant, der an gebundenem Cholesterin wechselnd.

Unter krankhaften Bedingungen sind sowohl Vermehrungen wie Verminderungen des Cholesterins im Blut und in den Organen festgestellt worden. Sehr zahlreiche Untersuchungen liegen vor über die Schwankungen des Cholesteringehaltes des Blutes. Bei cholesterinreicher Kost bei Diabetes, Fettsucht, Nephritis, frischer Atherosklerose finden sich ausgesprochene Vermehrungen des Gesamtcholesterins. Die weitaus höchsten Werte werden nach den Untersuchungen von BEUMER und mir [1]) bei diabetischer Lipämie und Cholämie gefunden.

Beim Diabetes nimmt sowohl das freie wie das veresterte Cholesterin an der Vermehrung teil. Die höchsten Werte werden bei acidotischen Zuckerkranken gefunden, jedoch kann es auch ohne Acidose zu einer Vermehrung des Cholesterins kommen. Die Blutkörperchen zeigen in ihrer Zusammensetzung bezüglich des Cholesterins eine weitgehende Unabhängigkeit vom Cholesteringehalt des Serums. Cholesterinester werden darin gar nicht oder nur in Spuren gefunden. Bei der Cholämie scheint die Anreicherung des Blutes an Cholesterin der häufig nachweisbaren Vermehrung der Glyceride vorauszugehen. Mit zunehmender Dauer des Ikterus und wachsender Vollkommenheit des Choledochusverschlusses wird nach eigenen [2]) Untersuchungen die Veresterung des Blutcholesterins schlechter. Bei mechanischem Ikterus von längerer Dauer ist weniger als ein Drittel des Cholesterins in gebundener Form vorhanden, beim hämolytischen Ikterus sind wie in der Norm zwei Drittel oder mehr des Gesamtcholesterins verestert. Bei wiedereinsetzendem Gallenabfluß sinken die vorher erhöhten Werte des Blutcholesterins rasch zur Norm ab und der veresterte Anteil des Blutcholesterins steigt auf den physiologischen Wert von 60 % und darüber an.

Abgesehen von der cholämischen Hypercholesterinämie sind die bei den verschiedensten Krankheiten gefundenen Vermehrungen des Blutcholesterins der Art ihrer Entstehung nach nicht aufgeklärt. Man diskutiert folgende Möglichkeiten:

1. eine exogen bedingte alimentäre Hypercholesterinämie. Dieselbe spielt beim Menschen fraglos eine untergeordnete Rolle. Selbst nach Zufuhr großer Cholesterinmengen (z. B. 5 g Cholesterin, gelöst in 100 g Olivenöl) gelang es mir nur vorübergehend, für die Dauer von wenigen Stunden den Cholesterinspiegel zu heben. Auch müßte man die Formen der alimentären Hypercholesterinämie häufiger antreffen bei Leuten, die gewohnheitsmäßig eine cholesterinreiche Nahrung (Eier) zu sich nehmen. Das nach einer cholesterin- und fettreichen Nahrung ins Blut hineingelangende Cholesterin verschwindet normalerweise rasch wieder aus dem Blute.

2. Die endogene Hypercholesterinämie, von der man vier Formen unterscheiden kann:

I. Die durch Zerfall entstehenden (cytolytische Hypercholesterinämie).

II. Die Transporthypercholesterinämie.

---

[1]) BÜRGER und BEUMER: Zur Lipoidchemie des Blutes. Berl. klin. Wochenschr. 1913. Nr. 3. Zeitschr. f. exp. Pathol. u. Therap. Bd. 13. 1913. Arch. f. exp. Pathol. u. Pharmakol. Bd. 71. 1913.

[2]) BÜRGER: Über cholämische Lipämie. Münch. med. Wochenschr. 1922. Nr. 4, S. 103—106.

III. Die Retentionshypercholesterinämie.
IV. Die Schwangerschaftshypercholesterinämie.

I. Die Hypercholesterinämie durch Zellzerfall wird nach dem Überstehen fieberhafter Erkrankungen als Ausdruck der erhöhten Mauserungsprozesse gefunden [GRIGAUT [1])]. Vielleicht gehören die noch ganz ungeklärten Hypercholesterinämien bei chronisch Nierenkranken, besonders bei Nephrotikern, hierher. Ganz allgemein kann man bei allen Zuständen, welche mit einem rasch gesteigerten Zellzerfall einhergehen, wenigstens vorübergehende Erhöhung des Blutcholesterins erwarten.

II. Die Transporthypercholesterinämie setzt immer dann ein, wenn die Depotfette rasch mobilisiert werden. Sie ist ein Begleitsymptom der Transportlipämie.

III. Die Retentionshypercholesterinämie ist der Ausdruck für eine Verlegung des Hauptausscheidungsweges, nämlich der Gallengänge.

IV. Die Schwangerschaftshypercholesterinämie ist in den letzten Monaten der Gravidität besonders ausgeprägt, fällt zur Zeit der Entbindung auf fast normale Werte ab, um etwa am 10. Tage nach der Entbindung ihren Höhepunkt zu erreichen. Vielleicht steht die Vermehrung des Cholesterins in der Schwangerschaft mit der vermehrten Bildung desselben in den Milchdrüsen in Zusammenhang.

Die Verminderung des Blutcholesterins wurde bei perniziösen Anämien, bei Carcinomanämien und bei schwerer Chlorose von uns beobachtet, im Anfangsstadium akuter Infektionskrankheiten vor allem von GRIGAUT festgestellt. Auch bei Tuberkulose wurden niedere Werte gefunden [ROSENTHAL und PATRZEK [2])]. Als Folge chronischer Unterernährung, z. B. bei der Ödemkrankheit, wurden gleichfalls Hypocholesterinämien gesehen [KNACK und NEUMANN [3]), FEIGL [4]), MATHIAS [5])].

Cholesterinbestimmungen an krankhaft veränderten Organen sind vor allem an Nieren und Nebennieren gemacht worden. Bei Nierenkrankheiten wurden für das gesamte und das gebundene Cholesterin erhöhte Werte festgestellt [BEUMER [6])]. Der erhebliche Zuwachs von Cholesterinestern in den Amyloidnieren ist vielleicht durch Zurückhaltung aus dem Blutserum zu erklären. Interessant ist, daß in den Nebennieren bei Nierenkrankheiten Cholesterinvermehrungen beobachtet wurden [FEX [7])].

Als Ausscheidungsort für das Cholesterin kommt vor allem die Leber in Frage, bei Frauen in der Lactationsperiode die Milchdrüsen. Unter pathologischen Bedingungen können alle diejenigen Erkrankungen, die mit Eiterentleerungen nach außen oder gesteigerten Mauserungsprozessen einhergehen (Cystitiden, eitrige Affektionen der Lungen und Bronchien, tuberkulöse und andere Fisteln) erhebliche Cholesterinverluste zur Folge haben. Bei den degenerativen Nierenerkrankungen werden geringe Mengen Cholesterin mit dem Harn ausgeschieden. Die Ausscheidung des Cholesterins durch die Galle ist lange Zeit bestritten worden. Vor

[1]) GRIGAUT: Le Cycle de la Cholestériémie. Paris 1913.
[2]) ROSENHTAL und PATRZEK: Berl. klin. Wochenschr. 1919. Nr. 34, S. 793.
[3]) KNACK und NEUMANN: Dtsch. med. Wochenschr. 1917. Nr. 29.
[4]) FEIGL: Biochem. Zeitschr. Bd. 35. 1918.
[5]) MATHIAS: Sitzungsber. d. Med. Sekt. d. vaterl. Ges. zu Breslau. März 1912.
[6]) BEUMER: Monatsschr. f. Kinderheilk., Orig. 18, H. 5, S. 443.
[7]) FEX: l. c.

allem trat NAUNYN[1]) dafür ein, daß das Cholesterin der Galle lediglich den Epithelien der Gallenblase und den Gallengängen entstammt. GOODMANN[2]) konnte an Gallenblasenfistelhunden zeigen, daß bei eiweißreicher Nahrung das Cholesterin in der 24stündigen Gallenmenge anstieg, besonders wenn er rote Blutkörperchen verfütterte. KUSOMOTO[3]) fand nach Applikation von blutkörperzerstörenden Giften eine Vermehrung des Gallencholesterins bei Hunden. Am Menschen mit operativen Gallenblasenfisteln fand BACMEISTER[4]), daß die ausgeschiedenen Tagesmengen des Cholesterins in der menschlichen Galle starken Schwankungen unterworfen sind. In den ersten Tagen nach der Operation fand eine erhebliche Verminderung, später eine Vermehrung statt. Er schließt aus seinen Untersuchungen, daß das Cholesterin als ein Produkt des allgemeinen Stoffwechsels durch die Leberzelle ausgeschieden wird. Das kann von erheblicher klinischer Bedeutung werden, da man weiß, daß in einer großen Zahl von Fällen bei Cholelithiasis sich zunächst ein reiner Cholesterinstein bildet. Die Abhängigkeit des Cholesteringehalts der Galle von der Nahrung ist ebenso oft behauptet wie bestritten worden. Während der Gravidität soll der Cholesteringehalt der Galle sinken, während der des Serums ansteigt. Nach der Entbindung wird das Cholesterin mit der Galle reichlicher ausgeschwemmt. Dieser postpuerperale Cholesterinreichtum der Galle ist mit dem Entstehen der Gallensteine in Verbindung gebracht worden. Andererseits wird wenigstens bei stillenden Frauen eine große Menge Cholesterin mit der Milch abgegeben. Das Colostrum enthält wenig, die erste Milch viel, die späterhin sezernierte Milch wenig Cholesterin.

d) Der wechselnde Gehalt des Blutes an Lipochromen.

Mit der Physiologie und Pathologie des Fett- und Lipoidstoffwechsels in engem Zusammenhange steht das gelegentliche Vorkommen einer intensiv gelben Hautfärbung, welche nicht durch Gallenfarbstoff, sondern durch Fettfarbstoffe zustande kommt. Eine besondere Bedeutung hat diese Hautverfärbung erreicht bei der sogenannten Xanthosis diabetica (siehe Seite 138) und dem Pseudo-Ikterus bei Säuglingen und kleinen Kindern nach carotinoidreicher Nahrung. Die Prädilektionsstellen für die gelbe Verfärbung sind bei den Diabetikern wie erwähnt die Handinnenflächen, die Fußsohlen, der Nasenrücken mit den Nasolabialfalten, die Gesichtshaut, das äußere Ohr. Die Farbe nimmt an den Handinnenflächen in schweren Fällen einen ockergelben Ton an. Die Skleren, an denen der Ikterus zuerst beobachtet wird, bleiben bei der Xanthose sehr lange frei. Der Pseudoikterus der Kinder zeigt in seiner Anordnung ganz ähnliches Verhalten. Es tritt zuerst an den Nasenflügeln eine lichte zitronengelbe Farbe auf. Die Nase sieht in ausgeprägten Fällen wie mit gelbem Blütenstaub bestäubt aus. Später werden die Nasolabialfalten, die Wangen und die Stirn befallen. Auch die Hände werden leicht gelb tingiert, während der übrige Körper fast freibleibt, speziell die Skleren bleiben vollständig frei. Untersucht man in den Fällen von Xanthosis diabetica oder Pseudoikterus der Kinder

[1]) NAUNYN: Klinik der Cholelithiasis. 1892.
[2]) GOODMANN: Beitr. z. chem. Physiol. Bd. 9, 1907.
[3]) KUSOMOTO: Beitr. z. chem. Physiol. Bd. 14, S. 5 u. 6. 1908.
[4]) BACMEISTER: Biochem. Zeitschr. Bd. 26, H. 3 u. 4. 1910.

das Serum, so zeigt sich häufig eine intensiv gelbe Farbe, es erscheint im durchfallenden Lichte orange bis ockergelb. Sie ist deutlich von der gelbgrünen Farbe des ikterischen Serums verschieden. Es läßt sich leicht zeigen, daß diese Gelbfärbung nicht durch Bilirubin bedingt ist.

Es muß also diese intensive Gelbfärbung durch einen anderen Farbstoff als Bilirubin bedingt sein. Das Serum hat schon normalerweise eine gelbe Farbe. Dieses gelbe Pigment wird seit den Untersuchungen von THUDICHUM [1]) für ein Lipochrom gehalten. Mehrere Forscher haben denn auch aus dem Serum verschiedener Tierarten ein gelbes Pigment extrahiert, welches sie nach seinen Eigenschaften als zu der Klasse der Luteine oder Lipochrome gehörend betrachtet haben. So gelang es KRUKENBERG [2]) aus dem Ochsenblut durch Ausschütteln mit Amylalkohol ein Lipochrom zu extrahieren, das nach seinem spektroskopischen und reaktionellen Verhalten als solches identifiziert wurde. HALLIBURTON [3]) beschreibt den gelben Farbstoff vom Vogelblutserum. Genauere Angaben über den Luteingehalt des Menschenblutserums finden sich erst in neuerer Zeit. ZOJA [4]) beschreibt das Lutein des Menschenblutes und das von Transsudaten und Exsudaten. HYMANS VAN DEN BERGH und SNAPPER [5]) wiesen in jedem menschlichen Serum die Anwesenheit von Lutein und Gallenfarbstoff nach.

Die Natur dieser im Pflanzen- und Tierreich äußerst zahlreich vorhandenen gelben Pigmente, die man mit dem Namen Lipochrome bezeichnet, ist noch wenig aufgeklärt, da es bis jetzt nur in vereinzelten Fällen gelang, den Farbstoff rein darzustellen. Es gehören hierher im Pflanzenreich vor allem die gelben Begleiter des Chlorophylls: das Xanthophyll und das Carotin, wie die Farbstoffe vieler anderer Pflanzen, so der Karotten, Tomaten usw.; alles Farbstoffe, die durch die Arbeiten von WILLSTÄTTER chemisch genau untersucht und als Kohlenwasserstoffe erkannt wurden. Von tierischen Lipochromen sind bis heute zwei Farbstoffe in Krystallform erhalten worden, das Eidotterlipochrom ($C_{40}H_{56}O_2$) und der gelbe Farbstoff des Corpus luteum ($C_{40}H_{56}$) [WILLSTÄTTER und H. ESCHER [6]) und H. ESCHER [7])]. Die notwendigen Ausgangsmengen des Rohmaterials bei diesen Untersuchungen sind so groß, daß mit den bis heute vorliegenden Methoden der Versuch einer Reindarstellung des Farbstoffes aus Serum wenig aussichtsreich erscheint. (Aus 6000 Eiern gewannen WILLSTÄTTER und H. ESCHER 4 g Lutein.)

Diese Lipochrome sind durch eine Reihe von Reaktionen charakterisiert. Bei der Xanthosis diabetica und dem Pseudoikterus der Kinder [RYHINER [8])] läßt sich nun eine erhebliche Vermehrung dieser Substanzen im Serum nachweisen. Diese Lipochrome stammen, wie ich und REINHART [9]) zeigen konnten, aus der Nahrung: durch übermäßige Zufuhr großer Mengen grünen Gemüses, die bei Diabetikern oft nötig wird, bei Kindern nach Aufnahme gelber Rüben läßt sich die Gelbfärbung künstlich erzeugen. Es kommt ihr daher klinisch keine sonderliche Bedeutung zu. Nach den bisher vorliegenden Untersuchungen scheint aber die Xanthose besonders leicht bei Störung des intermediären Lipoid- und

---

[1]) THUDICHUM: Zentralbl. f. med. Wissensch. 1869. Nr. 1.

[2]) KRUKENBERG: Jenaische Zeitschr. f. Naturwissensch. Suppl. Bd. 19, H. 1, S. 52.

[3]) HALLIBURTON: Journ. of physiol. Bd. 7, S. 324.

[4]) ZOJA: Reale Institoto Lombardo di Science e lettre. Ref. in Malys Jahresberichten 1905. S. 217.

[5]) HYMANS VAN DEN BERGH und SNAPPER: Dtsch. Arch. f. klin. Med. Bd. 110, S. 540.

[6]) WILLSTÄTTER und H. ESCHER: Zeitschr. f. physikal. Chem. Bd. 76, S. 214.

[7]) H. ESCHER: Zeitschr. f. physikal. Chem. Bd. 83, S. 198.

[8]) RYHINER: Jahrb. f. Kinderheilk. Bd. 94.

[9]) BÜRGER und REINHART: Zeitschr. f. exp. Med. Bd. 7, S. 1918. 1919.

Fettstoffwechsels zustande zu kommen. Bei den xanthotischen Diabetikern fanden ich und Reinhart [1]) als Index für den Gesamtfettgehalt des Blutes in der Regel eine Hypercholesterinämie. In dem einen Fall von Ryhiner [2]) von kindlichem Pseudoikterus war das Serum gleichfalls deutlich lipämisch. Diese Lipochrome werden physiologischerweise in den Corpora lutea des Ovariums gespeichert. Die Abbildung S. 138 zeigt eine starke Lipochromspeicherung in den Zwischenzellen des Hodens eines im Coma gestorbenen Diabetikers mit schwerer Xanthosis universalis.

F. Der Purinstoffwechsel und seine Störungen.

Die Zusammensetzung der Nucleoproteide ist eine mannigfaltige, ihre Reindarstellung bisher nicht geglückt. Einen Einblick in ihre Zusammensetzung gewinnen wir nur durch die Darstellung ihrer Spaltprodukte. Die Körper sind zuerst von Miescher [3]) in dem Kern der Eiterzellen und von Plosz [4]) in dem Kern der Vögel- und Schlangenblutkörperchen entdeckt worden. In der Folge haben Miescher [5]), Kossel [6]), Schmiedeberg [7]) bei der Untersuchung von Spermatozoen gezeigt, daß für die Lösung der Nucleoproteide aus ihnen der Zerfall des Zellkerns unerläßliche Vorbedingung ist. Wie der Name sagt, sind die Nucleoproteide wesentliche Bestandteile des Zellkerns. Sie können aus allen Organen isoliert werden, aus zellreichen in größeren Mengen als aus zellarmen. Der Abbau der Nucleoproteide verläuft nach folgendem Schema:

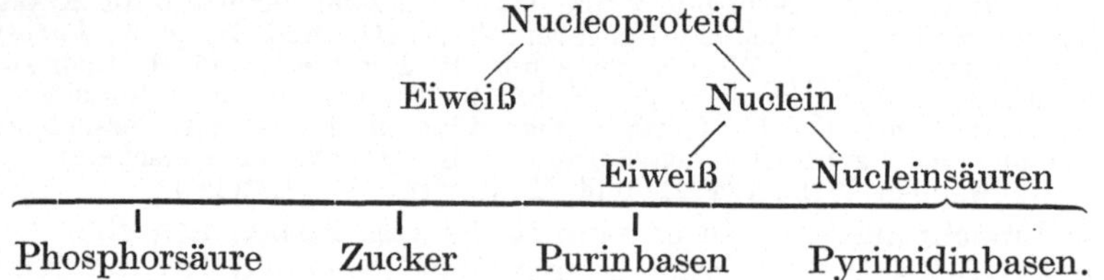

Bei der Verdauung mit Pepsinsalzsäure wird zunächst das Eiweiß abgespalten, das Nuclein bleibt unlöslich zurück. Das Nuclein kann durch Hydrolyse mit Alkalien wieder in Eiweiß und Nucleinsäuren zerlegt werden. Die in den Nucleoproteiden enthaltenen Eiweißkörper sind stark basischer Natur und reich an Protaminen und Histonen, demnach vorwiegend aus Diaminosäuren zusammengesetzt. Die Protamine wurden in besonders reichlicher Menge aus den reifen Testikeln von Lachs, Hering und Stör isoliert und liefern dann bei vollständiger Spaltung bis zu 90% Arginin. Die Nucleine kommen präformiert in dem Zellkern wahrscheinlich nicht vor. Durch die Zerlegung mit Alkalien oder mit Hilfe tryptischer Verdauung können aus ihnen die Nucleinsäuren abgespalten werden. Bereits Liebig zeigte, daß der bekannteste Körper der Puringruppe, die Harnsäure durch Salpetersäure in Harnstoff und Alloxan zerlegt werden kann.

Das Alloxan ist eine Verbindung von Mesoxalsäure und Harnstoff.

---

[1]) Bürger und Reinhart: Dtsch. med. Wochenschr. 1919. Nr. 16.
[2]) Ryhiner: l. c.
[3]) Miescher: Hoppe-Seylers med.-chem. Unters. Bd. 4, S. 441. Berlin 1871.
[4]) Plosz: Hoppe-Seylers med.-chem. Unters. Bd. 4, S. 441. Berlin 1871.
[5]) Miescher: Verhandl. d. naturforsch. Ges. zu Basel. 1874. Nr. 6, S. 138. Arch. f. exp. Pathol. u. Pharmakol. Bd. 37, S. 100. 1895.
[6]) Kossel: Zeitschr. f. physiol. Chem. Bd. 22, S. 176. 1896.
[7]) Schmiedeberg: Arch. f. exp. Pathol. u. Pharmakol. Bd. 43, S. 57. 1900.

Alloxan:

```
           NH2        COOH                      NH — CO
           |          |                         |      \
Harnstoff  CO    +    CO    Mesoxalsäure   =    CO ——— CO    + 2 H2O
           |          |                         |      /
           NH2        COOH                      NH — CO
```

Der Purinkern enthält folgende zwei Ringe:

Kerne des Purinrings: Purinring

```
  N — C                            N — C
  |   |          C — N             |   |
  C   C   und         > C          C   C — N
  |   |          C — N             |   |      > C
  N — C                            N — C — N
```

Vom Purinkern werden folgende wichtige Verbindungen abgeleitet: Aminopurine, Oxypurine, Dioxypurine, Trioxypurine und Aminooxypurine.

```
  N — CNH2               HN — CO                    HN — CO
  |   |                  |    |                     |    |
  HC  C — NH             HC   C — NH          NH2 — C    C — NH
  ||  ||     > CH        ||   ||     > CH           ||   ||     > CH
  N — C — N              N — C — N                  N — C — N
    Adenin              Hypoxanthin                   Guanin
  6-Aminopurin           6-Oxypurin            2-Amino-6-Oxypurin

           HN — CO                    HN — CO
           |    |                     |    |
           OC   C — NH                OC   C — NH
           ||   ||     > CH           ||   ||     > CO
           HN — C — N                 HN — C — NH
             Xanthin                   Harnsäure
          2.6-Dioxypurin            2.6.8-Trioxypurin
```

Als weitere Glieder der Purinreihe wurden als Spaltstücke der Nucleinsäure das Thymin, das Cytosin und das Uracil entdeckt. Dieser Gruppe legte FISCHER [1]) einen Sechserring, den Pyrimidinring, zugrunde, der folgendes Aussehen hat:

```
              N1 — C6
              |    |
              C2   C5    Pyrimidinkern
              |    |
              N3 — C4
```

```
     HN — CO              N = CNH2              HN — CO
     |    |               |    |                |    |
     OC   CH              OC   CH               OC   C · CH3
     |    |               |    ||               |    ||
     HN — CH              HN — CH               HN — CH
      Uracil               Cytosin               Thymin
 2.6-Dioxypyrimidin     6-Amino-2-Oxy-       5-Methyl-2-6-Dioxy-
                          pyrimidin              pyrimidin
```

Durch weitere tiefgreifende Hydrolyse wurden in dem Spaltungsgemisch außer Pyrimidinen und Purinen Phosphorsäure und Kohlehydrate isoliert. Unter den Kohlehydraten wiegen die Pentosen vor, aus der Thymonucleinsäure wurde eine Hexose isoliert. Für die einfachen Phosphorpurinzuckersäurekomplexe ist von LEVENE [2]) der Name Mononucleotide vorgeschlagen worden, für die komplizierteren der Ausdruck Polynucleotide. Werden aus den Nucleotiden Phosphorsäuren herausgespalten, so bleiben glykosidartige Verbindungen zurück, die als Nucleoside bezeichnet werden. Über die intramolekulare Verbindung der Bausteine in den einfachsten Nucleinsäuren ist bisher folgendes bekannt. Die Kohlehydratgruppe steht zwischen dem Purin und der Phosphorsäure. Sie geht mit der endständigen Alkoholgruppe und der Phosphorsäure eine esterartige Verbindung ein und ist andererseits durch die Aldehydgruppe glykosidartig mit dem Purinkern verkettet.

---

[1]) FISCHER: wie oben.

[2]) LEVENE: Ber. d. Dtsch. chem. Ges. Bd. 41, 42, 43 u. 44, 1902—1911.

Bei dem Abbau der Nucleoproteide im Stoffwechsel sind grundsätzlich zwei Wege zu unterscheiden. Der eine betrifft den Abbau der körpereigenen Kernstoffe, und wird als endogener Purinstoffwechsel bezeichnet. Der zweite Weg betrifft die Zerstörung der Nucleoproteide, die mit der Nahrung aufgenommen wurden, durch die fermentative Tätigkeit des Magens und Darms. Das ist der exogene Anteil des Purinstoffwechsels. Wie bereits erwähnt, werden durch die peptische Verdauung, also durch die Magentätigkeit, die Nucleoproteide in Eiweiß und Nuclein zerlegt, und aus dem Nuclein durch weitere Spaltung die Nucleinsäuren freigemacht. Durch die Tätigkeit der Darmfermente, vor allem des Trypsins, werden die Nucleinsäuren gespalten, wobei freie Phosphorsäure auftreten kann. SCHITTENHELM, LONDON und WIENER [1]) haben durch Verdauungsversuche Nucleoside isolieren können. THANNHAUSER [2]) konnte durch Digestion von Hefenucleinsäure mit Duodenalsaft zwar keine Nucleoside und keine Basen finden, wohl aber freie Phosphorsäure und einen um eine Phosphorsäuregruppe ärmeren Nucleinsäurekomplex, die Triphosphornucleinsäure isolieren. Durch das Erepsin des Darms wird das Auftreten von freier Phosphorsäure und freien Basen bewirkt. Fällt die tryptische Verdauung infolge einer Pankreasinsuffizienz aus, so treten unzerstörte Zellkerne in großer Menge im Stuhl auf, was von SCHMIDT [3]) zur Diagnose der Pankreaserkrankungen herangezogen wurde. SCHITTENHELM [4]) konnte in einem einschlägigen Fall große Mengen Purinbasen aus dem Stuhl isolieren.

Weiterhin ist ein intermediärer fermentativer Abbau der Nucleinsäuren vielfach diskutiert worden. Die Nucleasen sollen eine Aufspaltung der Nucleinsäure in die Nucleotide bewirken. Solche Nucleasen sind aus vielen Organen isoliert worden. Bemerkenswert ist die stark leukotaktische Wirkung, welche den Nucleinsäuren bei parenteraler Einverleibung zukommt [SCHITTENHELM und BENDIX [5])]. SCHITTENHELM [6]) stellte nach seinen Untersuchungen folgende Fermentetappen auf: 1. Nuclease, 2. Purindesaminase, 3. Xanthinoxydase, 4. Urikolytisches Ferment (Urikooxydase, Uricase).

Die Nuclease zersetzt die Nucleinsäure. Sie ist aus Thymus-, Leber-, Milzextrakten gewonnen worden, aber auch in den Nieren und im Pankreas des Hundes nachgewiesen. Sie scheint überall da vorhanden zu sein, wo viele Zellkerne sich finden. Nach SCHITTENHELM [7]) geht die Wirkung der Nuclease bis zur Aufspaltung der Nucleinsäure in Purin und Pyrimidinbasen, Zucker- und Phosphorsäure.

Die Purindesamidase wirkt hydrolysierend und spaltet aus dem Guanin eine Aminogruppe ab und wandelt dasselbe in Xanthin und Ammoniak um, ebenso wirkt es desaminierend auf das Adenin, dasselbe in Hypoxanthin verwandelnd.

Die Xanthinoxydase verwandelt das Hypoxanthin in Xanthin und das Xanthin in Harnsäure. Ob es sich um ein einheitliches oder um zwei verschiedene Fermente handelt, ist bisher nicht sichergestellt.

Das am meisten diskutierte Ferment ist das urikolytische, die Uricase. Dieses urikolytische Ferment ist bei den Säugern weit verbreitet [SCHITTENHELM [8])]. Es verwandelt beim Hund, Schwein und Kaninchen die Harnsäure in Allantoin. Dieses Allantoin ist im embryonalen Harnsack, der Allantois, und der in ihr enthaltenen Flüssigkeit vorhanden und soll in ganz geringen Mengen auch im menschlichen Harn vorkommen. Diese geringen Mengen Allantoin entstammen beim Menschen der Nahrung. Im Übrigen scheidet der Mensch als Endprodukte des Purinstoffwechsels kein Allantoin, sondern Harnsäure aus.

Im Wesentlichen wird unter Nucleinstoffwechsel heute das intermediäre Schicksal des Purinteils der Nucleinsäuren verstanden. Soweit wir bis jetzt wissen, sind die Purine in den menschlichen Organen lediglich in den Nucleinsäurekomplexen vorhanden. Wir können an ihnen das Schicksal des Gesamtnucleinsäure-Stoffwechsels, den Aufbau sowohl wie den Abbau verfolgen.

---

[1]) SCHITTENHELM, LONDON und WIENER: Zeitschr. f. physiol. Chem. Bd. 70, S. 10. 1910; Bd. 72, S. 459. 1911; Bd. 77, S. 86. 1912.

[2]) THANNHAUSER: Zeitschr. f. physiol. Chem. Bd. 91, S. 325. 1914.

[3]) SCHMIDT: Dtsch. med. Wochenschr. 1899. S. 811.

[4]) SCHITTENHELM: Arch. f. klin. Med. Bd. 81, S. 423. 1904.

[5]) SCHITTENHELM und BENDIX: Zeitschr. f. exp. Pathol. u. Therap. Bd. 2, S. 166. 1905.

[6]) SCHITTENHELM: Handb. d. biochem. Arbeitsmeth. Bd. 2, S. 420. Berlin-Wien 1910.

[7]) SCHITTENHELM: Zeitschr. f. physiol. Chem. Bd. 46, S. 354. 1905; Bd. 63, S. 222. 1909.

[8]) SCHITTENHELM: Zeitschr. f. physiol. Chem. Bd. 57, S. 21. 1908.

Als erster hat sich MEISSNER[1]) im Jahre 1868 für die **Entstehung der Harnsäure aus den Gewebspurinen** eingesetzt, eine Ansicht, die nach vielfachem Widerspruch durch die Arbeiten KOSSELS[2]) und HORBARSCHEWSKYS[3]) Bestätigung fand. WEINTRAUD[4]) konnte dann durch sehr reichliche Zufuhr von Kalbsthymus am Menschen eine starke Vermehrung der Harnsäure im Urin feststellen, eine Entdeckung, die bald auch für andere purinreiche Nährstoffe in ihrer Gültigkeit erwiesen wurde. Die nächste Etappe auf diesem Wege war reine Purine in ihrem Schicksal im Stoffwechselversuch zu verfolgen. So wurden Hypoxanthin, Guanin und Adenin beim Menschen zugeführt und nachgewiesen, daß der Erfolg stets eine Vermehrung der ausgeschiedenen Harnsäure war [BRUGSCH und SCHITTENHELM[5])]. Beim Hunde führt die Verfütterung der freien Purine zu einer erheblichen Vermehrung der Allantoinausscheidung. Es ist bisher keine Übereinstimmung darin erzielt, ob der Übergang der Purine in Harnsäure resp. Allantoin quantitativ erfolgt. Es scheint so, als ob die Umwandlung von Xanthin und Hypoxanthin in Harnsäure resp. Allantoin wesentlich leichter vor sich geht als die der übrigen Purine. Die Schwierigkeit, die nicht überall genügend Beachtung fand, besteht darin, die Purinvorstufen in löslicher und resorptionsfähiger Form in den Darm einzuführen. So sind z. B. Guanin und Xanthin schwer löslich und die Mißerfolge mit diesen Körpern vielleicht daraus zu erklären.

Es ist nun die Frage, ob die Harnsäure das einzige Abbauprodukt des Nucleinstoffwechsels beim Menschen darstellt, zu untersuchen. KRÜGER und SALOMON[6]) haben aus 10000 l menschlichen Urins, 10,11 g Xanthin, 8,50 g Hypoxanthin und 3,54 g Adenin isoliert. Guanin wurde von ihnen vermißt. Es kommen in jedem normalen Menschenharn demnach geringe Mengen von Purinbasen vor, die in der Hauptsache aus Xanthin und Hypoxanthin bestehen.

Ein neues Problem tauchte auf nach der Entdeckung der Purinzuckerverbindungen, Guanosin und Adenosin. Es fragte sich nämlich, ob die Desamidierung und Oxydation der Purine vor oder nach ihrer Abspaltung aus der Glykosidbindung stattfindet.

Im Mittelpunkt der Diskussion steht die Frage nach der Bedeutung der Urikolyse. Nach der von SCHITTENHELM[7]) vertretenen Anschauung ist auch beim Menschen eine intermediäre Urikolyse ein physiologischer Vorgang des Purinstoffwechsels. Geschlossen wird diese Harnsäurezerstörung aus der bereits erwähnten Tatsache, daß bei Stoffwechselversuchen immer nur ein Teil der aufgenommenen Purinbasen als Harnsäure im Urin wieder erscheint. Die gegenteilige von IBRAHIM[8]), WIECHOWSKI[9]) und UMBER[10]) vertretene Ansicht geht dahin, daß die Harnsäure im menschlichen Organismus unangreifbar sei. Diese Autoren stützen sich auf die Erfahrung, daß intravenös injizierte Harnsäure beim Menschen nahezu quantitativ im Urin wieder erscheint. Für die Entscheidung der Frage, nach der Urikolyse ist die Zahl der an normalen Menschen von diesen Autoren durchgeführten Untersuchungen aber zu gering.

Ich[11]) selbst fand bei Untersuchungen an 12 Nichtgichtikern unter Berücksichtigung des Lösungsmittels folgende Mittelwerte:

	Von 0,5 U mit NaOH, in übersättigte Lösung gebracht, werden ausgeschieden	Von 0,5 U mit 1,0 Piperacin gelöst, werden ausgeschieden
Gesamt.	0,135 g = 27 %	0,261 g = 52,2%
davon am Injektionstage . .	0,088 g = 17,6%	0,146 g = 29,2%
am Tage nach der Injektion .	0,047 g = 9,4%	0,115 g = 23 %

1) MEISSNER: Zeitschr. f. rat. Med. Bd. 31, S. 144. 1868.
2) KOSSEL: Zeitschr. f. physiol. Chem. Bd. 7, S. 7. 1882.
3) HORBARSCHEWSKY: Monatsschr. f. Chem. Bd. 10, S. 624. 1889; Bd. 12, S. 221. 1891.
4) WEINTRAUD: Berl. klin. Wochenschr. 1898. Nr. 32, S. 405. Kongr. f. inn. Med. Bd. 14, S. 190. 1896.
5) BRUGSCH und SCHITTENHELM: Der Nucleinstoffwechsel. Jena: Fischer. S. 83.
6) KRÜGER und SALOMON, Zeitschr. f. physiol. Chem. Bd. 26, S. 367. 1898/99.
7) SCHITTENHELM, Zeitschr. f. physiol. Chem. Bd. 45, S. 161. 1905.
8) IBRAHIM: Zeitschr. f. physiol. Chem. Bd. 35, S. 1. 1902.
9) WIECHOWSKI: Biochem. Zeitschr. Bd. 25, S. 431. 1910.
10) UMBER und RETZLAFF: Kongr. f. inn. Med. 1910. S. 436.
11) BÜRGER: Arch. f. exp. Pathol. u. Pharmakol. Bd. 87, S. 392. 1910.

Damit ist also zum mindesten gezeigt, daß auch beim Nichtgichtiker die Ausscheidung nicht im entferntesten quantitativ vor sich geht. Dasselbe fanden GRIESBACH, SCHITTENHELM und HARPUDER. Das ist um so bedeutungsvoller als nach den Injektionen von Harnsäure oder überhaupt von Nucleinsäurederivaten sehr starke Leukocytosen zustande kommen, welche ihrerseits die endogene Quote der Harnsäure zu erhöhen imstande sind. Von SCHITTENHELM [1]) ist weiter hervorgehoben worden, es sei gegen alle Injektionsversuche dieser Art einzuwenden, daß die parenteral zugeführten Nucleine ein ganz anderes Schicksal erleiden könnten als nach enteraler Zufuhr. Fraglos wird ja bei derartigen Injektionen in die Blutbahn die Leber zum Teil wenigstens umgangen, und man weiß, daß nach Ausschaltung der Leber durch Anlegung einer ECKschen Fistel beim Hunde eine Vermehrung der Harnsäure festzustellen ist. Es werden nämlich unter diesen Bedingungen nicht wie in der Norm 94—97% des zugeführten Purins als Allantoin, sondern nur 74—87%, 15—25% dagegen als Harnsäure wieder ausgeschieden. Derartige Leberausschaltungen stellen aber einen so groben Eingriff in den Gesamtstoffwechsel dar, daß aus ihnen unmöglich physiologische Rückschlüsse gemacht werden können.

Aus den bisher vorliegenden Daten ist die Frage nach dem Vorkommen oder dem Fehlen der Urikolyse beim Menschen nicht mit Sicherheit zu entscheiden.

Wir haben bisher das Schicksal der exogenen Nahrungspurine verfolgt. Es ist nun die Frage, was geschieht, wenn die Purine aus der Kost vollständig fortgelassen werden. Im vollkommenen Hunger und bei purinfreier Kost werden von jedem Menschen für das einzelne Individuum konstante, für verschiedene Individuen verschiedene sehr niedrige Mengen von Harnsäure ausgeschieden. Diese bei purinfreier Kost resp. im Hunger ausgeschiedene Harnsäurequote nennt man die endogene Harnsäure. In ihrer Menge haben wir ein Maß für den intermediären Zellzerfall. Alle Vorgänge, welche zu einer vermehrten Zellzerstörung im Organismus führen, treiben den endogenen Harnsäurewert — normale Ausscheidungsbedingungen vorausgesetzt — in die Höhe. In der Folge hat diese Feststellung dazu geführt, den endogenen Purinstoffwechsel von dem exogenen gesondert zu betrachten. Als heuristisches Prinzip hat dieses Vorgehen unsere Kenntnis des Purinstoffwechsels wesentlich gefördert. Es bleibt aber die Frage offen, wieviel von dem beim Abbau der exogenen Nucleine verfügbar werdenden Material zum Neuaufbau körpereigener Nucleoproteide Verwendung findet. Es sind hier im Prinzip die gleichen Fragen zu diskutieren, die bereits für den Gesamteiweißstoffwechsel erörtert wurden.

Unter den pathologischen Steigerungen des Purinstoffwechsels spielt die bei den verschiedenen Formen der Leukämie beobachtete Vermehrung der endogenen Harnsäure eine besondere Rolle. Durch den Zerfall der hier stark vermehrten Leukocyten kommt es zu einer gewaltigen endogenen Harnsäurebildung, die ihren Ausdruck findet in einer Vermehrung der täglichen Harnsäureausscheidung. 63,4% aller Leukämiefälle haben nach einer Zusammenstellung von BRUGSCH und SCHITTENHELM [2]) eine erhöhte endogene Harnsäurequote. Bekannt sind die Vermehrungen der Harnsäure nach therapeutischen Röntgenbestrahlungen, die ja gleichfalls zu einem weitgehenden Zellzerfall führen. Im Lösungsstadium der Pneumonie ist die Vermehrung der Harnsäure durch die Einschmelzung des zellreichen Exsudates zu erklären. Es wird schließlich jeder Zustand, der mit einer lebhaften Zelleinschmelzung einhergeht, in der gleichen Richtung einer Steigerung des endogenen Purinstoffwechsels wirken können.

Unter den Störungen des Nucleinstoffwechsels steht die Gicht im Vordergrund. Es ist die Frage bis heute nicht entschieden, ob wir das Recht haben, die Gicht als echte Stoffwechselstörung auf dem Gebiete des Purinstoffwechsels, wie etwa den Diabetes auf dem Gebiete des Zuckerstoffwechsels, anzusehen oder ob die Gicht als eine besondere Form

---

1) BRUGSCH und SCHITTENHELM: Der Nucleinstoffwechsel. S. 43.
2) BRUGSCH und SCHITTENHELM: Der Nucleinstoffwechsel. S. 116.

der Nierenerkrankung, die mit einer Partialschädigung, nämlich einer Ausscheidungsstörung für Harnsäure, einhergeht, betrachtet werden darf. Für beide Anschauungen sind gute Kenner der Gicht mit einer großen Menge von Argumenten eingetreten, ohne daß sich bis heute eine Anschauung allein hat durchsetzen können. Die echte Gicht geht mit einer eigenartigen Ansammlung von harnsauren Salzen (Mononatriumurat) im Körper einher. Hat man Gelegenheit einen Fall typischer Gicht zu obduzieren, so ist man immer wieder über die Menge der im Körper niedergeschlagenen Urate erstaunt. Als Orte der Niederschlagsbildung sind das Bindegewebe, der Knorpel und das Knorpelgewebe bevorzugt. Es ist daher begreiflich, daß im klinischen Bilde die Gelenkerscheinungen bei der echten Gicht dominieren. Der Faktor der Erblichkeit spielt in der Ätiologie der Gicht eine bedeutsame Rolle und ist bei der Diskussion der Frage, ob die Gicht eine Stoffwechselkrankheit darstelle, bisher zu wenig beachtet worden.

Die meisten Autoren sind bis heute der Ansicht, daß es sich bei der Gicht um eine Störung des Purinstoffwechsels handele. Unter den pathologisch physiologischen Erscheinungen steht neben den klinischen Symptomen des Uratausfalls in den Geweben die Hyperurikämie im Vordergrunde.

Die Anschauungen über den Harnsäuregehalt des Blutes haben sich mit zunehmender Verbesserung der Methodik dauernd gewandelt. Während man anfänglich der Ansicht war, daß das Blut des gesunden Menschen harnsäurefrei sei, lernte man bald, daß jedes mit genügend scharfen Methoden untersuchte Blut geringe Mengen Harnsäure enthalte. Beim Gichtkranken ist zuerst von Garrod [1]) im Jahre 1848 Natriumurat im Blute nachgewiesen worden. Er konnte aus dem koaguliertem Blut mit kochendem Wasser einen Extrakt gewinnen, das nach Zusatz von Salzsäure einen krystallinischen Rückstand hinterließ, welcher die Murexidprobe gab. Mit modernen Methoden hat wohl als erster Klemperer [2]) quantitativ gemessene Mengen zwischen 6 und 9 mg$^0/_0$ in dem Blut der Gichtiker gefunden. Die weitere Entwicklung der Frage ging dann dahin, daß bei chronisch Nierenkranken, bei der Pneumonie und Leukämie [Magnus Levy [3])] Harnsäure im Blute nachgewiesen wurde. Jetzt weiß man, daß sich bei jedem gesunden Menschen geringe Mengen Harnsäure mit dem Folinschen Verfahren finden lassen. Ich [4]) selbst finde bei gesunden Menschen 2—4 mg pro 100 Serum. Das bisher Bekannte läßt sich dahin zusammenfassen, daß die Urikämie eine physiologische Erscheinung ist.

Eine Hyperurikämie wird unter folgenden Verhältnissen gefunden:
1. bei harnsäureretinierenden Nierenerkrankungen,
2. im Lösungsstadium der Pneumonie,
3. nach Röntgenbestrahlungen,
4. bei der Leukämie,
5. bei der Gicht.

Injiziert man bei einem gesunden Menschen 0,5 g Harnsäure in die Blutbahn, so läßt sich nur eine vorübergehende wenig Stunden dauernde Hyperurikämie erzielen [Bas [5]), Griesbach [6])]. Thannhauser [7]) legte sich die Frage vor, wie ein Gichtkranker auf Injektion von Guanosin und Adenosin reagiert, ob derselbe ebenso wie ein Gesunder aus diesen

[1]) Garrod: Transact. of the med. chirurg. Tome 25, p. 83. 1848.
[2]) Klemperer: Dtsch. med. Wochenschr. Bd. 21, S. 40. 1895.
[3]) Magnus Levy: Berl. klin. Wochenschr. Bd. 33, S. 389, 416. 1896.
[4]) Bürger: l. c. S. 400.
[5]) Bas: Zentralbl. f. inn. Med., eigene Untersuchungen.
[6]) Griesbach: Biochem. Zeitschr. Bd. 1. 1920.
[7]) Thannhauser: Studien an der Hefenucleinsäure. Hab.-Schr. München 1917.

Vorstufen Harnsäure bilden könne. Diese Versuche beim Gichtkranken zeigten einen in die Augen springenden Unterschied gegenüber den Versuchen beim Normalen. Das Niveau des Blutharnsäurespiegels des Gesunden bleibt vor und nach der Injektion der Nucleoside nahezu unverändert, beim Gichtkranken hingegen steigt der Blutharnsäurewert um ein beträchtliches. Der Gichtkranke kann also aus Guanosin und Adenosin nach THANNHAUSERS Meinung ebenso wie der Gesunde Harnsäure bilden, nur könne er sie mit dem Urin nicht oder in ganz ungenügender Weise ausscheiden. Er tritt auf Grund seiner Untersuchungen für die alte GARRODsche Ansicht ein, daß die Urikämie des Gichtikers auf einer Partialfunktionsstörung der Nieren beruhen müsse, die sich in einer hohen Bluthar nsäurekonzentration und in einer relativ niedrigen Urinharnsäurekonzentration ausdrückt [1]). Die Tatsache, daß gerade im Anfall eine Zunahme der Harnsäurekonzentration im Urin sichergestellt ist, fügt sich dieser Vorstellung schwer ein [LOEWENHARDT [2])]. Solche Partialschädigungen könnten auch durch chronischen Alkoholmißbrauch oder durch Bleivergiftung eintreten, weshalb man gerade bei diesen Zuständen eine besondere Disposition für Gicht fände. SCHITTENHELM und HARPUDER [3]) fanden nach intravenöser Verabreichung von Adenin, Guanin, Xanthin und Hypoxanthin bei Nichtgichtikern in einem größeren Teil der Versuche ein mehr oder weniger beträchtliches Defizit im Harn. Auch dann wenn kurz ante exitum größere Mengen Harnsäure injiziert und nach der Autopsie die Organe analysiert wurden, fand sich nur ein kleinerer Teil der injizierten Harnsäure wieder.

Daß das Blut selbst keine urikolytischen Fähigkeiten entfaltet, ist von BRUGSCH und SCHITTENHELM [4]) für Menschen- und Tierblut nachgewiesen. Sie selbst lehnen die gichtische Hyperurikämie als Folge einer verminderten Urikolyse im Blute ab.

Eine große Literatur existiert über das Verhalten der endogenen Harnsäure beim Gichtiker und über die Kurve ihrer Ausscheidung zu Zeiten des Anfalls und in anfallsfreien Perioden. HIS [5]) und nach ihm UMBER [6]) konnten nachweisen, daß der Anfall durch eine starke Verminderung der Harnsäureausscheidung, welche dem Anfalle immer 2 bis 3 Tage vorauszugehen pflegt, sich ankündigt (Anacritisches Depressionsstadium). Mit dem Beginn der Gelenkerscheinungen steigt die Harnsäuremenge weit über das Mittel der voraufgehenden Tage an (Harnsäureflut), um dann allmählich wieder auf den endogenen Ruhewert abzusinken. Dieser endogene Harnsäurewert bei den Gichtikern liegt im allgemeinen abnorm niedrig. Einige Tage nach dem Anfall pflegen die Werte vorübergehend unter den endogenen Mittelwert abzufallen (postkritisches Depressionsstadium). Diese Tatsachen sind von allen Beobachtern in gleicher Weise gefunden worden, und kommen am klarsten bei den lange Zeit purinfrei ernährten Gichtikern zur Erscheinung.

Es fragt sich, wie sich die exogen mit der Nahrung zugeführten Purine beim Gichtiker verhalten. Hier ist zunächst das Resultat eines

---

[1]) THANNHAUSER und HANKE: Klin. Wochenschr. Bd. 2, S. 65. 1923.

[2]) LOEWENHARDT: Klin. Wochenschr. Bd. 1, Nr. 47. 1922.

[3]) SCHITTENHELM: Klin. Wochenschr. Bd. 1, S. 713. 1922.

[4]) SCHITTENHELM: Zeitschr. f. exp. Pathol. u. Therap. Bd. 5 und Der Nucleinstoffwechsel. S. 65.

[5]) HIS: Wien. med. Blätter Bd. 19, S. 291. 1896.

[6]) UMBER: Ernährung und Stoffwechselkrankh. 2. Aufl., Berlin-Wien 1914.

gigantischen Stoffwechselversuchs, als welches die Blockadefolgen an den Mittelmächten anzusehen sind, zu registrieren. Die Zahl der Gichtkranken ist in ganz Deutschland seit dem Kriege erheblich zurückgegangen. Diese Tatsache steht in guter Übereinstimmung mit dem längst bekannten Faktum, daß fleischfrei lebende Völker von der Gicht nahezu verschont, Völker, die viel Fleisch zu sich nehmen dagegen (Engländer) besonders stark befallen sind. Die übermäßige Zufuhr purinreicher Nahrungsmittel begünstigt bei Disponierten fraglos das Manifestwerden klinischer Erscheinungen. Durch eine akute Überschwemmung des Blutes mit Harnsäure oder Harnsäurevorstufen, können Gichtanfälle experimentell ausgelöst werden [eigene Erfahrung[1]), THANNHAUSER[2]) nach Injektion von Guanosin]. Dafür sprechen auch die Erfahrungen der Kliniker, welche den Gichtanfall dann häufig eintreten sehen, wenn eine besonders starke Aufnahme von Fleisch oder anderen purinhaltigen Nahrungsstoffen vorausgegangen ist. Man hat nun das Schicksal der mit der Nahrung aufgenommenen Purine, ihren Übergang in Harnsäure und deren Ausscheidung bei Gichtikern mit besonders großer Aufmerksamkeit verfolgt, in der Hoffnung, auf diesem Wege Anhaltspunkte für eine Abbauinsuffizienz gegenüber den Nahrungsnucleinen aufzudecken. BRUGSCH und SCHITTENHELM[3]) gaben ihren Kranken Hefenucleinsäure und Thymusnucleinsäure und stellten fest, daß die Harnsäure und Purinbasenausscheidung gegenüber der Norm meist etwas verringert war. Der nicht wieder zum Vorschein kommende Purinstickstoff wurde als Harnstoff bzw. Ammoniak innerhalb kurzer Zeit annähernd quantitativ eliminiert. Aus diesen Versuchen leiten die Autoren ihre Meinung ab, daß die Harnstoffbildung aus den verfütterten Purinkörpern verschleppt vor sich geht, eine Retention exogener Harnsäure aber nicht vorliege. Es müsse sich demnach bei der Gicht um eine Anomalie des ganzen fermentativen Systems der Harnsäurebildung und Harnsäurezerstörung handeln, besonders die Umbildung der Aminopurine Guanin und Adenin zu Harnsäure verlaufe wesentlich langsamer als beim Gesunden. Noch langsamer ging in ihren Versuchen die Umbildung der in der Nucleinsäure enthaltenen Purinbasen zu Harnsäure vor sich.

Neben dieser allgemeinen Stoffwechselstörung sind zur Erklärung des einzelnen Anfalls die Ergebnisse physikalisch chemischer Forschung, besonders über die Lösungsbedingungen der Harnsäure und ihrer Salze, herangezogen worden. Es ist zunächst festzuhalten, daß die Lösungsbedingungen der Harnsäure in wäßrigen Lösungen ganz andere sind, als in kolloiden Systemen, wie das Serum eines darstellt. Den Bemühungen SCHADES[4]) ist es geglückt, durch den Nachweis der kolloiden Harnsäure und durch die Auffindung der Gesetzmäßigkeit ihres Verhaltens eine Grundlage zu gewinnen, von der aus die Verhältnisse der Löslichhaltung der Harnsäure im Serum und im Gewebe besser zu übersehen sind. „Nicht die Gesetze der echten Löslichkeit haben sich für das Verhalten der Harnsäure im Serum als entscheidend erwiesen, sie sind vielmehr von den völlig andersartigen kolloiden Gesetzmäßigkeiten praktisch fast ganz in den Hintergrund gedrängt.“ Treffen diese An-

[1]) BÜRGER und SCHWERINER: Arch. f. exp. Pathol. u. Pharmakol. Bd. 74, S. 362. 1912.
[2]) THANNHAUSER: Studien an der Hefenucleinsäure. München 1917. S. 36.
[3]) BRUGSCH und SCHITTENHELM: l. c. S. 76.
[4]) SCHADE: Die physikal. Chem. i. d. inn. Med. Dresden u. Leipzig 1921. S. 235.

schauungen zu, so wird das Ausfallen von Uraten in Geweben, deren kolloider Zustand durch eine vorausgehende Schädigung gestört ist, eher verständlich. Die Dinge werden dann vergleichbar mit den Erscheinungen der Verkalkung. Hier wie dort scheint die Vorstellung plausibel, daß die im Serum unter der Wirkung des Kolloidschutzes in ansehnlichen Konzentrationen vorhandenen Salze beim Übertritt in Gewebe, in denen der kolloide Zustand verloren gegangen ist, zum Ausfallen kommen müssen. Über die Einzelheiten der Vorgänge des gichtischen Anfalls herrscht nach wie vor Unklarheit.

Nach der Anschauung von UMBER[1]) handelt es sich bei der Gicht um eine konstitutionell bedingte gesteigerte Affinität der Gewebe zur Harnsäure. Durch sie wird die Harnsäure aus dem Blut in die Gewebe hineingezwungen und hier festgehalten (histiogene Retention). Ebenso faßt GUDZENT die Erscheinungen der Gicht als Ausdruck einer spezifischen Gewebserkrankung auf, die zum Festhalten des Mononatriumurats im Gewebe führt (Uratohistechie). Damit ist aber nicht viel mehr als eine Umschreibung der Tatsachen gegeben und die Frage, worin die Retention ihre primäre Ursache hat, nicht entschieden.

Auch für die Erklärung des einzelnen Anfalls und die dabei beobachteten akut entzündlichen Erscheinungen reicht diese Vorstellung schwerlich aus. Speziell kann man daraus eine Deutung des anfallsweisen in bestimmten Gelenken auftretenden Entzündungsmodus nicht gewinnen. Experimentell ist es VON LOGHEM[2]) gelungen, durch Injektion von in Wasser suspendierter Harnsäure unter die Haut von Kaninchen zu zeigen, daß durch Mononatriumurat, nicht aber durch Harnsäure selbst, entzündliche Gewebsreaktionen erzeugt werden können. In den künstlich erzeugten Herd wandern polynucleäre Leukocyten ein, die den phagocytären Prozeß einleiten, der mit Riesenzellen- und Bindegewebsbildung weitergeht. Die Entzündung schließt sich unmittelbar der Krystallisierung an. VON LOGHEM sieht darin eine Stütze für die Annahme eines mechanischen Reizes. Ob die Urate an sich toxisch wirken oder durch ihre Fällung rein mechanische Läsionen bedingen, ist bis heute eine offene Frage.

Einen breiten Raum in der Erörterung der Pathogenese der Gicht nimmt die Frage ein, ob die Störung des Purinstoffwechsels die einzige isoliert vorkommende ist, oder ob wir auch in anderen Bereichen des Stoffwechsels Abweichungen feststellen können.

Über Störungen des Kohlehydrat- und Fettstoffwechsels ist bisher nichts bekannt geworden, wohl aber über Abweichungen des Eiweißstoffwechsels.

Zunächst ist mit Sicherheit eine Steigerung des N-Umsatzes zur Zeit der Anfälle festgestellt. Die negative N-Bilanz in den schwersten Anfällen ist als Folge eines toxischen Eiweißzerfalls gedeutet worden. Im allgemeinen pflegt beim purinfrei ernährten Gichtiker Harnsäure- und Stickstoffausscheidung parallel zu gehen. Die dem Anfall vorausgehenden und folgenden Depressionen der Harnsäurekurve gehen mit gleichzeitiger Einsparung von Stickstoff einher. Es werden offenbar Schlacken des Eiweißstoffwechsels in den Zeiten verminderter Harnsäureausfuhr retiniert, die dann im Anfall wieder zur Ausschwemmung kommen. Bei diesen Beobachtungen ist von großer Bedeutung die Feststellung, daß gleichmäßig mit der Zurückhaltung der Harnsäure und Eiweißschlacken, eine Zurückhaltung von Wasser beobachtet wird, während der Anfall selbst mit vermehrter Diurese einherzugehen pflegt.

[1]) UMBER: Dtsch. med. Wochenschr. Bd. 47, S. 216, 245. 1921.

[2]) VON LOGHEM: Zentralbl. f. d. ges. Physiol. u. Pathol. d. Stoffwechsels. N. F. 2. Jahrg., S. 244. 1907.

Es läßt sich demnach der Gichtanfall stoffwechselpathologisch charakterisieren als Ausschwemmung im Körper abgelagert gewesener Harnsäure und retinierter Eiweißschlacken [BRUGSCH [1]]. Nach VON NOORDEN [2]) kommt auch außerhalb der Anfälle gelegentlich ein eigentümliches Schwanken der Stickstoffausscheidung vor. Diese Erfahrungen stehen aber isoliert da und für die Annahme einer unbekannten toxischen Schädigung reichen die spärlichen darüber vorliegenden Beobachtungen nicht aus.

Es ist weiter untersucht worden, ob sich besondere im Normalharn nicht vorkommende Produkte des Eiweißabbaus im Gichtikerharn nachweisen lassen. Der gelegentliche Nachweis des Vorkommens von Glykokoll im Harn der Gichtiker spielt quantitativ eine so untergeordnete Rolle, daß daraus Schlüsse auf intermediäre Störungen des Eiweißstoffwechsels der Gichtiker nicht gezogen werden dürfen.

Rückschauend müssen wir uns bescheiden den in seiner Deutung heißumstrittenen Tatsachenkomplex der primären Gicht als den Ausdruck einer konstitutionellen Störung auf dem Gebiete des Purinstoffwechsels anzusprechen. Wie bei der Alkaptonurie die Ochronose der Gelenkknorpel mit der sekundären Arthritis als Folge dieser Eiweißstoffwechselstörung, so ist die Arthritis urica als die Folge der Purinstoffwechselstörung anzusehen.

G. Der Mineralstoffwechsel und seine Störungen.

Schon von LIEBIG wurde die Frage aufgeworfen, ob der tierische Organismus der Salze zu seiner Ernährung bedürfe und welche Rolle dieselben in dem Aufbau und bei der Erhaltung der Gewebe und Organe spielen. Nach ihm sind die notwendigen Vermittler aller organischen Prozesse die unverbrennlichen Bestandteile oder die Salze des Blutes: Phosphorsäure, Alkalien, alkalische Erden, Eisen und Kochsalz. Er wies bereits darauf hin, daß diese Substanzen einen bestimmten und notwendigen Anteil an den Vorgängen nehmen, welche die Bestandteile der Speisen zu Bestandteilen des Leibes machen und betonte, daß keine Nahrung das Leben erhalten kann, worin diese Stoffe fehlen.

Von einem allen wissenschaftlichen Anforderungen genügenden physiologischen Tatsachenmaterial, welches uns einen Überblick über den gesamten Mineralstoffwechsel zuließe, kann auch heute noch nicht die Rede sein, noch viel weniger durchforscht ist die Pathologie des Mineralstoffwechsels.

Im großen gesehen liegt die Bedeutung der Alkalien in ihrer regulatorischen Funktion für die Reaktion von Blut und Säften. Die Konstanz der H-Ionenkonzentrationen wird zum Teil durch die mit der Nahrung zugeführten Basen garantiert. Der Fleischfresser kann sich bis zu einer gewissen Grenze durch vermehrte Ammoniakbildung gegen einen Basenmangel schützen. Weiterhin haben die Alkalien die Aufgabe in Form der Bicarbonate den Transport der Kohlensäure im Blute zu besorgen. Auch als Lösungsmittel von Eiweißkörpern sind die Alkalien von Bedeutung. Fernerhin ist die Wirksamkeit vieler Fermente, z. B. des Pankreas und des Darms an die Anwesenheit der Alkalien im Blute ge-

[1]) BRUGSCH, nach BRUGSCH und SCHITTENHELM: l. c. S. 106.
[2]) VON NOORDEN: Handb. d. Pathol. d. Stoffw. 2. Aufl. 1907.

bunden. Dem Kalk, dem Eisen und dem Phosphor, besonders aber dem Kochsalz fallen in dem intermediären Mineralstoffwechsel besondere Aufgaben zu.

Sicher fundiert ist unser Wissen bezüglich der minimalen Mengen an anorganischen Bestandteilen, welche mit dem Fortbestand des Lebens gerade noch verträglich sind.

Nach HOFMEISTER ist der **Kalkstoffwechsel** des erwachsenen Menschen und des entwickelten Säugetiers zu mehr als 99% Knochenstoffwechsel. Enthält die Nahrung zu wenig Kalk, so werden die Weichteile mit dem für ihre Funktion unentbehrlichen Calcium aus der Vorratskammer des Skeletts gespeist. Die Lösung erfolgt durch die Kohlensäure. Nach TANAKA [1]) löst langsam strömendes mit Kohlensäure gesättigtes Blutserum bei 37—40° von 10 qcm Knochenfläche täglich 0,0028 Kalksalz. Die 24stündige Berieselung einer Knochenfläche von 1 qm genügt nach ihm ein Gramm Calcium in Lösung zu bringen. Im Hungerzustand verliert der Mensch täglich etwa 0,03 g Calcium. Diese Menge stellt nur den unverwendet gebliebenen Bruchteil des täglich im Knochensystem durch die Lösung des Knochenkalks verfügbar werdenden Quantums dar. Störungen des Kalkgleichgewichts sind beim voll entwickelten Individuum in der Gravidität und in der Zeit des Stillens besonders leicht möglich, da dann erhebliche Kalkverluste stattfinden. Das wachsende Individuum ist durch Minderzufuhr von Kalk wegen des dauernden Kalkansatzes bei relativ geringer Zufuhr leicht gefährdet, unter den Erscheinungen des relativen Kalkmangels zu erkranken. Es liegt nahe, die Störungen des Knochenstoffwechsels beim Kinde (Rachitis) und bei der Mutter (Osteomalacie) mit Störungen in der Kalkbilanz in ursächlichen Zusammenhang zu bringen. HOFMEISTER stellte folgende Berechnung an: das neugeborene Kind enthält etwa 27 g Calcium, eine Menge, welche der mütterliche Organismus während der Schwangerschaft zur Verfügung stellen muß, daraus resultiert ein täglicher Mehrbedarf während der Gravidität von 0,01 g. Für eine mittelgroße Frau mit täglich 0,9 g Calcium Aufnahme ist daher eine Mehrzufuhr von über 10% nötig. Für die zweite Hälfte der Schwangerschaft, in welcher der Kalkbedarf des wachsenden Kindes noch erheblich steigt, wird der Mehrbedarf über 20% geschätzt. Tierversuche, bei welchen man kalkarmes Futter an trächtige Weibchen verfütterte, ergaben einen erheblichen Kalkverlust des mütterlichen Organismus und histologische Veränderungen an den Knochen, die denen der menschlichen Osteomalacie sehr ähnlich sind: Bildung kalklosen osteoiden Gewebes mit viel Osteoclasten, Auftreten von kalklosen Säumen an den Rippen und Resorption von Knochengrundsubstanz [DIBBELT [2])]. Dabei traten in der Beobachtungsperiode erhebliche Kalkverluste ein. Wie leicht der wachsende Säugling in eine negative Kalkbilanz hineinkommen kann, zeigt folgende von ARON [3]) angestellte Überlegung: In den ersten Monaten bedarf der Säugling bei einer täglichen Gewichtszunahme von 30 g 0,27 g Calcium. Da die Frauenmilch nur 0,025% Calcium enthält, wäre eine Zufuhr von etwa einem Liter Muttermilch zur Deckung des täglichen Kalkbedarfs erforderlich. Da diese Menge in den ersten Lebens-

[1]) TANAKA: Biochem. Zeitschr. Bd. 35, S. 113. 1911; Bd. 38, S. 285. 1912.
[2]) DIBBELT: Beitr. z. pathol. Anat. u. z. allg. Pathol. Bd. 48, S. 147. 1910.
[3]) ARON: Biochem. Zeitschr. Bd. 12, S. 28. 1908 bes. die Tab. S. 55.

monaten häufig nicht erreicht wird, besteht besonders, wenn bei sonst ausreichender Ernährung die Entwicklung rasch fortschreitet, die Gefahr des Kalkmangels. Später wenn der Ansatz geringer, die Milchzufuhr größer wird, übersteigt die mit der Muttermilch aufgenommene Calciummenge den Bedarf. Tierversuche mit Verfütterung kalkarmer Nahrung an wachsende Hunde zeigten nach einigen Wochen der Rachitis sehr ähnliche Bilder: Verkrümmung der Extremitäten, rosenkranzartige Verdickungen der Knorpel-Knochengrenzen an den Rippen, Anschwellung der Gelenkgegend. Die Autopsie ergab eine Verdünnung und Porosität der substantia compacta, Verbreiterung der Knorpelschicht, Rarifikation der Spongiosa [ROLOFF [1])].

Der **Phosphor** ist im Körper zum großen Teil in organischer Bindung vorhanden, einerseits in den Phosphatiden, andererseits in Nucleinsäureverbindungen und Phosphorproteiden, zum Teil in anorganischer Form. Für den menschlichen Organismus werden etwa 0,077 $^0/_0$ geschätzt, für einen 62 kg schweren Menschen daher rund 480 g, für den vollentwickelten Organismus sind die Folgen der Phosphorentziehung noch nicht genügend studiert. Bei wachsenden Tieren hat die Phosphorentziehung ähnliche Folgen wie der Kalkmangel. $^4/_5$ des gesamten Phosphorvorrats sind im Skelett vorhanden. Im wesentlichen ist daher auch der Phosphorstoffwechsel an den Stoffwechsel des Skeletts gebunden.

Eisen enthält der menschliche Organismus nach BUNGE [2]) etwa 3 g. 85 $^0/_0$ davon entfallen auf das Blut, die übrigen Organe enthalten nur geringe Mengen Eisen, können aber bei vermehrtem Blutzerfall oder erhöhter Eisenzufuhr erheblich reicher daran werden. Mit dem Harn werden täglich etwa 1 mg, mit dem Kot 7—8 mg nach außen abgegeben. Rechnet man mit HOFMEISTER die tägliche Erythrocytenmauserung zu etwa 2 $^0/_0$, so werden daraus etwa 50 mg Eisen verfügbar, von denen rund 40 mg für den Neuaufbau des Hämoglobins Wiederverwendung finden.

Auch in den Faeces hungernder Tiere und Menschen wurde Eisen gefunden.

Nach peroralen Eisengaben erscheint nur ein sehr kleiner Teil im Harn. Daß organische wie anorganische Eisenpräparate resorbiert werden, ist jetzt sichergestellt. Das aufgenommene Eisen wird vor allem in der Leber, in kleineren Mengen auch in Milz und Knochenmark gestapelt.

Bekannt ist die Eisenarmut der Milch, welche im Liter nur 0,004 g enthält; ihr Eisengehalt ist demnach 6mal geringer als der der Säuglingsasche. Zudem wird der von der Mutter hergegebene Eisenvorrat vom Säugling nur zu einem geringen Teil verwertet. Der Säugling bekommt einen großen Bestand an Vorratseisen mit auf die Welt, welcher dem Aufbau seiner Gewebe in der Stillperiode dienstbar gemacht wird.

Wegen des relativ großen Eisenvorrats des Organismus hatten Versuche mit eisenarmer Kost keine sehr deutlichen Ergebnisse, besonders nicht bei ausgewachsenen Tieren. Bei wachsenden Tieren fand man relative und absolute Hämoglobinarmut und Zurückbleiben des Wachstums gegenüber den normal ernährten Kontrolltieren.

Sehr auffällige Befunde konnte M. B. SCHMIDT erheben, wenn er die Versuche mit eisenarmer Kost durch mehrere Generationen hindurch

---

[1]) ROLOFF: Virchows Arch. f. pathol. Anat. u. Physiol. Bd. 37. 1866.
[2]) BUNGE: Hoppe-Seylers Zeitschr. f. physiol. Chem. Bd. 16, S. 173. 1892.

fortsetzte. Es zeigten sich die Zeichen schwerster Anämie; Poikilocytose, Mikro-Anisocytose, Polychromasie, basophile Tüpfelung, Normoblasten. Eigentümlicherweise wurde bei diesen Tieren auch eine Splenomegalie und Lipämie beobachtet. In der vierten Generation blieben die Tiere im Wachstum erheblich zurück und verloren ihre Fortpflanzungsfähigkeit. Leber und Milz zeigten erhebliche Siderose. Medikamentöse Eisenzufuhr hatte eine erhebliche Besserung des Blutstatus zur Folge.

Die größte Bedeutung unter allen Mineralien hat für die menschliche Pathologie bisher das **Chlornatrium** gewonnen, nicht zuletzt deswegen, weil es in weit größeren Mengen als jedes andere Salz täglich mit der Nahrung eingeführt wird. Bei gemischter Kost beträgt die tägliche Zufuhr etwa 10—15 g. Daß der Mensch ohne Schaden lange Zeit hindurch mit weit geringeren Mengen auskommt lehren die Erfahrungen, welche die moderne Klinik mit dem Nahrungsregime beim Nierenkranken gemacht hat. Man ist dabei bis auf 1—2 g täglicher Kochsalzzufuhr heruntergegangen und hat gesehen, daß sich der Organismus auch mit diesen geringen Mengen ins Gleichgewicht setzt. Auch im Hungerzustand wird der Harn nicht kochsalzfrei. Das ausgeschiedene Kochsalz stammt dabei aus dem zerfallenen Gewebe. Bei professionellen Hungerkünstlern geht die Ausfuhr bis auf etwa ein halbes Gramm herunter. Wichtig ist, daß nach einer Periode länger dauernder Minderzufuhr gegebene Kochsalzzulagen zum großen Teil von dem Organismus festgehalten werden. Bei hungernden Individuen subcutan appliziertes Kochsalz wird fast quantitativ zurückgehalten. Interessant ist, daß auch bei vegetabilischer Nahrung, welche reicher an Salzen ist als die animalische, wenn kein Kochsalz zugeführt wird, sich Salzhunger einstellt. Die Erscheinung wird damit erklärt, daß die Pflanzen trotz hohen Aschengehaltes nur einen geringen Teil gelöster und dissoziierter anorganischer Salze enthalten. Bei animalischer Kost wird mit dem Blut und den Geweben so reichlich Chlornatrium zugeführt, daß eine weitere Kochsalzaufnahme nicht nötig ist.

Nach BUNGE [1]) ist die vegetabilische Kost wegen ihres hohen Kaligehalts die Ursache für das fortbestehende Kochsalzbedürfnis trotz der nach ihm in ihr ausreichend vorhandenen Chlormengen. Das aus der vegetabilischen Kost aufgenommene phosphorsaure Kali setzt sich im Plasma in Chlorkalium und phosphorsaures Natrium um, welche beide durch die Nieren zur Ausscheidung kommen. Die Aufnahme von phosphorsaurem Kali entzieht daher dem Blute Chlor und Natron, welches durch Wiederaufnahme von Kochsalz ersetzt werden muß.

Das Blut zeigt eine bemerkenswerte Konstanz seines Kochsalzgehaltes, welche anscheinend größer ist als die der Gewebe. Der Organismus braucht nicht bloß für seine osmoregulatorischen Zwecke das Kochsalz, sondern vor allem auch für die Bildung der Salzsäure des Magens. Mit dem Schweiß und dem Kot werden nur relativ geringe Kochsalzmengen abgegeben.

Bei nahezu chlorfreier Kost läßt sich beim Hunde die Chlorabgabe auf 0,01—0,02 g pro die herunterdrücken. Wird eine solche Kost längere Zeit gegeben, so stellen sich bei den Tieren die Erscheinungen des Chlorhungers ein: Apathie, Schreckhaftigkeit, Nahrungsverweigerung und Erbrechen des mit der Schlundsonde beigebrachten Futters. Nachträg-

---

[1]) BUNGE: Lehrbuch der Physiologie. Bd. 2. 1904.

liche Zufuhr von Bromnatrium, das für das entzogene Chlornatrium vikariierend eintritt, läßt die Erscheinungen rasch schwinden. Werden bei solchen Versuchen die Chlorverluste durch den Harn durch Diuretingaben künstlich gesteigert, so führt der Chlorhunger, wie GRÜNWALD [1]) zeigte, unter eigentümlichen Vergiftungserscheinungen zum Tode. Es stellen sich Parese an den hinteren Extremitäten, eine weitgehende Schwäche, Muskelzittern und endlich eine aufsteigende Lähmung ein. Dabei sinkt der Chlorgehalt des Blutes unter die Hälfte der Norm ab. Ähnliche Erscheinungen lassen sich bei chlorarm ernährten Tieren durch Auspumpen des Magens herbeiführen. Schließlich wird ein neutralreagierender Magensaft abgesondert.

Auf die Störungen des Kochsalzstoffwechsels im Fieber und bei Nierenkranken wurde in den betreffenden Kapiteln hingewiesen. Sehr eigentümlich ist die Verminderung der Kochsalzausscheidung bei Carcinomkranken, die früher viel diskutiert wurde. Das Wesentliche ist dabei sicher die verminderte Nahrungszufuhr und die Ausbildung wohl häufig übersehener Ödeme und Transsudate, in welchen sich das Kochsalz anreichert.

Wegen der methodischen Schwierigkeiten sind die bisher für pathologische Verhältnisse vorliegenden einer strengen Kritik standhaltenden Daten über die Störungen des gesamten Mineralstoffwechsels beim Menschen noch sehr spärlich. Seine allgemeine Bedeutung wurde bereits 1905 von ALBU und NEUBERG [2]) für die Klinik besonders betont. Die Mineralien sind nach ihnen als Zell- und Gewebsbildner am Aufbau, am Wachstum und an der Neubildung aller Gewebe im Organismus beteiligt. Ihnen fällt die Hauptaufgabe, bei der Osmoregulation und der Konstanterhaltung der Reaktion in Blut und Geweben zu. Sie sind direkt und indirekt an den fermentativen Leistungen des Organismus beteiligt. Sie sind für Assimilation und Dissimilation, für die Resorption unentbehrlich. Eine Nahrung, welche calorisch genügend und mit den Vitaminen weitgehend ausgestattet ist, aber eines oder das andere der aufgeführten Mineralien entbehrt, ist qualitativ unzureichend und führt auf die Dauer zu schweren Störungen und ev. zum Tode [HOFMEISTER [3])].

H. Störungen des Wasserhaushalts.

Die Bedeutung des Wassers für den Organismus erhellt aus der Tatsache, daß $^2/_3$ des menschlichen Körpers aus Wasser bestehen. Die Konstanz des Körpergewichts ist im wesentlichen einer geordneten Regelung des Wasserhaushalts zu danken. Wenn man berücksichtigt, wieviele Faktoren bei der Wasserausscheidung im Spiele sind, ist diese Konstanz ebenso wie die der Körpertemperatur nur verständlich unter der Annahme einer übergeordneten zentralen Regulation. Bei Mensch und Tier macht sich das Wasserbedürfnis des Organismus durch das Auftreten des Durstgefühls bemerkbar. Bei Tieren läßt sich das Wasserbedürfnis durch Infusion konzentrierter Salzlösungen künstlich hervorrufen. Die verschiedenen Erscheinungen auf dem Gebiete des normalen und krank-

[1]) GRÜNWALD: Zentralbl. f. Physiol. Bd. 22, S. 500. 1908.
[2]) ALBU und NEUBERG: Physiol. u. Pathol. d. Mineralstoffw. Berlin 1906.
[3]) HOFMEISTER: Über qualitativ unzureichende Ernährung. Ergebn. d. Physiol. Bd. 16. 1918.

haft veränderten Wasserstoffwechsels lassen sich am ehesten mit der Annahme eines Durstzentrums verständlich machen.

Der Körper des Erwachsenen enthält 64,1%, der des Neugeborenen 70,9% Wasser. Der Gehalt der einzelnen Organe an Wasser wird durch folgende Tabelle illustriert:

Prozentiger Wassergehalt der einzelnen Organe[1]: nach VOLKMANN:

Fettgewebe	15	Verdauungskanal	77,98
Skelett	50	Pankreas	78
Leber	69,60	Blut der großen Gefäße	79
Haut	70	Lungen	79,14
Milz	76,59	Herz	79,3
Muskeln	77	Nieren	83,45
Hirn	77,9	Rest des Körpers	76,35

Aus dieser Zusammenstellung erhellt, daß die Nieren das wasserreichste, das Fettgewebe das wasserärmste System sind. Da

die Muskulatur mit	43,4%
das Skelett mit	17,4%
Haut und Unterhautfettgewebe mit	17,7%

am Körpergewicht beteiligt sind, folgt daraus, daß ungefähr die Hälfte des Wasserbestandes in den Muskeln untergebracht ist [VOLKMANN[2]].

Die Aufgaben, welche das Wasser im Organismus zu erfüllen hat, sind mannigfaltige. Da sich alle lebenden Zellen im kolloiden Zustand befinden und dieser an das Vorhandensein einer bestimmten Wassermenge gebunden ist, ist klar, daß ohne eine gewisse Wassermenge das Leben nicht möglich ist. Lebende Zellen, die bei niederen Temperaturen ausgetrocknet werden, sterben ab. Es ist daher möglich, durch bloße Wasserentziehung z. B. Bakterien zu töten. Eine Hauptaufgabe des Wassers ist die, als Lösungsmittel zu wirken. Als solches ist es der wesentlichste Faktor für den Stoffaustausch zwischen den Organen. Da auch für den tierischen Körper das Gesetz corpora non agunt nisi soluta Gültigkeit hat, ist ein Aufbau und Abbau — im weiteren Sinne ein Stoffwechsel — ohne genügende Mengen Wasser nicht denkbar. Für den Antransport der Nahrungsstoffe, für die Bildung der Sekrete und für den Abtransport der Schlacken dient das Wasser als Vehikel. Die Tätigkeit der Muskeln und die dabei auftretenden elektrischen Erscheinungen, die Leistungen der Drüsen sind nur bei Gegenwart und unter Mitwirkung des Wassers denkbar.

Die physikalische Wärmeregulation ist gleichfalls an das Vorhandensein von Wasser gebunden, da nur durch eine ausreichende Wasserabgabe auf dem Wege der Verdunstung dem Körper Wärme entzogen und er auf diesem physikalischen Wege gegen Überhitzung geschützt werden kann.

Die Quellen des Wassers sind

1. das mit der Nahrung aufgenommene,
2. das durch Oxydation der Fette und Kohlehydrate entstehende Wasser.

100 g Fett	liefern bei der Verbrennung	101 g Wasser
100 g Stärke	„ „ „ „	55,5 g „
100 g Eiweiß	„ „ „ „	41,3 g „

Bei gemischter Nahrung kommen demnach auf 100 Calorien rund 12 g Oxydationswasser. Bei der Bildung von 4000 Calorien werden demnach 480 g Oxydationswasser gebildet.

Die Wasserabgabe geschieht auf 4 Wegen: durch Harn, Kot, Haut und Lungen.

Durch den Kot wird verhältnismäßig wenig Wasser abgegeben. Bei geregeltem Stuhlgang und mittlerer Kost zwischen 60 und 120 g. Bei streng vegetarischer reichlich Kot bildender Kost verlassen den Darm bis 300 g Wasser am Tag.

Die Menge des Harnwassers wird bei gleichmäßiger Zufuhr im wesentlichen bestimmt durch das Maß der perspiratorisch abgegebenen Wasserquanten. Be-

[1]) VOLKMANN zit. nach VIERORTH: Tab. 3. Aufl. Jena 1906.
[2]) VOLKMANN: Arb. a. d. physiol. Inst. Leipzig 1874.

merkenswerterweise sinkt bei streng vegetarischer Kost wahrscheinlich infolge ihrer Stickstoffarmut die Harnmenge unter Umständen bis auf 300 ccm ab.

Die Wasserabgabe durch Haut und Lungen wird in ihrem Ausmaß weitgehend beeinflußt durch die äußeren Faktoren der Luftbewegung, des relativen Feuchtigkeitsgehaltes der Luft und der Hauttemperatur. Eine starke Zunahme der Wasserdampfabgabe wird durch körperliche Arbeit bedingt. So wurden nach ATWATER und BENEDICT[1]) von einer Versuchsperson in der Ruhe 935 g Perspirationswasser, bei der Arbeit 3255 g Wasser durch Haut und Lungen ausgeschieden. Bei extremer Arbeit verließen sogar 7381 g Wasser auf diesem Wege den Körper.

Die stündliche Wasserdampfausscheidung durch die Lungen allein beträgt nach RUBNER[2]):

in der Ruhe	17 g	beim Lesen	28 g
bei tiefem Atmen	19 g	beim Singen	34 g

Demnach werden beim wachenden Menschen in 24 Stunden 400 g Wasser durch die Lungen abgegeben.

Den weitgehendsten Einfluß auf die perspiratorische Wasserabgabe, der auch für pathologische Verhältnisse von besonderer Bedeutung ist, hat der relative Feuchtigkeitsgehalt der Luft. So werden nach Angaben von WOLPERT[3]) in trockener Luft von 30% relativer Feuchtigkeit bei einer Temperatur von 20° 60 g Wasser in der Stunde und bei Körperruhe abgegeben, bei feuchter Luft mit 60% relativer Feuchtigkeit unter sonst gleichen Bedingungen dagegen nur 25 g stündlich. Dieses Beispiel lehrt, wie leicht bei schwüler Witterung mit starkem Feuchtigkeitsgehalt der Luft infolge Behinderung einer ausreichenden Wasserabgabe eine dem Körper gefährliche Überwärmung zustande kommen kann.

Reines Wasser ist ein Gift. Cephalopoden sterben in destilliertem Wasser rasch unter heftigen Krämpfen. Intravenöse Injektion reinen Wassers tötet in einer Menge von 100—150 ccm pro Körperkilo die Versuchstiere Hunde und Kaninchen. Es kommt zu einer Auflösung von roten Blutkörperchen innerhalb der Gefäßbahn, zur Hämoglobinämie. Bekannt ist die reizende Wirkung reinen Wassers auf die Augenbindehaut, die Schleimhaut der Nase und des Rachens. Später tritt eine Verquellung der Epithelien mit nachfolgender Abstoßung ein. Vielleicht beruht auf dieser Wirkung der günstige Einfluß, welcher der Spülungsbehandlung bei Magenkatarrhen nachgerühmt wird.

Diese Bemerkungen machen es schon deutlich, daß reines Wasser in großen Mengen aufgenommen, auch beim Menschen zu Störungen führen muß, da der Körper aus seinem Mineralvorrat aus dem „giftigen" reinen Wasser einen seinen Geweben adäquate physiologische Salzlösung herstellen muß.

1. Verminderung der Wasserzufuhr.

Die Einschränkung der Wasserzufuhr sind im allgemeinen schwerer zu ertragen als verminderte Nahrungszufuhr. „Es gibt wohl Hungerkünstler, Durstkünstler gibt es nicht" sagt E. MEYER[4]).

Bei vollkommener Flüssigkeitsentziehung stehen den Versuchspersonen noch ca. 500 g Oxydationswasser maximal und vielleicht ebensoviel Wasser aus den festen Nahrungsmitteln zur Verfügung. Dementsprechend sinkt die Harnmenge auf Werte von 500—200 ccm ab.

[1]) ATWATER und BENEDICT: Experiment on metabolism of matter and energy. U. S. Dep. of agric. Washington Bull. Bd. 136, S. 141. 1903.

[2]) RUBNER: Arch. f. Hyg. Bd. 33, S. 151. 1898.

[3]) WOLPERT: Arch. f. Hyg. Bd. 36, S. 203. 1899.

[4]) MEYER: Zur Pathologie und Physiologie des Durstes. Schriften der wissenschaftlichen Gesellschaft in Straßburg. Trübner 1918.

Auch die perspiratorischen Wasserverluste werden bis auf wenige 100 ccm reduziert, und zwar nimmt dabei hauptsächlich die Wasserverdampfung von der Haut, weniger die von den Lungen ab. Ist der Körper durch pathologische Vorgänge besonders reich an Wasser (Höhlenhydrops, Ödembildung), so können durch überschüssige Wasserabgabe stark negative Bilanzen zustande kommen, woraus in wenigen Tagen ein starker Gewichtsrückgang resultiert. Aber auch unter physiologischen Bedingungen führt eine so weitgehende Einschränkung der Wasserzufuhr zur Austrocknung des Gewebes, indem 6—8% des Körperwassers verloren gehen, woraus eine entsprechende Gewichtsabnahme resultiert. Diese Wasserverarmung des Körpers äußert sich zunächst an der Zusammensetzung des Blutes, dessen Trockenrückstand zunimmt, was mit einer Steigerung des spezifischen Gewichts verbunden ist. Durch die Abnahme des Blutwassers kommt es zu einer relativen Zunahme der roten Blutkörperchen, deren Zahl um 5—700000 ansteigen kann [Dennig [1])]. Auch der Hämoglobingehalt steigt nach Wasserentziehung um 1—2% an. Länger dauernder Wassermangel führt zu schweren Schädigungen; besonders empfindliche Zellen kommen zum Zerfall, ihre

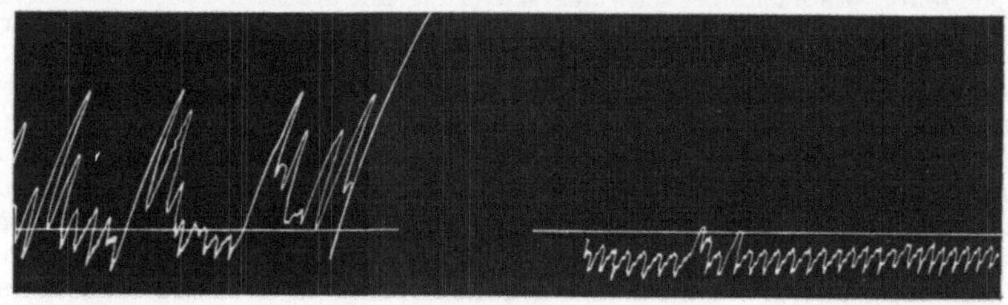

Abb. 16. Links: Kurve des Innendruckes der Speiseröhre nach 18stündigem Durste, und rechs: unmittelbar danach nach Aufnahme von reichlich Flüssigkeit. (Nach L. R. Müller: Das vegetative Nervensystem. Berlin: Julius Springer. 1920.)

Zerfallsprodukte zur Ausscheidung, woraus eine negative Stickstoffbilanz resultiert. Vielleicht wirken die Zerfallsprodukte, die schließlich nur ungenügend ausgeschieden werden können, an sich toxisch. Zu einer Steigerung der Verbrennungen, von der früher viel die Rede war, kommt es nicht [Straub [2]), Salomon [3]) u. a.].

Die Erscheinungen des Durstes kündigen sich zuerst in einer lästigen Trockenheit im Munde an, welche auf einer verminderten Speichelsekretion beruht; bald stellt sich ein allgemeines Unbehagen und ein unbezwingbares Verlangen nach Flüssigkeitsaufnahme ein. Dürstende Tiere verweigern die Nahrungsaufnahme; bei Hunden kommt es zum Erbrechen, wenn der Wasserverlust 10% des Körpergewichts beträgt.

Eine genauere Analyse der beim Durst eintretenden Erscheinungen ist von L. R. Müller versucht worden. Die Trockenempfindung in der Mundschleimhaut ist nicht identisch mit dem Durstgefühl. Toxische Dosen von Atropin machen zwar trockene Schleimhäute, bedingen aber keinen Durst. Auch Befeuchtung des trockenen Mundes des Dürstenden kann die quälende Empfindung nur ganz vorübergehend beseitigen.

---

[1]) Dennig: Zeitschr. f. diät. u. physikal. Therap. Bd. 1 u. 2. 1898, 1899.
[2]) Straub: Zeitschr. f. Biol. Bd. 38, S. 537. 1899.
[3]) Salomon: Samml. klin. Abh. H. 6. Berlin: August Hirschwald 1905.

Auch die Wasserverarmung der Gewebe ist nicht die letzte Ursache der Durstempfindung, da sogar bei wasserreichen Geweben (Hydropsien der Herzkranken) lebhafter Durst empfunden wird. Das wesentliche scheint die molare Konzentrationszunahme des Blutes zu sein, die an einem noch hypothetischen wahrscheinlich im Hypothalamus gelegenen Durstzentrum „empfunden" wird. Von hier aus werden durch viscerale Vagusfasern Anregungen zu Muskelspannungen im Ösophagus gegeben, die sich bei Dürstenden graphisch registrieren lassen (vgl. Abb. 16).

Alle die hier beschriebenen Erscheinungen stellen sich in gleicher oder ähnlicher Weise ein, wenn der Körper große Wasserverluste erleidet, die durch entsprechende Mehraufnahme nicht kompensiert werden können. Besonders bei schweren Darmerkrankungen werden beim Menschen die Folgeerscheinungen extremer Wasserverluste beobachtet. Bei der Cholera deckt schon die klinische Untersuchung die Zeichen der Gewebseintrocknung auf: Die Gewebe verlieren ihren Turgor, die Schleimhäute sind trocken, die Augen eingesunken. Die starken Wadenschmerzen sind als Folge der veränderten Gewebszusammensetzung gedeutet worden. Das Blut wird eingedickt, die Zahl der zelligen Elemente nimmt zu, das spezifische Gewicht des Blutes steigt; sein Trockenrückstand wird größer. Das gleiche wird bei schweren Enteritiden der Kinder beobachtet; auch artifiziell lassen sich solche Zustände der Gewebseintrocknung erzeugen, wenn durch Eingabe von Abführmitteln große enterale Wasserverluste erzwungen werden. Leidet die Wasseraufnahme not, dadurch, daß die aufgenommene Flüssigkeit den Weg zum Darm verlegt findet, z. B. beim Cardiacarcinom, bei Pylorusstenose, so resultiert ebenfalls eine Eintrocknung der Gewebe, die sich an der Konzentrationszunahme des Blutes bequem verfolgen läßt. Auch nach starkem Schwitzen ist eine Blutkonzentrationszunahme durch Nachweis der Senkung des Gefrierpunkts gefunden worden [BENDIX [1]].

2. Folgen gesteigerter Wasserzufuhr.

Die physiologischen Folgen überreichlicher Flüssigkeitszufuhr sind nach verschiedener Richtung untersucht worden. Eine vermehrte Schweißsekretion tritt unter diesen Bedingungen nicht ein, der Energieverbrauch wird nicht gesteigert. Die für die Erwärmung des aufgenommenen Wassers nötige Calorienmenge ist relativ gering. VON NOORDEN [2]) berechnet den Aufwand für die Erwärmung von 8 l Wasser, die ein an Diabetes insipidus leidender Knabe von 24 kg Körpergewicht trank, 150 Calorien. Für die Anstellung von Stoffwechselversuchen ist die Kenntnis der Wirkung großer Wassermengen auf die Stickstoffausfuhr von weittragender Bedeutung. Zahlreiche Versuche sind in dieser Richtung angestellt worden. Der am besten durchgeführte stammt von NEUMANN [3]). NEUMANN nahm in einer 24tägigen Untersuchungsperiode absolut gleiche Nahrung auf. Er teilte die Untersuchungszeit in 5 Abschnitte, steigerte im 2. und 4. Abschnitt die Wasserzufuhr von 970 auf 3900 resp. 3700 ccm. Seine Versuche hatten folgendes Ergebnis.

---

[1]) BENDIX: Dtsch. med. Wochenschr. 1904. Nr. 7.
[2]) VON NOORDEN: Handb. d. Pathol. d. Stoffw. 1893. 1. Aufl., S. 141.
[3]) NEUMANN: Arch. f. Hyg. Bd. 36, S. 248. 1899.

Periode	H_2O in Getränken	N-Bilanz Tag: 1	2	3	4	5	6	7	8	9	in Summa d. ganzen Periode
1	971	+ 0,43	+ 0,19	— 0,16	— 0,16						+ 0,4
2	3000—3900	— 3,8	— 2,4	— 0,1	— 0,0						— 6,3
3	600—900	+ 3,35	+ 1,92	+ 0,78							+ 6,1
4	3100—3700	+ 3,16	— 1,51	+ 0,59	+ 0,51	— 0,23	+ 0,19	+ 0,59	+ 1,0	+ 1,23	— 0,89
5	700—1700	+ 2,91	0,79	+ 0,72	+ 1,88						+ 4,9

VEIL [1]) zeigte, daß der Genuß abundanter Flüssigkeitsmengen nach seinem Aufhören zunächst eine Hyperosmose, beziehungsweise Hyperchlorämie, d. h. eine Zunahme der molaren Konzentration hervorruft. Als Folge davon setzt für die Dauer der Hyperosmose eine Polyurie mit einer gewissen Ausschöpfung der Flüssigkeitsdepots des Organismus ein. Es hat also die Aufnahme großer Wassermengen das paradoxe Resultat einer vorübergehenden molaren Bluteindickung, welche ihrerseits das nach der Aufnahme größerer Flüssigkeitsmengen auftretende Durstgefühl erklärt. Wird die Wasserzufuhr bei einem Gesunden tagelang auf etwa 6 l gesteigert (REGNIER), so entstehen ebenso Störungen im Austausch zwischen Blut und Geweben, die zu einer Ausschwemmung von Mineralien aus den Geweben ins Blut führen. Wird der Versuch plötzlich abgebrochen, so ist die Folge dieser molaren Konzentrationszunahme des Blutes ein quälendes Durstgefühl; bei willensschwachen Menschen kann dieses der Anlaß einer dauernd gesteigerten Wasseraufnahme werden. Die Zunahme der molaren Konzentration des Blutes ist durch den Nachweis der Steigerung des Aschengehalts des Serums (von 0,7% auf 1,6% in den Versuchen REGNIERS [2]) und den der Gefrierpunktsdepression (auf — 0,63° am Morgen des 5. Nachtags in dem erwähnten Versuch) erwiesen. STEYRER [3]) fand nach Einnahme von 5 l Pilsner Bier in 4 Stunden ein Δ von — 0,64°. Vorher betrug Δ — 0,54°.

Einen breiten Raum in dem hier erörterten Kapitel über die gesteigerte Wasserabgabe nimmt die Frage nach der Bedeutung der Hypophyse für den Wasserhaushalt ein. Man hat geradezu die Hypophyse als den Regulator des Wasserhaushalts bezeichnet und stützte sich dabei auf Beobachtungen an Kranken mit Diabetes insipidus; sicher werden auffallend häufig bei dieser Erkrankung gleichzeitig Störungen an der Hypophyse beobachtet [FRANK [4]), SIMMONDS [5]), BERBLINGER [6]), DOMAGK [7])].

Andrerseits zeigte VAN DEN VELDEN, daß subcutane Einverleibung von Hypophysenhinterlappenextrakten bei Diabetes insipidus-Kranken die wesentlichen Symptome vorübergehend beseitigen konnte: die hochgradige Polyurie versiegt; die Unmöglichkeit die harnfähigen Stoffe genügend zu konzentrieren — ein Moment, welches von E. MEYER als das Wesentliche im Krankheitsbild des D. insip. angesehen wird — wird gleichfalls für Stunden aufgehoben: Die Kranken vermögen

[1]) VEIL: Dtsch. Arch. f. klin. Med. Bd. 119, S. 376. 1917.
[2]) REGNIER: Dtsch. Arch. f. klin. Med. Bd. 119, S. 376. 1917.
[3]) STEYRER: Beitr. z. chem. Physiol. u. Pathol. Bd. 2. S. 320. 1902.
[4]) FRANK: Berl. klin. Wochenschr. 1912. S. 393.
[5]) SIMMONDS: Münch. med. Wochenschr. 1914. S. 180.
[6]) BERBLINGER: Verhandl. d. dtsch. pathol. Ges. 1913. S. 272.
[7]) DOMAGK: Klin. Wochenschr. 1923.

einen hochkonzentrierten Harn zu liefern; auch das dritte Symptom, das quälende Durstgefühl, wird durch die Injektion von Hypophysensubstanz vorübergehend beseitigt.

Es sind aber auch gewichtige Einwände gegen die hypophysere Genese der Wasserruhr vorgebracht worden. So konnte man an Hunden die Hypophyse total exstirpieren, ohne daß eine Polyurie einsetzte [CAMUS und ROUSSY [1])]. Dagegen sollen Verletzungen an der Hirnbasis des Zwischenhirns eine permanente Polyurie auslösen können. Ob aber der negative Ausfall solcher Totalexstirpationen der Hypophyse die Lehre von der hypophyseren Genese vollkommen abtun können, erscheint doch fraglich. Es ist denkbar, daß auch für die Hypophyse Nebenkeime, vielleicht in Gestalt der Rachendachgebilde, vikariierend eintreten können.

So viel ist nach den bisher vorliegenden Untersuchungen jedenfalls sicher, daß Hypophysenextrakte auf die Tätigkeit der Nieren einwirken, und zwar im wesentlichen im Sinne einer Hemmung der Diurese und einer Zunahme der Konzentration. Diese Wirkung bleibt auch nach Durchtrennung der Nierennerven nicht aus [OEHME [2])]. Ob aber die unter physiologischen Bedingungen von der Hypophyse abgegebenen Sekretmengen ausreichen, die Erscheinungen des akuten Versuchs auch nur angenähert zu erzielen, ist mit Recht bezweifelt worden. Auch eine direkte nervöse Beeinflussung des Wasserwechsels geht nicht von der Hypophyse, vielmehr von den an das Infundibulum angrenzenden Partien aus. LESCHKE [3]) konnte durch Einstich in das Tuber cinerum bei Tieren eine Vermehrung der Wasserausscheidung unter gleichzeitiger Verminderung der molaren Harnkonzentration erzeugen. Auch klinische Erfahrungen sprechen dafür, daß man — wenn man überhaupt ein Wasserregulationszentrum annehmen will — dasselbe richtiger in das Zwischenhirn nicht aber in die Hypophyse lokalisieren muß. Nach dem bisher vorliegenden Tatbestand ist es das Richtigste mit VEIL zuzugeben, daß die Art der offenbar bestehenden Beziehungen zwischen Diabetes insipidus einerseits, Nervensystem und innerer Sekretion andererseits vorläufig unbekannt ist. Ja es scheint nicht einmal gewiß, ob die Ursache der Ausscheidung eines mangelhaft konzentrierten Harns beim Diabetes insipidus letzten Endes renal bedingt ist oder ob primäre Gewebsanomalien vorliegen.

3. Die Störungen der Wasserabgabe.

Der Wasserbestand des Körpers unterliegt zunächst Schwankungen, welche durch einseitige Ernährung bedingt werden können. BISCHOFF und VOIT [4]) zeigten, daß Hunde bei längerer Brotfütterung Wasser speichern. Eines ihrer Tiere gab beim Übergang zur Fleischnahrung nach einer voraufgehenden Kohlehydratperiode nicht weniger als 918 g Wasser aus seinem Körper ab. Später hat TSUBOI [5]) an Katzen und Kaninchen systematische Versuche über den Einfluß verschiedener

[1]) CAMUS und ROUSSY: Cpt. rend. des seances de la soc. de biol. Bd. 75, S. 34 u. 35. 1913.

[2]) OEHME: Klin. Wochenschr. 1923. Nr. 1. Übersichtsreferat über den Wasserhaushalt.

[3]) LESCHKE: Arch. f. Psychiatr. u. Nervenkrankh. Bd. 59. Zeitschr. f. klin. Med. Bd. 87.

[4]) BISCHOFF und VOIT: Die Gesetze der Ernährung des Fleischfressers. 1860. S. 210.

[5]) TSUBOI: Zeitschr. f. Biol. Bd. 44, S. 377. 1904.

Nahrungsmittel auf den Wassergehalt der Organe durchgeführt, und erhebliche Schwankungen festgestellt. Ebenso findet WEIGERT[1]), daß mit Kohlehydraten ernährte Hunde viel Wasser retinieren und daß ihr Organismus bei der Analyse einen großen Wasserreichtum aufweist.

Auch den Kinderärzten ist bekannt, daß nach Übergang einer überwiegenden Kohlehydratnahrung zu einer eiweiß- und fettreicheren Ernährungsweise große in Gewichtsstürzen sich äußernde Wasserverluste auftreten. Bei dem Mehlnährschaden der Kinder wird geradezu von einer atrophisch hydrämischen Form dieser Erkrankung gesprochen. Bei einer Analyse der Leber eines am Mehlnährschaden gestorbenen Kindes fanden FRANK und STOLTE[2]) folgende Zahlen, denen zum Vergleiche die bei einem für diesen Fall als normal geltenden Werte eines Ekzemkindes beigefügt sind:

	Mehlkind	Ekzemkind
Trockensubstanz . .	19,9 %	27,25%
Gesamtasche. . . .	1,44%	1,24%

Bei Hunger und bei Unterernährung nimmt der Wassergehalt der Organe zu. Die früher al· Gefängniskachexie gefürchtete Krankheit, welche nach WALD in 41 verschiedenen Gefängnissen in Frankreich, England und Nordamerika die Haupttodesursache darstellte, verlief im wesentlichen unter dem Bild einer allgemeinen Wassersucht. Die traurigen Erfahrungen, welche wir während des Krieges in Mitteleuropa machten, haben uns gelehrt, daß diese Gefängniskachexie nichts anderes ist als eine unter den besonderen Bedingungen der Internierung entstandenen Ödemkrankheit. Diese entsteht als Folge einer langdauernden quantitativ, vielleicht auch qualitativ unzureichenden Ernährung. (Näheres siehe oben S. 104.)

Naturgemäß wird jede Form von sichtbarer oder physikalisch nachweisbarer Wasseransammlung in den großen Körperhöhlen (Hydrops) oder in den Geweben (Ödem) besonders im Anschoppungsstadium zu negativen Wasserbilanzen oder zu verminderter Wasserabgabe führen.

Einfache Wasserwanderungen, die an einer Stelle zu Ödembildung führen auf Kosten des Wasserbestandes anderer Gewebe bei ungestörter Bilanz, gehören durchaus zu den Seltenheiten. TACHAU hat im HOFMEISTERschen Laboratorium an Mäusen derartige Beobachtungen gemacht.

4. Die Ödempathogenese.

Im Zusammenhang mit den Störungen des Wasserhaushalts muß die krankhafte Wasserabscheidung in die Gewebe hinein an dieser Stelle kurz erörtert werden. Bis heute ist die Frage nach der Ödempathogenese heiß umstritten. Liegen die Ursachen in den Geweben, die infolge einer irgendwie bedingten Störung eine erhöhte Wasseraffinität aufweisen, oder liegen sie in den Gefäßen, deren Wand infolge der zugrundeliegenden Erkrankung nicht mehr imstande ist, das „Blutwasser" in genügender Menge zurückzuhalten, oder handelt es sich um eine gestörte Rückresorption von Gewebswasser in die Capillaren?

Man kann unterscheiden zwischen einer aktiven und passiven Wassersucht. Die letztere kann wieder bedingt sein durch Abfluß-

[1]) WEIGERT: Jahrb. f. Kinderheilk. Bd. 61, S. 178. 1905.
[2]) FRANK und STOLTE: Jahrb. f. Kinderheilk. Bd. 78, S. 167. 1913.

störungen der Gewebsflüssigkeit ins Blut oder in die Lymphbahn. Für die aktive Wassersucht werden als Ursachen die Erhöhung des Capillardrucks, ein Sinken des Gewebsdrucks, Zunahme der Gefäßdurchlässigkeit, chemische Änderungen des Blutes und der Gewebsflüssigkeit diskutiert.

Die Vielheit der Ursachen bei der Ödembildung erhellt schon aus der Mannigfaltigkeit der Krankheitsbilder, verschiedenster Ätiologie, die mit universellen und lokalisierten Hydropsien einhergehen. Am häufigsten werden Wasseransammlungen in der Unterhaut und in den großen Höhlen bei Nieren- und Herzkranken beobachtet. Sehr viel untersucht wurden wegen ihrer paradigmatischen Bedeutung die Ödeme, welche bei vollkommen intakter Herz- und Nierenfunktion nach langdauernder Unterernährung vorkommen (Ödemkrankheit). Die Abhängigkeit des Wasserwechsels von der intakten Funktion der Nerven zeigen die angioneurotischen Ödeme, die Ödeme der Hemiplegiker, die flüchtigen, circumscripten und rasch wieder schwindenden Hautanschwellungen beim QUINCKEschen Ödem. Daß andererseits Giftwirkung in vielen Fällen unter den ätiologischen Faktoren dominieren, zeigt das entzündliche Ödem, vielleicht auch das bei Reinjektion des Antigens beobachtete Ödem im anaphylaktischen Symptomenkomplex (ARTHUSsches Phänomen). Daß die Drüsen mit innerer Sekretion an der Aufrechterhaltung eines normalen Wasserwechsels beteiligt sind, machen die eigentümlichen Zustände des Myxödems wahrscheinlich.

Bei allen Erörterungen über die Entstehung der Ödeme ist es zweckmäßig, zu unterscheiden zwischen Ernährungstranssudat, Gewebsflüssigkeit und Lymphe. Die Gewebsflüssigkeit bezieht ihr Material aus dem Stoffwechsel der Zellen, das Transsudat ist die aus den arteriellen Capillaren stammende Nährflüssigkeit. Die hydropischen Veränderungen sind nicht allein bedingt durch Vermehrung der in den erweiterten Gefäßen zirkulierenden Lymphe oder durch Vermehrung der Gewebsflüssigkeit, die zur Höhlenbildung im Gewebe Anlaß gibt, sondern es lassen sich besonders histologisch die Zeichen hydropischer Veränderung der einzelnen Zellen und vermehrte Quellung der Strukturelemente der Gewebssubstanzen nachweisen. Der Menge nach überwiegt fraglos, zum mindesten beim Hauthydrops das zwischen den Zellen gelagerte Wasser, das beim Einschnitt in ödematöses Gewebe leicht abtropft und in geeigneten Fällen durch Capillardrainage literweise gewonnen werden kann.

Zum Verständnis solcher pathologischer Wasseransammlungen sei eine kurze Betrachtung der Lymphbildung und ihrer Störungen vorausgeschickt.

Die Lymphe ist für den Saftaustausch ebenso wichtig wie das Blut. Beide stehen in inniger Wechselbeziehung. Störungen des Blutstroms bedingen immer eine Behinderung des Lymphstroms. Die bisher am besten untersuchten Formen dieser Störungen sind der Hydrops — Wasseransammlung in den serösen Höhlen — und das Ödem — übermäßige Flüssigkeitsansammlung in den Geweben.

Das Lymphgefäßsystem besteht aus den im Gewebe liegenden Lymphcapillaren und der Lymphbahn im engeren Sinne — den klappenführenden Lymphgefäßen —. Schließlich sind dem Lymphsystem noch die Adnexe der Lymphbahnen zuzurechnen (große seröse Höhlen, Subdural-, Subarachnoidealraum, Augenkammern, die mit Flüssigkeit gefüllten Räume des Ohres, Truncus lymphaticus dexter,

Ductus thoracicus). Schleimbeutel und Sehnenscheiden sind anders zusammengesetzt und gehören nicht zum Lymphsystem.

Die eigentlichen Anfänge des Lymphsystems sind die Lymphcapillaren, die als blindgeschlossene endothel bekleidete Hohlräume im Gewebe liegen. Sie nehmen durch ihre Wandung die Gewebsflüssigkeit auf. Eine offene Verbindung der Lymphcapillaren mit Spalten oder Lücken des Gewebes besteht nicht. Nach LUDWIGS Filtrationstheorie ist die Menge der gebildeten Lymphe abhängig von der Differenz des in den Capillaren herrschenden Druckes und der Spannung im Gewebe. Diese Differenz kann einmal durch arterielle Drucksteigerung, zweitens durch Stauung, welche den Capillardruck erhöht, und drittens durch eine verminderte Gewebsspannung vermehrt werden. Weiterhin ist nach derselben Theorie die Menge der gebildeten Lymphe abhängig von der nach ihrer Größe wechselnden Filtrationsfläche und der für das einzelne Gebiet konstanten, für verschiedene Gebiete wechselnde Gefäßpermeabilität und schließlich ist Wassergehalt und Viscosität des Blutes für die Menge der gebildeten Lymphe entscheidend. LUDWIG glaubte seine Auffassung, daß die Lymphe durch Filtration von Blutflüssigkeit durch die Capillarwand hindurch gebildet wird, durch folgenden Versuch zu beweisen: Wird am Hunde der Plexus pampiniformis unterbunden, so tritt unter mächtiger Erweiterung der Lymphgefäße Schwellung und Ödem der Hoden auf, und es gelingt leicht, tropfbare Lymphe zu gewinnen. Nach Lösung der Ligatur schwellen die Lymphgefäße wieder ab. HEIDENHAIN[1]) trat dieser rein physikalischen Anschauung mit dem Einwand entgegen, daß man auch nach Unterbindung der Aorta in den abgebundenen Gebieten noch Lymphe finde, obgleich hier doch der Druck gleich Null sei, was nach STARLING[2]) für die Capillaren und Venen auch in dem von der Zirkulation ausgeschlossenen Gebiet nicht zutrifft. Nach HEIDENHAINS Auffassung ist die Lymphe ein Sekret der Capillarendothelien, das nach Injektion verschiedenartiger Substanzen vermehrt abgesondert wird, ohne daß der Blutdruck gleichzeitig zu steigen braucht (Lymphagoga).

ASHER[3]) stellt schließlich eine zellularphysiologische Theorie der Lymphbildung auf, indem er einen wechselseitigen Austausch zwischen Gefäßen und Gewebe annimmt.

Von den Theorien der Ödempathogenese können diejenigen, die das Ödem auf eine vermehrte Lymphströmung zurückführen wollen, als erledigt angesehen werden. Größere Beachtung verdienen die Versuche von COHNHEIM und LICHTHEIM[4]), welchen es gelang, bei hydrämisch gemachten Tieren durch Schädigung der Haut lokalisierte Ödeme zu setzen. Dagegen ist aber mit Recht eingewandt worden, daß man hieraus nicht auf eine isolierte Schädigung der Capillaren schließen dürfe, sondern daß eben das ganze Gewebe mitbetroffen würde. Die osmotischen Theorien der Ödembildung weisen darauf hin, daß unter pathologischen Verhältnissen der osmotische Druck in den Geweben den des Blutes und der Lymphe übersteige und es auf diese Weise zu einer Wasserverschiebung nach der Richtung der Gewebe hin komme.

Nach M. H. FISCHER[5]) ist das Ödem die Folge einer Quellung der Organkolloide. Diese Quellung wird durch Säuren bedingt, welche bei Störung der oxydativen Prozesse in den Zellen entstehen sollen. Die Säuerung des Organismus soll unter den verschiedensten Bedingungen (Vergiftungen, mangelnde O-Zufuhr, Retention von harnfähigen Substanzen) zustande kommen. Dieser Säuretheorie ist von vielen Seiten entgegengetreten und ihr durch zahlreiche Experimente der Boden entzogen worden. Das Wertvolle an den FISCHERschen Ausführungen ist,

---

[1]) HEIDENHAIN: Pflügers Arch. f. d. ges. Physiol. Bd. 49. 1891.

[2]) STARLING: Journ. of Physiol. Bd. 2. 1894.

[3]) ASHER: Der physiologische Stoffaustausch zwischen Blut und Geweben. Jena 1909.

[4]) COHNHEIM: Virchows Arch. f. pathol. Anat. u. Physiol. Bd. 69, S. 106. 1877.

[5]) M. H. FISCHER: Das Ödem. Dresden 1910.

wie SCHADE[1]) betont, der Grundgedanke von der Wichtigkeit der Quellungsvorgänge für die Ödeme.

Eine neuerdings viel diskutierte Hypothese von EPPINGER[2]) stützt sich auf die Erfahrung, daß Myxödemkranke große Neigung zeigen, per os oder subcutan einverleibte NaCl-Lösung im Gewebe festzuhalten, was als Folge einer abnorm gehemmten Organtätigkeit gedeutet wird. Die Zufuhr von Schilddrüsensubstanz bringt, wie EPPINGER zeigte, die Diurese in Gang. Er glaubt daher, daß das Thyreoidin für den intermediären Wasser- und Salzstoffwechsel von überragender Bedeutung sei.

Die Vielheit der hier mitgeteilten Auffassungen, von der jede in einzelnen Punkten zutreffend, für alle Entstehungsarten menschlicher Hydropsien aber unzureichend ist, zeigt, daß es nicht möglich ist, eine einheitliche Ursache für alle Formen lokalisierter oder generalisierter Wassersucht zu finden. Für eine große Gruppe stehen sicher physikalische Momente im Vordergrund; die in ihrer Lokalisation von der Schwere abhängenden Ödeme der Herzkranken sprechen eindringlich für diese Auffassung. Daß die Gefäße in ihrem von den Vasomotoren geregelten Verhalten für manche Fälle lokalisierter Ödeme maßgebend sind, zeigen die in Stunden auftretenden und wieder schwindenden QUINCKEschen Ödeme, und die durch rein mechanische Einwirkung entstehende Urticaria factitia. Eine zweite Gruppe, die mit allgemeinem Haut- und Höhlenhydrops einhergeht, umfaßt chronische, den ganzen Organismus gleichmäßig treffende Schädigungen durch Unterernährung (Ödemkrankheit, Hungerödem). Vielleicht gehören hierher auch manche als kachektische Ödeme beschriebene Zustände, z. B. bei der Krebskachexie. Hier liegt eine tiefgreifende Störung der den Flüssigkeitstransport besorgenden Funktion der Capillaren der Haut und der serösen Auskleidung der großen Körperhöhlen vor. Bei manchen Formen der Nierenerkrankung (akute Nephritis und degenerative Nephrose) sind für die auftretenden Ödeme sicher die Ausscheidungsstörungen des Wassers die wesentliche Ursache. Daß daneben die Retention harnfähiger Substanzen eine toxische Schädigung der Capillaren bedingen können, muß zugegeben, aber es muß gleichzeitig betont werden, daß manche Formen, die zu weitgehender Retention und sogar zur Urämie führen, eine toxische Schädigung der Capillaren mit nachfolgender allgemeiner Hydropsie vermissen lassen (Nierensklerose). Siehe Kap. XIII.

Neuere vor allem von SCHADE[3]) vertretene Anschauungen stellen bei der Frage nach der Genese der Ödeme kolloidchemische Störungen in den Vordergrund. Nach ihm ist der Quellungszustand der Gewebe im Körper ein ungesättigter. Der Erreichung der Quellungssättigung wirken die mechanische Gewebsspannung und der konkurrierende Quellungsdruck der Nachbargewebe einschließlich des Blutes entgegen. Die Faktoren welche im Lebenden die Gewebsquellung beeinflussen, wurden von SCHADE nach Richtung und Stärke vergleichend geprüft. Ihrer Stärke nach ordnen sie sich in der Reihe mechanischer Druck $>$ Kolloide $>$ H-OH-Ionen $>$ Salze $>$ Nichtelektrolyte. Es wird ein ausgeprägter Quellungsantagonismus angenommen, nachdem das eine Kolloid immer gerade dann quellen soll, wenn ein anderes im Körper benachbart

---

[1]) SCHADE: Die physikalische Chemie in der inneren Medizin. Dresden 1921.

[2]) EPPINGER: Zur Pathologie und Therapie des menschlichen Ödems. Berlin: Springer 1917.

[3]) SCHADE: Zeitschr. f. klin. Med. Bd. 96. 1923.

gelegenes zur Entquellung kommt und umgekehrt. Das Bindegewebe zeigt in sehr ausgesprochener Form solchen Antagonismus im Quellungsverhalten gegenüber der Zelle. An dem normalen Wasseraustausch im Gewebe sowie an der Ödembildung sollen nach der physikochemischen Betrachtungsweise drei Energiearten beteiligt sein, die mechanische Energie die osmotische Energie und die onkotische Energie (Gesamtheit der kolloidbedingten Drucke nach SCHADE). Jede dieser Energiearten kann bei Störungen ihrem quantitativen Betrage nach die Führung übernehmen. Den Typus der Quellungsödeme stellen nach physikalisch-chemischer Auffassung die Alkaliödeme dar, in geringerem Maße auch die Salzödeme der Kinder. Die von M. H. FISCHER für die Ödempathogenese angeschuldigte Gewebssäuerung läßt nach der SCHADEschen Auffassung keine Quellung des Bindegewebes und demnach auch keine Quellungsödeme in diesem Gewebe entstehen. Ödeme vorwiegend osmotischer Art sind die Entzündungsödeme, die Stauungsödeme dagegen verkörpern die dritte Gruppe, die mechanischen Ödeme.

VI. Funktionsstörungen der Leber.

A. Leberbau.

Der Bau der Leber ist durch die reiche Gefäßversorgung besonders kompliziert. Während allen übrigen Organen nur von einer Seite — von der des Herzens — Blut zugeführt wird, erhält die Leber gewissermaßen von zwei Seiten Blut; der eine Weg, die Leberarterie, führt Sauerstoff und Nährstoffe, die Betriebsstoffe heran, der andere, die Pfortader, die Rohprodukte, welche vom Darm geliefert zur Speicherung, zum Umbau der Leber als zentralem Stoffwechselapparat zugebracht werden.

Den feineren Bau der Leber erläutert nebenstehendes Schema nach EPPINGER. Man sieht, daß jede Leberzelle auf der einen Seite mit einer Gallencapillare, auf der andern Seite mit einer Blutcapillare in Berührung steht. Das Zentrum des röhrenförmigen Leberzellbalkens bilden die Gallencapillaren. Um den Leberzellenzylinder herum findet sich ein capillärer Lymphraum, den die Blutcapillaren mit eigener Wandung durchziehen. In die Scheidewand zwischen Lymph- und Gefäßraum eingelassen sind die KUPFFERschen Sternzellen, von denen je eine auf 13,6 Leberzellen kommen. Diese Zellen lassen sich in histologischen Bildern wegen ihres Speicherungsvermögens für körpereigene (Hämosiderin) und körperfremde (Zinnober) Pigmente besonders schön zur isolierten Darstellung bringen. Unter besonderen Umständen speichern sie Cholesterin und Cholesterinester und fein verteilte in den Körper injizierte Substanzen (Collargol); wenn man auch über die Funktion dieses Sternzellenapparats noch nicht volle Klarheit hat, scheint doch soviel sicher, daß ihm unter physiologischen und pathologischen Bedingungen besondere Aufgaben zufallen. Bemerkenswert ist, daß schon die embryonalen Sternzellen phagocytäre Eigenschaften gegenüber den primitiven Erythroblasten aufweisen.

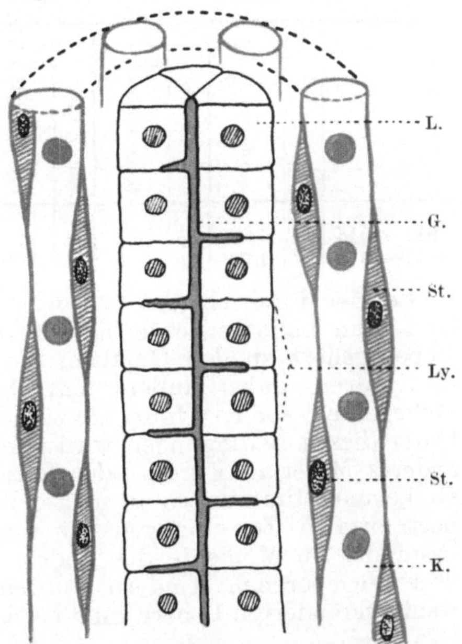

Abb. 17. Schema eines Leberzellenbalkens. L. = Leberzelle. G. = Gallengang. Ly. = Lymphraum (mantelförmig um den Leberzellenbalken angeordnet). St. = KUPFFERsche Sternzellen. K. = Blutcapillare.

B. Chemische Zusammensetzung.

Das Gewicht der Leber und ihre chemische Zusammensetzung ist schon unter physiologischen Verhältnissen großen Schwankungen unterworfen. Diese Schwankungen sind durch die Funktion der Leber als Speicherungsorgan für Nährstoffe ohne weiteres verständlich. Das mittlere Lebergewicht von kräftigen jungen im Kriege gefallenen Leuten gibt RÖSSLE [1]) mit 1676 g an. Unterernährung und Hunger vermindern das Lebergewicht. Das illustriert folgende Tabelle von HOPPE-SEYLER [2]): Man sieht hier wie die Knappheit der Lebensmittel im Winter 1916 und 1917 in Deutschland, der „Steckrübenwinter", eine stark ausgeprägte Abnahme des Lebergewichts zur Folge hatte:

	20–29 Jahre		30–39 Jahre		40–49 Jahre		50–59 Jahre		60–69 Jahre		70–79 Jahre		über 80 Jahre	
	Zahl der Fälle	Lebergewicht	Zahl der Fälle	Lebergewicht	Zahl der Fälle	Lebergewicht	Zahl der Fälle	Lebergewicht	Zahl der Fälle	Lebergewicht	Zahl der Fälle	Lebergewicht	Zahl der Fälle	Lebergewicht
1913—1915	14	1443	22	1523	24	1478	24	1428	30	1325	35	1201	15	908
1916—1918	57	1372	51	1453	38	1349	72	1272	89	1200	67	1025	45	934

Bei der durch chronische Unterernährung bedingten Ödemkrankheit fand man Lebergewichte bis 980 resp. 950 g [OBERNDORFFER [3])]. Die Leber gehört zu den Organen, die im Hunger am meisten abnehmen; sie verarmt dabei außerordentlich an Glykogen, aber sie wird nie glykogenfrei, sondern fährt bis zum Hungertode fort Glykogen zu bilden. Unter diesen Bedingungen wird nach Aufbrauch allen Reserveglykogens anderes Material, Eiweiß oder Fett für die Glykogenese herangezogen. Glykogenbestimmungen an menschlichen Lebern sind wegen der raschen postmortalen Zersetzungen für die Beurteilung des Gesamtglykogenbestandes im Momente des Todes nur mit Vorsicht zu verwerten. Bei drei neugeborenen Kindern wurden 2,15% gefunden [CRAMER [4])]. Bei wenig veränderten Lebern fand bezüglich der anderen Substanzen HOPPE-SEYLER [5]):

Feucht-gewicht	Trocken-gewicht abs.	%	Fett	Eiweiß koagulabel aus N berechnet	Eiweiß nicht koagulabel aus RN berechnet	N	Rest-N
1350	294	24%	30,2 g	218 g	29,7 g	2,3%	0,36%

Unter pathologischen Verhältnissen finden sich von diesen Zahlen erheblich abweichende Werte.

Man hat versucht, durch Ausschaltung des ganzen Organs einen Einblick in die Funktionen der Leber zu gewinnen. Es zeigte sich aber, daß dieser Eingriff nur wenige Stunden überlebt wird. Nicht viel besser waren die Resultate, welche man nach chemischer Schädigung ihres Parenchyms von den Gallenwegen durch Einspritzung verdünnter

[1]) RÖSSLE: Jahresk. f. ärztl. Fortbild. 1919. S. 20.
[2]) HOPPE-SEYLER: Med. Klinik. 1919. Nr. 44.
[3]) OBERNDORFFER: Münch. med. Wochenschr. 1918. Nr. 43, S. 1189.
[4]) CRAMER: Zeitschr. f. Biol. Bd. 24, S. 75. 1888.
[5]) HOPPE-SEYLER: Zeitschr. f. physiol. Chem. Bd. 116, S. 72. 1921.

Säuren erhielt. Die als Folge davon rasch eintretende Nekrose der Leberzellen führt gleichfalls nach 6—48 Stunden den Tod herbei [Pick [1])]. Methodisch wertvoll für die Ausschaltung der Leber aus dem Stoffwechsel ist nur die Anlegung der Eckschen Fistel, bei welcher das Pfortaderblut nach der unteren Hohlvene durch eine Wand-zu-Wand-Anastomose abgeleitet wird. Diese Operation wird von den Versuchstieren längere Zeit überstanden; bemerkenswerterweise sind solche Tiere gegen Fleischnahrung besonders empfindlich. Sie bekommen danach heftige, krampfartige Anfälle, verfallen später in einen apathisch-soporösen Zustand. Werden Hunde mit Eckscher Fistel mit vollständig abgebautem Eiweiß ernährt, so können sie genau wie normale Tiere aus diesen Abbauprodukten ihr Eiweiß aufbauen [Abderhalden und London [2])]. Eine partielle Ausschaltung und Abtragung der Leber wird von den Versuchstieren weit besser ertragen, besonders wenn die Entfernung in größeren zeitlichen Abständen durchgeführt wird. So sah Ponfick [3]) Tiere nach Verlust von $^3/_4$ der ursprünglichen Lebersubstanz überleben. Diese Tatsache wird durch die intensiv einsetzenden Regenerationsvorgänge erklärt. In einem Falle hatte sich der Leberrest innerhalb von 5 Tagen durch kompensatorisches Wachstum verdoppelt. Stets kommt es bei dieser Art des Vorgehens zu starker Hyperämie des Magendarmtrakts und zu erheblicher Milzschwellung.

Unter den Verhältnissen der menschlichen Pathologie kommt es zu einer weitgehenden Reduktion des funktionierenden Parenchyms, besonders bei der Lebercirrhose. Das mögen folgende Zahlen erläutern. Hoppe-Seyler [4]) fand bei einem 67jährigen Individuum mit atrophischer Lebercirrhose ein Gesamtgewicht der feuchten Leber von 750 g mit 124 g Eiweiß. Das ist etwa die Hälfte der normalen Menge. Berücksichtigt man, daß der gleiche Autor in anderen Fällen gleichzeitig eine Vermehrung des Bindegewebes bis nahezu auf das Doppelte fand, z. B. 35 g statt 18,5 g, so erhellt schon daraus allein, welch großer quantitativer Funktionsausfall bei den Cirrhosen eintreten muß, selbst wenn man die sicher zu weit gehende Annahme machen will, daß das restierende Parenchym dem normalen in seinen Leistungen gleichwertig ist. In der Tat lassen sich bei Lebercirrhosen bei entsprechenden Belastungsproben mit Eingabe von Aminosäuren Mehrausscheidungen von Aminosäurenstickstoff feststellen [Gläsner [5]), Bürger und Schweriner [6])]. Auch ohne Belastung hat man mit dem Formolverfahren vermehrte Aminosäurenausscheidung gefunden [Frey [7])]. In einem Fall wird über das Auftreten von Leucin und Tyrosin bei Lebercirrhose berichtet [v. Greco [8])]. Das gelegentliche Auftreten von Peptonen und Albumosen ist nicht als sicheres Zeichen der Minderfunktion der Leber anzusehen, sondern kann ebensowohl

---

[1]) Pick: Arch. f. exp. Pathol. u. Pharmakol. Bd. 32, S. 382. 1893.
[2]) Abderhalden und London: Zeitschr. f. physiol. Chem. Bd. 54, S. 112. 1907.
[3]) Ponfick: Virchows Arch. f. pathol. Anat. u. Physiol. Bd. 138, S. 81. 1896.
[4]) Hoppe-Seyler: Zeitschr. f. physiol. Chem. Bd. 116, S. 72. 1921.
[5]) Gläsner: Zeitschr. f. exp. Pathol. u. Therap. Bd. 4, S. 336.
[6]) Bürger und Schweriner: Arch. f. exp. Pathol. u. Pharmakol. Bd. 74, S. 353. 1913.
[7]) Frey: Zeitschr. f. klin. Med. Bd. 72, S. 383.
[8]) v. Greco: Zit. nach Schmidts Jahrb. Bd. 268, S. 14.

als Zerfallsmaterial aus dem schwer erkrankten Organ stammen. Zahlreiche Untersuchungen befaßten sich mit dem Verhalten des Ammoniaks im Harn der Cirrhotiker. Er wird im allgemeinen erhöht gefunden. 10% des Gesamtstickstoffs und mehr verlassen den Körper als Ammoniak gegen normalerweise 3—5%. Aus den erhöhten Werten der Aminosäuren-N, NH_3-N resultieren mit Notwendigkeit relativ verminderte Harnstoffmengen. Die absoluten Mengen können dabei vollkommen normal sein, gelegentlich sogar erhöht gefunden werden. Vielleicht ist die Harnstoffbildung nicht ein Vorrecht der Leber, sondern eine allgemeine Eigenschaft lebender Zellen. Gegen die Deutung, daß die erhöhten Ammoniakwerte Folge einer gehemmten Harnstoffsynthese seien, ist man daher skeptisch geworden. WEINTRAUD[1]) konnte durch Eingabe von beträchtlichen Ammoniakmengen keine erhebliche Steigerung der NH_3-Mengen im Harn erzielen, derselbe war offenbar zu Harnstoff synthetisiert worden. Die Deutung der vermehrten Ammoniakausscheidung als Kompensation gegen vermehrte Säurebildung ist deshalb naheliegend, weil von verschiedenen Autoren ansehnliche Mengen flüchtiger Fettsäuren im Harn der Cirrhotiker gefunden wurden. Aufschlüsse über den Eiweißumsatz sind bei Fällen typischer Cirrhose deshalb schwer zu erhalten, weil die Aufstellung exakter Stickstoffbilanzen bei bestehendem Ascites unmöglich ist. Stark negative Bilanzen sind jedenfalls die Ausnahme. Eher findet man, was durch die Ansammlung des Ascites leicht erklärt wird, positive N-Bilanzen.

Erhebliche klinische Bedeutung hat die Neigung der Cirrhotiker zu alimentärer Glykosurie. Spontane Zuckerausscheidung fehlt in unkomplizierten Fällen. Nach Überschwemmung des Körpers mit Traubenzucker und noch mehr mit Fruchtzucker dagegen führt leicht zur Zuckerausscheidung durch den Harn. Diese Erscheinung ist aber durchaus nicht auf die Lebercirrhose beschränkt, sondern kommt auch bei anderen Formen parenchymatöser Leberschädigung vor (Carcinose, chronischer, mechanischer Ikterus). Dabei verhält sich der Leberkranke den verschiedenen Zuckerarten gegenüber nicht gleich. Nach Eingabe von 100 g Lävulose auf nüchternen Magen reagieren 80% sämtlicher Leberkranken mit Zuckerausscheidung [STRAUSS[2])]. Man hat aus dieser höheren Empfindlichkeit der Leberkranken gegen Lävulose als gegen Dextrose geschlossen, daß die übrigen Organe für die Verbrennung der Dextrose kompensatorisch eintreten können (Muskulatur), gegenüber der Lävulose aber versagen, einer Deutung, der ich nach eigenen respiratorischen Untersuchungen nicht beipflichten kann. Für die Neigung der Leberkranken zur alimentären Glykosurie sind verschiedene Erklärungsmöglichkeiten erörtert worden. Das Nächstliegende ist, die Erscheinung auf den weitgehenden Ausfall funktionstüchtigen Parenchyms zurückzuführen; eine zweite Möglichkeit liegt in der Ausbildung zahlreicher Kollateralen zwischen dem Gebiet der Pfortader und dem der Hohlvene. Der Zucker kann gewissermaßen unter Umgehung der Leber aus dem Darm direkt in die Zirkulation und damit in die Nieren gelangen.

Alle die hier geschilderten Veränderungen und Symptome des Funktionsausfalls der Leber kommen bei der akuten Atrophie des Organs

---

[1]) WEINTRAUD: Arch. f. exp. Pathol. u. Pharmakol. Bd. 31, S. 30. 1893.
[2]) STRAUSS: Charité-Ann. Bd. 28, S. 12. 1903.

in brutaler Weise zum Ausdruck. Obenan stehen die auch semiotisch interessanten Mehrausscheidungen von Aminosäuren durch den Harn. Einzelne von ihnen können ohne weitere Vorbereitung in krystallinischer Form aufgefunden werden. Die Leucin-Kugeln und das in schönen Nadeln krystallisierende Tyrosin sind für die Diagnose der akuten gelben Leberatrophie von Bedeutung. Die Aminosäuren können so stark vermehrt sein, daß die Quote des Reststickstoffs im Blute ansteigt. Man hat sogar den Gedanken geäußert, daß diese Eiweißbruchstücke aus dem im Darm entstandenen Eiweißzerfallsmaterial stammten, das nun infolge des Ausfalls der Leberfunktion nicht weiter verarbeitet werden könne [NEUBERG und RICHTER [1])]. Wesentlicher ist jedoch der Zerfall der Leber selbst; das schädigende Gift zerstört die Leberzellen so weitgehend, daß ihre autolytischen Fermente hemmungslos das Zellmaterial zertrümmern. Unter den Giften spielen Arsen, Phosphor, Schwangerschaftstoxine, Stoffwechselprodukte der Luesspirochäten eine hervorragende Rolle.

Der Einfluß auf den Eiweißumsatz ist bei akuter gelber Leberatrophie aus begreiflichen Gründen in exakter Weise schwer festzustellen. Über Stickstoffverluste ist mehrfach berichtet worden. Der mehr ausgeschiedene Stickstoff entstammt einmal den Zerfallsprodukten der rasch atrophierenden Leber, andererseits führen die Einschmelzungsprodukte ihrerseits zusammen mit der Überschwemmung des Körpers durch Gallenbestandteile zu einer Schädigung anderer Gewebe, die einen toxischen Eiweißzerfall auch dort einleiten. Wie bei der Lebercirrhose ist auch bei der akuten Leberatrophie das Verhältnis vom NH_3 — N zum Gesamt-N im Sinne einer relativen Vermehrung des Ammoniaks stark verschoben. Bis zu 37% des Stickstoffs wurden als Ammoniakstickstoff ausgeschieden. Diese Erscheinung ist auf eine Acidose durch Milchsäure und Fettsäuren zurückzuführen: Der Gefahr der Übersäuerung des Organismus wird durch vermehrte Ammoniakbildung entgegengewirkt. Der Purinstoffwechsel erscheint auffallend wenig beeinträchtigt. Interessanterweise gelang es WEINTRAUD [2]) in einem einschlägigen Falle 10 Tage vor dem Tode durch Verabreichung von Kalbsthymus die Harnsäureausscheidung um etwa 1 g zu steigern. Es wurden maximal 1,402 g Harnsäure ausgeschieden. Es werden also auch unter den Bedingungen schwerster Leberschädigung große Mengen von Harnsäure gebildet. Daß in einigen Fällen von akuter Leberatrophie alimentäre, selten auch spontane Glykosurie beobachtet wurde, ist nach den oben bei der Lebercirrhose gemachten Ausführungen verständlich.

Betrachten wir die chemischen Veränderungen, welche die chronisch und akut atrophierenden Lebern erleiden, so ist nach den Feststellungen HOPPE-SEYLERS [3]) sicher, daß neben dem Gesamtgewicht die Trockensubstanz, der Gesamteiweißgehalt und das koagulable Eiweiß erheblich reduziert sind; die Menge der Eiweißzerfallsprodukte ist bei der akuten Leberatrophie vermehrt; nicht vermehrt ist bei der akuten Leberatrophie der Fettgehalt, welcher im mikroskopischen Bilde sich aufdrängt, er

---

[1]) NEUBERG und RICHTER: Dtsch. med. Wochenschr. 1904. S. 499.
[2]) WEINTRAUD: Wien. klin. Rundschau. 1896. Nr. 1 u. 2.
[3]) HOPPE-SEYLER: Zeitschr. f. physiol. Chem. Bd. 98, H. 5 u. 6. 1917. — DIESELBEN: Zeitschr. f. physiol. Chem. Bd. 116, S. 67. 1921.

ist demnach aus den im Zerfall begriffenen Zellen der Leber selbst entstanden (Fettphanerose). In Fällen, in denen es zu regenerativen Vorgängen und zu einem Umbau mit Hypertrophie des Leberparenchyms kommt, wurde eine wesentliche Zunahme des Eiweißgehaltes festgestellt. Bei den reinen atrophischen Cirrhosen kommt es zu einer echten Vermehrung des Bindegewebes, also nicht nur zum Aneinanderrücken der Bindegewebszüge infolge Schwundes der dazwischen liegenden Leberzellen.

Klinisch steht außer Frage, daß mechanische Abflußbehinderungen der Galle Rückwirkungen auf die Funktionen der Leber haben. Jede Form von mechanischem Ikterus (Verschluß der Ausführungsgänge durch Stein, Carcinom usf.) führt zu einer stärkeren Imbibition des Leberparenchyms mit Gallenbestandteilen. Das kommt bei in Sublimat fixierten Präparaten besonders schön an den grün gefärbten Pigmentniederschlägen in den KUPFFER-Zellen ikterischer Lebern zur Geltung. Dieses grüne Pigment ist z. T. aus untergehenden Leberzellen in die Sternzellen zurücktransportiert, z. T. aus dem ikterischen Blut aufgenommenes Gallenpigment [SCHILLING [1])].

Für das Verständnis der verschiedenen Formen des Ikterus ist die Kenntnis des physiologischen Verlaufs der Gallenbildung Voraussetzung. Während man bis vor kurzem annahm, der Gallenfarbstoff werde ausschließlich in der Leber gebildet, ist diese Lehre neuerdings durch MC. NEE [2]), HIJMANS VAN DEN BERG und SNAPPER [3]) erschüttert worden. Die Lehre von der ausschließlich hepatischen Bildung der Gallenfarbstoffe basiert auf den Untersuchungen von NAUNYN und MINKOWSKI [4]) an entleberten Tieren. Sie zeigten, daß Toluylendiamin auch bei Vögeln ein ikterogenes Gift darstellt. Wurde dieses Gift an entleberte Tiere gegeben, so nahm der physiologische Gallenfarbstoffgehalt des Harnes nicht zu, sondern ab und die 6—7 Stunden nach der Vergiftung getöteten Tiere hatten im Blut keine nachweisbaren Mengen von Gallenfarbstoff mehr. MC. NEE fand dagegen nach Arsenwasserstoffvergiftung bei entleberten Gänsen doch einen leichten Ikterus und er glaubt, auf den Untersuchungen der ASCHOFFschen Schule fußend, daß neben den Sternzellen der Leber die ähnlich gebauten Endothelzellen der Milz und des Knochenmarks an der Gallenfarbstoffbereitung beteiligt seien. Zu einer ähnlichen Auffassung kamen HIJMANS VAN DEN BERG und SNAPPER, nachdem es ihnen in einem Falle von hämolytischem Ikterus gelungen war, im Milzvenenblut mehr Bilirubin aufzufinden als im peripheren. Vielleicht darf für eine solche Auffassung auch die an Hunden gemachte Erfahrung angeführt werden, daß bei ihnen die Exstirpation der Milz zu einer auf weniger als die Hälfte verminderten Gallenfarbstoffabscheidung in der Galle führt [PUGLIESE [5])]. So viel darf wohl mit Sicherheit angenommen werden, daß die Milz als ein der Leber vorgeschaltetes Organ zu betrachten ist, das die Aufgabe hat, das Material für die hepatische Gallenbildung vorzubereiten. Die extrahepatische Gallenbildung spielt quantitativ eine untergeordnete Rolle — auch unter pathologischen Bedingungen.

[1]) SCHILLING: Berl. klin. Wochenschr. 1921. Jahrg. 58, Nr. 31, S. 881—882.
[2]) MC. NEE: Med. Klinik. Bd. 11, S. 125. 1913.
[3]) HIJMANS, V. D. BERG und SNAPPER: Berl. klin. Wochenschr. 1915. Nr. 42.
[4]) NAUNYN und MINKOWSKI: Arch. f. exp. Pathol. u. Pharmakol. Bd. 21, S. 1. 1886.
[5]) PUGLIESE: Virchows Arch. f. pathol. Anat. u. Physiol. Physiol. Abt. 1899. S. 60.

Die Muttersubstanzen für die Bilirubinbildung sind sicher unter den Abbauprodukten des Hämoglobins zu suchen. Wird Hunden mit kompletter Gallenfistel Hämoglobin intravenös injiziert, so steigt die Gallenfarbstoffausscheidung mit der Galle. Dasselbe geschieht, wenn Hämin, Urobilin oder Hämatin injiziert werden. Nach allem, was bisher bekannt ist, ist in dem Hämin die wesentliche Muttersubstanz der Gallenfarbstoffe zu sehen. Nach den Erfahrungen an Menschen mit Gallenfisteln beträgt die täglich ausgeschiedene Gallenmenge etwa 500—1100 ccm mit 0,2—0,7 g Bilirubin [BRAND[1])]. 100 g Hämoglobin liefern rund 4 g Hämatin, 1 g Hämatin kann aber nicht mehr als 1 g Bilirubin liefern. Zur Entstehung von 0,5 g Bilirubin ist das Hämatin von 12,5 g Hämoglobin, d. h. das Hämoglobin von etwa 90 g Blut nötig. Nach dieser von HOFMEISTER[2]) zuerst durchgeführten Rechnung müßten täglich die Blutkörperchen von etwa 90 ccm Blut, d. h. mehr als 2% des gesamten Körpervorrats zerfallen.

Die allgemeine Annahme, daß der Gallenfarbstoff ein physiologisches Abbauprodukt des Blutfarbstoffs ist, beruht auf der Entdeckung KÜSTERS, nach der aus Blutfarbstoff ebenso wie aus Bilirubin bei der Oxydation Hämatinsäure gebildet wird. Die weitere Forschung bemühte sich um die Aufklärung der Fragen, ob der Gallenfarbstoff durch eine einfache Veränderung des Blutfarbstoffs zustande kommt, oder ob das Hämoglobinmolekül erst weitgehend zerschlagen wird und aus den Trümmern das Bilirubin von Grund auf neugebaut wird. Durch den Abbau des Bilirubins wurde sichergestellt, daß sowohl aus dem Bilirubin wie aus dem Hämoglobin gleiche aus Pyrrolderivaten bestehende Spaltstücke sich isolieren lassen und daß aus entsprechend veränderten Bruchstücken des Hämoglobins die Synthese des Bilirubins in der Leber erfolgt [PILOTY[3]), THANNHAUSER[4])].

Für die Entstehung des Ikterus kann man grundsätzlich zwei Modalitäten unterscheiden, eine hepatische und eine extrahepatische. Die letztere Form hat man mit Unrecht auch als anhepatische bezeichnet, ist bis heute aber den Beweis schuldig geblieben, daß bei dieser Form des Ikterus die Leber überhaupt nicht beteiligt sei. In der größten Mehrzahl der Fälle, mit denen der Kliniker zu tun hat, entsteht der Ikterus durch eine Funktionsstörung der Leber entweder in ihrem gallenbereitenden oder gallenleitenden Apparat. Die sinnfälligste Art der Ikterogenese ist die durch mechanische Behinderung des Gallenabflusses. Diese Lehre wurde ständig weiter ausgebaut. Während über die Folgen einer mechanischen Verlegung der Gallenausführungsgänge durch Steine, Narben, Neubildungen und die ebenso wirkende Schwellung der periportalen Drüsen Meinungsverschiedenheiten nicht mehr bestehen, ist man bezüglich der Verlegung der Gallenwege durch einen Katarrh des Choledochus oder durch einen Schleimpfropf (VIRCHOW) als ursächliche Momente für die Entstehung des Ikterus jetzt vorsichtiger geworden. Das gleiche gilt für die Entstehung des Ikterus durch die sog. Gallenthromben, auch in den Fällen, in denen ein grob mechanisches Abfluß-

[1]) BRAND: Pflügers Arch. f. d. ges. Physiol. Bd. 90, S. 491.

[2]) HOFMEISTER: Zit. nach GOODMAN, Hofmeisters Beitr. Bd. 9, S. 101. 1907.

[3]) PILOTY: Ber. d. Dtsch. Chem. Ges. Bd. 42, S. 3258. 1909; Bd. 45, S. 2592. 1912.

[4]) THANNHAUSER: Über das Bilirubin. Inaug.-Diss. München. 1913. Hier neuere Literatur über die Chemie des Bilirubins.

hindernis nicht vorhanden ist. EPPINGER konnte durch eine besondere Technik die Gallencapillaren anschaulich zur Darstellung bringen und zeigen, daß bei den verschiedensten Ikterusformen dieselben erweitert waren, Einrisse zeigten, daß ihr Lumen sich gegen die Lymphräume öffnete und thrombenartige Massen sich in ihnen niederschlagen. Diese Gallenthromben sollen nach EPPINGERS Vorstellung zu einer Sekretstauung Anlaß geben und den Übertritt von Galle in die Lymph- und Bluträume der Leber und damit weiterhin den allgemeinen Ikterus bedingen. Sollen diese Vorstellungen für alle Fälle von rein hepatischem Ikterus Gültigkeit haben, so ist eine gleichmäßige Rückstauung sämtlicher Gallenbestandteile ins Blut zu erwarten. Dem ist aber nicht so. Während in der einen Reihe der Fälle — stets beim mechanischen Ikterus — Bilirubin, Gallensäuren und Cholesterin im Blute vermehrt sind, findet sich in anderen Fällen vorwiegend Vermehrung des Bilirubins ohne entsprechende Hypercholesterinämie. Diese Form wird als sog. dissoziierter Ikterus von dem rein mechanischen abzugrenzen sein.

Fragt man sich, wie nach den zahlreichen experimentellen Untersuchungen über Choledochusunterbindung und ihre Folgen die Entstehung des mechanischen Ikterus beim Menschen zu denken ist, so scheint folgendes sicher: Im Anfang der Gallenstauung arbeitet die Leberzelle weiter und entleert die Gallenbestandteile nach den Gallencapillaren hin; von hier wird die Galle von den Lymphcapillaren später vielleicht auch direkt von den Blutcapillaren resorbiert. Der Lymphweg wird jedenfalls zuerst beschritten. Wird der Choledochus unterbunden und gewinnt man beim Hunde Lymphe aus dem Ductus thoracicus, so enthält zwar die Duktuslymphe, nicht aber das Blut Bilirubin und Gallensäuren (FLEISCHL und KUFFERAT). Längerdauernde Gallenstauung schädigt die Leberzelle selbst; mikroskopisch findet sich körniges Gallenpigment in der Zelle, sie verfettet, schließlich tritt Nekrose ein. Der physiologische Ausdruck für die funktionelle Schädigung ist die verminderte Fähigkeit zur Glykogenspeicherung, die Neigung zur alimentären Glykosurie. Bei länger bestehender Stauung treten mechanische Momente in den Vordergrund: Erweiterung der Gallencapillaren, Einrisse ihrer Wand, vielleicht auch Verödung einzelner Zellkomplexe durch die Drucksteigerung, schließlich finden sich reaktive Veränderungen mit Vermehrung des Bindegewebes.

Schwierig wird ein sicheres Urteil bei der großen Zahl von Ikterusformen, in denen das Wirksamwerden eines mechanischen Momentes nicht evident ist. Man neigt auf Grund der Kriegs- und Nachkriegserfahrungen, die eine starke Zunahme der Erkrankungen mit Ikterus als führendem Symptom brachten, zu der Annahme, daß doch Schädigungen und Funktionsstörungen der Leberzelle selbst das primum movens für die Ikterogenese darstellen. Eine wichtige Funktion der gesunden Leberzelle ist nicht nur eine qualitativ vollwertige Galle abzusondern, sondern dieselbe auch in der richtigen von den Bedürfnissen des Organismus geforderten Menge abzugeben. Aus Versuchen am Gallenfistelhund ist bekannt, daß die Zufuhr von Fleisch und Eiereiweiß, von Blutkörperchen und Cholsäure eine Vermehrung der Gallentagesmengen zur Folge hat [GOODMAN [1]]. Das gleiche gilt für die absoluten Mengen abgesonderter Cholsäure und des Cholesterins. Bei solchen

[1]) GOODMAN: Hofmeisters Beitr. Bd. 9, S. 91. 1907.

Versuchen hat man besonders nach Einführung von gallensauren Salzen die Beobachtung gemacht, daß ihre Ausscheidung durch die Galle eine tagelang andauernde Nachwirkung hinterließ, welche auf nachträgliche Ausscheidung im Körper aufgehäufter Gallensäuren oder auf eine fortdauernde sekretorische Erregung der Leber zu beziehen ist [STADELMANN [1])]. Man hat in Analogie mit dem Verhalten erkrankter Nierenepithelien, welche Eiweiß nach den Harnwegen ausscheiden, daran gedacht, daß die erkrankte Leberzelle in ähnlicher Weise die Galle nach der falschen Richtung hin in die Blutgefäße abgeben könne, und diesen Vorgang Parapedesis der Galle [MINKOWSKI [2])] oder Paracholie [PICK [3])] genannt. Ähnliche Vorstellungen haben andere Autoren zu der Aufstellung der Lehre des akathektischen Ikterus geführt [LIEBERMEISTER [4])], nach welcher die Leberzelle die Fähigkeit verloren hat, die Galle in gehöriger Weise festzuhalten. Man hat immer wieder auf solche Vorstellungen zurückgegriffen, weil bei manchen toxischen mit Ikterus einhergehenden Leberschädigungen sich die als mechanisches Hindernis postulierten Gallenthromben nicht finden ließen. Als Prototyp solcher toxischen parenchymatösen Leberschädigung darf der Salvarsanikterus gelten, der in der größeren Reihe der Fälle wenige Stunden oder Tage nach der Injektion auftritt. In anderen Fällen liegt die spezifische Kur mehrere Monate zurück. Bei diesem sog. „Spätikterus" nach Salvarsan handelt es sich wahrscheinlich um kumulative Wirkungen des in der Leber gespeicherten Arsens [SPILLMANN und SIMON [5])], das sich noch mehrere Monate nach der letzten Salvarsaninjektion in der Leber chemisch nachweisen ließ.

Ein Mittelding zwischen den rein parenchymatösen Schädigungen, die in ihrer Auswirkung zum Ikterus führen, und den katarrhalischen Cholangitiden, bei denen neben toxischen Vulnerationen durch die Stoffwechselprodukte der Leber sicher mechanische Abflußbehinderungen im Spiele sind, bilden die septischen Ikterusformen. Eine dieser Krankheiten, den Icterus infectiosus Weil haben wir im Kriege genau kennen gelernt. Wir wissen jetzt dank der Untersuchungen von UHLENHUTH und FROMME, daß der Erreger der ansteckenden Gelbsucht eine Spirochäte ist und der wahrscheinliche Verbreiter der Seuche die Ratte [UHLENHUTH und ZÜLZER [6])]. Der pathologisch-anatomische Befund bei dieser fieberhaften Allgemeinerkrankung, die mit allgemeiner Gelbsucht, zahlreichen Muskelblutungen, schwerer Nierenentzündung verläuft, zeigt, daß für eine mechanische Gallenstauung alle Anzeichen fehlen und die anatomischen Läsionen durch Quellung der Leberzellkerne und Sichtbarwerden der pericapillären Lymphräume, die von BEITZKE als Zeichen des Leberödems gedeutet wurden, bedingt sind.

Diesen großen nach ihrer Pathogenese, nach dem Verlauf des gestörten physiologischen Geschehens und den anatomischen Befunden als sicher hepatisch im engeren Sinne zu bezeichnenden Gruppen von Erkrankungen mit Ikterus als dominantem Symptom gegenüber steht eine kleine

---

[1]) STADELMANN: Zeitschr. f. Biol. N. F. Bd. 16, S. 1. 1896.
[2]) MINKOWSKI: Verhandl. d. 11. dtsch. Kongr. f. inn. Med. Bd. 127. 1892.
[3]) PICK: Wien. klin. Wochenschr. 1894. Nr. 26—29.
[4]) LIEBERMEISTER: Dtsch. med. Wochenschr. 1893. Nr. 16.
[5]) SPILLMANN und SIMON: Bull. de la soc. franc. de dermatol. et syph. 1911. Nr. 7.
[6]) UHLENHUTH und ZÜLZER: Med. Klinik. 1919. Nr. 51.

Gruppe seltener, theoretisch aber hoch bedeutsamer Fälle von Ikteruserkrankungen: familiärer kongenitaler Ikterus (MINKOWSKI), erworbener hämolytischer Ikterus (HAYEM), hämolytische perniziöse Anämie, bei deren Entstehung extrahepatische Faktoren die erste Ursache abgeben. Die Auffassung, daß die Milz bei allen jenen Formen von Ikterus, bei denen ein gesteigerter Blutzerfall wahrscheinlich gemacht werden konnte, eine führende Rolle im Krankheitsbild spielt, veranlaßte EPPINGER zur Aufstellung des Begriffs der hepatolienalen Erkrankungen. Das Entscheidende bei allen Formen von hämolytischem Ikterus ist der gesteigerte Blutzerfall und das dadurch bedingte dauernde Mehrangebot von Rohmaterial für die auch in diesen Fällen überwiegend hepatische Gallenbereitung. Es führt zu einer Vergrößerung der Milz, die beim hämolytischen Ikterus besonders hohe Grade erreicht.

Das Charakteristische im Krankheitsbilde ist das auffällige Schwanken der Intensität des hämolytischen Ikterus. Jeder leichte Erkältungsinfekt, jedes stumpfe Trauma, jede aus irgendwelchen Gründen eintretende Blutung führt zu einer Exacerbation der ikterischen Verfärbung. Es kann Zeiten geben, in denen der Ikterus nur bei genauem Hinsehen erkennbar wird. Trifft den Organismus in einer solchen Zeit eine Schädigung, so wird bei oberflächlicher Untersuchung diese als Ursache des Ikterus angesprochen, was zu schwerwiegenden Fehlern in der Behandlung Anlaß sein kann:

Ein junger Jurist erleidet beim Abspringen von der Straßenbahn einen komplizierten Oberarmbruch; der rasch zunehmende Ikterus wird in einer chirurgischen Klinik als septischer angesprochen und, da man den gebrochenen Arm als Quelle der Infektion ansieht, die Amputation vorgenommen. Erst als nach glattem Wundverlauf der Ikterus nicht abklingt, der große Milztumor nicht zurückgeht, wird der Zusammenhang klar, und man findet nun auch die übrigen Symptome eines typischen familiären hämolytischen Ikterus.

Auch psychische Alterationen, bei Frauen die Menstruation, können eine Steigerung der Gelbfärbung in diesen Fällen bedingen. Eines der auffälligsten Symptome ist das Fehlen des Bilirubins im Harn bei erheblicher Vermehrung desselben im Blut und in den Geweben (acholurischer Ikterus). Diese Erscheinung versuchte man so zu deuten, daß das beim hämolytischen Ikterus zirkulierende Bilirubin komplexer Natur sei und in diesem Zustande die Niere nicht passieren könne, während das Bilirubin der rein hepatischen Ikterusformen bekanntlich nach Überschreitung eines bestimmten Schwellenwertes im Serum durch den Harn zur Ausscheidung gelangt. Mit Hilfe der Diazo-Reaktion auf Bilirubin läßt sich zeigen, daß bei den hier in Frage stehenden Fällen von hämolytischem Ikterus die Modifikation des Bilirubins sich durch einen geänderten Ablauf — „verzögerte, zweiphasige Reaktion" — kennzeichnet.

Ebenso wie das Bilirubin ist das Urobilinogen im Blute gegenüber den physiologischen Werten bedeutend vermehrt — auch in der Galle, im Duodenalsaft und im Stuhl wurden erhöhte Werte gefunden. Im Gegensatz zum Bilirubin tritt das Urobilinogen in reichlichen Mengen in den Harn über und verleiht dem Harn der Kranken mit hämolytischem Ikterus seine braune Farbe, eine Tatsache, welche zur Bezeichnung Urobilinikterus führte. Weil man im Blute viel Bilirubin, im Harn dagegen viel Urobilin — und kein Bilirubin — fand, glaubten französische

Autoren, daß der Niere die Fähigkeit zukomme, Bilirubin in Urobilin umzuwandeln.

In Deutschland fand diese Auffassung keine Anhänger. Hier ist für die Entstehung des Urobilins und seine Ausscheidung durch Harn und Kot die enterogene Theorie F. MÜLLERS[1]) bis heute im wesentlichen unangefochten. Nach dieser Auffassung entsteht das Urobilinogen nur im Darmkanal aus der dahin ergossenen Galle. FRIEDRICH MÜLLER ließ Galle oder auch reines Bilirubin mit Peptonlösung unter Wasserstoffatmosphäre faulen. Bei dieser Versuchsanordnung verschwindet das Bilirubin allmählich. An seiner Stelle treten große Mengen Urobilin auf. Am Lebenden konnte er bei einem Manne mit hochgradigem Ikterus, acholischem Stuhl und urobilinfreiem Harn nach Einführung von urobilinfreier Schweinegalle in den Magen am 2. Tage des Versuchs in den Faeces, am 3. Tage auch im Harn Urobilin nachweisen. Am 3. Tage nach Aussetzen der Gallenzufuhr verschwand das Urobilin wieder aus Harn und Kot. Im bakterienfreien Darm des Neugeborenen finden sich zwar große Mengen Bilirubin aber kein Urobilin. Erst nachdem am 3. Tage Bakterien in den Darm eingewandert sind, tritt Urobilin sowohl im Stuhl als im Harn der Neugeborenen auf. Unter beschleunigter Darmpassage des Bilirubins nach Abführmitteln oder Diarrhöen kann das Urobilin aus dem Harn verschwinden. Das im Darm unter bakterieller Einwirkung zunächst aus dem Bilirubin entstehende Hydrobilirubin ist mit dem Urobilinogen identisch; es wird unter physiologischen Bedingungen aus dem Darm resorbiert und auf dem Wege der Pfortader größtenteils der Leber zugeführt, ein kleinerer Teil gerät durch die Venae haemorrhoidales ins periphere Blut und wird durch die Nieren ausgeschieden. Hindernisse für die Resorption können in den Lösungsverhältnissen des Urobilinogens im Darm oder in Strömungsbehinderungen in der Pfortader gegeben sein. Bei bestehendem Ascites tritt das Urobilinogen in diesen über und gerät von hier aus unter Umgehung der Leber in die allgemeine Blutbahn. Unter normalen Verhältnissen fängt die Leber das ihr vom Darm zuströmende Urobilinogen ab und läßt nur wenig durch die Lebervene abfließen; einen Teil scheidet sie mit der Galle wieder aus; ein anderer Teil wird umgewandelt oder vollkommen abgebaut. Ist das Leberparenchym geschädigt, so tritt Urobilinogen in vermehrter Menge ins periphere Blut, was eine pathologisch gesteigerte Urobilinogenurie zur Folge hat (Stauungsleber, Lebercirrhose, Scharlach). Der differentialdiagnostische Wert des Nachweises einer Urobilinurie gesteigerten Grades ist deshalb gering, weil dieselbe bei sehr vielen verschiedenartigen Krankheiten, die direkt oder indirekt zu einer Leberschädigung führen, gefunden wird; die Urobilinurie ist weiterhin abhängig vom Funktionszustand der Nieren. Schrumpfnieren lassen nur wenig Urobilinogen in den Harn passieren, während das Blut reich an diesem Farbstoff ist.

Über die Störungen der

C. Gallenblasenfunktionen

ist bis heute wenig bekannt. Aus der Pathologie sind uns nur ganz grobe Veränderungen in ihren funktionellen Auswirkungen geläufig. Das hat

[1]) F. MÜLLER: Zeitschr. f. klin. Med. Bd. 12, S. 45. 1887. Verhandl. d. dtsch. Kongr. f. inn. Med. Bd. 11, S. 118. 1892.

zum Teil seinen Grund darin, daß wir über die normalen Funktionen der Gallenblase schlecht unterrichtet sind. Die verbreitetste Vorstellung ist, daß die Gallenblase ein Reservoir für die Galle in der Zeit zwischen ihren Entleerungen in den Darm darstelle. Man hat aber ausgerechnet, daß die Gallenblase kaum 5% des Überschusses der in 24 Stunden abgesonderten Lebergalle fassen könne. Auch die Konzentrationszunahme der Galle spielt nur eine untergeordnete Rolle. Die chirurgischen Erfahrungen nach Entfernung der Gallenblase zeigen, daß die Funktionen des Darms, welche auf die Mitarbeit der Galle angewiesen sind, auch ohne Gallenblase störungslos fortgehen.

Als zweite Möglichkeit ist diskutiert worden, daß die Gallenblase ein sekretorisches Organ sei, dessen Sekret für die Wirkung der Galle und für den Mechanismus der Gallenaustreibung von Bedeutung sei; daß der Mucingehalt des Gallenblasensekrets verlangsamend auf den ausgetretenen Gallenstrom wirke oder daß er den reizenden Einfluß der Galle auf das Pankreas herabmindere, ist durchaus hypothetisch. Als dritte Funktion ist der Blase eine regulatorische für den Gallenstrom zugeschrieben worden. BERG[1]) glaubt, daß alle drei Funktionen physiologischerweise vorhanden sind. Er weist darauf hin, daß die Entfernung der Gallenblase im Tierexperiment wichtige Formveränderungen in den extrahepatischen Gallenwegen, sowie funktionelle Störungen in der Entleerungsweise der Galle zur Folge haben. Man hat nach dieser Operation — ganz wie beim Menschen — eine Erweiterung der extrahepatischen Gänge gesehen, solange der ODDIsche Muskel vorhanden war. Nach Entfernung dieses Schließmuskels hatte die Gallenblasenexstirpation keine dilatierende Wirkung auf die hepatischen Gänge. Nach Gallenblasenexstirpation an Hunden mit Duodenalfistel zeigten eine Reihe der Tiere Kontinenz, eine andere Reihe Inkontinenz des Sphincters. Hunde mit Sphincterkontinenz hatten einen erweiterten Choledochus, welcher seinen Inhalt stoßweise entleerte.

Die Funktion der Gallenwege ist in den verschiedenen Abschnitten verschieden. Der Hepaticus hat vor allem gallenleitende Aufgaben; in zweiter Linie stehen die sekretorischen Leistungen. Die resorbierende Fähigkeit ist entsprechend der kleinen Oberfläche minimal. Das gleiche gilt für den Choledochus, dessen unterem Abschnitt besondere Aufgaben zufallen. Hier findet sich der ODDIsche Schließmuskel, der in zwei Abschnitte zerfällt. Der obere Anteil, das Antrum, und der eigentliche Sphincter sind zwei funktionell zu trennende Einheiten.

Der von ODDI beschriebene Sphinctermuskelapparat hat einen Tonus, welcher einem Gegendruck von 670 mm Wasser standhält, während der Gallensekretionsdruck höchstens 200 mm Wasser beträgt. In der Nüchternperiode ist die Papilla Vateri geschlossen. Die produzierte Galle nimmt dann ihren Weg in die Blase, wo sie durch Wasserresorption eine starke Konzentrationszunahme bis auf das Achtfache erfahren kann. Ist die Gallenblase entfernt, so staut sich die Galle in den Gängen; das führt, wie die Experimente zeigen, zu einer Choledochusdilatation. Nach den physiologischen Erfahrungen hat man sich folgende Vorstellung über die in gewissen Zwischenzeiten geschehende Entleerung des Gallenwegssystems in den Darm gebildet: Die diskontinuierlichen Ejakulationen der Galle ins Duodenum werden durch rhythmische Kontraktionen und

[1]) BERG: Acta chirurg. scandinav. Suppl. II. Stockholm 1922.

Erschlaffungen des Sphincter Oddi vermittelt. Als Reize für die Entleerung der Blase und die Öffnung des Sphincters wirken Eiweißabbauprodukte, Peptone, dann Fette und Lipoide. Der Sekretdruck in den Gallenwegen wird teils durch Resorption der Galle in der Blase, teils durch Sistierung der Lebersekretion, vielleicht infolge der vermehrten Schleimsekretion in der Hepaticusampulle (Berg) geregelt.

Das gesamte extrahepatische Gallengangssystem einschließlich der Blase und des Sphincterapparats steht unter der Herrschaft von Vagus und Sympathicus. Schwache Vagusreize bedingen dort eine Tonuserhöhung, Steigerung der Muskelaktion der Gallenblase, Verkleinerung derselben, Anregung der Peristaltik im Gebiet des Oddischen Schließmuskels. Stärkere Reize steigern die Muskelaktion bis zum Spasmus des Choledochus und führen so zu Abflußhemmungen.

Sympathicusreizung läßt den Tonus im extrahepatischen Gallengangssystem und in der Blase absinken. Die dabei bestehende Abflußhemmung führt Westphal[1]) auf isolierten Schluß des Sphincterringes in der Papille zurück.

Ob wir nach unserem heutigen Wissen schon berechtigt sind, von „Motilitätsneurosen der Gallenwege" (Westphal) zu sprechen, mag dahingestellt sein. Beachtenswert sind die Feststellungen über die kombinierte Wirkung der Gaben von Pepton und Pilocarpin. Pepton bedingt eine Kontraktion der Gallenblase und eine Öffnung des Oddischen Schließmuskels und dadurch reichlichen Gallenfluß ins Duodenum [Stepp[2])]. Intravenöse Pilocarpininjektion, 0,6–0,8 cg, wirkt als Vagusreiz und bedingt eine Beschleunigung und Verstärkung der Gallenexpulsion. In der Gravidität, während der Menses und vor allem bei Erkrankungen der Gallenwege kommt es darnach zu einer initialen Gallenabflußhemmung, woraus auf eine leichtere Ansprechbarkeit der vagischen Innervation geschlossen wird. Ikterusanfälle und rasch einsetzende Leberschwellung sollen auf der gleichen Basis zustande kommen können. Eine erhöhte Irritabilität des Vagus führt ohne jede begleitende Entzündung zu einem Choledochusspasmus und so zum Ikterus. Der allen guten Beobachtern geläufige emotionelle Ikterus findet so eine einfache Deutung. Eine vorübergehende oder dauernde Änderung im Kontraktionsrhythmus des Sphincters kann also zur Cholestase führen, während eine Dysfunktion des Gallenblasenhalses und der Choledochusampulle durch abnorme Schleimbildung und Druckerhöhung eine Stauung der mit Schleim angereicherten Galle in der Blase und in den Gallenwegen (Mucostase), schließlich einen Hydrops der Gallenblase bedingen sollen. Diese verschiedenen Stauungszustände der Mucostase und der Cholestase bringen das Resorptionsvermögen, den Sekretionsapparat und schließlich auch die Kontraktilität der Blase und der Choledochusampulle zum Schwinden. Bei der Mucostase verwandelt sich die Blase allmählich zu einer verschlossenen Cyste oder zu einem „wertlosen schrumpfenden Anhängsel der Ampulle" (Berg). Bei der Cholestase wird die Blase zu einem immer dünneren Sack ausgeweitet, der seinen Funktionen nicht mehr gerecht werden kann.

Beide Formen der Stauung werden von Berg für die Genese der Steinbildung in den Gallengängen verantwortlich gemacht. Auch

[1]) Westphal: Zeitschr. f. klin. Med. Bd. 96, S. 22. 1923.
[2]) Stepp: Dtsch. med. Wochenschr. Bd. 43. 1918.

NAUNYN hat schon die Stauung als Grundbedingung für die **Gallensteinbildung** erkannt. Das Material für die Konkremente liefern das Cholesterin, die Gallenfarbstoffe, der Kalk und das organische Eiweißgerüst, welche alle physiologischerweise in der Galle vorkommen. Nach den Anschauungen von ASCHOFF[1]) und BACMEISTER[2]) muß man eine nicht entzündliche Steinbildung und eine entzündliche Steinbildung unterscheiden. Unter den nicht entzündlich gebildeten steht der radiäre Cholesterinstein an erster Stelle. Er fällt aus sich steril zersetzender und mit dem Cholesterin übersättigter Galle infolge tropfiger Entmischung in Krystallen aus (dyskrasische Steinbildung). Während aus reinen Cholatlösungen von Cholesterin immer nur Einzelkrystalle, nie steinartig zusammenhängende und strukturierte Massen ausfallen, genügt, wie SCHADE[3]) zeigte, ein geringfügiger Zusatz von Fett, um zunächst kugelige

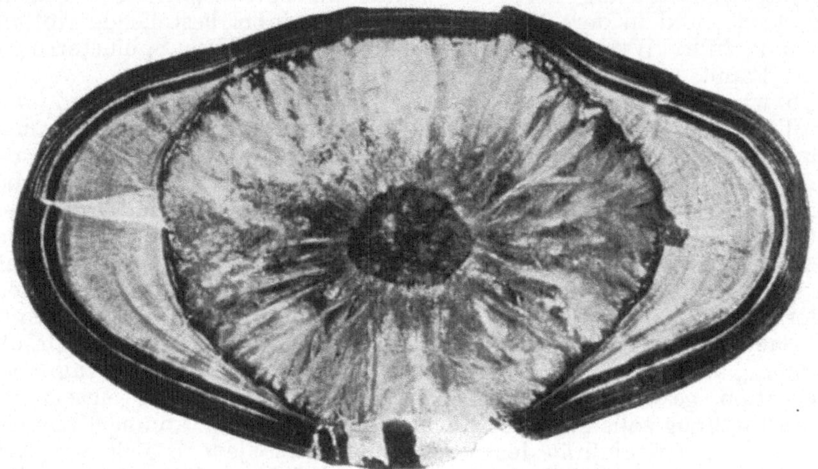

Abb. 18. Schliff von einem Kombinationsstein. (Nach BACMEISTER, Ergebn. d. inn. Med. u. Kinderheilk. Bd. 11.) Auf dem steril entstandenen radiären Cholesterinstein hat sich mit Einsetzen der Entzündung ein geschichteter kalkreicher Mantel aufgesetzt.

Gebilde zur Abscheidung zu bringen, welche anfangs ein myelinartiges glasiges Aussehen haben. Dann aber geht langsam der Prozeß der Bildung einer kompakten radiärstrahligen Krystallmasse im Reagensglase vor sich. Die gleichen Bedingungen sollen auch in der mit Cholesterin übersättigten Blasengalle die Bildung des radiären Cholesterinsteins zur Folge haben. Kleine sich später an den großen Solitärstein anlagernde Krystalle gehen langsam in die radiäre Bauart des ganzen über. Der Bilirubinkalkstein ist wohl stets eine Folge entzündlicher Veränderungen der Galle. Es lassen sich in den Steinen des Bilirubinkalks immer organische Stoffe, die Eiweiße der entzündlichen Exsudation, nachweisen. Die konzentrierte Schichtbildung dieser Bilirubinkalksteine ist für die Ausfällung von Kolloiden charakteristisch, wobei die Art des Kolloids, welche zu der Schichtbildung den Anlaß gibt, unwesentlich

[1]) ASCHOFF: Klin. Wochenschr. Bd. 2, S. 957. 1923.
[2]) BACMEISTER: Ergebn. d. inn Med. u. Kinderheilk. Bd. 11, S. 1. 1913.
[3]) SCHADE: Die physikalische Chemie in der inneren Medizin.

ist. Das Entscheidende ist, daß die Ausfällung der Eiweißkolloide irreversibel ist. Der geschichtete Cholesterinkalkstein, der Cholesterinpigmentkalkstein sind stets entzündlicher Natur. Die Wege der Entzündung sind verschieden. Die ascendierende wird durch dyskinetische Einflüsse begünstigt. Die descendierende Entzündung kommt auf hämatogenem Wege zustande. Eine letzte Gruppe stellen die Kombinationssteine dar, bei denen das Zentrum die radiäre Streifung des solitären Cholesterinsteins erkennen läßt, während die infolge entzündlicher Vorgänge in die Blase hineingelangenden kolloiden Substanzen die konzentrische Schichtung um diesen radiärstrahligen Kern herum bedingen (s. Abb.).

Die eigentliche Krankheit ist, wie BACMEISTER mit Recht betont, nicht die Steinbildung, sie ist stets sekundärer Natur. Für die nicht entzündliche Cholesterinsteinbildung werden neben den verschiedenen Momenten, welche zur Stauung führen, Störungen des Cholesterinstoffwechsels, wie sie in der Schwangerschaft und im Wochenbett gegeben sind, mit angeschuldigt. Bei der entzündlichen Konkrementbildung ist das Primäre die bakterielle chronische Cholecystitis, welche zur Kolloidausschwitzung in die Gallenblase Anlaß gibt.

Die Gallensteinkolik hat wegen einer Reihe eindrucksvoller, auf reflektorischem Wege ausgelöster Vorgänge das ärztliche Denken und Handeln von jeher stark in Anspruch genommen. Im Vordergrunde des Krankheitsbildes steht der wohlbekannte Schmerz im Rücken in der Höhe des elften Dorsalwirbels, sehr oft mit einem Schmerz in der Gallenblasengegend verbunden. Während der Attacke lassen sich mit Hilfe des Röntgenverfahrens am Magen und Darm starke Motilitätssteigerungen von der Hyperperistaltik bis zum totalen Gastrospasmus nachweisen (WESTPHAL). Diese Erscheinungen werden als viscero-viscerale Reflexvorgänge gedeutet. Gesteigerte Reizbildung im viscero-sensiblen Anteil — im parasympathischen System gelegen — strahlen in den viscero-motorischen Teil des vegetativen Nervensystems auf der sympathischen Seite aus. Der Schmerz während des Kolikanfalls wird allgemein als der Effekt gesteigerter Kontraktionen der Gallenblasenmuskulatur gedeutet. Den Reiz für diese gesteigerten Kontraktionen gibt entweder das Konkrement selbst oder die begleitende Entzündung ab. Auch die reflektorisch ausgelösten Spasmen am Ductus choledochus und am ODDIschen Sphincter kommen auf ähnliche Weise zustande.

Neben dem viscero-visceralen Reflex werden viscero-motorische Reflexvorgänge beobachtet. Zu ihnen gehört die Bauchdeckenspannung am rechten Oberbauch. Der Reiz — ausgelöst vom kranken Organ — wird über Spinalganglien, hintere Wurzel, Vorderhornganglienzelle dem peripheren Nerven zugetragen. Ein zweiter von WESTPHAL beschriebener ist der viscero-motorische Phrenicusreflex, welcher im Anfall zu einer Stillstellung der rechten Zwerchfellkuppel führt. Der bekannte sensible Phrenicusreflex mit seiner Schmerzausstrahlung in die rechte Schulter wird in den Gallenwegen ausgelöst. Er verläuft über Sympathicusäste zum Ganglion phrenicum und über den Phrenicus zum Hals. Da der Phrenicus aus dem 3.—6. Cervicalnerven, in der Hauptsache aus dem 4. entspringt, von hier aus aber auch die sensible Versorgung der Schulter, des Nackens und des rechten Armes geschieht, ist die für den Kolikanfall charakteristische Schmerzausstrahlung im Sinne HEADS verständlich.

VII. Die Störungen der Milzfunktion.

Während die embryonale Milzpulpa die Funktion der Erythropoese und Myelopoese, ihre Follikel die der Lymphopoese besitzen, tritt im postembryonalen Leben ihre myelopoetische Funktion zurück. Es ist noch strittig, ob die eigentlichen Pulpaelemente Zellen anderer Art als die Lymphocyten der Follikel sind. Die differente Empfindlichkeit gegen Röntgenstrahlen scheint dafür zu sprechen. Die Follikelzellen zerfallen nach Röntgenbestrahlung in Mäuse- und Rattenmilzen bereits in den ersten 24 Stunden, während die Pulpazellen erst ante mortem eine Destruktion erkennen lassen. Aus der Tatsache, daß das Milzvenenblut wesentlich mehr Lymphocyten enthält als das der Arterie, darf mit Sicherheit eine Lymphocyten bildende Funktion der Milz geschlossen werden. Im jugendlichen Alter werden sicher auch rote Blutkörperchen gebildet, was durch das Vorkommen kernhaltiger roter Blutkörperchen im Milzblut sichergestellt ist. Vielleicht geht auch die Blutplättchenbildung in der Milz vor sich. Sichergestellt erscheint ferner eine die Hämolyse und dem Hämoglobinabbau vorbereitende Tätigkeit der Milz, wenn auch die Versuche, aus Milzbrei Hämolysine darzustellen, im allgemeinen als gescheitert angesehen werden können. Für eine Art „Vorverdauung" der roten Blutkörperchen in der Milz sprechen die Ergebnisse vergleichender Prüfung der roten Blutkörperchen in Milzarterie und Milzvene auf osmotische Resistenz. Dieselbe ist im Venenblut gegenüber dem Arterienblut deutlich herabgesetzt (Strisower, Goldschmidt).

Wird durch Unterbindung der Milzvene eine künstliche Stauung gesetzt, so kündigt sich der erhöhte Blutkörperchenzerfall durch nachfolgende Pleiochromie und Urobilinurie an (Pribram[1]). Der Abbau der roten Blutkörperchen in der Milz wird durch Erythrophagen eingeleitet und geht bis zu einer Zerstörung des Hämoglobins weiter. Dabei soll im wesentlichen die Eisenkomponente aus dem Molekül herausgeschlagen, der eisenfreie Rest der Leber zugeführt werden. Die Milz kann als Ort der Eisenspeicherung im Organismus angesehen werden. Unter sonst gleichen Bedingungen scheidet ein Mensch, dem die Milz entfernt ist, täglich mehr Eisen aus, als ein unter den gleichen Verhältnissen lebender Gesunder (Bayer[2]). Dieses Eisenspeicherungsvermögen der Milz beschränkt sich im wesentlichen auf das im intermediären Eisenstoffwechsel frei werdende, während ihr Eisengehalt von der alimentären Eisenzufuhr weitgehend unabhängig ist. Die Bedeutung der Milz für den Gesamtstoffwechsel ist eine untergeordnete. Das gleiche gilt für den Eiweißumsatz. Exstirpationsversuche tangieren den

[1]) Pribram: Wien. klin. Wochenschr. 1913. Nr. 40.
[2]) Bayer: Mitt. a. d. Grenzgeb. d. Med. u. Chirurg. S. 21, 22 u. 27.

respiratorischen Stoffwechsel nicht. Unsere Kenntnisse über den Fettstoffwechsel der Milz beschränken sich auf den Nachweis des Lipoid- und speziell Cholesterin-Speicherungsvermögens ihrer Retikuloendothelien.

Die Versuche, durch Entfernung der Milz mehr über ihre Funktion zu erfahren, sind deswegen so unergiebig geblieben, weil das System der Hämolymphdrüsen, die nach Milzexstirpation rasch hypertrophieren, viele der Aufgaben der Milz übernimmt. Die Folgen der operativen Milzentfernung sind verschieden je nachdem das Organ sonst gesund (z. B. nach Verletzung) oder ob es krank war. Bei sonst gesunden Splenektomierten wurden noch Jahre nach dem Eingriff Normoblasten im Blut gesehen; einige Wochen nach überstandener Operation tritt eine Vermehrung der Lymphocyten (bis 64%!) und eine Eosinophilie auf. Die Vermehrung der Lymphocyten ist auf die vikariierende Hypertrophie anderer Drüsen des lymphatischen Systems zurückzuführen, oft läßt sich eine Schwellung und Vergrößerung der äußeren Körperlymphdrüsen schon klinisch feststellen. Entmilzte Tiere zeigen eine erhöhte Resistenz gegen Pyrodin- und Toluylendiaminvergiftung.

Die Veränderungen des Blutbildes nach Exstirpation pathologisch veränderter Milzen weichen von denen nach der Entfernung gesunder Milzen ab. Solche Milzexstirpationen sind bei Krankheiten verschiedenster Ätiologie, bei welchen man eine schädigende Mitbeteiligung der Milz voraussetzte, durchgeführt worden. Mit gutem Erfolge bei angeborenem familiärem hämolytischem Ikterus und bei Morbus Banti, mit zweifelhaftem Erfolge bei der perniziösen Anämie, der Milztuberkulose und bei der Polycytämie. Die ersten Erscheinungen sind das Auftreten zahlreicher Howel-Jollyscher Körperchen in den Erythrocyten. Die Erscheinung ist darauf zurückzuführen, daß mit der Milz eine den Entkernungsvorgang der Erythroplasten im Knochenmark regulierende Funktion verloren gehen soll, so daß unfertige rote Elemente in den Kreislauf gelangen. Andere meinen, daß nach Milzentfernung die roten Blutkörperchen in ihrer chemischen Zusammensetzung in der Richtung einer Basophilie geändert seien. Bei den Erkrankungen der eben genannten Reihe, welche mit einer Verminderung der roten einhergehen (Morbus Banti, hämolytischer Ikterus, perniziöse Anämie) wird die normale Zahl der roten Blutkörperchen nach Entfernung der Milz bald wieder erreicht, eine Erfahrung, die eben zu diesem operativen Eingriff Anlaß gab. Nach Versuchen von Asher und Grossenbacher hat die Splenektomie bei Hunden eine verstärkte Eisenabgabe zur Folge, woraus geschlossen wird, daß die Milz eine den intermediären Eisenstoffwechsel regulierende Funktion besitzt. Die Entfernung der Milz hat bei Hunden eine Zunahme des Fett- und Cholesteringehaltes des Blutes zur Folge. Die Milz wird daher als ein intermediäres Organ des Cholesterinstoffwechsels angesprochen (Landau).

Die differenten Formen der Milzvergrößerung haben eine wechselnde Entstehungsbedingung. Bei der myeloischen Leukämie sind es vor allem die Elemente der Pulpa, welche hypertrophieren und vermehrt werden, während die Follikel zurücktreten. Bei der lymphatischen Leukämie ist umgekehrt eine Vermehrung und Vergrößerung der Follikel und eine Verminderung des Pulpagewebes festzustellen. Erkrankungen, welche mit einem Zerfall von roten Blutkörperchen einhergehen, führen durch Anreicherung von Blutkörperchentrümmern zu einer Vergrößerung des

Organs: spodogener Milztumor. Man findet unter diesen Umständen sehr reichlich Erythrophagen und Eisenpigment führende Zellen. Die weitere Folge des so gesteigerten Blutzerfalls ist eine Mehrbildung von Galle in der Leber. Die Galle wird dickflüssig, enthält mehr Bilirubin und Urobilin, als in der Norm; sie ist pleiochrom.

Aber nicht bloß die zerstörende, sondern auch die blutkörperchenbildende Funktion der Milz kann gesteigert sein. Wenn die Blutbildung im Knochenmark aus irgendwelchen Gründen erlahmt (durch einfache Verdrängung bei Carcinom und Sarkom des Knochenmarks oder durch toxische Schädigungen bei Diphtherie, Malaria, Lues oder auch durch Röntgenbestrahlung) kommt es zu einem Aufflackern der Erythropoese. Gleichzeitig damit wird eine myeloische Metaplasie der Milzpulpa unter solchen Umständen gefunden. In typischer Weise findet sich diese myeloische Parenchymbildung bei perniziöser Anämie und bei myeolischer Leukämie.

Unter den Ereignissen, welche zu einer Vergrößerung der Milz führen, ist die Stauungshyperämie besonders häufig. Die Milzpulpa ist sehr reich an Venen, die Milzvene selbst in das Pfortadergebiet eingeschaltet. Anastomosen fehlen fast ganz — die kleinsten Venen, welche aus der Milzkapsel in die Vena azygos führen, spielen keine Rolle. Diese anatomischen Verhältnisse führen im Gebiet der Milzvene dann zur Stauung, wenn die Bedingungen im Herzen (bei Klappenfehler an der Mitralis) oder in den Lungen (beim Emphysem, bei adhäsiver Pleuritis, bei Lungenschrumpfung) zu einer Rückstauung des Blutes über den Weg der Vena hepatica, Pfortader in der Milzvene Anlaß geben. Eine zweite, gleichfalls häufige Ursache der Stauungsmilz sind Zirkulationserschwerungen im Gebiet der Pfortader selbst, entweder dadurch, daß ihr Gesamtquerschnitt im Bereich der Leber verkleinert oder durch Umbau zum Teil verlegt ist, wie bei der Lebercirrhose, oder dadurch, daß ihr Lumen an der Einmündungsstelle in die Leber durch Thrombosierung oder von außen wirkende Geschwülste komprimiert ist. Schließlich kann die Milzvene selbst durch Thrombose oder Kompression verlegt sein. Bei der Lebercirrhose spielen neben den mechanischen Verhältnissen gewiß noch andere Momente eine Rolle. Von einigen Autoren wird angenommen, daß die zur Lebercirrhose führenden toxischen Substanzen auch den Milztumor verursachen sollen, und zwar nicht auf dem Umwege über eine durch die Cirrhose bedingte Stauung, sondern direkt durch toxische Schädigung des Milzparenchyms. Von GRAWITZ[1]) ist der Milztumor, welcher bei der akuten gelben Leberatrophie entsteht, dadurch erklärt worden, daß die Milz beim Untergang von Lebergewebe einen Teil der Funktion, vor allem die Verarbeitung zugrunde gehender roter Blutkörperchen, mit übernehme. Die Splenomegalie ist in diesem Falle als Produkt einer kompensatorischen Hypersplenie angesehen worden.

Eine für pathologische Verhältnisse bedeutsame „Funktion" der Milz ist ihre Filtertätigkeit gegenüber im Blute kreisenden Bakterien. Es gelingt nahezu bei allen Infektionskrankheiten, die Erreger durch bakteriologische Untersuchungsmethoden in der Milz nachzuweisen. Die unter diesen Bedingungen anzutreffende starke Schwellung des Organs wird als akuter, infektiöser oder toxischer Milztumor beschrieben. Derselbe ist

[1]) GRAWITZ: Zit. nach EPPINGER, Die hepatolienalen Erkrankungen. S. 420. Berlin 1920.

bei mikroskopischer Untersuchung durch eine hochgradige Hyperämie und eine Anreicherung mit neutrophilen Leukocyten in der Pulpa gekennzeichnet. In der oft stark ödematös geschwollenen Pulpa finden sich die Blutplättchen stark vermehrt. In anderen Fällen sind in den Lymphknötchen Leukocytenanhäufungen manchmal von der Größe kleinster Abscesse zu finden. Häufig sind, z. B. beim Typhus, die Erythrophagen stark vermehrt.

Eine heißumstrittene Frage ist die histologische Stellung des oft exzessiven Milztumors, welcher beim Morbus Banti gefunden wird. Die Milz kann bei dieser Erkrankung ein Gewicht von 8 kg erreichen. Das Organ als Ganzes zeigt eine feste, zähe Konsistenz, auf dem Schnitt eine dunkelrote Farbe. Das histologische Bild wechselt mit der Dauer der Erkrankung. In dem ersten Stadium werden Bindegewebswucherungen um die Zentralarterie herum gefunden, oft in solcher Ausdehnung, daß der fibröse Anteil im Follikelzentrum über die Hälfte des ganzen Durchmessers für sich in Anspruch nimmt. Diese Veränderung wird von Banti als Fibroadenie beschrieben. Er hält sie für das von ihm aufgestellte Krankheitsbild für charakteristisch. Diese fibrösen Bindegewebswucherungen greifen in den späteren Stadien auf die Pulpa über, in den sklerotischen Follikeln sind reichlich elastische Elemente nachweisbar. Weiter werden endophlebitische Veränderungen an der Milzvene, der Pfortader und den Mesenterialvenen gefunden. Das Entscheidende für die Abgrenzung dieses Krankheitsbildes von anderen Splenomegalien ist der Nachweis, daß die Leber erst sekundär im Sinne einer atrophischen Cirrhose erkrankt. Im Endstadium dieser Erkrankung findet sich rotes Knochenmark. Umber [1]) schließt aus Stoffwechseluntersuchungen an einschlägigen Fällen, daß in der Milz solcher Banti-Kranker nicht nur ein hämolytisches, sondern auch ein auf den gesamten Organismus wirkendes toxisches Agens gebildet wird. Dieses Toxin führt zu einem toxogenen Eiweißzerfall und damit zu negativer Stickstoffbilanz. Nach Entfernung der Milz schlägt die vorher negative Bilanz in eine positive um.

Im ganzen genommen ist demnach die Milz ein Organ, dessen — zum Teil noch unbekannte — Funktionen von anderen Organen rasch und in großem Umfange übernommen werden können und dessen Entfernung dauernd ohne schwere Störungen ertragen wird.

---

[1]) Umber: Münch. med. Wochenschr. 1912. S. 1478. — Derselbe: Zeitschr. f. klin. Med. Bd. 55, S. 1. 1904.

VIII. Pathologische Physiologie des Blutes.

A. Physiologische Vorbemerkungen.

Zwei Straßen sind in der Blutbahn vereinigt: die eine den Gaswechsel vermittelnde verläuft über Lunge-Blut-Gewebe-Blut-Lunge. Die andere ermöglicht die Zufuhr der Nahrungsstoffe zu den Geweben und die Ausfuhr der Stoffwechselschlacken aus dem Körper. Sie nimmt ihren Weg vom Darm über das Blut zu den Geweben und zurück über die Straße des Blutes zu den Ausscheidungsorganen.

Die wesentliche Funktion der Erythrocyten ist der Sauerstofftransport von den Lungen in die Gewebe. Bei der Lichtabsorption scheinen sie eine besondere Rolle zu spielen (Finsen). Zusammen mit den übrigen zelligen Elementen des Blutes kommen ihnen regulatorische Funktionen für die Niedrighaltung der Kohlensäurespannung im Körper zu. Auch ihre Beteiligung an fermentativen Prozessen im Körper (Hämoglykolyse) ist sichergestellt. Die Leistungen der weißen Zellen des Blutes sind vorwiegend fermentativer Natur, und zwar scheint den polymorphkernigen Leukocyten im wesentlichen proteolytische und glykolytische, den Lymphocyten dagegen lipolytische Funktionen zuzukommen. Bei allen nekrobiotischen Prozessen im Organismus sehen wir die Leukocyten bei der Zertrümmerung der Gewebszerfallsprodukte und bei deren Forträumung an der Arbeit. Wahrscheinlich gemacht wird ihre eiweißspaltende Funktion durch den Nachweis der Verdauungsleukocytose, die nach eiweißreicher Nahrung prompt auftritt, nach Kohlehydrat- und Fettnahrung dagegen ausbleibt. Bemerkenswerterweise bleibt diese Verdauungsleukocytose bei brustgenährten Kindern aus, tritt aber nach Kuhmilchnahrung auf (Moro). Das proteolytische Ferment der Leukocyten wurde auf Löfflerschen Serumplatten von Müller und Jochmann[1]) direkt nachgewiesen. Wieweit sie am Gerinnungsvorgang beteiligt sind, ist nicht entschieden. Morawitz[2]) glaubt, daß von ihnen wesentlich die Thrombokinase geliefert wird. Die mit verschiedenen Reaktionen nachweisbaren Oxydasen kommen nicht den Leukocyten allein, sondern auch anderen Gewebselementen zu. Die lipolytischen Eigenschaften der Lymphocyten wurden mit verschiedenen Methoden von Bergel[3]) studiert. Durch intrapleurale und intraperitoneale Injektionen von Fetten und Lipoiden sollen sich gesetzmäßig Lymphocytenexsudate erzeugen lassen.

Die Blutplättchen, deren Präexistenz als selbständige Gebilde lange Zeit bezweifelt war, sind die wesentlichen Zellen unter allen, in denen bisher mit Sicherheit Thrombogen nachgewiesen ist. Die Formbeständigkeit der Thrombocyten, ihr zahlenmäßiges Verhalten bei

---

[1]) Müller und Jochmann: Münch. med. Wochenschr. 1906.
[2]) Morawitz: Dtsch. Arch. f. klin. Med. Bd. 79.
[3]) Bergel: Ergeb. d. Med. u. Kinderheilk. Bd. 20.

bestimmten Blutkrankheiten, ihre Mitwirkung bei der Thrombose und bei Immunitätsvorgängen läßt es gerechtfertigt erscheinen, sie als selbständige Formelemente des Blutes anzusprechen. Unter den sauerstoffzehrenden Elementen des Blutes haben die Blutplättchen die lebhafteste Atmung [ONAKA [1])].

Die Aufgabe der nichtorganisierten Bestandteile des Blutes ist eine mehr passive. Mit erstaunlicher Präzision wird mit Hilfe vor allem der mineralischen Bestandteile der osmotische Druck des Blutes konstant gehalten. Schwere Störungen der Isotonie werden vom gesunden Organismus in kurzer Zeit ausgeglichen. Durch Bestimmung der elektrischen Leitfähigkeit, welche die Summe aller im Serum vorhandenen Ionen mißt, läßt sich zeigen, wie rasch artefiziell gesetzte Störungen der ionalen Blutkonzentration kompensiert werden [BÜRGER und HAGEMANN [2])]. Der Aufrechterhaltung einer gleichmäßigen aktuellen Reaktion des Blutes dient die Kohlensäure des Blutes. Treten andere Säuren in vermehrter Menge ins Blut, wird eine entsprechende Menge Kohlensäure sofort durch die Lungen entfernt und dadurch die Konstanz der H-Ionenkonzentration des Blutes gewährleistet. Das Mischungsverhältnis der übrigen Ionen zeigt eine bemerkenswerte Konstanz. Die Na-, K-, Ca-Ionen sind in einem Mischungsverhältnis von 100 : 2 : 2 im Serum vorhanden [SCHADE [3])].

Der Wasserbestand des Blutes ermöglicht den physiologischen Stoffaustausch zwischen Blut und Geweben und den Transport der im Magen-Darmkanal resorbierten Nahrungsbestandteile. Die Ausfuhr der Stoffwechselschlacken wird gleichfalls durch ihn ermöglicht.

B. Die physiologischen Schwankungen der Zusammensetzung des Blutes.

Die Nahrungsaufnahme hat neben der sog. Verdauungsleukocytose in der 3.—4. Stunde (Vermehrung der Leukocyten um 3—4000 im Kubikmillimeter) Schwankungen im Fermentgehalt des Blutes zur Folge: Der Gehalt des Blutes an fettspaltenden Fermenten nimmt nach der Aufnahme fetthaltiger Nahrung und bemerkenswerterweise auch im Hunger zu. Nach eiweißreicher Nahrung können die Aminosäuren des Blutes um geringe Mengen vermehrt werden; da sie unter physiologischen Bedingungen nur in Spuren vorkommen, ist auch eine solche Vermehrung schwer nachzuweisen. Sie ist neuerdings von ABEL [4]) dadurch gezeigt worden, daß er bei Hunden in die Kontinuität der Blutgefäßbahn einen langen gewundenen dünnwandigen Kollodiumschlauch, welcher seine diffusiven Substanzen an einen mit Kochsalz gefüllten Mantel abgibt. Dem Blut sollen so grammweise Aminosäuren entzogen werden können. Die vorübergehende Vermehrung des Blutes an Fett und Zucker nach Aufnahme der betreffenden Substanzen mit der Nahrung wird im Kapitel V näher erörtert werden.

Die Muskelarbeit wirkt in verschiedener Weise auf die zelluläre und die chemische Zusammensetzung des Blutes ein. Die weißen Elemente

[1]) ONAKA: Zeitschr. f. physiol. Chem. Bd. 71, S. 193. 1911.

[2]) BÜRGER und HAGEMANN: Zeitschr. f. d. ges. exper. Med. Bd. 26, 1922.

[3]) SCHADE: Die physiologische Chemie in der inneren Medizin. Dresden und Leipzig 1921.

[4]) ABEL: zit. nach HÖBER: Lehrb. d. Physiol. II. Aufl. S. 66. 1920.

erfahren eine geringe absolute Zunahme im Anschluß an eine kräftige Muskelarbeit [1]), die roten Zellen dadurch eine relative Vermehrung, daß die Muskulatur während ihrer Tätigkeit dem Blute Wasser entzieht (RANKE). Die Zahl der Erythrocyten ist nach 6—7stündigem Marsche etwa um $^1/_2$ Million erhöht. Das spezifische Gewicht steigt um 2—6/1000. Die Blutalkalescenz nimmt nur einen kleinen Betrag ab, der auf einen Übertritt von Milchsäure aus den Muskeln ins Blut bezogen wird. Das CO_2-Bindungsvermögen des Blutes nimmt dementsprechend nach Muskelanstrengungen ab [MORAWITZ und WALKER [2])]. Der Eiweißgehalt des Serums steigt entsprechend dem Wasserverlust des Blutes an, die Wasserabgabe, die nach kräftiger Marschanstrengung etwa 2 Liter beträgt, geschieht zunächst auf Kosten des Blutes. Der Zuckergehalt des Blutes zeigt nach akuten Anstrengungen zunächst einen geringen Anstieg [primäre Arbeitshyperglykämie BÜRGER [3])], dann ein Absinken des Blutzuckers bis maximal 61% des Ruhewerts [WEILAND [4]), BÜRGER [3])]. Aus der Tatsache des Zuckerverbrauchs der arbeitenden Muskulatur erklärt sich der geringere Zuckergehalt des venösen gegenüber dem des arteriellen Blutes [CHEAUVAU und KAUFMANN [5])]. Bei Tieren ist auch eine Änderung des Cholesteringehalts des Blutes unter der Einwirkung der Arbeit gefunden worden [PICARD [6])].

Während der Schwangerschaft tritt eine Zunahme der roten Blutkörperchen und des Hämoglobins ein [7]), obwohl an Tieren gezeigt werden konnte, daß die Mutter während der Trächtigkeit große Mengen ihres Reserveeisens aus ihrer Leber in die Jungen überführt [ABDERHALDEN [8])]. In den letzten Tagen der Gravidität und während der Geburt nehmen die Leukocyten an Zahl beträchtlich zu, um im Wochenbett langsam wieder abzunehmen [HAHL [9]) und ZANGEMEISTER und WAGNER [10])]. Besondere Aufmerksamkeit hat man — wegen seiner pathogenetischen Bedeutung (Cholelithiasis) — dem Verhalten des Cholesterins in der Gravidität zugewendet: es nimmt mit der Dauer der Gravidität zu, fällt bei der Entbindung ab, um nach einem zweiten Anstieg langsam zur Norm zurückzukehren [GRIGAUT [11])]. Die Alkalescenz des Blutes ist bei normaler Gravidität durchweg erhöht [BLUMREICH [12])].

C. Störungen der Funktion des Blutes bei primären Bluterkrankungen.

Ob es primäre Bluterkrankungen im strengen Sinne überhaupt gibt, bleibe bei unserer Erörterung dahingestellt. Es sollen hier die pathologischen Folgen der Funktionsstörungen des Knochenmarksparenchyms

[1]) ZUNTZ und SCHUMBURG: Studien zur Physiologie des Muskels. Berlin 1901. S. 107.
[2]) MORAWITZ und WALKER: Biochem. Zeitschr. Bd. 60, S. 395. 1914.
[3]) BÜRGER: Zeitschr. f. d. ges. exp. Med. Bd. 5, S. 125. 1916.
[4]) WEILAND: Dtsch. Arch. f. klin. Med. Bd. 92. 1918.
[5]) CHEAUVAU und KAUFMANN: Cpt. rend. Tome 103, 104, 105.
[6]) PICARD: A. c. P. P. Bd. 74, S. 450. 1913.
[7]) Literatur bei NOORDEN. Handb. d. Pathol. d. Stoffw. II. Aufl. Bd. 1, S. 411.
[8]) ABDERHALDEN: Zeitschr. f. Biol. Bd. 39, S. 113. 1900.
[9]) HAHL: Arch. f. Gynäkol. Bd. 67, H. 3. 1902.
[10]) ZANGEMEISTER und WAGNER: Dtsch. med. Wochenschr. 1902. Nr. 21.
[11]) GRIGAUT: Le cycle de la cholestirnemie. p. 75. Paris 1913.
[12]) BLUMREICH: Arch. f. Gynäkol. Bd. 59, H. 3.

erörtert werden, die einerseits durch die Wirkung eines noch unbekannten Giftes das klinisch wohl abgrenzbare Bild der perniziösen Anämie entstehen lassen, andererseits durch Korrelationsstörungen im Gebiete der innersekretorischen Drüsen die Chlorose bedingen.

Die zelligen Elemente des Blutes erfahren bei der perniziösen Anämie eine charakteristische zahlenmäßige Verschiebung. Die Zahl der roten Blutkörperchen sinkt oft schnell unter eine Million; es wurden einzelne Fälle bobachtet mit 143000, 138000 und selbst 110000 Erythrocyten im Kubikmillimeter. Das Durchschnittsvolum der einzelnen Blutkörperchen ist wesentlich erhöht. Auch die Leukocyten sind in ihrem zahlenmäßigen Verhältnis ein Indicator für die Miterkrankung des Knochenmarks; sie sind, soweit sie vom Knochenmark stammen, erheblich vermindert, während die einem anderen Mutterboden entstammenden Lymphocyten in ihrer Zahl unverändert bleiben. So entstehen relative Lymphocytosen bis zu 60% bei 4000—2500 weißen Blutkörperchen im cmm. Die Thrombocyten sind auch nach den Erfahrungen unserer Klinik vermindert.

Die Blutbefunde bei der perniziösen Anämie deuten im einzelnen auf eine schwere Knochenmarksinsuffizienz hin. Mit der langsam versiegenden Kraft zur Bildung weißer und roter Elemente verliert es die Fähigkeit, die unreifen Formen (Megaloblasten, Normoblasten) von ihrem Übertritt ins Blut zurückzuhalten. Dabei kommt dem Auftreten von Megaloblasten besonderer diagnostischer Wert zu. Das Auftreten von Megaloblasten ist aber durchaus nicht allein pathognomonisch für die perniziöse Anämie, weil es auch bei anderen Krankheiten, z. B. Knochenmarkscarcinom beobachtet wird. In Zeiten gesteigerter regenerativer Funktion des Knochenmarks, besonders während der Remissionen, treten reichliche Polychromatophile und basophile punktierte rote Blutkörperchen im Blute auf. Der Poikilo- und anisocytose, welche man bei vielen Blutkrankheiten beobachtet, kommt keine diagnostische Bedeutung zu.

Einen für die nur beim weiblichen Geschlecht meist zur Pubertätszeit beobachtete Chlorose typischen Blutbefund gibt es nicht. Ein normalerweise durch ein inneres Sekret der Sexualorgane auf die erythropoetischen Organe ausgeübter Reiz ist bei den Chlorotischen offenbar schwächer entwickelt. Die Blutbildung daher gestört. Bei den typischen Chlorosen ist der Hämoglobingehalt des einzelnen Erythrocyten vermindert, der Färbeindex also erniedrigt, während die Zahl der Roten normal oder fast normal bleiben kann. Nur in schweren Fällen kann auch die Zahl der Roten erheblich reduziert sein. Eine Lymphocytenverminderung ist als Ausdruck einer Hypofunktion des lymphatischen Apparats fast regelmäßig festzustellen.

Der respiratorische Gaswechsel ist bei Blutkrankheiten, die mit einer Verminderung des Hämoglobins einhergehen, nicht verändert. Die Sauerstoffzehrung des steril entnommenen Blutes ist bei den Fällen, die mit starker Regeneration einhergehen, wesentlich erhöht. Auffällig ist der gut entwickelte Panniculus adiposus, den man bei vielen perniziös Anämischen und auch Chlorotischen findet. Vielleicht ist in diesem Befund doch der Ausdruck einer chronischen Sauerstoffminderzufuhr zu erblicken, insofern dadurch eine Verminderung der oxydativen Leistung des Organismus bedingt wird. Die gelegentlichen Befunde von Glykuronsäure im Harn mit relativer Vermehrung des neutralen Schwefels deuten in die gleiche Richtung.

Ein erhöhter Eiweißzerfall ist bei der essentiellen perniziösen Anämie nicht festzustellen. Auch bei der Chlorose ist der Eiweißumsatz vollkommen normal. Das gleiche gilt für den Purinstoffwechsel. Der Kohlehydratstoffwechsel ist ungestört, der Eisenstoffwechsel zeigt bei der perniziösen Anämie eine Steigerung der Eisenausscheidung bis zu 22 mg pro die, statt 2—5 mg normal. Damit ist also ein gesteigerter Hämoglobinzerfall bei der perniziösen Anämie wahrscheinlich gemacht, worauf auch die starke Urobilinurie und der erhöhte Gallenfarbstoffgehalt des Blutes hinweist.

Die chemischen Untersuchungen des Blutes bei den primären Bluterkrankungen haben zahlreiche von den Hämatologen wenig beachtete Resultate gezeitigt.

Zunächst ist es verständlich, daß überall da, wo die Zahl der zelligen Elemente in der Volumeinheit reduziert ist, das spezifische Gewicht, der Eiweißgehalt, der Trockenrückstand des Gesamtblutes abnehmen müssen. Das mögen einige Zahlen illustrieren:

1000 g Blut bei:	Gesunden	Perniziöser Anämie	Chlorose
Trockenrückstand . .	219	84,3	120,0
Eiweiß	195	64,3	103,7
Spezifisches Gewicht .	1056	1024	1035

Für das Wesen der Erkrankung bieten diese Werte nichts Charakteristisches. Erst die gesonderte Betrachtung des Serums resp. Plasmas gewährt neue Einblicke. Das lehren folgende Zahlen nach eigenen Analysen:

1000 g Serum bei:	Gesunden	Perniziöser Anämie	Chlorose
Trockenrückstand . .	92,0	70,3	80,7
Eiweiß.	76,0	56,2	60,6
Spezifisches Gewicht .	1030	1019	1028

1000 g feuchte Blutkörper	Gesunder	Perniziöse Anämie	Chlorose
Feste Stoffe	318,0	307,9	266,5
Eiweiß.	312	282,8	246,3
Wasser	678,6	692,0	733,5

Die Werte, welche nach eigenen Untersuchungen hier wiedergegeben sind, zeigen, daß der Eiweißgehalt des Gesamtblutes bei perniziöser Anämie fast auf den eines normalen Serums herabsinkt. Ähnlich verhält sich in extremen Fällen der Trockenrückstand. Viel seltener und gewöhnlich auch weniger weitgehend sind Trockenrückstand und Eiweiß bei der Chlorose reduziert. Daß diese Erscheinung nicht allein durch die Reduktion der zelligen Elemente bedingt ist, zeigen Untersuchungen des Serums, welches sowohl bei perniziöser Anämie wie bei Chlorose verwässert ist, was durch die relative Armut an Eiweiß und festen Stoffen und durch die Erniedrigung des spezifischen Gewichts angezeigt ist. Das Mischungsverhältnis zwischen den Albuminen und Globulinen ist bei der Chlorose im Gegensatz zu den schweren toxogenen Anämien unverändert (NAEGELI). Während bei der perniziösen Anämie in den Endstadien die Verwässerung des Serums mehr ausgeprägt ist als in den meisten Fällen von Chlorose, zeigt die Analyse der Blutkörper gerade das umgekehrte Verhalten. Die Analyse der Blutkörperchensubstanz der perniziös anämisch

Kranken ergibt Werte, die an der unteren Grenze der Norm liegen; ja, berechnet man, wie das einige Autoren getan haben, den Eiweißgehalt des Einzelblutkörperchens, so ist derselbe gegen die Norm wegen Zunahme der Größe des einzelnen Erythrocyten erhöht. Die Blutkörperchen der Chlorotischen dagegen sind arm an festen Stoffen und Eiweiß, reich an Wasser. Es dominiert nach dem Gesagten bei der perniziösen Anämie die Verwässerung des Serums, bei der Chlorose die der Blutkörperchen, was mit der Herabsetzung des Hämoglobingehalts der roten Blutkörperchen bei der Chlorose in guter Übereinstimmung ist.

Die Gesamtblutmenge ist nach verschiedenen Methoden untersucht, bei perniziöser Anämie vermindert, bei Chlorose vermehrt.

Die Serumfarbe der Chlorose unterscheidet sich in charakteristischer und wesentlicher Weise von der der perniziösen Anämie. Während das Serum bei Chlorose hell, wäßrig, ungefärbt aussieht, ist das der perniziösen Anämie durch seine dunkelgelbgrüne, stark dikrote Farbe charakterisiert. Die eigenartige Farbe ist, wie neuere Untersuchungen gezeigt haben, im wesentlichen durch einen erhöhten Bilirubingehalt bedingt. Die Werte sind bis auf das 5—6fache der Norm gesteigert, während bei sekundären Anämien eine Erhöhung sich nicht findet. Die Steigerung ist die Folge eines erhöhten Hämoglobinzerfalls, der das Material für vermehrte Bilirubinbildung liefert, und läßt sich durch Transfusion körperfremden, arteigenen Blutes künstlich hervorrufen.

Während bei der perniziösen Anämie die Veränderungen des Blutes das Krankheitsbild beherrschen, ist die Hämoglobinarmut der Chlorotischen nur ein Teilsymptom eines sehr vielseitig zusammengesetzten Krankheitsbildes. Wahrscheinlich ist es für beide, ihrem Wesen nach ganz differente Krankheiten nicht angängig, die Ausfallserscheinungen resp. Störungen bei den Verdauungsvorgängen als einfache Folge der fehlerhaften Blutzusammensetzung anzusprechen.

Die Magensaftsekretion ist bei der Chlorose relativ häufig im Sinne einer Hyperacidität verändert, während bei der perniziösen Anämie die Anacidität resp. hypacide Werte die Regel sind. Die chlorotischen Magensekretionsanomalien sind in eine Linie zu stellen mit den zahlreichen „nervösen“ Beschwerden dieser Kranken. Reflektorische Einflüsse, von den mangelhaft funktionierenden innersekretorischen Sexualorganen (Hypoplasie und Infantilismus von Ovarien und Uterus) ausgehend, mögen dabei eine Rolle spielen. Für die perniziöse Anämie liegen die Dinge anders. Bei einer Erkrankung, die zu den schwersten grob anatomisch sichtbaren Veränderungen der Organe (Tigerherz, Leberverfettung, capilläre Blutungen) führt, erscheint es durchaus verständlich, daß die sekretorischen Leistungen der Drüsen daniederliegen. Es erscheint mir unnötig, eine primäre Atrophie der Magenschleimhaut, wie viele Autoren wollen, anzunehmen. Die mangelnde Funktion der Magendrüsen zusammen mit den nicht seltenen Darmkatarrhen lassen einen erhöhten Stickstoffverlust durch den Kot, wie er gelegentlich beobachtet wurde, verständlich erscheinen. Eine echte Atrophie der Darmschleimhaut ist bis heute nicht sichergestellt, und damit stehen auch alle Theorien, welche die perniziöse Anämie auf eine verminderte Resorption der Nahrung zurückführen wollen, auf schwankendem Boden. Vielleicht spielen auch für die kryptogenetische perniziöse Anämie im Darm gebildete Bakterientoxine eine Rolle

[SEYDERHELM[1])]. Gelegentlich findet man Infiltrationen der Darmschleimhaut mit vorwiegend einkernigen Leukocyten, die auf entzündliche Schädigung schließen lassen [H. STRAUSS[2])]. Auch an die HUNTERsche Glossitis, die oft weit eher als die Veränderungen des Blutes beobachtet wird, sei in diesem Zusammenhang erinnert. Von vielen Beobachtern wird eine erhebliche zahlenmäßige Zunahme der perniziösen Anämie während und nach dem großen europäischen Kriege berichtet.

Für die Entstehung der ausschließlich beim weiblichen Geschlechte zur Zeit der Pubertät auftretenden Chlorose ist eine befriedigende Erklärung bisher nicht gefunden. Anhaltspunkte für das Wirksamsein irgendwelcher Toxine oder für den vermehrten Blutzerfall fehlen. Milz und Leber zeigen keine Siderose (vermehrten Eisengehalt); der Harn ist reicher an Urobilin. Ein im Zusammenhang mit der erheblichen Zurückhaltung von Wasser stehendes bedeutsames Symptom ist der hohe Lumbaldruck (QUINCKE).

Eine primäre Verarmung an weißen Blutkörperchen ist bisher nicht bekannt. Die Lymphocytenverminderung wird als Ausdruck der Hypofunktion des lymphatischen Apparats von einigen Autoren als konstantes Symptom der Chlorose geschildert [NAEGELI[3])]. Im übrigen ist die Verarmung des Blutes an weißen Elementen (Leukopenie) stets sekundären Charakters.

Die primäre krankhafte Vermehrung der roten Blutkörperchen (Polycythämie) und ihre Folgen für den Gesamtorganismus.

Zwei Krankheiten, die in ihren Symptomen verschieden sind, führen zu einer erheblichen Vermehrung der roten Blutkörperchen. Die erste ist die Polycythämie mit Cyanose und Milztumor, auch Erythämie genannt, ohne wesentliche Steigerung des Blutdrucks (Typus VAQUEZ). Die zweite ist die Polycythaemia hypertonica ohne Milztumor mit ausgesprochener Blutdrucksteigerung (200 mm und darüber) (Typus GEISBÖCK). Bei beiden Erkrankungen handelt es sich nicht nur um eine relative Vermehrung der roten Blutkörperchen in der Volumeinheit auf das doppelte, ja 3fache der normalen Zahl, sondern auch um eine Vergrößerung der Gesamtblutmenge, also um eine Plethora polycythaemica.

Bei der Polycythaemia hypertonica werden nicht selten chronische Nierenveränderungen gefunden, die für manche Fälle die Blutdrucksteigerung unschwer erklären würden. Für andere Fälle kann man in der erheblichen Viscositätssteigerung des Blutes die Erklärung für den hohen Blutdruck finden. Solange das vermehrte Blut in erweiterten Gefäßen Platz findet, kann derselbe noch ausbleiben. Bei dauernder Zunahme der Blutkörperchen wird aber der Widerstand wachsen und die Zirkulation nur durch Mehrarbeit des Herzens aufrecht erhalten werden können. Für diese Auffassung spricht auch die gelegentlich gefundene Hypertrophie des linken Ventrikels. Es ist somit fraglich, ob

---

1) SEYDERHELM: Kongr. f. inn. Med. Wiesbaden 1921.

2) H. STRAUSS: v. NOORDENS Handb. d. Pathol. d. Stoffw. II. Aufl., 1. Bd., S. 936.

3) NAEGELI: Blutkrankheiten und Blutdiagnostik. III. Aufl. Berlin u. Leipzig 1919.

in ihren Symptomen verschiedenen Typen der Polycythämie zwei wesensverschiedene Erkrankungen darstellen oder nur zwei verschiedene Entwicklungsstadien ein und derselben Erkrankung.

Für die Auffassung vom Wesen der Erkrankung ist bedeutungsvoll die Konzentration des Serums, das Verhalten der Leukocyten und schließlich der Bau des einzelnen Erythrocyten. Bei den später zu erörternden symptomatischen Erythrocytosen handelt es sich meist um eine Eindickung des Blutes. Bei dieser wäre eine Erhöhung der Serumkonzentration zu erwarten. Bei der echten Polycythämie ist nach WEINTRAUD [1]) das Serum wasserreich und eiweißarm, was wir in einer eigenen Untersuchung bestätigen konnten, und was mit Sicherheit gegen eine Eindickung des Blutes spricht. Die von mir mit BEUMER durchgeführten Untersuchungen der isolierten Blutkörperchen ergaben neben einer Verkleinerung des Volumens der einzelnen Erythrocyten auf 87 % der Norm eine Verarmung derselben an Trockensubstanz und Eiweiß. Dieselben nähern sich in ihrer Zusammensetzung denen der chlorotischen; in guter Übereinstimmung damit bleiben die Werte des Hämoglobins regelmäßig hinter der Zahl der Blutkörperchen zurück, woraus sich die Erniedrigung des Färbeindex ergibt. Die Verkleinerung des Volumens der Einzelzelle ergibt sich aus rein rechnerischen Erwägungen dadurch, daß das im Hämatokriten festgestellte Volumanteil der Blutkörperchen am Gesamtblut zurückbleibt hinter dem Volumanteil, den die Erythrocyten bei normaler Größe und der festgestellten Vermehrung einnehmen müßten. Diese Verkleinerung ist durch Messung des Durchmessers der roten Blutkörperchen bereits von VAQUEZ und QUISOME gefunden worden [2]).

Das Wesen der Erkrankung liegt in einer vermehrten Bildung von Erythrocyten mit der die Zerstörung nicht gleichen Schritt hält. Die Ursachen für die Überfunktion myeloischen Gewebes sind unbekannt, die häufig gefundenen hohen Leukocytenzahlen zeigen, daß die Erythropoese nicht allein gesteigert ist (Leukocyten bis 91000). Ein Zeichen der gegen die Norm gesteigerten Zerstörung ist der Milztumor und die Neigung zur uratischen Diathese. Ich sah einen typischen Fall mit vollausgebildeten Harnsäuretophi an den blauroten Ohren. Die Untersuchungen des Gesamtgaswechsels ergaben bei diesen Erkrankungen auffallend hohe Werte. Als Erklärung für diese Erscheinung werden diskutiert:

1. Eine vermehrte Gewebsatmung infolge eines noch unbekannten Reizes.
2. Steigerung der Oxydationen infolge abnorm großer Sauerstoffzufuhr.
3. Eine Erhöhung des Sauerstoffverbrauchs durch die in vermehrter Menge gebildeten Blutkörperchen selbst.

Die Steigerung des Umsatzes durch vermehrte Sauerstoffzufuhr wird von MORAWITZ und RÖMER abgelehnt [3]). Vielleicht ist die starke Hyperaktivität der Erythro- und Leukopoese der wesentliche Faktor bei der Steigerung des Gaswechsels.

Primäre Vermehrung der weißen Blutkörperchen.

In diesem Abschnitt sollen die pathologisch-physiologischen Folgen eigenartiger Systemerkrankungen erörtert werden, die nach den histo-

[1]) WEINTRAUD: Zeitschr. f. klin. Med. Bd. 55. 1904.
[2]) VAQUEZ und QUISOME: Surg. medical. Vol. 204, p. 139.
[3]) MORAWITZ und RÖMER: Dtsch. Arch. f. klin. Med. Bd. 94. 1908.

logischen Befunden des Blutes und der Gewebe sich in die Lymphadenosen (lymphatische Leukämien) und Myelosen (myeloische Leukämien) trennen lassen. Bei den Lymphadenosen dokumentiert sich die Krankheit in einer generalisierten Wucherung sämtlicher lymphatischer Gewebe, vor allem der Lymphknoten und der Milz. Bei den Myelosen kommt es zu einer an vielen Stellen des Körpers — vielleicht auf einen toxischen Reiz hin — gleichzeitig einsetzenden Umwandlung „myelopotenter" indifferenter Mesenchymzellen in myeloisches Gewebe außerhalb des Knochenmarks und zu einer Wucherung des myeloiden Gewebes innerhalb der Knochen. Die Folgen dieser Systemerkrankungen für das cytologische Verhalten des Blutes sind nicht bloß in einer Vermehrung der lymphocytären oder leukocytären Elemente zu sehen, sondern das Blutbild wird als ein leukämisches erst durch das Auftreten sonst im Blute nicht vorhandener unreifer Elemente der Lymphocyten- oder Leukocytenreihe stigmatisiert. Diese krankhafte Vermehrung der weißen Blutkörperchen bei den Leukämien ist in ihren Folgen für den Gesamtorganismus noch weniger durchsichtig als die der roten. Untersuchungen des respiratorischen Stoffwechsels der Leukämiker ergaben keine bedeutenden Abweichungen von der Norm. Die Eiweißzersetzung ist in den akuten Fällen zuweilen sehr beträchtlich gesteigert, so daß es zu stark negativen Stickstoffbilanzen kommt. Für die chronischen Fälle sind die Verhältnisse oft schwer übersehbar und durch ausgedehnte Blutungen, Fieber, Ödembildung und Höhlenhydrops derart kompliziert, daß ein sicheres Urteil nicht möglich ist. Bei akuten Schüben steht eine stärkere Eiweißzersetzung mit entsprechenden negativen Stickstoffbilanzen außer Frage. Der Neutralschwefel wurde in den bis dahin vorliegenden Untersuchungen nicht vermehrt gefunden.

Dominierend auf dem Gebiet des Stoffwechsels sind die Störungen des Umsatzes der Purinkörper. Die weitgehende Vermehrung der weißen Elemente liefert für die vermehrte endogene Bildung von Harnsäure durch den Abbau der Nucleinsubstanzen reichliches Material; die Vermehrung der Harnsäure betrifft dabei vornehmlich die myeloische Leukämie, wobei ein strenger Parallelismus zwischen Leukocytenzahl und Harnsäurerest vermißt wird. Auch der vermehrte Fettgehalt des Gesamtblutes ist auf die Vermehrung der fettreicheren weißen Elemente zurückzuführen.

Eine Reihe von Substanzen, die im Blute von Leukämikern gefunden wurden, sind offenbar Produkte der lebhafteren fermentativen Umsetzungen; die Leukocytenfermente — Trypsin und Pepsin sind sichergestellt — führen zum Eiweißabbau besonders dann, wenn das Blut nach der Entnahme gestanden hat; so ist das Vorkommen von Albumosen, das Auftreten der CHARCOT-LEYDENschen Krystalle am einfachsten zu verstehen.

Im Leichenblut von Leukämischen ist sogar Leucin und Tyrosin gefunden worden.

D. Sekundäre Störungen der Zusammensetzung des Blutes und ihre Ursachen.

Änderungen in der Gesamtblutmenge treten nach **akuten Blutungen** und nach **künstlichen Blutentziehungen (Aderlässen)** ein. Die Grenze des Blutverlustes, der eben noch mit dem Leben verträglich ist, wird verschieden angegeben. Entscheidende Faktoren sind dabei das Alter der Betroffenen, ihr Geschlecht, die Raschheit der Blutentziehung. Wird etwa die Hälfte des Gesamtblutes in kurzer Zeit verloren, so tritt der Tod ein. Jugendliche Individuen mit prompt regulierendem Gefäßapparat ertragen große Blutverluste leichter als alte, Frauen besser als Männer; ein Blutverlust, welcher, plötzlich einsetzend, dem Leben ein Ende macht, kann, mit Unterbrechungen vor sich gehend, heilen. Nicht der Mangel an Sauerstoffträgern, sondern die schlechte Gefäßfüllung wirken bei schweren Blutungen tödlich.

Die primäre Oligaemie geht — wenn der Blutverlust überstanden wird — rasch vorüber und macht einer Blutverdünnung Platz. Die roten Blutkörperchen nehmen in der Volumeinheit nicht wegen der Blutmischung an sich ab, sondern wegen des offenbar als regulatorische Funktion anzusehenden Einströmens von Gewebsflüssigkeit in die Gefäßbahn; unter sonst normalen Bedingungen tritt diese Hydrämie als ganz gesetzmäßige Folge jeden größeren Blutverlustes ein; da die einströmende Flüssigkeit, die mehr als das Doppelte der Menge des entzogenen Blutes beträgt, eiweißarm ist, nimmt der Albumingehalt des Serums entsprechend der Verdünnung ab; dabei verschiebt sich das Verhältnis von Albuminen zu Globulinen zugunsten der letzteren.

Der primären Abnahme der Erythrocyten folgt bald ein Anwachsen ihrer Zahl; häufig sind am Blutbilde die Zeichen überstürzter Regeneration deutlich: es treten Erythroblasten und kernhaltige Rote in die Zirkulation, der Hämoglobingehalt der einzelnen Zelle ist in der Norm vermindert, der Färbeindex kleiner als 1.

Merkwürdig ist die Tatsache, daß akute Blutverluste den Gaswechsel wenig oder gar nicht beeinträchtigen. Man sollte meinen, daß eine wesentliche Herabsetzung der Zahl der Sauerstoffträger, resp. der Hämoglobinmenge eine Verminderung des respiratorischen Gaswechsels zur Folge hätte. Man hat aber umgekehrt gelegentlich sogar Steigerungen des Sauerstoffverbrauchs gefunden, die als Folgen des kompensatorisch beschleunigten Blutumlaufs und der gesteigerten Atemfrequenz gedeutet werden. Der raschere Blutumlauf wird bei Anämischen auch durch direkte Betrachtung der Hautcapillaren sichtbar, wovon ich mich oft überzeugen konnte.

Eine physiologische Erscheinung nach Aderlässen und Blutverlusten ist die Hyperglykämie. Diese Vermehrung des Blutzuckers ist zurückzuführen auf eine gesteigerte Glykogenausschwemmung aus der Leber; sie kann durch Leberausschaltung und Kohlehydratkarenz verhindert werden.

Während die mit Hilfe der Gefrierpunktserniedrigung gemessene molare Konzentration des Blutes nach Blutentziehungen (Aderlässen) im Bereich therapeutischer Mengen keine Veränderung erfährt, ist eine Hyperchlorämie die Regel: der NaCl-Gehalt steigt um geringe Werte an, z. B. von 0,615% vor, auf 0,618% direkt nach dem Aderlaß und auf 0,627% weitere acht Stunden später. Es ist demnach aus den Geweben eine chlorreiche Flüssigkeit ins Blut übergetreten [VEIL[1])].

Auch zymoplastische Substanzen, die als Gerinnungsfaktoren eine wesentliche Rolle spielen, werden in die Blutbahn hineingerissen und beschleunigen somit nach jedem Blutverlust den Gerinnungseintritt.

[1]) VEIL: Erg. der inn. Med. u. Kinderheilk. XV.

Das ist eine wichtige „Schutzvorrichtung“ für den Organismus bei allen Gefäßverletzungen.

Daß eine solche Mobilisation im Gewebe deponierter Substanzen stattfindet, läßt sich bei der Ausscheidung subkutan oder intramuskulär injizierter Substanzen deutlich verfolgen. Prüft man in bestimmten Zeitabständen die Menge des durch die Nieren abgegebenen Farbstoffes, so ist nach einem bestimmten Zeitabschnitt die renale Ausscheidung anscheinend beendet, der Harn wird farbstofffrei abgesondert. Ein jetzt durchgeführter Aderlaß läßt die „historetinierten“ Farbstoffe aufs neue in die Blutbahn übertreten: der Harn wird wieder gefärbt.

Eine sehr merkwürdige Folge großer akuter Blutverluste ist die posthämorrhagische Azoturie, die besonders nach Magen- und Darmblutungen beobachtet wird. Es können bei fehlender oder sehr geringer Nahrungsaufnahme zwischen 20 und 30 g N im Harn gefunden werden. Die Erklärung dafür wird gesucht in der Rückresorption von Blutstickstoff aus dem Darmkanal und — das mir Wahrscheinlichere — in einer Schädigung besonders empfindlicher Zellelemente, welche durch die akute Sauerstoffminderversorgung gegeben ist; sie hat eine mehr oder minder weitgehende Zerstörung der Zellen und schließlich ihre Autolyse zur Folge, die das Material für die Mehrauscheidung N-haltiger Substanzen liefert.

Große Bedeutung kommen den Veränderungen der Blutzusammensetzung nach Aderlässen für die Zirkulationsverhältnisse zu: Im Vordergrunde steht die durch die Blutversorgung bewirkte herabgesetzte Viscosität. Sie erleichtert die Zirkulation im Capillargebiet und damit die Herzarbeit. Ein zweites Moment, das die Strömungsverhältnisse in diesem Gefäßabschnitt begünstigt, ist eine Erhöhung des Druckgefälles zwischen Arterien und Venengebiet. Bei suffizienten Gefäßen wird der arterielle Druck durch therapeutische Aderlässe nicht gesenkt, die schlechtere Füllung offenbar durch Kontraktion der kleinen Gefäße sofort wieder ausgeglichen; der venöse Druck dagegen fällt meßbar ab und vergrößert dadurch das arteriovenöse Druckgefälle. Aus dem Gesagten lassen sich die Indikationen für therapeutische Aderlässe unschwer ableiten, die überall da, wo eine Änderung der Blutzusammensetzung bei exogenen und endogenen Vergiftungen (CO, Urämie, Eklampsie), ferner wenn eine Entlastung des rechten Ventrikels bei venöser Hypertonie (Lungenödem, Pneumonie, Lungenemphysem), weiter wenn eine Herabsetzung der Viscosität (bei Polycythämie) angestrebt wird, angezeigt sind.

Nach einigen Wochen sind schwere Blutverluste kompensiert, ja nicht selten überkompensiert. Die weißen Elemente zeigen nach Blutverlusten gleichfalls ein typisches Verhalten; sie nehmen an Zahl sehr rasch und relativ stärker zu als die roten (posthämorrhagische Leukocytose); in einigen Tagen sind die normalen Zahlenverhältnisse wieder erreicht. Bemerkenswerterweise tritt diese Leukocytose auch nach intraperitonealen Blutungen ein [Hössli[1])]. Diese Leukocytose sowohl wie das Auftreten von Normoblasten im Blut sind als Zeichen gesteigerter regeneratorischer Funktion des Knochenmarks zu deuten.

Zum Unterschied von den primären Polyglobulien, die als Polycythämien geschildert wurden, werden die symptomatischen Ver-

[1]) Hössli: Mitt. a. d. Grenzgeb. Bd. 27, S. 630. 1914.

mehrungen der roten Blutkörperchen zweckmäßig als **Erythrocytosen** zusammengefaßt. Die Vermehrungen der roten Blutkörperchen bei Atmung sauerstoffarmer Gemische im Höhenklima, bei Ballonfahrten wurde schon erwähnt. Hierher gehört auch die Zunahme der roten Elemente beim Atmen mittels der KUHNschen Saugmaske. Die symptomatischen Erythrocytosen lassen sich trennen in solche, die als Folge der Wasserverarmung des Blutes eintreten, somit nur eine relative Zunahme der Erythrocyten in der Volumeinheit darstellen und die absoluten Erythrocytosen, die mit einer echten Vermehrung der roten Blutkörperchen einhergehen. Zur ersten Gruppe gehören verminderte Wasserzufuhr in den ersten Tagen des Hungers, andererseits alle Zustände, die bei nicht oder nur wenig vermehrter Wasserzufuhr eine gesteigerte Wasserabgabe mit sich bringen. Als Prototyp kann die Cholera angeführt werden, bei welcher nicht nur das Blut, sondern auch die Muskulatur an Wasser verarmt, was zu schmerzhaften Muskelkrämpfen Anlaß gibt. Gefäßspasmen bewirken infolge der Wasserabgabe aus dem strömenden Blut gleichfalls eine relative Erythrocytose. Das kann bei der RAYNAUDschen Krankheit durch die Zählung der Blutkörperchen im betroffenen Capillargebiet und Vergleich im nicht befallenen direkt gezeigt werden. In der gleichen Weise ist die Zunahme der roten Elemente bei starken Abkühlungen beschränkter Gefäßgebiete zu deuten. Durch (pharmakologische) Einflüsse, die auf den Gefäßtonus wirken, lassen sich zuweilen Zunahmen der Erythrocyten in der Volumeinheit erzielen. Das Adrenalin bewirkt in dieser Weise eine Vermehrung der roten Blutkörperchen.

Zu den absoluten Erythrocytosen sind zunächst die Zunahmen zu rechnen, die man durch Transfusionen artgleichen Blutes erreicht. Hier kann der Unbefangene Überraschungen erleben, insofern unmittelbar nach der Transfusion sogar Verminderungen von Blutkörperchen sich feststellen lassen, die einmal durch Fixierung der körperfremden Elemente im Capillargebiet, dann aber auch durch eine reaktive Hydrämie, die als Folge der Infusion körperfremden Eiweißes einsetzt, entsteht (eigene Beobachtung). Interessant ist die überschießende Neubildung roter Elemente nach Blutverlusten. Zahlreich sind die pharmakologischen Reizmittel der Blutbildungsstätten, die zu einer Vermehrung der roten Blutkörper führen. Die Wirkung des Eisens ist bekannt. Die Erythrocytose nach CO- und Leuchtgasvergiftung wird oft beobachtet. Phosphor, Quecksilber, Blei, Acetanilid wirken in kleinen Dosen als Stimulans für das Knochenmark.

Bei Kreislaufstörungen, die zu chronischen Stauungen führen, besonders eindrucksvoll bei kongenitalen Herzfehlern, liegen Mischformen der Erythrocytose vor, insofern die verlangsamte Zirkulation einen vermehrten Wasseraustritt aus den Capillaren begünstigt, andererseits aber die chronisch verminderte Sauerstoffspannung einen Reiz für die Neubildung roten Blutes abgeben kann.

Die Verminderung der Zahl der roten Blutkörperchen ist in einer großen Gruppe verschiedener Krankheitszustände eine nur relative, in einer 2. Gruppe eine absolute. Die relative ist die Folge einer Verdünnung des Blutes durch Zurückhaltung von Wasser in seiner Bahn oder die Folge vasomotorischer Einflüsse, die ein Einströmen von Gewebsflüssigkeit ins Blut bedingen. Als Prototyp kann die Ödemkrankheit dienen, welche als Folge langdauernder quantitativ und qualitativ unzureichender Ernährung auftritt. Diese gefäßerweiternden Einflüsse sind häufig Giften, die bei Infektionskrankheiten entstehen, zuzuschreiben. Da die gleichen vasoparalytischen Toxine eine Herabsetzung des Blutdrucks bedingen, ist das gleichzeitige Auftreten von arterieller Hypotonie und relativer Erythropenie verständlich. Eine zweite Gruppe umfaßt alle Zustände, die zu einer vermehrten Hydrämie führen, infolge abundanter Zufuhr oder mangelnder Ausfuhr von Wasser. Eine absolute Verminderung der roten Blutkörperchen ist die Folge hämolysierender Toxine oder blutkörperchenzerstörender Parasiten (Malaria). Die große Zahl sekundärer Anämien läßt sich mit PAPPENHEIM am besten einteilen in solche, welche an den Blutkörperchen selbst angreifen (hämophthisische) und solche, welche am blutbildenden Apparat angreifen (myelophthisische Anämien). Alle Anämien, welche infolge chronischer Blutungen (Magen, Darm, Uterus) eintreten, werden als posthämorrhagische der hämophthisischen Form zusammengefaßt. Es ist aber wichtig, festzuhalten, daß man in Tierversuchen, z. B. bei Pferden, denen man zwecks Serumgewinnung in Pausen von einem Monat ein Viertel der berechneten Blutmenge entzog, diese chronischen Aderlässe ohne jede Störung ertragen sah. Vielleicht spielen doch bei manchen hämorrhagischen Anämien des Menschen mangelnde Ernährung (Magendarm-Ulcera) oder toxische Momente (Uterusmyom) als Hilfsursachen, welche das Ausbleiben der Regeneration veranlassen, eine wesentliche Rolle. Das Beispiel der hämotoxischen Anämien ist die gutstudierte Botryocephalus-Anämie, welche nach Abtreibung des toxinproduzierenden Wurms rasch in Heilung ausgeht. Doch ist bei dieser wie bei anderen infolge chronischer Infektionskrankheiten auftretenden Anämien eine scharfe Trennung der hämophthisischen und myelophthisischen Faktoren nicht durchführbar. Als Schulbeispiel der myelophthisischen Anämie sei die nach Knochenmarkstumoren (metastatisch oder primär) einsetzende Blutarmut angeführt. Auch im späteren Verlauf der Osteomalacie und Rachitis wurden anämische Zustände beobachtet.

Die von manchen Autoren als Sonderform der perniziösen aufgestellte aplastische Anämie kann als endliche Form jeder Anämie beobachtet werden und ist der Ausdruck der Erschöpfung des Knochenmarks, daher auch asthenische oder aregeneratorische genannt. Es ist wohl zu bedenken, daß bei allen chronisch hämorrhagischen Anämien der ganze Organismus einschließlich des Knochenmarks, geschädigt wird, und daß endlich einmal der Zeitpunkt gekommen ist, zu welchem das chronisch geschädigte Mark die durch den dauernden Verlust notwendig werdenden Reparationen nicht mehr leisten kann. Neben dem allgemein als wirksamsten Reiz für das Knochenmark hingestellten Sauerstoffmangel bestehen gewiß noch unbekannte Faktoren, unter denen das Licht vielleicht eine dominierende Rolle hat. Experimente lehrten, daß im Dunkeln gehaltene Tiere nach Monaten deutliche Anämie zeigen.

Die sekundären Vermehrungen der weißen Blutkörperchen werden als **Leukocytosen** beschrieben.

Nach dem Stande unserer Kenntnis kann hier nicht immer streng unterschieden werden zwischen Zuständen, die lediglich eine veränderte Verteilung der weißen Elemente und denen, die eine echte Vermehrung der weißen Zellen mit sich bringen.

Allgemein kann gesagt werden, daß jede parenterale Einverleibung belebten (Bakterien) oder unbelebten körperfremden Eiweißes zur Leukocytose führt. Die Erfahrungen aus dem Gebiet der Proteinkörpertherapie haben hier reiches Material beigebracht. Auch körpereigenes denaturiertes Eiweiß (z. B. koaguliertes und reinjiziertes Serum), die Abbauprodukte nekrobiotischen Gewebes (Infarkte), das Eiweiß bösartiger Neubildungen wirkt als leukotaktischer und leukopoetischer Reiz. Der Organismus arbeitet mit außerordentlicher Promptheit, wenn er beim Eindringen fremder Stoffe in seine Gewebe die „Polizeitruppe" der Leukocyten mobilisiert. Aus dem Gesagten muß folgerichtig abgeleitet werden, daß jede Infektionskrankheit mit Leukocytose einhergeht. Dem ist nicht so. Die leukopoetischen Organe sind für die Toxine gewisser Bakterien so empfindlich, daß es zu ihrer toxischen Lähmung kommen kann. So wird die Verminderung der weißen Zellen beim Typhus zu erklären sein und bei ganz schweren und sich rasch ausbreitenden Infektionen des Peritoneums. Die agonale Leukocytose ist vielleicht ein Zeichen dafür, daß die Funktionen des sterbenden Organismus nicht alle gleichzeitig sistieren: Trümmer bereits zerfallener Zellen wirken als Reiz auf das in der Agone noch funktionstüchtige Knochenmark und können sub finem vitae noch zum Auftreten kernhaltiger roter Blutkörperchen und Myelocyten im Blute Anlaß geben.

Sekundäre Veränderungen in der chemischen Zusammensetzung des Blutes.

Sie sind letzten Endes bei jeder Erkrankung zu erwarten, die den Organismus als ganzen affiziert. Ein genügend weiter Ausbau der mikrochemischen Methodik müßte uns gestatten, wenigstens in großen Zügen für typische Krankheitszustände, typische Veränderungen der Blutzusammensetzung nachzuweisen. Nach dem heutigen Stande der analytischen Methodik sind wir davon weit entfernt. Es ist zwar ein ungeheueres Tatsachenmaterial gesammelt, das aber in sich ungleichwertig und wegen des unübersehbaren Wechsels der Bedingungen vieldeutig ist. Zudem sind immer nur einzelne Komponenten des Blutes für manche Krankheiten bestimmt, andere, vielleicht nicht weniger wichtige unberücksichtigt gelassen. Es gibt nur für ganz wenige Krankheiten typische chemische Blutbilder. Es kann sich im folgenden nur darum handeln, in großen Zügen erhebliche und charakteristische Abweichungen der chemischen Blutkonstituenten paradigmatisch aufzuführen.

Fragt man sich, welche Organe die Konstanz der Blutzusammensetzung garantieren, so ist damit ein großes Gebiet von Problemen angeschnitten, die schon für physiologische Verhältnisse zum großen Teil noch ungelöst sind. Sicher scheint, daß die Nieren nicht allein die Regulatoren für die Konstanterhaltung des Blutes darstellen; handelt es sich doch nicht ausschließlich darum, im Überschuß ins Blut geratene Stoffe zu eliminieren, sondern auch solche, die im intermediären Stoffwechsel verbraucht wurden, rechtzeitig und im rechten Maße zu ergänzen, z. B. den Blutzucker.

Zunächst ist im Auge zu behalten, daß jeder Wechsel im **Wassergehalt** des Blutes entsprechende Schwankungen seiner Konzentration an festen Stoffen mit sich bringt. Eine verminderte Wasserausscheidung, wie sie bei der Stauungsniere und degenerativen Nierenerkrankungen beobachtet wird, führt zur Hydrämie und damit zur relativen Eiweißverarmung des Serums. Experimentell läßt sich durch Injektion hypertonischer Lösung eine vorübergehende Hydrämie erzeugen, wodurch eine erste Ödemmobilisation und eine Erleichterung des Kreislaufs durch Viscositätsherabsetzung des Blutes herbeigeführt werden kann. Umgekehrt wird eine vermehrte Wasserabgabe durch Haut, Lungen, Darm und Nieren eine Eindickung des Blutes und Anreicherung seiner festen Bestandteile bewirken. In ähnlicher Weise kann der Magensaftfluß (Reichmannsche Krankheit) das Blut an Wasser verarmen. Als Beispiel für das Gesagte mag angeführt werden, daß Glühlichtbäder durch die dabei bewirkte Schweißabgabe (bis zu 2 Liter) eine Zunahme der Konzentration des Blutes und des Serums verursachen [Krebs und Meyer[1]]. Bei der Cholera ist eine so weitgehende Eintrocknung des Serums beobachtet worden, daß das spezifische Gewicht desselben bis zu 1047 anstieg. Bei anhaltendem Erbrechen führt der damit verbundene Wasserverlust ebenfalls zu einer Konzentrationszunahme des Blutes. Es ist verständlich, daß diese Änderungen im Wassergehalt des Blutes erst dann meßbar werden, wenn die Wasserzufuhr aus irgendwelchen Gründen die Wasserabgabe nicht mehr kompensieren kann und damit die Regulierung versagt.

Die Konstanterhaltung des **Blutzucker**spiegels ist ein sicheres Zeichen für die regelrechte Funktion der am Kohlehydrathaushalt beteiligten Organe. Die pathologischen Abweichungen über den normalen Wert von 0,1% hinaus nach oben sind ein führendes Symptom der Störungen des Kohlehydratstoffwechsels und werden gemeinsam mit diesem abgehandelt (s. Kap. V). Wir kennen Hyperglykämien bei Unterfunktion des Pankreas (extremster Fall Pankreasexstirpation), bei Überfunktion der Schilddrüse (Morbus Basedow) und der Hypophyse. Injektionen des inneren Sekretes der Nebennieren (Adrenalin) machen ebenfalls eine Vermehrung des Zuckers im Blute. Die Glykogenmobilisation in der Leber kann gefördert werden durch den Aderlaß und durch intravenöse Injektionen hypertonischer Salzlösung. Weiterhin wird eine Steigerung des Blutzuckers durch das Nervensystem vermittelt. Im Tierversuch wird durch Reizung des Claude-Bernardschen Zentrums auf dem Wege des Sympathicus und Splanchnicus eine vermehrte Glykogenausschüttung bewirkt. Direkt oder indirekt werden auf ähnlichem Wege die Hyperglykämien bei traumatischen Störungen des Gehirns, bei Gehirnerschütterung, Apoplexien, Hirntumoren und bei peripheren Nervenerkrankungen erklärt. Bei letzteren kommt es auf dem Umwege über zentripetale Bahnen zu einer Erregung des Zentrums. So können die verschiedensten schmerzhaften Affektionen, z. B. Knochenbrüche, zur Vermehrung des Blutzuckers führen. Ähnlich wirken psychische Traumen, Angst, Schreck. — Bei einer Reihe von Giften, Uran, Chrom, Sublimat, Cantharidin sind Hyperglykämien beobachtet worden, deren Mechanismus im einzelnen noch nicht klar gestellt ist. Auch bei febrilen Erkrankungen, besonders bei der Pneumonie sind Vermehrungen des Blutzuckers bis auf das Doppelte der Norm gesehen worden. Es ist möglich, daß die die Temperatur regulierenden Zentren erregenden pyrogenen Stoffe gleichzeitig auch Reizstoffe für das Claude-Bernardsche Zuckerzentrum abgeben. Von anderen wird

---

[1]) Krebs und Meyer: Zeitschr. f. diät. Therap. Bd. 6, S. 371. 1903.

die bei vielen fieberhaften Zuständen beobachtete Kohlensäureanreicherung des Blutes verantwortlich gemacht (asphyktische Hyperglykämie). Die bei chronisch Nierenkranken gefundene Vermehrung des Blutzuckers ist in ihrer Entstehungsweise gleichfalls ungeklärt. Über die normalen und pathologischen Schwankungen des Blutfettgehalts siehe Kapitel V. Über den Eiweißgehalt des Serums unter den verschiedenen Krankheitsbedingungen sind wir dank der bequemen refraktometrischen Untersuchungsmethode, die erlaubt an einem Tropfen dessen Dichte zu bestimmen, gut unterrichtet. Die erhaltenen Werte sind mit Vorsicht zu beurteilen überall da, wo wir mit Wasserschwankungen des Blutes zu rechnen haben.

Eine echte Verarmung des Blutes an Eiweiß wird bei schweren Ernährungsstörungen gefunden. In einer eigenen [1]) Beobachtung mit Beumer sah ich bei einer totalen Pankreasatrophie den Eiweißgehalt des Serums auf 3,6% absinken. Bei länger dauerndem Hunger verarmt das Blut an Eiweißkörpern, und zwar nimmt das Serumalbumin viel stärker ab als das Serumglobulin [Githens [2])]. Ob auch das Umgekehrte bei „Fleischmast", eine Zunahme der Serumeiweißkörper vorkommt, ist bisher nicht sicher gestellt. Es ist selbstverständlich, daß bei den schweren und langdauernden Eiweißverlusten bestimmter Nierenkranker, besonders wenn, wie es zeitweilig geschah, sehr eiweißarme Kost gegeben wird, eine Eiweißverarmung des Blutes eintritt. Doch ist es schwer, hier den Faktor der Hydrämie, die eine relative Eiweißverarmung bedingt, von dem des echten Eiweißverlustes des Blutes zu trennen.

Großes klinisches Interesse hat die Gruppe der Körper des Blutes, die den Reststickstoff liefern, d. h. diejenige Menge Stickstoff, welche nach Entfernung der Eiweißsubstanzen gefunden wird. In der Norm findet man in 100 g Serum ca. 50 mg Reststickstoff, der sich wie folgt verteilt: Harnstoffstickstoff 45 mg, Harnsäurestickstoff 1—2 mg, Indikan in Spuren, Stickstoff aus Kreatinin und Kreatin 1 mg, unbekannte N-haltige Substanzen 2 mg. Man sieht, daß bis zu 90% des RN normalerweise von Harnstoff dargestellt werden. Die Menge der übrigen Körper liegt an der Grenze der Möglichkeit exakten analytischen Nachweises, weshalb die angegebenen Normalwerte je nach der angewandten Methode schwanken. Aminosäuren und Ammoniak kommen nur in Spuren im Blute vor. Zwei große Krankheitsgruppen wirken auf den Reststickstoff des Blutes vermehrend ein: 1. Störungen der Nierenfunktion (s. Kapitel 13) und 2. Krankheiten, die zu einem akuten Gewebszerfall führen: akute gelbe Leberatrophie und schwere konsumierende Infektionskrankheiten.

E. Blutgerinnung.

Der Vorgang der Blutgerinnung ist in seinen Einzelheiten bisher nicht klargestellt. Die gangbarste Hypothese sieht das Wesentliche in einem fermentativen Prozeß. Ein im Blute vorhandenes Fibrinferment, das Thrombin, wandelt die lösliche Vorstufe des im Plasma vorhandenen Fibrins, das Fibrinogen, in einen unlöslichen Körper,

---

[1]) Bürger und Beumer: Beiträge zur Chemie des Blutes. Zeitschr. f. exper. Pathol. u. Therap. Bd. 13. 1916.

[2]) Githens: Hofmeisters Beitrag. Bd. 5, S. 515. 1904.

das Fibrin, um. Das Thrombin ist im Plasma des zirkulierenden Blutes als solches nicht präformiert, jedenfalls nur in Spuren, die zur Auslösung eines Gerinnungsvorganges nicht ausreichen, vielmehr enthält das Plasma des zirkulierenden Blutes eine an sich unwirksame Vorstufe des Fibrinferments, das Thrombogen oder Prothrombin. Dieses Thrombogen wird unter Mitwirkung eines Aktivators, der Thrombokinase und gleichzeitiger Beteiligung von Kalksalzen gebildet. Als Quelle der Thrombokinase kommen in erster Linie die zelligen Elemente des Blutes, unter ihnen als wichtigste die Thrombocyten, sicher aber auch die Leukocyten und roten Blutkörperchen in Frage. In geringerer Menge ist die Thrombokinase wahrscheinlich in allen Zellen des Körpers und in seinen Gewebssäften enthalten. Das Fibrinferment wird beim Gerinnungsvorgang nur teilweise verbraucht. Es kann nach vollzogener Gerinnung aus dem Blutserum, nach dem die Eiweißkörper durch Alkohol niedergeschlagen sind, und das Ferment mitgerissen haben, aus dem getrockneten Coagulum ausgewaschen werden. Es muß die erste Phase der Gerinnung, die der Thrombinentstehung, von der zweiten Phase der der Fibrinbildung unterschieden werden. Diese wird durch Einwirkung des Thrombins auf das Fibrinogen vollzogen. Die Bildungsstätte des Fibrinogens ist nicht bekannt, Leber und Knochenmark wurden als solche angesprochen. Es kann aus Plasma durch Vermischen mit gesättigter Kochsalzlösung ausgefällt und durch wiederholtes Umfällen gereinigt werden. In dieser im wesentlichen von MORAWITZ [1]) formulierten Theorie finden die beim Gerinnungsvorgang sehr wesentlichen Oberflächeneinflüsse keinen gebührenden Raum. Ihnen trägt die mehr physikalisch-chemisch formulierte Hypothese von NOLF [2]) Rechnung. Nach NOLF entsteht Fibrin und Thrombin durch das Zusammenwirken von Fibrinogen, Thrombogen und Thrombozym in Gegenwart von Calciumsalzen. Das Thrombozym ist nach NOLF ein spezifischer Bestandteil der Gefäßendothelien und der zelligen Elemente des Blutes und als solches im kreisenden Blute dauernd vorhanden. Die Organextrakte wirken nach NOLF lediglich gerinnungsbeschleunigend. Als gerinnungshemmende Faktoren kommen im Blute vorhandene Substanzen, Antithrombine, in Frage, welche unter physiologischen Verhältnissen die endovasculäre Ungerinnbarkeit des Blutes garantieren sollen. Störungen des Gerinnungsvorganges können an verschiedenen Stellen des komplizierten Verlaufs einsetzen:

1. Kann das Blut durch Entziehung des Fibrinogens ungerinnbar gemacht werden. Hunde, denen mehrfach große Mengen Blutes entzogen und nach der Defibrinierung reinjiziert wurden, hatten schließlich ungerinnbares Blut [DASTRE [3])]. Durch Phosphorvergiftung kann das Blut infolge Fibrinogenmangels kurz vor dem Tode ungerinnbar werden.

2. Zusatz von Neutralsalzen in größeren Konzentrationen verhindert ebenso wie die Anwesenheit von Oxalaten, Citraten und Fluoriden in kleinen Konzentrationen die Gerinnung, wobei wahrscheinlich der Vorgang der Thrombinbildung gehemmt wird.

3. Kann das Fehlen oder die ungenügende Bildung der Thrombokinase die Gerinnung des Blutes aufheben oder verzögern. Durch

---

[1]) MORAWITZ: Dtsch. Arch. f. klin. Med. Bd. 79, S. 1. HOFMEISTERS Beiträge. Bd. 5, S. 133.

[2]) NOLF: Ergebn. d. inn. Med. u. Kinderheilk. Bd. 10. 1913.

[3]) DASTRE: Cpt. rend. des séances de la soc. de biol. Tome 45, p. 71. A. d. P. Tome 25, p. 169.

Auffangen von Blut in paraffinierten Gefäßen gelingt es, die Gerinnung lange Zeit zu verhindern. Besonders leicht gelingt dieser Versuch bei Vogelblut, welches keine Thrombocyten enthält. Über den Angriffspunkt einer Reihe weiterer gerinnungshemmender Agenzien in dem Gerinnungssystem (Hirudin, Pepton, Aalblut, Kobragift) ist noch nichts Sicheres bekannt.

Die schwerste Störung des Gerinnungsvorgangs, welche wir klinisch beobachten, ist bei der Bluterkrankheit (Hämophilie) festzustellen. Der zeitlich stark verzögerte Gerinnungsablauf ist nach MORAWITZ[1]) und SAHLI[2]) auf einen zu geringen Gehalt an Thrombokinase zurückzuführen. Doch ist der einschlägige Versuch von MORAWITZ und LOSSEN — starke Beschleunigung der Gerinnung hämophilen Blutes durch Zusatz von Thrombokinase in Form von Gewebsextrakt aus menschlicher Niere — nicht beweisend dafür, daß es dem Hämophilenblut an Blutzellenthrombokinase fehlt [WÖHLISCH[3])]. Fibrinmenge, Thrombocytenzahl und gerinnungsbeschleunigende Kraft des hämophilen Serums sind normal. Die gerinnungsbeschleunigende Kraft der isolierten Blutzellen fand SAHLI in einem Falle herabgesetzt. Die Frage, an welcher Stelle des Gerinnungssystems der Hämophilen der Defekt zu suchen ist, ist bis heute offen.

FONIO[4]) hat vergleichsweise den Thrombozymgehalt normaler und hämophiler Blutplättchen untersucht, indem er beide hämophilem Blute als Indicator zusetzte. Sowohl normale wie hämophile Blutplättchen beschleunigten die Gerinnung des Hämophilenblutes, jedoch waren die Plättchen der Hämophilen weit weniger wirksam. WÖHLISCH[3]) konnte das FONIOsche Resultat an zwei Fällen sporadischer Hämophilie bestätigen. Danach wäre der Defekt im Gerinnungssystem der Hämophilen in einer chemischen Insuffizienz der Thrombocyten zu suchen.

F. Sedimentierungsgeschwindigkeit.

Die Sedimentierungsgeschwindigkeit der roten Blutkörperchen ist bei gesunden Menschen ziemlich konstant. Von physiologischen Vorgängen, welche eine starke Senkungsbeschleunigung bedingt, ist bisher vor allem die Schwangerschaft bekannt geworden. Auch die Menstruation steigert die Sedimentierungsgeschwindigkeit. Ganz allgemein haben Frauen eine größere Sedimentierungsgeschwindigkeit als Männer. Säuglinge im Alter von über einen Monat haben eine physiologisch erhöhte, jüngere Säuglinge eine stark verlangsamte Sedimentierungsgeschwindigkeit.

Unter pathologischen Bedingungen führt Herzinsuffizienz mit schwerer Cyanose, Ikterus, extreme Kachexie, gelegentlich auch unkomplizierte Amenorrhöe zu einer Verlangsamung der Senkungsgeschwindigkeit. Eine Senkungsbeschleunigung wird bei allen akuten Infektionskrankheiten, bei Entzündungsvorgängen, bei chronischen Infektionen

---

[1]) MORAWITZ u. LOSSEN: Dtsch. Arch. f. klin. Med. Bd. 94. 1908.

[2]) SAHLI: Zeitschr. f. klin. Med. Bd. 56. 1905. Dtsch. Arch. f. kl. Med. Bd. 99. 1910.

[3]) WÖHLISCH: Münch. med. Wochenschr. 1921. Nr. 8, S. 228—230. DERSELBE: Ebenda 1921. Nr. 30, S. 941—943. DERSELBE: Ebenda 1921. Nr. 43, S. 1382 bis 1384. DERSELBE: Zeitschr. f. d. ges. exp. Med. 1923.

[4]) FONIO: Mitteil. a. d. Grenzgeb. d. Med. u. Chir. 1915. S. 313.

(Lues, Tuberkulose, Carcinose, Sarkomatose) gefunden, bei akuten Infektionskrankheiten werden in den ersten Tagen noch normale Werte, in den späteren Zeiten starke Senkungsbeschleunigungen festgestellt. Oft erhält man die größten Ausschläge erst wenn das Fieber bereits wieder abgeklungen ist. Die Senkungsbeschleunigung scheint mit der Schwere der Infektion zuzunehmen, was für die Beurteilung der verschiedenen Formen der Lungentuberkulose eine gewisse praktische Bedeutung hat, alle chronischen Formen zeigen eine geringere Senkungsbeschleunigung als die akuten, welche mit einem größeren Stoffzerfall einhergehen. Ganz allgemein kann gesagt werden, daß alle Prozesse, welche zu einem Gewebszerfall führen, oder bei denen parenteral belebtes oder nicht belebtes Eiweiß in den Körper eindringt, die Sedimentierungsgeschwindigkeit beschleunigen. Die Reaktion hat demnach einen durchaus unspezifischen Charakter, was ihre klinische, speziell differentialdiagnostische Brauchbarkeit erheblich beeinträchtigt. Ist die Senkungsgeschwindigkeit sehr stark erhöht so kommt das Aderlaßblut häufig erst dann zur Gerinnung, wenn die Blutkörperchen sich bereits gesenkt haben. Es bildet sich dann eine weiße über dem Blutkuchen stehende Speckhaut: das erst nach der Sedimentierung der roten Blutkörperchen erstarrte Plasma. Diese Speckhaut war als Crista phlogistica bereits für die alten Ärzte ein wertvolles Zeichen entzündlicher Vorgänge im Organismus.

Worauf das Phänomen der Blutkörperchensenkungsbeschleunigung beruht, ist bis heute strittig. FAHRAEUS[1]), der Wiederentdecker dieser Erscheinung selbst, hält die Globulinvermehrung für das Entscheidende. HÖBER[2]) und seine Schule nimmt an, daß bei reichlicherem Angebot von Globulinen diese von den roten Blutkörperchen bevorzugt, adsorbiert werden und in der Adsorptionshülle die Albumine mehr oder weniger verdrängen. Der isoelektrische Punkt des Globulins (bei pH = 5,4) liegt der Neutralreaktion des Blutes näher als der isoelektrische Punkt des Albumins (bei pH = 4,7). Die reich mit Globulinen beladenen Blutkörperchen haben daher eine größere Neigung zur Ausflockung, Agglutination und beschleunigten Senkung. Die HÖBERsche Deutung des Phänomens scheint jedoch nicht in allen Punkten zuzutreffen, da nach noch nicht veröffentlichten Untersuchungen von WÖHLISCH die isoelektrischen Punkte der Plasmakörper mit Einschluß des die Blutkörperchensenkung besonders stark beschleunigenden Fibrinogens innerhalb der Fehlergrenzen der Methodik bei derselben pH liegen. Abgesehen von der durch die größere Klebrigkeit der globulinumhüllten Erythrocyten begünstigten Agglutinabilität soll auch die elektrische Ladung der einzelnen roten Blutkörperchen eine Rolle spielen, indem deren negative Ladung, welche ihre gegenseitige Abstoßung bedingt, in Globulinlösungen kleiner ist als in Albuminlösungen[3]).

---

[1]) FAHRAEUS: Om Hämagglutinationen. Hygiea 1918. Biochem. Zeitschr. Bd. 89, S. 355. 1918. The suspensions stability of the blood. Stockholm 1921.
[2]) HÖBER und MOND: Klin. Wochenschr. 1922. Nr. 49.
[3]) WIECHMANN: Übersichtsreferat. Klin. Wochenschr. 1923. Nr. 13.

IX. Infektion und Immunität.

Die Lehre von den kontagiösen und miasmatischen Erkrankungen konnte als eine Lehre der Infektionskrankheiten erst begründet werden, nachdem durch die Entdeckungen von PASTEUR und ROBERT KOCH die Möglichkeit einer ätiologischen Diagnose geschaffen war. Nach dem heutigen Stande der Forschung können wir drei große Gruppen von pathogenen Mikroorganismen unterscheiden:

1. Die Bakterien im weiteren Sinne (Kokken, Bacillen, Vibrionen, Spirillen, Pilzarten), Nachweis durch mikroskopische und kulturelle resp. biologische Untersuchung.
2. Die ultravisiblen filtrierbaren Virusarten, Nachweis durch das Tierexperiment (z. B. Variola, Lyssa, Gelbfieber, Poliomyelitis, Trachom).
3. Die Protozoen (Malariaplasmodien, Ruhramöben, Trypanosomen).

Für die meisten Infektionskrankheiten ist heute eine exakte ätiologische Diagnose durch den kulturellen resp. mikroskopischen Nachweis des Erregers möglich. Die Schwierigkeiten in der Deutung vieler Vorgänge im Bereiche der Infektion und der Immunität, die in der Hochzeit der bakteriologischen Ära oft übersehen resp. unterschätzt wurden, lernte man kennen, als es gelang, auch bei klinisch *sicher gesunden* Menschen typische Krankheitserreger mit allen ihren kulturellen und biologischen Eigentümlichkeiten aufzufinden (Bacillenträger, Dauerausscheider).

Bacillenträger werden Individuen genannt, welche pathogene Keime beherbergen, *ohne selbst krank zu sein oder gewesen zu sein*. *Dauerausscheider* sind Genesene, welche nach überstandener Krankheit den Erreger mit Harn und Kot noch Monate und Jahre weiter ausscheiden und dadurch zu einer großen Gefahr für ihre Umgebung werden.

Es genügt durchaus nicht die Anwesenheit eines Krankheitserregers (z. B. auf den Schleimhäuten eines Menschen) allein, um denselben krank zu machen, sondern es bedarf für den Ausbruch einer Erkrankung stets noch gewisser *Hilfsursachen*, die wir im einzelnen noch nicht näher kennen. Unter einer Anzahl gleichexponierter Individuen bleiben auch in Zeiten ausgebreiteter Seuchen stets bestimmte Individuen gesund. Neben dem Krankheitserreger und den Hilfsursachen, die den Ausbruch der Krankheit bedingen (z. B. Kälteschädigungen, Intoxikationen, Alkohol), spielen eine erhebliche Rolle alle die in der Konstitution des erkrankten Individuums gegebenen Faktoren, die man mehr ausweichend als beschreibend unter dem Begriff der persönlichen Disposition zusammenfaßt. Hier stehen Alter, Kräftezustand, körperliche und sicher auch psychische Beanspruchung und Überanstrengung an erster Stelle.

Die Erfahrung, daß z. B. in sogenannten „Typhushäusern" die ständigen Bewohner nicht erkranken, sondern zufällig anwesende, noch nicht lange im Hause lebende Personen (Dienstboten) vorzugsweise befallen werden, sprechen dafür, daß die länger im Hause Lebenden zwar Typhusbacillen in ihrem Körper beherbergen, vielleicht gar nicht, vielleicht unmerklich erkrankt waren und nun unempfänglich durch diese Durchseuchung geworden sind. Es hat sich für sie eine Art regionärer Immunität herausgebildet, die für Leute, die aus typhusfreien Gegenden kommen, nicht besteht. Das hier nur angedeutete Problem der Bacillenträger und Dauerausscheider ist für die Verbreitung und Bekämpfung der Infektionskrankheiten von unübersehbarer Tragweite und führt mitten hinein in die Schwierigkeiten, die für die ganze Lehre von der Immunität auch heute noch trotz all der großen Entdeckungen der bakteriologischen Ära bestehen.

Schon die Bemühungen, den Begriff der Disposition für Infektionskrankheiten scharf zu umgrenzen, lehren das. Gemeinhin wird darunter die Empfänglichkeit oder Empfindlichkeit für ansteckende Erkrankungen verstanden. Um einen tieferen Einblick in diese wechselnde Empfindlichkeit für Infekte zu gewinnen, hat man versucht, dieselbe zu trennen nach einer solchen gegenüber den belebten Erregern einerseits und andererseits den von ihnen gebildeten giftigen Produkten. Es leuchtet ohne weiteres ein, daß das Problem wesentlich vereinfacht würde, wenn sich zeigen ließe, daß die Disposition für Infektion mit einem bestimmten Erreger und für Intoxikation durch die von ihm gebildeten Produkte bei einer bestimmten Spezies stets die gleiche wäre. Man hätte damit die variablen Eigenschaften des Erregers, seine wechselnde Vermehrungsgeschwindigkeit und „Absterbeordnung" mit einem Schlage ausgeschaltet und könnte unter einfacheren Bedingungen das Problem der Disposition angehen. In Untersuchungen über Konstitution und Krankheitsdisposition zeigte KISSKALT[1]), daß die Disposition von weißen Ratten der gleichen Zucht zur Vergiftung mit Coffein erheblich verschieden ist, daß die Disposition für Vergiftung mit Tetanusgift dagegen in wesentlich engeren Grenzen schwankt als die für Coffein. Praktisch wird eine solche Trennung in Disposition für den Infekt und für die Intoxikation schon aus dem Grunde undurchführbar, weil die Bakterienprodukte eine Vielheit von Substanzen darstellen, die einzeln bisher chemisch nicht rein gewonnen sind, mit denen sich also vergleichend experimentell nicht operieren läßt. Als „Ursachen" wechselnder Disposition bei sonst gesunden Tieren sind erörtert worden: die Verschiedenheit des Alters, der Herkunft, der Ernährung, der Jahreszeit, zu welcher die Untersuchungen angestellt wurden.

Wesentlich komplizierter liegen die Dinge, wenn man es nicht mit den relativ einfachen Verhältnissen des Tierversuchs, sondern mit den unübersehbaren Bedingungen eng zusammenlebender Bevölkerungen zu tun hat. Abgesehen von der sehr wechselnden Konstitution des einzelnen Menschen, die ihn für einzelne Infekte mehr oder weniger empfänglich macht, spielen hier Art, Zahl und Dauer vorausgegangener überstandener Erkrankungen eine oft den Verlauf der Infektion bestimmende Rolle. So kann z. B. der für die Ausscheidung gebildeter Toxine ausschlaggebende Zustand der Nieren über Leben und Tod des infizierten Individuums entscheiden. Die Beschaffenheit des Gefäß-

---

[1]) KISSKALT: Zeitschr. f. Infektionskrankh., parasit. Krankh. u. Hyg. d. Haustiere Bd. 87. DERSELBE: Ebenda Bd. 86, S. 42. 1915.

systems ist für die Prognose des fleckfieberkranken Menschen von hervorragender Bedeutung [BRUGSCH[1])].

Kompliziert wird das Problem durch die Tatsache, daß der Organismus imstande ist, gegen eine Reihe bakterieller Gifte Gegengifte zu bilden, eine Fähigkeit, welche wiederum von Individuum zu Individuum schwankt und je nach dem verschiedenen Alter, dem Ernährungszustand, der Zahl und Art voraufgegangener Erkrankungen sehr mannigfach ausgebildet sein kann. Die hier gemachten Andeutungen zeigen bereits wie komplex der Begriff der Disposition ist und daß es unmöglich ist, ihn im Einzelfall messend zu beschreiben.

Unter den Hilfsursachen, welche die Disposition zu Infektionserkrankungen, besonders der Atmungsorgane, erhöhen, nimmt die Erkältung einen besonders breiten Raum ein. Auf welche Weise die Wetterkälte den Ausbruch einer Erkrankung begünstigt, ist noch nicht geklärt. SCHADE[2]) weist auf die Änderung des Kolloidzustandes von Zellen und Geweben unter dem Einfluß der Kälte hin. In zweiter Linie kommen Fernwirkungen der Kälte im Körper in Gestalt geänderter Blutverteilung in Frage. So können Abkühlungen der Extremitäten einen Spasmus der Nierengefäße und Kontraktionen der Blase zur Folge haben. Es kann zu Sekretionsanomalien der Nasenschleimhaut kommen, so daß durch Kältereize reflektorisch ein „Schnupfen" ohne die primäre Mitwirkung von Bakterien ausgelöst werden kann [KOHNSTAMM[3])]. Der veränderte Kolloidzustand und die Störungen in der Blutverteilung können ihrerseits zu einer Herabsetzung der immunisatorischen Abwehrkräfte führen, welche nun dem Eindringen der Bakterien in die Schleimhäute Vorschub leistet. So kann unter der Mitwirkung einer Erkältung der auf den Schleimhäuten der oberen Luftwege bei vielen gesunden Menschen nachweisbare Pneumokokkus eine Pneumonie hervorrufen. Daß die individuelle Disposition bei gleichen äußeren Schädlichkeiten, gleichen Ernährungsbedingungen und annähernd gleichem Alter sich weitgehend geltend macht, zeigen die Erfahrungen aus dem Weltkriege: wurden bestimmte Truppenteile in ungeschützten Stellungen den Unbillen von Wind und Wetter ausgesetzt, so erkrankten immer nur ein Teil an „Erkältungsinfekten", während die Mehrzahl der „Wetterfesten" gesund blieb. Unter den gleichzeitig in Ruhequartieren und Ortsunterkünften untergebrachten Mannschaften der gleichen Truppe traten die Erkältungskrankheiten sehr zurück; ein Beweis für die Bedeutung der nichtbakteriellen äußeren Faktoren unter den zur Erkrankung disponierenden Momenten.

Nur zum Teil bekannt sind uns die Bedingungen, unter denen die Keime durch die äußere und „innere" Oberfläche (Magendarmtrakt, luftführende Wege) in den Körper eindringen. Die unverletzte Haut gilt als undurchdringlich. Verletzungen von mikroskopischer Größe, wie sie beim Rasieren, bei Einreibungen, beim Scheuern von Kleidungsstücken entstehen, genügen, um in der Haut die Tore für die Infektionserreger zu öffnen. Klinische Beobachtungen sprechen dafür, daß die Tonsillen, die kranken sowohl wie anscheinend auch gesunde, häufig die Eintrittspforten für Krankheitskeime darstellen. Der Bronchial-

[1]) BRUGSCH: Berl. klin. Wochenschr. 1918. S. 551.
[2]) SCHADE: Münch. med. Wochenschr. 1919. Nr. 36, S. 1021.
[3]) KOHNSTAMM: Dtsch. med. Wochenschr. 1903. S. 279.

baum und seine Verzweigungen bis in die Alveolen hinein, werden bei gesunden Menschen keimfrei gefunden. Corpusculäre Elemente, wie Staubteilchen, können aber die Alveolarwandungen passieren. Das gleiche gilt für Bakterien. Eine Erkrankung ist nicht die notwendige Folge, läß sich aber experimentell auf dem Inhalationswege erzeugen.

Der Magendarmtrakt ist für manche pathogene Keime die einzige Eintrittspforte (Cholera, Ruhr). Der Magen gewährt bei normalen Sekretionsverhältnissen einen gewissen Schutz gegen Keime, die mit der Nahrung eingeführt werden. Doch ist dieser Schutz nicht zu überschätzen und zu bedenken, daß durch die Einführung reichlicher Ingesta die Magensäure zum Teil gebunden, eventuell neutralisiert wird, und bei schneller Passage die Einwirkungsdauer der Salzsäure nicht ausreicht, um die Bakterien abzutöten. Alle Verhältnisse, welche zu einer Minderung der Salzsäuresekretion Anlaß geben, begünstigen die Infektionsmöglichkeiten vom Magendarmtrakt her.

Über den feineren Mechanismus der enteralen Infektionen sind wir nur sehr mangelhaft unterrichtet. Welcherlei Schädigung die sonst für Bakterien undurchdringliche Darmwand angreifbar machen, weiß man im einzelnen nicht. Toxische Schädigungen, vielleicht durch die von den Bakterien gebildeten Gifte, Zirkulationsstörungen, wie sie beim Ileus eintreten, sind in erster Linie zu nennen. Wichtig für das Niedergehaltenwerden darmfremder Keime ist der Einfluß des Milieus der normalen Darmflora. Einzelne pathogene Keime können gegen die Überzahl der normalerweise im Darm vegetierenden Bakterien nicht aufkommen. Die Darmflora ist nach ihrer Zusammensetzung abhängig von der Ernährung. Bei einseitiger Kohlehydratkost, wie sie im großen Kriege üblich war, kommt es besonders dann, wenn schwer angreifbare Leguminosen verabreicht werden, zu einer Wandlung der Darmflora. Die acidophilen Arten (Bacillus bifidus, Bacillus acidophilus, einige Hefen-, Milchsäure- und Buttersäurebacillen) gewinnen die Oberhand. Der Dickdarminhalt gerät in saure Gärung. Gelegentlich kommt es zur Reizung der Darmschleimhaut durch die sauren Gärungsprodukte (Gärungsenterocolitis).

Die Entwicklung einer solchen acidophilen Flora wirkt andererseits erschwerend auf die Ausbreitung säureempfindlicher Krankheitserreger, z. B. der Typhusbacillen, welche der von der acidophilen Gruppe gebildeten Säure zum Opfer fallen, wie ich in eigenen[1]) Untersuchungen zeigen konnte. So bildet sich jede Darmflora durch ihre Stoffwechselprodukte eine Art Selbstverteidigung gegen das Aufkommen neueindringender Bakterienarten aus. Hierin liegt wenigstens für einen Teil der Fälle die Erklärung dafür, daß das Hineingelangen von Krankheitserregern in den Darmkanal nicht gleichbedeutend ist mit der Erkrankung, die diese Erreger sonst zur Folge haben. Die saure Reaktion des normalen Scheidensekrets verhindert das Aufkommen ortsfremder Keime. Bei Entzündungen der Scheide wird alkalische Reaktion beobachtet und dadurch das Aufkommen einer anderen Scheidenflora angezeigt. Rectum und Scheide haben unter physiologischen Bedingungen jedes ihre spezifische Bakterienflora, obwohl doch Übertragungs- und damit Ausgleichsmöglichkeiten der Bakterienflora zwischen beiden Organen

---

[1]) BÜRGER: Münch. med. Wochenschr. 1918. Nr. 12, S. 318.

die zwei genügend existieren. Hier erleichtert uns die differente Reaktion des Milieus das Verständnis.

Das bakteriologische Stuhlbild des Säuglings ist so charakteristisch, daß man an ihm die Art der Ernährung erkennen kann. Der Stuhl des mit Frauenmilch genährten Säuglings enthält nahezu ausschließlich den Bacillus bifidus (TISSIER), der des Flaschenkindes vorwiegend gramnegative Bakterien der Koligruppe. Wird das Flaschenkind wieder an die Mutterbrust angelegt, so schlägt die Darmflora sofort wieder um: der Bifidus beherrscht das Feld. Sogar beim Erwachsenen kann man durch Ernährung mit Frauenmilch den Bifidus zum dominanten Keim der Stuhlflora heranzüchten. Das sind schlagende Beweise für die Abhängigkeit des Bakterienwachstums von der Art der zugeführten Nahrung.

Für die Erscheinung, daß bestimmte Erreger nur in bestimmten Geweben sich ansiedeln (Gonokokkus vorzugsweise auf der Urethralschleimhaut, Lepra im Nervengewebe), hilft man sich weiterhin mit der Vorstellung einer spezifischen Anpassung des Keimes an den ihm adäquaten Nährboden. Eine interessante klinische Erfahrungstatsache ist die häufige gleichzeitige Erkrankung des Parotis- und des Hodengewebes, woraus geschlossen werden muß, daß der Erreger der Parotitis epidemica zwar im ganzen Organismus verbreitet ist, aber nur an diesen beiden Geweben die Bedingungen der Ansiedlung und rascher Vermehrung findet, woraus sich das häufige Zusammentreffen der beiden Erkrankungen erklärt.

Die Schädigungen, welche eine Bakterieninvasion in die Gewebe des Körpers zur Folge hat, sind direkte lokale und indirekte allgemeine. Bleibt die Infektion lokalisiert, so wirkt der Keim zunächst als körperfremdes Substrat. Die Abwehrreaktionen des Organismus gegen das Eindringen des Keims, sind abgesehen von der individuell sehr wechselnden Wehrkraft, in ihrer Intensität abhängig 1. von der Zahl, 2. von der Vermehrungsfähigkeit, 3. von der Toxinproduktion, 4. von der Virulenz, und schließlich auch 5. von der Zerfallsgeschwindigkeit der eingedrungenen Bakterien.

Es ist ohne weiteres verständlich, daß eine Invasion des Organismus mit einer übergroßen Menge sich rasch vermehrender Keime, wie z. B. bei der Lungenpest, ihn im Zeitraum von 24—48 Stunden tötet, weil ihm keine Zeit gelassen wird zu einer Mobilisation wirksamer Abwehrkräfte. Ebenso kann die Infektion mit Keimen, welche hochwirksame Toxine produzieren (Diphtherie, Tetanus), die Verteidigungskräfte des befallenen Individuums so weitgehend lähmen, daß der Tod in wenigen Tagen eintritt. Das Tetanustoxin z. B. ist 200 mal giftiger als Strychnin, es genügen davon mitunter 0,00005 mg, um eine Maus von 15 g zu töten, auf den Menschen übertragen würde ein Viertelmilligramm Tetanustoxin für ein 75 kg schweres Individuum unter Umständen tödlich sein können. Von anderen Keimen werden nicht die von ihnen gebildeten Toxine, sondern die Zerfallsprodukte ihrer Leibessubstanz dem Körper gefährlich, so daß unter bestimmten Bedingungen ein rascherer Zerfall der eingedrungenen Keime schwerere klinische Erscheinungen auslösen wird.

Neben einer Leukocytenansammlung, die schließlich in Eiterung übergehen kann, sind die Erscheinungen lokaler bakterieller

Entzündung durch vermehrte Transsudation aus den erweiterten Gefäßen, eine Veränderung der Blutströmung und Lymphbewegung, Neubildung von Zellen und degenerative Veränderungen an den geschädigten Gewebselementen charakteristisch. Überall, wo es im Körper zu einer Anhäufung von Bakterien kommt, wirken deren Stoffwechsel- und Zerfallsprodukte oder die von ihnen gebildeten Gifte nekrotisierend auf die Umgebung ein. So kann letzten Endes als Folge jeder Bakterieninvasion lokaler Gewebstod eintreten, das lehrt die Nekrose der Lymphknötchen des Darms bei Typhus, die Knochenmarksnekrose bei Sepsis.

Die Allgemeinschädigungen, welche das Eindringen der Bakterien in die Gewebe mit sich bringen, sind in ihrer Intensität davon abhängig, ob der Infekt wie z. B. bei einem Furunkel lokalisiert bleibt, oder ob es zur Einschwemmung von Keimen in die Blutbahn kommt. Weiterhin ist von großer Bedeutung die Art und Menge der von den Bakterien gebildeten Gifte — der sogenannten Toxine.

Die Ausbreitung der Keime im Organismus erfolgt entweder per continuitatem, wie z. B. beim Erysipel, bei welchem wir auf der Haut des Kranken die langsam fortschreitende Infektion ablesen können, oder durch schubweise Einschwemmung in die Lymph- und Blutbahn: die Keime werden im ganzen Organismus verteilt und finden vielerorts günstige Bedingungen für neuerliche Ansiedlung und Vermehrung. Diese neuen Siedlungsstätten werden Metastasen genannt; wiederholen und häufen sich solche Einschwemmungen von Bakterien in die Blutbahn, so resultiert daraus das Krankheitsbild der Sepsis. Die Keime lassen sich unschwer aus dem Blute züchten; gelegentliche Bakterieninvasionen können fast bei allen lokalen Infektionen vorkommen und zu vorübergehender Bakteriämie führen, ohne daß daraus das Krankheitsbild der Sepsis entsteht. Ein massenhafter Bakterieneinbruch in die Blutbahn ist immer gefährlich. Von Tieren gleichen Gewichts, denen in der einen Reihe eine bestimmte Bakterienmenge unter die Haut, in einer zweiten Reihe die gleiche Menge ins Blut gespritzt wurde, pflegen unter sonst gleichen Bedingungen die subcutan Infizierten zu überleben, die vom Blutwege her Infizierten zu sterben. Oft bereitet die eine Infektion einer zweiten sekundären den Weg. Aus dem Inhalt tuberkulöser Kavernen kann eine Vielheit verschiedenartigster Keime gezüchtet werden, deren Stoffwechsel und Zerfallsprodukte das klinische Bild, vor allem die Fieberkurve in ihrem Verlauf wesentlich mitbestimmen.

Von diesen sogenannten Sekundärinfektionen werden als Mischinfektionen solche unterschieden, bei denen eine gleichzeitige Invasion mehrerer Bakterienarten in den Organismus hinein stattfindet.

Mit jeder Infektion ist eine Intoxikation verbunden; ja man kann geradezu sagen, daß die wichtigsten klinischen Zeichen der Infektion die lokalen entzündlichen und die allgemeinen unter dem Symptomenbilde des Fiebers verlaufenden erst möglich werden, wenn lösliche Produkte der Bakterien in die Zirkulation geraten. Wenn bei einem streng lokalisierten Prozeß, z. B. einem Furunkel, Fieber auftritt, so ist das besonders dann ein Zeichen dafür, daß von den Bakterien pyrogenetische Substanzen in die Blutbahn gelangt sind, wenn sich Keime im strömenden Blut nicht nachweisen lassen. Auch die Veränderungen am Leukocytenapparat lassen sich, wie gezeigt wurde, nur dann verstehen, wenn man die Diffusion leukotaktisch wirksamer Substanzen vom Orte der lokalisierten Infektion her annimmt. Das Gesetz Corpora non agunt nisi soluta gilt auch auf dem Gebiete der Infektion und Immunität.

Bei einer Reihe von Krankheitserregern überwiegt die Giftbildung so, daß von ihr das Krankheitsbild beherrscht wird; man spricht dann von Toxinaemie sensu strictiori. Diphtherie-, Tetanus-, Botulismuserreger liefern solche hochwirksamen Toxine. Über die chemische Zusammensetzung dieser Gifte wissen wir nichts. Diphtherie- und Tetanustoxin werden in der Kulturflüssigkeit und im lebenden Organismus gebildet; beide zeichnen sich durch eine hohe Affinität zum Nervengewebe aus. Vom Tetanusgift wissen wir, daß es in bzw. entlang den Nervenbahnen zur Ganglienzelle gleitet. Stets beginnen hier die Erscheinungen in der Nähe des Infektionsortes. Das gilt auch für manche Diphtherieinfektion, bei der die Gaumensegellähmung oft die primäre von den nervösen Erscheinungen ist. Weit gefährlicher ist die Neigung des Diphtherietoxins, sich in den Elementen des Myokards zu verankern, und dort schwere, oft tödliche Herzmuskelschädigungen zu setzen (Myolysis cordis toxica).

Der Begriff der Virulenz ist nicht identisch mit dem der Giftigkeit. Gleiche Mengen gleichartiger Bakterien einer Kultur töten ein bestimmtes Versuchstier innerhalb kurzer Zeit, während die gleiche Menge einer zweiten Kultur derselben Keime das Brudertier gleichen Gewichts kaum krank macht. Die erste Kultur ist hochvirulent, die zweite avirulent. Die Erfahrung lehrt, daß direkt vom Tier gezüchtete Bakterienstämme im allgemeinen virulenter sind als lange von Kultur zu Kultur fortgezüchtete Laboratoriumsstämme. Eine scharfe Definition des Virulenzbegriffs fehlt; ausschlaggebend für die Virulenz eines Keims ist seine rasche Vermehrungsfähigkeit bei gleichzeitiger hoher Giftigkeit seiner Stoffwechsel- und Zerfallsprodukte für den befallenen Organismus; es bleibt dem befallenen Tier keine Zeit zu wirksamer immunisatorischer Abwehr. Hohe Virulenz fällt daher häufig zusammen mit kurzer Inkubationszeit, worunter die vom Zeitpunkt des Infekts bis zum Ausbruch der ersten Krankheitserscheinungen verlaufende Frist verstanden wird. Die exakte Bestimmung des Virulenzgrades ist deshalb so schwierig, weil die Empfänglichkeit verschiedener gleich alter und gleich schwerer Individuen einer Spezies für die Infektion mit Keimen ein und derselben Kultur differiert. Auch wird die Virulenz um so größer sein, je besser die Vermehrungsfähigkeit des Keimes im Wirtsorganismus ist. Derselbe Keim ist für einen aus irgendwelchen Gründen geschwächten Organismus gefährlicher, weil dort vermehrungsfähiger als für einen ungeschwächten. Ein Diabetiker z. B. ist durch eine Streptokokkeninfektion mehr gefährdet als ein Gesunder: Für ihn sind die Streptokokken virulenter. Im Virulenzbegriff kommen nicht bloß Eigenschaften des Erregers, sondern auch solche des infizierten Organismus zum Ausdruck.

Es ist wenig damit gesagt, wenn man Virulenz als die Summe der spezifisch krankmachenden Wirkungen eines Mikroorganismus definiert (WASSERMANN). Streptokokken, welche eine maximale Virulenz für Kaninchen aufwiesen, waren, nach KOCH und PETRUSCHKY, nicht imstande beim Menschen Erysipel zu erzeugen. Umgekehrt lassen sich aus dem Blut von Menschen mit tödlich verlaufenden Streptokokkenerkrankungen Keime züchten, die für Mäuse nicht virulent, nicht einmal pathogen sind. Diese Beispiele zeigen schon, mit welchen Schwierigkeiten der Versuch zu kämpfen hat, den Virulenzgrad eines Keimes im Tierversuch zu bestimmen.

Die Verteidigungsmittel des Organismus werden von seinen Zellen bereit gestellt. Letzten Endes sind auch alle humoralen Antikörper zellulären Ursprungs. Je mehr körperfremdes Eiweiß, seien es nun Ektotoxine oder Endotoxine, oder lediglich Zerfallsprodukte der Bakterienleibessubstanz, in Lösung geht, um so rascher wird ceteris paribus der Organismus mit der Mobilisation seiner Abwehrkräfte reagieren. Eine Hauptaufgabe fällt bei der Unschädlichmachung der eingedrungenen Keime den Leukocyten zu. Sie können aber erst an den Ort der Entzündung herangelockt werden, wenn leukotaktisch wirksames Material in die Zirkulation gelangt ist.

Durch eine große Zahl von Experimenten wurde gezeigt, daß der Kontakt von körperfremdem Eiweiß mit dem fermenthaltigen Serum die Bildung solcher leukotaktisch wirksamen Substanzen vorbereitet. Im Prinzip ist es dabei gleichgültig, ob das zum Abbau gelangende Eiweißmaterial bakterieller oder anderer Provenienz ist. Hitzekoaguliertes, körpereigenes Eiweiß, welches mit aktivem Eigenserum digeriert wird, ist leukotaktisch in gleicher Weise wirksam wie ein Bakterienserumdigest (BÜRGER und DOLD). Dort wo abbaufertiges Material deponiert und der Wirkung der komplementhaltigen Körpersäfte ausgesetzt ist, liegt das Konzentrationsmaximum, das Ziel der wandernden Leukocyten. Mit zunehmender Entfernung von dem Entzündungsherd nimmt die Konzentration der Entzündungsstoffe ab, so daß ständig ein Konzentrationsgefälle besteht, gegen das der Leukocytenstrom gerichtet ist.

In hoher Konzentration können die leukotaktisch wirksamen Körper die Bewegungsfähigkeit der Leukocyten beeinträchtigen. Stoffe, welche in dieser Weise die Verteidigungsmittel des Körpers schwächen, das Gedeihen ihres Erzeugers (des Bacteriums) befördern, nennt man Aggressine.

In diesem aufs feinste ausgebildeten zellulären Schutzapparat sieht METSCHNIKOFF und seine Schule die wirksamste Abwehreinrichtung gegen eingedrungene belebte und unbelebte Fremdkörper. Die lebenden Körperzellen sind nach ihm im wesentlichen die Träger der Immunität. Unter ihnen sind die Leukocyten als mobile Phagocyten die wirksamsten, die mehrkernigen Leukocyten (Mikrophagen) und die großen einkernigen Leukocyten (Makrophagen) nähern sich durch chemotaktische Reize dem eingedrungenen Erreger, nehmen ihn in ihre Körpersubstanz auf und vernichten ihn. Dringen irgendwelche Keime in den Organismus ein, so können sie ihn vorbereitet oder unvorbereitet treffen. Im letzten Falle werden durch die normalen bakteriolytischen Serumstoffe leukotaktisch wirksame Körper nur langsam und spärlich aus den Bakterien gespalten, sie geraten in die Zirkulation, locken die Leukocyten an und reizen sie zu beschleunigter Bewegung. Dringen aber Keime in den vorbehandelten Organismus ein, so kann die Abspaltung leukotaktisch wirksamer Gruppen schneller und intensiver verlaufen, die Phagocytose ist gesteigert. Neben mobilen unterscheidet man fixe Phagocyten. Zu ihnen gehören die Retikuloendothelien der Milz und des Knochenmarks. Auch den Bindegewebs- und Nervenzellen werden phagocytäre Eigenschaften zugeschrieben.

Diese phagocytären Leistungen werden durch das Vorhandensein der sogenannten Opsonine gesteigert. Unter Opsoninen werden Stoffe verstanden, welche die Phagocytose gewissermaßen vorbereiten. Ihr Nachweis geschieht durch Zählung der phagocytierten Elemente unter bestimmten Versuchsbedingungen. In einem schon vorbehandelten

Organismus werden dank des Vorhandenseins eines spezifischen Ferments (Immunkörper) die gleichen Leukocytenreizstoffe, welche sich von den meisten Bakterien gewinnen lassen, rascher und reichlicher aus dem Gemenge der Proteine abgespalten, wodurch eine spezifisch opsonische Wirkung vorgetäuscht werden kann. Bringt man z. B. einem Meerschweinchen Choleraimmunserum und eine geringe Menge Choleravibrionen in die Bauchhöhle, so finden sich im Peritoneum und Omentum zahlreiche mit Vibrionen vollgestopfte Leukocyten. Höber[1]) zeigte, daß die Opsoninwirkungen mehr oder weniger als Globulinwirkungen aufzufassen und auf Änderungen der Agglutinabilität zwischen Leukocyten und den zu phagocytierenden Korpuskeln zurückzuführen sind.

Nach der landläufigen Auffassung sind viele Immunitätsvorgänge nichts anderes als am falschen Ort sich abspielende, mit den Verdauungsprozessen zu analogisierende Abbauprozesse. Jeder Immunisierungsvorgang tritt nur dann deutlich in die Erscheinung, wenn das Substrat, gegen das sich die Immunisierung richtet, der enteralen Verdauung entgangen, und so entweder unter Umgehung des Magendarmtrakts oder unter Nichtbeeinflussung durch die Darmfermente in die Gewebe eindringt. Nach dieser allgemeinen Fassung kann jede organische Substanz, die parenteral dem Organismus einverleibt wird, oder die inneren Oberflächen desselben mehr oder weniger unbeeinflußt durchdringt, den Anstoß zu Immunisierungsvorgängen geben und als Antigen wirken. Eine überragende Bedeutung bei den Immunisierungsvorgängen haben bisher nur die Eiweißkörper gewonnen; Kohlehydrate und Fette resp. Lipoide können vielleicht die Bildung der zu ihrer Aufspaltung geeigneten Fermente in den Geweben steigern, lassen aber viele für die Antigenwirkung charakteristischen Erscheinungen vermissen. Die antigene Unwirksamkeit chemisch definierter Tuberkelbacillenfette konnte Verfasser in eigenen Versuchen erweisen. Es soll im folgenden daher nur von den Antigenen der Eiweißreihe wegen ihrer überragenden praktischen und theoretischen Bedeutung die Rede sein. Im allgemeinen ist ein Eiweißkörper desto geeigneter als Antigen zu wirken, je komplexer er ist; Aminosäuren haben keine antigene Wirksamkeit, Albumosen und Peptone verlieren dieselbe mit zunehmender Reinheit. Es bleiben also vor allem die kolloidalen Eiweißkörper als Antigene übrig. Das Verständnis für die Immunisierungsvorgänge wurde wesentlich gefördert, als es Abderhalden gelang, mit Methoden, die den rein serologischen an Exaktheit weit überlegen sind, nachzuweisen, daß bei den Abwehreinrichtungen des Körpers Fermente eine führende Rolle spielen. Seine Lehre von den Abwehrfermenten stellt den Immunisierungsprozeß gewissermaßen als einen parenteralen Verdauungsvorgang hin. Hierbei ist aber sofort zu bemerken, daß es bei Injektionen von peptisch und tryptisch verdautem Eiereiweiß bisher in Versuchen an Hunden nicht gelungen ist, alle Symptome, welche man nach wiederholten Antigeninjektionen beobachtete, künstlich hervorzurufen [Schittenhelm und Weichardt[2])].

Während die Verdauungsfermente nicht in dem Sinne streng spezifisch sind, daß sie nur auf einen einzelnen chemischen Körper einwirken, sondern gleichsinnige Veränderungen an einer größeren Anzahl ähnlich

[1]) Höber und Kanai: Klin. Wochenschr. Bd. 2, Nr. 5.

[2]) Schittenhelm und Weichardt: Münch. med. Wochenschr. 1911. Nr. 16.

gebauter Stoffe durch sie eingeleitet werden — Pepsin spaltet verschiedene Eiweißarten, Tyrosinase oxydiert zahlreiche aromatische Substanzen unter Schwärzung —, wissen wir, daß der Tierkörper unter den besonderen Bedingungen der Immunisierung streng spezifische Gegenkörper — Abwehrfermente — gegen organismusfremde Stoffe bildet. Mit diesem Gesetz der Spezifität der Antikörper wird ausgesagt, daß das eingeführte Antigen nur zur Bildung solcher Schutzstoffe Anlaß gibt, welche geeignet sind, seine eigene Struktur — nicht die anderer ähnlich gebauter Körper — anzugreifen. Die Abbauprodukte sollen dann ganz wie beim Verdauungsvorgang bis zu assimilierbaren Spaltstücken weiter zertrümmert werden. Bei diesem parenteralen Abbauprozeß entstehen unter Umständen giftige Substanzen. Solange noch keine Abwehrfermente vorhanden sind, nur in unschädlichen Spuren. Bei Gegenwart aber von — durch eine voraufgehende Injektion gebildeten — wirksamen Fermenten entstehen für den Organismus gefährlich große Mengen solcher giftiger Abbauprodukte.

Zu den Grundtatsachen der Immunitätslehre gehören die Erscheinungen der Überempfindlichkeit. Injiziert man Meerschweinchen von 200 g Spuren eines Eiweißkörpers parenteral und reinjiziert nach einem Intervalle von 14 Tagen bis 3 Wochen eine geringe Menge des gleichen Antigens in die Blutbahn, so stirbt das Tier innerhalb weniger Minuten unter äußerst charakteristischen Symptomen:

Es treten unter einer sehr rasch einsetzenden mit rapid zunehmender Lungenblähung einhergehenden Dyspnoe, vorwiegend exspiratorischen Charakters, tonische und klonische Krämpfe auf. Das Fell des Tieres sträubt sich, es kratzt das juckende Fell, es setzt eine gesteigerte Peristaltik des Magendarmtrakts, Abgang von Harn und Kot ein, die Körpertemperatur fällt ab, die Leukocyten im zirkulierenden Blut sind vermindert, das Tier verendet unter den äußeren Zeichen der Erstickung; die Atmung steht still, während das Herz noch weiter schlägt. Werden Puls und Atmung graphisch registriert, so zeigt sich, daß dem Atemstillstand eine Beschleunigung der Atmung vorausgeht. Der Puls ist stark irregulär. Der Blutdruck sinkt infolge peripherer Vasomotorenlähmung bis auf 0 ab. Die Gerinnungsfähigkeit des Blutes ist verzögert, der Gefrierpunkt im wesentlichen wegen der Kohlensäureanreicherung stark erniedrigt. Dieser sogenannte anaphylaktische Symptomenkomplex ist in seinem Verlauf an die Einhaltung ganz bestimmter Versuchsbedingungen gebunden. Wählt man zu dem Versuche größere Tiere, so ist der rasche tödliche Verlauf bei weitem nicht mit der Sicherheit zu erzielen wie bei kleinen, wählt man das Intervall zwischen erster und zweiter Injektion wesentlich kleiner, so kann der anaphylaktische Schock ganz ausbleiben oder das Krankheitsbild nimmt einen protrahierten Verlauf.

Diese schweren Erscheinungen der Anaphylaxie werden beim Menschen nur selten beobachtet, auch wenn die Bedingungen der Injektion und Reinjektion von Proteinen ganz ähnlich liegen wie im Meerschweinchenversuch.

Im Prinzip läßt sich die Überempfindlichkeit bei allen Warmblütern nachweisen; doch ist die Empfindlichkeit der verschiedenen Tierspezies sehr different. Der Mensch ist relativ unempfindlich.

Zur Sensibilisierung — wie man die Vorbehandlung der Versuchstiere nennt — sind alle Eiweißkörper geeignet. Das wurde in großen Versuchsreihen für bakterielles, tierisches und pflanzliches Eiweiß gezeigt; die Effekte der Reinjektion werden aber nur dann beobachtet, wenn homologes Eiweiß verwendet, d. h. das gleiche Protein für die Sensibilisierung und Reinjektion verwandt wird. Artgleiches Eiweiß ist im allgemeinen unwirksam.

Meerschweinchen können nicht mit Meerschweincheneiweiß sensibilisiert werden; es fehlt hier eben die primäre Giftwirkung, welche die Abwehrkräfte des Organismus auf den Plan ruft und damit die Überempfindlichkeit bewirkt. Der Widerspruch, der darin liegt, daß ein an sich immunisatorischer Vorgang die Ursache für die tödliche Vergiftung bei der Reinjektion des primär relativ unschädlichen Eiweißkörpers ist, wird folgendermaßen erklärt: Durch die Erstinjektion werden die Körperzellen zur Bildung von Fermenten angeregt, welche geeignet sind, das parenteral injizierte Eiweiß (Anaphylatogen) durch Abbau unschädlich zu machen. Die Bildung dieses anaphylaktischen Antikörpers geht allmählich vor sich und entsprechend langsam auch die Aufspaltung des Anaphylatogens. Einige Wochen nach der Sensibilisierung ist die Produktion überschießender Mengen dieses Antiferments in vollem Gange, das Eiweiß aber, dessen Injektion den Anlaß zur Bildung dieses Antikörpers gab, ist längst unschädlich gemacht. Erfolgt zu dieser Zeit eine zweite Injektion des gleichen Eiweißkörpers, so geht jetzt dank des schon vorhandenen Gegenkörpers der Abbau explosionsartig rasch vor sich; die Menge der Abbauprodukte vergiftet und tötet unter Umständen den „immunisierten", aber „überempfindlichen" Organismus. Durch vorherige subcutane Injektion kleinster Mengen des Antigens können die vorgebildeten anaphylaktischen Antikörper abgesättigt werden und dadurch die nun folgende Hauptinjektion auch vom sensibilisierten Organismus ohne Schaden ertragen werden. Dieser Zustand wird Antianaphylaxie genannt.

Nach der hier vorgetragenen Auffassung handelt es sich bei den Überempfindlichkeitserscheinungen um einen Spezialfall immunisatorischer Vorgänge. Der Organismus ist gewissermaßen über das Ziel, sich zu schützen, hinausgeschossen: Die bei der Reinjektion eintretende Eiweißantieiweißreaktion hat plötzlich zu viele giftige Abbauprodukte entstehen lassen. Als Beweis dieser hauptsächlich von FRIEDBERGER verfochtenen Hypothese führt der Autor folgendes an: Zunächst beschleunigt parenterale Eiweißzufuhr, wie Stoffwechseluntersuchungen lehren, unter Umständen den Abbau. Sodann kann man mit Injektion von Eiweißabbauprodukten in die Blutbahn der Anaphylaxie ähnliche oder identische Symptomenbilder auslösen; ebenso mit intravenöser Injektion von Trypsin — was von SCHITTENHELM, der mit zellfreien Trypsinlösungen arbeitete, bestritten wird — oder Produkten der tryptischen Verdauung. Das bei der Anaphylaxie wirksame Gift wird Anaphylatoxin genannt.

Begreiflicherweise hat diese durch ihre Einfachheit bestehende Hypothese dazu geführt, manche Zustände der menschlichen Pathologie in ziemlich kritikloser Weise mit der Anaphylaxie zu identifizieren. So sollten die Darmkatarrhe kuhmilchgenährter Säuglinge gewisse Formen des Asthma bronchiale, die Eklampsie auf Anaphylaxie beruhen. Am besten begründet ist noch die Auffassung des sogenannten Heufiebers als anaphylaktische Erkrankung.

Eine besondere Bedeutung haben diese Anschauungen für die menschliche Pathologie dadurch gewonnen, daß es gelang, durch Zusammenbringen von Bakterienaufschwemmungen mit aktivem Serum und nachträgliches Abzentrifugieren der Bakterien das Serum zu einem für Meerschweinchen hochgiftigen Substrat umzuwandeln. Die Tiere sterben nach intravenöser Einverleibung eines solchen vorher mit Bakterien in Kontakt gewesenen Serums akut unter typisch anaphylaktischen Erscheinungen. FRIEDBERGER nimmt an, daß auch bei dieser Versuchsanordnung ein Anaphylatoxin durch die Wirkung des fermenthaltigen Serums auf die Bakterien gebildet wurde. Als es aber gelang, mit eiweißfreier Stärke und aktivem Serum Substrate mit Anaphylatoxinwirkungen zu gewinnen, war die FRIEDBERGERsche Auffassung erschüttert. Immer mehr lernte man in der Folge die große Bedeutung des physikalischen Zustandes — nämlich der Oberfläche der den frischen Meerschweinchenseren zugefügten Agenzien für das Auftreten des Giftes kennen (DOLD). Es kommt zu feinen Präcipitatbildungen, die sich auf den Oberflächen der Capillarendothelien niederschlagen, dort einen Wandbelag bilden und den Gaswechsel in lebensbedrohender Weise stören, wodurch die Symptome der Erstickung und der anaphylaktische Schock ausgelöst werden.

Das Serum von Meerschweinchen, denen mehrmals 3—4 ccm defibriniertes Kaninchenblut in die Bauchhöhle injiziert wird, beginnt die roten Blutkörperchen des Kaninchens im Reagenzglas rasch und intensiv aufzulösen. Normales Meerschweinchenserum hat diese Fähigkeit entweder gar nicht oder nur in sehr geringem Maße (BORDET). Dieser als Hämolyse bezeichnete Prozeß ist spezifisch, d. h. das Serum der mit Kaninchenblut vorbehandelten Meerschweinchen vermag nur die Blutkörperchen von Kaninchen, nicht die anderer Tierarten aufzulösen. Substanzen, welche ein derartiges Auflösungsvermögen für Erythrocyten besitzen, werden Hämolysine genannt. Wird ein hämolysinhaltiges Serum eine halbe Stunde lang auf 55° erhitzt, so verliert es seine hämolytische Kraft, es ist „inaktiv“. Durch Zusatz einer kleinen Menge frischen, nicht erhitzten, an sich unwirksamen Meerschweinchenserums gewinnt es seine hämolytische Wirkung wieder (Reaktivierung). Von erheblicher theoretischer Bedeutung ist die Tatsache, daß im Blute vieler Tierarten Hämolysine präexistieren gegen Blutkörperchen, mit denen es früher nie in Berührung gekommen ist (Normalhämolysine). Die Immunhämolysine sind sämtlich komplexer Natur im Gegensatz zu den thermostabilen Hämolysinen, die in den Organen des menschlichen und tierischen Körpers nachgewiesen wurden. So enthalten Milz, Pankreassaft, Darmschleimhaut und der Kot gesunder Menschen Hämolysine. Die im Serum kranker und gesunder Menschen vorkommenden Hämolysine werden geschieden nach Iso-, Auto- und Heterolysinen. Autolysine sind Körper, die gegen die eigenen Blutkörper gerichtet sind. Sie wurden bei der paroxysmalen Hämoglobinurie gefunden. Interessanterweise geht bei dieser Krankheit die Bindung des Amboceptors bei Gegenwart des Komplements nur in der Kälte vor sich; die Hämolyse tritt bei späterer Erwärmung im Brutschrank ein (DONATH, LANDSTEINER). Hämolysine wurden ferner bei Krebskranken, Malariapatienten, in Fällen von perniziöser Anämie und hämolytischem Ikterus, jedoch durchaus nicht regelmäßig, nachgewiesen.

Nach dem gleichen Prinzip wie die Auflösung artfremder roter Blutzellen geht die Zerstörung jeder fremden, dem Organismus einverleibten Zelle vor sich: Immer bildet sich der cytolytische Antikörper aus, der nach allem, was wir bis jetzt wissen, komplexer Natur ist. Ein spezieller Fall eines solchen cytolytischen Vorgangs ist die Bakteriolyse. Wird ein Versuchstier parenteral mit Bakterien vorbehandelt, so bildet sich der Immunkörper, das Bakteriolysin, aus. Wie der hämolytische Immunkörper ist er relativ wärmebeständig, verträgt Temperaturen von 60° und darüber. Wirksam wird das Bakteriolysin aber erst bei Gegenwart eines zweiten wärmeunbeständigen, bei 56° zerstörbaren Körpers, des Komplements.

Eine enge Verwandtschaft mit dem Vorgang der Hämolyse hat der der Agglutination. Darunter wird folgende Erscheinung verstanden: Bringt man das Serum der Spezies a, welches von einem mit dem Blute der Spezies b vorbehandelten Tiere stammt, im Reagenzglase mit einer Aufschwemmung von Blutkörperchen dieser Spezies b zusammen, so verklumpen dieselben rasch und fallen nach der Zusammenballung zu Boden. Eine solche Hämagglutination von Blutkörperchen wird auch im Serum von Tierarten beobachtet, welche nicht mit den homologen Blutkörperchen vorbehandelt waren. Entsprechende Agglutinationsphänomene treten gelegentlich zwischen dem Serum und den Blutkörperchen verschiedener Individuen derselben Spezies ein (Isohämagglutinine). Bei den immunisatorisch erzeugten und auch bei vielen präexistenten, sogenannten Normalagglutininen, scheint die Agglutination regelmäßig das Vorstadium der Hämolyse zu sein.

Prinzipiell der gleiche Vorgang wird dann beobachtet, wenn ein Tierkörper statt mit heterologen Blutkörperchen mit einer Aufschwemmung von Bakterien vorbehandelt wird. Unter den so erzeugten Antikörpern haben die Bakterienagglutinine sowohl in der bakteriologischen Laboratoriumstechnik zur raschen Identifizierung gezüchteter Keime wie auch in der Serodiagnostik am Krankenbett große Bedeutung erlangt. Die rasche Diagnose mancher Infektionskrankheiten (z. B. des Typhus) wird durch den Nachweis der für den betreffenden Krankheitserreger spezifischen Agglutinine ermöglicht.

Bei den Untersuchungen, die der Frage nachgingen, ob agglutinierende Sera auch auf Bakterienextrakte einwirken, oder ob nur die morphologisch erhaltene Bakterienzelle von solchen Seren beeinflußt würde, fand Kraus beim Zusammenbringen eines agglutinierenden Serums mit einer klarfiltrierten Nährflüssigkeit, in welcher die zugehörigen Bakterien gezüchtet waren, das Auftreten eines Niederschlages. Dieses Niederschlagsphänomen wird als Präcipitation bezeichnet. In der Folge zeigte sich, daß das Serum von Tieren, welche mit dem Serum von Tieren einer anderen Spezies vorbehandelt waren, im Reagenzglas mit dem Serum dieser vorbehandelten Tiere zusammengebracht, eine Trübung und später eine Ausflockung erkennen läßt. Praktisch genommen, ist jedes tierische und pflanzliche Eiweiß bei parenteraler Einverleibung in den Tierkörper zur Präcipitinbildung geeignet. Für die praktische Verwertung dieser Entdeckung ist von entscheidender Bedeutung die strenge Spezifität der gebildeten Präcipitine. Sie allein ermöglicht eine Differentialdiagnose des zur Untersuchung kommenden Eiweißmaterials. Auf ihr beruht der große forensische und gerichtlichmedizinische Wert des Präcipitationsversuchs (Uhlenhuth).

Die Vielheit der hier angedeuteten Vorgänge hat Ehrlich[1]) theoretisch zu deuten versucht. Nach ihm verbindet sich jedes Antigen mit gewissen Gruppen des Zellprotoplasmas. Die chemische Bindung bewirkt einerseits eine funktionelle Ausschaltung der für das Leben der Zelle wichtigen Gruppen und leitet andererseits die Regeneration und Überproduktion dieser durch die Antigenwirkung ausgeschalteten Gruppen ein. Die überproduzierten Gruppen finden nun in der Zelle keinen Platz mehr, sie werden abgestoßen und zirkulieren als Antikörper im Blute. Die abgestoßenen Zellbestandteile werden als „chemische Seitenketten“ ihres Protoplasmas aufgefaßt. Solange die Seitenketten der Zelle noch angehören, vermitteln sie als Kuppler die Bindung des Antigens an die

---

[1]) Ehrlich: Gesammelte Abhandlungen über Immunität. Berlin 1904. Derselbe: Die Seitenkettentheorie.

Zelle (Amboceptoren) und vermitteln so die Giftwirkung zwischen Antigen und Zellprotoplasma. Sind aber die Amboceptoren einmal ins Blut abgegeben, so können sie neuerdings injizierte Antigene, bevor sie an die Zellen herantreten, binden, und damit die Zelle vor der Giftwirkung schützen. Die Zahl der giftbindenden haptophoren Gruppen ist unendlich groß, für jedes vorkommende Antigen präexistiert gewissermaßen eine „Seitenkette“. Da die Antikörper nichts anderes sind als solche durch die bindende Wirkung des Antigens funktionell zunächst ausgeschaltete, dann aber im Übermaß reproduzierte und ins Blut abgestoßene Seitenketten, so ist die strenge Spezifität der Antikörper damit klargestellt. Bei ihrem Wirksamwerden treten die Antikörper nicht allein in Reaktion, sondern nur gemeinsam mit einem zweiten hypothetischen Stoff, der chemisch genau so wenig charakterisiert ist wie der eigentliche Antikörper oder Amboceptor. Dieser zweite Körper ist eigentlich nur durch die Eigenschaft der Thermolabilität gekennzeichnet. Er wird bei der Erwärmung auf 55° zerstört. Ein weiteres Kennzeichen ist seine Unspezifizität. Er ist unter physiologischen Verhältnissen in jedem normalen Serum vorhanden. Er wird von EHRLICH als Komplement, von BORDET als Alexin bezeichnet. Der Vorgang einer durch spezifische Hämolysine bewirkten Blutkörperchenauflösung geht nach den EHRLICHschen Vorstellungen demnach so vor sich, daß durch den Amboceptor eine Kupplung zwischen Blutkörperchen, Hämolysin und Komplement einsetzt, worauf die Hämolyse eintritt. Ist das Komplement durch Erwärmung über 55° zerstört, oder durch ein zweites Antigen-Antikörpersystem abgelenkt, so bleibt die Hämolyse aus (Komplementablenkung).

Den großen heuristischen Wert der EHRLICHschen Seitenkettentheorie verkennen auch ihre Gegner nicht. Daß sie eine befriedigende Erklärung aller Immunitätsphänomene nicht gibt, lernen wir immer mehr einsehen. SAHLI[1]) vor allen wendet sich gegen die Konfusion des rein morphologischen Begriffs der Überregeneration mit den aus der chemischen Terminologie her übernommenen Vorstellungen von den Seitenketten des Protoplasmas. Er versucht eine Kolloidtheorie der Immunitätserscheinungen, gestützt auf die Anschauungen von BORDET[2]) und ZANGGER[3]) zu geben. In den Mittelpunkt seiner Betrachtungen stellt er die Frage der Entstehung und der Spezifität der Antikörper. Nach ihm sind alle Antikörper in den Flüssigkeiten des normalen Organismus präformiert, sie kreisen dauernd im Blute aller Tiere. Die Einführung des Antigens bewirkt eine kolloidale Bindung von Antigen und Antikörpern, und der so gebundene Antikörper wird funktionell ausgeschaltet. „In diesem Fall entspricht es aber den Gesetzen der Erhaltung des Organismus und seiner Anpassung an das Bedürfnis, wenn darauf diejenigen Zellen, welche schon in der Norm mit der Lieferung des betreffenden Antikörpers betraut sind, in erhöhtem Maße zur Sekretion derselben angeregt werden.“ Nach den SAHLIschen Vorstellungen ist der Ort des Antigenverbrauchs nicht das Zellprotoplasma, sondern das Blut und die Gewebsflüssigkeit.

Für die Präexistenz der Antikörper liefern die Beobachtungen über unspezifische Leistungssteigerung wertvolles Material.

---

[1]) SAHLI: Schweiz. med. Wochenschr. 1920. Nr. 50.

[2]) BORDET: Traité de l'immunité. Masson 1920.

[3]) ZANGGER: Schweiz. Arch. f. Tierheilk. 1913 und Korrespbl. f. Schweiz. Ärzte 1914. Nr. 3.

Andererseits wissen wir, daß durch Störungen seines kolloidalen Gleichgewichts aus einem normalen ein hochtoxisches Serum gemacht werden kann, welches nach Injektion in die Blutbahn eines artgleichen Tieres dieselben Erscheinungen macht wie das Anaphylatoxin [BORDET[1]), DOLD u. a.].

Einige Schwierigkeiten hat die EHRLICHsche Theorie bei der Erklärung der Toxin-Antitoxinbindung. Für eine Reihe pathogener Mikroorganismen (Diphtherie, Tetanus, Dysenterie) ist bekannt, daß sie spezifische Gifte (Toxine) produzieren, welche ein typisches Krankheitsbild unter geeigneten Bedingungen auch dann auslösen, wenn die Bakterien vorher aus der Toxinlösung entfernt wurden. Diese Toxine lösen im Organismus die Bildung von Gegengiften (Antitoxine) aus. Durch eine Vermischung von Toxin und Antitoxin kann das Gemenge entgiftet werden, und bei Injektion in den Tierkörper können die typischen Erscheinungen ausbleiben. Bei solchen Entgiftungsversuchen bemerkten BORDET und DANYSZ, daß die Entgiftung einer gegebenen Menge Diphtherietoxin durch eine bestimmte Menge Antitoxin viel weiter geht, wenn man das Toxin auf einmal dem Antitoxin beimischt, als wenn man es in refracta dosi zufügt. Eine ähnliche Erfahrung macht man bei der stufenweisen Absättigung des Diphtheriegiftes, bei welchem der Entgiftungseffekt mit zunehmenden Antitoxinmengen für gleiche Zusatzmengen immer kleiner wird. Während EHRLICH zur Erklärung dieser Erscheinung eine Vielheit der Diphtheriegifte (Toxine, Toxone, Toxoide) annimmt, weist BORDET darauf hin, daß es sich um kolloidchemische Adsorptionssättigungen handle, die eben den von EHRLICH angenommenen strukturchemischen Valenzgesetzen nicht gehorchen.

Die eben erörterten Immunitätsvorgänge sind im wesentlichen humorale, d. h. die eingedrungenen Erreger werden durch die Gegenkräfte des Organismus gelähmt, weitgehend geschädigt und schließlich zur extrazellulären Auflösung gebracht. Schon das frische Blutserum unvorbehandelter Tiere hat gegenüber vielen Bakterien eine beträchtliche zerstörende Kraft. Diese Abwehrkraft wird von BUCHNER den Alexinen zugeschrieben, welche bei längerem Aufheben des Serums allmählich an Wirksamkeit verlieren. Solche Alexine sind nicht nur im Blutserum, sondern z. B. auch in der Peritonealflüssigkeit und können nach spezifischer Vorbehandlung in ihrer bakteriolytischen Wirksamkeit erheblich gesteigert werden (PFEIFFERscher Versuch).

So übersichtlich für viele Fälle sich unter den Bedingungen des Laboratoriums die Verhältnisse der Immunisierung resp. Immunität gestalten lassen, und sich Beziehungen zwischen den mannigfachen Lysinen, Antitoxinen, Präcipitinen und dem Grade der erreichten Immunität herstellen lassen, so schwierig liegen die gleichen Fragen für die natürliche und die erworbene Immunität des Menschen, die wir durchaus nicht immer auf die Anwesenheit der geschilderten Antikörper durch den Reagenzglasversuch zurückführen können. In der überwiegenden Zahl der Fälle müssen wir damit rechnen, daß auf eine im einzelnen noch unbekannte Weise Bakterien durch die verletzte Haut oder durch die geschädigten Schleimhäute des Respirations- und Digestionstrakts in den Körper eindringen und hier nach Art einer parenteralen Eiweißinjektion die Gegenwehrvorrichtungen des Körpers

[1]) BORDET: l. c.

mit Bildung von Abwehrfermenten in Funktion treten lassen. Die Immunität nach überstandenen bakteriellen Erkrankungen bietet so dem Verständnis keine Schwierigkeiten. Diese Art der erworbenen Immunität kann auch durch künstliche Infektion durch Injektion virulenter Bakterien in abgeschwächter Form erreicht werden (aktive Immunisierung). Ein anderer Weg der Immunisierung ist der der Übertragung von Blutserum immunisierter Tiere, welches die fertig gebildeten Gegengifte bereits enthält (passive Immunisierung). Bei der passiven Immunisierung erkauft man den Vorteil sofortiger Wirksamkeit mit dem Nachteil ihrer sehr geringen Dauer. Die aktive Immunisierung wird erst nach Ablauf von etwa 2 Wochen wirksam, hält aber Monate und Jahre lang an.

Das uns geläufige Beispiel aktiver Immunisierung ist die Schutzpockenimpfung, dank deren gesetzlicher Einführung die Pocken in Deutschland eine nahezu unbekannte Krankheit geworden sind: Dabei wird das Pustelsekret von echten Blattern zunächst auf Rinder übertragen, es entstehen die Kuhpocken. Durch Rückübertragung der Kuhpocken auf den Menschen wird eine abgeschwächte Form der Blattern erzeugt: die Vaccine. Das Pockenvirus hat durch die Passage des Rinderorganismus eine derartige Abschwächung erfahren, daß es den Menschen zwar noch leicht krank machen, ihm aber nicht mehr gefährlich werden kann wie die Infektion mit echten Blattern, ein Vorgang, der als Virulenzabschwächung bezeichnet wird. Das Überstehen der leichten Schutzpockenerkrankung verleiht dem Menschen eine hohe Immunität gegen die echten Blattern: es ist eine aktive Immunisierung durch Pockenvirus, das durch Tierpassage abgeschwächt ist, erreicht. Es ist viel Scharfsinn auf die Lösung der Frage angewandt worden, welche Zellen im menschlichen Körper die Schutzstoffe produzieren; ob die Schutzstoffe dauernd im Blute kreisen, oder ob sie von gewissen Zellen gespeichert werden oder ob sie schließlich erst im Moment der Gefahr von bestimmten oder allen Zellen des neuinfizierten Organismus neu gebildet werden. Sichergestellt ist, daß intravenös appliziertes Vaccinevirus rasch aus der Blutbahn verschwindet und schon nach 2 Stunden in Leber, Milz und Knochenmark nachweisbar ist. Läßt man das infizierte und sofort nach der Injektion entnommene Blut in vitro stehen, so ist es noch nach 24 Stunden infektiös. Es ist also keine Abtötung des Virus vor sich gegangen, sondern die Organe haben dasselbe aus der Blutbahn abgefangen; besonders geschieht das durch die Haut, auf welcher man nach vorangehender Enthaarung und Reiben mit Sandpapier bei intravenös infizierten Albinokaninchen konfluierende Hautpocken erzeugen kann. Offenbar hat das Vaccinevirus eine besondere Affinität zum Hautorgan, in welchem es noch tagelang weiterleben kann. Die im Blute in geringer Menge anfänglich nachweisbaren Antikörper sind längst verschwunden, wenn die volle Immunität gegen das Vaccinevirus noch fortbesteht. Aus diesen Erfahrungen hat man geschlossen, daß die durch Vaccination erreichte Immunität histogenen Ursprungs ist und daß sich die immunisatorischen Vorgänge im wesentlichen im Hautorgan abspielen. Aus jetzt nicht zu erörternden Gründen ist die Hautimmunität nicht etwa so vorzustellen, daß hier eine Art Speicherung von Antikörpern vor sich geht, auf die im Bedarfsfalle zurückgegriffen wird, sondern die Haut ist durch die erste Infektion in der raschen Bildung von Antikörpern gewissermaßen geübt, so daß sie bei einer zweiten

Infektion anders, und zwar rascher und reichlicher mit der Bildung virulizider Antikörper reagiert, sie ist allergisch geworden. Diese erhöhte Bereitschaft (Allergie, Pirquet) führt bei einer zweiten Vaccination zu der bekannten Frühreaktion. Der gleiche Gedankengang führt auch in der Erklärung der positiven Pirquetschen Tuberkulosereaktion nach vorausgegangener tuberkulöser Infektion. Die Wirkung der Kuhpockenimpfung verblaßt im Laufe der Jahre allmählich und wird durch die gesetzlich eingeführte Revaccination im 12. Lebensjahr wieder angefacht. Der schlagende praktische Erfolg der Vaccination veranschaulicht aufs beste die große Bedeutung der Immunitätsvorgänge für Ausbreitung und Bekämpfung der Seuchen. Wie wenig aber noch im einzelnen die Anschauungen über bekannte Immunitätsreaktionen geklärt sind, lehren die Theorien der Tuberkulinreaktion. Die Tuberkulose ist eine Volksseuche, welche unter den bekannten Infektionskrankheiten in den europäischen Ländern die meisten Opfer fordert. Die Bemühungen, eine Immunisierung gegen diese Seuche im großen Stiele nach Art der Schutzpockenimpfung durchzuführen, sind bis jetzt gescheitert. Es ist bisher nicht gelungen, ein Tuberkuloseantigen zu finden, welches dem Menschen einen sicheren Schutz gegen die Infektion mit Tuberkelbacillen verleiht. Das liegt nicht daran, daß bei der Tuberkulose Immunisierungsvorgänge ausblieben, der klassische Kochsche Versuch lehrt das Gegenteil: Wird ein gesundes Meerschweinchen mit einer Reinkultur von Tuberkelbacillen geimpft, so verklebt in der Regel die Impfwunde und scheint in den ersten Tagen zu verheilen. Erst im Verlauf von 10—14 Tagen entsteht ein hartes Knötchen, welches in kurzer Zeit aufbricht und bis zum Tode des Tieres eine ulcerierende Stelle bildet. Wird der gleiche Versuch an einem vor 4—6 Wochen tuberkulös infizierten Tiere vorgenommen, so verklebt bei ihm die Impfwunde anfänglich ebenfalls, ein Knötchen bildet sich aber nicht. Die Impfstelle wird vielmehr am 1. oder 2. Tage nach der Impfung hart und dunkel gefärbt. Die Verfärbung und Infiltration beschränken sich nicht auf die Impfstelle selbst, sondern breiten sich in der Umgebung aus, die Haut wird in den folgenden Tagen nekrotisch und schließlich abgestoßen: es bleibt eine flache Ulceration zurück. Diese Ulceration heilt gewöhnlich schnell und dauernd ab, eine Infektion der benachbarten Lymphdrüsen bleibt aus. Es ist also in der Abheilung der Impfstellen ein wesentlicher Unterschied zwischen dem gesunden und dem bereits tuberkulösen Tiere festzustellen. Das gesunde Tier behält an der Impfstelle bis zu seinem Tode ein Impfgeschwür, während das infizierte die Impfwunde unter Abstoßung nekrotisierter Teile zur Abheilung bringt. Dieses andersartige Verhalten des tuberkulösen Organismus im Vergleich mit dem gesunden ist eine absolut gesicherte Tatsache. Der Kochsche Grundversuch ist tausendfach wiederholt und immer wieder bestätigt. Aber nicht nur gegenüber den lebenden und toten Bacillen läßt sich ein allergisches Verhalten des tuberkulös infizierten Organismus nachweisen, sondern auch gegen die Produkte der Kochschen Bacillen. Das alte Tuberkulin wird aus 4—6 Wochen alten, auf 5% Glycerinlösung gewachsenem Reinkulturen der Tuberkelbacillen dadurch gewonnen, daß die Kulturflüssigkeit durch einstündiges Erhitzen im strömenden Dampf sterilisiert, sodann bei niedrigen Temperaturen auf ein Zehntel des Volumens eingeengt wird. Nach dem Eindampfen wird die Flüssigkeit durch Filtration von den Bacillen befreit. Dieses Alttuberkulin soll die löslichen toxischen Produkte der Tuberkelbacillen (Toxine) sowie die durch die Hitzebehandlung aus den Bakterienleibern extrahierten Endotoxine enthalten. Eine dem Kliniker geläufige Immunitätsreaktion gegen die im Tuberkulin enthaltenen Tuberkelbacillenprodukte ist das differente Verhalten der Körpertemperatur bei gesunden und tuberkulösen Individuen. Während der gesunde Organismus viele Milligramme Alttuberkulin verträgt, ohne Schwankungen seiner Eigentemperatur aufzuweisen, zeigt der tuberkulös infizierte Organismus schon nach Bruchteilen von Milligrammen oft gefährlich hohe Steigerungen der Körpertemperatur. Wird bei Schwertuberkulösen eine Antikörperinjektion durchgeführt, so soll es bereits im Blut zur Vereinigung von Tuberkulin und Antituberkulinen kommen und dadurch die Lokalreaktion, unter Umständen auch die fieberhafte Reaktion ausbleiben (negative Anergie). In allen Untersuchungen, an Tieren sowohl wie an Menschen ist die Spezifizität der Tuberkulinreaktion immer wieder erwiesen worden. Gegenteilige Ansichten ließen sich nicht halten, da bei ihnen gewöhnlich die quantitativen Verhältnisse nicht genügend berücksichtigt waren. Wenn ein tuberkulöses Meerschweinchen, das auf 1 mg Alttuberkulin mit Fieber reagiert, erst bei 10 mg Pepton anderer Herkunft eine fieberhafte Reaktion aufweist, so ist zu bedenken, daß in dem 1 mg Alttuberkulin bestenfalls $^1/_{10}$ mg wirksamer Substanz vorhanden ist, anders ausgedrückt, reagiert das Tier erst mit der hundertfachen Menge von unspezifischen Eiweißderivaten gegenüber den Tuberkuloproteinen. Solche und ähnliche Versuche beweisen nur das eine, daß der tuberkulös infizierte Organismus gegen chemische Reize verschiedenster Art empfindlicher ist als der gesunde. Die Lehre von der Spezifität der Tuberkulinreaktion konnten derartige Versuche bisher nicht erschüttern. Die allgemeinste theoretische Deutung, welche man den immunisatorischen Phänomenen bei der Tuberkuloseinfektion gegeben hat, ist die, daß der infizierte Organismus die Fähigkeit gewonnen hat, auf eine zweite Infektion mit Bacillen, resp. neuerliche Injektion von Tuberkulinderivaten anders, und zwar rascher und intensiver zu reagieren als das gesunde Tier. Diese Allergie ist der Ausdruck einer spezifischen Überempfindlichkeit. Der Streit, ob es sich bei der Tuberkulose in erster Linie um eine humorale oder celluläre Immunität handelt, ist müßig, insofern alle Antikörper cellulären Ursprungs sind und die allergische celluläre Reaktion neben einer immunisatorisch bedingten Intensivierung des Entzündungsablaufs zum Teil in einer rascheren und reichlicheren Bildung hochwirksamer Antituberkuline ihren Ausdruck findet.

Viel weniger durchsichtig sind die Verhältnisse bei der angeborenen Immunität, bei welcher der Nachweis bakterienfeindlicher Stoffe im Körper des immunen Individuums durchaus nicht immer zu führen ist. Auch serologische Erfahrungen lassen einen Parallelismus zwischen dem Grade der angeborenen Immunität und dem Reichtum an bakteriziden Substanzen häufig vermissen. Bemerkenswert ist der hohe Grad von Immunität der Neugeborenen gegen akute Exantheme. Die Übertragung des Scharlachs und der Masern von der stillenden Mutter auf das Neugeborene gehört durchaus zu den Ausnahmen). Neben unbekannten Faktoren spielt hier das Milieu fraglos eine Rolle.

Wie auf der einen Seite z. B. die Schleimhaut der Conjunctiva der Neugeborenen einen besonders günstigen Nährboden für die Ansiedlung der Gonokokken abgibt, ist es auf der anderen Seite durchaus vorstellbar, daß Blut und

Säftegemisch der Neugeborenen nicht die für das Fortkommen der Scharlach- und Masernerreger günstige Zusammensetzung hat wie im späteren Lebensalter.

Die Übertragung von Antikörpern von der Mutter auf das Kind hat großes praktisches und theoretisches Interesse. EHRLICH betont in seinen Studien über Immunität durch Vererbung und Säugung, daß durch die Placenta eine direkte Übertragung der Antikörper aus dem Blute sowohl aktiv wie passiv immunisierter Mütter vorkommt; das gleiche geschieht durch die Milch, wobei der Antitoxingehalt der Milch dem des Blutes parallel geht; da es sich für den Säugling in diesem Falle um eine enterale Immunisierung handelt, die beim Erwachsenen unmöglich ist, muß angenommen werden, daß in der frühesten Lactationsperiode unverändertes antitoxintragendes Milcheiweiß die Darmwand des Säuglings passieren kann. Nach JASCHKE stellt das colostrale Eiweiß das wichtigste Vehikel für die Zufuhr bestimmter Antikörper dar. Begreiflicherweise werden artgleiche Agglutinine, Opsonine, bakterizide und hämolytische Antikörper besonders leicht übertragen.

Die Schwierigkeiten, in das Wesen der Immunitätsvorgänge einzudringen, sind durch die große Zahl der Hypothesen und die durch sie bedingte uneinheitliche Nomenklatur gewachsen. Es kommt hinzu, daß keiner von den sogenannten Immunkörpern bisher chemisch rein dargestellt ist und jeder nur nach seinen Wirkungen definiert ist. Es erscheint zweckmäßig, ausdrücklich darauf hinzuweisen, daß der Begriff des Antikörpers nicht mit dem des Schutzstoffs identisch ist. Agglutinine und Präcipitine, die sicher als Antikörper zu bezeichnen sind, verleihen dem infizierten Organismus keinen nachweisbaren Schutz, während wir von den Antitoxinen, Bakteriolysinen, Opsoninen und Bakteriotropinen wissen, daß ihnen neben der Eigenschaft des Antikörpers die des Schutzstoffes zukommt.

X. Störungen der Funktion der innersekretorischen Drüsen.

A. Einleitung.

1. Definition des Begriffs der inneren Sekretion.

Der Begriff der „inneren Sekretion“ ist von CLAUDE BERNARD[1]) im Jahre 1855 geprägt worden. Er bezeichnete damals die Funktion der Gallenbereitung in der Leber als ihre äußere Sekretion und die Zuckerbildung aus Glykogen und die Abgabe des neugebildeten Zuckers an das Blut als deren innere Sekretion. Schon von CLAUDE BERNARD hatte der Göttinger Professor BERTHOLD[2]) im Jahre 1849 das Wesen der inneren Sekretion erkannt, als er bei Hähnen die Hoden von ihrem natürlichen Orte entfernte und sie an anderen Stellen des Körpers reinplantierte. Er beobachtete, daß trotz dieser Operation sich an den Versuchstieren die männlichen sekundären Geschlechtscharaktere entwickelten und glaubte, daß dies nur durch die „Einwirkung der Hoden auf das Blut und dann durch entsprechende Einwirkung des Blutes auf den allgemeinen Organismus“ bedingt sein könnte. 1889 berichtete der damals 72jährige BROWN-SEQUARD[3]), daß er durch Hodenextraktinjektionen an sich selber, seine körperliche und geistige Leistungsfähigkeit in erstaunlichem Maße steigern könnte. Die Stoffe, welche in so eigenartiger Weise auf den Gesamtorganismus einwirken und ihre anregenden Wirkungen ausüben, werden als Hormone bezeichnet und die Drüsen, welche diese Stoffe liefern, als Hormondrüsen.

Anatomisch sind diese Organe von den Drüsen mit äußerer Sekretion dadurch unterschieden, daß sie ihr Sekret direkt in die Blutbahn oder auf dem Umwege über die Lymphgefäße in dieselbe ergießen. Es genügt also, daß ein solches Organ an irgendeiner Stelle des Körpers, an welcher die Resorption der von ihm gebildeten Produkte möglich ist, implantiert wird, um seinen Funktionsausfall geraume Zeit hintanzuhalten. Da sie ihr Sekret nach „innen“ abgeben, werden sie als innersekretorische oder endokrine Drüsen bezeichnet.

2. Die Untersuchungsmethoden.

Die Funktion der einzelnen innersekretorischen Drüsen ist nach zwei Hauptmethoden untersucht worden. Zunächst wurden die Ausfallserscheinungen studiert, welche sich nach totaler Entfernung des zu untersuchenden Organs aus dem menschlichen oder tierischen Körper einstellen. Dann wurde untersucht, wieweit sich die eintretenden Ausfallserscheinungen durch Einverleibung des wirksamen Prinzips der entfernten innersekretorischen Drüse aufheben oder modifizieren

---

1) CLAUDE, BERNARD: La science expérimentale. Paris 1890.
2) BERTHOLD: Virchows Arch. f. pathol. Anat. u. Physiol. Bd. 42. 1849.
3) BROWN-SEQUARD: Sitzungsber. d. Pariser Ges. d. Biolog. 1. Juni 1889.

lassen. Diese zweite Methode ist ergänzt worden durch Beobachtungen, welche man nach Organtransplantationen bei vorher der entsprechenden Drüsen beraubten Tieren machte und schließlich hat man durch die operative Vereinigung zweier Tiere gleicher Art, von denen eines einer innersekretorischen Drüse beraubt war, Aufschluß darüber zu erhalten versucht, ob die inneren Sekrete des gesunden mit dem kranken in Parabiose lebenden Tieres ausreichen, um die Ausfallserscheinungen dort zu verhüten.

B. Pathologie der innersekretorischen Drüsen.

1. Schilddrüse.

Der Bau der Schilddrüse zeigt ein Parenchym, das aus durch Bindegewebe miteinander verbundenen Läppchen besteht. Die darin zusammengefaßten Follikel sind mit einer einfachen Schicht kubischen oder zylindrischen Epithels ausgekleidet. In ihrem Lumen findet sich eine eigenartige homogene zähe Masse, die kolloide Substanz. Bei der Sekretion weisen die Epithelzellen charakteristische Veränderungen auf. Das Kolloid wird als das Sekret der Schilddrüse aufgefaßt, welches zwischen den Epithelien hindurch in die Lymphräume und von dort ins Blut gelangt. Die gesunde Schilddrüse des Menschen enthält 2—5 mg Jod pro Drüse. Das Jod befindet sich in organischer Bindung als Thyreojodin mit 9% Jod. Das Thyreojodin ist wahrscheinlich ein Spaltungsprodukt des Thyreoglobulins, eines jodhaltigen Eiweißkörpers. Dieser Eiweißkörper stellt den wirksamen Bestandteil der Schilddrüse dar und läßt im Experiment alle Wirkungen, welche die Gesamtdrüse erzielt, in Erscheinung treten. Man kann mit dem Thyreoglobulin die nach Schilddrüsenentfernung eintretende Cachexia strumipriva und das auf Schilddrüsenmangel beruhende Myxödem günstig beeinflussen. Neuerdings soll das wirksame Prinzip der Schilddrüse rein dargestellt sein:

JH
JH ═C · CH_2CH_2COOH
JH ═ O
NH

Dasselbe zeigt intensivere Wirkungen wie die alten Schilddrüsenpräparate, WIDMARK[1]). Eine Veränderung in der Zusammensetzung des Schilddrüsensekrets bei Erkrankungen der Drüse ist oft behauptet, aber noch nie einwandfrei bewiesen worden. Die Wirkungen, welche die Gesamtdrüse entfaltet, sind sehr mannigfaltige. Durch seine außerordentlich gute Blutversorgung kann in relativ kurzer Zeit viel wirksame Substanz in den Kreislauf befördert werden. Beim Hunde fließt die Gesamtblutmenge am Tage 16mal durch die Schilddrüse.

Von den Schilddrüsenwirkungen sind folgende studiert: 1. solche auf das Wachstum und die Entwicklung, 2. solche auf die Intensität der Verbrennungen, 3. Wirkungen auf den Kohlehydratstoffwechsel, 4. Wirkung auf die Wärmeregulation, 5. Wirkungen auf das Herz, 6. Wirkungen auf den Wasser- und Salzhaushalt, 7. Wirkungen auf die Keimdrüsen und schließlich solche aufs Nervensystem. Die Wirkungen auf Wachstum und Entwicklung hat ABDERHALDEN[2]) und ROMEIS[3]) an Kaulquappen dargetan. Letzterer stellte verschiedene Extraktionsmittel aus der getrockneten Drüsensubstanz her und setzte lebende Kaulquappen den Einwirkungen dieser Schilddrüsenprodukte aus. Er konnte mit bestimmten Extraktionen starke Entwicklungsbeschleunigung, mit anderen gleichfalls Entwicklungsbeschleunigung aber Wachstumshemmung erzielen. Am Menschen hat man als Ausdruck der Überfunktion der Thyreoidea ein beschleunigtes Längenwachstum und etwas

---

[1]) WIDMARK: Svenska Läkartidningen. 1920. S. 242.
[2]) ABDERHALDEN: Pflügers Arch. f. d. ges. Physiol. Bd. 162. 1915.
[3]) ROMEIS: Arch. f. Entwicklungsmech. d. Organismen. Bd. 40 u. 41. 1914/15. — Zeitschr. f. d. ges. exp. Med. Bd. 5. 1916. — Ebenda. Bd. 6. 1918.

verfrühten Epiphysenschluß beobachtet [HOLMGREN[1]), SCHKARINE[2]), BALLET[3])].

Die beschleunigende Wirkung der Schilddrüse auf den Stoffwechsel als Folge der Eingabe von Schilddrüsensubstanz kommt bei gesunden Menschen nicht immer zum Ausdruck. In positiven Fällen kommt eine Steigerung des Grundumsatzes in 2—3 Wochen zustande, geht aber bei gemäßigten Dosen nicht über 15—25 $^0/_0$ hinaus. Fettleibige scheinen im allgemeinen besser zu reagieren, es ist aber fraglich, ob bei ihnen nicht oft eine Unterfunktion der Schilddrüse vorliegt, die Steigerung der Verbrennungen zum Teil also nur eine relative ist. Bemerkenswert sind die Zusammenhänge zwischen der Ernährungsweise und der Größe der Schilddrüse. Bei einseitiger Fleischnahrung soll eine Hypertrophie des Organs mit Vermehrung des spezifischen Epithels eintreten, während im Hunger das Parenchym reduziert wird, seine Funktion einstellt und kein Kolloid mehr bildet. Wird nach vorausgehendem Hunger ein solches Tier, Kaninchen z. B., wieder gefüttert, so geht nach zwei Stunden die Schilddrüse in einen Zustand sekretorischer Hyperfunktion über [MISSIROLI[4])]. Am Menschen wurden nach langdauernder Unterernährung, z. B. Ödemkrankheit, eine auffallende Kleinheit der Schilddrüse festgestellt [PALTAUF[5])].

Die Wirkungen auf den Kohlehydratstoffwechsel und das Herz sollen mit den übrigen Folgen des Hyperthyreoidismus besprochen werden. Der Wirkung auf die Wärmeregulation ist bereits im Kapitel Nr. III Erwähnung getan. Neu sind die Beobachtungen, welche EPPINGER[6]) über die Wirkung der Schilddrüsensubstanz auf den Wasser- und Salzhaushalt machte. Er stellte fest, daß die Zeit, mit der eine per os gereichte Flüssigkeitsmenge durch die Nieren wieder ausgeschieden wird, durch Eingabe von Schilddrüsensubstanz wesentlich abgekürzt werden kann. Auch das peroral aufgenommene Kochsalz wird von Tieren, denen gleichzeitig Schilddrüsensubstanz verfüttert wurde, schneller wieder ausgeschieden. Diese Befunde werden nun nicht als Wirkung der Schilddrüse auf die Niere gedeutet, sondern EPPINGER glaubt, daß der intermediäre Salz- und Wasseraustausch in den Geweben durch die wirksamen Substanzen der Schilddrüse eine Beschleunigung erfahre.

Die Beziehung zwischen Schilddrüse und weiblichen Genitalorganen sind lange bekannt. In der Menstruation, nach der Defloration und vor allem in der Gravidität vergrößert sich das Organ. Die alten Römer maßen den Halsumfang neu vermählter Frauen, um das Ergebnis zur Prüfung der Virginität zu verwenden.

Unterfunktion der Schilddrüse.

Die Folgen der Schilddrüsenexstirpation sind bei jungen noch wachsenden Tieren andere als bei erwachsenen Individuen. Wegen des Ausfalls der das Wachstum befördernden Einflüsse der Schilddrüse ist es erklärlich, daß jugendliche Individuen nach der Entfernung der

[1]) HOLMGREN: Med. Klinik. 1910.
[2]) SCHKARINE: Rev. neurol. Bd. 20. 1908.
[3]) BALLET: Ebenda. Bd. 19. 1905.
[4]) MISSIROLI: Pathol. Bd. 2, S. 38. 1910.
[5]) PALTAUF: Wien. klin. Wochenschr. Bd. 17, S. 46.
[6]) EPPINGER: Zur Pathologie und Therapie des menschlichen Ödems. Berlin 1917.

Thyreoidea in ihrem Wachstum stark zurückbleiben, was sich namentlich an den langen Röhrenknochen, welche relativ kurz bleiben, zeigen. Die Verknöcherungen der Epiphysenlinie sind verzögert. Thyreoprive Hühner legen nur wenige Eier mit papierdünner Schale und von geringer Größe. Werden aus einer Reihe von Hunden desselben Wurfes einige Tiere ihrer Schilddrüse beraubt, so sind sie schon nach 6 Monaten gegenüber den gesunden Kontrolltieren soweit im Wachstum zurückgeblieben, daß ihr Gewicht nur die Hälfte oder ein Drittel desjenigen der Brudertiere aufweist. Bei erwachsenen Tieren ist das hervorstechendste Symptom der Schilddrüsenexstirpation eine fortschreitende Abmagerung, welche sich bei Fleischfressern langsamer als bei Pflanzenfressern ausbildet. Die Folgen der Schilddrüsenexstirpation weichen in einzelnen Punkten bei den verschiedenen Tieren wenig voneinander ab. Die Hauptsymptome sind aber bei allen ausgeprägt.

Beim Menschen treten bei Jugendlichen ebenfalls die Störungen des Knochenwachstums in den Vordergrund. Das Längenwachstum besonders der Röhrenknochen ist gestört, die periostale Verknöcherung aber und damit das Breitenwachstum sind unbehindert. Dadurch gewinnen die Röhrenknochen eine gedrungene plumpe Gestalt. Die Ausbildung der äußeren Geschlechtscharaktere ist verzögert. Die Keimdrüsen bleiben klein; ihre Funktionen sistieren. Die Skelettveränderungen sind beim Erwachsenen naturgemäß nicht zu finden. Bei ihnen fällt eine eigenartige gedunsene Beschaffenheit der Haut der ganzen Körperoberfläche sofort in die Augen. Gesicht und Hände erscheinen geschwollen. Die Konsistenz dieser Schwellungen weicht deutlich von der der gewöhnlichen Hautwassersucht ab. Die Haut erscheint eher trocken, läßt die Zeichen der Atrophie erkennen, ist rissig und schilfert leicht. Der blöde, stumpfe Gesichtsausdruck wird außer durch Abnahme der geistigen Regsamkeit bedingt durch die derbe Konsistenz der Haut, welche auf eine Änderung der Quellungsverhältnisse und des Wasseraufnahmevermögens des Bindegewebes zurückgeführt wird. Dieser Zustand der Haut hat dem Krankheitsbild den Namen Myxödem eingetragen. In der blassen und kalten Haut ist die Schweißsekretion herabgesetzt, die Blutzirkulation geschädigt und offenbar die Gesamternährungsverhältnisse beeinträchtigt. Neben diesen myxödematösen Krankheitszeichen sind die Symptome von seiten des Nervensystems besonders auffallend. Die Lebhaftigkeit aller Bewegungen ist vermindert. Trotz anscheinend kräftig entwickelter Muskulatur ist deren Leistungsfähigkeit bedeutend eingeschränkt. Die geistige Regsamkeit nimmt ab bis zum Stumpfsinn. Am Skelett zeigt sich eine Verzögerung der Heilungsvorgänge bei Frakturen. Gelegentliche Beobachtungen ließen eine Verlangsamung der Nervendegeneration und -regeneration erkennen. Der ganze Organismus erscheint vorzeitig gealtert, ein Zustand, den man als Progeria bezeichnet.

Unter den Erkrankungen der Schilddrüse, welcher zu einer weitgehenden Atrophie oder zur Entartung des spezifischen Parenchyms führen, ist der Kretinismus besonders häufig. Man hat unterschieden zwischen endemischem und sporadischem Kretinismus. Bei beiden finden sich Wachstumseinschränkung, Myxödem verbunden mit Idiotie, ganz wie nach operativer Entfernung der Schilddrüse. Der endemische Kretinismus wird besonders in kropfreichen Gegenden häufig beobachtet und beruht auf einer Entartung des Schilddrüsengewebes, während die sporadische Form auf eine fehlende Ausbildung der Schilddrüse (Thyreoaplasie) zurückgeführt wird. Die letzte Ursache für den endemischen Kretinismus ist bis heute trotz vieler Bemühungen nicht gefunden. HOTZ[1]) sah bei jugendlichen Kretinen, denen er den Kropf bis auf kleine Reste entfernte, eine weitgehende Besserung des kretinösen Zustandes, ein Nachholen der körperlichen und geistigen Entwicklung eintreten. Er schließt daraus, daß es sich nicht um Kröpfe mit verminderter Funktion handeln könne. Die im Gefolge der Hypothyreose sich einstellenden Veränderungen an den übrigen endokrinen Drüsen sollen später im Zusammenhang besprochen werden.

Sehr eindrucksvoll sind die auf Herabsetzung der Schilddrüsenfunktion zurückzuführenden Veränderungen des Stoffwechsels. Der gesamte Kraftwechsel ist gegen die Norm oft herabgemindert. Für den niedrigen Gesamtumsatz kommt neben der körperlichen Trägheit sicher eine Herabsetzung des Grundumsatzes in Frage. Der Verbrauch des ruhenden Körpers kann bis auf 50—60% der Norm sinken. Entsprechend dem geringen Kraftumsatz ist die Nahrungsaufnahme erheblich vermindert. Wird trotz geringerem Nahrungsbedürfnis die Zufuhr reichlicher gestaltet, so wird leicht Stickstoff angesetzt und es entwickelt sich eine mehr oder weniger hochgradige Fettleibigkeit. Interessant ist, daß die Schilddrüsen winterschlafender Tiere die verschiedensten Grade einer regressiven Umwandlung erkennen lassen [ADLER[2])] und daß durch den Mangel des Schilddrüseninkrets die Oxydationsprozesse herabgesetzt werden. Durch diesen physiologischen Hypothyreoidismus wird dem Organismus durch äußerste Einschränkung des Stoffverbrauchs ein langes Haushalten mit den aufgespeicherten Brennstoffen ermöglicht. Injektionen von Schilddrüsenextrakten lassen beim winterschlafenden Igel nach $1^1/_2$ Stunden Atemfrequenz und Temperatur ansteigen und zuletzt das Tier erwachen, bis schließlich nach Verbrauch der wirksamen Substanz die Tiere in den Winterschlaf wieder zurückfallen.

Der Kohlehydratstoffwechsel ist bei Myxödem in der Richtung einer erhöhten Toleranz für Traubenzucker verändert. Man hat nach Zufuhr von 200, selbst 500 g Traubenzucker die alimentäre Glykosurie vermißt. Mit der Herabsetzung der Schilddrüsenfunktion und der durch sie bedingten Einschränkung der Oxydation ist offenbar auch die Neigung der Myxödematösen zu Untertemperaturen zu erklären.

Eine

Überfunktion der Schilddrüse

wird beim Menschen wesentlich häufiger beobachtet als das Gegenteil. Chronische Zufuhr von Schilddrüsenpräparaten machen vermehrtes Hitzegefühl, verstärkte Schweißsekretion, Herzpalpitation und gelegentlich Glykosurie. Zum ausgeprägten Bild des Morbus Basedow kommt es jedoch durch artefizielle Schilddrüsenzufuhr beim Menschen nicht. Der Symptomenkomplex, welchen man bei dieser Krankheit beobachtet, ist in der Merseburger Trias nicht erschöpft. Eine Vergrößerung der Schilddrüse ist die Regel.

Anatomisch findet man in den Basedowstrumen eine ungeordnete Proliferation des Epithels. Das Kolloid kann vollständig fehlen. In anderen Fällen,

[1]) HOTZ: Klin. Wochenschr. Bd. 1, S. 2073.

[2]) ADLER: Arch. f. exp. Pathol. u. Pharmakol. Bd. 86, S. 159. 1920.

oft in ganzen Regionen (z. B. in der Schweiz) findet sich neben der Epithelhyperplasie eine Kolloidstruma. Von SIMMONDS[1]) ist neben der Polymorphie der Follikel auf das Vorkommen von lymphatischen Geweben und echten Lymphfollikeln hingewiesen. Diese Gewebeherde finden sich in 80% aller untersuchten Basedowschilddrüsen und bilden bei weitem die konstanteste Veränderung der Thyreoidea bei dieser Erkrankung, doch sind die gleichen Herde nach SIMMONDS auch bei nicht basedowischen Individuen aller Altersstufen in einer Häufigkeit von über 5% gefunden worden. Die chemische Untersuchung der Basedowstrumen hat eine Verminderung des Jodthyreoglobulin ergeben [OSWALD[2])] und man hat daraus auf eine funktionelle Minderheit des Organs schließen wollen. Doch ist dem mit Recht entgegengehalten worden, daß eine vermehrte Produktion des spezifischen Sekrets durch eine Abnahme der Speicherungsfähigkeit und rasche Ausschüttung der wirksamen Substanz kachiert werden könne.

Wie es nach chronischer Verfütterung von Schilddrüsensubstanz bereits zur Tachykardie kommt, sind Herzpalpitationen, unangenehme Gefühle von Herzklopfen beim Morbus Basedow die Regel. Die am Herzen gefundenen Veränderungen (Hypertrophie und Verfettung) sind nicht auf die Muskulatur des Myokards beschränkt, sondern betreffen nach ASKANATZI[3]) sämtliche quergestreiften Muskeln. Man findet eine Abnahme des Muskelvolumens und eine Einlagerung von Fettgeweben in dasselbe. Eine große Reihe von Symptomen des Morbus Basedow erklärt sich durch die Wirkung der Schilddrüsensubstanz auf das sympathische und autonome System. Die Tachykardie, die Protrusio bulbi, die vasomotorische Erregbarkeit, die Schweißausbrüche und der erhöhte Adrenalingehalt des Blutes sind als Zeichen gesteigerter Sympathicuserregung anzusehen. Die Protrusio bulbi ist durch einen erhöhten Tonus des sympathisch innervierten MÜLLERschen Muskels, die gesteigerte Herzfrequenz auf einen erhöhten Tonus des Accelerans, andererseits werden das GRÄFEsche Symptom, die Liderweiterung, die Diarrhöen, die veränderte Atmung auf eine Übererregbarkeit des autonomen Systems bezogen. Durchschneidung des Halssympathicus bessert die Augensymptome.

Der Stoffwechsel ist bei der BASEDOWschen Krankheit in typischer Weise verändert, so daß man seine Abweichungen als diagnostisches Hilfsmerkmal benutzen kann. Die Magerkeit der Basedowkranken, die sich trotz erhöhter Nahrungsaufnahme einstellt, legt schon die Vermutung nahe, daß eine Steigerung der Verbrennungen vorliegt. Ebenso weist die Neigung zur Erhöhung der Körpertemperatur auf einen gesteigerten Stoffverbrauch. Entsprechend dem vermehrten Energieumsatz läßt sich eine Zunahme des Sauerstoffverbrauchs um 50%, ja sogar 70—80% nachweisen [MAGNUS-LEVY[4])]. Zum Teil ist diese Steigerung der Calorienproduktion durch die erhöhte Herz- und Atemtätigkeit zu erklären, ein anderer Teil wird bedingt durch die hochgradige motorische Unruhe und das Zittern der Kranken. Werden diese Momente durch Morphium ausgeschaltet, so bleibt der Gaswechsel im Vergleich mit dem Ruheumsatz eines Normalen immer noch beträchtlich gesteigert.

Die Steigerung des Eiweißverbrauchs ist in vielen Fällen durch eine negative Stickstoffbilanz gekennzeichnet. Das gilt jedoch nicht

---

[1]) SIMMONDS: Dtsch. med. Wochenschr. Bd. 47. 1911.

[2]) OSWALD: Über die chemische Beschaffenheit und die Funktion der Schilddrüse. Hab.-Schr. Straßburg 1900.

[3]) ASKANATZI: Dtsch. Arch. f. klin. Med. Bd. 61. 1898.

[4]) LEVY, MAGNUS: Zeitschr. f. klin. Med. Bd. 33. 1897.

für alle Fälle und in positiven auch nicht für jede Zeit der Erkrankung. Es ist gelungen, dem durch die Überfunktion der Schilddrüse bedingten toxischen Eiweißzerfall durch reichliche Nahrungszufuhr entgegenzuwirken.

Der Kohlehydratstoffwechsel ist durch Herabsetzung der Assimilationsgrenze für Traubenzucker gestört. Außer der leicht auslösbaren alimentären Glykosurie, sind auch Fälle von spontaner Glykosurie beobachtet worden. Mit der Besserung der übrigen BASEDOWschen Zeichen kann auch die alimentäre Glykosurie verschwinden.

In manchen Fällen kommen typische Fettstühle vor, die auf eine korrelative Störung der Pankreasfunktion bezogen werden müssen. Es handelt sich um eine durch Unterfunktion des Pankreas bedingte verschlechterte Fettresorption, die durch die beschleunigte Peristaltik, welche viele Basedowiker zeigen, allein nicht geklärt werden kann.

Durch eine Vermehrung des Gehaltes an abnormen Stoffwechselprodukten ist der Gefrierpunkt des Blutes in einigen Fällen erniedrigt. Die relative Lymphocytose mit gleichzeitiger Leukopenie, die früher als KOCHERsches[1]) Blutbild für die Diagnose des Morbus Basedow mit herangezogen wurde, ist für diese Erkrankung nicht charakteristisch und wird auch bei anderen endokrinen Störungen gefunden.

2. Nebenschilddrüse.

Bei den ersten Versuchen der Totalexstirpation der Schilddrüse beobachtete man nicht selten einen akut einsetzenden, mit schweren Krämpfen und nervösen Störungen verbundenen Zustand, der als Tetanie bezeichnet wurde und dessen Eintreten man als Folge der Schilddrüsenexstirpation auffaßte. Auffälligerweise trat dieser Zustand bei Carnivoren mit ziemlicher Regelmäßigkeit ein, während bei Herbivoren eine chronische Kachexie als Folge der Schilddrüsenentfernung beobachtet wurde. Dieser Unterschied ist dadurch zu erklären, daß kleine erbsengroße Drüsen, die sogenannten Epithelkörperchen, bei den Carnivoren der Schilddrüse dicht auf- resp. eingelagert sind, während sie sich durch sorgfältiges Vorgehen bei den Herbivoren bei Entfernung der Schilddrüse leicht schonen lassen. Man lernte bald, daß die Entfernung dieser Epithelkörper den eben als Tetanie beschriebenen Zustand und bei radikaler Ausmerzung den Tod herbeiführt.

Die Glandulae parathyreoideae unterscheiden sich in ihrem histologischen Bau von der Schilddrüse durch ihre eigenartige Struktur, welche durch die Capillaren gegeben ist, ferner durch ihre oft ungegliederten Epithelmassen und das wechselnde Aussehen derselben. Die Hauptzellen, welche viel Glykogen enthalten, sind groß und schwerer tingierbar als die oxyphilen Zellen, die mit Eosin intensiv rot gefärbt werden. Gelegentlich findet man in follikelartigen Räumen eine kolloide Substanz.

Durch systematische Exstirpationsversuche suchte man über die Funktion der Epithelkörper ins Klare zu kommen. Bei gelungener totaler Entfernung der Nebenschilddrüsen tritt, nachdem sich vorher das Krankheitsbild der akuten Tetanie entwickelt hat, in wenigen Tagen der Tod ein. Nach einem ersten Stadium der Hinfälligkeit, welches

---

[1]) KOCHER, Korrespbl. Schweiz. Ärzte. Bd. 7, S. 221. 1910.

mit mangelnder Freßlust und gesteigertem Flüssigkeitsbedarf verläuft, zeigt sich eine mechanische Übererregbarkeit aller peripheren Nervenstämme. Fibrilläre Muskelzuckungen, am Kopf beginnend, breiten sich rasch über die Muskulatur des ganzen Körpers aus. Anfallsweise setzen die heftigsten klonischen Krämpfe ein, die fast alle Muskeln des Körpers befallen. Bei jungen Tieren kommt es oft zu einer so hochgradigen Tonussteigerung, besonders in den hinteren Extremitäten, daß man die Tiere mit steif nach hinten gestreckten Beinen in sogenannter Seehundsstellung frei in der Luft halten kann. Der Tod tritt als schließliche Folge der Zwerchfellähmung ein. Bemerkenswerterweise steigt bei den heftigen Krämpfen die Körpertemperatur nicht selten auf 42°. Die bei allen Tierarten nach Entfernung oder Verletzung der Epithelkörper auftretenden Symptome der gesteigerten Erregbarkeit des Nervensystems sind gekennzeichnet durch das vor allem beim Menschen zu beobachtende CHVOSTECKsche Zeichen, welches durch Zuckungen im Facialisgebiet nach einem leichten Schlag in die Gegend unter dem Jochbogen gekennzeichnet ist und durch das TROUSSEAUsche Phänomen, welches in einem tonischen Krampf der Extremitäten nach Druck auf die Nervenstämme besteht. Beim Menschen stellt sich eine typische Fingerhaltung, die sogenannte Geburtshelferstellung der Hand, ein.

Eine nur teilweise Entfernung der Epithelkörperchen führt zum Krankheitsbilde der latenten Tetanie, bei dem die Symptome der akuten Krankheit nur unter bestimmten Bedingungen, z. B. in der Gravidität oder bei neu hinzutretenden Schädigungen, sich einstellen. Bei der chronischen Tetanie kann es zu Veränderungen an den Augen (Katarakt) und Nägeln kommen. Treten die Störungen in der Periode der Zahnentwicklung auf, so können sich horizontal verlaufende Rillen und Streifen ausbilden. Beim Menschen ist das Krankheitsbild der Tetanie außer nach Entfernung der Epithelkörperchen in einer Reihe anderer in ihren Ursachen bisher nicht genau aufgeklärter Zustände beobachtet worden, z. B. nach gastrointestinalen Autointoxikationen, nach Magenausheberung bei Gastrektasien, ferner bei Kindern mit sogenannter spasmophiler Diathese, nach Infektionskrankheiten und schließlich bei der idiopathischen Tetanie der Arbeiter. Ob es sich in allen diesen Fällen um Erkrankungen der Nebenschilddrüsen handelt, ist bisher nicht sichergestellt.

Die menschliche Rachitis ist gleichfalls mit einer Störung in der Funktion der Epithelkörperchen in ätiologische Beziehungen gebracht worden. Man beobachtet nämlich besonders bei Ratten als Folge der chronischen parathyreopriven Tetanie Verkalkungsstörungen an den Zähnen, speziell eine mangelnde Verkalkung des Dentins und eine Hypoplasie des Schmelzes, ganz ähnlich wie sie auch bei der menschlichen Rachitis als sogenannte Erosionen an den Zähnen gesehen werden. Auch Störungen der Knochenentwicklung und des Wachstums mit histologischen Veränderungen, die stark an das Bild der menschlichen Rachitis erinnern, werden nach Entfernung der Nebenschilddrüsen beobachtet, wobei das Kalklosbleiben oder mangelnde Verkalkung des neu anwachsenden Knochengewebes besonders charakteristisch ist. Begreiflicherweise hat man bei dieser Sachlage den Störungen des Kalkstoffwechsels nach Entfernung der Nebenschilddrüsen resp. der Tetanie eine besondere Aufmerksamkeit geschenkt, und glaubt auch bei ihrer Nebenschilddrüsen beraubten Tieren eine vermehrte Kalkausscheidung im Harn resp. eine geringe Gesamtkalkmenge des wachsenden Körpers gefunden zu haben. MACALLUM und VÖGTLIN[1]) konnten durch Injektionen von

[1]) MACALLUM and VÖGTLIN: Journ. of exp. med. Vol. 11, p. 118. 1909. — DIESELBEN: Proc. of the soc. f. exp. biol. a. med. Vol. 5, S. 84. 1909.

$5\,^0/_0$ Lösungen von milchsaurem Calcium die Symptome der Tetanie für 24 Stunden beseitigen. Durch Verfütterung oder Einspritzung von Epithelkörpersubstanz sind die durch Ausfall der Epithelkörper gesetzten Defekte nicht zu heilen.

3. Thymus.

Die Thymusdrüse hat zur Pupertätszeit ihre höchste Entwicklung. Sie wiegt im Alter von 1—5 Jahren 13 g, zwischen 11 und 15 Jahren 37 g, zwischen dem 36. und 45. Lebensjahr 16 g. Ein funktioneller Zusammenhang mit der körperlichen und geschlechtlichen Entwicklung des Individuums ist sichergestellt. Die Exstirpation in frühester Jugend führt zu Störungen des Knochenwachstums: Die Röhrenknochen bleiben kurz und haben dicke Epiphysen, zeigen eine mangelhafte Kalkablagerung; Folge davon ist eine große Weichheit und Zerbrechlichkeit. Die abnorme Entwicklung der Geschlechtsfunktion war in einigen Fällen durch ein beschleunigtes Wachstum der Keimdrüsen, in anderen wiederum durch eine aufgehobene Spermatogenese gekennzeichnet. Kastraten sind durch eine Verzögerung der normalen Thymusinvolution ausgezeichnet, während eine übermäßige sexuelle Betätigung, z. B. bei Zuchtstieren, die Rückbildung der Thymusdrüse beschleunigen soll. Hodenexstirpation bedingt Thymusvergrößerung. Außer der physiologischen ist eine akzidentelle Involution des Thymus bekannt. Im Hunger kann das Gewicht der Drüse schon nach drei Tagen auf die Hälfte reduziert sein. Eine ähnliche Verkümmerung der Thymusdrüse wurde im Winterschlaf beobachtet und während der Gravidität bei Tieren und beim Menschen. In der humanen Pathologie spielt der Thymus persistens eine abnorm große Ausbildung des Thymus, eine bedeutsame Rolle, weil dieser Zustand als Ursache plötzlicher Todesfälle angesprochen wurde. Es ist aber sehr fraglich, ob die vergrößerte Drüse das sogenannte Asthma thymicum durch eine Kompression der Luftwege bedingen kann, also gewissermaßen ein mechanisch herbeigeführter Erstickungstod die Folge der Thymusvergrößerung ist. Fraglos ist nach operativer Entfernung des vergrößerten Thymus häufig eine Besserung der Dyspnoe beobachtet worden und auch nach einer künstlichen Involution des Thymus durch Röntgenbestrahlung Besserungen erzielt worden. Wichtig ist, daß bei dem sogenannten Status thymico-lymphaticus neben den Veränderungen im Thymus selbst in vielen Fällen anderweitige Konstitutionsanomalien gefunden wurden, so daß die Vergrößerung des Thymus nur als ein Teilsymptom des beschriebenen Zustandes gelten kann. Keine der bisher für den Thymustod geltend gemachten Ursachen (Hyperthymisation, Vagotonie mit einer gesteigerten Empfindlichkeit für autonome Reize, Gleichgewichtsstörungen des gesamten endokrinen Organsystems usw.) hat sich bisher durchsetzen können.

4. Hypophyse.

Die Hypophyse (Glandula pituitaria) ist von der von Dura mater bekleideten Sella turcica im vorderen Winkel des Chiasma opticum eingebettet. Ihr Gewicht ist beim Manne geringer als bei der Frau, beträgt beim Mann im 2.—7. Lebensjahrzehnt 56—61 cg und kann bei der Frau am Ende der Gravidität bis auf 165 cg ansteigen.

Das Organ setzt sich aus drei funktionell ungleichwertigen Gebilden zusammen. Der Vorderlappen besteht aus Epithelzellen, die in Maschen bindegewebigen

Stromas zu soliden Zellsträngen zusammengeordnet sind. Unter ihnen werden Hauptzellen, welche ungranuliert wenig differenziert und nicht mit Chrom färbbar sind, von chromophilen Zellen mit reichlichem eosinophilen und basophilen granuliertem Protoplasma unterschieden. Diese letzteren Zellen zeigen eine ausgesprochene Chromfärbbarkeit. Bei Graviden werden aus den Hauptzellen hervorgehende Elemente mit großem unregelmäßigen Kern und eosinophilen Granulis — sogenannte Schwangerschaftszellen — gefunden. Vom Vorderlappen ist der aus Neuroglia, Bindegewebe, Nervenfasern und Nervenzellen bestehende Hinterlappen durch die sogenannte intermediäre Zone abgetrennt; in ihr finden sich spärlich eosinophil granulierte Epithelzellen, welche deutliche Follikelstruktur mit kolloidhaltigen Lumina aufweisen.

Die Funktionen der Hypophyse hat man durch Injektionen von Extrakten und durch Exstirpationsversuche aufzuklären sich bemüht. Die wirksame Substanz ist bisher nicht rein dargestellt worden. Die für die menschliche Therapie verwendeten Hypophysenprodukte werden aus dem Hinterlappen und der Pars intermedia zusammen gewonnen. Die Vorderlappensubstanz hat sich sowohl im Tierversuch als auch medikamentös unwirksam erwiesen. Intravenöse Injektionen von Hypophysenhinterlappenextrakt, Pituitrin [Oliver und Schäfer[1])] zeitigen eine Reihe charakteristischer Wirkungen, die sich trennen lassen in solche auf die glatte Muskulatur der Gefäße, der Blase, des Darms und des Uterus, solche auf einige drüsige Organe (Niere und Brustdrüse) und schließlich solche auf die quergestreifte Muskulatur des Herzens. Die Gefäßwirkung kommt vor allem nach intravenöser Applikation der wirksamen Substanz zur Geltung und zeigt sich in einer minutenlang anhaltenden Steigerung des Blutdrucks, welche durch eine Tonuserhöhung der Gefäßmuskulatur bedingt ist. In ähnlicher Weise ist auch die Zunahme des Blasentonus und die kräftige Anregung der Uteruskontraktionen — des graviden weit mehr als des virginellen — zu erklären. Die Wirkung auf die Darmmuskulatur äußert sich in einer Zunahme des Tonus mit gleichzeitig rasch vorübergehender Abnahme der peristaltischen Bewegungen, welche bald einer sekundären sehr erheblichen Vergrößerung der Darmkontraktionen Platz macht. Auch eine mydriatische Wirkung der Hypophysenextrakte ist bekannt.

Die Wirkung auf das Herz ist gekennzeichnet durch eine Verstärkung der systolischen Leistung und eine Verlangsamung der Aktion, welche nach Vagusdurchschneidung am isolierten Frosch- und Säugetierherzen zustande kommt.

Die Wirkung auf die Niere verläuft bei den Tierexperimenten anders als beim Menschen. Nach intravenöser Injektion ist bei Tieren eine verstärkte Diurese mit einer Dilatation der Nierengefäße und entsprechender Vergrößerung des Nierenvolumens sichergestellt. Beim Menschen fällt die Urinmenge nach intramuskulärer Injektion von Pituglandol stark ab, in späterer Zeit befreit sich der Körper von dem retinierten Wasser durch eine ausgesprochene Harnflut. Das Kochsalz und die Phosphate steigen in den prozentualen und absoluten Werten an, was bei der verminderten Harnflut nur mit einem Angriff der Hypophysensubstanz an der Nierenzelle selbst erklärt werden kann [Frey und Kumpiess[2])].

Nach vielen vergeblichen Versuchen gelang es Cushing[3]) und Biedl[4]) an einem großen Material von der Schläfe aus ohne Blutung und Nebenverletzung des Gehirns die Hypophyse zu entfernen. Die Versuche lehrten eindeutig, daß die Hypophyse ein lebenswichtiges Organ ist, dessen Totalexstirpation im Laufe einiger Tage bis einiger Wochen unter einem typischen Krankheitsbilde der Cachexia hypophyseopriva zum Tode führt. Junge Tiere vertragen die Operation im allgemeinen besser als alte. Durch Injektion von Hypophysenextrakt läßt sich der Tod aufhalten, aber nicht vermeiden. Die isolierte Ausmerzung des Hinterlappens führt nicht zu charakteristischen Erscheinungen, die Entfernung des Vorderlappens dagegen bedingt ein Anwachsen von Fettgewebe im ganzen Körper, eine Polyurie, gelegentlich vorüber-

---

[1]) Oliver and Schäfer: Journ of physiol. Vol. 18, p. 277. 1895.
[2]) Frey und Kumpiess: Zeitschr. f. d. ges. exp. Med. Bd. 2, S. 380. 1914.
[3]) Cushing and Biedl: Americ. Journ. of the med. sciences. 1910. p. 473.
[4]) Biedl: Wien. klin. Wochenschr. 1897. S. 195.

gehende Glykosurie, eine Störung der Sexualtätigkeit, die mit Atrophie der Hoden resp. Ovarien einhergeht.

Ausfall der ganzen Hypophyse bedingt bei jungen Tieren ein Zurückbleiben des Wachstums und Körpergewichts bei relativ reichlichem Fettansatz, eine Persistenz des Milchgebisses, eine Unterentwicklung des Genitales mit Aufhören der Spermatogenese resp. Rückbildung der Ovarialfollikel. Partielle Entfernung des Vorderlappens hat nach vorübergehender Glykosurie und Polyurie mit herabgesetzter Kohlehydrattoleranz eine vorübergehende Erhöhung der Assimilationsgrenze für Kohlehydrate zur Folge.

Bei Unterfunktion der Hypophyse des Menschen ist zuerst von SIMMONDS[1]) die hypophysäre Kachexie (SIMMONDSsche Krankheit) als ein typisches wohlabgerundetes endokrines Krankheitsbild geschildert worden. Als charakteristische Erscheinungen werden das greisenhafte Aussehen, der Verlust der Zähne, das Ausbleiben der Menses, das Fehlen der Achsel- und Schamhaare, die chronische, durch keine andere Organveränderung erklärbare Kachexie angegeben. In den von diesem Autor mitgeteilten Fällen führten embolische Prozesse zu einer keilförmigen anämischen Nekrose im Hypophysenvorderlappen. Außer dieser Ätiologie können basophile Adenome und tuberkulöse Herde zu einer Vernichtung des drüsigen Anteils der Hypophyse führen. Es muß betont werden, daß weitgehende Verheerungen des Hypophysenvorderlappens nicht immer zur Kachexie führen, es genügen offenbar kleine glanduläre Reste, um die Funktion des zugrundegegangenen Parenchyms zu übernehmen resp. aufrechtzuerhalten.

Eine weitere Störung, welche auf eine Unterfunktion der Hypophyse bezogen wird, ist das als Dystrophia adiposogenitalis beschriebene Krankheitsbild. Die wesentlichsten Symptome dieser Erkrankung sind Fettablagerungen an Brust und Bauch, Trockenheit und Herabsetzung der Temperatur der Haut, verminderte Schweißsekretion, trophische Störungen an Haaren und Nägeln. In vielen Fällen ist es schwierig zu entscheiden, ob die Störung primär bedingt ist durch eine Unterfunktion der Schilddrüse und die eigentümliche Hypoplasie des Genitalapparats als eine Folge dieser Abweichung anzusehen ist, oder ob umgekehrt die primäre Störung in den Keimdrüsen zu suchen ist. Zu den typischen Symptomen der hypophysären Fettsucht beim Manne gehört neben dem infantilen Gesamthabitus das Fehlen der Libido und der Erektionen, bei den Frauen eine Unregelmäßigkeit der Menstruation. Anomalien, speziell eine Mangelhaftigkeit der Behaarung, sind sehr häufig. Die anatomischen Befunde bei dieser Erkrankung sind in der Regel Tumoren mit destruierendem Wachstum in der Hypophysengegend, Sarkome, Gliome, Cysten. Für die Auffassung, daß die Fettsucht in diesen Fällen durch eine Unterfunktion der Hypophyse bedingt ist, ist ein Fall von Schußverletzung bei einem neunjährigen Mädchen beweisend. Die Kugel saß in der Sella turcica fest, und es bildete sich im Anschluß an dieses schwere Trauma eine allgemeine Fettsucht aus [MADELUNG[2])]. Tierversuche zeigten, daß nach partieller Hypophysektomie eine deutliche Zunahme des Fettes, eine Unterentwicklung der Keimdrüsen und des

---

[1]) SIMMONDS: Dtsch. med. Wochenschr. 1916—1918. S. 31.
[2]) MADELUNG: Arch. f. klin. Chirurg. Bd. 73, S. 1066. 1904.

ganzen Genitaltrakts, bei jugendlichen Tieren eine Persistenz des infantilen Habitus eintrat. Bei Untersuchungen des Kohlehydratstoffwechsels zeigen die Fälle typischer hypophysärer Fettsucht eine erhöhte Kohlehydrattoleranz. Bei hypophysenlos gemachten Hunden ist gelegentlich eine bedeutende Abnahme des respiratorischen Gaswechsels festgestellt worden.

Das häufige Zusammentreffen von temporaler Hemianopsie, Hirndrucksymptomen und Polyurie führten zu der Auffassung, daß das als Diabetes insipidus bekannte Krankheitsbild auf eine Störung der Hypophyse zurückzuführen ist. Mechanische oder thermische Schädigungen des freigelegten Gehirnanhanges haben eine viele Tage lang dauernde Polyurie zur Folge, während die Freilegung der Drüse an sich keine Vermehrung des Harns bedingt [SCHÄFER[1])]. Die in diesem Zusammenhang bedeutsame harntreibende Wirkung der Hypophysensubstanz wurde bereits erwähnt. Nach Schußverletzungen der Hypophysengegend ist es gelegentlich zum Auftreten eines typischen Diabetes insipidus gekommen [FRANK[2])]. Es muß aber erwähnt werden, daß auch nach anderen cerebralen Affektionen, die die Gegend der Hypophyse nicht direkt treffen, Schädeltraumen, Hirngeschwülste in der hinteren Schädelgrube, Hydrocephalus internus, Meningitis verschiedener Ätiologie, besonders luetische Basalmeningitis, zu dem Symptomenkomplex des Diabetes insipidus führen können. Es ist daher schwierig, die von vielen angenommene Hypothese, daß der essentielle Diabetes insipidus auf eine pathologische Überfunktion der Pars intermedia der Hypophyse zurückzuführen sei, für alle Fälle durchzuführen. Da, wo eine direkte Mitbeteiligung der Hypophyse sich nicht nachweisen läßt, wird von den Autoren eine Reizwirkung, z. B. durch die allgemeine Drucksteigerung im Schädelinneren, auf den betreffenden Anteil der Hypophyse angenommen.

Es ist aufgefallen, daß nahezu alle Fälle von Hypophysentumor, wenn die Krankheit jugendliche Individuen traf, ein Zurückbleiben im Wachstum zeitigen. Diese Fälle von hypophysärem Zwergwuchs sind auf eine Wachstumshemmung zurückzuführen. Außer dem Kleinbleiben des ganzen Individuums ist eine Störung der Ossifikation und Dentition in vielen Fällen gefunden worden. Gleichzeitig ist bei manchen eine Genitaldystrophie ausgebildet. Man findet bei röntgenologischen Untersuchungen neben Veränderungen an der Sella Verzögerung des Auftretens der Knochenkerne und des Epiphysenschlusses.

Als Folgen hypophysärer Überfunktion werden die typischen Krankheitsbilder der Akromegalie und des Gigantismus angesprochen. Die Akromegalie befällt nur ausgewachsene Individuen. Die ersten Erscheinungen sind Kopfschmerzen, Schläfrigkeit, Apathie, Störungen der Potenz beim Manne, Aufhören der Menstruation bei der Frau. Die äußere Erscheinung ist speziell durch Vergröberung der Gesichtszüge erheblich verändert. Die Nase wächst, die Augenbögen bilden unförmliche Wülste, das Volumen der Zunge wird nicht selten so groß, daß das Organ in der geschlossenen Mundhöhle keinen Raum mehr findet. Jochbögen und Unterkiefer wachsen und treten stärker hervor (Prognathie).

---

[1]) SCHÄFER: Die Funktionen des Gehirnanhangs. Berner Universitätsschr. 1911. Heft 3.

[2]) FRANK: Berl. klin. Wochenschr. 1912. Nr. 9.

Die Zähne weichen auseinander. Ein besonders unförmliches Aussehen bekommen Hände und Füße, an denen die Endphalangen erheblich vergrößert werden, während die langen Röhrenknochen nur wenig oder gar nicht am Wachstum teilnehmen. Den Hauptanteil an der Vergrößerung der Extremitäten hat die Verdickung der Haut und der Weichteile. An den tatzenförmigen Händen werden die Metakarpalknochen auseinandergedrängt Die Röntgenuntersuchung des Skeletts zeigt eine Verdickung der Schädelwände, Verbreiterung der Epiphysen an den langen Röhrenknochen, Osteophytenbildung an denselben, geringe Verdickung an den Finger- und Zehenphalangen, besonders in der Gegend der Muskelansätze, in späteren Stadien kann die Knochenstruktur deutlich atrophieren. Später treten korrelative Störungen der Sexualorgane ein. Mit dieser Dysfunktion des Keimdrüsenapparates stehen die Anomalien der Behaarung in engem Zusammenhang. In einzelnen Fällen fallen Achsel-, Scham- und Barthaare aus. In anderen dagegen ist eine Hypertrichosis beobachtet worden. Neben diesen Allgemeinsymptomen sind die auf einen Hirntumor hindeutenden Erscheinungen in vielen Fällen ausgeprägt. Schwindelgefühl und Erbrechen, Amblyopie und Amaurose machen frühzeitig auf die Mitbeteiligung der Nervi optici aufmerksam. Während eine Stauungspapille nur selten gefunden wird, ist die bitemporale Hemianopsie in den Fällen mit Tumorsymptomen die Regel. Später kommt es zu infantilen Veränderungen der Psyche.

Die röntgenologische Untersuchung des Schädels zeigt eine Vertiefung des Bodens der Sattelgrube, eine Usurierung der Lehne der Sella turcica und eine scheinbare Verlängerung derselben. Diesem röntgenologischen Befunde entsprechen anatomisch die morphologischen Zeichen der Überfunktion des Organs: eine Vermehrung der eosinophilen, seltener der basophilen Zellen (eosinophile resp. basophile Adenome), die zu erheblicher Vergrößerung des Organs führt.

Sie rechtfertigen die Annahme, daß die Akromegalie auf eine verstärkte Tätigkeit des Hypophysenvorderlappens zurückzuführen ist, ebenso wie die Tatsache, daß in einigen Fällen die operative Entfernung der Hypophyse eine auffallende Besserung des Krankheitsbildes zur Folge hatte. Wegen der engen Beziehung der innersekretorischen Organe untereinander ist es verständlich, daß eine so weitgehende Überfunktion der Hypophyse sekundäre Veränderungen an Schilddrüse, Nebenniere und Thymus, vor allem aber in den Keimdrüsen zur Folge hat. So hat man bei akromegalen Männern Veränderungen des Samenkanälchenepithels und der LEYDIGschen Zwischenzellen, bei akromegalen Frauen Rückbildung der Primordialfollikel gefunden. Hier ist auch der physiologische Hyperpituitarismus der Graviden zu erwähnen, der nicht selten in akromegalieähnlichen Schwellungen an Nase, Lippen und Händen seinen Ausdruck findet.

Die Anomalien des Stoffwechsels der Akromegalen sind deshalb schwer zu beurteilen, weil die Störungen der Funktion des einen gleichzeitig mit Änderung der Funktion anderer innersekretorischer Organe einhergeht. Das Vorkommen einer Steigerung der Calorienproduktion ist durch Untersuchungen des respiratorischen Gaswechsels in einigen Fällen festgestellt worden; in anderen Fällen hat man sie vermißt. Die Schwierigkeiten der Beurteilung des Gesamtstoffwechsels wachsen dadurch, daß in gut ein Drittel der Fälle ein hypophysärer Diabetes gefunden wird. Der Purinstoffwechsel kann erheblich gesteigert werden, so daß die endogene Harnsäureausscheidung mehr als das Doppelte des normalen Menschen beträgt. Die Stoffwechselstörungen können in verschiedenen

Stadien der Erkrankung wechseln. So sah man Fälle mit primärer hypophysärer Glykosurie, später eine gesteigerte Toleranz für Kohlehydrate aufweisen.

Für den Riesenwuchs oder Gigantismus ist gleichfalls eine gesteigerte Tätigkeit des Hypophysenvorderlappens als Ursache angenommen worden. Die Veränderungen haben hier aber bereits in einer Zeit eingesetzt, in welcher die Epiphysen noch nicht verknöchert sind. Die wesentlichen für den Gigantismus charakteristischen Symptome sind neben akromegalen Erscheinungen die Unproportioniertheit der Riesen. Die Hypertrophie und das vermehrte Wachstum der Knochensubstanz der langen Röhrenknochen führen zu einem Prävalieren der Unterlänge über die Oberlänge. Die Epiphysenfugen bleiben lange über die normale Zeit hinaus offen. Die korrelative Unterentwicklung des Keimdrüsenapparats führt zu dem als Hypogenitalismus beschriebenen infantilen Symptomenkomplex. Häufig findet sich bei den Riesen eine stark vergrößerte Schilddrüse. Das gesteigerte Wachstum läßt die Riesen im Alter von 18—20 Jahren bereits eine Körperlänge von 2 m erreichen. Das Wachstum dauert nicht selten bis zum 25., ja bis zum 30. Lebensjahr an, so daß Körperlängen bis zu 220 cm und darüber zur Beobachtung kamen. Normal proportionierte Riesen sind eine große Seltenheit. In den meisten Fällen handelt es sich um kranke Menschen.

5. Die Störungen der Keimdrüsenfunktion.

Wie die Hypophyse, stellen auch die Keimdrüsen ein Organsystem dar. Die Beweise für eine Doppelfunktion der Hoden, deren eine der Ausdruck der Tätigkeit eines innersekretorischen, deren andere eines germinativen Apparates sind, sind mannigfache. Beim Kryptorchismus findet sich in verschiedenen Fällen eine weitgehende Atrophie des germinativen Gewebes mit Aufhören der Spermatogenese bei gleichzeitigem Erhaltenbleiben des Sexualcharakters, welcher durch die Wirkung der innersekretorischen Tätigkeit der Keimdrüsen ausgebildet wird. Durch Röntgenbestrahlungen ist es möglich, das spezifisch germinative Gewebe abzutöten, die interstitiellen Zellen, die sogenannten LEYDIGschen Zwischenzellen aber intakt zu lassen. Durch Entfernung eines Hodens und Unterbindung des Vas deferens des zweiten kann man den interstitiellen Apparat der LEYDIGschen Zellen einseitig zur kompensatorischen Hypertrophie bringen.

Interessanterweise haben diese LEYDIGschen Zellen ganz distinkte histologische Eigentümlichkeiten, welche in einer Speicherung von Lipochromen ihren Ausdruck finden. Bei Negern, welche sich mit Palmkernen lange Zeit genährt hatten, wurde das eigentliche Parenchym der Hoden so gut wie völlig frei von gelblichen und rötlichen Einlagerungen gefunden. Von den farblosen Samenkanälchen heben sich die intensiv orangerot gefärbten Gruppen und Stränge der Zwischenzellen deutlich ab. In den Zwischenzellen lassen sich die Pigmente als rotgefärbte Tropfen und Schollen leicht erkennen [LÖHLEIN[1])]. Das gleiche Bild sah ich in mehreren Fällen von schwerem Diabetes mit hochgradiger alimentärer Xanthose. Hier hatten sich die aus der Nahrung stammenden Lipochrome in den Zwischenzellen abgelagert.

Ein ähnlich gebauter Doppelapparat sind auch die Ovarien. Nach dem Platzen des Follikels kollabieren seine Wände. Das zurückgebliebene Follikelepithel hypertrophiert und die Zellen erreichen ein Vielfaches

[1]) LÖHLEIN: Beihefte zum Arch. f. Schiffs- u. Tropenhyg. Bd. 16, S. 662.

ihrer ursprünglichen Größe. Das so entstehende Gebilde speichert in reichlicher Menge gelbe Fettfarbstoffe, Lipochrome, in sich auf und bildet das Corpus luteum. Werden Ovarien transplantiert, so wuchern die zahlreichen obliterierten Follikel und werden den Corpora lutea sehr ähnlich. Es ist neuerdings gelungen, aus dem Corpus luteum ein Lipoid darzustellen, welches die Entwicklung der weiblichen Sexualcharaktere mächtig anregt.

Über die Unterfunktion der Keimdrüsen beim Manne sind wir durch das Studium an Kastraten genau unterrichtet. Eine in früher Jugend durchgeführte Kastration führt zu einer Verlängerung der Reifezeit des Individuums und hemmt die volle Entwicklung seiner Sexualcharaktere. Der Körper solcher Kastraten nähert sich der sogenannten asexuellen Speziesform. Während die Frühkastration sekundäre Störungen anderer innersekretorischer Organe mit sich bringt, fehlt dieser Einfluß bei der nach Abschluß der Entwicklung vorgenommenen Kastration. Als wesentliche Kastrationsfolgen sind beim Manne folgende bekannt: Die typisch männliche Behaarung kommt nicht zur Ausbildung. Das Lanugokleid bleibt während des ganzen Lebens bestehen. Die Schamhaargrenze verläuft horizontal. Die Glatzenbildung bleibt, wie besonders Untersuchungen bei Skopzen und Eunuchen gelehrt haben, aus. Erst im höheren Alter tritt eine eigenartige Behaarung der Oberlippe wie bei alten Frauen auf. In der Gegend der Nates, der Mammae, der Trochanteren, der Cristae iliacae, am Bauch und am Schamberg kommt es zu dem für den eunuchoiden Habitus charakteristischen Fettansatz. Der Kehlkopf der Kastraten bleibt kindlich. Die Stimme hat den Klang eines kindlichen Soprans. Das Knochenwachstum ist allgemein gesteigert. An dieser Wachstumssteigerung nehmen auch die Knochen des Beckens teil, wodurch es sich in allen Dimensionen vergrößert.

Beim menschlichen Weibe sind nur die Folgen der Spätkastration bekannt. Der starke Bartwuchs, die Behaarung am Oberbauch und in der Brustgegend, die tiefe Stimme charakterisieren hier den Umschlag in den heterosexuellen Typus.

Daß die Kastration zu einem gesteigerten Fettansatz führt, ist eine auch Tierzüchtern bekannte Erfahrung. Das Fettwerden der männlichen Kastraten, der gesteigerte Fettansatz bei Frauen in der Menopause werden gleichfalls auf eine Ausschaltung resp. Herabsetzung der Keimdrüsenhormone bezogen. Die Ursache ist einmal in der Verminderung des Gesamtstoffwechsels gesucht und bei Untersuchung des Gaswechsels auch bestätigt worden [Löwy und Richter[1])]. Die Oxydationsprozesse werden nach Entfernung der Keimdrüsen vermindert, wodurch unter sonst gleichen Ernährungsbedingungen calorische Einsparungen gemacht werden können, welche als Fett gespeichert werden. Die Herabsetzung des Gesamtstoffwechsels kann bis 20% betragen. Gewiß ist bei diesen Untersuchungen, die durchaus nicht alle eindeutig verliefen, die nach Entfernung der Keimdrüsen eintretende Änderung des Temperaments zu berücksichtigen, welche zu einer verminderten körperlichen Arbeitsleistung führt und auf diesem Wege schon energetische Einsparungen bedingt. Daß den Keimdrüsen tatsächlich ein Einfluß auf den Stoffwechsel zukommt, ist durch die Folgen der subcutanen und peroralen Einverleibung von Ovarial- oder Hodensubstanz erwiesen. Während

---

1) Löwy und Richter: Zentralbl. f. Physiol. 1902.

Tiere mit normalem Keimdrüsenapparat auf die Zufuhr solcher Substanzen nicht reagieren, gelingt es bei kastrierten Tieren, den gesunkenen Stoffwechsel durch Einführung der Keimdrüsensubstanz wieder zu heben. Irgendwelcher Einfluß auf den Eiweißstoffwechsel ist durch die Kastration bisher nicht erwiesen. Der Kohlehydratstoffwechsel ist bei kastrierten Tieren im Sinne einer Herabsetzung der Assimilationsgrenze geändert.

Auf die Zusammensetzung des Blutes wirkt die Entfernung der Keimdrüsen im Sinne einer Verminderung des Hämoglobingehalts und der Erythrocyten, besonders dann, wenn die Kastration zu Beginn der Geschlechtsreife durchgeführt wurde [BREUER und v. SEILLER[1]), ADLER[2])]. Daß die Chlorose auf eine Störung der innersekretorischen Keimdrüsentätigkeit zurückgeführt wird, ist im Kapitel VIII eingehender erörtert.

Transplantationsversuche. Nachdem 1849 BERTHOLD die Einheilung von Hoden bei kastrierten Hähnen und die Regeneration ihrer Geschlechtsattribute gelungen war, die sich psychisch im Wiederauftreten der Kampflust, somatisch in der Ausbildung der Kammlappen äußerte, veröffentlichte im Jahre 1910 STEINACH[3]) seine ersten Versuchsreihen über Transplantation der Keimdrüsen. Er zeigte, daß bei den Säugern die Erscheinungen der Pubertät und der sexuellen Entwicklung in körperlicher wie seelischer Beziehung von den biochemischen Wirkungen der inkretorischen Keimdrüsenhormone beherrscht werden. Durch Implantation weiblicher Gonaden in kastrierte Männchen werden bei diesen die weiblichen Geschlechtsmerkmale und umgekehrt durch Implantation männlicher Gonaden in kastrierte Weibchen die Ausbildung männlicher Geschlechtsmerkmale angeregt.

Die spezifischen Elemente der männlichen und weiblichen Keimdrüsen werden von ihm als Pubertätsdrüse bezeichnet und durch die experimentelle „Feminierung“[4]) und „Maskulierung“[5]) die Geschlechtsspezifität der Sexualhormone sichergestellt. Das männliche Hormon soll nur die männlichen, das weibliche nur die weiblichen Geschlechtsmerkmale zur Ausbildung bringen. Weiterhin schließt STEINACH aus seinen Untersuchungen auf einen Antagonismus der Sexualhormone, welcher bewirkt, daß die „Pubertätsdrüse“ die ihr homologen Geschlechtsmerkmale fördert, die heterologen hingegen hemmt. Durch experimentelle „Hermaphrodisierung“, nämlich Implantation weiblicher und männlicher Keimdrüsen in ein und dasselbe Tier konnte er Zwittererscheinungen produzieren. Er glaubt auch bei hermaphroditischen Tieren und Menschen eine unvollständige Differenzierung des Keimapparates gefunden zu haben[6]).

Seine weiteren Versuche beschäftigten sich mit der Aufgabe, den „Senilismus der Pubertätsdrüse zu beheben, indem durch künstlich erzeugte Wucherung ihrer Elemente die inkretorische Tätigkeit derselben von neuem entfacht wird“. Diese Aufgabe wird bewältigt durch eine zwischen Hoden und Nebenhodenkopf gelegte Ligatur. Diese Unterbindung der Samenwege bedingt ein frisches Wachstum, eine Wucherung „eine Verjüngung der alternden, untätig gewordenen Pubertätsdrüse“, welche in wenigen Wochen nach ihrer Reaktivierung ihren belebenden Einfluß auf Körper und Psyche der alternden Tiere geltend macht. Als verjüngende Wirkungen der regenerierten LEYDIGschen Zwischenzellen werden folgende genannt: Das alte, abgemagerte, dürftige Tier wird voll, schwer und breit. Die haararmen oder nackten Stellen und Flecken verschwinden. Durch neue Sprossung jungen Haares wird das ganze Fell wieder dicht und glänzend. Die Haltung des Tieres

[1]) BREUER und v. SEILLER: Arch. f. exp. Pathol. u. Pharmakol. Bd. 50, S. 169. 1903.

[2]) ADLER: Arch. f. Gynäkol. Bd. 95, S. 349. 1911.

[3]) STEINACH: Zentralbl. f. Physiol. Bd. 24. 1910.

[4]) und [5]) Pflügers Arch. f. d. ges. Physiol. Bd. 44. 1912 und Zentralbl. f. Physiol. Bd. 27. 1913.

[6]) STEINACH: Arch. f. Entwicklungsmech. d. Organismen. Bd. 42. 1916 und Bd. 46. 1920.

bessert sich, die getrübten Augenmedien werden wieder durchsichtig und leuchtend. Während die LEYDIGschen Zwischenzellen nach der Unterbindung eine weitgehende Wucherung zeigen, bilden sich die Samenkanälchen anfänglich zurück. Acht Monate nach der Unterbindung ist die große Mehrheit derselben aber wieder in schöner Ausbildung in voller Spermatogenese. Damit soll bei dem senilen Tier die Potentia coeundi wie auch die Potentia generandi wieder hergestellt sein. Das sind die wesentlichen Daten der „Verjüngung" durch experimentelle Neubelebung der alternden Pubertätsdrüse"[1]).

Die Konsequenzen für die menschliche Pathologie — die Heilung der Kastrationsfolgen und der Homosexualität beim Menschen[2]) — müssen vorläufig mit großer Zurückhaltung beurteilt werden.

Als Hypergenitalismus werden Fälle mit primärer Störung der Keimdrüsenfunktion beschrieben. Unter vorzeitiger Entwicklung der Genitalien kommt es zu einem frühzeitigen Schluß der Epiphysenfugen. Die exzessive Entwicklung des Keimdrüsenapparates führt schon in den ersten Lebensjahren zu Erektion und Ejaculation. Das durch die starke Entwicklung der Keimdrüsen beschleunigte Knochenwachstum eilt in solchen Fällen der geistigen und psychischen Entwicklung weit voraus.

6. Die Störungen der Nebennierenfunktion.

Beim Menschen stellen die Nebennieren die Verschmelzung zweier bei vielen Tieren (Fischen) getrennt vorkommender Organe dar.

Der Rindensubstanz entspricht das bei Fischen sogenannte Interrenalsystem, das sich aus dem Pleuroperitonealepithel entwickelt, also mesodermaler Abkunft ist. Die in der Rindensubstanz in Balken- und Schlauchform angeordneten Zellen zeichnen sich durch ihren großen Lipoidreichtum aus. Die Marksubstanz ist ektodermaler Abkunft; sie liegt bei den Fischen in einzelnen Körperchen entlang dem sympathischen Grenzstrang und ist histochemisch durch ihre Affinität zu den Chromsalzen charakterisiert. Man spricht daher auch kurzweg vom chromaffinen Gewebe oder wegen seiner Adrenalin bildenden Funktion vom Adrenalsystem. Von beiden Systemen kommen auch beim Menschen gewissermaßen versprengte Anteile vor, so vom Interrenalsystem in den Beizwischennieren, in den Nieren, im Retroperitonealraum, in Tuben und Ovarien, Hoden und Samenstrang; chromaffines Gewebe findet sich in den Darmganglien, der Carotisdrüse und den sympathischen Geflechten.

Die Funktion der Rinde ist noch nicht genauer bekannt. Eine Teilfunktion besteht jedenfalls in der Lipoidspeicherung. Histochemische Untersuchungen zeigen ihren Reichtum an lipoiden Substanzen, besonders an Cholesterin und seinen Estern. Für die Bildung des Cholesterins, für seine Veresterung und Entesterung kommt die Nebenniere nicht in Betracht. Die Hauptfunktion des Marks ist die Adrenalinsekretion. Auf die verschiedensten Reize hin — toxische sowohl wie nervöse — kann ein Verlust der Lipoide, ein Schwinden der Chromreaktion und Hyperämie der Nebennieren eintreten. So wirken z. B. das Diphtherietoxin, die bei septischen Erkrankungen entstehenden Gifte, die Substanzen der Galle, ebenso Arsen, Phosphor und Thorium.

Die hohe pharmakologische, besonders blutdrucksteigernde Wirkung der Nebennierenextrakte verdanken sie dem Adrenalin.

Die Reindarstellung in krystallinischer Form gelingt durch Befreiung der Nebennierenextrakte von Nebensubstanzen durch Alkohol oder Bleiacetat und Einengung des Filtrats unter Zusatz von konzentriertem Ammoniak. Nach wiederholtem Lösen eines sich bildenden krystallinischen Niederschlags in Säure und

[1]) Verjüngung durch experimentelle Neubelebung der alternden Pubertätsdrüse. Berlin: Julius Springer 1920.

[2]) Münch. med. Wochenschr. 1918. Nr. 6.

Umfällung mit Ammoniak krystallisiert das gereinigte Produkt in prismatischen Nadeln und rhombischen Blättchen aus. Die wichtigsten Reaktionen des Adrenalins sind Reduktion der FEHLINGschen Lösung und einer ammoniakalischen Silberlösung, die leichte Oxydierbarkeit der Substanz durch Jod, Salpetersäure, Kaliumbichromat und Ferricyankalium, wobei eine intensive Rotfärbung auftritt. Bei Gegenwart von Sauerstoff oxydiert die wässerige Lösung spontan; es kommt zunächst zu einer Rot-, später zu einer Braunfärbung. Zusatz einer sehr stark verdünnten Eisenchloridlösung gibt die charakteristische Grünfärbung. Das Adrenalin ist ein Methylamino-Äthanolbrenzcatechin

```
          C
   OHC/ \C — CH(OH) CH₂NH · CH₃
   OHC| |C
      \ /
       C
```

Der Nachweis, daß es sich um ein Brenzcatechinderivat handelt, ist dadurch leicht zu erbringen, daß das Adrenalin durch Reduktion aus dem Methylaminoacetobrenzcatechin erhalten werden kann. Das natürliche Produkt der Nebennieren ist linksdrehend. Das synthetisch gewonnene Rechtsadrenalin ist weniger wirksam, das synthetische Linksadrenalin dagegen von gleicher Wirksamkeit wie das natürliche Produkt der Nebennieren. Die wichtigste Wirkung des Adrenalins ist die Blutdrucksteigerung. Das Adrenalin hat einen doppelten Angriffspunkt. Es bedingt einerseits eine hochgradige Verengerung der kleinsten Arterien, wirkt andererseits erregend auf das Herz. Die Blutdrucksteigerung tritt auch nach vollständiger Ausschaltung der vasomotorischen Zentren ein. An überlebenden Organen bewirkt Adrenalinzusatz zur Durchströmungsflüssigkeit eine Verlangsamung, unter Umständen vollkommenen Stillstand der Strömung. Ausgeschnittene Arterienstreifen, die in körperwarmer RINGERscher Lösung suspendiert sind, reagieren auf Zusatz von Adrenalin mit einer deutlichen Verkürzung. Hiervon machen die Coronargefäße des Herzens eine interessante und auch therapeutisch wichtige Ausnahme. Sie zeigen unter den angegebenen Bedingungen keine Verkürzung, sondern eher eine Verlängerung. Durch seine vasokonstringierenden Wirkungen bewirkt das Adrenalin bei lokaler Applikation eine Anämisierung seines Wirkungsbereichs und hemmt damit gleichzeitig die Resorption anderer injizierter Substanzen, z. B. Anästhetica. Das Adrenalin wirkt durch Erregung des spezifischen sympathischen Nervenendapparates. Durch Reizung des Halssympathicus bewirkt es Pupillenerweiterung. Die Sekretion der Speicheldrüsen und der Tränendrüsen wird durch Adrenalin vermehrt. Auf den Uterus wirkt es wie eine Reizung der sympathischen Fasern des Organs, stark erregend.

Der Gehalt des Blutes an Adrenalin ist so gering, daß es sich darin nicht chemisch, sondern nur biologisch nachweisen läßt. So hat besonders das Serum der Nebennierenvene pupillenerweiternde Wirkung auf das enukleierte Froschauge und wirkt auf in Ringerlösung suspendierte Arterienstreifen ganz wie verdünnte Adrenalinlösungen verkürzend.

Am isolierten Herzen bewirkt Adrenalin eine Verstärkung und Beschleunigung der Herztätigkeit. Auch an einem nach LANGENDORFF durchströmten Säugetierherzen kann eine durch verschiedene Mittel abgeschwächte Herztätigkeit durch Adrenalin ausgeglichen werden. Der isolierte Darm wird durch Adrenalin noch in Verdünnungen von 1:30.000.000 und darüber in seiner Tätigkeit gehemmt. Die Wirkungen des Adrenalins auf den Uterus sind tonussteigernde und hier besonders deutlich anämisierende. Diese Effekte treten am schwangeren Uterus stärker zutage. Bei graviden Tieren hat man durch intravenöse Adrenalininjektion eine künstliche Frühgeburt bewirkt. In die Blutbahn injiziertes Adrenalin erweitert die Pupille durch Reizung des Dilatator. Beim gesunden Menschen macht direkte Einträufelung von Adrenalin in den Bindehautsack keine Mydriasis. Nach Exstirpation des Ganglion cervicale supremum wirkt die Adrenalininstallation weit kräftiger. Diese Beobachtung führte LÖWI[1]) zu der Auffassung, daß im Sympathicus auch hemmende Fasern für den Musculus dilatator pupillae verlaufen. Ein Wegfall oder eine Unterdrückung solcher sympathischer Hemmungen müßte Adrenalinmydriasis zustande kommen lassen. Da auch das Pankreas sympathisch innervierte Organe in ihren Funktionen hemmt, tritt nach Entfernung des Organs auf eine Reizung des Dilatator pupillae durch Adrenalin

[1]) LÖWI: Handbuch der Pathologie des Stoffwechsels, v. NOORDEN. Bd. 2. 1907.

Mydriasis ein. Funktionsstörungen des Pankreas geben gelegentlich eine positive Pupillenreaktion auf Adrenalin (sogenannte Löwische Reaktion).

Experimentelle Entfernung der Nebennieren wirkt unbedingt tödlich. Die Lebenswichtigkeit dieser Organe ist unbestritten. Wird nur eine Nebenniere entfernt, so hypertrophiert die zurückbleibende. Die Ausfallssymptome treten nach radikaler Entfernung beider Organe sehr rasch auf. Ob es schon nach Stunden zu Krankheitserscheinungen, die auf den Defekt der Nebennieren zu beziehen sind, kommt, muß bei der Schwere des Eingriffs dahingestellt bleiben. Zunächst wird eine intensive Muskelschwäche beobachtet, der bald eine allgemeine Mattigkeit folgt; manchmal werden Lähmungen der Extremitäten beobachtet, die Tiere können sich nicht mehr auf den Beinen halten; später treten Störungen der Atmung und Herztätigkeit hinzu, die Wärmeregulation ist gestört, es kommt zu Untertemperaturen. Erbrechen und Durchfälle führen zu einer rasch fortschreitenden Abmagerung der Tiere. Eine sichere Folge der Nebennierenexstirpation ist das Absinken des Blutdrucks; unter den Störungen des Stoffwechsels sind das Verschwinden des Leberglykogens und das damit im Zusammenhang stehende Absinken des Blutzuckers die auffälligsten. Der Leberglykogenmangel läßt die Wirkungslosigkeit des Zuckerstichs nach Nebennierenexstirpation verständlich erscheinen. Die Tiere gehen 4—6 Tage nach der Operation unter Muskelzuckungen zugrunde. Bei der Sektion werden nicht selten Magen- und Darmgeschwüre gefunden.

Bei der Lebenswichtigkeit der Nebennieren ist es begreiflich, daß das vollkommene Fehlen der Nebennieren beim Menschen außerordentlich selten beobachtet wird. In den wenigen bekannt gewordenen Fällen ist wahrscheinlich akzessorisches Nebennierengewebe übersehen worden. Bei der sogenannten Nebennierenapoplexie kann es zu Zerstörungen des ganzen Organs kommen. Die klinischen Folgen sind kollapsartige Zustände mit schweren peritonitischen Erscheinungen, Krämpfen und Bewußtlosigkeit. Während akut entzündliche Prozesse, wie sie bei vielen Infektionskrankheiten, besonders bei der Diphtherie und dem Fleckfieber beobachtet werden, zu keinem charakteristischen Funktionsausfall führen, haben chronische Entzündungen und degenerative Veränderungen, vor allem die Tuberkulose der Nebennieren, einen sehr charakteristischen Symptomenkomplex zur Folge. Da bei der Tuberkulose meist beide Organe gleichzeitig getroffen werden, ist man berechtigt, ihn als Ausfallsfolgen der Nebennierenfunktion zu deuten. Er ist nach dem ersten Beschreiber als Addisonsche Krankheit bekannt geworden. Störungen von seiten der Herztätigkeit mit schwerer hypotonischer Blutdrucksenkung, allgemeine Mattigkeit, hochgradige Muskelschwäche, Anämie, chronische, durch kein Mittel zu beeinflussende Durchfälle, beherrschen neben einer über den ganzen Körper sich verbreitenden, oft an der Schleimhaut des Mundes zuerst auftretenden grauen bis braunen Pigmentation das schwere Krankheitsbild. In vielen, nicht in allen Fällen findet sich eine Verminderung des Blutzuckers bis auf die Hälfte des normalen Wertes. Der Ausfall der Adrenalinproduktion erklärt ungezwungen die Herabsetzung des Blutdrucks in den Endstadien bis 70 mm Hg und weniger. Auch die in vielen Fällen bei Bestreichen der Haut auftretende Ligne blanche surrénale wird durch den Wegfall des vasotonisierenden Einflusses des Adrenalsystems erklärt. Ebenso hat man die eigentümliche braune Pigmentation der Addisonkranken mit der Störung des Adrenalinstoffwechsels in Beziehung gebracht. Die Muttersubstanzen für die gebildeten Pigmente stehen dem Adrenalin chemisch nahe. Eine solche Pigmentvorstufe ist z. B. das Dioxyphenylalanin, das sowohl dem Adrenalin wie dem normalen Hautpigment als Ausgangskörper dient. Da dieselbe zur Bildung von Adrenalin nicht mehr in ausreichendem Maße herangezogen werden kann, wird aus ihr das Propigment in überreichlicher Menge gebildet:

OH, OH (am Ring)	OH, OH (am Ring)
OH_2CHNH_2COOH	$CHOHCH_2(NHCH_3)$
Dioxylphenylalanin	Adrenalin

wodurch die allgemeine Hyperpigmentation eine einfache Deutung findet [Bloch und Löffler[1])].

Wie im Tierexperiment können beim Morbus Addison zuletzt subnormale Temperaturen gefunden werden.

7. Die Störungen der inneren Sekretion des Pankreas.

Im Pankreas stellen die Langerhansschen Inseln einen selbständigen inkretorischen Apparat dar. Beweise für seine Selbständigkeit hat man in seinem refraktären Verhalten gegen verschiedene Noxen gesehen. So bewirkt z. B. die Unterbindung des Ausführungsganges eine einseitige *Atrophie des acinösen Gewebes*, während die Inseln erhalten bleiben. Die Zellen der Inseln sind epithelialen Ursprungs, und zwar stammen sie aus dem Epithel der Ausführungsgänge. Sie werden im fötalen, aber auch noch in der ersten Zeit des postfötalen Lebens gebildet. Einen weiteren Beweis für die Selbständigkeit des Inselapparats hat man in der isolierten Erkrankung beim Diabetes mellitus sehen wollen [Heiberg[2])]. Über die dominierende Rolle, welche die Bauchspeicheldrüse als inkretorisches Organ im Kohlehydratstoffwechsel spielt, wurde im Kapitel V berichtet. Sicher ist, daß Glykogenese und Glykogenolyse unter der Einwirkung des Pankreashormons stehen und wahrscheinlich auch der Zuckerverbrauch in den Geweben unter der Mitwirkung *inkretorischer* Funktionen des Pankreas geregelt wird. Ob auch die Resorption der Nahrungsstoffe und die Fettverwertung von ihnen beherrscht werden, ist noch strittig.

8. Die Korrelationsstörungen der innersekretorischen Organe.

Die Abgrenzung des Funktionsbereichs eines einzelnen innersekretorischen Organs ist dadurch besonders schwierig, daß die inkretorischen Drüsen sich in ihrer Tätigkeit wechselseitig hemmen und fördern. Auf dem Gebiete des Kohlehydratstoffwechsels ist sicher, daß eine *Überfunktion* der Schilddrüse, Hypophyse und Nebennieren und eine *Unterfunktion* des Pankreas die Kohlehydrattoleranz vermindern.

Schilddrüse, Hypophyse und chromaffines System *beschleunigen*, Pankreas und Epithelkörperchen *hemmen* den Kohlehydratumsatz.

---

1) Bloch und Löffler: Dtsch. Arch. f. klin. Med. Bd. 121, S. 262. 1917.
2) Heiberg: Merkel-Bonnets Ergebn. Bd. 19. 1909.

Beim schilddrüsenlosen Tier bedingt das Adrenalin keine Glykosurie. Ist die Schilddrüse erhalten, so tritt Zucker im Harn auf, woraus geschlossen wird, daß Schilddrüse und chromaffines System synergetisch arbeiten.

Der Eiweißumsatz ist beim schilddrüsenlosen Tier vermindert, und auch die Adrenalinapplikation bedingt darin keine Änderung. Ist die Schilddrüse vorhanden, so bewirkt das Adrenalin eine Steigerung des Eiweißumsatzes, was besonders an Hungertieren hervortritt. Auch daraus läßt sich ableiten, daß Schilddrüse und chromaffines System Synergisten sind. Wird einem Tiere das Pankreas entfernt, so steigt der Eiweißumsatz, eine Steigerung, die durch Adrenalinapplikation noch weiter getrieben werden kann. Daraus wird geschlossen, daß das Pankreas und das chromaffine System antagonistisch wirken. Wird einem schilddrüsenlosen Tier das Pankreas exstirpiert, so steigt der Eiweißumsatz viel weniger,[1] als wenn die Schilddrüse vorhanden ist. Demnach wirken auch Schilddrüse und Pankreas antagonistisch. Die Tatsache, daß das Adrenalin beim schilddrüsenlosen Tier keine Glykosurie bedingt, wird dadurch erklärt, daß der Fortfall der Schilddrüse eine Überfunktion des den Kohlehydratstoffwechsel hemmenden pankreatischen Apparats mit sich bringt. Die gleichzeitige Exstirpation von Epithelkörperchen und Pankreas bedingt eine besonders starke Steigerung des Stickstoffumsatzes, da beide die den Eiweißstoffwechsel anfachende Schilddrüse hemmen und nach ihrem Fortfall eine Überfunktion der Schilddrüse resultiert. Demnach wirken:

Thyroidea → ← Pankreas: einander hemmend,
chromaffines System → ← Pankreas: einander hemmend,
Thyroidea → → chromaffines System: einander fördernd.

Die Verhältnisse werden weiterhin dadurch kompliziert, daß die inkretorischen Organe unter dem Einfluß des Nervensystems, speziell des sympathischen und autonomen Nervensystems, stehen, andererseits aber der Einfluß der Nerven auf die zugehörigen Organe wieder unter der Wirkung der Inkrete gehemmt oder gefördert werden kann. Die peripheren Blutgefäße, kleinen Arterien und Capillaren stehen z. B. unter dem Einfluß der Schilddrüsen- und Thymusinkrete. Gleichzeitig sind sie aber von Nerveneinflüssen wesentlich abhängig. Hier zeigt sich, daß Nerveneinflüsse und spezifisch wirkende Produkte in engstem Zusammenhang stehen [ABDERHALDEN und GELLHORN[1])]. Wahrscheinlich ist der Kreis der inkretorischen Organe noch weiter zu ziehen, als es hier geschehen ist. Über die behaupteten inkretorischen Funktionen der Zirbeldrüse, der Milz und der Nieren ist nur wenig Sicheres bekannt.

---

[1]) ABDERHALDEN und GELLHORN: Pflügers Arch. f. d. ges. Physiol. Bd. 193, S. 47. 1921.

XI. Die Störungen der Funktion des Nervensystems.

Für das Wirksamwerden eines nervösen Reizes sind drei Funktionen in erster Linie von Bedeutung: die Erregbarkeit der Nerven, die Erregungsleitung und die Anspruchsfähigkeit des Erfolgsorgans.

Der Effekt des Reizes eines motorischen Nerven z. B. kann ausbleiben, wenn seine Erregbarkeit herabgesetzt resp. aufgehoben ist, wenn die Leitung unterbrochen wurde oder wenn das Erfolgsorgan, der Muskel, entartet ist. Nerven, die die Erregung des Sinnesorgans zentripetal leiten, werden als Receptoren den Effektoren, die den Reiz zu den Erfolgsorganen (Drüsen, Muskeln) tragen, gegenübergestellt. Die Receptoren treten in das Rückenmark durch die hinteren Wurzeln ein, die Effektoren durch die vorderen Wurzeln aus. Die Träger der Erregung sind die Neurofribillen, welche durch die Perifibrillärsubstanz von einander isoliert kontinuierlich die ganze Faser durchziehen. Die Markscheiden sind an den RANVIERschen Schnürringen unterbrochen. Die Fortpflanzungsgeschwindigkeit der Erregung wird für den Menschen zwischen 33 m und 120 m pro Sekunde angegeben.

An Froschpräparaten fand sich die Nervenleitungsgeschwindigkeit in hypotonischer Ringerlösung verlangsamt 17,6 m/sek, in hypertonischer Ringerlösung beschleunigt 29,3 m/sek [BROEMSER [1]]; sie ist bei etwa 18° C sehr nahe gleich der Fortpflanzungsgeschwindigkeit einer Konzentrationswelle berechnet aus dem osmotischen Druck der Körpersäfte des Frosches p_0 und der Dichte des Wassers σ $v = \sqrt{\frac{p_0}{\sigma}}$ [BROEMSER [1]].

A. Chemische Zusammensetzung.

Die chemische Zusammensetzung des Gehirns und des Rückenmarks und der peripheren Nerven weicht in ganz charakteristischer Weise von der aller übrigen Gewebe ab durch ihren hohen Gehalt an Lipoiden.

Nach THUDICHUM [2]) enthält

	die weiße Substanz	die graue Substanz
Wasser	70,230%	85,270%
Ätherauszug (Kephalin, Lecithin, Cholesterin	11,497%	1,950 = 2,73% + 0,780
Cerebroside, Cerebrinacide . Myeline	6,910	0,424%

Daraus ergeben sich für die weiße Substanz 18,407% „Lipoide". Für die Muskulatur werden von RUMPF beispielsweise 3,73%, für die Milz 0,25—4,81% Fettgehalt der feuchten Substanz angegeben.

---

[1]) BROEMSER: Zeitschr. f. Biol. Bd. 72, S. 37.

[2]) THUDICHUM: Die chemische Konstitution des Gehirns des Menschen und der Tiere. 1901. S. 276, 278.

Exakte Analysen, die die Verteilung der einzelnen Phosphatide auf die verschiedenen Hirnteile ergeben, liegen bisher nicht vor. Die diesbezüglichen Angaben von THUDICHUM sind veraltet.

B. Wirkung der Narkotica.

Der relative Reichtum der Hirn- und Nervensubstanz an Lipoiden ist für ihre besondere Empfindlichkeit gegenüber lipoidlöslichen Giften von Bedeutung. So wird z. B. die Verteilung der Narcotika durch ihre Lösungsaffinität zu fettartigen Substanzen beherrscht; d. h. sie dringen um so schneller in das Protoplasma ein, je größer ihre Fettlöslichkeit im Verhältnis zur Löslichkeit im Wasser ist [OVERTON[1])]. Die Narkotica lockern die Lipoidstruktur, steigern deren Permeabilität, ändern die chemischen Wechselwirkungen im Haushalt der Zelle und bedingen dadurch eine Änderung ihrer Erregbarkeit [H. MEYER[2])]. HÖBER denkt eher an eine Verfestigung der Lipoide unter dem Einfluß der Narkose: Die normale Erregung ist bedingt durch eine Kolloidzustandsänderung in der Plasmahaut im Sinne einer Auflockerung derselben; durch sie wird eine erhöhte Durchlässigkeit bewirkt; „die Durchtränkung mit Narkoticum verhindert die sonst bei der Erregung zustande kommende Auflockerung der kolloiden Lipoide" [HÖBER[3])].

An welchem Teile des Nervensystems die Narkotica vorzugsweise angreifen, ist nur im groben untersucht. In der weißen Substanz wird nach Chloroformnarkosen mehr vom Narkosemittel gefunden als in der grauen [FRISON und NICLOUX[4])], was gut mit ihrem größeren Gehalt an Lipoiden und Cholestearin übereinstimmt [WEIL[5]) und FRÄNKEL[6])]. Die narkotische Wirkung äußert sich auch am peripheren Nerven in Versuchen am Nerv-Muskel-Präparat, bei denen die zentrale Ganglienzelle ausgeschaltet ist. Daher wirken die Narkotica, falls sie genügend löslich sind [GROS[7])], auch lokal anästhesierend. Dabei zeigt sich, daß das zentrale Nervensystem wesentlich empfindlicher ist als der periphere motorische Nerv. Während der Narkose des lebenden Nerven wird eine Herabsetzung der Anisotropie der Markscheide gefunden, eine Erscheinung, die nach SPIEGEL[8]) für eine Mitbeteiligung der narkotischen Wirkung auch an den Markscheiden spricht.

In jeder Art von Narkose geht dem Stadium der Lähmung ein solches der Reizung voraus. Solche Reizungen können allein schon durch eine Änderung des Milieus zustande kommen. Verschiebungen des Ionengleichgewichts spielen eine wichtige Rolle ebenso wie die Störungen der Isoosmie. Nach Injektion von reinem Wasser tritt zunächst ein brennender Schmerz, später vollkommene Gefühl- und Schmerzlosigkeit ein. Ebenso werden durch hypertonische

---

[1]) OVERTON: Studien über Narkose. Jena: Fischer 1901.

[2]) H. MEYER: Mus. Me. 100. 1909. Nr. 31.

[3]) HÖBER: Physikalische Chemie der Zelle und der Gewebe. 3. Aufl. Leipzig 1911. S. 225.

[4]) FRISON und NICLOUX: Cpt. rend. soc. de biol. Vol. 62, p. 1153; Vol. 63, p. 220. 1907.

[5]) WEIL: Zeitschr. f. d. ges. Neurol. u. Psychiatrie. Ref. Bd. 7, S. 1. 1913.

[6]) FRÄNKEL: Biochem. Zeitschr. Bd. 46, S. 253. 1912.

[7]) GROS, O.: A. e. P. P. Bd. 62, S. 380. 1910.

[8]) SPIEGEL: Pflügers Arch. f. d. ges. Physiol. Bd. 192, S. 240. 1921.

Lösungen nach anfänglichem Reiz Nervenlähmungen erzielt. Es können demnach, abgesehen von rein chemischen Wirkungen, chemisch-physikalische Zustandsänderungen im Sinne einer Quellung oder Wasserentziehung die Nervenelemente reizen und später lähmen. Der Indifferenzpunkt liegt immer bei der physiologischen, dem Blute isotonischen Konzentration [BRAUN [1])].

Neben der terminalen Anästhesie, die an den Nervenendigungen angreift (nach dem Typus der Cocainwirkung), können durch Leitungsunterbrechung an Nervenstämmen große Bereiche der sensiblen Sphäre ausgeschaltet werden. Durch Druck auf die großen Nervenstämme, durch niedere Temperaturen lassen sich solche Unterbrechungen der Leitung erreichen und sind in der praktischen Medizin zur vorübergehenden Unempfindlichmachung eines peripher gelegenen Operationsgebietes auch verwendet worden.

Auch durch Anämisierung eines Gliedes läßt sich vollkommene Unempfindlichkeit desselben erreichen. STENSON zeigte, daß die Kompression der Bauchaorta des Kaninchens rasch zur Lähmung der hinteren

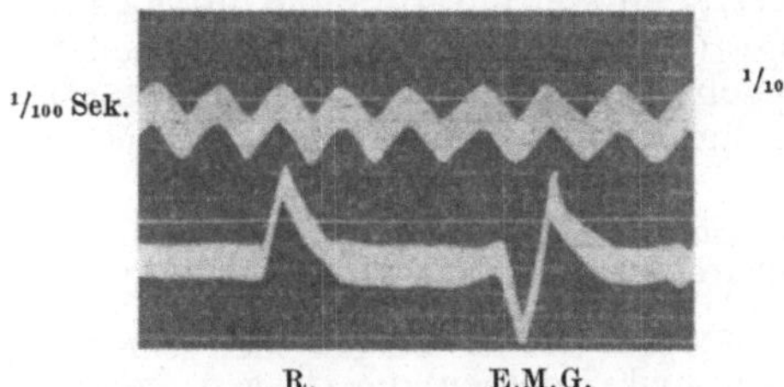

Abb. 19. Normaler Achillessehnenreflex. R=Schlag auf die Sehne. E.M.G.=Elektromyogramm der Muskelkontraktion.

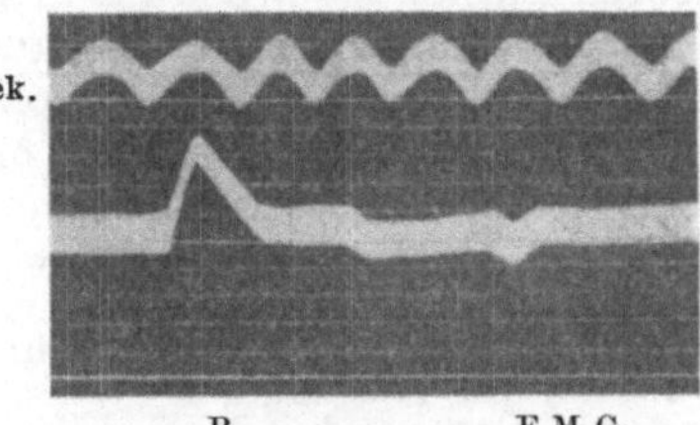

Abb. 20. Achillessehnenreflex nach 20 Minuten dauernder Blutleere. E.M.G. fast erloschen.

Extremitäten infolge der Schädigung des gegen Sauerstoffmangel sehr empfindlichen Rückenmarks führt.

Eigene Versuche (mit SCHELLONG) mit elastischer Umschnürung des Oberschenkels führten zum Verschwinden des Achillessehnenreflexes in 20—25 Minuten nach beginnender Anämisierung, wobei die Reflexlatenzzeit bis zum Schluß fast ungeändert blieb $= {}^{14}/_{400}''$ (s. Abb. 19 u. 20).

Für praktische Zwecke ist diese Art der Leitungsunterbrechung wegen der Gefahr dauernder Nervenschädigungen besonders am Oberarm nicht durchführbar. Durch Injektion von Anaestheticis in den Nerven oder in seine Umgebung wird die Leitungsanästhesie schneller und sicherer herbeigeführt.

Hierher gehört auch die Einbringung anästhesierender Lösungen in den Rückenmarkskanal (Lumbalanästhesie). Eine Sonderstellung unter den nervenlähmenden Giften nehmen die Magnesiumsalze ein; die durch sie hervorgerufene elektive Nervenvergiftung kann durch Anwendung von Calciumsalzen rasch rückgängig gemacht werden [MELTZER und AUER [2])]. Der Angriffspunkt des Magnesiums ist an den Schaltstellen zwischen Nervenende und Erfolgsorgan (Synapse) gelegen.

[1]) BRAUN: Die Lokalanästhesie. S. 49. Leipzig 1905.
[2]) MELTZER und AUER: Americ. journ. of physiol. Vol. 21, p. 400. 1908.

Außer der Synapse des Nerv-Muskelpräparats werden auch Herz, Magen und Darm durch Magnesium gelähmt („Allgemeinnarkose“) [WICHMANN[1])].

Eine Verminderung des Calciums steigert die Erregbarkeit der Nerven; eine Vermehrung der Calciumionen dämpft diese, eine Erfahrung, die zur therapeutischen Verwendung der Calciumpräparate geführt hat, z. B. bei der Spasmophilie [E. MEYER[2])].

C. Reflexe.

Die Methoden der klinischen Untersuchung zur Prüfung der intakten Funktion der peripheren sensiblen Nerven sind einerseits angewiesen auf die Angaben des Untersuchten. So werden peripher gesetzte Temperatur-, Schmerz-, Berührungs- und elektrische Reize bei Erkrankungen des Receptorenapparates nicht empfunden. Objektiver Prüfung zugänglich sind andererseits diejenigen Reizeffekte, welche uns ohne Mitwirkung des Zentralorgans des Untersuchten deutlich werden. Das sind jene Reize, welche von den Receptoren auf dem Wege über das Rückenmark durch die Effektoren direkt der Muskulatur zugetragen werden, deren Kontraktion das Wirksamwerden des Reizes anzeigt (Reflex). Solche reflektorischen Reizeffekte können im Experiment nach Abtrennung des Rückenmarks vom Gehirn studiert werden. Man kann mit HOFFMANN[3]) zweierlei Arten von Reflexen unterscheiden:

1. Solche, die vom zu betrachtenden Muskel selbst kommen und durch den sensiblen Receptoren zum Rückenmark geleitet werden: Eigenerregung, proprioreceptive Reflexe, die uns als Sehnenreflexe geläufig sind;

2. solche, die von anderen Stellen des Körpers (Haut, Eingeweide, schmerzempfindende Organe der Muskeln, Sehnen und Knochen) übertragen werden. Fremdreflexe oder exteroreceptive Reflexe, gewöhnlich nicht ganz richtig „Hautreflexe“ genannt.

Wie die „Sehnenreflexe“ nicht allein von den sensiblen Organen, welche sich in den Sehnen zusammendrängen, sondern von allen im Muskel verteilten sensiblen Endapparaten ausgelöst werden können, daher besser „Eigenreflexe“ genannt werden, so sind unter „Hautflexen“ im weiteren Sinn alle reflektorischen Beeinflussungen des Muskels, die nicht von seinen eigenen receptorischen Nerven stammen, zu verstehen. Die Reflexzeit der Sehnenreflexe beträgt für den menschlichen Patellarreflex weniger als $^2/_{100}$ Sekunden, für den Achillessehnenreflex etwa $^3/_{100}$ Sekunden. Diese Zeitspanne wird fast völlig durch die Nervenleitungszeit verbraucht. Die Übertragungszeit im Rückenmark fällt in die Fehlergrenzen. Die Leitungszeit ist von der Reizstärke unabhängig. Bei willkürlicher Erregung des Muskels wird entgegen den alten Vorstellungen nach P. HOFFMANN der Reflex gebahnt; bei Kontraktion des Antagonisten gehemmt. Bei den Fremdreflexen ist die Reflexzeit in weitem Maße von der Reizstärke abhängig. Sie verkürzt sich mit zunehmender Verstärkung des Reizes. Ihr Minimum ist immer noch größer als die konstante Reflexzeit der Eigenreflexe. Die Fremdreflexe ermüden leicht, eine Erscheinung, die auch als Adaption beschrieben wird. Diese Gewöhnung an dauernd wiederkehrende Reize ist von erheblicher physiologischer und pathologischer Bedeutung. Die Sehnen- oder Eigenreflexe dagegen ermüden nicht. Es können ohne Schwierigkeit 50 Reflexe in der Sekunde durch das Rückenmark gesendet und durch die Aktionsströme des Muskels nachgewiesen werden. Wie alle lebenden Gebilde zeigt auch das Rückenmark nach seiner Erregung ein Refraktärstadium, d. h. eine Zeit, in dem ein noch so starker Reiz unwirksam ist. Das absolute Refraktärstadium beträgt beim Menschen nicht mehr als $^1/_{180}$ Sekunde [HOFFMANN[4])]. Im relativen Refraktärstadium wirkt ein schwacher Reiz allein nicht oder sein Erfolg ist herabgesetzt. $^1/_{10}$ Sekunde nach Ablauf eines

[1]) E. WICHMANN: Pflügers Arch. f. d. ges. Physiol. Bd. 182, S. 74. 1920.
[2]) E. MEYER: Therap. Monatsh. 1911. Nr. 7.
[3]) P. HOFFMANN: Zeitschr. f. Biol. Bd. 72, S. 101. 1920.
[4]) P. HOFFMANN: Zeitschr. f. Biol. Bd. 68, S. 351. 1918.

Sehnenreflexes ist die Leitfähigkeit im Rückenmark für Sehnenreflexe und Innervation herabgesetzt [1]). Eine physiologisch und pathologisch wichtige Funktion des Rückenmarks ist neben der Überleitung eines Sehnenreflexes die Reizspeicherung oder Summation der Reize.

Reize, die einzeln zu schwach sind, um einen Effekt auszulösen, können bei häufiger Wiederholung sehr wirksam werden, eine für viscerale Reflexe z. B. die der Geschlechtsorgane sehr geläufige Erscheinung. Am peripheren Receptorenapparat ist derartige Reizsummation nur für pathologische Verhältnisse bekannt (z. B. bei Tabikern). Für die Eigenreflexe fehlt die Reizspeicherung.

Hauptsächlichste Eigenheiten der Reflexarten [2]).

Eigenreflexe (Sehnenreflexe, proprioreceptive Reflexe).
Reflexzeit kurz, von der Reizstärke unabhängig.
Keine Summation bei wiederholtem Reiz.
Segmentale und halbseitige Beschränkung.
Schwer ermüdbar.
Unbewußt.
Untergeordnet.

Fremdreflexe (z. B. Hautreflexe, exteroreceptive Reflexe).
Reflexzeit relativ lang, von der Reizstärke abhängig.
Summation bei wiederholtem Reiz.
Übergreifen auf andere Segmente und auf andere Seite fast regelmäßig.
Rasch ermüdbar, Gewöhnung.
Bewußt.
Übergeordnet.

Die Eigenreflexe treten bei jeder willkürlichen Handlung in Funktion; sie werden entgegen unseren älteren Vorstellungen durch Kontraktion des Muskels gebahnt und haben z. B. für die Erhaltung einer Gelenkstellung erhebliche Bedeutung. Ärztlich diagnostisches Interesse haben das Fehlen und die Steigerung der Reflexe. Ist der Reflexbogen an irgendeiner Stelle geschädigt am Receptoren-, Effektoren- oder am Übertragungsapparat im Rückenmark, so werden die Reflexe abgeschwächt, bei vollkommener Unterbrechung aufgehoben. Da Receptoren wie Effektoren ihren Ursprung oder ihr Ende in der grauen Substanz des Rückenmarks haben, müssen mit deren Zerstörung die Reflexe aufhören. Den physiologischen Erfahrungen zu widersprechen scheinen Beobachtungen über das Fehlen der Patellarreflexe bei Läsionen des Rückenmarks die weit oberhalb der Überleitungsstelle liegen. Im Prinzip wird es sich auch in allen diesen Fällen doch um Läsionen am Übertragungsapparat handeln, die unseren verhältnismäßig groben Untersuchungsmethoden entgehen; hierher gehören auch die Fälle mit fehlendem Kniereflex bei Tumoren z. B. des Kleinhirns, welche mit starker Drucksteigerung im Liquor cerebrospinalis einhergehen.

Bei hochfieberhaften Infektionskrankheiten (Pneumonie) können die Reflexe verschwinden. Besonders interessant ist das Verschwinden der Reflexe bei schwer Zuckerkranken und im Coma diabeticum. Es ist naheliegend, das Aceton, welches ein wirksames Narkoticum ist, für diese Erscheinung verantwortlich zu machen.

Steigerung der Reflexe findet sich bei Reizzuständen an den hinteren Wurzeln, aus denen der zentripetale Schenkel des Reflexbogens entspringt, bei beginnender Erkrankung des Überleitungsapparates selbst. Die zentralen Einflüsse auf die Eigenreflexe sind noch wenig durchsichtig. Wir wissen, daß bei Erkrankungen der Pyramidenseitenstrangbahn und

---

[1]) Derselbe: Ebenda. Bd. 70, S. 515. 1920.
[2]) Nach P. Hoffmann: Zeitschr. f. Biol. Bd. 72, S. 106. 1920.

bei Querschnittsläsionen ohne vollkommene Unterbrechung erhebliche Reflexsteigerungen vorkommen; das gleiche beobachten wir bei allgemeinen leicht erregbaren „nervösen“ Menschen.

Es fragt sich, ob wir physiologische Anhaltspunkte für eine differente Funktion der grauen und der weißen Substanz haben. Solche werden gesehen in der differenten Blutversorgung beider Gebiete. Während die weiße Substanz arm an Gefäßen mit weitem Capillarschlingennetz versehen ist, wird die graue durch ein sehr engmaschiges Gefäßnetz versorgt. Von dieser besseren Blutversorgung schloß man auf lebhaftere Stoffwechselvorgänge in der grauen Substanz und fand als Anhaltspunkt für diese Auffassung eine sehr verschiedene Empfindlichkeit gegen Unterbrechung der Blutversorgung, welche in der grauen Substanz viel rascher zu chemischen und anatomischen Veränderungen führt als in der weißen [Brieger und Ehrlich[1])]. Diese hohe Empfindlichkeit der grauen Substanz gegen mangelnde Sauerstoffversorgung wird durch den fast momentanen Verlust des Bewußtseins bei Gehirnanämie charakterisiert. Solche Zustände wurden in der Pathologie besonders dann häufig beobachtet, wenn sich zu Störungen des zentralen oder peripheren Zirkulationsapparats eine Minderwertigkeit des Blutes hinzugesellt.

D. Der Schlaf und seine Störungen.

Fragt man nach den Ursachen des Ausfalls bestimmter Hirnfunktionen, so ist das Nächstliegende, sich nach einer Erklärung für die periodische Unterbrechung wesentlicher Hirnfunktionen durch den physiologischen Schlaf umzusehen. Man hat den Schlaf als eine Tonussteigerung des vegetativen, besonders des parasympathischen Nervensystems gekennzeichnet und ihm die Bedeutung einer Erholungszeit des animalen Nervensystems zugesprochen. Unter den Symptomen des Schlafs sind folgende von wesentlicher Bedeutung:

Der Gesamtumsatz ist vermindert, was im wesentlichen auf die Erschlaffung der Muskulatur zurückgeführt wird. Puls, Atmung und Herztätigkeit sind verlangsamt, der Blutdruck sinkt. Die Sekretionen sind vermindert. Bei empfindlichen Kindern kommt es aus diesem Grunde zu einer relativen Austrocknung der Cornea, die als Jucken und Brennen empfunden wird und der die Kleinen durch Reiben in den Augen entgegenwirken. Auch die katarrhalischen Erscheinungen z. B. beim Schnupfen pflegen im Schlafe geringer zu werden oder aufzuhören. Die Pupillen sind im tiefen Schlafe eng, so daß sie durch Lichteinfall nicht weiter verengt werden können. Die Reflexe sind herabgesetzt. Alle diese Erscheinungen werden zurückgeführt auf die verminderte Tätigkeit der den einzelnen Funktionen vorstehenden Zentren resp. des Rückenmarks. So wird die Wärmeregulation in der Richtung einer Herabsetzung der Körpertemperatur umgestellt.

Die Bewußtseinsvorgänge sind im Schlafe nicht vollkommen unterbrochen, sondern laufen in den Träumen weiter. Weil kein totaler Bruch zwischen den Traumketten und der Kette des Wachbewußtseins vorhanden ist (Forel), meinen viele Leute sie schlafen schlecht oder gar nicht. Der Gegensatz zwischen den beiden Lebenszuständen Wachen

[1]) Brieger und Ehrlich: Zeitschr. f. klin. Med. Bd. 7. S. 1334.

und Schlaf ist eben bei den höchsten Organismen in nichts so ausgeprägt wie im seelischen Verhalten. Das aktive Wollen ist aufgehoben, das Ichbewußtsein aufs stärkste verdunkelt, der größere Teil des Wahrnehmens ausgeschaltet, ein kleinerer abgeschwächt oder der Verfälschung preisgegeben [HELLPACH [1])]. Dabei können im tiefen Schlaf gewisse Komplexe wach bleiben. Eine Mutter, die durch lautschnarchenden Ehemann ungestört weiterschläft, wacht beim leisesten Winseln ihres Kindes auf. Den schlafenden Müller weckt das Stillstehen der vorher laut klappernden Mühle usf.

Daß Dunkelheit das Einschlafen erleichtert ist bekannt, ob hier der wirksamste Faktor die Ausschaltung aller Reize des Lichtsinns oder wie bei den Pflanzen eine Änderung vegetativer Funktionen ist, bleibt unentschieden. Für den Menschen ist das erste wohl wesentlicher.

Die führende Eigenschaft des Schlafes, seine Tiefe ist beim Menschen so eng an die Dunkelheit gebunden, daß dieselbe als reziproke Funktion der atmosphärischen Helligkeit erscheint (HELLPACH). Der Schlaf ist im Sommer flacher als im Winter, der Mittagsschlaf erreicht kaum ein Viertel der Nachtschlaftiefe.

STRÜMPELL beobachtete einen jungen Burschen, der am größten Teil seines Körpers unempfindlich war, nur auf einem Auge sehen, nur mit einem Ohr hören konnte. Wurden auch diese letzten Receptoren blockiert durch Zuhalten des Auges und Verstopfen des Ohres, so schlief der Patient in wenigen Sekunden ein.

Im Schlafe findet eine weitgehende Eindämmung aller nervösen Impulse statt; das lehren auch Beobachtungen an Kranken mit dem sog. amyostatischen Symptomenkomplex [STRÜMPELL [2])], bei welchen im Schlafe die im Wachsein ständig vorhandenen motorischen Symptome des Zitterns vollkommen sistieren. Das gleiche gilt für alle anderen Tremorarten und jede Form unwillkürlicher Bewegung.

Schlafstörungen. Die Störungen des Schlafs können nach zwei Richtungen eintreten. Zunächst kann ein gesteigertes Schlafbedürfnis vorliegen. Bei jugendlicheren Neuropathen wird ein besonders großes Schlafbedürfnis gefunden und darin eine Annäherung an kindliche Verhältnisse, ein psychischer Infantilismus gesehen. Sehr interessant ist die dauernde Schläfrigkeit bei hypothyreotischen Individuen, vor allem beim Myxödem. Eine Beobachtung von UMBER [3]) bei einer schwer adipösen Frau von 122,5 kg und 156 cm Körpergröße möchte ich gleichfalls hier erwähnen; sie schlief selbst beim Zählen und Wechseln des Geldes ein, so daß die Münzen ihren Händen entfielen. Die Frau hatte einen verminderten Energieumsatz von 26 Kal. pro Körperkilogramm. Die hochgradige Fettsucht beruhte offenbar auf endokrinen Störungen, bei welchen die Unterfunktion der Schilddrüse dominierte. Solche Beobachtungen erinnern an die neuerdings gemachten Feststellungen an winterschlafenden Tieren. In der Periode des Winterschlafs kommt es zu einer Involution der Schilddrüse und zu einer allgemeinen Verlangsamung des Stoffwechsels.

Eine Sondergruppe bilden infektiöse Erkrankungen, welche mit einer eigentümlichen oft im Krankheitsbilde dominierenden Schlafsucht

[1]) HELLPACH: Die geopsychischen Erscheinungen. II. Aufl. Leipzig 1917. 246ff.
[2]) STRÜMPELL: Dtsch. Zeitschr. f. Nervenheilk. Bd. 54, S. 207. 1916.
[3]) UMBER: Ernährung und Stoffwechselkrankheiten. 2. Aufl. S. 88. Berlin-Wien 1914.

einhergehen; hierher gehören die Encephalitis lethargica [ECONOMO[1])]. Das psychisch hervorstechendste Symptom ist auffallende Schlafsucht von wechselnder Intensität steigend von einer absoluten Teilnahmlosigkeit zu einem festen oft komatösen Schlafzustand, aus dem aber die Kranken meist zu erwecken sind [REINHART[2])]. Auch bei der durch Trypanosomen hervorgerufenen Schlafkrankheit werden encephalitische Prozesse gefunden.

Ebenso wird bei der WERNICKEschen Polioencephalitis superior acuta haemorrhagica der Alkoholiker eine eigentümliche Schlafsucht beobachtet. Diese Beobachtungen haben zu Erklärungsversuchen auch des physiologischen Schlafs geführt. In der Bahn der Receptoren zum Gehirn sollen Unterbrechungsvorrichtungen im Boden des dritten Ventrikels und des zentralen Höhlengraus (MAUTHNER) oder im Thalamus opticus (TRÖMNER) eingeschaltet sein und dadurch der Schlaf zustande kommen; durch encephalitische Prozesse werden entsprechende Stellen dieser Unterbrechungen gewissermaßen in Permanenz fortbestehen und dadurch dauernde Schlafsucht erzeugen.

Das vermehrte Schlafbedürfnis bei den sog. Insuffizienzkrankheiten (Avitaminosen) und im Hungerzustand ist für die theoretische Auffassung vom Wesen des Schlafes von besonderer Bedeutung.

Eine andere Gruppe der Schlafstörungen ist durch die Verkürzung der Schlafzeit und der Schlaftiefe charakterisiert. Für den Erwachsenen werden mindestens 7—8 Stunden Schlaf in der Regel für die Gesunderhaltung des Hirn- und Nervenlebens erforderlich sein. Das notwendige Minimum schwankt in breiten Grenzen und gehört zur Charakteristik der Konstitution des betreffenden Menschen (BAUER). Ältere Leute, bei denen der Wachzustand mit einer geringeren Intensität der körperlichen und geistigen Funktionen einhergeht und die daher weniger Funktionsmaterial verbrauchen, kommen oft mit 6 oder 5 Stunden Schlaf aus. Tiere, die dauernd am Schlaf gehindert werden, sterben bald. Durch zahlreiche Untersuchungen KRAEPELINS und seiner Schüler[3]) wurde mit Hilfe wechselnder Schallstärken, die gerade zum Erwecken eines Schläfers nötigen akustischen Reize festgestellt und so Kurven für die Schlaftiefe gewonnen. Es wurden bei Gesunden Schlafkurven von überraschender Gesetzmäßigkeit gefunden und gezeigt, daß die Schlaftiefe bereits nach 1—2 Stunden ihr Maximum erreicht. Die mittlere Tiefe während der Nacht erreicht kaum die Hälfte der Maximaltiefe. In einer geringeren Schlaftiefe und der Verschiebung ihres Maximums ist die leichteste Form der Schlafstörung zu erblicken. Schwerere sind in erschwertem Schlaffinden und in häufigen Unterbrechungen des Schlafes mit dem Resultat einer wesentlichen Verkürzung der Schlafzeit zu sehen. Zunächst kann die gesteigerte Lebhaftigkeit körperlicher Vorgänge das Einschlafen erschweren. Der Morbus Basedowii ist auch in dieser Beziehung ein Spiegelbild des Myxödems. Eine Systematik der Schlafstörungen kann unterscheiden solche, die 1. auf affektiven Erregungen (primären Affektstörungen, erregenden Wahnideen oder Haluzinationen), 2. auf gesteigerter Assoziationstätigkeit (Ideenflucht und Bewegungsdrang z. B. bei maniakalischen Zuständen)

---

1) ECONOMO: Wien. klin. Wochenschr. 1917. Nr. 19. Neurol. Zentralbl. 1917. Nr. 21.

2) REINHART: Dtsch. med. Wochenschr. 1919. Nr. 19.

3) MICHELSON in KRAEPELINS psych. Arbeiten. Bd. 2. 1897.

beruhen, 3. findet man eine primäre Agrypnie, für welche spezielle Ursachen sich nicht nachweisen lassen [Ziehen [1]].

Eindrucksvoller als die hier eben angedeuteten Störungen des Schlafs sind dem Arzt die schlafähnlichen Zustände, welche ihm in verschiedenen Graden von leichter Benommenheit bis zu schwerer dauernder Bewußtlosigkeit bei den verschiedensten Krankheiten begegnen. Die Ursachen sind sehr wechselnde. In einer Gruppe dominieren grob mechanische Läsionen, in einer anderen chemische Einwirkungen auf das Gehirn. Hier kann es zu narkoseähnlichen Zustandsbildern kommen (Coma diabeticum). Die im Körper gebildeten Gifte sind nur zum Teil bekannt (z. B. Aceton), zum größeren Teil unbekannter Natur. Die Zustände schwerer Benommenheit, welche bei chronisch Nierenkranken im Stadium der Urämie, bei Schwangerschaftstoxikosen in der Eklampsie beobachtet werden, sind auf solche unbekannte Stoffwechselgifte zurückzuführen. Auch im cholämischen Koma scheinen nicht die Gallenbestandteile allein, sondern vielleicht Zerfallsprodukte der geschädigten Leber eine Rolle zu spielen (hepatische Intoxikation bei akuter gelber Leberatrophie).

Schlaftheorien. Für die theoretische Deutung der körperlichen Vorgänge beim Schlaf hat man oft auf ein anscheinend analoges Geschehen bei den schlafähnlichen Zuständen hingewiesen. Unter den verschiedenen Hypothesen dominierte eine Zeitlang die Vorstellung, daß eine spastische Anämie der Hirngefäße den Schlaf herbeiführe, wobei man sich auf die bekannte Tatsache stützte, daß ein erschöpftes Nervensystem resp. Gehirn gegenüber vorübergehenden Störungen der Blutversorgung besonders empfindlich ist. Kompression der Karotiden führt durch Gehirnanämie zur Bewußtlosigkeit, welche mit den Symptomen des Schlafes viele gemeinsame Züge hat. In besonders eindrucksvoller Weise beobachtet der Kliniker diese Art des Einschlafens infolge zirkulatorischer Störungen bei dem sog. Adam-Stokeschen Symptomenkomplex, bei welchem der Kranke gewissermaßen im Takt mit dem schwer gestörten Rhythmus der Herztätigkeit einschläft und wieder erwacht. Einen ähnlichen Mechanismus des Einschlafens konnte ich gelegentlich systematischer Untersuchungen über die Wirkung des Valsalvaschen Versuchs auf Herzgröße und Zirkulation beobachten: Bei drei jungen Studenten mit erregbarem Vasomotorenapparat, die sich bemühten, meinen Intentionen weitgehend nachzukommen, sah ich während des starken Pressens nach tiefster Inspiration mit Verschwinden des Radialispulses die Probanden zusammensinken und als ich sie nach dem Wiedererwachen nach ihren Beobachtungen fragte, erklärten sie, sie seien plötzlich stark ermüdet und wüßten von den weiteren Vorgängen nichts. Hier kam es durch die willkürlich herbeigeführte relative Hirnanämie wie im Adam-Stokeschen Symptomenkomplex zu einer schlafähnlichen Bewußtseinstrübung. Auch die Erscheinung der thermischen Ermüdung, die Schläfrigkeit in der Verdauungsperiode, welche gleichfalls auf eine veränderte Blutverteilung mit nachfolgender relativer Hirnanämie zurückzuführen sind, gaben der zirkulatorischen Theorie des Schlafs neue Nahrung. Das allen Geistesarbeitern bekannte Gesetz „plenus venter non studet libenter“ scheint in diesem „Kampf der Teile im Organismus“ begründet. Auch die physiologische Bedeutung des

[1]) Ziehen: Psychiatrie. 3. Aufl. Leipzig: Hirzel.

Gähnens wird in einer durch diesen „großen Reflex" beschleunigten „Umlagerung des Blutes" aus dem venösen in das arterielle Kreislaufgebiet gesehen, welche durch das Recken der Körpermuskulatur und die tiefe Inspirationsbewegung unterstützt wird. Der Mensch gähnt immer dann, wenn eine relative Anämie des Gehirns besteht, die sich mit dem wachen Bewußtsein resp. der Aufmerksamkeit nicht verträgt. Das „Gähnzentrum" liegt nach Dumpert[1]) im Bereich der subcorticalen Ganglien.

Gegen die Hypothese, daß eine spastische Anämie der Hirngefäße den Schlaf bedinge, wurden Beobachtungen am trepanierten Menschen ins Feld geführt, welche eher eine bessere Blutversorgung des schlafenden Gehirns darstellen. Von anderen Autoren wird eine toxische Ermüdungstheorie vertreten. Danach sollen im Wachzustande Ermüdungsstoffe gebildet werden (Kenotoxine), welche in einer bestimmten Konzentration eine Art Vergiftung der Nervenstellen bewirken und dadurch den Schlaf herbeiführen. Die plausibelste Vorstellung über das Zustandekommen des Schlafs scheint mir folgende: Infolge seiner dauernden Beanspruchung wird das Nervensystem durch Verbrauch eines bislang noch hypothetischen Funktionsmaterials trotz Zufuhr ständig neuen Nährstoffs auf dem Blutwege allmählich in einen Erschöpfungszustand gebracht. Dieser Erschöpfungszustand führt physiologischerweise zum Einschlafen. Im Zustande des Schlafes wird durch Eindämmung sämtlicher nervöser Vorgänge Reaktionsmaterial gespart und damit den nervösen Elementen Möglichkeit gegeben, sich zu regenerieren.

Die entwickelte Vorstellung läßt es verständlich erscheinen, daß vasomotorische Einflüsse um so wirksamer werden, je weiter der Verbrauch des Funktionsmaterials fortgeschritten ist. Die Analogie mit dem Verbrauch des Sehpurpurs liegt nahe. Auch hier bedarf es bei starker Beanspruchung des spezifischen Funktionsmaterials längerer Zeit der Regeneration (protrahierte Dunkeladaptation nach starker vorausgehender Belichtung). Fehlen die spezifischen zum Aufbau nötigen Substanzen, so ist die Regeneration überhaupt erschwert (Hemeralopie bei Avitaminosen). Sehr wahrscheinlich ist das gesteigerte Schlafbedürfnis bei diesen Insuffizienzkrankheiten auf eine erschwerte Regenerationsfähigkeit des ermüdeten Nervensystems infolge Mangels an Ergänzungsstoffen in ähnlicher Weise zu deuten.

Die Wichtigkeit des Schlafes als Gehirnruhe ist vielfach auch von Ärzten unterschätzt worden. Je mehr der Arzt geneigt ist, psychischen Vorgängen bei Krankheit und Heilung eine wichtige Bedeutung zuzuerkennen, um so mehr ist er verpflichtet, seinen Kranken ausreichenden Schlaf zu verschaffen, den man für viele Zustände ohne Übertreibung als Heilmittel bezeichnen kann. Man darf dabei nicht vergessen, daß sensitive Kranke in manchen Klimaten, an die sie nicht gewöhnt sind, keine Ruhe finden, besonders in Gegenden nicht, die durch Neigung zu Gewitterbildung ausgezeichnet sind.

E. Störungen am Receptorenapparat.

Die klinisch nachweisbaren Störungen am Receptorenapparat können einsetzen an den sensiblen Endorganen, an den peripheren Nerven auf der Strecke zwischen Endorgan und Rückenmark, im Rückenmark selbst und schließlich im Großhirn.

[1]) Dumpert: Journ. f. Psychol. u. Neurol. Bd. 27, S. 82. 1921.

Über isolierte Erkrankungen der Endapparate wissen wir nichts. Bei vielen Hautkrankheiten kommt es zu juckenden und brennenden Empfindungen, die als Reizeffekt der Entzündungsprodukte auf die sensiblen Endorgane aufzufassen sind. Bedeutungsvoll können hier unsere Erfahrungen werden, nach denen die Enden der kaltempfindenden Nerven oberflächlicher liegen als die der warmempfindenden. Das läßt sich durch allmählich in die Haut eindringende narkotische und ätzende Stoffe nachweisen [HACKER [1]]. Wichtig ist, daß jeder wirksame Reiz, gleichgültig welcher Art, ausschließlich jene Empfindungsqualität hervorruft, die dem geprüften Nervenende bei adäquater Reizung zukommt. Eine „paradoxe Kälteempfindung" entsteht, wenn Kaltpunkte durch Temperaturen über 40° gereizt werden [v. FREY [2]]. In den kranz- oder korbartigen Geflechten markloser Nerven, welche die Haarbälge umspinnen, liegen die Nervenenden des Drucksinns. An den haarlosen Stellen vermitteln die MEISSNERschen Körperchen die Tastempfindungen. Der Drucksinn bringt selbst rasch aufeinander folgende Stoßreize, isoliert zur Wahrnehmung als Kriebeln und Schwirren. Auf dieser Fähigkeit des Drucksinns beruht die eigentümliche anscheinend den ganzen Körper erschütternde Wirkung tiefer Töne, namentlich der Orgel [v. FREY [3]]. Sie vermitteln auch das Vibrationsgefühl beim Aufsetzen schwingender Stimmgabeln, nicht etwa die Nerven der Knochen. Der Drucksinn unterrichtet uns ferner über Lage- und Stellungsänderungen unserer Glieder.

Weitere Störungen am Receptorenapparat werden bei Analyse der Schmerzempfindung aufgedeckt. Physiologischerweise erregen die verschiedenartigsten chemischen Stoffe, welche an die Endorgane der Schmerzempfindung herantreten, das Gefühl des Schmerzes. Bedeutungsvoll ist die Tatsache, daß auch Stoffe, die durch Zerfall körpereigenen Gewebes entstehen, wirksam sind. Die Endigungen der schmerzempfindenden Nerven stellen bald knopfförmige Anschwellungen, bald korbartige Gebilde dar, die den Epithelzellen angelagert sind [CAYAL [4]]. Schmerzen entstehen nicht nur in der Epidermis, sondern an vielen anderen Stellen des Körpers (Periost, Sehnenscheiden, Muskeln, Meningen). Wesentlich für die Diagnose abdominaler Erkrankungen sind die im Bauch entstehenden Schmerzen. Sichergestellt für physiologische Verhältnisse ist die Schmerzemplindlichkeit des Peritoneum parietale. Läßt man die Schmerzempfindlichkeit der Gefäße gelten, so ist es verständlich, daß bei allen entzündlichen Vorgängen, z. B. an den Därmen auch dann Schmerz auftreten muß, wenn das parietale Blatt des Peritoneums noch nicht affiziert ist [LENNANDER [5]), NEUMANN [6])]. Der Kliniker bezieht die Schmerzen bei akuten Erkrankungen der Leber und der Nieren auf Kapselspannung infolge Schwellung des Organs.

Zahlreich sind die Empfindungsanomalien, die in die Haut lokalisiert werden und sich gelegentlich bis zu schmerzhaften Sensationen steigern können. Manche dieser Erscheinungen treten gleichzeitig mit Zustandsänderungen an den Capillaren auf (z. B. Urticaria).

---

[1]) HACKER: Zeitschr. f. Biol. Bd. 61. S. 240ff.
[2]) v. FREY: Ber. d. Ges. d. Wiss. Leipzig. Bd. 47, S. 172. 1895.
[3]) v. FREY: Vorlesungen über Physiologie. 3. Aufl. S. 305. 1920.
[4]) CAYAL: Système nerveux. Tome 1, p. 461. Paris 1903.
[5]) LENNANDER: Mitt. a. d. Grenzgeb. d. Med. u. Chirurg. Bd. 16. 1906.
[6]) NEUMANN: Zentralbl. f. d. Grenzgeb. d. Med. u. Chirurg. Bd. 13. 1910.

Einer meiner Kranken, dem ich eine Transfusion machte, bekam an umschriebener Stelle hinter den Ohren während das Spenderblut in seine Vene einfloß ein brennendes Gefühl, wenige Minuten später hatte sich an der gleichen Stelle eine Quaddel gebildet.

Der Pruritus wird geradezu als „Sensibilitätsneurose" beschrieben; das bei dieser Affektion auftretende äußerst quälende Hautjucken wird durch Stoffwechselgifte, welche auf die Endorgane wirken, veranlaßt, z. B. beim Diabetes. Das Hautjucken bei manchen Ikterischen, in seltenen Fällen bei Nierenkranken ist ebenso durch chemische im Organismus gebildete Reizstoffe veranlaßt. Auch die im hohen Alter auftretende senile Atrophie der Haut führt gelegentlich zum Pruritus [NEUMANN [1])]. Im übrigen sind die Störungen an den Endorganen, welche bei Hauterkrankungen zu erwarten sind, noch wenig untersucht.

Genauere Kenntnis haben wir über Ausfallserscheinungen der Sensibilität bei Störungen an den peripheren Nerven. Die hier aufgefundenen Tatsachen sprechen dafür, daß nicht nur den peripheren Sinnesorganen sondern auch den Leitungsbahnen eine weitgehende Spezifität zukommt. Niemals deckt sich das Ausbreitungsgebiet der schmerzempfindlichen Fasern mit dem der Temperatur- und Drucknerven. Ist ein peripherer Nerv gelähmt, so fällt die Zone der Schmerzunempfindlichkeit also nicht ganz zusammen mit der der Temperatur- resp. Tastunempfindlichkeit, eine Erscheinung, die man als Dissoziation der Empfindungen bezeichnet.

Eine taktile Unempfindlichkeit oder Verminderung der Berührungsempfindlichkeit (taktile Hypästhesie) wird nach vielen Infektionskrankheiten (Diphtherie), bei Syphilitikern, beim Diabetes, selten im Senium als Ausdruck der multiplen Neuritis gefunden. Andererseits sind gerade die Entzündungen der Nerven durch eine außerordentliche Schmerzhaftigkeit charakterisiert, und zwar sind hier zwei verschiedene Erscheinungsweisen zu unterscheiden. In der einen Reihe tritt der Schmerz ohne erkennbare äußere Ursache anfallsweise auf. Er wird durch Berührung des Körperteils, durch welchen der erkrankte Nerv hindurchzieht, durch Abkühlung weiter durch alle Bedingungen, welche eine veränderte Gefäßfüllung herbeiführen (z B. Husten, Pressen, VALSALVAscher Versuch) ausgelöst. In der anderen Reihe wird der Druck auf den Nerven besonders schmerzhaft empfunden. VALLEIX [2]) hat eine große Reihe von Punkten beschrieben, welche bei Erkrankungen des Nerven besonders empfindlich sind. Sie liegen in der Regel an solchen Stellen, an denen ein Nervenzweig aus einem Knochenkanal austritt oder an denen der Nerv gegen eine feste Unterlage (Knochen) gepreßt werden kann. Die Haut in dem Ausbreitungsgebiet des Nerven ist hyperästhetisch; schon bei leichten Berührungen werden intensive Schmerzen angegeben.

Die engen Beziehungen der Nerven zu den Funktionen der Gefäße werden auf dem Gebiet der Neuralgien besonders deutlich. In der neuralgischen Attacke ist die Haut des Ausbreitungsgebiets gerötet, gelegentlich auch geschwollen; in seltenen Fällen kommt es zur Ausbildung eines regelrechten, stabilen Ödems. Nach Versuchen von

---

[1]) NEUMANN: Sitzungsber. d. kaiserl. Akad. d. Wissensch. Wien. Bd. 59, I. Abtl. 1869.

[2]) VALLEIX: Abhandlung über die Neuralgien. Deutsch von GRUNER, Braunschweig 1852.

KREIBICH[1]) kommen echte neurogene Hautentzündungen vor. Durchschneidung oder Degeneration eines Nerven hat dagegen einen hemmenden Einfluß auf den Ablauf eines entzündlichen Vorgangs.

Experimentelle Daten, die am Frosch gewonnen wurden, zeigten andererseits, daß entzündungserregende Substanzen auch nach völliger Degeneration des zugehörigen peripheren Nerven ganz in gleicher Weise wie im innervierten Gebiet wirksam werden können [GROLL[2])]. GROLL schließt aus seinen Befunden, daß Änderungen im Ablauf der Entzündung nur eine indirekte Folge der Nervenausschaltung sind. Die Erkrankung eines peripheren Nerven soll in dem zugehörigen Innervationsgebiet eine Zustandsänderung bedingen, von welcher die besondere Reaktionsart dieses Gebietes gegenüber entzündlichen Reizen abhängig ist" [KAUFMANN und WINKEL[3])].

Einen großen praktischen Wert haben die theoretisch hoch bedeutsamen Untersuchungen über die Nervenregeneration. Die Tatsache, daß die auswachsenden Nervenfasern durch eine Narbe hindurch den peripheren Nervenabschnitt erreichen, ist verschieden erklärt worden. Nach der Lehre vom Neurotropismus, am schärfsten formuliert von FORSMANN[4]), sollen von Elementen des distalen Nervenabschnittes chemische Stoffe abgeschieden werden, welche die auswachsenden Nervenfasern chemotaktisch anziehen.

Gegen diese Ansicht sind Beobachtungen ins Feld geführt worden, nach denen bei zu großer Entfernung des peripheren Nervenstumpfes die auswachsenden Fasern nicht weiter wachsen, sondern umkehren und in retrogradem Verlauf wieder zwischen die Elemente des zentralen Nervenendes eintreten [BOEKE[5])]. DUSTIN[6]) setzte an Stelle des Neurotropismus den Begriff der Hodogenese. Nach diesem „Prinzip der Wegstrecke" kann die Regeneration nur dann gelingen, wenn durch Bindegewebszellen der Narbe oder die SCHWANNschen Zellen des peripheren Nervenabschnitts gewissermaßen ein Weg für die anwachsenden Fasern geschient wird. Die Konsequenz aus diesen Vorstellungen war, zwischen die durchtrennten Nervenenden Knochenstückchen oder in Formalin gehärtete Arterienstückchen einzupflanzen [SPITZY[7])].

Bei diesen Bemühungen wurde vor allem von STOFFEL[8]) darauf hingewiesen, daß in jedem Nerven ganz bestimmte Faserbündel erkennbar seien, welche zu bestimmten Muskeln und Muskelkomplexen ziehen und von ihm die Forderung aufgestellt, das alte Gefüge des Nervenkabels wieder herzustellen, indem die Schnittflächen der korrespondierenden Stümpfe der einzelnen in einem Nerven verlaufenden Bahnen miteinander in Kontakt gebracht werden.

Je nach Art und Wirkungsweise einer Nervenschädigung werden die dabei auftretenden Schmerzen und Ausfallserscheinungen nach Intensität und Dauer verschieden sein. Vollkommene Durchtrennung eines Nerven wirkt selbstverständlich anders als z. B. langsame Erdrosselung eines Nervenkabels in vernarbendem Gewebe. Wirkt der schädigende Reiz so, daß eine Leitungsunterbrechung eintritt, das periphere Ende des Nerven vor der Unterbrechung aber noch empfindlich bleibt, so entstehen Schmerzen, die in ein für direkte Berührung unempfindliches

---

1) KREIBICH: Dtsch. med. Wochenschr. 1907. Nr. 47.
2) GROLL: Münch. med. Wochenschr. 1921. Nr. 28, S. 869.
3) KAUFMANN und WINKEL: Klin. Wochenschr. Bd. 1, S. 14. 1922. (Dort weitere Literatur zur Frage der Abhängigkeit der Entzündung vom Nervensystem.)
4) FORSMANN: Beitr. z. pathol. Anat. u. z. allg. Pathol. Bd. 27. 1900.
5) BOEKE: ASHER und SPIRO: Ergeb. d. Psychol. Bd. 19, S. 448. 1921.
6) DUSTIN: Arch. de biol. Tome 15. 1910.
7) SPITZY: Münch. med. Wochenschr. 1917. Nr. 11.
8) STOFFEL: Münch. med. Wochenschr. 1915 und Orthop. Operationslehre. Stuttgart 1913.

Gebiet projiziert werden (Anaesthesia dolorosa). Diese falsche Projektion die dem Gesetz der exzentrischen Wahrnehmung entspricht, nach welchem die Empfindung immer an das periphere Ende verlegt wird, spielt eine besondere Rolle bei den Amputierten, welche noch lange Zeit nach der Operation Schmerzen in der abgenommenen Extremität zu empfinden glauben.

In diesem Zusammenhang ist ein Versuch von BETHE[1]) bemerkenswert. Er durchschnitt bei einem Hunde die Nn. ischiadici und vereinigte sie kreuzweis miteinander. Das Tier lernte wieder laufen wie ein gesundes, bei elektrischer Reizung der Rindenfelder sprachen wie in der Norm die entsprechenden Muskeln der gekreuzten Seite an. Dagegen wurden sensible Reize wie in der Zeit vor der Operation projiziert; wurde die rechte Pfote gereizt, so hob das Tier das linke Bein, lokalisiert also auf diejenige Seite, auf welcher der Reiz ins Rückenmark eintrat.

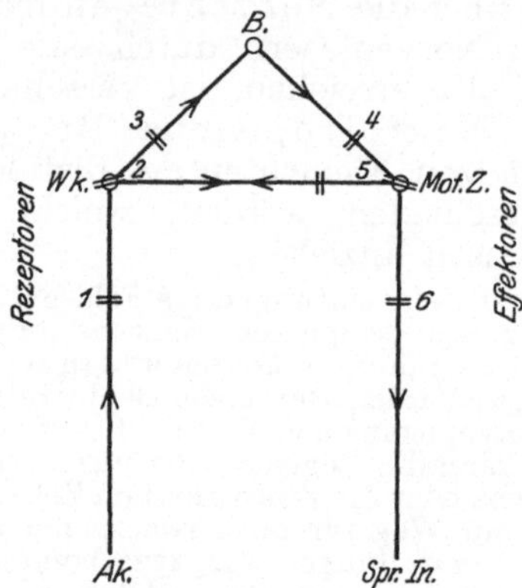

Abb. 21. Schema der Sprachstörungen.

Wk = Wortklangserinnerungsfeld.
B = Begriffsfeld.
Mot. Z. = Motorisches Zentrum.
Ak.-Wk. = Acusticusbahn.
Mot. Z.-Spr. In. = Sprachbewegungsinnervationsbahn

Störung bei 1 = subcorticale sensorische Aphasie.
„ „ 2 = corticale sensorische Aphasie.
„ „ 3 = transcorticale sensorische Aphasie.
„ „ 4 = transcorticale motorische Aphasie.
„ „ 5 = corticale motorische Aphasie.
„ „ 6 = subcorticale motorische Aphasie.

Von den ins Rückenmark eintretenden sensiblen Fasern kreuzen die Bahnen der Temperatur- und Schmerzleitung sofort die Mittellinie und ziehen im Seitenstrang der gekreuzten Seite empor. Diese Anordnung und topographische Lagerung der einzelnen Bahnen im Rückenmarksquerschnitt erklärt das eigentümliche Verhalten der verschiedenen Empfindungsqualitäten bei Syringomyelie und Halbseitenläsion. Isolierte Störungen für Schmerz- und Temperaturempfindung wurden daher am häufigsten bei vorzugsweiser Schädigung der grauen Substanz getroffen, wie sie durch die Gliosis spinalis und die Syringomyelie eintreten. Wird das Rückenmark halbseitig geschädigt, so treten die nach den topographischen Lagebeziehungen zu erwartenden Ausfallserscheinungen ein. Zerstörung der hinteren Wurzeln hebt die Empfindungen aller Qualitäten in ihrem Ursprungsgebiet auf. Alle zentralen

[1]) BETHE: Pflügers Arch. f. d. ges. Physiol. Bd. 116. 1907.

Affektionen des Rückenmarks bedingen durch Zerstörung der grauen Substanz vorzugsweise Aufhebung resp. Minderung der Schmerz- und Temperaturempfindung, deren Bahnen das Rückenmarksgrau durchqueren; wenn dabei die Tastempfindung, die nur teilweise gleiche Wege benützt, intakt bleibt, spricht man von dissoziierter Anästhesie. Für alle sensiblen Reizsymptome die auf der Strecke von der Wurzeleintrittszone durch die ganze Bahn des Rückenmarks durch Druck (Neubildungen) oder entzündliche Prozesse (Tuberkulose) auftreten, ist charakteristisch, daß die Schmerzphänomene peripher projiziert werden. Die bei Herpes zoster gleichzeitig mit der Bläscheneruption auftretenden Schmerzen werden auf Erkrankung des Spinalganglion bezogen.

Oft ist es nicht leicht zu entscheiden, an welcher Stelle im Receptorenapparat die Schädigung angreift, welche zu Reiz- resp. Ausfallserscheinungen führt. So wissen wir bis heute noch nicht, welche Rolle die Atrophie der sensiblen Hautnerven im Krankheitsbilde der Tabes zukommt, ob es sich dabei um primäre oder akzessorische Veränderungen handelt. Bemerkenswerterweise können bei dieser Krankheit bei bestehender Anästhesie die Hautreflexe gesteigert sein [OPPENHEIM[1])].

Schädigungen am zentralen Receptorenapparat stellen sich dem Kliniker am deutlichsten dar unter dem Bilde der Sprachstörungen (s. Abb. 21).

Die durch den Receptorenapparat dem Zentralorgan zugeleiteten Eindrücke werden dort umgeschaltet, mit dem Erinnerungsmaterial assoziativ verknüpft und durch die Effectoren in Handlungen umgesetzt.

Die Receptoren für den Sprachvorgang sind das Gehörorgan und die Bahn des Acusticus. Auf diesem Wege wird der Sinneseindruck des gehörten Wortes in die erste Temporalwindung getragen, wo die Eindrücke als Wortklangerinnerungen festgehalten werden. Mit diesem Wortklangfeld (Wk) sind die verschiedensten Stellen der Gehirnrinde durch eine große Zahl von Bahnen verbunden, welche die Erinnerungsbilder, die durch Opticus, Olfactorius und Tastnerven gebildet wurden, mit den Wortklangerinnerungen begrifflich verknüpfen. Soll ein aus einer großen Summe von Teilvorstellungen geschaffener Begriff B durch Worte ausgedrückt werden, so müssen die Bahnen, welche zu der motorischen Zone der Sprachmuskulatur ziehen, intakt sein. Die Sprachbewegungsvorstellungen tragen die Impulse von dem in der 3. Frontalwindung gelegenen motorischen Sprachzentrum (Mot. Z. Broca) durch die Effectoren zur Sprachmuskulatur des Kehlkopfs, der Zunge, des Pharynx und der Lippen. Der Impuls für die Sprachbewegungen läuft vom BROCAschen Zentrum in der 3. Frontalwindung zum Artikulationsgebiet der Zentralwindungen und von dort durch Stabkranzfasern zu den Bulbärkernen des Facialis, Hypoglossus und Vagus.

Bei den sensorischen Aphasien ist der Receptorenapparat defekt. Das Verständnis für gesprochene Worte ist aufgehoben, das Spontansprechen erhalten. Sitzt die Störung am Wortklangerinnerungsfeld, so ist das Nachsprechen unmöglich, beim Spontansprechen werden die Worte verwechselt, es besteht Paraphasie. Diese als corticale sensorische Aphasie bezeichnete Sprachstörung unterscheidet sich von der subcorticalen sensorischen Aphasie dadurch, daß bei der letzteren Form

[1]) OPPENHEIM: Lehrbuch der Nervenkrankheiten. 5. Aufl. S. 171.

das Spontansprechen ungestört ist. Bei der transcorticalen sensorischen Aphasie ist lediglich das Sprachverständnis aufgehoben, Nachsprechen und Spontansprechen dagegen erhalten.

F. Störungen am Effectorenapparat

können eintreten im Großhirn, im Rückenmark, am peripheren Nerven und schließlich an den motorischen Endplatten. Die Störungen am zentralen Effectorenapparat werden gleichfalls am Beispiel der Sprachstörung am besten veranschaulicht.

Bei den verschiedenen Formen der motorischen Aphasie ist der Receptorenapparat intakt, der Effectorenapparat gestört. Bei der corticalen motorischen Aphasie ist das BROCAsche Zentrum funktionell ausgeschaltet. Bei der subcorticalen Form ist die Bahn von dem BROCAschen Sprachzentrum zu den Erfolgsorganen unterbrochen. In beiden Fällen ist das Sprachverständnis, das durch die Receptoren vermittelt wird, erhalten, das Nachsprechen und spontane Sprechen dagegen unmöglich. Die Kranken erkennen vorgezeigte Gegenstände, haben auch noch Erinnerungen an den Wortklang, können z. B. die Silbenzahl der den nicht aussprechbaren, vorgezeigten Gegenständen entsprechenden Worte angeben. Bei der transcorticalen motorischen Aphasie ist der Weg von dem „Begriffsdepot" zum BROCAschen Zentrum unterbrochen, das spontane Sprechen dadurch unmöglich gemacht, das Sprachverständnis und ebenso das Nachsprechen aber ist erhalten.

Ein weiteres Eindringen in die Vorgänge bei den willkürlichen geordneten Muskelinnervationen führt bald zu der Auffassung, daß schon die einfachste gewollte Bewegung einen Apparat von ungeheurer Kompliziertheit erfordert, ja daß man eigentlich gar nicht berechtigt ist, von „willkürlicher Muskelinnervation" zu sprechen. Schreibt man z. B. erst mit der rechten, dann mit der linken Hand langsam die Ziffer 3 in die Luft, dann erhält man zwei richtig gestellte Ziffern. Gibt man nun beiden Händen gleichzeitig und schnell den Befehl, eine 3 zu beschreiben, so erhält man statt 3 3, Ɛ 3, d. h. zwei spiegelbildlich gleiche Ziffern. Da die Muskeln beider Arme spiegelbildlich gebaut sind, ist das nicht merkwürdig [UEXKYLL[1])]. Führen wir eine Bewegung aus, so tritt nur die „Melodie der Impulse" in unser Bewußtsein, über die Funktion der in Tätigkeit geratenen Muskeln bleiben wir im einzelnen vollkommen im Dunkeln.

Durch die Schädigung der großen corticomuskulären Leitungsbahnen treten im einzelnen typische Bewegungsausfälle ein, deren geläufigstes Beispiel die Hemiplegie ist. Die von den motorischen Rindenfeldern ausgehenden Pyramidenfasern beherrschen infolge ihrer Kreuzung die Muskeln der kontralateralen Körperhälfte. Einige besonders wichtige Muskelsysteme sind durch bilaterale Rindeninnervation vor Schädigungen in erhöhtem Maße gesichert. Das gilt für die Mehrzahl der Augenmuskeln, die Kau-, Schling- und Kehlkopfmuskeln; sie werden bei einseitigen cerebralen Schädigungen der corticomuskulären Leitungsbahnen der Lähmung entgehen, ebenso wie die bilateral innervierte Rumpfmuskulatur. Im übrigen muß durch halbseitige Lähmung der Muskulatur unter den angegebenen Bedingungen das Bild der cerebralen Hemiplegie resultieren: Wir sehen die Sehnenreflexe gesteigert, es bildet sich eine reflektorische Hypertonie in der den Willensimpulsen entzogenen Muskulatur aus.

---

[1]) UEXKYLL: Theoretische Biologie. Berlin 1920.

Durch Fortfall zentraler Hemmungen treten eine Reihe pathologischer Hautreflexe ein, von denen die langsame tonische Hyperextension der Großzehe bei Fußsohlenreizung (BABINSKIsches Phänomen) oder nach starkem Streichen über die Haut der medialen Unterschenkelfläche (OPPENHEIMscher Reflex) besonders erwähnt sei. Dieselben Phänomene treten physiologischerweise beim Kinde in den ersten Lebensmonaten auf, in einer Zeit, in der die Pyramidenbahnen noch nicht voll ausgebildet sind, speziell deren Achsencylinder der Markscheidenumkleidung noch entbehren. Diese funktionelle Unentwickeltheit zeigt sich auch bei neugeborenen Tieren, bei welchen sich durch Reizung der Hirnrinde Bewegungen gar nicht oder nur sehr unvollkommen auslösen lassen. Da die Neugeborenen aber sehr lebhafte Bewegungen ausführen können, müssen noch andere motorische Systeme vorhanden sein und es fragt sich, ob die Pathologie Anhaltspunkte dafür bietet. In der Tat können die Pyramidenbahnen in ihrem ganzen Verlauf intakt sein, alle eben geschilderten Symptome fehlen und trotzdem schwere motorische Störungen vorliegen.

Ein solches mit Bewegungsstörungen in den Armen und starkem rhythmischem Tremor einhergehendes Krankheitsbild führt schließlich zur allgemeinen Muskelsteifigkeit infolge einer Hypertonie, die synergische und antergische Muskeln zugleich befällt. Auch die Schluck- und Sprechmuskulatur ist befallen, so daß eine schwere Dysphagie und Dysartrie resultiert. Bei diesem eigentümlichen von WILSON zuerst beschriebenen Krankheitsbild sind die Pyramidenbahnen vollkommen intakt, es besteht eine anatomische Veränderung des Linsenkernes, eine Erkrankung der Leber im Sinne einer Cirrhose und eine eigentümliche Pigmentierung am Hornhautrande. Dieses von WILSON als progressive lenticuläre Degeneration beschriebene Krankheitsbild ist mit der von STRÜMPELL als Pseudosklerose beschriebenen Krankheit wahrscheinlich identisch. Dieses auch als amyostatischer Symptomenkomplex bezeichnete Zustandsbild hat aus dem Grunde großes physiologisches Interesse, weil es auf das Vorhandensein von motorischen Systemen hinweist, denen bestimmte von der Aufgabe der Pyramidenbahnen grunsdätzlich verschiedene Funktionen zufallen. Sie bestehen darin, die sämtlichen ein Gelenk bewegenden Muskeln in ihren wechselnden Kontraktionszuständen einander anzupassen, wie es den jeweiligen Bedürfnissen des Körpers entspricht [STRÜMPELL [1])].

Seit den Beobachtungen des Klinikers JACKSON wissen wir, daß epileptiforme Krämpfe, welche nach umschriebenen Schädelverletzungen auftreten, und an ganz bestimmter Stelle der Peripherie beginnen, durch scharf umschriebene Läsionen der Großhirnrinde ausgelöst werden. Durch die Untersuchung von FRITSCH und HITZIG gewannen wir dann eingehende Kenntnis von den motorischen Rindenfeldern, von welchen nach unseren gegenwärtigen Kenntnissen die Muskulatur willkürlich innerviert wird. Daß die Bewegungsmöglichkeit auch nach Fortfall dieser psychomotorischen Zentren erhalten bleiben kann, lehren die Beobachtungen an großhirnlosen Neugeborenen. Diese sog. Anencephalen unterscheiden sich in ihren Bewegungen kaum von normalen Säuglingen. Sie saugen, schreien und greifen wie diese. Die Untersuchungen an großhirnlosen Hunden lehren, daß die lokomotorischen

---

[1]) STRÜMPELL: Dtsch. Zeitschr. f. Nervenheilk. Bd. 54, S. 207. 1916.

Funktionen bei ihnen nur unwesentlich gestört sind. Die primitiven vitalen motorischen Funktionen scheinen demnach ohne Beteiligung corticaler Impulse vor sich gehen zu können. Die feinere Regelung und Abstimmung der motorischen Innervationsimpulse, die zur Aufrechterhaltung des Gleichgewichts nötig ist, geht im Mittelhirn vor sich. Die große Wichtigkeit gerade dieses Hirnteils ist durch enges Zusammenliegen funktionell hochbedeutsamer Abschnitte gekennzeichnet. Der Oculomotorius und Trochleariskern, die Acusticusschleife, die mediale Schleife, der Nucleus ruber tegmenti, wichtige Teile der Opticusbahn sind hier untergebracht. Das Zusammenlaufen so vieler peripherer Erregungen im Mittelhirn macht diesen Abschnitt zu einer wichtigen Kontrollstelle für die Aufrechterhaltung des Gleichgewichts. Tiere, denen das Mittelhirn zerstört ist, verlieren sofort das Gleichgewicht.

Die Bewegungsimpulse durchlaufen die Bahnen der Effectoren nicht in einem Zuge. Durch die Einschaltungen bestimmter Relaisstationen zerfallen diese in mehrere Unterabschnitte: Die corticospinalen Neuronen-Störungen in den corticospinalen Seitenstrangbahnen, Pyramidenbahn, lassen sich durch charakteristische Symptome unschwer von denen in der spinomuskulären Vorderhornwurzelbahn unterscheiden. Dort Steigerung der Reflexe, erhöhte Rigidität, gleichmäßiges Befallensein aller Muskeln der gelähmten Extremität ohne trophische Störungen, hier vollkommene Atonie nur einzelner Muskelgruppen mit Verschwinden der Reflexe und vor allem die hochgradige Atrophie der Muskulatur infolge Zerstörung ihres trophischen Zentrums im Vorderhorn. Daß Unterbrechungen der motorischen Leitungsbahnen am peripheren Nerven zu Bewegungsausfällen führen müssen, bedarf keiner weiteren Erörterung. Die Endstation des Effectorenapparats an seiner Einmündung in das Erfolgsorgan, den Muskel, ist die motorische Endplatte; auch diese kann isoliert gelähmt werden, während die motorischen Leitungsbahnen dabei sicher funktionsfähig bleiben. Das schlagendste Beispiel einer derartigen Lähmung ist die Curarevergiftung. Kühne zeigte die Wirkung auf die Endplatten besonders einleuchtend, indem er von funktionell selbständigen Teilen des Musculus gracilis des Frosches, die vom gleichen und in seinem unteren Teil gegabelten Nerven versorgt werden, den einen isoliert vergiftet, den zweiten vom gleichen giftumspülten Nerven versorgten Anteil durch Umschnürung vor der Giftwirkung bewahrte.

Eine genaue Kenntnis der anatomischen und physiologischen Verhältnisse des Nervensystems erlaubt eine exakte topische Diagnose der Hirn- und Rückenmarkserkrankungen, solange es sich um isolierte Schädigungen handelt, die zu Reizerscheinungen resp. Leitungsunterbrechung führen; das gleiche gilt für die Erkrankung funktionell zusammengehöriger Systeme, „Systemerkrankungen“. In anderen Fällen wird das Symptomenbild dadurch mannigfaltiger, daß die Erkrankungsherde regellos über das Gehirn und Rückenmark verteilt sind (z. B. multiple Sklerose, dissiminierte luetische Herde).

G. Bildung und Resorption des Liquor cerebrospinalis.

Bei den Erkrankungen des Gehirns und seiner Häute spielen Hirndruckerscheinungen eine dominierende Rolle. Die Symptome des Hirndrucks, der Kopfschmerz, die Pulsverlangsamung, in schwereren

Fällen Krämpfe, Bewußtlosigkeit, Atemlähmung usw. sind ganz allgemein durch die anatomische Anordnung des Organs in der festen knöchernen, den Volumschwankungen nicht nachgebenden Schädelkapsel zu erklären. Der intrakranielle Druck muß steigen bei der Zunahme der Hirnmasse (Neubildungen), bei Zunahme des Liquor cerebrospinalis, speziell in den Ventrikeln, weiterhin durch Zunahme der Blutfülle, schließlich durch Verringerung der Schädelkapazität bei zunächst unverändertem Inhalt (Depressionsfrakturen). Aus dieser Aufzählung erhellt bereits, wie wichtig für die Regelung der intrakraniellen Druckverhältnisse die Bildung und die Resorption des Liquor einerseits, andererseits der Füllungszustand der Gefäße des Gehirns und seiner Häute ist.

Unter den Aufgaben, welche man dem Liquor cerebrospinalis zugeschrieben hat, steht der mechanische Schutz, welchen derselbe dem empfindlichen Ganglienapparat zu gewähren hat, im Vordergrund. Ob daneben der Liquor eine Art Ernährungsflüssigkeit für das Gehirn darstellt, oder ob er eher für den Abtransport von Stoffwechselprodukten aufzukommen hat, ist bislang eine offene Frage. Jede Abflußerschwerung der Ventrikelflüssigkeit kann zur Steigerung des intrakraniellen Drucks führen. Aber auch Kompression der Halsvenen oder, wie ich in vielfachen eigenen Untersuchungen sah, alle jene Bedingungen, welche den Rückfluß des Blutes zum rechten Herzen verhindern, führen zu einem Ansteigen des intrakraniellen Drucks.

Nach QUINCKE[1]) ist die Bildung des Liquor cerebrospinalis ein Sekretionsvorgang, der sich entsprechend seiner weiten Ausdehnung an verschiedenen Stellen verschiedenartig abspielt. Er hängt ebenso sehr von dem Zustand der meningealen Blutgefäße wie von dem der Wandendothelien ab.

Andere haben gemeint, die Bildung des Liquor cerebrospinalis sei ein einfacher Transsudationsvorgang. Das ist aus verschiedenen Gründen wenig wahrscheinlich: Der Gehalt des Liquors an krystalloiden Bestandteilen ist höher als der des Serums; Eiweiß kommt normalerweise darin nur in Spuren vor; ebenso sind Aceton, Acetessigsäure, Alkohol, Chloroform, Brom, Urotropin, wenn diese Substanzen im Blute mehr oder weniger reichlich vorhanden waren, im Liquor nur in Spuren enthalten. GOLDMANN verfolgte das Schicksal ins Blut gespritzter Vitalfarben; die Farbstoffe drangen in alle Organe mit Ausnahme des Gehirns ein. Besonders stark angereichert fand er die Plexuszellen, die offenbar als Filter wirkten; wurde der Farbstoff aber in den Subarachnoidealraum gebracht, so färbte sich die gesamte Hirnrückenmarkssubstanz. Der Weg vom Blut zum Liquor ist für die meisten körperfremden Substanzen gesperrt; man hat darin eine zweckmäßige Einrichtung, gewissermaßen eine Schutzvorrichtung für das Gehirn sehen wollen. Der umgekehrte Weg vom Liquor zum Blut wird dagegen rasch passiert; das ist für Methylenblau, Trypanblau, eine Reihe anorganischer Substanzen gezeigt worden. Bekannt ist auch die relativ leichte Resorbierbarkeit von Cocain, Magnesiumsulfat, Tetanustoxin durch die Meningen. Diese Erfahrungen gaben die Anregung zur sog. endolumbalen Therapie mit den verschiedensten pharmakologischen Mitteln, von denen das Salvarsan wohl am ausgiebigsten angewandt wurde.

---

[1]) QUINCKE: Kongr. f. inn. Med. 1891. S. 321. Berl. klin. Wochenschr. 1891. Nr. 39.

Da diese Therapie besonders für die Lues cerebrospinalis gegenwärtig eifrig propagiert wird, ist für den Kliniker die Kenntnis der Abfuhrwege des Liquor cerebrospinalis von besonderer Bedeutung.

Eine erste Gruppe der Abflußwege führt zu den Lymphgefäßen der Nase, den perilymphatischen Räumen des Ohrlabyrinths und den tiefen Halslymphgefäßen (T. H. L. in der Abb. 22). Der Hauptweg führt über die perivasculären Lymphräume in die Capillaren und Venen; unter ihnen werden die PACCHIONIschen Granulationen meist besonders hervor-

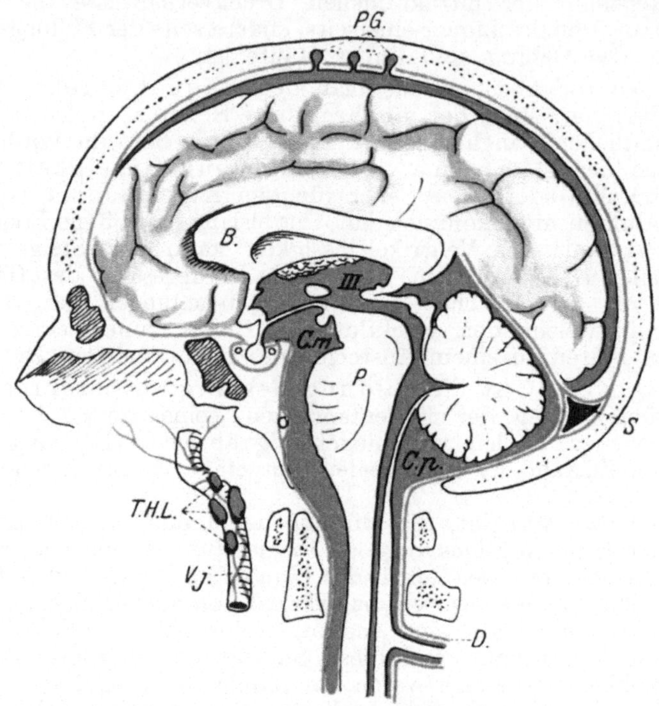

Abb. 22. Schema der Abflußbahnen des Liquor cerebrospinalis (blau). B. Balken. P. Pons. III. 3. Ventrikel mit Plexus chorioideus. C. m. Cysterna magna. C. p. Cysterna posterior. P. G. Pacchionische Granulationen. S Sinus transversus. D. Dura mater (rot!), wird Nervenscheide. V. j. Vena jugularis. T. H. L. Tiefe Halslymphknoten, die die Lymphgefäße des Gehirns und seiner Häute aufnehmen. (Aus einer anderen Schnittebene!)

gehoben, obwohl diese gar nicht so regelmäßig vorkommen, wie allgemein angenommen wird. Darüber hinaus wird ein direkter Übergang vom Liquor durch die Gefäßwände ins Blut angenommen. Vielleicht tritt dieser direkten Resorption ins Blut gegenüber der Abtransport auf den Lymphbahnen an Bedeutung zurück. Jedenfalls sind in den Subarachnoidealraum eingebrachte Farbstoffe schon nach 20 Minuten im Magen und in der Blase (HILL, ZIEGLER), aber erst nach Stunden in den tiefen Halslymphgefäßen nachweisbar. Als dritter Abflußweg sind schließlich die perineuralen Lymphscheiden zu nennen (D). Sind die vasculären Abflußbahnen durch entzündliche Vorgänge oder durch mechanische Kompression (Tumoren) verlegt, so kommt es, da die

Lymphwege allein zum Abtransport offenbar nicht ausreichen, zur überreichlichen Ansammlung von Liquor in den Hirnventrikeln.

Produktion und sicher auch Resorption des Liquor stehen unter der Herrschaft von vasomotorischen Nerveneinflüssen, die auf das ausgedehnte Gefäßnetz des Gehirns und Rückenmarks wirken. Die reichliche Versorgung dieser Blutgefäße der Pia und des Plexus chorioideus ist neuerdings von STÖHR [1]) eingehend studiert worden. Neben den die Gefäße begleitenden und sie zum Teil umspinnenden Nerven wurden solche unabhängig von den Gefäßen die Pia durchquerende gefunden. Im Bindegewebe des Plexus chorioideus sämtlicher Ventrikel finden sich häufig Nervenbündel von ansehnlicher Dicke. STÖHR zeigte, daß die Fasern für den Plexus chorioideus inferior vom Vagus, für die Pia des Kleinhirns vom Vagus, Glossopharyngeus und Vagus oder direkt aus den Brückenarmen stammen. Auch vom 3., 6., 11. und 12. Gehirnnerven ziehen feine Ästchen zur Pia. Es darf nach diesen Feststellungen als gesicherte Tatsache gelten, daß die Hirngefäße doppelt innerviert sind. Die Hauptmasse der Hirngefäßnerven stammt vom Halssympathicus und zieht mit A. carotis und A. vertebralis in die Schädelhöhle. Außerdem haben aber die parasympathischen Fasern, aus den oben angegebenen Hirnnerven, Einfluß auf die Gefäße. Die überreiche Versorgung der Pia und ihrer Gefäße mit Nerven und Endkörperchen stützt die Ansicht, welche die Pia als ein Schutzorgan gegen Störungen in der Blut- und Liquorbewegung auffaßt. Vielleicht sind die für die Liquorverhältnisse wichtigen Nerven sowohl die im Plexus gelegenen Receptoren wie die vornehmlich auf die Gefäße, vielleicht aber auch auf die sezernierenden Epithelien einwirkenden Effectoren in einem im Hirnstamm gelegenen Zentrum funktionell enger zusammengeordnet und überwacht [REICHARDT [2])].

Besonders wahrscheinlich wird die Annahme eines solchen Vasomotorenzentrums für die Gefäße des Gehirns und seiner Häute gemacht durch die Erfahrungen, welche man bei experimenteller Drucksteigerung im Gehirn durch subdurale, bzw. subarachnoideale Injektion von Kochsalzlösung sammelte. CUSHING [3]) studierte die wechselnde Gefäßfüllung des Gehirns durch ein an einer Trepanationsöffnung des Schädels angebrachtes Fenster. Bei 60 mm Quecksilber zeigt sich eine geringe Erweiterung der Hirnvenen, während gleichzeitig eine geringe Verengerung des Sinus longitudinalis von hinten her einsetzt. Wird der Druck bis zur Blutdruckhöhe gesteigert, so kommt eine maximale Stauung der Hirnvenen zustande, während der Sinus longitudinalis kollabiert. Bei weiterer Druckzunahme erblaßt die Hirnsubstanz infolge Kompression der sichtbaren Arterien, während das in den Venen stagnierende Blut nicht abfließen kann und die Venen prall gefüllt bleiben. Wird der Hirndruck nun nicht weiter gesteigert, so sieht man sehr bald die Zirkulation in den Hirnarterien wieder einsetzen, was nur durch eine regulatorisch einsetzende Blutdrucksteigerung erklärbar ist. CUSHING konnte durch vorsichtige weitere intrakranielle Drucksteigerung diesen Vorgang mehrfach wiederholen, so daß schließlich bei einer intrakraniellen Spannung von 276 mm Hg der Blutdruck auf 290 mm Hg hinaufgetrieben war.

[1]) STÖHR, PHILIPP: Anat. Anz. Bd. 54. 1921.
[2]) REICHARDT: Zit. nach STÖHR.
[3]) CUSHING: Mitt. a. d. Grenzgeb. d. Med. u. Chirurg. Bd. IX u. XVIII.

Erst jetzt versagte die vasomotorische Regulation. Wird das Rückenmark in der Höhe des Atlas durchtrennt oder die Medulla oblongata durch Cocainisierung ausgeschaltet, so konnte durch intrakranielle Drucksteigerung der Blutdruck nicht in die Höhe getrieben werden. Das auslösende Moment für diese Blutdrucksteigerung ist die Anämie des Vasomotorenzentrums. Das besondere Zentrum für die Vasomotoren des Gehirns sorgt in unabhängiger Weise bei einer allgemeinen Blutdrucksteigerung für eine gute Durchblutung des Zentralorgans.

Durch die QUINCKEsche Lumbalpunktion haben wir die Möglichkeit gewonnen, uns über die Druckverhältnisse des Liquor cerebrospinalis unter physiologischen und pathologischen Bedingungen zu unterrichten. Schon bei gesunden Menschen findet man an verschiedenen Punktionsstellen und wechselnder Lagerung des Körpers erheblich voneinander abweichende Druckwerte. BUNGART [1]) fand unter Anwendung eines Hg-Manometers bei narkotisierten Menschen in der Lumbalgegend bei horizontaler Lage einen positiven Druck von 3—9 mm Hg über dem Nullpunkt. Richtet man die Versuchsperson auf, ohne sonst etwas an dem System zu ändern, so steigt er auf 15 mm Hg über dem Nullpunkt. Bei Beckenhochlagerung sinkt das Manometer langsam auf Null und darüber hinaus auf negative Werte ab. Punktiert man an einer höher gelegenen Stelle der Wirbelsäule, so ist der Druck besonders im Sitzen gegenüber dem vorher an tiefer gelegener Stelle gefundenen wesentlich niedriger. Punktion eines Seitenventrikels in Horizontallage ergab keine Schwankungen am Manometer; wird das Fußende des Bettes gehoben, so wird der Druck in den Ventrikeln positiv; wird das Kopfende gehoben, so wird er negativ.

Analysiert man die Bewegungen, welche die Liquorsäule bei der Punktion im Steigrohr ausführt, so erkennt man die Abhängigkeit derselben von der Aspiration und den Bewegungen des Kopfes, von der Anspannung der Bauchmuskulatur und von der Tätigkeit des Herzens. Bei Registrierung mit der FRANKschen Kapsel fand BECHER [2]), daß die diastolischen Pulsationen des Liquor cerebrospinalis in der Lumbalgegend als hier verspätet eintreffende systolische Gehirnpulsationen aufzufassen sind. So ist es zu erklären, daß die pulsatorischen Erhebungen nicht mit der Systole des Radialispulses zusammenfallen, sondern in der Diastole gelegen sind. Die mit der Atmung synchronen Ausschläge sind als Füllungsdifferenzen im System der oberen Hohlvene während der in- und exspiratorischen Atemphasen anzusehen. Jede Steigerung des venösen Drucks im Gebiet der oberen Hohlvene muß ceteris paribus zu einem Ansteigen des Liquordruckes führen.

Die chemische Zusammensetzung der Cerebrospinalflüssigkeit wird für physiologische Verhältnisse durch die Zellen der Intima, Pia und vielleicht durch eine besondere Grenzhaut der marginalen Neuroglia konstant erhalten. Sicher sind die Plexus chorioidei nicht die einzigen Stätten der Liquorbildung, weshalb der Versuch dieselben z. B. bei Hydrocephalus zu entfernen (WILMS) kaum dauernden Erfolg haben kann. Die Zusammensetzung des Liquors weicht ab von der des Serums und auch der Lymphe. Während die Lymphe z. B. des Unterschenkels des Menschen nach fettreicher Nahrung bis zu 47‰ Fett enthält [MUNK und

[1]) BUNGART: Festschrift zur Feier des 10jährigen Bestehens der Akademie f. praktische Ärzte in Köln. Bonn: Markus u. Weber 1915.

[2]) BECHER, ERWIN: Zentralbl. f. inn. Med. 1919. Nr. 38.

ROSENSTEIN[1])] und daher die Lymphe auch peripherer Gebiete eine chylöse Beschaffenheit in der Verdauungsperiode aufweist, ist der Liquor stets klar und nahezu frei von Fett und Lipoiden, wovon er nur 0,005% enthält. Es handelt sich um Spuren von Neutralfett, Fettsäure, Cholesterin und Lecithin. Auch Eiweiß findet sich nur in ganz geringer Menge (0,02%), Fibrinogen fehlt im Liquor. Eine bestimmte Menge reduzierender Substanzen kommt; es werden in der Regel 0,05—0,1% Glucose gefunden. Die reduzierenden Substanzen nehmen besonders bei Gegenwart von Blutkörperchen bei längerem Stehen des Liquor rasch ab, was auf die Tätigkeit des glykolytischen Ferments derselben zurückzuführen ist. Im ganzen entfallen von dem Trockenrückstand, welcher in der Norm 0,996% ausmacht, 0,878% auf anorganische Stoffe. Die Hautptmenge des Trockenrückstands des Liquors macht das Kochsalz aus 0,7—0,8%; der normale Liquor ist durchschnittlich wenig kochsalzreicher als das Serum; das Verhältnis von Kalium zum Natrium beträgt im Liquor 1:31,5; im Serum 1:17.

Bei entzündlichen Zuständen nähert sich die Zusammensetzung des Liquor der des Serums; je akuter der Prozeß, desto größer im allgemeinen der Eiweißgehalt; es werden Werte bis zu 0,95% angegeben [2]). Dabei ist der Übertritt von zelligen Elementen des Blutes die Regel; der Leukocytengehalt der Spinalflüssigkeit kann so weitgehend gesteigert sein, daß er den Eindruck reinen Eiters macht.

Von den eingangs erörterten Faktoren, die zum „Hirndruck" führen, sind die Bedingungen bei der akuten Meningitis am durchsichtigsten. Hier wird infolge der Entzündung eine starke Produktion entzündlich veränderten Liquors einsetzen, mit der die Rückresorption nicht mehr gleichen Schritt hält; der intrakranielle und mit ihm der Lumbaldruck steigen rasch an. Durch Entzündung und Druck werden die in der Pia reichlich vorhandenen Nerven gereizt, wodurch der starke meningeale Kopfschmerz erklärt wird. Die Beteiligung des Vagus an der Innervation der Pia und des Plexus chorioideus des IV. Ventrikels vermittelt das bei gesteigerten Hirndruck häufige cerebrale Erbrechen und die Pulsverlangsamung. Weitergehende Folgen gesteigerten Hirndrucks sind Krämpfe und Bewußtlosigkeit. Beides wird auch nach akuten Blutverlusten beobachtet, Zustände, bei denen man eher mit einer Senkung des intrakraniellen Drucks rechnen muß. Gemeinsam ist bei den — dem Zustand des Hirndrucks und der Anämie — partiell wenigstens mangelnde Blutversorgung empfindlicher Komplexe, die zunächst zu Reiz- später zu Lähmungssymptomen führt. Wichtiger vielleicht sind mechanische und chemische Schädigungen der empfindlichen Elemente der Hirnsubstanz.

Schon früh hat man sich bemüht, die klinischen Erscheinungen des Hirndrucks experimentell nachzuahmen. LEYDEN vermehrte Menge und Druck der Cerebrospinalflüssigkeit durch Einspritzung von Eiweißlösung in den Subarachnoidealraum in Morphiumnarkose. Bei 50 mm Hg-Druck wird infolge der zunehmenden Spannung der Dura Schmerz ausgelöst, bei 120 mm Hg treten Krämpfe, bei 130 mm Hg Pupillenerweiterung, Bewußtlosigkeit, Koma auf. Es wird Nystagmus beobachtet. Schon bei 50 mm Hg nimmt die Pulsfrequenz ab, die Bradykardie wird

[1]) MUNK und ROSENSTEIN: Virchows Arch. f. pathol. Anat. u. Physiol. Bd. 123.

[2]) Einzelheiten über die Zusammensetzung des pathologischen Liquor siehe bei ESSKUCHEN: Die Lumbalpunktion. Urban u. Schwarzenberg 1919.

bis 150 mm Hg langsam gesteigert, es treten Unregelmäßigkeiten des Pulses auf. Bei 250 mm Hg setzt eine plötzliche Beschleunigung der Herztätigkeit ein. Alle diese Erscheinungen von seiten des Herzens bleiben nach vorheriger Vagusdurchschneidung aus. Unter zunehmender Verlangsamung der Herzaktion und mit zunehmender Kompression der Capillaren durch den Hirndruck werden die pulsatorischen Hirnbewegungen vergrößert. Die Atmung ist im Stadium des Schmerzes bei geringerem Druck beschleunigt, wird mit zunehmendem Druck verlangsamt und unregelmäßig und steht schließlich still, während das Herz noch Minuten lang weiterschlägt. Zuletzt tritt unter Würgen und Erbrechen der Erstickungstod ein. Durch künstliche Atmung kann der Eintritt des Todes verhindert oder verzögert werden. Von NAUNYN und seinen Mitarbeitern wurde auf die eigentümlichen Schwankungen des Blutdrucks hingewiesen, welche bei langem und starken Hirndruck als sogenannte TRAUBE-HERINGsche Wellen sich aufzeichnen lassen. Sie werden als Folge einer periodischen Erregung der Medulla oblongata aufgefaßt. Mit zunehmendem Blutdruck setzt die vorher ruhende Atmung wieder ein, um mit sinkendem Blutdruck von neuem aufzuhören.

In vielen Fällen von Hirndruck wird eine Stauungspapille gefunden. Diese meist beiderseitig an beiden Papillen mit dem Augenspiegel leicht festzustellende Veränderung ist sehr verschieden erklärt worden. Alle Theorien gehen aus von dem erhöhten intrakraniellen Druck. Am plausibelsten ist die Vorstellung, nach welcher der Druck zu einer ödematösen Schwellung der Lamina cribrosa und weiterhin zu einer Kompression der Zentralgefäße führt, welche naturgemäß eher den venösen Rückstrom als den arteriellen Zustrom beeinträchtigen muß. Es kommt zu venöser Stauung im Sehnervenkopf und sekundär zu einer Anschwellung desselben. Sekundär kann der geschwollene Sehnerv in dem nun zu eng gewordenen Foramen sclerae stranguliert werden. Das Ödem des Sehnervenkopfes nimmt zu bis zum typischen Bild der Stauungspapille. Daneben können unabhängig von rein mechanischen Verhältnissen sich Entzündungen vom Gehirn auf den Sehnerven fortleiten und infolge einer solchen Neuritis descendens die Papille entzündlich schwellen. Die auffällige Mydriasis, welche ein häufig beobachtetes Symptom des Hirndrucks ist, wird als eine Folge der Sympathicusreizung gedeutet.

H. Commotio cerebri.

Das Krankheitsbild der Commotio cerebri[1]) ist wenig scharf umrissen. Die Symptome werden je nach der Stärke der Gewalteinwirkung wechseln. Das erste Symptom ist stets eine Trübung des Bewußtseins, Atemtypus und -rhythmus sind verändert, der Puls bald beschleunigt, bald verlangsamt, in schweren Fällen klein, schlecht gefüllt und leicht unterdrückbar. Oft scheint eine schlaffe Lähmung aller Extremitäten vorzuliegen. Alle diese Symptome können auftreten, ohne daß gröbere Verletzungen speziell des knöchernen Schädeldaches nachweisbar sind; ja in zu Tode führenden Fällen von Commotio cerebri fehlen sogar mikroskopische Veränderungen. Vergegenwärtigt man sich den feinen histologischen Bau der Hirnrinde, die verschiedenen Schichten der kleinen, mittleren und großen Pyramiden, die mit ihren feinen Fortsätzen ein

[1]) Literatur bei HAUPTMANN. Neue dtsch. Chirurg. Bd. 11. I. S. 520.

unendlich zartes Gewebe von feinster Struktur darstellen, daß ferner das spezifische Gewicht der einzelnen Hirnschichten ein verschiedenes ist [THUDICHUM[1])], so ist verständlich, daß ein grobes Trauma den einzelnen Schichten eine wechselnde Beschleunigung erteilen wird und allein aus diesem Grunde schon Zerreißungen und Störungen in der feinen Textur eintreten können, die unsern relativ groben Untersuchungsmethoden unzugänglich sind. Bei schwereren Traumen kommen Blutextravasate und Degenerationen in den Ganglienzellen vor. Große forensische Bedeutung haben die sog. traumatischen Spätapoplexien, welche mehrere Wochen nach einem Schädeltrauma eintreten können. Sie sind zu erklären durch Schädigungen, welche das primäre Trauma an den Gefäßen setzte und die durch sekundäres Nachgeben der Gefäßwand zu Blutungen führte.

I. Pathologie des vegetativen Nervensystems[2]).

Die Störungen in den Funktionen des vegetativen Nervensystems sind ungemein häufig. Die Beurteilung der Grenzen zwischen normalem und pathologischem Verhalten sind hier besonders schwer zu ziehen, weil die Funktion des vegetativen Nervensystems einen wesentlichen Teil der psychischen Persönlichkeit ausmacht. Im Gegensatz zum animalen, der Willkür unterworfenen Nervensystem beherrscht das vegetative die unwillkürlich tätigen Organe. Seine efferenten Fasern stammen aus bestimmten Abschnitten des Zentralnervensystems. Die Drüsen, die Eingeweide, die Organe mit glatter Muskulatur stehen unter seinem Einfluß. Die Blutgefäße des ganzen Körpers, die Organe der Haut, die Iris und das Herz werden in ihrer Tätigkeit von ihm geregelt. Da die Erfolgsorgane in der Hauptsache die Viscera, die Eingeweide sind, spricht man auch vom visceralen Nervensystem. Da manchen dieser Organe eine gewisse Autonomie zukommt, hat sich der Ausdruck autonomes Nervensystem eingebürgert. Neben dem vegetativen und dem animalen Nervensystem haben wir als drittes das „enteric system" LANGLEYS zu unterscheiden, das z. B. in Funktion tritt, wenn an einer ausgeschnittenen Darmschlinge auf einen sensiblen Reiz hin eine Kontraktion eintritt. Die Zentren dieses Systems sind in die Erfolgsorgane selbst eingebettet. Im Gegensatz zu den animalen Fasern treten die des efferenten Anteils des vegetativen Nervensystems nie direkt zu ihren Erfolgsorganen; sie ziehen vielmehr, aus dem Zentralnervensystem entspringend, zu einer außerhalb desselben gelegenen Ganglienzelle. Von dieser als Schaltstelle fungierenden Zelle entspringt ein zweites Neuron, dessen Achsencylinderfortsatz dann die Peripherie erreicht. Durch ihre hohe Nicotinempfindlichkeit sind diese Schaltstellen pharmakologisch scharf gekennzeichnet. Man kann sie mit einer 0,5%igen Nicotinlösung lähmen und auf diese Weise den Aufbau und die Funktion des präganglionären Anteils gesondert studieren.

---

[1]) THUDICHUM: Über die chemische Konstitution des Gehirns des Menschen und der Tiere. Tübingen 1901.

[2]) Literatur bei: MEYER und GOTTLIEB: Experimentelle Pharmakologie. Berlin-Wien: Urban und Schwarzenberg 1914. L. R. MÜLLER: Das vegetative Nervensystem. Berlin: Julius Springer. METZNER: Einiges vom Bau und von den Leistungen des sympathischen Nervensystems. Jena: G. Fischer 1913.

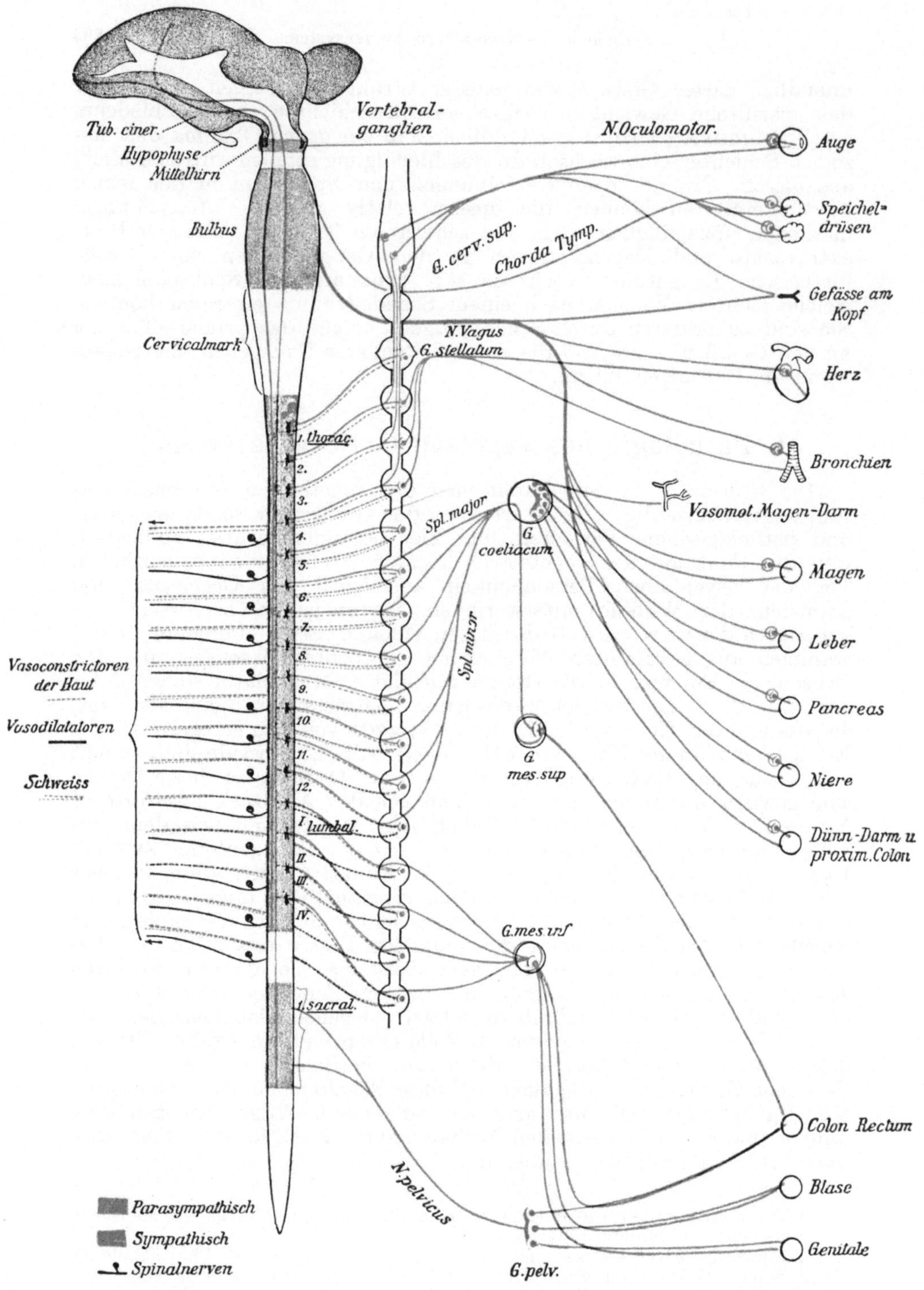

Abb. 23. Schema vom Aufbau des vegetativen Nervensystems (nach H. H. MEYER und GOTTLIEB). (Aus MEYER-GOTTLIEB: Experimentelle Pharmakologie, 3. Aufl.)

Das vegetative Nervensystem setzt sich aus einem sympathischen und parasympathischen Anteil zusammen. Beide haben auf fast sämtliche Organe Einfluß. Sie wirken in entgegengesetzter Richtung, so daß die Organfunktionen gewissermaßen von zwei Nervenzügeln geleitet werden.

Einteilung des vegetativen Nervensystems.

1. Gruppe der thoracal-lumbalen Fasern, dem sympathischen System im engeren Sinne entsprechend. Die Fasern werden abgegeben durch die thoracalen und vier bis fünf ersten lumbalen Nerven:

a) an den Grenzstrang,

b) an das Gangl. cervicalis sup. et inf.,

c) an das Gangl. stellatum

durch die weißen Rami communicantes; sie laufen jenseits der Ganglien gemeinsam mit den Spinalnerven aus.

2. Gruppe des parasympathischen Systems:

a) Cranial-bulbärer Teil des parasympathischen Nervensystems,

1. kurze Ciliarnerven (Sphincter iridis) aus dem Mittelhirn durch den Oculomotorius,

2. Versorgung der Speicheldrüsen und der Vasodilatatoren der Mundhöhle aus der Medulla oblongata durch die Chorda tympani.

3. Versorgung der Schleimhäute von Mund, Nase und Pharynx aus N. facialis und glossopharyngeus im Trigeminus verlaufend,

4. hemmende Fasern für das Herz, Constrictoren der Bronchialmuskulatur, motorische Fasern für Oesophagus, Magen und Darm, sekretorische für Magen und Pankreas.

b) Sakraler Teil des parasympathischen Nervensystems aus den ersten Sakralnerven im Rückenmark als Nervus pelvicus, versorgt das Colon descendens, Rectum, Blase und Genitalien.

Eindrücke, die auf sensorischen Bahnen Gehirn und Rückenmark erreichen, werden auf zentrifugalen vegetativen Bahnen den inneren Organen zugeleitet. Es können auf diesem Wege vom cerebrospinalen System Reize auf das vegetative nach Art eines Reflexes übertragen werden. Als Beispiel kann der Pupillarreflex gelten, der von der Netzhaut über die sensorische Opticusbahn ins Mittelhirn verläuft, dort auf den parasympathischen Anteil des Oculomotoriuskerns überspringt und nun über Oculomotorius, Ganglion ciliare, die Nervi ciliares den Sphincter iridis erreicht.

In ähnlicher Weise kann man die wärmeregulatorischen Vorgänge als vom cerebrospinalen auf das vegetative Nervensystem überspringende Reflexe auffassen, die von der erwärmten Haut ausgelöst werden. Als Beispiel eines intramuralen Reflexes kann die Kontraktion einer Darmschlinge gelten, die vorher durch einen Gummiballon gebläht wurde. Die Dehnung wird durch eine Kontraktion nicht mehr beantwortet, wenn der AUERBACHsche Plexus zerstört ist.

Für den Arzt von besonderer Bedeutung sind die den Schmerz begleitenden körperlichen Vorgänge. Der Charakter der Schmerzen ist oft von großer symptomatischer Bedeutung. Eine gute Schilderung einer Schmerzattacke mit ihrer charakteristischen „Ausstrahlung“ ist für die Diagnose von hohem Werte (Angina pectoris, Nierenstein- und Gallensteinkolik). Jeder körperliche Schmerz kann auf vegetativen Bahnen irradiieren. Wir sehen in einem Schmerzanfall Änderungen der Herzfrequenz und des Blutdrucks. Die Pupillen werden weit. Diese Pupillenerweiterung ist für den untersuchenden Arzt insofern von Bedeutung, als er in Zweifelsfällen daran erkennt, ob Schmerzen vorgetäuscht oder wirklich z. B. bei der Palpation des Abdomens aufgetreten sind. Während die Tränensekretion lebhafter vor sich geht, kann die Sekretion des Magens und Darms bei schmerzhaften Eingriffen, wie PAWLOW zeigte, sofort sistieren. Ebenso kann es zu Hemmungen der Magen- und Darmbewegungen kommen. Doch gehen dieser Hemmung, wie Röntgenbeobachtungen während der Gallensteinkolik lehrten, oft starke Motilitätssteigerungen voraus. Auch Verstärkung von Uterusbewegungen sind als Effekt von schmerzhaften Eingriffen beobachtet worden. Alle die letztgenannten Vorgänge werden als viscerovisccrale Reflexe aufgefaßt, bei welchen gesteigerte durch krankhafte Vorgänge bedingte Reize im parasympathischen System in den visceromotorischen Teil des vegetativen Nervensystems auf sympathischen Bahnen ausstrahlen. Alle schmerzleitenden Fasern ziehen über den Thalamus opticus und können von hier nach dem nahe gelegenen Höhlengrau des dritten Ventrikels irradiieren. Daher können Schmerzen auch zentral durch Herderkrankungen bedingt sein. So werden die Kranken mit beginnender Dementia paralytica und senilis von heftigsten Kopfschmerzen gequält. Auch bei Encephalitis lethargica werden in seltenen Fällen starke Schmerzen angegeben, die an die verschiedensten Stellen der Peripherie projiziert werden.

Gemütsbewegungen, Freude, Leid, Zorn und Trauer, wirken auf dem Wege des vegetativen Systems auf Herz, Blutgefäße, Tränendrüsen, Verdauungstrakt. Im Gegensatz zu den Reflexen im Bereich des animalen Nervensystems greifen derartige emotionelle Erregungen auf mehrere Organe zugleich über. Die alten, in verschiedensten Bildern niedergelegten Volkserfahrungen, daß ängstliche Affekte uns das „Herz zusammenschnüren“ oder das „Herz stillstehen lassen“, sind der Ausdruck für die Wirkungen psychischer Erregungen auf die inneren Organe, welche ihnen auf dem Wege des vegetativen Nervensystems vermittelt werden. Man hat den Halssympathicus geradezu als emotionelles Nervensystem bezeichnet. Man weiß, daß die Reizung dieses Nerven in einem bestimmten Bezirk zwischen Auge und Ohr bei Katzen, in der Occipitalgegend beim Affen ein Sträuben der Kopfhaare bedingt. Das Spiel der Gesichtsvasomotoren im Zorn und Schreck, bei Freude und bei der Scham, der Schweißausbruch der ängstlich Verlegenen zeigt, welche Rolle diese über das Halsganglion vermittelten emotionellen Reflexe im Leben jedes einzelnen spielen. Die eigentümlich keuchende Atmung im Zorn wird auf eine Konstriktion der Bronchialmuskulatur zurückgeführt, welche, durch die vegetativen Fasern des Lungenvagus eingeleitet, den Gasaustausch erschwert.

Das Spiel der Vasomotoren steht nicht nur im Bereich des Kopfes und Gesichts unter der Herrschaft des vegetativen Nervensystems, sondern am ganzen Körper. So suggerierte WEBER hypnotisierten Menschen ganz bestimmte Arbeitsvorstellungen und zeigte, daß unter dem Einfluß dieser Vorstellungen die Vasomotoren der betreffenden Extremität sich erweitern und deren Volumen in deutlich meßbarer Weise zunimmt. Bei disponierten Individuen soll es sogar möglich sein, auf rein suggestivem Wege die Bildung von Quaddeln und Hautblutungen zu erzeugen.

Neben einem im Zwischenhirn anzunehmenden Vasomotorenzentrum muß man mit dem Vorhandensein weiterer untergeordneter spinaler Vasomotorenzentren rechnen. Wahrscheinlich ziehen vasomotorische Fasern durch beide Seiten des Rückenmarks, denn bei der sog. BROWN-SEQUARDschen Halbseitenlähmung sind die vasomotorischen Ausfallserscheinungen nur wenig ausgeprägt. Die Vasomotoren stehen unter der antagonistischen Herrschaft des sympathischen und parasympathischen Nervensystems. Reizung des Plexus hypogastricus, dessen Rami comm. aus dem Lendenmark entspringen, bedingt Vasokonstriktion an den Genitalien. Der gefäßerweiternde Nerv für die Corpora cavernosa (Nerv. erigens) entspringt aus dem Sakralmark. Die feinen Gefäßnerven sind in verschiedenen Schichten ihrer Wandungen eingebettet; in den großen Gefäßen (Aorta, Carotis) sind intramurale Ganglien nachgewiesen. Vielleicht werden die schmerzhaften Sensationen bei Aortitis und Coronarsklerose durch sensible zentripetale Gefäßnervenfasern vermittelt. Die bisweilen von Herzkranken geklagten Schmerzen in Brust und Armen werden durch Erregungen aus den sensiblen zentripetalen sympathischen Fasern, die in das oberste Brustmark einstrahlen, bewirkt. Dieselben springen dort auf die hier einmündenden spinalen Bahnen für Brust und linken Arm über (s. S. 50).

Das Herz steht unter dem doppelten Einfluß hemmender und beschleunigender Fasern. Die Vagusäste des Herzgeflechtes führen die Hemmungsfasern für die Herztätigkeit. Aber auch die accelerierenden Fasern ziehen mit dem Vagus zum Herzen. Bei Atropin- und Nicotinvergiftung werden die Hemmungsfasern gelähmt. Unter diesen Bedingungen hat Vagusreizung durch Vermittlung des Accelerans eine Beschleunigung des Herzschlages zur Folge. Die bei Hirntumoren, Hydrocephalus, Meningitis oder bei willkürlicher Hirndrucksteigerung durch den VALSALVAschen Versuch bewirkte Verlangsamung des Herzschlags kommt durch Reizung des Vagus zustande. Das Zentrum des Vagus liegt am Boden des vierten Ventrikels. Das Zentrum für die sympathischen Nervi accelerantes ist noch unbekannt.

Die doppelte Innervation der Bronchialmuskulatur durch Vagus und Sympathicus hat erhebliche klinische Bedeutung. Während Sympathicusreizung ein Nachlassen des Bronchialmuskeltonus und Erweiterung der Bronchien bedingt, verengert Vagusreizung die feinsten luftführenden Wege. Die akute Lungenblähung im anaphylaktischen Schock kommt sehr wahrscheinlich auf nervösem, nämlich auf dem Wege des Vagus, welcher bronchokonstriktorisch wirkt, zustande. Der akute asthmatische Anfall, vielleicht auch einige Formen des Lungenödems, sind auf ebensolche Störungen der Bronchialmuskelinnervation zurückzuführen. So wird es verständlich, daß das Reizgift des Sympathicus, das Adrenalin, einen asthmatischen Anfall durch Erweiterung der Bronchien beseitigen kann, und daß das gleiche durch Lähmung des vasokonstriktorisch wirkenden Vagus mit Atropin zustande kommt.

Die Wirkungen des vegetativen Nervensystems auf die übrigen Organe finden in den betreffenden Kapiteln Erwähnung.

Die Möglichkeit differenter pharmakologischer Beeinflussung des sympathischen und des parasympathischen Systems hat viel zur

Aufklärung seiner physiologischen Aufgaben und pathologischer Vorgänge beigetragen. Das wirksamste Reizgift des Sympathicus ist das Adrenalin, dessen chemische Zusammensetzung und physiologische Wirkungsweise im Kapitel X beschrieben wurde. Bezüglich seiner Wirksamkeit im Bereich des vegetativen Nervensystems sind folgende Tatsachen von Bedeutung. Adrenalin bewirkt:

1. Vasokonstriktion in fast allen Gefäßgebieten,
2. Beschleunigung und Verstärkung des Herzschlags wie bei Acceleransreizung,
3. Pupillenerweiterung wie bei Reizung des Halssympathicus,
4. Sekretion der sympathisch innervierten Speicheldrüse,
5. Hemmung der motorischen Tätigkeit des Magendarmtrakts und der Blase.

Das Adrenalin greift an der Verbindungsstelle der sympathischen Nervenfasern mit den Muskelelementen an. Je feiner diese myoneurale Verbindung differenziert ist, um so höher ist die Empfindlichkeit des Gewebes gegen Adrenalin. Werden die zuführenden Nerven durchschnitten, so zeigt sich oft eine gesteigerte Empfindlichkeit der glatten Muskulatur gegen das Adrenalin. Auch die Gefäßwirkung des Adrenalins ist von der Intaktheit der nervösen Verbindung unabhängig und gebunden nur an die Intaktheit der Nervenendigungen. Ihre gemeinsame Empfindlichkeit gegen Adrenalin charakterisiert die sympathischen Nerven geradezu als eine physiologische Einheit. Die Endigungen des parasympathischen Systems werden von dem Muscarin erregt, von Atropin gelähmt. Muscarin bedingt:

1. Pupillenverengerung,
2. Verlangsamung des Herzschlages wie Vagusreizung,
3. Kontraktion der Bronchialmuskulatur,
4. Kontraktion der Magendarmmuskulatur,
5. Drüsensekretion.

Atropin lähmt die parasympathischen Endigungen, hat im allgemeinen eine dem Muscarin entgegengesetzte Wirkung. Es bedingt Pupillenerweiterung, Beschleunigung des Herzschlags durch Kompensation der Vaguswirkung; es wirkt erschlaffend auf die Bronchialmuskulatur und besonders auf den Tonus der Darmmuskulatur. Es wirkt hemmend auf die Sekretion der drüsigen Organe. Dem Muscarin ähnliche Wirkungen haben das Cholin, Pilocarpin und Physostigmin. Unter diesem kommt dem Cholin vielleicht erhebliche physiologische Bedeutung zu, da es als Abbauprodukt des Lecithins während der Verdauung wirksam werden kann und die Darmtätigkeit beeinflussen kann.

Die lähmenden Eigenschaften des Nicotins, welche sowohl im sympathischen wie im parasympathischen System an den Schaltstellen zwischen präganglionärer und postganglionärer Faser angreifen, wurde oben bereits erwähnt.

Das Ergotoxin schließlich lähmt die Endigungen des sympathischen Systems, wirkt demnach entgegengesetzt wie das Adrenalin.

Auf Grund dieser pharmakologischen Differenziertheit des sympathischen und parasympathischen Systems hat man versucht, bestimmte Dispositionstypen beim Menschen zu unterscheiden. Die vagotonische und die sympathicotonische Disposition. Einzelne Individuen reagieren auf Pilocarpin besonders lebhaft im Bereiche ihres parasympathischen Nervensystems, während sie gegen Adrenalin unterempfindlich sind und umgekehrt. Zu den vagotonischen Erscheinungen wird die Hyperacidität, die Neigung zu Schweißen, die Eosinophilie gerechnet, während als sympathicotonische Symptome die Hypochlorhydrie und die alimentäre Glykosurie angesprochen werden. Die von Eppinger und Hess[1]) zuerst inaugurierte Betrachtungsweise der vagotonischen und sympathicotonischen Disposition läßt sich auf Grund pharmakologischer Kriterien an „reinen Fällen“ selten demonstrieren. Meist zeigen Menschen mit übererregbarem vegetativen Nervensystem, worauf unter anderen

[1]) Eppinger und Hess: v. Noordens Samml. klin. Abhandl. 1910. Nr. 9 u. 10.

BAUER[1]) nachdrücklich hingewiesen hat, eine gleichmäßige Übererregbarkeit gegenüber dem Pilocarpin und dem Adrenalin. Ebenso wird von den Kritikern der EPPINGER und HESSschen Auffassungen betont, daß die Erfolgsorgane zu wechselnden Zeiten eine wechselnde Reaktionsbereitschaft aufweisen können, wodurch wiederum die strenge Trennung in vagotonische und sympathicotonische Disposition an Sicherheit verliert. So wertvoll die pharmakologische Durchforschung des vegetativen Nervensystems für die Physiologie geworden ist, so bescheiden ist ihre bisherige Bedeutung für die Klinik.

---

1) BAUER: Konstitutionelle Disposition. Berlin: Julius Springer 1917. Dort weitere Literatur.

XII. Pathologie der Bewegungsorgane.

A. Störungen der Muskelfunktion.

1. Physiologische Vorbemerkungen.

Die Muskulatur zerfällt nach ihrem **histologischen Bau** in zwei verschiedene Systeme, die glatten und die quergestreiften Muskeln; die glatten Muskeln sind aus einzelnen Zellen von spindelförmiger Gestalt zusammengesetzt, die einen

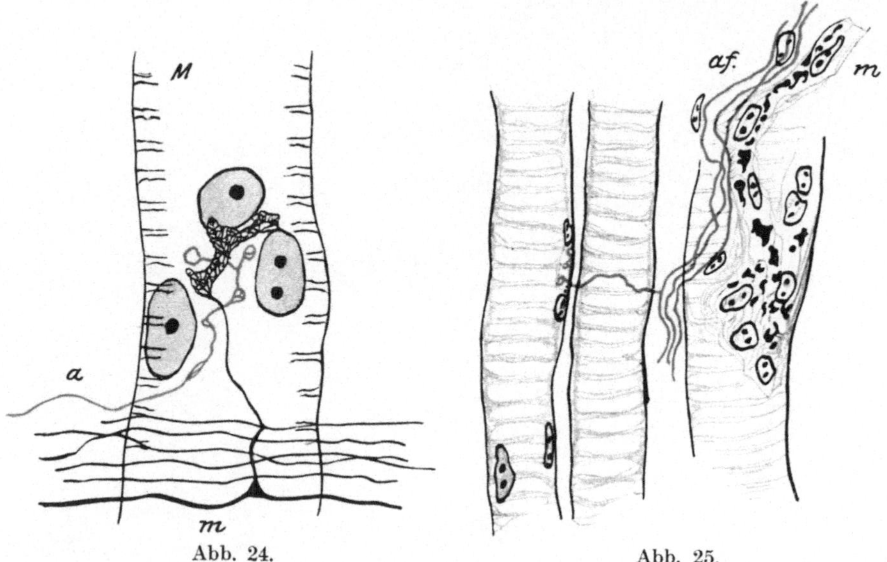

Abb. 24. Abb. 25.

Abb. 24. Motorische Nervenplatte (m) mit akzessorischer Endplatte (a) aus dem Pectoralis eines jungen Sturnus vulgaris I. M Muskel.

Abb. 25. Musculus obliquus oculi der Katze nach Durchschneidung des Trochlearis und Degeneration der motorischen Nerven. Die hypolemmale Endverästelung der feinen marklosen Faser in Profil gesehen. m degenerierte motorische Nervenfaser mit Endplattenrest. af akzessorische Fasern.

Nach Böcke: Die doppelte efferente Innervation der quergestreiften Muskelfasern. Anat. Anz. Bd. 44. 1913.

längsovalen Kern enthalten; in ihnen sind mit der Längsachse der Zelle gleichlaufende Fibrillen angeordnet; jede einzelne Faser wird vom intramuskulären Plexus aus nervös versorgt.

Die Querstreifung des zweiten Systems, das diesem seinen Namen gab, kommt besonders gut im polarisierten Licht zur Beobachtung, jede quergestreifte Muskelfaser zeigt hier abwechselnd isotrope und anisotrope Schichten. Neben der Querstreifung läßt sich eine longitudinale Gliederung in feine quergestreifte Fäden, die Muskelfibrillen, unterscheiden. Die Muskelfibrillen sind in Gruppen zu Muskelsäulchen zusammengeordnet, zwischen denen eine helle, feinkörnige

Masse, das Sarkoplasma, sich befindet. Von der Menge dieses Sarkoplasmas hängt ihre Farbe ab; sarkoplasmareiche erscheinen rot, sarkoplasmaarme weiß. Nach dem Vorwiegen der einen oder der anderen Fasergruppe spricht man von roten oder weißen Muskeln. Die Innervation der Muskulatur ist sensibel und motorisch. Erkrankte Muskulatur kann heftig schmerzen. Die motorische Innervation ist nach neueren Anschauungen [Böcke[1])] eine doppelte. Jede Muskelfaser wird unter dem Sarkolemm von zwei Nervenfasern erreicht. Der motorische Nerv tritt unter Aufspaltung der Neurofibrillen in die Endplatte ein.

Die zweite, sogenannte akzessorische Faser ist marklos und zeigt von den ersten leicht zu unterscheidende ring- und ösenförmige Endausbreitungen. Isolierte Durchschneidung des markhaltigen Nerven führt zur alleinigen Degeneration der motorischen Endplatte, während die akzessorischen Nervenendigungen erhalten bleiben (s. Abb. 24 und 25).

Chemische Zusammensetzung. Die Muskulatur besteht aus 75% Wasser und 1% Aschenbestandteilen. Von der Trockensubstanz, die 23,7% ausmacht, entfallen 3,7% auf Fett und 2,7% auf Stickstoff. Unter den Mineralien findet sich im gesunden Muskel fast das gesamte Kalium in der Muskelzelle, während das Natrium sich ausschließlich in der Zwischensubstanz befindet [Urano[2]) und Fahr[3])]. Der Kreatingehalt der Muskulatur gesunder Menschen beträgt für den Psoas 0,399%, für den Obliquus ext. 0,276%. Die Muskulatur des Kaninchens enthält 0,45% Kreatin. Dabei sind weiße Muskeln kreatinreicher als rote.

Die glatte Muskulatur scheint wenig wasserreicher zu sein als der quergestreifte Skelettmuskel [Saiki[4])]. Im Gegensatz zur quergestreiften ist sie reicher an Natrium, ärmer an Kalium.

Funktion. Die Funktionen der quergestreiften Muskulatur dienen der Haltung und der Bewegung des Körpers, sind also myostatische und myomotorische.

Der lebende Skelettmuskel hat auch in der Ruhe einen gewissen Spannungszustand, solange seine Verbindungen mit dem Zentralnervensystem erhalten sind. Dieser Spannungszustand verleiht dem lebenden Muskel einen gewissen Härte- und Elastizitätsgrad, welche die Körperhaltung garantieren. Werden die gemischten zugehörigen Nerven oder auch die entsprechenden hinteren Wurzeln durchschnitten, so erschlafft der Muskel vollkommen. Dieser demnach durch reflektorische Erregungen bewirkte Spannungszustand der Muskulatur wird nach seinem Entdecker Brondgeestscher Ruhetonus bezeichnet.

Unter „tonischen Einzelzuckungen" eines quergestreiften Skelettmuskels versteht man solche, bei denen das Stadium der Verkürzung mehr oder weniger lange andauert und das der Erschlaffung verzögert ist. Von den Verhältnissen, die für die Schnelligkeit der Zuckung maßgebend sind, kann man sich nach Riesser[5]) folgendes Bild machen: Das von den quergestreiften Fibrillen durchzogene Sarkoplasma ist von einer Membran, dem Sarkolemm, umgeben. Motorisch wirksame Reize geben zur Bildung der Verkürzungssubstanzen — den Zerfallsprodukten des Lactacidogens — Anlaß. Unter diesen sind Säuren, vor allen die Phosphorsäure und Milchsäure, die wirksamsten; sie lassen die Fibrillen quellen und sich verkürzen. Die Säure fließt ins Sarkoplasma und durch

---

[1]) Böcke: Anat. Anz. Bd. 35, S. 481. 1910 und Bd. 44, S. 343. 1913.

[2]) Urano: Neue Versuche über die Salze des Muskels. Zeitschr. f. Biol. Bd. 50, S. 3—37. 1907 und Bd. 51, S. 483—490. 1908.

[3]) Fahr: Über den Na-Gehalt der Skelettmuskeln des Frosches. Zeitschr. f. Biol. Bd. 52, S. 72—82. 1909.

[4]) Saiki: Journ. of biol. chem. Bd. 4, S. 483—495. 1908.

[5]) Riesser: Klin. Wochenschr. Bd. 1, S. 1319. 1922. Dort weitere Literatur.

das Sarkolemm in die Zwischenzellräume ab; in dieser Zeit erfolgt die Erschlaffung. Verhältnisse, die zur Säurestauung im Sarkoplasma führen, verlängern das Verkürzungsstadium und verleihen damit der Zuckung tonischen Charakter; als solche werden genannt die relative Menge des Sarkoplasmas im Verhältnis zu den Fibrillen, seine Quellbarkeit bzw. seine Fähigkeit H-Ionen festzuhalten, der im Zeitpunkt des Reizes schon vorhandene H-Ionengehalt, die Durchlässigkeit des Sarkolemms, die Geschwindigkeit der chemischen Restitutionsprozesse. Coffein hemmt die Restitution des Lactacidogens, Veratrin verdichtet die Grenzmembranen; beides führt zur Verlängerung der Zuckungsdauer. Der Sarkoplasmareichtum der roten Muskeln verlangsamt die Zuckung gegenüber der der sarkoplasmaarmen weißen.

Nach der älteren dualistischen Theorie (BOTAZZI, JOTEYKO) kommt die Zuckungsform des Muskels durch Kombination zweier Verkürzungsvorgänge zustande: einer langsamen „tonischen" Dauerverkürzung des Sarkoplasmas und einer schnellen Fibrillenkontraktion. RIESSER sieht demgegenüber als Funktion der erwähnten sympathischen (oder parasympathischen) Innervation lediglich eine Regulierung des physikalischen Zustandes des „Sarkoplasmas" an; der Zustand des Sarkoplasmas entscheidet dann wieder über den Ablauf der rein motorisch innervierten Fibrillenzuckung.

Der doppelten Funktion des quergestreiften Muskels soll auch ein doppelter Chemismus entsprechen. Während der Tetanus den Kreatingehalt des Muskels unverändert läßt, soll mit der Zunahme dieses Tonus nach den Vorstellungen von PEKELHARING und RIESSER die Kreatinmenge des Muskels erheblich wachsen. Diese Anschauung beruht auf dem Nachweis, daß zentralsympathisch erregende Gifte, wie Tetrahydronaphtylamin und Coffein die Menge des Muskelkreatins stark erhöhen. Auch das sympathicusreizende Adrenalin, das Veratrin und Nicotin und $CaCl_2$ wirken einerseits tonussteigernd, andererseits kreatinvermehrend. Auch bei der Enthirnungsstarre und der Muskelstarre bei Tetanusinfektion wurde eine Zunahme des Kreatins gesehen. Dieser Zunahme des Muskelkreatins entsprach nach längerem Einhalten straffer Körperhaltung eine Vermehrung des Kreatinins im Harn. Unter dem bisher vorliegenden Material sind die physiologisch vorkommenden dauernden Verkürzungszustände des Muskels bisher wenig untersucht. KAHN hat an einem typischen Beispiel von Dauerverkürzung, nämlich bei dem sogenannten Umklammerungsreflex, die tonisch verkürzten Muskeln der vorderen Extremität des Frosches auf ihren Kreatingehalt untersucht. Zum Vergleich wurden die Hinterbeinmuskeln, welche nicht in tonischer Verkürzung sich befanden, herangezogen. Die Untersuchung ergab das unerwartete Resultat, daß der Kreatingehalt der umklammernden Muskeln regelmäßig wesentlich geringer war als jener der ruhenden. Es ist dabei zu bedenken, daß, wie KAHN[1]) hervorhebt, im blutdurchströmten Muskel der Kreatingehalt nichts über die Kreatinbildung auszusagen braucht. Eine stärkere Durchblutung der im Umklammerungstonus befindlichen Muskulatur könnte auch bei regerer Kreatinbildung zu einer Verarmung des Muskels an Kreatin führen. Dieser Befund spricht eher gegen die PEKELHARINGsche Auffassung. Neuere Untersuchungen von RIESSER zeigen aber, daß der Kreatingehalt der ver-

[1]) KAHN: Pflügers Arch. f. d. ges. Physiol. Bd. 177, S. 284. 1919.

schiedenen Muskeln ungleich ist und der der Vorderbeine der Frösche stets niedriger liegt als der der Hinterbeine; damit sind die von KAHN gemachten Schlußfolgerungen hinfällig. Die Hauptstütze für die kreatinvermehrende Wirkung der Tonuserhöhung im Muskel fand PEKELHARING bei folgender Versuchsanordnung: Er durchschnitt nach SHERRINGTON bei Katzen den Gehirnstamm in der Gegend der hinteren Corpora quadrigemina. Kurze Zeit nach dieser Operation tritt die sogenannte „Enthirnungsstarre" (Decerebrate rigidity) auf, die er als „eine dauernde tonische Verkürzung bestimmter Muskelgruppen, unter denen die Streckmuskeln der Gliedmaßen sowie die Heber von Kopf und Nacken besonders betroffen werden", auffaßt. Dieser Zustand ist abhängig von sensiblen Impulsen, die in den befallenen Körperteilen selbst entstehen und auf dem Wege der afferenten Nerven dem Rückenmark zuströmen. Durchschneidung der hinteren Wurzeln hebt diesen Zustand im zugehörigen Versorgungsgebiet auf resp. läßt ihn gar nicht zustande kommen. Vergleichende Untersuchungen in den schlaffen und tonisch starren Muskeln ergaben folgendes:

Milligramme Kreatinin pro 1 g Muskel:

	Tonus	Schlaff	Differenz
I.	3,690	3,090	0,600
II.	4,340	3,848	0,492
III.	4,219	3,902	0,317
IV.	3,806	3,185	0,621
V.	3,198	2,963	0,235

Gegen die Tonushypothese des Kreatinstoffwechsels sind in jüngster Zeit gewichtige Einwände gemacht worden. Zunächst betonen DUSSER DE BARENNE und COHEN TERVAERT[1]), daß die Fortnahme des Sympathicus nicht von einer merkbaren Abnahme des Muskeltonus gefolgt zu sein braucht. Sie lassen den Ausdruck tonische Innervation ganz fallen und sprechen von kontinuierlichen und phasischen Hyperinnervationen.

Ihre mit einwandfreier Technik durchgeführten Untersuchungen ergeben, daß die Enthirnungsstarre den Kreatingehalt der quergestreiften Muskeln, als Gesamtkreatinin bestimmt, unverändert läßt. Die entsprechenden Versuche ergaben zwar auch einen Unterschied in dem Kreatingehalt des starren und des schlaffen Muskels, derselbe wird aber nicht durch eine Vermehrung auf der Seite, in welcher die Enthirnungsstarre wirksam war, sondern durch eine Verminderung in der durch die Durchschneidung der hinteren Wurzeln erschlafften Muskulatur bedingt. Tieren, denen nach SHERRINGTONS Methode das Rückenmark am ersten Cervicalsegment durchschnitten war, wurde der zentrale Stumpf des durchschnittenen Nervus peroneus längere Zeit rhythmisch faradisch gereizt. Vorher wurde der Gastrocnemius der kontralateralen Seite exstirpiert und nach Ablauf der Versuche der Gastrocnemius der gereizten und der ungereizten Seite vergleichsweise auf Kreatinin untersucht. Dabei ergab sich, daß der Kreatiningehalt der Muskeln durch diese phasische Hyperinnervation sich nicht in eindeutiger Weise verändert. Wurde aber die kontinuierliche Hyperinnervation bei der Enthirnungsstarre mit der phasischen Innervation kombiniert, dann trat eine deutliche Erhöhung des Muskelkreatins auf.

---

[1]) DUSSER DE BARENNE und COHEN TERVAERT: Bd. 195, H. 4 u. 5. 1922.

Riesser[1]) zweifelt auf Grund seiner Befunde über die Kreatinverteilung neuerdings gleichfalls, ob sich die Hypothese von der Bedeutung des Kreatins für den „Tonusstoffwechsel" aufrecht erhalten läßt.

Ein weiterer Befund, der mit der Tonushypothese des Kreatinstoffwechsels schwer in Einklang zu bringen ist, ist die Tatsache, daß die glatte Muskulatur, deren Verkürzungszustand am ehesten dem gleichkommt, was wir als Tonus der quergestreiften Muskulatur bezeichnen, einen sehr geringen Kreatingehalt aufweist. Zudem zeigen Zustände, welche mit typischer Tonussteigerung einhergehen, durchaus nicht ein gleichsinniges Verhalten bezüglich der Kreatin- und Kreatininausscheidung.

Zusammenfassend läßt sich sagen, daß die Hypothese eines besonderen Tonusstoffwechsels in bezug auf den Kreatininumsatz durch die neuesten tierexperimentellen Untersuchungen und klinische Erfahrungen erschüttert ist; die Diskussion wird erschwert durch den Mangel einer scharfen Definition des Tonusbegriffs, besonders nachdem sich gezeigt hat, daß auch das Elektromyogramm eine strenge Trennung zwischen Tonus und Tetanus nicht durchführen läßt.

Die hier skizzierte streng dualistische Auffassung der Muskelfunktion wird von physiologischer Seite mit guten Gründen bekämpft [P. Hoffmann[2])]. Die Verkürzung normal innervierter Muskeln geht mit starken Aktionsströmen einher. Nach Erreichung der Verkürzung klingen dieselben ab, so daß sich aus Aktionsstromkurven Differenzen der Innervation vor und nach der Verkürzung schwer heraustasten lassen [Hoffmann[3])]. Die Frage, ob es in den quergestreiften Muskeln des gesunden Menschen Erscheinungen gibt, die auf innere Sperrung deuten, kann bis heute nicht bejaht werden.

2. Die Abweichungen im histologischen Bau.

Die Abweichungen im histologischen Bau sollen hier nur so weit Erwähnung finden, als sie für die Erklärung funktioneller Störungen von Bedeutung sind. Die verschiedenen **Formen entzündlicher Muskelerkrankungen** führen dadurch zu erheblicher Funktionsstörung, daß sie durch die starke Schmerzhaftigkeit zu reflektorischer Ruhigstellung zwingen. Das histologische Bild ist das der interstitiellen Entzündung, das je nach der zugrunde liegenden Ätiologie mehr diffus oder mehr auf einzelne Herde beschränkt sein kann. So werden in Begleitung von Gelenkerkrankungen echte Myositiden beobachtet. Bei Tuberkulose und Syphilis kommen entzündliche Muskelerkrankungen vor. Eine besondere Bedeutung kommt der Myositis fibrosa als selbständige Erkrankung zu. Eine eigenartige Form der Muskelaffektion stellt die Myositis ossificans dar, bei der es in einer Reihe der Fälle zur lokalisierten Ossifizierung der Muskulatur mit mehr stationärem Charakter kommt, während in anderen der Ossificationsprozeß an vielen Orten einsetzt und zugleich fortschreitet (Myositis ossifans progressiva). Unter den parasitären Muskelerkrankungen des Menschen hat die trichinöse Myositis insofern eine besondere Bedeutung, als es dabei zu einem Zerfall von Muskelsubstanz kommt, bei welchem toxische Produkte gebildet werden (Flury).

---

[1]) Riesser: Zeitschr. f. physikal. Chem. Bd. 120, S. 189. 1922.
[2]) Hoffmann, P.: Zeitschr. f. Biol. Bd. 73, S. 247. 1921.
[3]) Hoffmann, P.: Zeitschr. f. Biol. Bd. 73, S. 259. 1921.

Den **verschiedenen Formen** der **Muskelatrophie** wurde deswegen größere Beachtung geschenkt, weil aus ihrem Verhalten gegenüber dem elektrischen Strom wichtige klinisch-diagnostische Anhaltspunkte für die Ätiologie der zugrunde liegenden Affektion gewonnen werden können. Die Beurteilung des Muskelschwundes ist schwierig, weil das Muskelvolumen, welches von der Zahl und Breite der Fasern abhängt, bereits im Bereiche der Norm großen Schwankungen unterliegt, die durch konstitutionelle Momente und die Faktoren der Ernährung und Beanspruchung bedingt sind. Bei unseren Untersuchungen sind wir auf den Vergleich der Entwicklung des kontralateralen Muskels angewiesen, die wiederum besonders an der oberen Extremität bei deutlicher funktioneller Beanspruchung unsicher wird. Histologisch hat man für die Art der Atrophie auf die Feststellung der Faserzahl und Faserdicke in einem bestimmten Teil des Querschnitts Wert gelegt. Doch ist einleuchtend, daß bei ungleichmäßiger Atrophie sehr viele Einzelwerte aus verschiedenen Partien gewonnen und mit denen der gesunden Seite verglichen werden müssen.

Die Muskelfasern regenerieren im Vergleich zu anderen menschlichen Organen besonders leicht, was vielen ihrer Krankheitsbilder ein besonderes Gepräge gibt. Daß sie qualitativ ungleichartig sind, zeigt ihr differentes Verhalten bei fast allen diffusen Erkrankungen der Muskulatur, bei denen immer nur ein Teil der Faser im histologischen Bilde alteriert, ein anderer dagegen vollkommen intakt erscheint.

Die verschiedenen Formen der Muskelatrophie werden in zwei Hauptgruppen eingeordnet, die einfachen und die degenerativen. Bei der einfachen Atrophie nimmt das Volumen des Muskels lediglich durch Verschmälerung der histologisch intakten Fasern ohne Verringerung ihrer Zahl ab, wobei die Verschmälerung in den selteneren Fällen alle Muskelfasern gleichmäßig betrifft. Bei der degenerativen Muskelatrophie führt Verschmälerung und Schwund der Fasern zu einer raschen hochgradigen Volumabnahme des Muskels. Die eigentümliche wachsartige Degeneration betrifft häufig den ganzen Muskelquerschnitt, wobei der Faserinhalt streckenweise total liquidiert wird und lebhafte regenerative Prozesse eingeleitet werden. Bei der fettigen Degeneration zerfällt der Faserinhalt in eine gleichförmige körnige Masse; wird ihr Inhalt resorbiert, so bleiben schließlich leere Sarkolemmschläuche mit den von ihnen eingeschlossenen Kernreihen zurück. Der zerstörte Muskelfarbstoff wandelt sich zu einem eigentümlichen braunen Pigment um, welches sich an den Kernpolen anhäuft. Der Kernreichtum hat bei den primär degenerativen Muskelerkrankungen besonders da, wo die Zerfallsprodukte eine entzündliche Reaktion auslösen, zu Verwechslungen mit primär entzündlichen Myositiden Anlaß gegeben. Eingeleitet wird jeder degenerative Prozeß durch einen mehr oder weniger weitgehenden Verlust der Querstreifung.

3. Abweichungen der chemischen Zusammensetzung.

Menschliche Muskeln, die durch Nervenlähmung degeneriert sind, zeigen eine Vermehrung des Fettgehalts. Der Wassergehalt des gesamten Muskels ist herabgesetzt, in der fettfreien Substanz dagegen erhöht. Der Stickstoffgehalt ist bezogen auf den Gesamtmuskel, bezogen auf die fettfreie Trockensubstanz ohne wesentliche Veränderung. Der Natriumgehalt der degenerierten Muskulatur ist, ebenfalls bezogen auf die fettfreie Trockensubstanz, wesentlich gesteigert, der Gehalt an Kalium beträchtlich vermindert. Nach Rumpf und Schumm[1])

[1]) Rumpf und Schumm: Dtsch. Zeitschr. f. Nervenheilk. Bd. 20, S. 445—453. 1901.

enthalten gesunde Muskeln 3,03‰ Kalium und 0,6471‰ Natrium. Die entsprechenden Werte für die degenerierte Muskulatur des gleichen Menschen waren 2,005‰ Kalium und 1,296‰ Natrium. Diesem Befund wird für die Umkehr der Polwirkung erhebliche Bedeutung beigemessen.

Nach STEYRER[1]) nimmt in dem durch Nervendurchschneidung atrophierten Muskel die relative Menge des Myosins zu. Besonders tiefgreifende Veränderung seiner chemischen Zusammensetzung weist der trichinöse Muskel auf. Er verarmt an Stickstoff, Kreatin, Purinbasen und Glykogen, und wird reich an Wasser, Extraktivstoffen, Ammoniak, flüchtigen Säuren und Milchsäure. Im trichinösen Muskel fand FLURY[2]) stark wirksame Muskelgifte, Nervengifte und Capillargifte. Letztere werden mit dem bei trichinösen Tieren auftretenden Ödem in kausalen Zusammenhang gebracht. Auch pyrogene Substanzen ließen sich aus dem trichinösen Muskel isolieren.

Über den differenten Gehalt der Muskeln an Kreatin liegen vergleichende Untersuchungen für den Menschen nur am Psoas vor [DENIS[3])].

Für das Kaninchen machte RIESSER[4]) die wichtige Feststellung, daß ein Muskel um so reicher an Kreatin ist je flinker er zuckt, um so ärmer daran, je langsamer eine Zuckung abläuft.

Unter allen Erkrankungen, die einen Einfluß auf den Kreatin-Kreatininstoffwechsel haben, dominieren die Erkrankungen der Muskulatur. Von älteren Autoren wurden Verminderungen des Harnkreatinins gefunden, von anderen nicht. LEVENE und KRISTELLER fanden in einigen Fällen mit Einschmelzung von Muskelgewebe neben vermindertem Kreatinin erhebliche Mengen Kreatin im Harn.

Eigene seit Jahren durchgeführte Untersuchungen befaßten sich, um die in der Literatur bestehenden Widersprüche aufzuklären, vor allem mit der Frage, wie der Kreatininstoffwechsel zu Zeiten der fortschreitenden Involution der Muskulatur einerseits und andererseits sich dann gestaltet, wenn die atrophierenden Prozesse einen gewissen Stillstand erreicht haben. Amputierte, bei denen die regressiven Prozesse an der Stumpfmuskulatur noch nicht zum Abschluß gekommen waren, lieferten neben relativ großen Mengen präformierten Kreatinins nicht unerhebliche Kreatinmengen. Unter Einrechnung dieses Kreatins ergibt sich ein über dem Durchschnitt liegender Gesamtkreatininkoeffizient. Bei progressiver Muskeldystrophie und der Myotonia atrophicans liegen die Kreatininkoeffizienten entsprechend der weitgehenden Reduktion der Muskulatur niedrig. Ganz allgemein fand sich in Fällen, in denen regressive Veränderungen in der Muskulatur vor sich gehen, endogene Kreatinurie. Diese endogene Kreatinurie trat in einem Teil der Fälle bei gleichzeitiger Erhöhung des Gesamtkreatinins auf. In einer anderen Gruppe zeigte sich eine dauernd hohe Kreatinausfuhr bei normalen oder erniedrigten absoluten Werten für das Gesamtkreatinin. In Fällen von Trichinose wurde über 50% des Gesamtkreatinins als Kreatin ausgeschieden, wobei der Gesamtkreatininkoeffizient nur unwesentlich oder gar nicht erhöht war.

Für die Fälle von Kreatinurie mit Erhöhung der Gesamtkreatininmenge könnte man die Erklärung darin suchen, daß die kreatinanhydrie-

---

[1]) STEYRER: Hofmeisters Beitr. Bd. 4, S. 234—246. 1904.
[2]) FLURY: Arch. f. exp. Pathol. u. Pharmakol. Bd. 73, S. 165.
[3]) DENIS: Journ. of biol. chem. Bd. 26, S. 379. 1916.
[4]) RIESSER: Zeitschr. f. physikal. Chem. Bd. 120, S. 189. 1922.

rende Fähigkeit der Organe quantitativ eng begrenzt ist, und daß sie bei einem geringen Mehrangebot von Kreatin dieses nicht anhydriert zur Ausscheidung kommen lassen. Diese Erklärung wird aber sofort hinfällig, wenn das Gesamtkreatinin vermindert ist und trotzdem ein erheblicher Teil des Kreatins in nicht anhydrierter Form den Körper verläßt. Es ist sehr gezwungen anzunehmen, daß in solchen Fällen gleichzeitig eine Störung derjenigen Organe, die die Umwandlung des Kreatins in Kreatinin besorgen sollen (Leber und Nieren nach MELLANNBY, GOTTLIEB und STANGASSINGER u. a.), bezüglich deren kreatinanhydrierender Funktion vorliegt. Das Nächstliegende ist doch, sich vorzustellen, daß der Muskulatur — auch normalerweise — die Aufgabe der Anhydrierung des Kreatins zufällt; erkranken die Muskeln, so versagt diese Funktion. Die Folge ist Kreatinurie. Die geringen Mengen Kreatin, die man normalerweise im Blute findet, sprechen nicht gegen diese Auffassung, das Kreatin gehört eben wie der Zucker zu den Stoffen, die erst nach Überschreitung eines gewissen Schwellenwertes zur Ausscheidung durch die Nieren kommen. So wird es auch verständlich, daß der relative Anteil des Kreatins am Gesamtkreatinin in den Fällen am größten ist, in denen der zur Muskeldestruktion führende Prozeß in relativ kurzer Zeit eine große Verbreitung gefunden hat (Trichinose, Poliomyelitis). Während das präformierte Kreatinin bei gleichmäßiger fleischfreier Kost und geregelter Diurese in der sorgfältig abgegrenzten 24stündigen Harnmenge in einer für verschiedene Individuen verschiedenen, für das einzelne Individuum annähernd gleichmäßigen Menge ausgeschieden wird, zeigt die Kreatinurie ein ungleichmäßiges Verhalten. MEYER hat an einem größeren klinischen Material im wesentlichen meine Befunde bestätigt. Er findet bei Polyneuritis postdiphtherica bei herabgesetztem Tonus hohe Kreatininausscheidung und bezieht dieselbe gleichfalls auf einen gesteigerten Muskelzerfall. Er vindiziert wie frühere Autoren, der Leber eine wichtige Rolle bei der Kreatinanhydrierung.

Eine Gruppe von Kranken mit postencephalitischem amyostatisch-hypertonischem Symptomenkomplex zeigte trotz ausgesprochener Rigidität der Muskulatur mit hochgradiger Hypertonie ein durchaus ungleichmäßiges Verhalten. In Fällen, bei denen die Bewegungsarmut besonders hochgradig und allgemein ausgeprägt war, wurden sicher erniedrigte Gesamtkreatininwerte gefunden. Andere Fälle, bei denen besonders bei intendierter Haltung ziemlich starker Tremor auftrat, zeigten erhöhte Werte für das Gesamtkreatinin. Ganz allgemein sprechen die an diesem Material mit exquisiter Hypertonie gemachten Erfahrungen gegen die von PEKELHARING aufgestellte Theorie der Abhängigkeit des Kreatinstoffwechsels von der tonischen und seiner Unabhängigkeit von der tetanischen Funktion der quergestreiften Muskulatur [BÜRGER[1, 2, 3])].

4. Die Störungen der Muskelfunktion.

Entartungsreaktion. Die Symptomatologie der Erscheinungen am entarteten Muskel ist am eingehendsten beschrieben für sein abweichendes Verhalten bei Prüfungen mit dem elektrischen Strom. Nach der klassischen ERBschen Darstellung zeigt der entartete Muskel ein sehr

1) BÜRGER: Zeitschr. f. d. ges. exp. Med. Bd. 9. 1919.
2) BÜRGER: Zeitschr. f. d. ges. exp. Med. Bd. 12. 1921.
3) BÜRGER: Klin. Wochenschr. 1922. Dort Literatur.

verschiedenes Verhalten gegen den faradischen und gegen galvanische Ströme. Während der motorische Nerv 2—3 Tage nach der durch die Schädigung eintretenden Lähmung ein gleichmäßiges Sinken sowohl der faradischen wie der galvanischen Erregbarkeit bis zum völligen Erlöschen derselben zeigt, sinkt die Erregbarkeit des Muskels vornehmlich für den faradischen Strom, um im Laufe der zweiten Woche nach eingetretener Schädigung völlig zu erlöschen und bei beginnender Wiederherstellung sich allmählich der Norm zu nähern. Ganz anders reagiert der Muskel gegenüber dem galvanischen Strom. Nach einer anfänglichen Verminderung kommt es gegen Ende der zweiten Woche zu erheblicher Steigerung der galvanischen Erregbarkeit. Gleichzeitig mit ihr ändert sich der Zuckungsmodus. An die Stelle der normalen, kurzen, blitzartigen Zuckung tritt eine träge, langgezogene Kontraktion, welche schon bei geringen Stromstärken in einen die ganze Stromdauer anhaltenden Tetanus übergeht. Gleichzeitig tritt eine qualitative Änderung des Zuckungsgesetzes im Muskel ein. Dieselbe ist bedingt durch das stärkere Anwachsen der Anodenschließungszuckung (A.S.Z.), welche bald der Kathodenschließungszuckung (K.S.Z.) gleich oder sogar erheblich größer wird. Die Kathodenöffnungszuckung wächst ebenfalls rascher an als die Anodenöffnungszuckung, wenn sie auch nur selten größer als die Anodenöffnungszuckung wird. Die Öffnungszuckungen sind in der ersten Zeit außerordentlich lebhaft und leicht, leichter als am gesunden Muskel zu erzielen. Von diesem Symptomenkomplex der kompletten Entartungsreaktion unterscheidet sich der der partiellen dadurch, daß bei ihr die Veränderungen der Erregbarkeit vom Nerven aus weniger ausgeprägt sind oder ganz fehlen.

Ist die Erregungsmöglichkeit vom Nerven aus erloschen, die direkte Erregbarkeit vom Muskel aus aber erhalten, so ist entweder die Erregbarkeit oder die Erregungsleitung im Nerven gestört. Diese seine Funktionsunfähigkeit ist durch den anatomisch nachweisbaren Untergang lädierter Nervenfasern völlig erklärt. Das Symptom der trägen Zuckung kommt allein den Veränderungen der Muskulatur selbst zu und läßt sich durch Abkühlung gesunder Muskeln künstlich erzeugen [Grund[1])].

Für die Erklärung der übrigen Symptome der Entartungsreaktion muß mit einigen Worten auf die **Theorie der elektrischen Reizung** eingegangen werden:

Die Leitung des elektrischen Stromes im organisierten Gewebe geschieht ausschließlich durch Elektrolyte. Der Strom erzeugt Ionenverschiebungen, d. h. Konzentrationsänderungen. Umgekehrt muß, wenn an irgendwelchen kolloiden Grenzflächen ein ionaler Konzentrationsunterschied eintritt, sich ein elektrisches Potentialgefälle ausbilden und damit ein elektrischer Strom fließen. Solche Konzentrationsdifferenzen der Ionen entstehen durch verschiedene Lebensprozesse an jeder semipermeablen Membran, also auch an jeder Zellhülle, z. B. durch die verschiedene Wanderungsgeschwindigkeit der Ionen. Da nun der Stoffwechsel der Einzelzelle dauernd mit solchen Ionenverschiebungen verbunden ist, muß jede lebende und Stoffe wechselnde Zelle elektrische Ströme erzeugen (bioelektrische Ströme). Jede durch einen von außen applizierten Strom gesetzte ionale Konzentrationsänderung wirkt erregend. Konzentrationsänderungen solcher Art treten nun nicht in homogenen Flüssigkeiten ein, sondern nur da, wo das Wandern der Ionen gehemmt wird, im Körper an den Zellmembranen. Von einem bestimmten Wert ab, den man als „Reizschwelle“ bezeichnet, wirkt jede Schwankung der Ionenkonzentration auf Nerven und Muskel als Reiz ein. Solange wir

[1]) Grund: Dtsch. Zeitschr. f. Nervenheilk. Bd. 35, S. 172—222. 1908.

es mit einem Gleichstrom zu tun haben, ist eine solche Polarisierung an den Grenzflächen ohne weiteres verständlich. Nach NERNST bedingt nun auch der Wechselstrom eine Polarisierung, wobei die Stromstärke, die einen eben merklichen Effekt erzielt, um so größer sein muß, je höher die Frequenz des Stromwechsels ist. Nach NERNST ist die erforderliche Stromstärke ganz gesetzmäßig jeweils der Quadratwurzel der Wechselzahl des Stromes proportional. Bei sehr hoher Frequenz der Polwechsel in der Sekunde dauern die einzelne Stromstöße zu kurze Zeit, um noch Ionenverschiebungen von merklicher Konzentration zu bewirken. Ströme von so hoher Frequenz wirken daher nicht mehr erregend (D'Arsonvalisation, Diathermie).

Die NERNSTschen Theorien hat REISS[1]) auf die Entartungsreaktion angewendet. Als Wirkung des konstanten Stroms auf den menschlichen Körper wandern von der positiven Anode die positiven Kationen zur negativen Kathode und die negativen Anionen zur positiven Anode. Es bilden sich beim Stromdurchtritt durch organisiertes Gewebe einander entgegengesetzte Veränderungen an Anode und Kathode, die sich beim Öffnen des Stromes wieder ausgleichen. Nur finden bei der Öffnung an der Anode die Reaktionen statt, welche bei der Schließung an der Kathode vor sich gehen. Es hängt von der Zusammensetzung des Gewebes und der Beschaffenheit seiner Membranen ab, welche von beiden Veränderungen den stärkeren Reiz abgibt. Der entartete Muskel soll in seiner Zusammensetzung und der Permeabilität der Membranen nach in der Richtung geändert sein, daß an der Anode die stärkere Ionenkonzentration zustande kommt und damit die Umkehr der Polwirkung erklärt wird. Die träge Zuckung wird in letzter Linie zurückzuführen sein auf eine Zustandsänderung der contractilen Substanz.

Eine ganz besondere sehr seltene Form der Muskelfunktionsstörung ist die **Myotonie.** Bei dieser angeborenen Erkrankung tritt in den Muskeln, die eine Zeitlang geruht haben, besonders nach einem plötzlichen intensiven Impuls ein Kontraktionszustand ein, welcher vom Willen nicht beherrscht wird. Das Charakteristische dieses Zustandes liegt nicht in der Verkürzungsphase des Muskels, welche prompt und rasch erfolgt, sondern in der Erschlaffungsphase. Der Kontraktionszustand kann bis eine halbe Minute lang nach Aufhören des Bewegungsimpulses andauern. Durch mehrfache Wiederholung der gleichen Bewegung kann die eigentümliche Muskelsteifigkeit überwunden werden. Nach einigen Minuten Ruhe stellt sich als Folge eines neuen Bewegungsimpulses die myotonische Störung wieder ein. Die Kranken zeichnen sich durch eine kräftige Muskulatur aus und sind besonders dann durch diese Muskelaffektion gestört, wenn sie plötzlich eine rasche Bewegung ausführen wollen oder sollen. Bei Männern wird das Leiden charakteristischerweise beim Militärdienst zuerst entdeckt. Bei der Analyse der Muskelfunktion zeigt sich, daß die mechanische, galvanische und faradische Erregbarkeit der motorischen Nerven quantitativ und qualitativ normal ist. So ist es verständlich, daß auch die reflektorische Erregung, z. B. der Quadricepsmuskulatur, durch Beklopfen der Patellarsehne, eine prompte, rasch abklingende Muskelzuckung mit einem einzigen elektromyographisch nachweisbaren Aktionsstromstoß abläuft. Die krankhaften Erscheinungen kommen erst bei direkter Reizung des Muskels zum Vorschein. Die mechanische Reizung des Muskels durch Beklopfen oder Kneifen veranlaßt eine wulstartige Kontraktion, die gelegentlich von einer ringförmigen Delle umgeben ist, besonders gut an der Zungen-

[1]) REISS: Die elektrische Entartungsreaktion. Berlin: Julius Springer 1911.

muskulatur zu registrieren. Dieser idiomuskuläre Wulst kann sekundenlang bestehen bleiben und ist besonders dann, wenn er sich langsam zur vollen Höhe entwickelt und noch träger wieder abklingt, von manchen als pathognomonisch für das Leiden erklärt worden.

Bei galvanischer Reizung sind Kathoden- und Anodenschließungszuckung gleich stark, träge und lang nachdauernd. Die Kontraktionsnachdauer ist bei Einzelreizen sehr viel weniger ausgesprochen als bei tetanisierenden Induktionsströmen. Myographische Untersuchungen zeigen, was schon der einfache Aspekt lehrt, daß der Kurvenanstieg gegen die Norm verlangsamt, der dem Erschlaffungsprozeß entsprechende Kurvenabfall dagegen erheblich verlängert erscheint.

Gelegentlich soll auch in der glatten Hautmuskulatur eine erhöhte mechanische Reizbarkeit und lange Nachdauer beobachtet worden sein. Die tägliche Kreatininausscheidung ist vermehrt [Wersiloff[1]) und Karzinsky[2])].

Das eigentümliche Verharren der Muskulatur nach Erreichung des Verkürzungsstadiums in einem „tonischen“ Kontraktionszustande bietet Gelegenheit, mit Hilfe elektromyographischer Registrierung der Frage nachzugehen, ob diese Art des „Tonus“ auf tetanischer Dauererregung beruht, oder ob sie ohne Aktionsströme verlaufend einen besonderen Verkürzungszustand des Muskels im Sinne der dualistischen Auffassung seiner Funktion bedeuten (de Boer u. a.).

Solche Untersuchungen wurden von Bürger und Schellong[3]) angestellt. Es zeigte sich, daß auch die durch mechanische Reizung (Schlag auf den Muskel) ausgelöste myotonische Kontraktion mit deutlichen elektromyographischen Erscheinungen abläuft. Der gekühlte Muskel zeigt nach mechanischer Reizung eine viel längere myotonische Nachdauer als der ungekühlte; intensive Abkühlung löst die myotonische Reaktion unter bestimmten Versuchsbedingungen allein aus. Die Autoren haben sich über den Erscheinungskomplex an myotonischen Muskeln folgende Vorstellung gebildet:

Eine nicht weiter zu erklärende Tatsache ist die erhöhte Reizempfindlichkeit des Muskels der Myotoniker, die für mechanische, elektrische und durch uns für Kältereize erwiesen sind. Hat die Erregung Bruchteile von Sekunden bestanden, so wirken offenbar die bei der Verkürzungstätigkeit des Muskels entstehenden Substanzen an sich als Reiz fort. Jedes Geschehen, das dem Abtransport des momentanen Reizmaterials, resp. seiner chemischen Unschädlichmachung entgegenwirkt, wird zu einer Anhäufung dieses Reizmaterials führen und die längere Nachdauer der myotonischen Reaktion begünstigen. So kann die Kälte primär als Reiz wirken, sekundär durch Vasokonstriktion der Entfernung des Reizmaterials hemmend entgegenwirken. Umgekehrt müssen alle Momente, welche eine bessere Durchblutung der Muskulatur bedingen (mehrfache Wiederholung ein und derselben Bewegung mit sekundärer Arbeitshyperämie, künstliche Erwärmung der Muskulatur, stärkerer Alkoholgenuß mit peripherer Vasodilatation), einen raschen Abtransport des bei der Kontraktion entstehenden Reizmaterials begünstigen und damit die myotonische Verkürzungsnachdauer verhindern. Auch den Umstand,

---

[1]) Wersiloff: Neurol. Zentralbl. 1897. S. 716.

[2]) Karzinsky: Neurol. Zentralbl. 1899. S. 565.

[3]) Bürger und Schellong: Zeitschr. f. d. ges. exp. Med. 1922.

daß eine möglichst rasch und energisch durchgeführte Muskelkontraktion die myotonische Nachdauer begünstigt, darf man wohl auf die Annahme einer größeren Menge von in der Zeiteinheit gebildetem Reizmaterial zurückführen.

Die gemachten Beobachtungen lassen es wahrscheinlich werden, daß das Wesen der Myotonie in einer Zustandsänderung der Muskulatur und nicht in einer falschen Innervation gesucht werden muß. Sie zeigen ferner, daß für das beste Paradigma eines tonischen Verkürzungszustandes sich das Vorhandensein oscillatorischer Aktionsströme dartun läßt, womit das wichtigste Kriterium des Tonus gegenüber dem Tetanus hinfällig wird.

Die eigentümlichen, als **Tetanie** beschriebenen Formen der Muskelkrämpfe sind von den eben dargestellten wesensverschieden. An einer Extremität, deren Nerven durchschnitten sind, bleiben die Muskelzuckungen aus, auch dann, wenn die Tetanie bereits am ganzen Körper ausgebildet ist. Dieser Befund zeigt, daß sich die wesentlichsten Symptome der Tetanie auf eine Übererregbarkeit des Nervensystems zurückführen lassen. Die Krämpfe und die Muskelsteifigkeit, die in dem Symptomenkomplex der Tetanie dominieren, werden durch Impulse aus dem übererregten Nerven ausgelöst. Der genaue anatomische Angriffspunkt des hypothetischen Tetaniegiftes im Nervensystem ist noch nicht gefunden. Sicher ist nur, daß eine direkte Affektion der Muskeln selbst nicht vorliegt.

Eine auffällige Erscheinung zeigt der Muskel besonders abgemagerter Individuen, Phthisiker, Carcinomkranker beim Beklopfen mit einem Perkussionshammer. Durch den kräftigen mechanischen lokalen Reiz entsteht eine Wulstbildung, die idiomuskuläre Kontraktion. Oft genügt schon ein leichter Schlag oder ein sanftes Streichen über die Muskulatur, um solche Muskelwülste zu erzielen. Durch myographische Untersuchungen konnten Edinger[1]) und Reiss[2]) feststellen, daß bei schweren Allgemeinaffektionen des Menschen, welche zu Muskelschädigungen mit anatomisch nachweisbarer Fettdegeneration führen, ohne daß der Nerveneinfluß gestört ist, eine träge Muskelzuckung auftreten kann. Es wurde Verlängerung der Latenzperiode sowohl wie die der Kontraktionsdauer gefunden.

Bei den gleichen Krankheiten, Tuberkulose und Krebskachexie, findet sich sowohl diese Veränderung des Zuckungsmodus wie die erhöhte mechanische Erregbarkeit.

Diese Art des Muskelverhaltens ist durch Muskelschädigung infolge alimentärer und toxischer Einflüsse bedingt.

Über das Wesen der bei manchen Rheumatikern nachweisbaren sogenannten „Muskelhärten" ist nichts Sicheres bekannt.

B. Störungen des Wachstums und der Entwicklung des Skeletts.

Störungen des Wachstums und der Skelettentwicklung stehen in innigen Wechselbeziehungen zu den Funktionen der endokrinen Drüsen. Wann der inkretorische Einfluß sich zuerst geltend macht, ob bereits

[1]) Edinger: Zeitschr. f. klin. Med. Bd. 6, S. 139—160. 1883.
[2]) Reiss: Die elektrische Entartungsreaktion. Berlin: Julius Springer 1911.

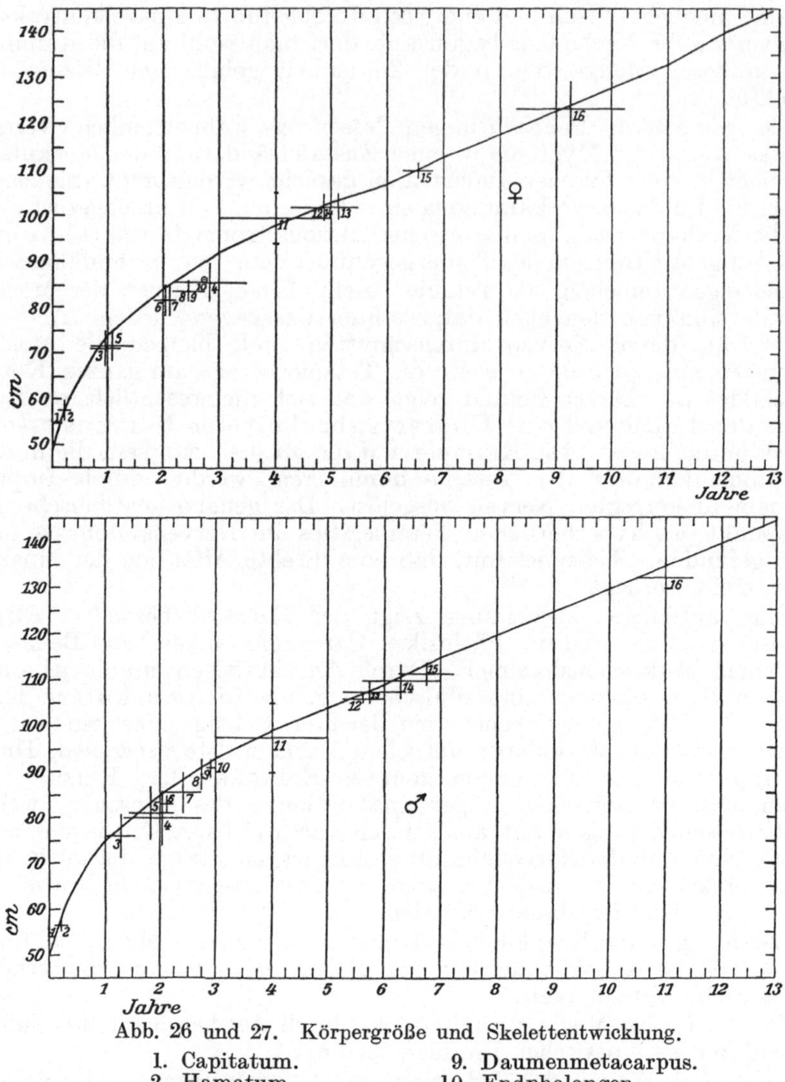

Abb. 26 und 27. Körpergröße und Skelettentwicklung.

1. Capitatum.
2. Hamatum.
3. Radius.
4. Triquetrum.
5. Daumenendphalange.
6. Grundphalangen.
7. Metakarpen.
8. Mittelphalangen.
9. Daumenmetacarpus.
10. Endphalangen.
11. Lunatum.
12. Multangulum majus.
13. Multangulum minus.
14. Naviculare.
15. Ulnakern.
16. Pisiforme.

Hier findet sich in einem Ordinatensystem zur Anschauung gebracht, welche Beziehungen zwischen Körpergröße und Differenzierung an Handskelett und Lebensalter bestehen. Auf der Ordinate ist die Körpergröße in Zentimetern verzeichnet, auf der Abszisse das Lebensalter. In dieses Ordinatensystem wurde die Wachstumskurve nach den für die Körpergröße vorhandenen Durchschnittszahlen CAMERERS eingetragen und die Variationsbreite für jeden einzelnen Kern hinsichtlich des Alters und der Längenentwicklung verzeichnet. Die Kreuzungspunkte zwischen Längenvariations- und Altersvariationsbreite bezeichnen annähernd die Durchschnittswerte für das Auftreten der Kerne.

intrauterin oder erst post partum, ist noch strittig. TANDLER glaubt, daß die endokrinen Drüsen den Körper schon im Embryonalleben formen, da dem Foetus durch den placentaren Kreislauf die Produkte der mütterlichen endokrinen Drüsen zugeführt werden. Eine Insuffizienz der mütterlichen Drüsen macht beim Neugeborenen manifeste Ausfallserscheinungen, besonders dann, wenn er selbst einen Defekt im System der endokrinen Drüsen aufweist. Durch Verfolgung des zeitlichen Ablaufs der Ossification mit Hilfe der Röntgenphotographie kann die Formbildung und das Längenwachstum verfolgt werden. Die formale Ausbildung des Organismus, seine Reife findet ihren Ausdruck in der Knochenentwicklung (Differenzierung).

Im allgemeinen treten beim weiblichen Geschlecht die Knochenkerne früher und bei einer geringeren Körpergröße auf als beim männlichen. Die Zeit, welche bis zur Anlage sämtlicher Kerne verläuft, ist beim weiblichen Geschlecht kürzer, während es hinsichtlich der Längenentwicklung bis kurz vor der Pubertätszeit hinter dem männlichen etwas zurückbleibt [STETTNER[1])]. Die Verhältnisse werden durch nebenstehende Kurven nach STETTNER graphisch illustriert (s. Abb. 26 u. 27).

Die Synostosierungsprozesse an den Epiphysen vollziehen sich unter physiologischen Bedingungen zwischen dem 14. und 17. Lebensjahr. Nach eigenen und den Erfahrungen anderer Autoren nimmt der Ossificationsprozeß an den Epiphysenfugen folgenden zeitlichen Verlauf: Vor dem 15. Lebensjahr sind die Epiphysenfugen im allgemeinen an Radius, Ulna und Fingerphalangen offen, im 15. und 16. Lebensjahr vollzieht sich die Ossification der Epiphysenfugen am Handskelett, und zwar schreitet sie von den proximalen zu den distalen Knochen vor, wobei der Prozeß beim weiblichen Geschlecht dem beim männlichen vorauseilt. Nach vollendetem 17. Lebensjahr sind die Epiphysenfugen, wenn keine Störungen vorliegen, geschlossen. Es scheint so, als ob an der stärker arbeitenden rechten Hand in einigen Fällen die Ossification etwas eher abgeschlossen ist als an der weniger beanspruchten linken. Im allgemeinen schreitet der Prozeß an beiden Händen gleichmäßig fort. Das gleiche gilt für die Ossification des menschlichen Fußskeletts [HASSELWANDER[2])]. Beide Vorgänge — das Auftreten der Knochenkerne und der Schluß der Epiphysenfugen — werden zeitlich geregelt durch die Einwirkung innerer Sekrete. Daß das weibliche Geschlecht in seiner formalen Entwicklung dem männlichen vorauseilt, wird durch den früheren Eintritt der Geschlechtsreife bei weiblichen Individuen erklärt.

Durch die genaue Kenntnis der zeitlichen Verhältnisse des Auftretens der Knochenkerne und der Synostosierung der Epiphysen sind wir in die Lage gesetzt, Abweichungen von diesen Normen als wertvolle Symptome für Störungen des Knochenwachstums und der Entwicklung mit Hilfe des Röntgenverfahrens zu erkennen und zu werten. Im Wachstumsalter haben wir durch die röntgenologische Untersuchung des Skeletts, wenn andere Störungen auszuschließen sind, die Möglichkeit, das geordnete Zusammenarbeiten der innersekretorischen Drüsen zu prüfen. Die **Schilddrüse** fördert in ausgeprägter Weise die Differenzierung

---

1) STETTNER, ERNST: Arch. f. Kinderheilk. Bd. 68, S. 342 und Bd. 69, S. 27.

2) HASSELWANDER: Zeitschr. f. Morphol. u. Anthropol. Bd. 12. 1909. — RIEDER und ROSENTHAL: Lehrbuch der Röntgenkunde. Bd. 2. 1918.

(Auftreten der Knochenkerne). Ihre Überfunktion bewirkt ein beschleunigtes Längenwachstum und einen etwas verfrühten Epiphysenschluß. Der Ausfall der Schilddrüsenfunktion (Myxödem) zeigt ein stärkeres Zurückbleiben der Differenzierung und eine Hemmung der Längenentwicklung. Diese Symptome werden beim Myxödem und beim sporadischen und endemischen Kretinismus gefunden. Das Röntgenbild zeigt bei diesen Erkrankungen, soweit sie in die Wachstums- oder Entwicklungsperiode fallen, daß die Knochenkerne in den Epiphysen, besonders die Karpal- und Tarsalkerne verspätet auftreten, die Epiphysenfugen lange offen bleiben (bis zum 36. Lebensjahr), die große Fontanelle sich erst spät schließt.

Über die pathologische Physiologie der **Thymusdrüse** sind weder klinische noch experimentelle Daten bisher bekannt geworden. Bei Exstirpation des Thymus in einem bestimmten Alter werden als Ausdruck thymektogener Ossificationsstörungen, Wachstums- und Entwicklungshemmungen gefunden [MATTI[1])]. Neben Störungen der enochondralen Ossification werden nach Thymusexstirpation mangelnde Kalkaufnahme des neugebildeten osteoiden Gewebes, bedeutende Verbreiterung der Epiphysenfugen und Osteoidmäntel am Femur und an der Tibia gesehen. Diese Veränderungen gleichen in vielen Punkten den bei Rachitis gefundenen [BASCH[2]), KLOSE[3])].

Verlust oder Hypoplasie der **Keimdrüsen** führt im jugendlichen Alter zum Hochwuchs. Das grazile Skelett zeigt die für diese Wachsform typischen Proportionen, große Unterlänge, große Spannweite. Im Röntgenbilde erkennt man je nach dem Alter eine verspätete Anlage der Knochenkerne oder eine hochgradige Verzögerung des Epiphysenschlusses an Hand- und Fußgelenken. Die späte Ossification der Epiphysenfugen ist die Ursache für die charakteristischen Proportionen und die große Körperlänge beim infantilen Hochwuchs.

Auch beim Infantilismus universalis ist die späte Ausbildung der Knochenkerne und das Offenbleiben der Epiphysenfugen ein häufiges Symptom. Jedoch ist hier neben der Hypoplasie des Genitales, welche im wesentlichen für die späte Reife des Individuums anzuschuldigen ist und das Ausbleiben der sekundären Geschlechtscharaktere bedingt, mit dem Minderwirksamwerden resp. Ausfallen anderer das Wachstum und die Entwicklung befördender Inkrete zu rechnen. Bemerkenswert ist, daß beim infantilen Weibe die Ovarien die zweifache Größe geschlechtsreifer Ovarien aufweisen können. Die Vergrößerung solcher Keimdrüsen wird auf eine Zunahme des Bindegewebes und reichliche unter der Rindenschicht gelegene cystische Gebilde — alte atretische GRAAFsche Follikel — zurückgeführt [BARTEL und HERMANN[4])]. Zum Unterschied vom Infantilismus werden beim Früheunuchoidismus in der Regel die Knochenkerne der Altersstufe entsprechend entwickelt gefunden, während die Epiphysenfugen abnorm lange persistieren [TANDLER und GROSS[5])].

Als Ausdruck einer in ihrem Wesen noch nicht bekannten Korrelationsstörung der innersekretorischen Drüsen, bei welcher die Dysfunktion

---

[1]) MATTI: Ergebn. d. inn. Med. u. Kinderheilk. Bd. 10, S. 1. 1913.
[2]) BASCH: Jahrb. f. Kinderheilk. Bd. 64, S. 319. 1906.
[3]) KLOSE: Jahrb. f. Kinderheilk. Bd. 78, S. 663. 1913.
[4]) BARTEL und HERMANN: Monatsschr. f. Geburtsh. u. Gynäkol. Bd. 33, S. 125. 1911.
[5]) TANDLER und GROSS: Wien. klin. Wochenschr. 1907. S. 1596.

der Ovarien dominiert, ist die **Osteomalacie** anzusehen. Bei diesem schweren Leiden gravider Frauen kommt es zu einer weitgehenden Kalkverarmung des gesamten Knochensystems (Verminderung von 65% auf 28%), die Knochen erweichen infolgedessen und geben jeder Beanspruchung auf Druck und Zug weitgehend nach, wodurch es zu grotesken Gestaltsveränderungen kommt. Für die dominierende Rolle, welche die Keimdrüsen für die Entstehung der puerperalen Osteomalacie spielen, sprechen die Erfolge der Kastrationstherapie. Das histologische Bild osteomalacischer Knochen hat mit dem der rachitischen viele gemeinsame Züge; sie sind durch den Reichtum an osteoider Substanz, die erweiterten Markhöhlen der Röhrenknochen, die dünne, rarifizierte Rinde, die grobmaschige Spongiosa und das intensiv rote splenoide Mark charakterisiert.

Auch die Häufigkeit **arthritischer Prozesse** zu Beginn und am Ausgang des weiblichen Sexuallebens wird durch die Mitbeteiligung der Ovarien erklärt.

Die Beziehungen der drei funktionelldifferenten Abschnitte der **Hypophyse** zum Knochenwachstum sind bis heute wenig durchsichtig. Einer gesteigerten Wirksamkeit des Vorderlappens soll bei jugendlichen Individuen der Riesenwuchs entsprechen, während bei Erwachsenen das Bild der Akromegalie resultiert (siehe Kapitel 10).

Über die Ätiologie der **Rachitis** sind wir trotz vieler Bemühungen bis heute im Unklaren. Koch[1]) gelang es durch Infektion mit Streptokokken bei Hunden Knochenveränderungen zu erzeugen, die mit den bei rachitischen Kindern gefundenen große Ähnlichkeit haben. Czerny[2]) betont das konstitutionelle Moment und meint, daß alle anderen Faktoren nur den Ausbruch des Leidens fördern können oder seinen Charakter bestimmen. Der Meinung, daß Rachitis durch kalkarme Fütterung bei Tieren hervorgerufen werden könne, ist Pfaundler[3]) mit guten Gründen entgegengetreten.

Er konnte zeigen, daß bei intravitaler Durchspülung vorher blutleer gewaschener unterer Extremitäten von kalkarm — kalkhungrig — gemachten Tieren im Vergleich mit Normaltieren Spülflüssigkeiten gewonnen wurden, die wesentlich höhere Calciumverluste aufwiesen als die Durchströmungsflüssigkeit von gesunden Tieren. Bei Durchströmung der Extremitäten lebenswarmer Leichen von rachitischen und normalen Individuen war die Fähigkeit zur Adsorption von Calciumionen bei Rachitis aber nicht verändert. Die Ursache der Rachitis ist nach ihm in einer mangelhaften Umwandlung des reichlich gebildeten osteoiden Gewebes zum Kalkfänger zu suchen. Dabei kommt es zu einem oft lange dauernden Wachstumsstillstand hinsichtlich der Anlage der Knochenkerne und des Längenwachstums [Stettner[4])].

Nicht bloß das Kalklosbleiben im Übermaß gebildeter osteoider Substanz, sondern auch die fortschreitende Entkalkung schon gebildeten fertigen Knochens (Halisterese) führt schließlich dazu, daß das Skelett gegen Druck und Zug widerstandslos wird, so kommt es zu Verbiegungen der am stärksten belasteten unteren Extremitäten; die seitlichen Brustwände werden durch den inspiratorischen Zwerchfellzug eingezogen, das

---

[1]) Koch: Berl. klin. Wochenschr. 1914. Nr. 19, S. 886.

[2]) Czerny: Spezielle Pathologie und Therapie innerer Krankheiten. Bd. 9, S. 317—356. 1921.

[3]) Pfaundler: Münch. med. Wochenschr. 1902. Nr. 37.

[4]) Stettner: Pflügers Arch. f. d. ges. Physiol. Bd. 69, S. 27.

Brustbein springt vor (Hühnerbrust); der knöcherne Schädel erweicht (Craniotabes); die sich in der Norm nach der Geburt langsam verkleinernde große Fontanelle nimmt durch Kalkloswerden der sie begrenzenden Knochenwände an Größe zu. Bei der Heilung der Rachitis kann eine dauernde Verkürzung der Röhrenknochen zurückbleiben, woraus der rachitische Zwergwuchs resultiert.

Ein mit der Rachitis in seiner äußeren Erscheinungsweise ähnliches Krankheitsbild ist die **Chondrodystrophie** (fötale Rachitis). Hier führt eine schon während des intrauterinen Lebens einsetzende Erkrankung des wachsenden Knorpels zu einem Kleinbleiben der Glieder (Mikromelie). Häufig kommt es zu einem verfrühten Verschmelzen der Epiphysenfugen; die vorzeitige Tribasilarsynostose führt zu der charakteristischen Einziehung der Nasenwurzel. Die Chondrodystrophie ist von der Rachitis wesensverschieden und als ein Krankheitsbild sui generis zu betrachten.

Im postnatalen Leben können akute Erkrankungen zu plötzlichem Wachstumsstillstand führen, was sich im Röntgenbild der Knochen durch „Randstreifen" und nach Wiedereinsetzen des Wachstums in Form des „Querstreifens" erkennen läßt [Stettner[1])].

---

[1]) Stettner: Münch. med. Wochenschr. 1921. Nr. 51, S. 1459.

XIII. Pathologie der Nierenfunktion.

A. Physiologische Vorbemerkungen.

Die Nieren stellen ein System mehrerer aneinander gekoppelter Apparate dar, von denen jeder einzelne verschiedenen Funktionen dient. Auf Grund experimenteller histologischer Arbeiten sind folgende Einheiten unterschieden worden: Die Zuflußbahn sind die Gefäße; der Filterapparat ist in den Glomeruli samt Kapseln untergebracht; für seine selbständige Funktion sprechen entwicklungsgeschichtliche Anhaltspunkte in der Reihe der Vertebraten, der Sekretionsapparat wird von den Hauptstücken gebildet. Der Aufsaugungsapparat ist dargestellt durch die Schleifen- und Schaltstücke, die von besonders starken venösen Netzen umsponnen sind. Die Ableitungsbahn ist in den Sammelröhren gegeben [Aschoff [1])].

Bei Injektion verschiedenartiger Farbstoffe läßt sich eine funktionelle Trennung in das Gebiet der Glomeruli samt Kapseln und der Hauptstücke einerseits, der Schleifen-, Schalt-, Zwischenstücke und Sammelröhren andrerseits demonstrieren [Suzuki [2])].

Diese mehr nach anatomischen Gesichtspunkten gegebene Gliederung legt sofort die für das Verständnis pathologischer Verhältnisse wichtige Frage nahe, an welchen Stellen und in welcher Weise im wesentlichen die Harnproduktion vor sich geht. Die Auffassungen sind getrennt nach solchen, welche die Harnbildung als einen Filtrationsvorgang darstellen und nach solchen, die in ihr eine sekretorische Leistung der Nieren sehen. Daß die Harnproduktion im wesentlichen ein mechanischer Vorgang sei, bei welchem die Membrandurchlässigkeit, der Filtrationsdruck und ein unbehinderter Abfluß die entscheidenden Faktoren sein sollen, ist abzulehnen. Da es sich bei einer solchen Filtration darum handeln würde, durch die trennende Membran die Eiweißkolloide des Serums zurückzuhalten, die in echter Lösung befindlichen Stoffe dagegen abzuscheiden, müßte eine sog. Ultrafiltration angenommen werden. Das Wasser des Serums ist kolloidal gebunden. Die Abpressung kolloidal gebundenen Wassers geht aber nur unter so hohem Druck vor sich, wie er im Körper nicht gegeben ist. Zudem wäre bei einem Filtrationsvorgang die Niere mehr passiv beteiligt.

Gegen eine nur passive Rolle spricht der hohe Energieverbrauch der Nieren, welcher an sich schon auf eine mehr aktive Leistung des Organs hinweist. Das Gewicht der Nieren beträgt nur $^{1}/_{163}$ des Gesamtkörpergewichts, ihr Sauerstoffverbrauch dagegen bis zu $^{1}/_{11}$ des gesamten Sauerstoffumsatzes. 1 g Nierensubstanz im Ruhezustand verbraucht in einer Minute mehr als das Doppelte (0,026 ccm O_2) des Sauerstoffverbrauchs von 1 g Herzmuskel (0,01 ccm) [Barcroft und Brodie [3])]. Während ihrer Tätigkeit steigt der Gaswechsel der Niere erheblich an, z. B. von 2,52% des Gesamtsauerstoffverbrauchs auf 11,75%.

Nach der Ludwigschen Theorie der Harnbildung wird das im Glomerulus gebildete eiweißfreie Serumfiltrat durch die Funktion des Kanälchensystems — im wesentlichen durch Resorption des überschüssigen Wassers — konzentriert und in Harn umgewandelt; sie kann schon aus dem Grunde nicht richtig sein, weil die Zusammensetzung der einzelnen Harnbestandteile denen des Blutes durchaus

---

[1]) Aschoff: Veröff. a. d. Geb. d. Mil.-San.-Wesens 1917. H. 65, S. 18.

[2]) Suzuki: Zur Morphologie der Nierensekretion. S. 190. Jena 1912.

[3]) Barcroft und Brodie: zit. n. Barcroft: Ergebn. d. Physiol. Bd. 7, S. 699. 1908.

nicht entspricht. Wenn der Kochsalzgehalt des Blutes von 0,58% im Harn auf 1,1% steigt, wächst die Harnstoffkonzentration von 0,05% im Blut bis auf 2,3% im Harn an. Die im Blute zu 0,1% vorhandene Dextrose dagegen ist im Harn nur in Spuren nachweisbar, kann andrerseits aber im Diabetes auf 10% im Harn anwachsen. Schon die Glomerulusmembran hat auswählende Funktionen. So wurde z. B. an der Froschniere gezeigt, daß in Gemischen von Glucose und Lävulose und von Glucose und Lactose Lävulose und Lactose vollständig durchgelassen werden, während Glucose zurückgehalten wird [HAMBURGER[1])].

Die wesentliche Hauptaufgabe der Nieren ist die eines osmotischen Ausgleichsorgans, welches zusammen mit anderen Apparaten (Capillaren) ständig für die Aufrechterhaltung des gleichen osmotischen Drucks im Blut und in den Geweben unter allen Verhältnissen zu sorgen hat. Diese Aufgabe wird im wesentlichen durch eine sekretorische Leistung der Niere bewältigt. Als eine besondere Eigenschaft der Nierenzellen, welche weitaus den meisten Zellen fehlt, ist die Aufnahmefähigkeit für lipoidunlösliche Substanzen anzusehen (Farbstoffe). Durch Injektionsversuche läßt sich zeigen, daß der aufgenommene Farbstoff durch Sekretion der Tubuli und nicht durch Rückresorption in die Epithelien gelangt[2]).

Gegen die Auffassung, daß die Nierenfunktion als ein sekretorischer Vorgang anzusehen sei, wird häufig die Tatsache angeführt, daß bei sinkendem Blutdruck und damit verschlechterter Durchblutung der Niere die Harnmenge sinkt und umgekehrt. Es ist dabei aber übersehen worden, daß mit verschlechterter Durchblutung auch die Sauerstoffzufuhr leidet, auf die die Nieren besonders, wenn ihre sekretorischen Funktionen beansprucht werden, in hohem Maße angewiesen sind. Das Absinken der Harnmenge bei gestörter Blutzufuhr kann daher ebensogut als eine Minderfunktion des unter Sauerstoffmangel leidenden Organs gedeutet werden.

Eine strenge Trennung und Zuweisung der Partialfunktionen der Niere auf die einzelnen Nierenabschnitte ist bis heute nicht möglich. Das Wesentliche läßt sich wie folgt zusammenfassen: In Glomerulis und Tubulis werden die gleichen gelösten Substanzen in verschiedener Konzentration ausgeschieden. Die Sonderaufgabe der Kanälchen ist die Konzentration, die der Glomeruli die Verdünnung. Die Konzentration über den osmotischen Druck des Blutes kann auch ohne eine Steigerung der Blutstromgeschwindigkeit, wenn genügend harnfähiges Material vorhanden ist, in dem protoplasmareichen tubulären Apparat durchgeführt werden. Wird ein Harn abgesondert, dessen osmotischer Druck kleiner als der des Blutes ist, so kann diese Aufgabe nur bei gesteigerter Blutstromgeschwindigkeit unter rascher Absonderung fast reinen Wassers gewährleistet werden. Die Vorrichtung für diese Aufgabe wird in der eigenartigen Anordnung und Einstülpung der Capillarknäuel in die zarte Glomerulusmembran gesehen [VOLHARD[3])]. Im wesentlichen ist somit die Herstellung einer hohen Konzentration für Kochsalz und Harnstoff Sache der Kanälchen, die Wasserausscheidung Sache der Glomeruli. Das Ausmaß der Nierenleistung ist nach dem Gesagten abhängig erstens vom Blutdruck und der Durchblutung, zweitens von der Menge der zur Verfügung stehenden harnfähigen Bestandteile, drittens von dem Vorhandensein genügender Mengen von Wasser. Eine vierte Abhängigkeit besteht vom Nervensystem und vielleicht von

---

1) HAMBURGER: Klin. Wochenschr. 1922. Nr. 14, S. 18.

2) Literatur bei HÖBER: Physikalische Chemie der Zelle und der Gewebe. 3. Aufl., S. 543.

3) VOLHARD: Die doppelseitigen hämatogenen Nierenerkrankungen. Handb. MOHR-STÄHELIN. 1918. — DERSELBE und FAHR: Die Brightsche Nierenkrankheit. Berlin: Julius Springer 1914.

hormonalen Einflüssen. Wenn auch feststeht, daß eine von ihren Nerven getrennte Niere ihre wesentlichen Funktionen noch erfüllen kann, so sind unter physiologischen Bedingungen nervöse Einflüsse bekannt, welche die Größe der produzierten Harnmengen mitbestimmen. Nach psychischen Erregungen kann die Harnmenge steigen und in ihrer Zusammensetzung geändert werden. Ja, es treten sogar pathologische Harnbestandteile nach geistiger Überanstrengung und heftigen Gemütsbewegungen im Harn auf (psychische Albuminurie) (SENATOR). Solche und ähnliche Beobachtungen werden damit erklärt, daß die Wirkung des Nervensystems auf dem Wege über die Vasomotoren die Durchströmungsgeschwindigkeit in den Nieren regelt und nur auf diesem Wege eine Beeinflussung der Nierentätigkeit von seiten des Nervensystems möglich ist. Durch die Piquure in der Medulla oblongata zwischen Acusticus- und Vaguskern konnte bereits CLAUDE BERNARD eine Vermehrung der Harnsekretion ohne Zuckerausscheidung hervorrufen und damit eine Abhängigkeit der Nierenfunktion vom Nervensystem dartun. Fortgesetzte Untersuchungen zeigten dann, daß nach der Piqûre nicht nur eine Polyurie, sondern auch eine prozentuale Zunahme der Kochsalzausscheidung vorkommt. Dieselbe Wirkung folgt auf die Durchschneidung des Splanchnicus. Nach der Durchschneidung des Splanchnicus einer Seite wirkt die Piqûre nur noch auf der Seite mit erhaltenem Splanchnicus [JUNGMANN und MEYER[1])]. Dieser sog. Salzstich wird als Reizwirkung, die sich lediglich auf die Dilatatoren der Nierengefäße beschränkt, in seinen Wirkungen gedeutet. Vagusdurchschneidung bedingt durch Herabsetzung des Schwellenwertes eine vermehrte zuckersekretorische Funktion der Niere nach Adrenalininjektionen [HILDEBRANDT[2])]. Damit ist die Abhängigkeit sekretorischer Leistungen der Niere von nervösen Impulsen sichergestellt. Auch von diuretisch wirkenden Hormonen wird die Nierentätigkeit beeinflußt. Die Wirksamkeit der Hypophysenextrakte auf die Nierenleistung wurde bereits besprochen (Kap. 10). Ob noch andere diuretisch wirksame Substanzen, die z. B. bei der Passage des Wassers durch die Darmwand mitgerissen werden könnten, wirksam sind, muß vorerst dahingestellt bleiben. Störungen der Nierenfunktion können an allen Teilen des bisher beschriebenen Apparats einsetzen. Erstens wird eine Verminderung der Nierendurchblutung zu einer Minderung der sekretorischen Leistung der Niere führen. Die Funktionsbeeinträchtigung der Niere bei Herzkranken findet somit in der verschlechterten Sauerstoffversorgung des Organs einerseits und in dem verminderten Zustrom harnfähigen Materials andrerseits eine einfache Erklärung. Zweitens müssen Erkrankungen, die vorwiegend am glomerulären oder am tubulären Apparat sich abspielen, mehr oder weniger charakteristische Funktionsausfälle zur Folge haben, über die nachstehend eine kurze Übersicht gegeben werden soll.

Schließlich können in seltenen Fällen rein extrarenale Faktoren die Nierenfunktion stören, entweder auf dem Wege über das Nervensystem oder durch eine Dyshormonie.

Einer Besprechung der verschiedenen Funktionsstörungen bei Nierenerkrankungen sei eine schematische Übersicht ihrer Hauptformen vorausgeschickt.

---

[1]) JUNGMANN und MEYER: Arch. f. exp. Pathol. u. Pharmakol. Bd. 73, S. 76.
[2]) HILDEBRANDT: Arch. f. exp. Pathol. u. Pharmakol. Bd. 90, S. 142. 1921.

B. Pathogenetisches System der Brightschen Nierenkrankheiten [nach Volhard[1])].

A. *Degenerative* Erkrankungen: *Nephrosen*, genuiner und bekannter Ätiologie, mit und ohne amyloide Entartung der Gefäße.

1. Akuter Verlauf.
2. Chronischer Verlauf.
3. Endstadium: Nephrotische Schrumpfniere ohne Blutdrucksteigerung.

Unterart: Nekrotisierende Nephrosen.

B. *Entzündliche* Erkrankungen: *Nephritiden.*

I. *Herdförmige Nephritiden* ohne Blutdrucksteigerung.

a) Die herdförmige Glomerulonephritis.

1. Akutes Stadium.
2. Chronisches Stadium.

b) Die (septisch-)interstitielle Herdnephritis.

c) Die embolische Herdnephritis.

II. *Diffuse Glomerulonephritiden* mit obligatorischer Blutdrucksteigerung.

Verlauf in drei Stadien:

1. Das akute Stadium. 2. Das chronische Stadium ohne Niereninsuffizienz. 3. Das Endstadium mit Niereninsuffizienz.	Alle drei Stadien können verlaufen: a) *ohne* nephrotischen Einschlag, b) *mit* nephrotischem Einschlag, d. h. mit starker und diffuser Degeneration des Epithels („Mischform").

C. *Arteriosklerotische* Erkrankungen: *Sklerosen.*

I. Die blande gutartige Hypertonie = reine Sklerose der Nierengefäße.

II. Die Kombinationsform: Maligne genuine Schrumpfniere = Sklerose plus Nephritis.

Unter den *ätiologischen Faktoren*, die zu einer *degenerativen tubulären Nephropathie* oder *Nephrose* führen, spielen diejenigen Zustände eine dominierende Rolle, bei denen der Körper von *endogenen* (Schwangerschaft, Tumoren) oder *exogenen Toxinen* (Tuberkulose, Lues, Diphtherie, Sublimat) überschwemmt ist. Anatomisch stehen *degenerative Veränderungen bei Fehlen entzündlicher Erscheinungen* im Vordergrund des histologischen Bildes der erkrankten Niere. Die Frage liegt nahe, warum, wenn der ganze Körper mit dem Gift überschwemmt ist, gerade die Nieren so schwer betroffen werden. Es ist bekannt, daß der Körper sich einer Reihe von Giften im wesentlichen durch die Nieren entledigt. Die Nieren konzentrieren bei ihrer Ausscheidungsarbeit in dem tubulären Apparat die zu secernierenden Substanzen. Es wird also das Gift an diesen Stellen schon aus dem Grunde besonders intensiv wirken, weil seine *Konzentration hier eine besonders hohe ist.* Die degenerativen Nierenerkrankungen werden bei einer Reihe von akuten Infektionskrankheiten beobachtet, ohne daß es zu schwereren und länger dauernden Schädigungen der Niere kommt; hier kann eine leichte Eiweißausscheidung oft das einzige Zeichen der

[1]) Volhard: l. c.

Nierenerkrankung bleiben. Als Prototyp dieser Form der leichten Nephrose kann die postdiphtherische Nierenerkrankung gelten, bei der STRAUSS nur in 3% der Fälle Ödem beobachtete. Der Nachweis der Erreger in den erkrankten Nieren ist bisher in solchen Fällen nie gelungen, ebensowenig wie bei den leichten Albuminurien nach Meningitis, Typhus und Pneumonie. Dasselbe gilt für die schweren Nephrosen, die in den frühen Stadien der Syphilis sich ausbilden können, mit schweren Ödemen und einem exzessiv hohen Eiweißgehalt des Harns einhergehen. Auch in diesen Fällen ist der Nachweis der Spirochäten nicht geglückt, sondern es muß angenommen werden, daß die Luestoxine hier schädigend auf den tubulären Apparat einwirken. Klinisch am häufigsten wird die Nephrose bei Tuberkulose gefunden, besonders schwer bei der Knochentuberkulose und bei chronischen Eiterungen. Zu den wohldefinierten Giften, welche eine typische Nephrose zur Folge haben können, ist das Sublimat und das Salvarsan und andere Arsenverbindungen zu rechnen. Zu den endogenen Nephrosen sind die parenchymatösen Nierenschädigungen in der Gravidität, bei Kachexie nach malignen Tumoren (Carcinose und Sarkomatose), beim Diabetes mellitus, bei BASEDOWscher Krankheit zu zählen.

Die zweite große Gruppe im System der BRIGHTschen Nierenkrankheiten sind die Nephritiden. Nach den pathologisch-histologischen Befunden müssen die in den Glomerulis sich abspielenden Veränderungen, die zellige Exsudation, die Ausschwitzung von hyalinen Massen im Innern der Capillaren als entzündliche Erscheinungen gedeutet werden, die primär am prägnantesten im Gefäßbindegewebe sich abspielen. Auch die klinischen Erfahrungen sprechen für die entzündliche Natur der akuten Glomerulo-Nephritis. Sie beginnt mit Fieber und heftigen Schmerzen in der Nierengegend, sehr häufig mit einer gleichzeitig einsetzenden diffusen Bronchitis und einer eigenartigen Dyspnoe mit stark verlängertem Exspirium. Die Kranken sehen in den ersten Tagen nicht selten aus wie Asthmakranke im Anfall. Diese Dyspnoe ist durch ein interstitielles Lungenödem, das sich gleichzeitig mit dem allgemeinen Anasarka ausbildet, zu erklären. Unter den ätiologischen Faktoren, welche zur Nephritis führen, dominieren der Scharlach, die Angina und die Summe der schädigenden Momente welche die Feldnephritis zur Folge hatten. Unter ihnen spielt die sog. „Erkältung" sicher eine hervorragende Rolle.

Ich selbst sah in einer Division, die im Artois, südlich der Scarpe, eingesetzt war, anfänglich nur wenige Fälle von Kriegsnephritis auftreten, solange die Truppen in trockenen Gräben verweilten. Als die Truppen aber nördlich der Scarpe bei sonst unveränderten Bedingungen der Witterung und der Ernährung in Gräben weilen mußten, aus denen das Wasser aus geologischen Gründen nicht abfließen konnte, kamen die Mannschaften der Infanterietruppen reihenweise mit schwersten Nephritiden in die Beobachtung.

Auf die Beziehungen zwischen Haut und Niere ist mehrfach hingewiesen. Bekannt ist, daß starke Abkühlungen eine reflektorische Verminderung der Harnsekretion zur Folge haben können, welche offenbar durch Vasomotoreneinflüsse — cutorenale Reflexe — zu erklären sind. Ob solche vorübergehenden, reflektorisch bedingten Gefäßspasmen sekundär Ernährungsschädigungen an dem empfindlichen Kapselepithel setzen können, die weiterhin entzündliche Reaktionen auslösen, bleibt zunächst eine offene Frage. Festzuhalten ist, daß es in den wenigsten Fällen bei der sog. Feldnephritis bisher gelungen ist, einen Erreger im

Harn resp. im anatomischen Präparat nachzuweisen. Das gilt nicht für diejenigen Nephritiden, die nach Angina so häufig beobachtet werden, bei denen die Züchtung der Erreger aus dem Harn selbst dann gelingt, wenn Blutkulturen steril bleiben. Experimentell läßt sich andrerseits leicht zeigen, daß Keime das Nierenfilter ohne Schaden anzurichten durchwandern können. Während beim Scharlach und bei der Kriegsnephritis der Prozeß diffus die Glomeruli beider Nieren ergreift, ist in den Fällen typischer Sepsis und nach Anginen eine mehr herdförmige Glomerulonephritis die Regel. Die Verteilung macht eine embolische Genese der entzündlichen Prozesse wahrscheinlich.

Die dritte Hauptgruppe der Nierenerkrankungen, die Sklerosen, sind ätiologisch im wesentlichen durch Veränderungen an den Gefäßen bedingt. Diese führen zu Ernährungsschädigungen, die einen großen Teil der Glomeruli befallen können, schließlich zu der grobhöckerigen oder feinhöckerigen Nierenschrumpfung. Bei der Genese dieser arteriosklerotischen primären Alteration der Nierengefäße wird deren funktionelle Mehrbelastung — besonders die der Glomeruli — hervorgehoben, die sich zunächst in einer elastisch-hyperplastischen Intimaverdickung (Jores) geltend macht.

Während bei der rein arteriosklerotischen benignen Schrumpfniere (rote Granularniere Jores) wesentliche Funktionsausfälle der Nieren fehlen, treten solche bei Kombination mit entzündlichen Veränderungen an den Glomeruli (Kombinationsform) sehr eindringlich und in mehr oder minder rasch zunehmendem Maße zutage (maligne Schrumpfniere).

C. Störungen der Nierenfunktion.

Eine Trennung der einzelnen Nierenerkrankungen je nach dem Funktionsausfall ist deshalb nicht möglich, weil bei den verschiedenen Formen die Funktionsstörungen sich in unübersehbarer Weise kombinieren. Ebensowenig wie es Prozesse gibt, die ganz streng auf die Glomeruli oder auf die Tubuli beschränkt sind, ebensowenig gibt es Erkrankungen, die lediglich eine Störung der Wasserausscheidung oder eine solche der Kochsalz- und Harnstoffausscheidung aufweisen. Für den Kliniker ist die Hauptaufgabe, sich ein Bild über die Gesamtleistungsfähigkeit der Niere zu machen.

1. Die Wasserausscheidung.

Am einfachsten ist das Ausscheidungsvermögen für zugeführtes Wasser zu prüfen. Die physiologischen Unterlagen dafür sind durchaus noch nicht in allen Punkten durchsichtig. Das peroral zugeführte Wasser wird zunächst den Geweben zugeführt, aus denen es vielleicht diuretisch wirkende Stoffe mitnimmt. Aus den Geweben fließt das Wasser in das Blut zurück und kommt jetzt erst zur Ausscheidung. An der Wasserausscheidung sind die Gewebe mindestens so weitgehend beteiligt, wie die Nieren selbst. Verfolgt man die Ausscheidung peroral zugeführten Wassers, indem man dem Probanden nüchtern $1^1/_2$ l Wasser zuführt und ihn alle halbe Stunde urinieren läßt, so hat der Gesunde in spätestens 4 Stunden die 1500 ccm zugeführte Flüssigkeit wieder ausgeschieden. Die halbstündigen Mengen sind dabei auf 500 ccm und darüber gestiegen, das spezifische Gewicht ist auf 1002 oder 1001 abgesunken. Wird nach

Ablauf der vier ersten Stunden Trockenkost verabreicht, so steigt beim Gesunden das spezifische Gewicht an auf 1025—1030, die Harnmengen werden sehr gering (Konzentrationsversuch). Der Wasserausscheidungsversuch muß in allen denjenigen Fällen versagen, in welchen die Gewebe eine Tendenz zur Wasserspeicherung haben. Solche erhöhte Wasserspeicherung wird gefunden nach voraufgehenden großen Flüssigkeitsverlusten durch die Haut, vermehrter Schweißbildung bei Fiebernden (resp. nach körperlichen Anstrengungen) oder nach erheblichen enteralen Wasserverlusten (Cholera). Weiterhin findet sich eine gestörte Abgabefähigkeit der Gewebe für das ihnen zuströmende Wasser bei vielen Nierenkranken auch dann schon, wenn es zu ausgesprochenen Ödemen noch nicht gekommen ist (präödematöses Stadium), ferner bei Störungen der Zirkulation, also vor allem bei Herzkranken. In diesen Fällen kommt das von außen zugeführte Wasser gewissermaßen gar nicht an die Nieren heran, sondern bleibt in den Geweben liegen. Daher kann der Versuch unter solchen Umständen über das Wasserausscheidungsvermögen der Niere nichts aussagen. Man hat deshalb bei diesen Kranken das Wasser als physiologische Kochsalzlösung direkt in die Blutbahn injiziert und auf diese Weise oft eine prompte Ausscheidung gefunden, während sie bei Aufnahme per os fehlte. Man darf eigentlich daher nur dann von einem Wasserausscheidungsunvermögen der Nieren sprechen, wenn sowohl peroral wie endovenös zugeführtes Wasser retiniert wird [MAGNUS-ALSLEBEN[1]]. Wichtiger als die Aufstellung der Wasserbilanz ist die Feststellung der Konzentrationsleistungen. Während die Gesamtausscheidung quantitativ durch die Funktion extrarenaler Faktoren mitbestimmt wird — das gilt nicht bloß für Wasser, sondern auch für Zucker, Harnsäure, Kochsalz, Kreatinin — wird durch die Prüfung der Konzentrationsfähigkeit im wesentlichen eine Nierenfunktion bestimmt.

Nach dem Gesagten muß bei den einzelnen Nierenerkrankungen der Wasserversuch bezüglich der ausgeschiedenen Mengen sehr verschieden ausfallen können, je nachdem man im Stadium der Ödemstarre, der Ödembildung oder in einem anhydropischen Stadium untersucht. Bei der Nephrose kann der Trinkversuch ein scheinbar sehr schlechtes Wasserausscheidungsvermögen der Nieren dartun, wenn im Stadium der starken Ödembildung von den 1500 ccm zugeführten Wassers in den ersten 4 Stunden nur wenige 100 ccm zur Ausscheidung kommen. Das Wasser läuft gewissermaßen in die Gewebe ab. In anderen Fällen, besonders dann, wenn die Ödembildung zum Stehen gekommen ist (Ödemstarre), scheint die Wasserausscheidung oft nahezu ungestört. Die gleichen Überlegungen gelten für die akute Glomerulonephritis. Auch hier muß man sich hüten, dann von einem gestörten Wasserausscheidungsvermögen der Nieren zu reden, wenn das zugeführte Wasser bei Beginn der Ödembildung in die Gewebe läuft und dort liegen bleibt. Hier kann die intravenöse Zufuhr von Wasser in dem oben angeführten Sinne oft die Entscheidung bringen. Bei bereits entwässerten Kranken mit diffuser Glomerulonephritis oder bei solchen, die sich anschicken, ihr Ödemwasser zu entleeren, kann die einmalige Zufuhr großer Wassermengen eine Beschleunigung der Ödemmobilisation und ein Überwiegen der Ausfuhr über die Zufuhr zur Folge haben („Wasserstoß"). In anderen, bereits entwässerten Fällen ist die Störung der Wasserabscheidung

[1]) MAGNUS-ALSLEBEN: Münch. med. Wochenschr. 1914. Nr. 38.

dadurch charakterisiert, daß die Niere in den ersten 4 Stunden nach der Zufuhr mit der Ausscheidungsarbeit nicht fertig geworden ist und die Diurese über den ganzen Tag verschleppt wird. In schwersten Fällen kann die Wasserabscheidung völlig oder fast völlig versagen. Es wird nur spärlicher oder gar kein Harn entleert. Bei einer solchen kompletten Anurie fehlen die Ödeme fast nie; nur ausnahmsweise kommt es zu einer Hydrämie ohne Ödem. Bei der chronischen Form der diffusen Glomerulonephritis hat die Fähigkeit, schnell größere Wassermengen auszuscheiden, wenig gelitten. Nur insofern zeigt sich eine Abweichung, als die ersten halbstündigen Portionen weniger groß sind als beim Gesunden, die Ausscheidung der Zulage wird trotzdem in den ersten 4 Stunden quantitativ beendigt. Eine überschießende Wasserausscheidung ist selten. Wenn sie nicht mit dem Ausschwemmungsstadium von Ödemen zusammenfällt, wird eine solche Mehrausscheidung als Folge der Übererregbarkeit des Nierenparenchyms gedeutet. Das Wasserausscheidungsvermögen ist in dem Endstadium der diffusen Glomerulonephritis gelegentlich noch leidlich erhalten. Meist werden große Mengen in den ersten halbstündigen Portionen nicht entleert. Die Kurve der Wasserabscheidung ist wesentlich flacher geworden. Je weniger in diesen Spätstadien die Harnmengenkurve durch die Wasserzulage beeinflußt wird, um so ungünstiger ist im allgemeinen die Prognose.

Bei der gutartigen „blanden" Nierensklerose, der sog. genuinen Schrumpfniere der Pathologen ist das Wasserausscheidungsvermögen wesentlich vom Zustande des Herzens abhängig. Fehlen Herzstörungen, so werden die nüchtern eingeführten $1^1/_2$ l Wasser 4 Stunden, häufig wie beim Gesunden bereits in den ersten 2 Stunden quantitativ entleert. Nicht selten übertrifft die ausgeschiedene Wassermenge die eingeführte um mehrere 100 ccm. Als Erklärung für diese Erscheinung ist eine Übererregbarkeit der präsklerotischen Gefäße diskutiert worden. In den meisten Fällen handelt es sich auch hier wohl um die Ausscheidung klinisch nicht nachweisbarer „latenter" Ödeme.

Die mehrfach betonten extrarenalen Faktoren beeinträchtigen den Wert der Wasserausscheidungsprobe nicht unerheblich, besonders, wie bemerkt, deswegen, weil die Feststellung okkulter Ödeme durch die klinische Untersuchung allein unmöglich ist, vielmehr erst nach der Anstellung des Wasserversuchs deutlich wird, daß diese Funktionsprobe im Stadium der Ödembildung durchgeführt wurde.

2. Das Konzentrationsvermögen.

Weit wichtiger als die Aufstellung von Wasserbilanzen ist daher die Kenntnis des Konzentrationsvermögens der Niere. Der Harn bei der typisch nephrotischen Niere ist durch sein eigentümliches graubräunliches, unter Umständen tief dunkelbraun gefärbtes Aussehen charakterisiert. Er ist hochkonzentriert, spezifische Gewichte weit über 1030 sind nicht selten. Bei der diffusen Glomerulonephritis ist eine Störung des Konzentrationsvermögen nur dann von übler Bedeutung, wenn gleichzeitig die Wasserausscheidung notleidet. Ist die Wasserausscheidung erhalten, oder wenig verzögert, so ist eine leichte Konzentrationsschwäche von geringerer Bedeutung. Im Stadium der Ödementleerung ist es oft nicht möglich, auch durch strenge Trockenkost nicht, die Niere zu zwingen, einen hochkonzentrierten

Harn zu produzieren. Sind keine Ödeme vorhanden und auch die Anschoppung von Ödemen unwahrscheinlich gemacht durch Kontrolle des Gewichts, so ist bei ausreichender Diurese ein spezifisches Gewicht von 1024—1026 im Konzentrationsversuch als ausreichend anzusehen. Je weiter und ausgedehnter der Prozeß die Glomeruli ergriffen hat, um so mehr leidet die Konzentrationsfähigkeit. Wenn die Tagesharnmengen reduziert und das spezifische Gewicht gleichzeitig sich unter 1020 hält, so ist das immer von übler Bedeutung. Eine gleichzeitige Anstellung des vierstündigen Wasserbilanzversuches und der Konzentrationsprobe wird ein sichereres Urteil über den Funktionsbereich der Niere gestatten, als wenn nur eine der beiden Leistungsproben durchgeführt wurde. Der Übergang der diffusen Glomerulonephritis in das zweite und schließlich das dritte Stadium der sekundären Schrumpfung ist gekennzeichnet durch einen mehr oder weniger weitgehenden Verlust der Variabilität der Funktionen [Volhard[1])]. Während die gesunde Niere in ihrem Ausscheidungsvermögen für feste Bestandteile von der Menge des zur Verfügung stehenden Wassers weitgehend unabhängig ist und dieselben bei geringem Wasservorrat in einem hochkonzentrierten Harn entleert, fehlt in den späteren Stadien der diffusen Glomerulonephritis die Konzentrationskraft. Es besteht Hyposthenurie. Die Ausscheidung der harnfähigen Bestandteile ist nur möglich in größeren Harnmengen. Daher wird in diesem Stadium in der Regel eine Polyurie gefunden. Erst dann, wenn auch das Wasserabscheidungsvermögen Not gelitten hat, kommen alle Gefahren der Niereninsuffizienz zur Geltung, und es tritt mit Notwendigkeit eine Rückstauung harnfähiger Bestandteile in das Blut und die Gewebe ein, die Gefahr der Harnvergiftung der Urämie rückt immer näher. Ist unter strengsten Bedingungen ein Konzentrationsversuch durchgeführt, so kann in günstigeren Fällen noch ein spezifisches Gewicht von 1016 etwa erreicht werden, in ungünstigen Fällen dagegen ist es auch auf diese Weise nicht möglich, eine solche Harnkonzentration zu erzwingen. Das spezifische Gewicht des Harns steigt nicht an, es ist bei niedrigen Werten „fixiert“. Für die Beurteilung dieser Endzustände und die Stellung einer Prognose ist die Kombination des Wasser- und Konzentrationsversuchs von hoher Bedeutung.

Im Gegensatz zu dieser sog. Schrumpfniere ist bei der einfachen blanden Nierensklerose die Variabilität der Nierenfunktion erhalten. Die Abhängigkeit der Nierenfunktion dieser Fälle von blander Hypertonie von dem Zustand des linken Ventrikels wurde bereits betont. Die kardiale Insuffizienz tritt anfänglich nur am Tage bei körperlicher Beanspruchung hervor, in der Ruhe der Nacht erholt sich das Herz wieder. Dieser differenten Leistungsfähigkeit des Herzens entspricht eine wechselnde Harnmenge am Tage und in der Nacht. Zur Zeit der relativen Insuffizienz des Herzens am Tage wird wenig Harn, in der Zeit der Ruhe viel Harn entleert. Dieses Verhalten ist für die Fälle blander Nierensklerose durchaus charakteristisch. Die nächtliche Polyurie trägt deutlich sekundären Charakter und ist offenbar nicht so sehr von dem Zustand der Nieren als von dem des Herzens bestimmt. Das Konzentrationsvermögen ist bei der blanden Hypertonie, solange das Herz nicht versagt, erhalten. Spezifische Gewichte bis 1030 lassen sich bei der gutartigen Nierensklerose im Konzentrationsversuch unschwer erzielen. Wenn es

[1]) Fahr: Die Brightsche Nierenkrankheit (Volhard und Fahr).

infolge Versagens des Herzens zur Anschoppung von Ödemen, latenten oder manifesten, gekommen ist, hat die Entziehung des Wassers häufig eine Ausschwemmung dieser Ödeme zur Folge, die durch einen entsprechenden Gewichtsverlust charakterisiert ist. Unter diesen Bedingungen ist eine hohe Konzentration des Harns nicht zu erreichen. Weit übersichtlicher als in den angeführten Fällen gestaltet sich das pathologisch physiologische Geschehen, wenn künstliche Abflußbehinderungen des Harns geschaffen werden, also ähnliche Bedingungen, wie sie bei vielen Kranken mit Prostatahypertrophie sich finden. Durch die Harnstauung kommt es zu einer Abflachung der Epithelien in den geraden und gewundenen Harnkanälchen; erst in späten Stadien durch reichliche Bindegewebsentwicklung im interstitiellen Gewebe zur Schrumpfung. Da bei der Harnstauungsniere die Schädigung primär am tubulären Konzentrationsapparat einsetzt, ist es verständlich, daß die Niere bald ihre Fähigkeit einbüßt einen Harn von hohem spezifischen Gewicht zu produzieren. Da das Wasserausscheidungsvermögen relativ gut erhalten ist, besteht die Möglichkeit der drohenden Retention von Stoffwechselschlacken, durch vermehrte Wasserzufuhr und Ausfuhr zu begegnen. Die Polyurie der Prostatiker erklärt sich so als ein kompensatorischer Vorgang.

3. Die Störungen der Salzausscheidung.

Schwieriger als die Beurteilung des Wasserausscheidungsvermögens und die Konzentrationskraft ist diejenige des Ausfalls sog. Belastungsproben. Das Vorgehen ist folgendes: Ein Kranker wird mit einer Nahrung von bekanntem Kochsalzgehalt längere Zeit ernährt und die Salzausscheidung der 24stündigen Menge täglich festgestellt. Ist eine einigermaßen gleichmäßige Einstellung erreicht, so wird an einem Tage eine Menge von **10** g Kochsalz der Nahrung zugefügt. Ebenso wird bezüglich des Harnstoffs verfahren; es werden täglich die 24stündigen Stickstoffmengen des Harns festgestellt und an einem Tage eine Zulage von 10—20 g Harnstoff verabreicht und an der Stickstoffausscheidung geprüft, in welcher Zeit der Harnstoff wieder entleert wird. Bei der Beurteilung besonders des Salzversuchs ist von Bedeutung, ob seiner Anstellung nicht eine Periode längerer kochsalzarmer Diät vorausging. In manchen solcher Fälle wird eine verschleppte Kochsalzausscheidung oder gar Retention dadurch vorgetäuscht, daß Pat. sich infolge der diätetischen Vorschriften in einem Stadium relativen Kochsalzhungers befand und die Gewebe von dem Kochsalz einen aliquoten Anteil zurückbehalten, ohne daß eine Ausscheidungsstörung der Nieren vorzuliegen braucht. Weiterhin werden derartige Proben stets die Verhältnisse der Ödembildung resp. -ausschwemmung zu berücksichtigen haben. Jedesmal, wenn es im Körper zur Wasserretention kommt, mag sie nun durch renale oder extrarenale Faktoren bedingt sein, muß, da reines Wasser nicht gespeichert werden kann, auch Kochsalz zurückgehalten werden. Andrerseits wird es im Ausschwemmungsstadium von Ödemen bei Anstellung des Kochsalz- und Harnstoffbilanzversuches zu einer negativen Kochsalz- und Stickstoffbilanz kommen können, da mit den ausgeschwemmten Ödemen auch die retinierten Chloride und N-haltigen Retentionsbestandteile ausgeschwemmt werden. In manchen Fällen wirkt die Kochsalzzulage und die Harnstoffzulage geradezu diuretisch. Unter diesen Einschränkungen läßt sich über die Kochsalzbilanzversuche folgendes sagen: Im Anfangsstadium einer Nephrose ist die Salzausscheidung ungestört. In den späteren Stadien kann, besonders wenn Oligurie besteht, die Salzausscheidung ungenügend werden. Zu Zeiten beginnender oder wachsender Ödembildung ist eine minimale Kochsalzausscheidung nach dem oben Gesagten verständlich.

Bei der diffusen Glomerulonephritis wird in den Anfangsstadien mit den Ödemen zugleich Kochsalz retiniert. Eine akute Salzzulage ist mit der in diesem Stadium angebrachten Schonungstherapie unvereinbar und daher zu unterlassen. Im Stadium der Ödemausschwemmung werden beim Kochsalzversuch negative Bilanzen, d. h. ein Überwiegen der Kochsalzausfuhr über die Zufuhr die Regel sein, d. h. es wird unter diesen Bedingungen das mit den Ödemen gespeicherte Kochsalz zur Ausscheidung kommen. In dem Endstadium der akuten Nephritiden ist bei ausreichender Wasserzufuhr die 24stündige Chlorausscheidung zureichend, um das Kochsalzgleichgewicht zu garantieren. Bei der Belastungsprobe zeigt sich aber, daß die Zulage von 10 g nicht am gleichen Tage, sondern erst am folgenden oder übernächsten quantitativ wieder ausgeschieden wird. Bei der gutartigen arteriosklerotischen Schrumpfniere werden Störungen der Kochsalzausscheidung vermißt. Sobald aber infolge Nachlassens der Herzkraft Ödeme sich ausbilden, kommt es zu Kochsalzretention, und umgekehrt bei Ausschwemmung solcher kardialer Ödeme bei gehobener Herzkraft zu Mehrausscheidungen von Kochsalz über die Zufuhr hinaus.

4. Die Stickstoffausscheidung.

Von den bei Funktionsstörungen der Nieren retinierten Stoffen sind die bedeutsamsten die Endprodukte des Eiweißstoffwechsels. Die Retention dieser Stoffe führt letzten Endes zu den schweren Vergiftungserscheinungen, welche den Symptomenkomplex der Urämie beherrschen. Welche Körper im einzelnen die Krämpfe der Urämischen bedingen, ist noch nicht sichergestellt; nur so viel scheint gewiß, daß der Harnstoff als Krampfgift nicht in Frage kommt. Quantitativ dominiert unter den retinierten Stoffen der Harnstoff. In weit geringeren Mengen (wenigen Milligrammen) werden auch Harnsäure, Kreatin, Kreatinin, Indican im Blut und in den Geweben zurückgehalten. Belastungsproben sind bisher nur mit Harnstoff, Kreatinin und unter bestimmten Voraussetzungen, nämlich bei Verdacht auf Arthritis urica, auch mit Harnsäure gemacht worden.

Eine mittlere Stickstoffausscheidung von 10 g pro Tag kann eine gesunde Niere bequem mit 500 ccm Harn bewältigen. Ja, in noch geringeren Harnmengen können 10 g Stickstoff entleert, also N-Konzentrationen von weit über 2% erreicht werden. Bei der diffusen Glomerulonephritis ist die N-Ausscheidung keineswegs immer gestört. Die Harnstoffkonzentrationsfähigkeit der Niere bleibt nicht selten erhalten, so daß die normale N-Konzentration sogar überschritten werden kann. Jede Verschlechterung der N-Konzentration wird dann gefährlich, wenn gleichzeitig die Fähigkeit der Wasserausscheidung notleidet. Dann muß es mit Notwendigkeit zu Stickstoffretention im Blute kommen. Die Stickstoffausscheidung kann nun ganz wie die oben bereits erwähnte Kochsalzbelastung durchgeführt werden. Die Fehlerquellen sind hier noch zahlreicher als bei der Kochsalzbelastungsprobe. Es kann nämlich außer dem zugeführten Stickstoff (exogene Komponente) noch eine endogene Komponente hinzukommen, dann, wenn der zugrunde liegende Prozeß einen toxogenen Eiweißzerfall bedingt. Es kann dann ein Stickstoffgleichgewicht vorgetäuscht werden, trotzdem die Niere dauernd einen aliquoten Teil aus der Summe exogener N + endogener N zurückhält. Bequemer ist daher der Nachweis der retinierten stickstoffhaltigen Produkte im Blut. Er beruht auf der Bestimmung des sog. Reststickstoffs (RN). Methodisch wird so vorgegangen, daß aus einer gemessenen Menge Blut die koagulablen Eiweißkörper ausgefällt werden und in dem Filtrat der Stickstoff bestimmt wird. Dieser Reststickstoff beträgt im Serum normalerweise 50 mg $^0/_0$ und kann unter pathologischen Bedingungen auf mehrere 100 mg $^0/_0$ ansteigen. In den Fällen diffuser Glomerulonephritis ist besonders bei günstigem Verlauf dieser Reststickstoff nicht erhöht. In Fällen, die in das zweite oder dritte Stadium der diffusen Glomerulonephritis eintreten, kann es zu Retentionen kommen, die mit zunehmender Verödung der Glomeruli höhere Werte erreichen. Reststickstoffwerte über 200 mg sind stets das Zeichen für eine ungünstige Prognose. Schon Werte zwischen 100 und 200 mg müssen den Verdacht auf eine irreparable Niereninsuffizienz nahelegen. Bei den Fällen typischer Nephrose fehlt die Erhöhung des Reststickstoffs in der Regel. Diese Feststellung steht in gutem Einklang mit den sehr hohen Harnstoffkonzentrationen, welche im Harn der Nephrotiker gefunden werden, welcher nicht selten eine mehr als 3 $^0/_0$ige Harnstofflösung darstellt.

Bei der gutartigen, blanden Nierensklerose fehlt die Stickstoffretention. Nur kurz vor dem Tode werden Werte über 50 mg gelegentlich gesehen und in seltenen Fällen auch dann, wenn bei der gutartigen Nierensklerose sich infolge Versagens der Herztätigkeit Ödeme angesammelt haben und diese in kurzer Zeit auf dem Wege über das Blut zur Ausscheidung kommen; denn in den Ödemen kommen schließlich alle die im Serum enthaltenen Stoffe zur Ablagerung, also auch die den Reststickstoff repräsentierenden Substanzen. Die Bestimmung des Reststickstoffs ermöglicht die Differentialdiagnose gegenüber der sog. Kombinationsform, der malignen Form der Hypertonie. Hier geht der arteriosklerotische Prozeß bis in die kleinsten Gefäße, bis in die Vasa afferentia hinein. Bei dieser Form der Nierenerkrankung wird deutlich, was ganz allgemein pathologisches Gesetz ist: daß jede Degeneration zu irgendeiner Zeit einmal zur Entzündungsursache werden muß: Das mangelhaft ernährte Gewebe verfällt dem Zustande der Nekrobiose. Die Zerfallsprodukte sind dem Körper gegenüber Gift geworden, welche genau wie Entzündungserreger mehr oder weniger akut reaktive Erscheinungen auslösen. Diese auch histologisch nachweisbaren Reaktionserscheinungen nach degenerativen Prozessen werden um so mehr in die Erscheinung treten, je mehr die Substanzen sich am Zerfallsorte anreichern, was wieder bei gestörter Zirkulation eher eintreten wird als bei erhaltener, wo die Degenerationsprodukte rasch abtransportiert werden können. Diese maligne Form der Hypertonie ist histologisch gekennzeichnet durch das Beieinander degenerativer und entzündlicher Veränderungen des Organs. Wenn dieser Zusammenhang zu Recht besteht, so ist eine strenge Trennung der gutartigen Sklerose von der malignen Form der Hypertonie histologisch jedenfalls nicht durchführbar. Es hängt im Einzelfalle schließlich davon ab, ob die durch die Gefäßerkrankung gesetzte Ernährungsschädigung des Gewebes durch Ausbildung von Kollateralen repariert wird, oder ob die Ernährungsschädigung so rasch einsetzt, daß der mit Notwendigkeit folgende nekrobiotische Gewebszerfall reaktive Entzündungserscheinungen auslöst. Gewiß kann einer sog. gutartigen Nierensklerose eine entzündliche Erkrankung aufgepfropft sein, ja, es wird sogar die benigne Form der Nierensklerose, wenn die Bedingungen für eine akute Nephritis gegeben sind, das Organ für eine schwerere nephritische Erkrankung disponieren, notwendig ist aber eine solche Kombination ätiologischer Faktoren durchaus nicht. Es ist begreiflich, daß der Rest-N-Spiegel, dessen Erhöhung im wesentlichen ein Symptom einer schweren Schädigung des vasculären Apparats darstellt, bei der Kombinationsform besonders hoch ansteigt. Es ist aber bemerkenswert, daß die Symptome der beginnenden Harnvergiftung, Urämie, auch dann schon eintreten können, wenn die Rest-N-Werte sich noch zwischen 50 und 100 mg halten, und daß andrerseits sehr hohe Reststickstoffwerte gefunden werden können, ohne daß klinische Zeichen beginnender Harnvergiftung nachweisbar sind.

5. Indicanämie.

Unter den bei Niereninsuffizienz im Blute retinierten Stoffen hat man dem Indican $C_8H_2NSO_4$ (der Indoxylschwefelsäure) eine besondere Beachtung geschenkt. Die Indoxylschwefelsäure stammt aus dem bei der Eiweißfäulnis im Darm gebildeten Indol, welches im Körper zu Indoxyl oxydiert wird und sich dann mit Schwefelsäure paart. Unwegsamkeit des Dünndarms und gesteigerte Darmfäulnis bedingen eine Vermehrung der Indolbildung im Darm und damit vermehrte Indicanausscheidung. Bei Niereninsuffizienz ist diese Indicanausscheidung gestört. Im allgemeinen findet sich Indicanämie bei allen Nierenkranken mit erhöhtem Reststickstoff. Einer Vermehrung des Indicans im Blute im 2. und 3. Stadium der Glomerulonephritis kommt dieselbe ungünstige prognostische Bedeutung zu wie dem Ansteigen des Rest-N-Spiegels unter diesen Umständen. Bei der akuten Glomerulonephritis ist die Vermehrung des Indicans im Serum von geringerer Bedeutung. Bei ungestörtem Heilungsverlauf klingt sie genau wie die Reststickstofferhöhung rasch ab. Gelegentlich sieht man die Indicanämie bei Fällen von Niereninsuffizienz auch dann fortbestehen, wenn es durch geeignete diätetische Maßnahmen gelungen ist, den Rest-N-Spiegel auf normale Werte herabzudrücken [TSCHERTKOFF [1]), HAAS [2])].

6. Hyperkreatininämie.

Unter den den Reststickstoff repräsentierenden Substanzen befindet sich auch das Kreatinin, welches normalerweise zu 20 mg $^0/_{00}$ gefunden wird. Bei Nichtnierenkranken steigt der Kreatininwert besonders bei Diabetikern an, über 60 mg $^0/_{00}$. Bei Kranken mit Niereninsuffizienz ist der Kreatininwert im Blute erhöht. Versuche, die verschiedenen Komponenten des Reststickstoffs getrennt zu bestimmen, haben bisher für die Prognose und auch für die Differentialdiagnose der Nierenerkrankungen keine große Bedeutung gewinnen können. Bei den Nephrosen

1) TSCHERTKOFF: Dtsch. med. Wochenschr. 1914. Nr. 36.
2) HAAS: Münch. med. Wochenschr. 1915. Nr. 31. und Dtsch. Arch. f. klin. Med. Bd. 119 u. 121.

steigt der Blutkreatiningehalt selten über Werte von 25 mg $^0/_{00}$ an. Bei der akuten Glomerulonephritis werden Werte zwischen 22 und 50 mg $^0/_{00}$ dann gefunden, wenn auch der Harnstoff des Blutes ansteigt. Werte zwischen 50 und 100 mg $^0/_{00}$ und mehr werden im Insuffizienzstadium der chronischen Glomerulonephritis und bei der malignen Sklerose gefunden (ROSENBERG).

7. Die Albuminurie.

Die Eiweißausscheidung im Harn ist und bleibt für den Arzt ein Zeichen von höchstem Werte für das Vorliegen einer Nierenerkrankung. Albuminurie ist aber nicht etwa mit Nierenerkrankung identisch, da es eine ganze Reihe von Zuständen gibt, bei welchen Eiweiß im Harn nachgewiesen wird, ohne daß irgendein klinischer Anhaltspunkt für das Vorliegen einer Nierenerkrankung zu finden ist.

Wenn man von extrarenalen Beimischungen von Eiweiß im Harn absieht, so können folgende Einflüsse zur Albuminurie führen:

1. zentrale auf den Nervenbahnen den Nieren zugeleitete Erregungen,
2. Änderungen der Nierendurchblutung,
3. die Beimischung körperfremder oder blutfremder Eiweißkörper zum Blute,
4. Nierenerkrankungen.

Für die zentral bedingte Albuminurie kennen wir eine Reihe experimenteller und klinischer Beispiele. So konnte CLAUDE BERNARD durch Stich in den vierten Ventrikel bei Tieren eine Albuminurie erzeugen. Psychische Erregungen (Examen) können Albuminurien bedingen. Hierbei ist es bisher nicht sichergestellt, ob die Reize, wie sie z. B. auch eine Commotio cerebri mit sich bringt, durch direkten Angriff an den Nierenzellen selbst oder auf dem Umwege über die Vasomotoren zur Albuminurie führen.

Änderungen der Nierendurchblutung, wie sie im Groben durch Abklemmung der Nierenvene, im geringeren Ausmaß durch Sympathicusreizung erzeugt werden kann, führt zur Eiweißausscheidung mit dem Harn. Eine große Gruppe hierher gehöriger Erscheinungen kommt durch reflektorische Vasomotorenbeeinflussung zustande. So sieht man nach schweren körperlichen Anstrengungen, sportlichen Höchstleistungen, kalten Bädern oder Übergießungen Albuminurie auftreten, ohne daß dem eine krankhafte Bedeutung zukommt.

Wiederholen sich die sportlichen Anstrengungen, so kann die Albuminurie zwar geringer werden, kann aber auch in gleichem Maße fortbestehen, ohne daß daraus eine funktionelle Beeinträchtigung der Nieren oder gar eine Nierenerkrankung resultiert. Wenn man diese gutartigen Albuminurien nach kalten Bädern und körperlichen Anstrengungen noch zu den physiologischen Erscheinungen rechnen darf, ist die sog. orthostatische Albuminurie schon anders zu bewerten. Hier hängt die Eiweißausscheidung von der Körperhaltung ab. Der Nachtharn solcher Individuen ist eiweißfrei, der in stehender Körperhaltung gebildete enthält Eiweiß in wechselnden Mengen, bis 0,5 $^0/_{00}$ und darüber. Diese orthostatische Albuminurie ist als Zeichen einer konstitutionellen Minderwertigkeit anzusehen, das vorwiegend bei Leuten jugendlichen Alters mit kardiovasculären Erscheinungen beobachtet wird (Tropfenherz, sehr ausgeprägte respiratorische Arrhythmie, psychisch leicht erregbare Herztätigkeit, mechanische Übererregbarkeit der Vasomotoren). Die Muskulatur ist bei den oft lang ausgeschossenen Individuen schlecht entwickelt, sie sind leicht ermüdbar; es fällt an ihnen im Stehen eine Lordose im Bereich der Lendenwirbelsäule auf. Diese Lordose ist das auslösende Moment für die Albuminurie, welche beim Sitzen, bei vornübergebeugter Haltung auszubleiben pflegt. Schon wenige Minuten nachdem der Proband die lordotische Haltung eingenommen hat, tritt in den vorher eiweißfreien Harn Albumen über. Wird die Ruhelage eingenommen, verschwindet die Albuminurie gewöhnlich nach einer Stunde. Die Abhängigkeit der Intensität der orthostatischen Albuminurie von psychischen Einflüssen ist sichergestellt. Auch sie macht es wahrscheinlich, daß dieselbe auf dem Umwege über die Vasomotoren zustande kommt. Die lordotische Haltung macht infolge Dehnung der Nierenvenen eine venöse Hyperämie des Organs, welche ihrerseits zur Albuminurie führt. Daß die schlecht durchblutete Niere Eiweiß austreten läßt, ist experimentell sichergestellt. Ob aber diese rein mechanischen Momente genügen, um die orthostatische Albuminurie restlos zu erklären, ist fraglich. Man hilft sich mit der Annahme, daß in diesen Fällen eine besondere konstitutionelle Empfindlichkeit der Nieren gegen Zirkulationsstörungen leichtester Art vorliege, die eine besondere Disposition für Albuminurie schafft. Nach einer überstandenen Nierenerkrankung kann eine solche Empfindlichkeit der Nierenepithelien zurückbleiben. In solchen Fällen muß eine sorgfältige Untersuchung des Sediments den Charakter der orthostatischen Albuminurie als einer postnephritischen sichern.

Die Albuminurie der Nierenkranken hat in frischen Fällen selten intermittierenden Charakter. Wie das Eiweiß in diesen Fällen in den Harn hineingelangt, ist noch nicht sichergestellt. Gewiß ist, daß es sich nicht um ein einfaches Durchtreten von Serumalbumin und Serumglobulin aus dem Blut in den Harn handelt, denn das Verhältnis: Globulin zu Albumin entspricht durchaus nicht dem des Blutes. Ein Durchlässigwerden des „Nierenfilters" in grobmechanischem Sinn ist schon aus dem einfachen Grunde schwer verständlich, weil in der gleichen Zeit, wo das großmolekulare Eiweiß das Filter passieren soll, die kleinen Harnstoff-, Wasser und Salzmoleküle zurückgehalten werden. Die Meinung, daß es sich lediglich um das Eiweiß zerfallener Epithelien handelt, ist aus quantitativen Gründen zurückzuweisen, da sonst in bestimmten Fällen das gesamte Eiweiß der Nieren den Körper durch den Harn in wenigen Tagen verlassen müßte. Im wesentlichen sind drei Modalitäten der Eiweißausscheidung gegeben: Entweder führen Toxine bekannter oder unbekannter Art zu derartigen Erkrankungen des Nierenepithels, vor allem der Tubuli, daß die einzelne Zelle Eiweiß austreten läßt. Oder es bestehen echte Entzündungen mit entzündlichen Ausschwitzungen, die stets Eiweiß enthalten, oder es kommt zu zirkulatorischen Veränderungen, die infolge mangelnder Ernährung der Nierenepithelien, vor allem mangelnder Sauerstoffzufuhr, die Nierenzellen schädigen und sie eiweißdurchlässig machen.

Daß die Ausscheidung von Bluteiweißkörpern auch bei Gesunden beobachtet wird, wurde bereits betont. Zu den Funktionen gesunder Nieren gehört die Fähigkeit, körperfremdes Eiweiß auszuscheiden. So ist der Übergang von Eiereiweiß in den Harn sicher beobachtet. Auch der Bence Jonessche Eiweißkörper passiert die Nieren, ohne sie zu schädigen. Jedoch wird von einigen Autoren [Thannhauser und Krauss[1])]

[1]) Thannhauser und Krauss: Dtsch. Arch. f. klin. Med. Bd. 133, H. 3 u. 4. 1920.

hervorgehoben, daß, soweit man danach fahndete, anatomische Nierenveränderungen bei fast allen in der Literatur mitgeteilten Fällen von BENCE JONESscher Albuminurie erwähnt werden. THANNHAUSER und KRAUSS schildern einen einschlägigen Fall von degenerativer Erkrankung der Harnkanälchen mit dauernder BENCE JONESscher Albuminurie, welcher verhältnismäßig rasch in das Endstadium der Nephrose mit Niereninsuffizienz ohne Blutdrucksteigerung und Herzhypertrophie überging. Dem Endstadium dieser Nephrose entsprach auf dem Sektionstisch eine kleine glatte weiße Niere, „nephrotischer Nierenschwund“. Die Frage, ob in solchen Fällen die dauernde Ausscheidung eines körperfremden Proteins als Ursache der nephrotischen Erkrankung anzusprechen ist, ist um so eher berechtigt, als man weiß, daß die Überschwemmung des Organismus mit körperfremdem Eiweiß, mehr noch die mit artfremdem, wie die Erfahrung bei Transfusionen gezeigt haben, zu schweren Nierenschädigungen führen kann.

Unter besonderen Umständen kommt es zur Ausscheidung körpereigenen Hämoglobins. Solche Hämoglobinurien sind nicht als Zeichen einer Nierenerkrankung aufzufassen, sondern gewissermaßen als ein Ausdruck dafür, daß das aus den Blutkörperchen ausgetretene Hämoglobin, das von Leber und Milz nicht aufgenommen werden kann, im Plasma als blutfremder Stoff zirkuliert und, wie andere blutfremde Stoffe durch die Nieren ausgeschieden wird. Eine über das physiologische Maß hinausgehende Zerstörung von roten Blutkörperchen mit konsekutiver Hämoglobinurie wird als Folge von Vergiftungen mit chlorsaueren Salzen, Arsenwasserstoff, Sulfonal, Extractum Filicis und frischen Muscheln gesehen. Unter den Infektionskrankheiten, welche gelegentlich eines massenhaften Zerfalls roter Blutkörperchen zur Hämoglobinurie führen, dominiert die Malaria. Bei der paroxysmalen Hämoglobinurie kommt es unter der Einwirkung von Abkühlungen besonders der Extremitäten zum anfallsweisem Auftreten von Schüttelfrösten, die mit der Entleerung eines dunkelroten bis schwarzroten Harns einhergehen und in wenigen Stunden wieder abklingen. Solche Anfälle lassen sich oft schon durch Eintauchen eines Armes in kaltes Wasser künstlich provozieren. Auch diese Form der Hämoglobinurie ist die Folge einer weitgehenden intravasculären Hämolyse. Interessanterweise läßt sich der Vorgang in vitro nachahmen. Wird das Gemisch von Hämoglobinurikerserum und -blutkörperchen bei Gegenwart von Komplement in einem Eiswassergemisch einige Minuten lang abgekühlt und danach auf 37° erwärmt, so tritt mehr oder weniger weitgehende Hämolyse ein. Dies Kältehämolysin gibt eine positive WASSERMANNsche Reaktion, ohne offenbar mit dem gewöhnlichen Luestoxin identisch zu sein.

In vielen Fällen treten auch corpusculäre Bestandteile durch die Nieren durch. Die Ausscheidung im Blute kreisender Bakterien ist das geläufigste Beispiel dafür. Das Durchtreten roter Blutkörperchen in den Harn, Hämaturie, ist ein differentialdiagnostisch hochwertiges Zeichen für die akut entzündlichen Nierenerkrankungen. Es muß aber betont werden, daß, wenn auch in geringer Menge, besonders nach schweren körperlichen Anstrengungen, gesunde Nieren rote Blutkörperchen ausscheiden. An welchen Stellen der Durchtritt stattfindet, ist nicht sicher.

Die letzte Erklärung für die feineren Vorgänge bei der Albuminurie ist bis heute nicht gefunden. LICHTWITZ weist darauf hin, daß man speziell bei der lordotischen Albuminurie zu einer höheren Bewertung der Sekretionsnerven gedrängt sei und erinnert daran, daß die Reizung des Nervus sympathicus bei der Speicheldrüse zur Produktion eines zäheren, eiweißreicheren Speichels führe. Wir dürfen auch nicht vergessen, daß jeder Harn Kolloide enthält (kolloidaler Stickstoff SALKOWSKIS) und daß es sicher fließende Übergänge zwischen dieser Kolloidurie und dem Zustand gibt, welchen wir als Albuminurie bezeichnen. Bei allen Erklärungen bleibt die Schwierigkeit bestehen, daß die Niere mit zunehmender Eiweißdurchlässigkeit für Ionen mehr und mehr impermeabel wird. Soweit es sich um entzündliche Ausschwitzungen handelt, ist der Prozeß mit anderen bekannten Vorgängen zu analogisieren. Die Plexus chorioidei produzieren in gesunden Tagen einen nahezu eiweißfreien Liquor, treten an den Meningen Entzündungen auf, so wird der Liquor eiweißreich. Der gleiche Vorgang spielt sich offenbar bei akutentzündlichen Prozessen an der Niere ab und wird in histologischen Bildern an den Glomeruli sichtbar. Man muß weiterhin daran denken, daß die erkrankte Nierenzelle wie die gesunde eine Zeitlang die Fähigkeit behält, körperfremdes Eiweiß zu eliminieren. Es ist sehr wohl vorstellbar, daß toxische Schädigungen gewisse Eiweißkomplexe in den Nierenzellen derart denaturieren, daß sie dieselben als zellfremdes Material zur Ausscheidung bringen und gleichzeitig ihren Eiweißbestand aus dem Blute wieder ergänzen. Daß uns der Nachweis dieser Entartung des Eiweißes bisher nicht geglückt ist, kann an der Unzulänglichkeit unserer Methodik liegen. Um unverändertes Bluteiweiß handelt es sich jedenfalls nicht. So löst sich der Widerspruch, daß die kranke Nierenzelle einerseits Eiweiß — das ihr fremd geworden — zur Ausscheidung bringt, was man als den Beginn einer Entzündung ansprechen kann; andererseits ihren physiologischen Aufgaben der Ausscheidung des harnfähigen Materials nicht mehr voll gerecht wird.

D. Die Ödeme der Nierenkranken.

Drei Möglichkeiten sind für die Entstehung der Ödeme bei Nierenkranken gegeben. Nach der ersten Auffassung spielt die Erkrankung der Nieren für die Entstehung des Ödems die entscheidende Rolle. Sie ist die Ursache für die Zurückhaltung von Wasser und Kochsalz im Blut. Diese Retention schädigt den intermediären Salz- und Wasserwechsel der Gewebe, welcher letzten Endes die Hydropsien bedingt [WIDAL, STRAUSS[1])]. Nach der zweiten Auffassung entstehen die Ödeme ganz unabhängig von der Erkrankung der Niere durch eine primäre Schädigung der den intermediären Salz- und Wasserwechsel besorgenden Organe. Das Ödem ist extrarenal bedingt [VOLHARD[2])]. Die dritte Auffassung nimmt einen vermittelnden Standpunkt ein, indem nebeneinander die Niere und die übrigen den Salz- und Wasserstoffwechsel besorgenden Gewebe geschädigt sind und so die Anhäufung von Wasser und Mineralien zustande kommt [THANNHAUSER[3])].

---

[1]) WIDAL: Bull. et mem. de la soc. med. des hôp. de Paris 1903, Journ. de physiol. et de pathol. gén. 1913. — Verhandl. d. dtsch. 26. Kongr. f. inn. Med. 1909. STRAUSS: Die chronischen Nierenentzündungen. Berlin 1909; Dtsch. Arch. f. klin. Med. Bd. 105; Die Nephritiden. Berlin 1916.

[2]) VOLHARD: Die doppelseitigen hämatogenen Nierenerkrankungen. Berlin 1918.

[3]) THANNHAUSER: l. c.

Unter den extrarenalen Apparaten, welche den Mineral- und Wasserhaushalt zu regeln haben, fällt die Hauptaufgabe sicher den Capillarendothelien zu. Sie können durch sehr verschiedene Noxen in ihrer Funktionstüchtigkeit beeinträchtigt werden. Ernährungsstörungen allein können schwerste Ödeme hervorbringen, ohne daß die Nieren beteiligt sind (Hungerödeme, Kap. V). Der sehr komplizierte Wasser- und Salzhaushalt ist weiterhin abhängig von den Wirkungen der inneren Sekrete. Das Thyreoidin wirkt z. B. beschleunigend auf den intermediären Wasser- und Salzwechsel ein [EPPINGER[1])]. Die Substanzen der Hypophyse sind im pharmakologischen Versuch sicher wirksam; wie weit sie unter physiologischen und pathologischen Bedingungen in diese Verhältnisse eingreifen ist unbekannt; das gleiche gilt für das Adrenalin.

Unter den angeführten Möglichkeiten ist die eine klinisch gut gestützt, daß nämlich die Retention von Kochsalz die Zurückhaltung von Wasser im Körper nach sich zieht. Man kann in bestimmten Fällen durch Salzzulagen resp. Salzentziehung die Hydropsien steigern und mindern.

Die Zusammensetzung der Ödeme ist bei den einzelnen Formen der Nierenkrankheiten verschieden. Bei der Nephrose ist z. B. der Eiweißgehalt des Ödems gering, unter 0,1 %, bei der Glomerulonephritis hoch, über 1 %. Man hat diese starke Eiweißpermeabilität der Gefäßwände bei der akuten Nephritis in Parallele gesetzt zu deren Eiweißdurchlässigkeit bei der Ausbildung entzündlicher Exsudate und geschlossen, es müsse auch bei der akuten Glomerulonephritis ein diffuser entzündlicher Prozeß an den Capillaren sich abspielen (BECKMANN).

E. Der Blutdruck bei Nierenkranken.

Eines der wichtigsten und wertvollsten Symptome vieler Nierenkrankheiten ist die Blutdrucksteigerung. Ihre Deutung ist nicht einfach; schon aus dem Grunde nicht, weil die verschiedenen Organe des Kreislaufs, das Herz, das Capillarsystem, das Arterien- und Venensystem, einzeln oder gemeinsam auf die Blutdruckhöhe einwirken können und bei den Nierenkrankheiten primär oder sekundär in wechselnder Stärke miterkranken. Unter den äußeren Faktoren, die auf den Blutdruck einwirken, spielt die Art der Ernährung, körperliche Arbeit und psychische Faktoren eine nicht zu unterschätzende Rolle. Bei Nierengesunden beobachtete ich in den Jahren 1917 und 1918 an unserer Heimatsbevölkerung auffallend niedere Blutdruckwerte, wesentlich niedrigere als ich bei gesunden Soldaten im Felde fand. Diese Tatsache ist am einfachsten mit alimentären Einflüssen — der reizlosen fleischfreien Kost unserer Heimatsbevölkerung — zu erklären. Daß die Ausschaltung psychischer Faktoren, die Einhaltung körperlicher Ruhe bei Nierengesunden und -kranken erniedrigend auf die arteriellen Druckwerte einwirkt, ist jedem Anstaltsarzt geläufig. Am Tage der Aufnahme in eine Krankenanstalt werden besonders bei Nierenkranken häufig um 20—30 mm Hg höhere Druckwerte gefunden als an den Tagen nach der Aufnahme, auch dann, wenn besondere Änderungen in dem Ernährungsregime nicht Platz gegriffen haben.

Um tiefer in die komplizierten Verhältnisse des Blutdrucks bei Nierenkranken einzudringen, ist eine gesonderte Betrachtung des Drucks in

[1]) EPPINGER: Zur Pathologie und Therapie des menschlichen Ödems. Berlin 1917.

Capillaren, Venen und Arterien nötig. Das Capillarsystem wird im allgemeinen als ein in die Strombahn eingeschalteter, ziemlich gleichmäßiger Widerstand aufgefaßt. Dabei wird häufig vergessen, daß das Capillargebiet nach Größe und Weite einem dauernden Wechsel unterworfen ist. Je nach dem Blutbedarf der einzelnen Organe öffnen oder schließen sich einzelne Capillaren oder Capillarkomplexe. Nur ein kleiner Teil des gesamten Capillarsystems steht dem Blutstrom jeweils offen. Darüber, daß die Capillaren sich selbständig öffnen und schließen, daß sie eigenartige peristaltische Bewegungen ausführen können, besteht heute kein Zweifel mehr. Für die Regulation der Widerstände kommt daher dem Capillargebiet eine große Bedeutung zu und damit auch für die Regelung des Blutdrucks. Wieweit den Capillaren auch propulsatorische kreislauffördernde Eigenschaften innewohnen, steht dahin.

Der Capillardruck ist im akuten Stadium der Glomerulonephritis und bei maligner Sklerose erhöht über 500 mm H_2O bei benigner Sklerose normal (100—200 mm H_2O). Als Ursache für diese Erhöhung des Capillardrucks sind vor allem die folgenden drei diskutiert worden: 1. das Nachlassen der Widerstände im Präcapillargebiet, 2. Erhöhung des Venendrucks und damit Erniedrigung des arteriovenösen Druckgefälles und 3. schließlich eine Zunahme der Widerstände im Capillargebiete selbst.

Die erste Möglichkeit hat wenig Wahrscheinlichkeit für sich. Eine allgemeine Blutdrucksteigerung ist bei einem Nachlassen des präcapillaren Gefäßtonus schwer denkbar. Eine Erhöhung des Venendruckes ist immer bei kardialer Stauung vorhanden, wie sie bei akuter diffuser Nephritis und maligner Sklerose nicht selten gefunden wird. Wenn demnach eine kardiale Insuffizienz vorliegt, ist die Erhöhung des Capillardrucks als Folge des gesteigerten Venendrucks verständlich. Der Nachweis einer Steigerung des capillaren Widerstandes selbst als Ursache der Zunahme des Capillardrucks ist nicht leicht zu führen. Man hat dafür capillarmikroskopische Beobachtungen ins Feld geführt: Verlängerung, Schlängelung der Capillaren und Veränderungen der Strömung. Doch sind diese Beobachtungen als Ausdruck einer Capillardrucksteigerung mit großer Reserve zu beurteilen. Wertvoll bleibt vorläufig die Feststellung Kylins, daß sich zwei Gruppen von Hypertonie unterscheiden lassen:

eine reine Arterienhypertonie bei benigner Sklerose und eine Form von Blutdrucksteigerung mit gleichzeitiger Erhöhung des Capillardrucks bei akuter Glomerulonephritis (Capillarhypertonie).

Eine isolierte Steigerung des Venendrucks bei suffizientem Herzen ist an Nierenkranken bisher nicht beobachtet; es ist bemerkenswert, wie weitgehend der venöse Druck von dem arteriellen unabhängig ist. Das zwischen Venen und Arterien eingeschaltete Capillargebiet wirkt eben wie ein Wehr.

Der Arteriendruck zeigt in den einzelnen Stadien der verschiedenen Nierenerkrankungen ein wechselndes Verhalten. Bei der akuten Glomerulonephritis kann die Drucksteigerung bemerkenswerterweise schon einige Tage bis eine Woche vor dem Erscheinen der Nierensymptome einsetzen. Das gilt besonders für Nephritiden nach Angina und Scarlatina. Im Stadium der Ödemstarre der akuten Glomerulonephritis kann der Druck auf Werte von 150 bis 200 mm Hg ansteigen.

Für andere Fälle, besonders die maligne Sklerose, kommt man ohne die Annahme der Retention vasoconstrictorisch wirkender Substanzen nicht aus. Verminderung des Nierenparenchyms allein oder Verlegung des arteriellen Stromgebiets in der Niere führen nicht unmittelbar zur Blutdrucksteigerung.

Experimentell herbeigeführte Reduktion des Nierenparenchyms führt erst zur Hypertonie wenn die Ausscheidungsfähigkeit des zurückbleibenden Nierengewebes nicht mehr ausreicht, das lehren auch die Exstirpationserfahrungen der Chirurgen. Dafür, daß Retention harnfähiger Produkte in erster Linie für die Drucksteigerung anzuschuldigen ist, lassen sich Beobachtungen an Prostatikern ins Feld führen, bei welchen als Folge der Harnstauung eine funktionelle Schädigung des Kanälchenepithels in den geraden und gewundenen Harnkanälchen resultiert; die Nieren verlieren zunächst das Konzentrationsvermögen, können anfänglich mit Hilfe der kompensatorischen Polyurie die harnfähigen Substanzen noch ausscheiden, später kommt es aber zu Retentionen die sich in einer Erniedrigung des Blutgefrierpunktes in Anhäufung N-haltiger Stoffwechselschlacken und einer Steigerung des Blutdrucks ankündigen. Die Cystostomie führt in solchen Fällen häufig zu einem rapiden Absinken der Druckwerte z. B. von 250 mm auf 150, von 195 auf 120 mm Hg (GRAUHAN). Dieser primäre Sturz der hohen Druckwerte ist z. T. sicher Folge reflektorischer Einflüsse, die durch die plötzliche Druckentlastung im Splanchnicusgebiet gesetzt werden. Wenn aber später die alten stark erhöhten Druckwerte nicht wieder erreicht werden, so spricht das doch sehr dafür, daß die Druckentlastung reparable Schädigungen an den Harnkanälchen ausgeglichen hat und infolge der gebesserten Ausscheidungsfunktion die Ursache der Drucksteigerung, die retinierten Substanzen entfernt werden.

Welche unter den retinierten Substanzen hier als vor allen blutdrucksteigernd anzuschuldigen ist, ist unbekannt. In erster Linie denkt man an stickstoffhaltige Produkte, von denen aber Harnstoff, der das Hauptkontingent der N-haltigen Schlacken darstellt, als unwirksam ausscheidet. Auch Kreatinin resp. Kreatin ist unwirksam, wie ich aus eigner Erfahrung weiß; ebenso das Natriumurat. An welchen Stellen die hypothetischen vasoconstrictorischen Substanzen angreifen, ob zentral oder peripher wie das Adrenalin ist unbekannt.

Auch eine artifiziell durch intravenöse Injektion hypertonischer Lösungen gesetzte Plethora kann den Blutdruck um einen geringen Bruchteil der Norm erheben. Dieser Mechanismus spielt aber für die Blutdrucksteigerung der Nierenkranken ebenso wie Wasser und Kochsalzretention eine untergeordnete Rolle. Bei den auf Arteriosklerose zurückzuführenden Nierenerkrankungen addieren sich die drucksteigernden Momente der arteriosklerotischen Arterienveränderungen mit den tonisierenden Einflüssen der Retentionsprodukte. Daher werden bei den sklerotischen Formen der Nierenerkrankungen die höchsten Blutdruckwerte gefunden. Ob auch Veränderungen in der Adrenalinproduktion bei der nephrogenen Hypertonie eine Rolle spielen, ist nicht sichergestellt. Der dauernd erhöhte Kontraktionszustand der Arteriolen bedingt eine Verengerung der Gefäßbahn, welche ihrerseits wieder zu einer erhöhten Herzarbeit führt. Diese wieder hat eine Hypertrophie des Herzens, anfänglich des linken, später auch des rechten Ventrikels und der Vorhöfe zur Folge. Die Herzhypertrophie ist ein regelmäßiger Befund aller mit chronischen Blutdrucksteigerungen verlaufenden Nierenerkrankungen.

F. Störungen der Harnentleerung.

Die Harnblase stellt einen innen mit Schleimhaut ausgekleideten Hohlmuskel dar. Die einzelnen Muskeln verlaufen teils in längsgerichteten, teils in zirkulären Bahnen, das ganze Organ kugelförmig umgebend. Der Aufbau des Organs besteht in seinen contractilen Teilen lediglich aus glatter Muskulatur, in welche Ganglienzellen in reichem Maße eingelagert sind. Besonders zahlreich finden sich Nerven und Ganglienzellengruppen an der Einmündungsstelle der Ureteren in die Blasenwand. Die Muskulatur der Blasenwand befindet sich in wechselndem Zustande tonischer Kontraktion, sie kann in ruhendem Zustande sich zunehmender Füllung derart anpassen, daß die Wandspannung oder der Binnendruck annähernd gleich bleibt. Auch dann wenn die Blase sich nicht zur Entleerung ihres Inhalts kontrahiert, lassen sich mit entsprechenden Aufnahmevorrichtungen automatische Bewegungen registrieren. BERNTROP[1]) unterscheidet zwei Typen solcher Kontraktionsformen. Die eine tritt unmittelbar nach Einführung der Aufnahmevorrichtung in die Harnblase ein und zeigt einen ganz unregelmäßigen Kurvenverlauf, während die zweite Gruppe von Bewegungen sich durch regelmäßige, wenig frequente Kontraktionen auszeichnet. Als Temperaturoptimum für diese spontanen Zusammenziehungen wurden 39—40° Celsius für Säugetiere gefunden. Es ist wahrscheinlich, daß diese automatischen rhythmischen Kontraktionen von intramuralen Blasenzentren ausgelöst werden, denn auch nach Durchtrennung aller zur Blase ziehenden Nerven zeigen sich nach anfänglicher Harnverhaltung bald wieder periodische Spontanentleerungen der Blase. Kommt es aus irgendwelchen Gründen zu einer Stenosierung der Urethra, so ist die Folge eine kompensatorische Hypertrophie der Muskulatur, welche in ausgeprägten Fällen das Bild der Balkenblase darbietet.

Der Entleerungsmechanismus der Blase ist kompliziert. Bei Säuglingen vollzieht sich die Austreibung des Harns völlig automatisch. Der Reiz für die Entleerung ist entweder ein entsprechender Füllungszustand der Blase oder auch ein von außen her wirkender Einfluß (z. B. Abkühlung der Unterbauchgegend).

Eine geordnete Entleerung der Harnblase setzt das Zusammenspiel verschiedener Muskulaturen voraus. Der in der Ruhe tonisch kontrahierte Sphincter vesicae erschlafft, der Detrusor zieht sich kräftig zusammen und treibt den Harn im Strahle aus. Das Muskelspiel der Blase erhält seine Impulse von einem mit zahlreichen flachen Ganglienknoten durchsetzten, in der Gegend der Einmündungsstelle der Ureteren gelagerten dichtem Nervengeflecht, dem Plexus vesicalis. Dieser Plexus vesicalis steht unter der Doppelherrschaft des sympathischen Systems (Plexus hypogastricus) und des parasympathischen Systems (Nervi pelvici). Außerdem münden in den Plexus vesicalis Fasern aus dem sakralen Teil des Grenzstrangs ein. Wird der unterste Rückenmarksabschnitt, der Conus terminalis, zerstört, so hört die willkürliche Beherrschung der Blase auf, das gleiche gilt für jede Durchtrennung des Rückenmarks in irgendeiner Höhe. Wahrscheinlich verlaufen die für die Blasenfunktion wichtigen Bahnen in den Hintersträngen des Rückenmarks. Man nimmt nach dem Gesetz

[1]) BERNTROP: Arch. néerland. de physiol. de l'homme et des anim. Bd. 7, S. 55—59. 1922.

der gekreuzten Innervation an, daß in den Nervi pelvici anregende Impulse für den Detrusor und hemmende für den Sphincter geleistet werden und umgekehrt der Plexus hypogastricus gleichzeitig den Detrusortonus schwächt und den Sphincter zu stärkerer Kontraktion anregt. Durchtrennung der Nervi pelvici macht die Blasenentleerung unmöglich. Erkrankungen, welche lediglich den Austreibungsapparat oder ausschließlich den Verschließungsmechanismus betreffen, kennen wir nicht. Ist das Rückenmark an irgendeiner Stelle geschädigt, so ist die willkürliche Eröffnung der Blase unmöglich, die Blase wird übermäßig durch abnorme Füllung gedehnt, was schließlich zu einer Zwangsentleerung führt, bei der nur eine geringe Menge von Harn ausgestoßen wird (Ischuria paradoxa). Bleiben die zentralen Impulse für die Blasenentleerung dauernd aus, so setzt wieder eine mehr automatische Tätigkeit der Blasenentleerung wie beim Säugling ein. Jedoch ist die Entleerung nie restlos und geschieht ohne daß die Patienten etwas von der Entleerung empfinden. Bei Ausschaltung der Großhirnfunktion (Commotio cerebri, Apoplexien) fällt der Dehnungsreiz der Blase fort, die Blase stellt, wenn nicht für rechtzeitige Entleerung gesorgt wird, infolge ihrer übermäßigen Füllung einen bis zum Nabel reichenden Tumor dar.

Eine besondere Form der Blasenentleerungsstörungen ist die Enuresis der Kinder, die meist als eine konstitutionelle Erkrankung beschrieben wird. Wird sorgfältig danach gefahndet, so läßt sich in vielen solcher Fälle eine Spina bifida, besonders mit Hilfe des Röntgenverfahrens auffinden. Es ist naheliegend, daß hier Myelodysplasien im Spiele sind, namentlich weil nicht selten gleichzeitig ein mehr oder weniger ausgebildeter Klumpfuß sich nachweisen läßt, derselbe auf leichte sensible oder motorische Lähmungserscheinungen, oft auch nur auf Störungen im Muskelgleichgewicht zurückzuführen ist, welche ihrerseits durch die Rückenmarksschädigung bedingt sind.

XIV. Die Störungen der Hautfunktionen.

Die mannigfachen Funktionen der menschlichen Haut werden durch ihren eigentümlichen Bau ermöglicht. Sie dient dem Gesamtorganismus einerseits als Schutzorgan gegen chemische und mechanische, weniger gegen thermische und elektrische Schädigungen. Sie leistet die wesentliche Arbeit bei der physikalischen Wärmeregulierung, sie tritt besonders in pathologischen Fällen als Ausscheidungsorgan in den Dienst des Stoffwechsels.

Ihre Funktion als Schutzorgan wird durch ihren anatomischen Bau am raschesten verständlich. Die menschliche Haut besteht aus der Epidermis, die sich aus dem äußeren Keimblatt entwickelt, und der Cutis und Subcutis, welche beide aus dem mittleren Keimblatte entstehen. Die Epidermis schützt mit ihrer Hornschicht (dem Stratum corneum) die darunter liegenden Schichten des Corium und der Tela subcutanea vor dem Eindringen von Flüssigkeiten und Gasen. Sie wirkt einer Austrocknung des cutanen und subcutanen Gewebes entgegen und bildet einen schwer durchdringlichen Wall für die Mikroben. Das Stratum corneum der Epidermis besteht aus platten verhornten kernlosen Zellen, welche an besonders exponierten Stellen der Haut (Handteller und Fußsohle) in vielen Schichten übereinander gelagert sind. Diese Hornschicht besitzt ein sehr schlechtes Wärmeleitungsvermögen und ist gleichzeitig wegen ihres relativ geringen Wassergehalts ein schlechter Elektrizitätsleiter, beide Eigenschaften gewähren der Haut einen relativ guten Schutz gegen thermische und elektrische Alterationen. Man hat lange Zeit angenommen, daß der elektrische Strom die Haut des Menschen auf dem Wege der Schweißdrüseneingänge durchquere, um in das Innere des Körpers zu gelangen. GILDEMEISTER[1]) stellte aber fest, daß die Haut von Hunden, Kaninchen und Meerschweinchen, die nur spärliche Schweißdrüsen haben, dem elektrischen Strom gegenüber dasselbe Verhalten zeigt wie die drüsenreiche Menschenhaut: ihr Wechselstromwiderstand ist nämlich kleiner als der Gleichstromwiderstand, der bei höheren Spannungen eine größere Abnahme erfährt. Die Haut des Menschen hat nach GILDEMEISTERS Untersuchungen eine bestimmte elektrische Kapazität, welche als Polarisationskapazität (Doppelschichtenkapazität) angesprochen wird.

Ein hochinteressantes, durch die Haut vermitteltes Phänomen ist der sog. psycho-galvanische Reflex. Darunter wird eine auf Sinnesreizung nach 1—2 Sekunden Latenz einsetzende Verstärkung eines durch den Körper geleiteten konstanten Stromes verstanden, während der reizfreien Intervalle nimmt der durchgeleitete Strom ganz allmählich ab. Das gleiche läßt sich am Frosch beobachten (KOHLRAUSCH und

---

[1]) GILDEMEISTER: Pflügers Arch. f. d. ges. Physiol. Bd. 194, S. 323. 1922.

SCHILF). Es handelt sich beim psychogalvanischen Reflex entweder um die Entwicklung von Potentialunterschieden, wie sie als Aktionsströme bekannt sind oder um eine gegebenenfalls noch von Polarisationsänderungen begleitete Änderung des Leitungswiderstandes [EINTHOVEN und ROOS[1])]. Nach Unterbindung der Blutzufuhr durch Abschnüren wird der psychogalvanische Reflex nicht merklich geändert. Dagegen fehlte das Phänomen bei einem 11jährigen Knaben mit angeborenem Mangel der Schweißdrüsen an der Hohlhand und an den Fußsohlen [GEORGI[2])]. Die Beobachtung, daß Normale nur mit der Handfläche nicht mit dem Vorderarm, Sensitive an beiden Stellen reagieren, führten WALLER[3]) zu der Auffassung, es handele sich um eine „emotive Reaktion", die mit plötzlicher Öffnung ultramikroskopischer Poren einhergehe, durch die der Austausch der Ionen stattfinde. In der Hypnose bleibt der Reflex erhalten. Ein psychodiagnostischer Wert kommt ihm bisher nicht zu [GRÜNBAUM[4])].

Über die Bedeutung der Hautpigmente im Dienste des Schutzes vor den chemischen Einwirkungen der Sonnenstrahlung besteht noch keine volle Übereinstimmung. Die auffälligen Differenzen in der Färbung der verschiedenen Menschenrassen sind durch den ungleichen Farbstoffgehalt der Epidermis und des Papillarkörpers bedingt. Mit Hilfe der Dioxyphenylalaninreaktion (Dopareaktion) läßt sich zeigen, daß in der Haut zwei Arten von Pigmentzellen vorkommen. Die Pigmentbildner (Melanoblasten) und die Pigmentträger (Chromatophoren). Durch das Dioxyphenylalanin werden nur die Pigmentbildner in der Epidermis dunkel, nie gibt die gewöhnliche Pigmentansammlung in der Cutis diese Dunkelung. Dieses von den Chromatophoren der Cutis beherbergte Pigment dringt sekundär von der Epidermis aus ein. Bei Epidermisschädigungen kann diese das Pigment nicht festhalten, die Cutis wird in solchen Fällen mit Pigment imbibiert. Das läßt sich experimentell erzeugen durch Kohlensäureschnee, Radium und Röntgenschädigungen der Haut [MIESCHER[5])]. Bei normaler Überpigmentierung durch Sonnenbräunung kommt keine Spur von Pigment in die Cutis. Bei der stark pigmentierten Haut der Neger enthalten sämtliche Schichten der Epidermis, auch die des Stratum corneum Pigment, aber auch die Chromatophoren der Cutis sind so stark vermehrt, daß ihr Durchschnitt, der beim kaukasischen Menschen ungefärbt, beim Neger dunkel erscheint. Die eigenartigen als Cloasma uterinum bezeichneten Hyperpigmentationen im Verlaufe der Gravidität, die im Gesicht, an der Linea alba, am Warzenhof und an der Vulva besonders stark ausgebildet sind, treten interessanterweise auch bei anderen — pathologischen — Veränderungen der Genitalorgane, z. B. malignen Tumoren auf. Bei schwerer Lungen- und Bauchfelltuberkulose und bei Kachexien, die sich nach allgemeiner Carcinose einstellten, werden solche Hyperpigmentationen ebenfalls beobachtet. Man geht wohl nicht fehl, hierfür Anomalien im intermediären Eiweißabbau anzuschuldigen, bei welchen die aromatischen Komplexe eine besondere

[1]) EINTHOVEN und ROOS: Pflügers Arch. f. d. ges. Physiol. Bd. 189, S. 126. 1921.
[2]) GEORGI: Arch. f. Psychiatr. u. Nervenkrankh. Bd. 62, S. 571. 1921.
[3]) WALLER: Cpt. rend. des seances de la soc. de biol. Tome 84, p. 58. 1921.
[4]) Grünbaum: Nederlandsch. Tijdschr. v. Geneesk. Vol. V, p. 1044. 1920. Ref. Ber. ges. Phys. Bd. 5. S. 91.
[5]) MISCHER: Arch. f. Dermatol. u. Syphilis. Bd. 139, S. 313. 1922.

Rolle spielen mögen. Auf die besonderen Verhältnisse der Pigmentation bei Morbus Addison wurde im Kap. X eingegangen.

Die Pigmentation der menschlichen Haut ist in einer anatomisch noch nicht ergründeten Weise vom Nervensystem abhängig. Für diese Anschauung werden eine große Reihe klinischer Beobachtungen angeführt. Beim Vitiligo — der besonders häufig in Begleitung nervöser Störungen auftritt — wurden im Bereich der Hyperpigmentation Sensibilitätsstörungen beobachtet. Die eigentümliche symmetrische Anordnung der Vitiligoflecken spricht gleichfalls für eine Mitbeteiligung des Nervensystems.

Die Beziehungen der Haut zum Gesamtorganismus ist dadurch am besten gekennzeichnet, daß ihre Organe in erster Linie im Dienste des Wärmehaushaltes stehen. Ihr fällt der Hauptanteil der Wärmeabgabe zu (bis zu 80%). Nur bei völliger Intaktheit des Hautgefäßapparates ist es den thermoregulatorischen Zentren der Homoiothermen möglich, die Konstanz der Körpertemperatur zu wahren. An dieser wärmeregulatorischen Funktion der Haut sind Hautgefäße, die Schweißdrüsen und bei Poikilothermen die Pigmentzellen beteiligt.

So ist beim Uromastix nachgewiesen, daß er mit zunehmender Temperatur die Hautfarbe ändern kann. Während der Erwärmung zeigt er eine dunkle Hautfarbe und unterstützt damit die Wärmeabsorption, bei einer Erwärmung über 41° wird die Hautfarbe wesentlich heller fast weiß und gewährt dem Tier dadurch einen Schutz gegen die Überwärmung durch die Sonnenstrahlen. Die Einzelheiten dieser physikalischen Wärmeregulation sind im Kapitel III wiedergegeben.

Bei universellen Hauterkrankungen (Psoriasis, universelles Ekzem, Erythrodermia exfoliativa) wurde die Wärmeregulation gestört gefunden. Die Hauttemperatur dieser Kranken liegt nur 1° unter der Innenwärme. Durch die stärkere Blutfülle der Hautgefäße wird ein viel größeres Blutquantum der kühleren Umgebungsluft ausgesetzt; das Wärmegefälle ist wegen der höheren Hauttemperatur steiler, der Wärmeverlust größer. Im Bade fällt es solchen Individuen schwer, bei geringen Variationen der Temperatur die Konstanz ihrer Körpertemperatur aufrecht zu erhalten [Linser[1])].

Viele Erkrankungen, welche mit einer Gefäßschädigung einhergehen, dokumentieren sich zuerst durch die Veränderungen, welche die Haut infolge der Blutungen erleidet (hämorrhagische Diathese bei perniziöser Anämie, Leukämie, Hämophilie). Eine Reihe von Stoffwechselkrankheiten läßt charakteristische Veränderungen an der Haut erkennen, die Xanthosis diabetica, welche durch eine Anreicherung von Pflanzenfarbstoffen, Carotin und Lutein, bedingt ist, der Bronzediabetes, bei welchem sich in der Haut ein eisenhaltiges Pigment neben einem eisenfreien ablagert, die eigentümlichen Hautverfärbungen, welche bei der Alkaptonurie mit Ochronose beobachtet werden, die mannigfachen Veränderungen der Haut, welche man bei Störungen des Purinstoffwechsels gesehen hat, zeigen, wie die Haut in oft noch undurchsichtiger Weise Stoffwechselstörungen, welche den Gesamtorganismus treffen, wiederspiegelt.

Das gilt vor allem für die Hauterkrankungen der Kinder. Hier dienen oft geringfügige Veränderungen an den äußeren Bedeckungen dem Erfahrenen als wichtige Hinweissymptome für vielleicht erst in Ausbildung begriffene Ernährungsstörungen. Der Milchgrind, die Crusta lactea,

[1]) Linser: Arch. f. Dermatol. u. Syphilis. Bd. 30. 1906.

der alten Ärzte, weist darauf hin, wie lange man schon auf den Zusammenhang von falscher resp. einseitiger Ernährung und Erkrankung der Haut aufmerksam geworden ist. Die ärztliche Erfahrung lehrt, wie günstig die Ekzeme der „exsudativen" Kinder durch eine entsprechende Änderung des Nahrungsregimes beeinflußt werden können. In dasselbe Gebiet gehören die urticariellen Exantheme, welche bei Disponierten nach alimentären Reizen auftreten. Oft sind die Erscheinungen an der Haut die einzigen, welche sog. „Idiosynkrasien" aufdecken, z. B. die Überempfindlichkeit gegen Eiereiweiß, Erdbeeren, Krebse. In vielen Fällen gehen den Symptomen an der äußeren Haut solche an den Schleimhäuten der luftführenden Wege und des Darmkanals parallel und deuten darauf hin, daß die cutanen Erkrankungen nur Stigmata einer allgemeinen Schädigung des Organismus darstellen. Besonders klar wird ein derartiger Zusammenhang in Fällen, in denen uns die Noxe bekannt ist (Serumexanthem, Kuhpockenexanthem).

Eine interessante, aber noch wenig durchsichtige Stoffwechselalteration wird bei Hydroa vacciniformis aestivalis beobachtet. Diese Hauterkrankung beginnt mit entzündlichen Bläschen, welche unter Narbenbildung abheilten und fast nur auf unbedeckten Körperstellen vorkommen. M. Möller [1]) konnte auf experimentellem Wege den Nachweis führen, daß die Haut solcher Kranken gegen die kurzwelligen Strahlen des Lichts überempfindlich ist. Auch nach Röntgenbestrahlungen und nach Behandlung mit dem an ultravioletten Strahlen reichen elektrischen Bogenlicht stellen sich die charakteristischen Erscheinungen ein [Linser [2])]. Bemerkenswerterweise treten bei diesen Patienten offenbar schwere Schädigungen des Blutes ein, welche zur Hämotoporphyrinurie führen. Daß ein derartiger Zusammenhang wahrscheinlich ist, lehren die Beobachtungen von Ponfick [3]), welcher nach Gletscherbrand Veränderungen an den roten Blutkörperchen nachweisen konnte. Nach Quarzlichtbestrahlungen und leichter Insolation sieht man übrigens auch Störungen in der Zusammensetzung des weißen Blutbildes. Ich selbst sah bei relativ leichten Schädigungen eine deutliche Eosinophilie.

Die Haut bei Erkrankungen innersekretorischer Drüsen. Die mannigfachen Beziehungen der Störungen inkretorischer Organe zu den Hautveränderungen sind im einzelnen noch wenig durchforscht. Auf die eigentümliche Hautpigmentation beim Morbus Addison wurde im Kap. X hingewiesen. Die myxödematöse Verdickung der Haut bei Unterfunktion resp. Ausfall der Schilddrüse, ihre besondere Zartheit und Glätte bei Überfunktion derselben besonders beim Morbus Basedow wurde bereits betont. Wie weitgehend die Haut und ihre Anhangsgebilde unter der Einwirkung des Keimdrüsensekrets stehen, zeigen die eigentümlichen Pigmentationen der Haut zur Zeit der Gravidität (Cloasma uterinum), die Hypertrichosis gravidarum, die Veränderungen der Haut in der Menopause. Beim Mann hat besonders die Frühkastration typische Veränderung der Haut und des Haarkleids zur Folge.

Die Frage, wie hoch man die Mitarbeit der Haut bei den Immunisierungsprozessen einzuschätzen hat, ist sehr verschieden beantwortet worden. Von einigen wird ihr eine nach innen gerichtete Schutzfunktion vindiziert. Danach soll das menschliche Hautorgan den Körper

---

[1]) M. Möller: Bibliotheca medica. 1900. H. 8.
[2]) Linser: Arch. f. Dermatol. u. Syphilis. Bd. 79. Sep.-Abdr. 1906.
[3]) Ponfick: Schles. Ges. f. vaterl. Kultur 1896.

nicht nur vor äußeren Schädigungen bewahren, sondern es kommt demselben auch eine besondere Rolle bei der Überwindung der Infektionskrankheiten zu (Esophylaxie). So will man beobachtet haben, daß Tabiker und Paralytiker im Frühstadium ihrer Lues nur an sehr geringen Hauterscheinungen gelitten haben. Infolge der mangelnden Hautreaktion sollen die Immunkörper in zu ungenügender Menge gebildet worden sein, um den nervösen Organen ausreichenden Schutz zu verleihen oder die eingetretene Erkrankung zu überwinden. Sicher ist, daß man Tiere durch intracutane Applikation abgetöteter Bakterien immunisieren; bei der Schutzpockenimpfung, bei der Tuberkulinapplikation nach PETRUSCHKY, PONNDORF, MORO u. a. sind ähnliche Vorstellungen laut geworden. Wieweit in diesen Fällen das Hautorgan selbst die Antikörperproduktion übernimmt, wieweit nach Resorption des Antigens andere Organe beteiligt sind, bleibt eine offene Frage.

LEWANDOWSKY[1]) hat z. B. tuberkulöse und nichttuberkulöse Tiere intracutan infiziert und nach 24 Stunden die Impfstellen unter aseptischen Kautelen exzidiert, zerkleinert und in Kochsalzlösung zerrieben. Die Emulsion wurde durch Drahtfilter filtriert und das im wesentlichen aus Gewebssaft bestehende Filtrat normalen Tieren intracutan injiziert. Die Tiere, welche den Gewebssaft von Reinfektionsstellen bekommen hatten, zeigten nach 24 Stunden deutliche Cutanreaktionen in Gestalt eines circumscripten teigigen Ödems, während die Kontrolltiere, welche den Extrakt von primären Infektionsstellen erhalten hatten, reaktionslos blieben. LEWANDOWSKY zieht aus seinen Versuchen den Schluß, daß in den Reaktionsstellen reinfizierter Tiere eine giftige Substanz enthalten sei, die den primären Infektionsherden fehlt. Diese Befunde werfen ein Licht auf das Geschehen beim sog. KOCHschen Elementarversuch.

Das vollkommen andersartige Verhalten (Allergie) der Haut bereits infizierter Tiere wird so erklärt, daß in der Haut lytische Kräfte am Werk sind, welche bei der Reinfektion aus dem injizierten Tuberkelbacillenmaterial toxische Substanzen in Freiheit setzen, welche die rasch auftretende Entzündung auslösen, darüber hinaus aber die reinjizierten Bacillen unschädlich machen.

Von vielen Autoren wird der Haut eine immunbiologische Sonderfunktion zugesprochen. Man beruft sich dabei auf eine augenfällige immunisierende Wirkung der tuberkulösen und tuberkuloiden Efflorescenzen der Haut auf den Gesamtorganismus und hat daraus bereits therapeutische Konsequenzen gezogen.

Viele konstitutionelle Eigentümlichkeiten dokumentieren sich durch eine besondere Reaktionsweise der Haut auf mechanische Alterationen. Die mannigfache Art der Hautgefäßreaktionen auf schwache und mittelstarke Reize (Dermographia alba und rubra), die Urticaria factitia, das irritative Reflexerythem zeigen in ihrer verschiedenartigen Ausprägung die wechselnde Anspruchsfähigkeit der Hautvasomotoren.

Die Schweißabsonderung steht unter der Herrschaft des vegetativen Nervensystems. Sie kommt unter physiologischen Bedingungen durch Erregung cerebraler und spinaler Zentren zustande. Die durch äußere Wärme auszulösende Schweißsekretion bleibt in dem Versorgungsgebiet durchschnittener peripherischer Hautnerven aus. Auch durch elektrische Reize soll auf reflektorischem Wege Schweißsekretion ausgelöst werden. Eine Steigerung des Kohlensäuregehalts des Blutes wirkt gleichfalls als Reiz für die spinalen und cerebralen Schweißzentren. Von den bekannten pharmakologischen Schweißmitteln wirken die

[1]) LEWANDOWSKY: Die Tuberkulose der Haut. Berlin: Julius Springer 1916.

Salicylpräparate wahrscheinlich auf das Zwischenhirn; Strychnin, Campher und Ammoniak wirken auf dem Wege über die spinalen Zentren. Die wirksamsten Mittel greifen an den peripheren Endigungen der Schweißnerven an, das Pilocarpin, Muscarin und Physostigmin. Unter pathologischen Bedingungen kann an umschriebenen Hautpartien oder auch an einer Körperhälfte die Schweißsekretion vermehrt, in anderen Fällen vermindert oder total aufgehoben sein. Bekannt sind die unter psychischen Alterationen auftretenden Hand- und Fußschweiße der Neurastheniker. Generalisierte Erregung der Schweißdrüsen kann unter den verschiedensten Bedingungen vom vegetativen Zentralapparat ausgelöst werden. Der Schmerz, die Angst, die quälenden stenokardischen Anfälle, akute Blutverluste, Magen- und Darmperforationen, besonders solche, die zum Kollaps geführt haben, sind häufig von einem profusen Schweißausbruch begleitet. Im einzelnen ist der Mechanismus noch wenig aufgeklärt; man hilft sich mit der Vorstellung eines cerebralen Reflexvorgangs.

Auf die eigentümlichen Beziehungen, welche zwischen dem Hautnervensystem, dem Haarwachstum und gewissen trophischen Störungen der Haut bestehen, kann hier nur hingewiesen werden. Viele der hierher gehörigen Beobachtungen werden durch vasomotorische Schädigungen erklärt, so die Veränderungen, welche bei RAYNAUDscher Erkrankung beobachtet werden. Auch die eigentümlichen Ödeme der Hemiplegiker, der Decubitus vieler Nervenkranker sind unschwer durch eine vasomotorische Schädigung der Haut verständlich zu machen. Die Existenz eines eigenen trophischen Nervensystems wird abgelehnt (L. R. MÜLLER). Eine in diesem Zusammenhang besonders interessante Affektion ist der Herpes zoster, den man aus dem Grunde als Trophoneurose ansprechen darf, weil der Hautaffektion anatomisch entsprechende Veränderungen des zugehörigen Spinalganglions nachgewiesen wurden. Dabei scheint die hämorrhagische Entzündung des Ganglions — ob auf infektiöser oder auf toxischer Basis bleibe dahingestellt — das Primäre zu sein. Oft haben auch rein mechanische Läsionen des Spinalganglions typische Herpeseruptionen der Haut zur Folge.

Sachverzeichnis.

Druck der Universitätsdruckerei H. Stürtz A. G., Würzburg.

Lehrbuch der Differentialdiagnose innerer Krankheiten. Von Prof. Dr. **M. Matthes**, Geh. Med.-Rat, Direktor der Medizinischen Universitätsklinik in Königsberg i. Pr. Vierte, durchgesehene und vermehrte Auflage. Mit 109 Textabbildungen. 1923.
17 Goldmark; gebunden 20 Goldmark / 4 Dollar; gebunden 4.80 Dollar

---

Differentialdiagnose an Hand von 385 genau besprochenen Krankheitsfällen lehrbuchmäßig dargestellt. Von Dr. **Richard C. Cabot**, Professor der klinischen Medizin an der Medizinischen Klinik der Havard-Universität Boston. Zweite, umgearbeitete und vermehrte Auflage nach der 12. Auflage des Originals von Dr. **H. Ziesché**, leitender Arzt der Inneren Abteilung des Josef-Krankenhauses zu Breslau.

Erster Band. Mit 199 Textabbildungen. 1922.
16.70 Goldmark; gebunden 20 Goldmark / 4 Dollar; gebunden 4.80 Dollar

Zweiter Band: Mit etwa 250 Abbildungen im Text. In Vorbereitung

---

Die innere Sekretion. Eine Einführung für Studierende und Ärzte. Von Dr. **Arthur Weil**, ehem. Privatdozent der Physiologie an der Universität Halle, Arzt am Institut für Sexualwissenschaft, Berlin. Dritte, verbesserte Auflage. Mit 45 Textabbildungen. 1923.
5 Goldmark; gebunden 6 Goldmark / 1.20 Dollar; gebunden 1.45 Dollar

---

Die Krankheiten der endokrinen Drüsen. Ein Lehrbuch für Studierende und Ärzte. Von Dr. **Hermann Zondek**, a. o. Professor an der Universität Berlin. Mit 173 Abbildungen. 1923.
16 Goldmark; gebunden 17.50 Goldmark / 3.85 Dollar; gebunden 4.20 Dollar

---

Kurzes Lehrbuch der physiologischen Chemie. Von Dr. **Paul Hári**, o. ö. Professor der physiologischen und pathologischen Chemie an der Universität Budapest. Zweite, verbesserte Auflage. Mit 6 Textabbildungen. 1922.
Gebunden 11 Goldmark / Gebunden 2.65 Dollar

Anatomie des Menschen. Ein Lehrbuch für Studierende und Ärzte. Von **Hermann Braus**, o. ö. Professor an der Universität, Direktor der Anatomie, Würzburg. In drei Bänden.

Erster Band: **Bewegungsapparat.** Mit 400 zum großen Teil farbigen Abbildungen. 1921. Gebunden 16 Goldmark / Gebunden 3.85 Dollar

Zweiter Band: **Eingeweide** (einschließlich periphere Leitungsbahnen, I. Teil). Mit 329 zum großen Teil farbigen Abbildungen. Erscheint Anfang 1924

Dritter (Schluß-)Band: In Vorbereitung

Die Chirurgie des Anfängers. Vorlesungen über chirurgische Propädeutik. Von Dr. **Georg Axhausen**, a. o. Professor für Chirurgie an der Universität Berlin. Mit 253 Abbildungen. 1923. Gebunden 15 Goldmark / Gebunden 4.50 Dollar

---

Lenhartz-Meyer, Mikroskopie und Chemie am Krankenbett, begründet von **Hermann Lenhartz**, fortgesetzt und umgearbeitet von Professor Dr. **Erich Meyer**, Direktor der Medizinischen Klinik in Göttingen. Zehnte, vermehrte und verbesserte Auflage. Mit 196 Textabbildungen und einer Tafel. 1922.
Gebunden 12 Goldmark / Gebunden 2.90 Dollar

Repetitorium der Hygiene und Bakteriologie in Frage und Antwort. Von Professor Dr. **W. Schürmann**, Universität Gießen. Vierte, verbesserte und vermehrte Auflage. 9.—15. Tausend. 1922. 4.50 Goldmark / 1.10 Dollar